新材料新能源学术专著译丛

高温燃料电池材料

Materials for High-Temperature Fuel Cells

[澳]蒋三平(San Ping Jiang)
[美]严玉山(Yushan Yan)　主编

李 箭　等译

国防工业出版社

·北京·

著作权合同登记　图字：军-2015-053 号

图书在版编目(CIP)数据

高温燃料电池材料/(澳)蒋三平,(美)严玉山主编;李箭等译.—北京:国防工业出版社,2022.1

(新材料新能源学术专著译丛)

书名原文:Materials for High-Temperature Fuel Cells

ISBN 978-7-118-11097-5

Ⅰ.①高…　Ⅱ.①蒋…②严…③李…　Ⅲ.①高温燃料电池—材料—研究　Ⅳ.①TM911.47

中国版本图书馆 CIP 数据核字(2021)第 227442 号

Materials for High-Temperature Fuel Cells by San Ping Jiang, Yushan Yan and Max Lu.

ISBN:978-3-527-33041-6.

Copyright © 2013 Wiley-VCH Verlag GmbH & Co. KGaA, Boschstr. 12, 69469 Weinheim, Germany.

All Rights Reserved. Authorised translation from the English language edition published by John Wiley & Sons Limited. Responsibility for the accuracy of the translation rests solely with National Defense Industry Press and is not the responsibility of John Wiley & Sons Limited. No part of this book may be reproduced in any form without the written permission of the original copyright holder, John Wiley & Sons Limited.

Copies of this book sold without a Wiley sticker on the cover are unauthorized and illegal.

本书简体中文版由 John Wiley & Sons, Inc.授权国防工业出版社独家出版。

版权所有,侵权必究。

※

国防工业出版社出版发行

(北京市海淀区紫竹院南路 23 号　邮政编码 100048)

三河市腾飞印务有限公司印刷

新华书店经售

*

开本 710×1000　1/16　插页 1　印张 21¾　字数 400 千字

2022 年 1 月第 1 版第 1 次印刷　印数 1—2000 册　定价 136.00 元

(本书如有印装错误,我社负责调换)

国防书店:(010)88540777　书店传真:(010)88540776

发行业务:(010)88540717　发行传真:(010)88540762

译者序

为了缓解能源危机和环境污染,实现社会和经济的可持续发展,由传统的化石燃料向绿色可再生能源的转变是当前能源发展的主要趋势。人类必须寻找清洁、安全而且可靠的新能源,并在此基础上设计制造出适合人类的新能源产品。燃料电池是一种将燃料气中的化学能直接转化为电能的装置,具有清洁、高效、无污染等特点,因此吸引了人们的广泛研究和开发。

由澳大利亚科廷大学的蒋三平教授和美国特拉华大学的严玉山教授主编的 *Materials for High-Temperature Fuel Cells* 一书,聚集了本领域内国际领先的专家,立足学科前沿,对近年来世界范围内高温燃料电池材料的研究进展进行了总结,专业性很强,具有很高的参考和实用价值。本书内容丰富、完整,既有原理又有实验,适合高温燃料电池及相关领域的研究人员参考,同时也可以作为相关领域研究生的教材。

全书共9章:第1章详细介绍了Ni基阳极的结构、氧化机理以及备选材料;第2章对固体氧化物燃料电池阴极及其制备技术进行了分析;第3章重点介绍了氧离子导体电解质材料;第4章综述了质子导体电解质材料及质子导体电解质固体氧化物燃料电池;第5章论述了金属连接体材料的氧化行为和电性能;第6章对平板式固体氧化物燃料电池密封材料进行了介绍;第7章重点分析了电极的衰减和稳定性;第8章论述了金属支撑固体氧化物燃料电池的材料与制备;第9章介绍了熔融碳酸盐燃料电池的工作原理和关键材料。

在本书的翻译过程中,得到了华中科技大学燃料电池研究中心的教师和研究生们的大力支持。贾礼超副教授、颜冬副教授、杨佳军博士等人对本书进行了详细的校对。李文路、陈静、刘毅辉、张文颖、段男奇、刘波、罗俊、曹勇、华斌、李檬、熊春艳、李凯、张伟等人在本书的翻译过程中做了大量工作。原著者蒋三平教授对本书的翻译提供了有益的建议和帮助。另外,本书的出版也得到了国防工业出版社于航编辑的悉心指导与帮助,在此一并表示衷心的感谢。

鉴于译者水平有限,本书的翻译难免有不妥之处,敬请读者批评指正。

译者

2020年11月

原著丛书主编前言
——关于 Wiley 的“可持续能源新材料和发展”丛书

伴随着全球性关于清洁化石能源、氢能和可再生能源以及对水的再利用和再循环的技术研发,可持续能源的发展正吸引着从科研团体到工业界越来越多的关注。根据 REN21[①] 的《可再生能源全球状况报告 2012》(第 17 页),全球可再生能源的总投资从 2010 年的 2110 亿美元增加到 2011 年的 2570 亿美元。2011 年投资排在前位的国家为中国、德国、美国、意大利和巴西。在解决能源安全、石油价格上涨以及气候变化的挑战性问题方面,材料创新是立足之本。

在这种情况下,有必要通过权威的信息来源系统地梳理在材料科学和工程中涉及能源和环境的最新科学突破和知识进步。这正是出版 Wiley 的“可持续能源新材料和发展”丛书的目的。这是关于材料科学在能源领域应用的有抱负的出版计划。丛书的每一册都由国际顶级科学家亲笔撰写,并有望成为今后许多年的标准参考书籍。

该丛书涵盖了材料科学的进步和可再生能源的创新,化石能源的清洁利用,温室气体的减排及相关环境技术。丛书各册如下:

《超级电容器:材料、系统和应用》;

《水处理功能纳米材料和膜》;

《高温燃料电池材料》;

《低温燃料电池材料》;

《先进热电材料:基础与应用》;

《先进锂离子电池:最新趋势和前景》;

《光催化和水纯化:从基础到最新应用》。

在《高温燃料电池材料》一书中,我要感谢作者们和编辑们,是他们的巨大

① REN21:21 世纪的可再生能源政策网络。

努力和辛勤工作使得本书得以及时完成和出版。本书每一章都是撰稿人的心血结晶,并毫无疑问会得到读者的认可和重视。

感谢编委会成员们,感谢他们在题目范围、推荐作者及评估方案方面的建议和帮助。

我还想感谢从2008年就一起工作的Wiley-VCH出版社的编辑们,他们是Esther Levy博士、Gudrun Walter博士、Bente Flier博士、Martin Graf-Utzmann博士,感谢他们在这个项目上提供的专业帮助和大力支持。

希望读到本书的您会觉得本书内容丰富、深入浅出并值得一看,可以作为工作中的参考。我们将努力在这个具有成长性的领域里出版更多的丛书。

G. Q. Max Lu
澳大利亚,布里斯班
2012. 7. 31

前言

电力是当今世界最便利的能源方式。在过去的100年中,电力主要通过化石能源的燃烧得到,这种方式转化效率低,还会排放大量的二氧化碳和其他污染物。二氧化碳是全球气候变化的主要原因。随着能源消耗的增长、化石能源的枯竭,以及对气候和环境变化的日益关注,提高发电效率和发展再生能源是非常有必要的。燃料电池是一种将储存在燃料如氢气、甲醇、乙醇、天然气和碳氢化合物等中的化学能直接转化为电能的能量转换装置。因此,燃料电池比传统的能量转换技术如内燃机,具有更高的转换效率。在各种不同类型的燃料电池中,高温固体氧化物燃料电池(SOFC)和熔融碳酸盐燃料电池(MCFC)是效率最高的,它们可以通过内部重整技术,提高一些材料的动力学参数,为燃料的使用提供了更多选择。

在过去的20年中,固体氧化物燃料电池和熔融碳酸盐燃料电池作为高效的电能转化装置得到了全世界的关注。本书从第1章开始到第3章,介绍了材料、离子传输过程、导电性、电化学催化性能,以及SOFC关键材料,包括阳极、阴极和氧离子导体电解质的制备。第4章综述了一种与氧离子导体电解质不同的材料——质子导体电解质。使用质子导体电解质有以下优点:在阴极端生成水,防止阳极端燃料的稀释,以氨气或者H_2S作为燃料时,避免NO_x和SO_x的产生。第5、6章介绍了SOFC电堆关键材料,即金属连接体,以及密封材料的材料、制备、热性能和电性能。第7章的主题是SOFC电极的衰减和稳定性,SOFC系统的一个重大挑战是使用寿命要达到5年。第8章主要介绍了金属支撑SOFC的材料、制备和工作状态,为了应对SOFC系统的成本、寿命和热循环问题而开发的一种新型电池结构。最后也是非常重要的,第9章叙述了一种成熟的先进燃料电池技术,熔融碳酸盐燃料电池的发展历史、工作原理以及先进部件和材料的发展现状。

本书每章内容均由国际领先的专家撰写。本书不仅对从事高温燃料电池研究开发工作的相关人员有帮助,同时也可作为燃料电池技术领域的学生、材料工程师和研究人员的参考书。

蒋三平　　严玉山
于澳大利亚珀斯　于美国纽瓦克市

原著丛书主编简介

逯高清教授
“可持续能源新材料和发展”丛书主编

逯高清教授的研究专长主要在材料化学和纳米技术领域。他以纳米颗粒和纳米多孔材料应用到清洁能源和环境技术的相关工作而闻名。曾在《自然》《美国化学学会杂志》《德国应用化学》和《先进材料》等杂志发表了500多篇高影响力的论文。他还拥有20项国际专利。逯高清教授是科学信息研究所(ISI)材料科学领域的高被引作者,超过17500次引文(h指数为63)。他获得了国内外众多知名奖项,包括中国科学院国际合作奖(2011年)、奥里卡奖、墨菲金质勋章、勒菲尔奖、埃克森美孚奖、化学奖章、澳大利亚(2004年、2010年和2012年)100强最有影响力的工程师,以及世界前50强最有影响力的中国人(2006年)。他曾两度获得澳大利亚研究理事会联合会奖学金(2003年和2008年)。他是澳大利亚技术科学与工程学院(ATSE)和化学工程师协会(IChemE)的当选研究员。他是12个主要国际期刊的编辑和编辑委员会成员,包括《胶体和界面科学与碳杂志》。

逯高清教授自2009年起担任澳大利亚昆士兰大学主管研究的副校长。在此之前,2008年10月至2009年6月担任校长助理,2012年担任常务副校长。2003—2009年,他还担任由澳大利亚研究理事会成立的国家纳米材料卓越中心的首任主任。

逯高清教授曾担任过许多政府委员会和咨询小组成员,包括总理科学、工程与创新理事会(2004年、2005年和2009年)和ARC专家学院(2002—2004年)的成员。他是IChemE澳大利亚董事会的前任主席,也是ATSE前董事。他作为前任董事会成员的单位包括Uniseed有限公司、ARC纳米技术网络和昆士兰中国委员会。目前,他是澳大利亚同步加速器、国家eResearch协作工具和资源以及研究数据存储基础架构的董事会成员。他还获得了国家新兴技术论坛成员的部长级任命。

本书主编简介

蒋三平博士是澳大利亚科廷大学化学工程系教授，燃料与能源技术研究所副主任，澳大利亚阳光海岸大学兼职教授。他同时还是哈尔滨工业大学、广州大学、华中科技大学、武汉理工大学、中国科学技术大学、四川大学和山东大学的客座教授。蒋三平博士本科毕业于华南理工大学，之后获得伦敦城市大学的博士学位。他先后就职于澳大利亚联邦科学与工业研究组织(CSIRO)制造科学与技术部、澳大利亚陶瓷燃料电池有限公司(CFCL)、新加坡南洋理工大学，主要研究领域包括固体氧化物燃料电池、质子交换膜燃料电池、直接甲醇燃料电池、直接乙醇燃料电池、电解池等。发表论文240多篇，被引次数约6500次，h指数为44。

严玉山于2011年受聘为特拉华大学特聘工程教授，本科毕业于中国科学技术大学，之后获得加州理工学院博士学位。他先后担任AlliedSignal公司高级工程师、加利福尼亚大学河滨分校教员(助理教授(1998年)、副教授(2002年)、教授(2005年)、大学学者(2006年)、系主任(2008年)、主席(2010年))。他是美国科学促进会会员，曾获得国际沸石协会的唐纳德·布瑞克(Donald Breck)奖。由于其在燃料电池技术方面所取得的成就，他成为2009年美国能源部高级研究计划局能源奖的37名获奖者之一；由于其在氧化还原液流电池方面所取得的成就，他成为2012年美国能源部高级研究计划局能源奖的66名获奖者之一。他的多项专利授权给创业公司使用，如NanoH2O公司、Full Cycle能源公司、沸石溶液材料公司以及OH-能源公司。发表学术论文超过140篇(h指数为46，被引次数超过6700次)。

撰稿人名单

华斌

中国湖北省武汉市珞喻路 1037 号，华中科技大学材料科学与工程学院，430074

陈孔发

澳大利亚西澳大利亚州珀斯市特纳大街 1 号，科廷大学化学工程系燃料与能源技术研究所，6845

谢秉勳(Ping-Hsun Hsieh)

美国伊利诺伊州芝加哥第 33 西大街 10 号，伊利诺伊理工大学化学与生物工程系，60616

回世强(Rob Hui)

加拿大不列颠哥伦比亚省温哥华市威斯布鲁克商业街 4250 号，国家研究委员会燃料电池创新研究所，V6T 1W5

石原達己(Tatsumi Ishihara)

日本福冈市元冈 744 号，九州大学工学院应用化学系，碳中和能源国际研究所(I^2CNER)，819-0395

李箭

中国湖北省武汉市珞喻路 1037 号，华中科技大学材料科学与工程学院，430074

蒋三平

澳大利亚西澳大利亚州珀斯市特纳大街 1 号，科廷大学化学工程系燃料与能源技术研究所，6845

郭灿(Chan Kwak)
韩国京畿道龙仁市 Nongseo-dong 14-1 号,三星尖端技术研究所(SAIT),446-712

篮蓉(Rong Lan)
英国格拉斯哥市蒙特罗斯街 75 号,思杰莱德大学化学与工艺工程系,G1 1XJ

史蒂文·麦金托什(Steven Mclntosh)
美国宾夕法尼亚州伯利恒市研究路 111 号,利哈伊大学化学工程系,18013

史蒂芬·J·麦克菲尔(Stephen J. McPhail)
意大利罗马市 Via Anguillarese 301 号,欧洲核能机构意大利国家新技术、能源和可持续发展经济局可再生能源部氢能和燃料电池组,00123

朴正熙(Hee Jung Park)
韩国京畿道龙仁市 Nongseo-dong 14-1 号,三星尖端技术研究所(SAIT),446-712

彭练
中国北京市中关村北二条 1 号,中国科学院过程工程研究所,多相复杂系统国家重点实验室,100190

简·罗伯特·塞尔曼(Jan Robert Selman)
美国伊利诺伊州芝加哥市第 33 西大街 10 号,伊利诺伊理工大学化学与生物工程系,60616

邵宗平
中国南京市新模范路 5 号,南京工业大学化学与化学工程学院,材料化学工程国家重点实验室,210009

陶善文
英国格拉斯哥市蒙特罗斯街 75 号,思杰莱德大学化学与工艺工程系,G1 1XJ

张文颖
中国湖北省武汉市珞喻路 1037 号,华中科技大学材料科学与工程学院,430074

张涛
中国北京市中关村北二条1号，中国科学院过程工程研究所，多相复杂系统国家重点实验室，100190

周嵬
中国南京市新模范路5号，南京工业大学化学与化学工程学院，材料化学工程国家重点实验室，210009

朱庆山
中国北京市中关村北二条1号，中国科学院过程工程研究所，多相复杂系统国家重点实验室，100190

目录

第1章 固体氧化物燃料电池先进阳极

第2章 固体氧化物燃料电池先进阴极

第3章 氧离子导体电解质材料

第4章 用于固体氧化物燃料电池的质子导体电解质材料

第5章 固体氧化物燃料电池金属连接体材料

第6章 平板式固体氧化物燃料电池密封材料

第7章 固体氧化物燃料电池电极的衰减和耐久性

第8章 金属支撑固体氧化物燃料电池的材料及制备

第9章 熔融碳酸盐燃料电池

第1章

固体氧化物燃料电池先进阳极

Steven McIntosh

1.1 引　　言

固体氧化物燃料电池(SOFC)的阳极必须满足以下四个基本条件:①可以将氧离子从电解质-电极的二维界面处传导至具有高比表面积的三维电极结构中;②气相燃料能够扩散至反应活性区域,反应生成的产物能够顺利排出;③能够催化燃料进行电化学氧化反应;④可以将反应产生的电子从反应活性位点传导至电极表面的集流层。除此之外,阳极还需考虑其材料的稳定性、工艺可行性、氧化还原耐受性以及对燃料气体毒化作用的抵抗性。

研究最为深入且应用最为广泛的 SOFC 阳极是由 Ni 和氧化物电解质材料组成的多孔金属陶瓷复合阳极,通常选用的电解质材料为 8%(摩尔分数)氧化钇稳定的氧化锆(YSZ)。其中,Ni 提供电子电导和电催化活性,YSZ 提供氧离子电导。在 Ni-YSZ 阳极中,Ni、YSZ 和燃料气体所组成的三相界面(TPB)区域满足阳极所需的所有条件,电极反应只能在此发生。当对材料的反应活性和金属电极孔隙率进行优化之后,Ni-YSZ 阳极能够得到足够好的性能,可以进行商业化应用[1]。阳极所需的性能指标是成本和其他电池组件相对性能的函数。一个粗略的经验法则是,SOFC 阳极的性能要达到要求,其极化阻抗通常要小于 $0.15\Omega \cdot cm^2$[2]。此外,Ni-YSZ 阳极与 YSZ 电解质还可以在 1400~1500℃的范围内共烧,同时形成多孔的阳极和致密的电解质,大大简化了电池的制备工艺[3]。Ni-YSZ 以其性能和制备工艺的优势成为目前商业化 SOFC 技术阳极材料的首选。

Ni 基陶瓷阳极也并非没有缺点,其中最主要的缺点是 Ni 的使用限制了 SOFC 燃料选择的多样化。与其他燃料电池不同,SOFC 工作的基本原理是将氧离子传导至燃料供给的一侧,因此,理论上 SOFC 可以使用任何可氧化的燃料[4]。这就使得 SOFC 可以有效地将当前的化石燃料以及未来可再生的碳氢燃料转化为电能。然而,由于 Ni 在干燥的碳氢燃料气氛中会催化石墨碳的形成和生长[5-7],燃料的选择性被限制在了 H_2 和 CO 之间。为了解决积碳的问题,可以使碳氢燃料在电极反应前首先发生水蒸气重整反应,生成 H_2 和 CO。碳氢燃料水蒸气重整反应根据其是否在阳极中发生,分为内重整和外重整。外重整需要在系统中额外增加一个反应发生器,增加了成本。采用内重整的方式虽然不会增加成本和系统的复杂性,但是阳极要同时发生吸热的重整反应和放热的燃料氧化反应,会在电池和电堆中产生很大的热应力。Ni 基阳极存在的另外一个重要的问题是氧化还原循环的不稳定性。Ni 氧化形成 NiO 会伴随着较大的晶格膨胀,可能导致电池发生机械损坏[8]。此外,还需要考虑 Ni 对于阳极气氛中杂质的耐受性,包括硫和重金属,尽管许多杂质可以通过对燃料的预处理来除去。Ni 基阳极存在的这些缺点以及直接使用碳氢燃料的潜在优势致使许多研究工作转向开发新型的阳极材料。其中研究最为广泛的是金属氧化物与钙钛矿或相关材料的复合阳极。然而,将这些研究比较广泛的氧化物阳极材料的性能进行商业化应用,仍是一个巨大的挑战。

对于 SOFC 阳极的理解与优化是许多学者研究的主题:检索"SOFC anode"(SOFC 阳极)仅在 2011 年得到的结果就超过 900 条。在一章的范围内并不能对所有的材料做广泛介绍,需要重点。本章首先对 Ni-YSZ 阳极做一个背景概述,并讨论对其微观结构和阳极反应机理的研究,然后着重介绍发展以碳氢化合物为燃料的 SOFC 新型阳极材料的困难与挑战。若想进一步了解相关内容,有很多优秀的综述文章可供查阅,如文献[3-4,9-19]。

1.2 Ni-YSZ 阳极概述

基于总的反应机理,对 Ni-YSZ 的微观结构有一些基本的要求(图 1.1)[20]。首先,必须要有足够的孔隙率保证气体传输;其次,YSZ 陶瓷相和 Ni 金属相必须保持持续的连通性,分别保证离子和电子的传输能力;最后,微观结构应该优化到具有很高的 TPB 浓度,以促进反应的进行。此外,由于大多数的 SOFC 设计使用非常薄的电解质层,而利用相对较厚的金属陶瓷阳极作为物理支撑结构,因而阳极也要提供足够的机械强度。

Ni-YSZ 金属陶瓷阳极通常是将 NiO 和 YSZ 粉末机械混合后流延所得。在 Ni-YSZ 流延带上再流延一层较薄的 YSZ 电解质,或者将阳极和电解质的流延带压制在一起。所得的两层结构在 1400~1550℃[3] 的温度范围内共烧,得到由 NiO-YSZ 阳极基体(厚度通常大于 100μm)支撑的较薄的致密 YSZ 电解质(厚度通常小于 50μm)。还有其他方法用于进一步减小电解质的厚度,主要是在预先成型的阳极结构上沉积电解质层,如化学或物理气相沉积、脉冲激光沉积、直

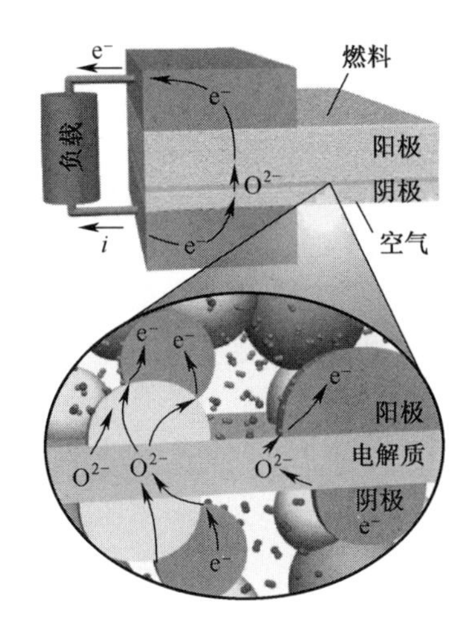

图 1.1 SOFC 中 Ni(深灰色)和 YSZ(浅灰色)的作用图解[20]

流磁控溅射以及喷雾热解[21]。然后将阴极制备在电解质的另一侧,装配电池并运行。在电池启动过程中,NiO 会被 H_2 还原成 Ni,形成 Ni-YSZ 阳极。NiO 还原引起的体积变化会在金属陶瓷中形成孔隙,促进气体传输(图 1.2)[8,22]。由于流延是适用于工业化生产的方法,它将优化阳极微观结构的方法限制在了改变流延浆料的组成上,如颗粒大小、分散程度以及造孔剂,必须优化所有这些参数才能得到高性能的阳极。

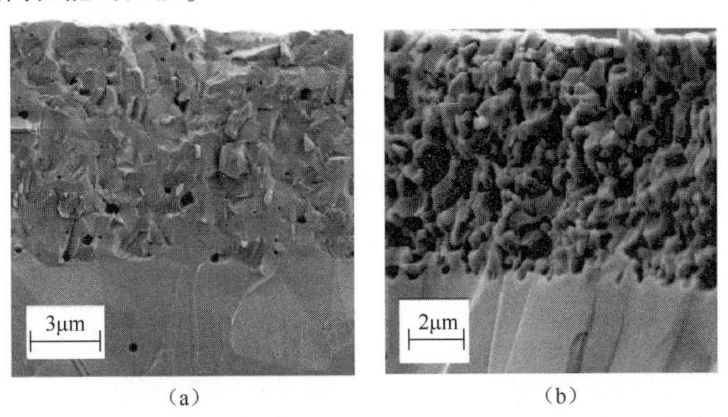

图 1.2 (a)NiO-YSZ 阳极及其(b)在 H_2 中还原后的形貌[22]

Dees 等人[2]早期的工作确定了高活性的阳极所需 Ni 的最低体积含量为 30%左右,当连续的 Ni 金属相的含量达到这一值时,阳极性能极大提高。这是通过测量了一系列由流延法制备的阳极,其电导率是随 Ni 含量的变化来确定的。同时,当氧化状态的金属陶瓷阳极与 YSZ 热膨胀系数(TEC)最匹配的时候,Ni 的体积分数也为 30%。电解质和阳极结构采用共烧法制备时,它们之间的热膨胀系数相匹配是至关重要的。

Ni 金属相含量的临界点以及 TEC 匹配性与孔隙率、Ni-YSZ 颗粒尺寸、Ni

的分散程度以及制备方法所能影响到的其他所有因素都密切相关。例如，Clemmer 和 Corbin[23]比较了采用 Ni 和石墨的物理混合物以及 Ni 包覆石墨所制备的复合陶瓷，其烧结性能、热膨胀系数和电导率的区别，其中石墨在金属陶瓷阳极的制备过程中起着造孔剂的作用。他们发现采用 Ni 包覆石墨作为原材料制备的阳极具有更高的电导率，并且 Ni 的最佳体积分数由物理混合物的 15%降低到 10%（包括孔隙）[24]。Lee 等人[25]也对电极中各物相的最优分配量进行了研究[25]，证明了影响阳极性能最重要的因素为孔隙的连通性和电子或离子传导相、孔隙分布的均匀性。闭气孔的存在会降低导电相以及孔隙的连通性，从而阻碍电子和气体的传输。如果 Ni 和 YSZ 分布不均匀则会导致 TPB 活性区域大大减少。

Zhao 和 Virkar 进行了周密的实验，研究了阳极孔隙率和阳极厚度对阳极支撑 SOFC 的面比电阻（ASR）以及最大功率密度（MPD）的影响（图 1.3）。他们发现 MPD 随着阳极孔隙率的增加而增加，在孔隙率为 75%～76%时达到顶峰。这一结果表明阳极存在最优的微观结构，在促进气体传输的同时保证足够的反应活性区域。但是，如果大孔的密度太高则会降低电极的表面积。虽然孔隙率为 76%时电池的 ASR 比较低，但是由于缺乏阳极支撑导致电解质中微孔的存在，其电势要比理论开路电势（OCP）低。Zhao 和 Virkar 根据这些实验结果建立了模型，包括气体传输和基于 Tafel 的电化学反应动力学。从随机实验获得的气体传输参数以及当保持阳极微观结构为常量时交换电流密度随阳极厚度的变化来看，该模型与实际实验结果有很好的一致性。通过该模型，可以将不同结构的性能的区别归因于阳极-电解质界面处氢气分压的变化，证明物质的传输对电池的性能具有重要影响[26]。

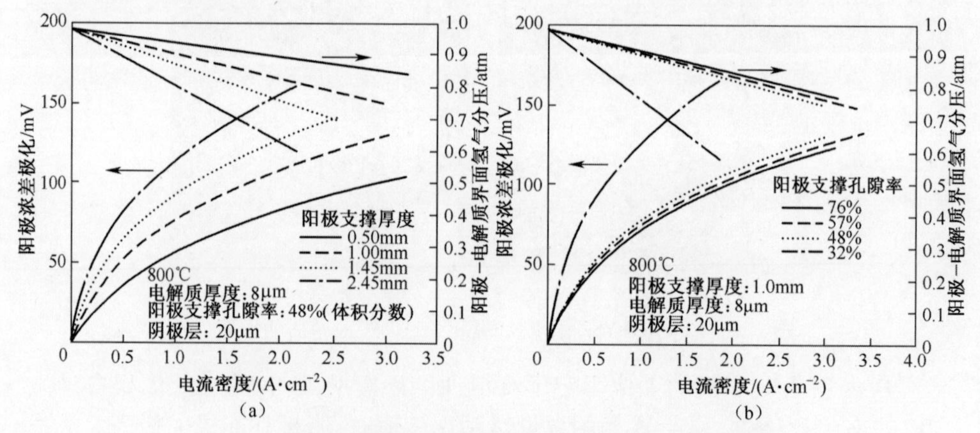

图 1.3　阳极浓差极化和阳极-电解质界面处 H_2 分压随着（a）阳极支撑厚度和（b）阳极支撑孔隙率变化的关系[26]

Jensen 等人对 SOFC 的运行参数进行了系统的研究，旨在将整个电池的阻抗分离成由各个独立过程所组成。为了区分不同过程对阻抗的贡献，采用参数 $\Delta Z'$ 来反映阻抗随工作条件的变化。用这样的方法，他们证明了阳极中存在气体转换、气体扩散和气-固反应阻抗(图 1.4)[27]。

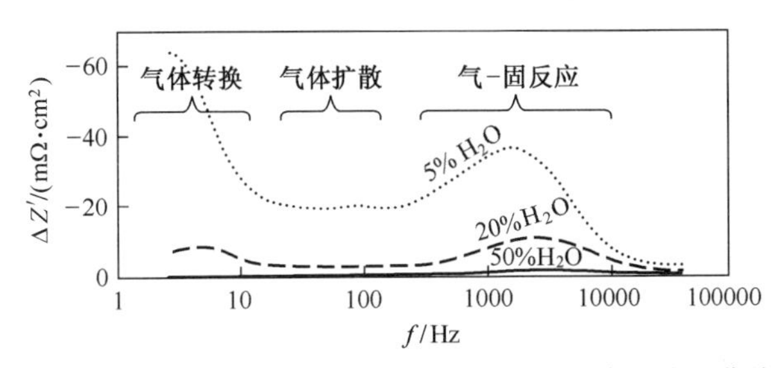

图 1.4　改变阳极氢气中的水含量时,ΔZ′随频率变化的曲线
(图中标出了不同过程对阻抗的贡献)[27]

虽然 SOFC 阳极的厚度可能达到几百微米,一般认为反应活性区域只存在于距阳极-电解质界面几十微米的范围内[28-29],也就是说经电解质传导的阴离子只需在阳极-电解质界面附近传导。因此,可以制备功能梯度阳极,从阳极-电解质界面到阳极体相内,Ni/YSZ 比例、颗粒尺寸和孔隙大小逐渐变化。这一结构的目标是将处在电化学功能区的活性 TPB 面积最大化,同时促进起机械支撑作用的阳极体相区域内的气体和电子传输。通常功能梯度阳极被制备成两层或多层,由靠近阳极-电解质界面的阳极功能层(AFL)和一层或多层多孔的阳极支撑体层组成[22,30-31]。因 AFL 中颗粒尺寸和孔隙都较小,从而可以最大化 TPB 密度,提高电池的电化学活性。在支撑体层中则需增大颗粒和孔隙的尺寸,以促进电子和气体的传导(图 1.5)。AFL 的一个潜在问题是其氧化还原稳定性。如果 Ni 被氧化,小尺寸的颗粒和孔隙将会产生大量的应力[32]。在发生氧化反应的过程中,细小晶粒的结构将会产生更大的体积膨胀和断裂风险,而粗大晶粒的结构则具有更好的耐受性。降低 Ni 含量可以避免阳极结构破裂,但这会影响电池的性能[32]。

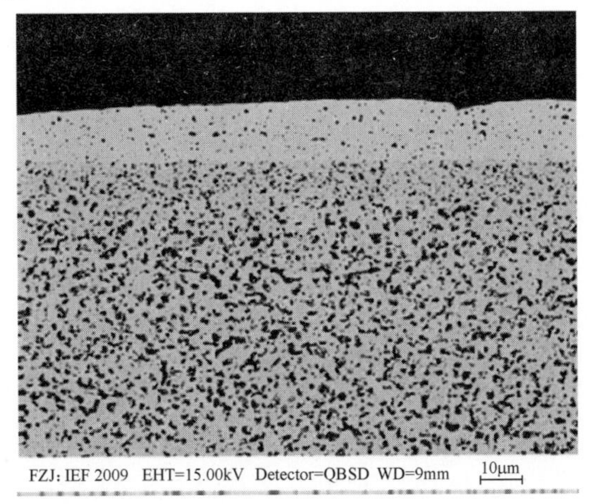

图 1.5　在阳极支撑体层和电解质之间的一个约 10μm 厚度的阳极功能层[31]

Ni-YSZ 电极总的发展趋势是采用其他电解质材料来取代当前的电解质。有前景的替代 YSZ 的电解质材料有 $Ce_{1-x}Gd_xO_{3-\delta}$(CGO)和 $La_{1-x}Sr_xGa_{1-y}Mg_yO_{3-\delta}$(LSGM)。例如,Ni-CGO 复合阳极的晶粒尺寸较小,但阳极的活性更高,可能是由于增大了 TPB 的密度[33-34]。有报道称,使用电子-离子混合导体(包括还原的 CGO)可以提高电池的性能[35-36]。这可能是由于 TPB 扩展至整个混合导体表面(特别是,如果混合导体具有催化活性),不过这一结论还有待进一步研究证实。已证实的是,与 Ni-YSZ 金属陶瓷相比,Ni-CGO 对甲烷水蒸气重整反应具有更高的催化活性[37-39],在这些电极中可以发生甲烷的内重整反应或者直接甲烷氧化反应[40]。但其电化学催化机理也有待进一步研究证实。对于研究相对深入的 Ni-YSZ 阳极来说,氢气氧化反应和甲烷重整反应的机理也是最近才确定的。

1.3 真实 Ni-YSZ 微观结构剖析

许多研究均表明,阳极的微观结构必须优化到满足两个相互竞争的要求:高的 TPB 密度和高的孔隙率。进一步了解微观结构对性能的影响需要对阳极的三维立体结构有详尽的认知。这些结构信息作为模型的输入参量可以通过以下两种方法获得:聚焦离子束-扫描电子显微镜(FIB-SEM)法和 X 射线计算机断层扫描(XCT)法。Grew 等人[41]对各种分析方法以及可以从中得到的信息进行了周密的讨论。

在 FIB-SEM 法[42]中,FIB 是用来在电极的横截面上切割出一个薄层,然后采用 SEM 分析成像。所得到的一系列的电极二维扫描图像可以用来进行三维结构重构。该方法可以量化电极中各物相的分布、物相间的连续性以及传输路径的曲度。Wilson 等人[42]确定了 Ni-YSZ 阳极中的 TPB 区域,如图 1.6 所示。他们发现大多数(63%)的 TPB 片段能与阳极的其他部分形成良好的连接,也就是说,具有连续的电子和离子传导路径使其传导至或者离开这些 TPB 区域,表明这些区域是具有电化学活性的。然而,还有很大一部分(19%)的 TPB 片段是独立存在的,并不具有电化学反应活性。这些信息只能从三维重构图中得到,表明从标准的二维图像中并不能得到足够的信息来解释微观结构对阳极性能的决定性影响。剩下的 TPB 由于与测试试样的边界相交,无法判断其连续性。在后续实验中,Wilson 和 Barnett[43]发现在活性区内的 TPB 密度与低的极化阻抗并没有直接联系。他们证实,要得到最低的极化阻抗和最高的 TPB 密度,金属陶瓷阳极初始 NiO 的含量应为 50%(质量分数)(对应还原状态下 Ni 的体积分数约为 34%),测量所得不同 Ni 含量的极化阻抗并不与 TPB 密度一一对应。测量所得的极化阻抗值的变化比通过一个简单模型预测的值要大得多。因而他们提出,除 TPB 密度之外的其他因素,包括物相的连续性和曲度,对阳极性能都有重要影响。

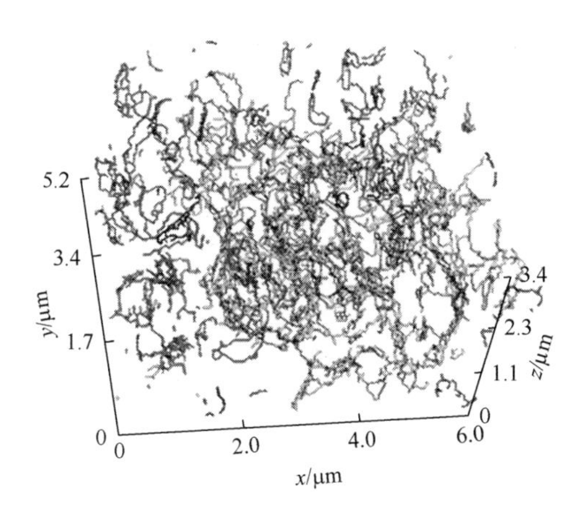

图 1.6　FIB-SEM 测试所显示的 Ni-YSZ 阳极中 TPB 的分布
(白色/灰色(63%)为连续的 TPB,其他颜色则为不连续的 TPB)[42]

Shikazono 等人[44]进一步强调了易于传输电子和离子的路径以及 TPB 分布的重要性。基于之前的研究工作[45],他们将 FIB-SEM 重建法与具体的三维电化学模型相结合,结果显示,由于阳极中电子和离子的传输路径以及 TPB 分布的不均匀性,导致电化学势和相关的电流密度的分布也相当的不均匀。

Lee 等人[46]早期的定量显微图像(虽然不是三维重构)分析表明,优化相接触可能会是个棘手的问题。他们发现,同一相的自接触与该相的数量直接相关,不同相之间的连接与 Ni 的含量有关。含 Ni 金属陶瓷的导电性在 Ni 的体积分数达到 40%~45%时具有一个重要突破,对应 Ni-Ni 的邻近比为 0.16~0.22。因而,我们无法完全优化这些影响阳极性能且相互竞争的参数,如邻近比、孔隙率、曲度、TPB 密度。而这些参数又受到晶粒尺寸、孔隙大小和形状的影响[25]。

Izzo 等人探索了使用非破坏性的 XCT 技术生成具有 42.7nm 空间分辨率的 Ni-YSZ 阳极的三维重构图像。将该结构信息作为多组分晶格玻尔兹曼方法(LBM)的输入参数可以生成阳极内气体浓度分布的图像。他们还做了全面的分析报告[41],指出可以生成阳极的详细模型,得到相分布和传输路径的详细信息,分析在阳极显微结构中何处会产生电阻损耗。

对阳极微观结构细节的研究着重强调了三维参数(如曲度和邻近比)在对性能的影响中所起的作用。需要进行综合研究,根据阳极的制备工艺来确定这些参数,并将其与电池性能联系起来。此外,这些三维微观结构应该作为模型研究的标准输入参数,虽然这会增加计算强度。

1.4 Ni基阳极的燃料氧化机理探讨

1.4.1 氢气氧化

SOFC阳极中燃料气体氧化反应的步骤可以根据阳极材料的属性确定。Ni-YSZ阳极中的反应发生在Ni、YSZ和燃料气体所组成的三相界面处。氧离子通过YSZ电解质传导至反应活性位点，然后与吸附在Ni或YSZ表面的氢气反应生成H_2O。反应释放的电子经过Ni金属相传导至外电路，H_2O则通过扩散作用排出阳极。虽然总的反应过程得到了广泛的认可，但是关于反应速率和电化学催化反应机理的确定却一直存在争议，例如，反应活性位点的特性和速率控制步骤。反应的详细步骤包括反应物和产物的气体扩散、催化活性位表面物质的吸脱附、吸附的反应物和中间产物的表面扩散、固相中的电荷传输、化学催化和电化学催化反应。气体扩散过程很容易判断其是否为速率控制步骤，并且可以通过修正电极的微观结构来解决。然而判断其他过程是否为控制步骤则要复杂得多。同样地，确定这些反应步骤在哪个表面发生也不容易。正如Horita等人[6]在综述中所提到的一样，不同文献所报道的H_2氧化生成H_2O的激活能和反应级数相差很大。

图1.7所示为阳极可能的反应机理[47]：①氢原子从Ni的表面溢出，与YSZ表面的氧离子或者羟基离子相结合；②氧原子从氧化物表面溢出至Ni表面；③羟基从YSZ表面溢出至Ni表面；④间隙质子经体相从Ni传输到YSZ；⑤所有化学反应均在氧化物表面进行。在后续的研究中，使用模型实验电极并模拟分析了所得的结果。这种将实验和理论模型相结合的方法可以使我们清楚地了解其反应的机理。

虽然可以通过最大化三维阳极微观结构中的TPB面积来提高性能，但是从这些研究中解读机理还是非常复杂的，需要考虑微观结构带来的影响。这就导致了对大量电极模型的研究，而其中的电极结构都是简化过的，包括Ni线压在YSZ片上的点电极、将Ni印刷在YSZ表面的有特定图案的电极和纯Ni电极[48-49]。然而，尽管有大量的研究数据，但是人们对反应机理和速率控制步骤并未形成一致的见解。最近，有一些研究尝试将实验结果与模拟结果相结合，这一努力可以提供其他的解释或者证实从实验结果所得的结论，从而可以有额外的收获。

Mizusaki等人[50]的实验工作，采用的是印刷在致密YSZ基片表面的Ni条状电极，它清楚地证明了反应发生在TPB。实验结果证明界面电导率(定义为电极面比电阻的倒数)和TPB长度线性相关(图1.8)，也就是说，增大TPB可以降低电阻。此外，根据测量所得，TPB附近纯YSZ表面的界面电导率与TPB处

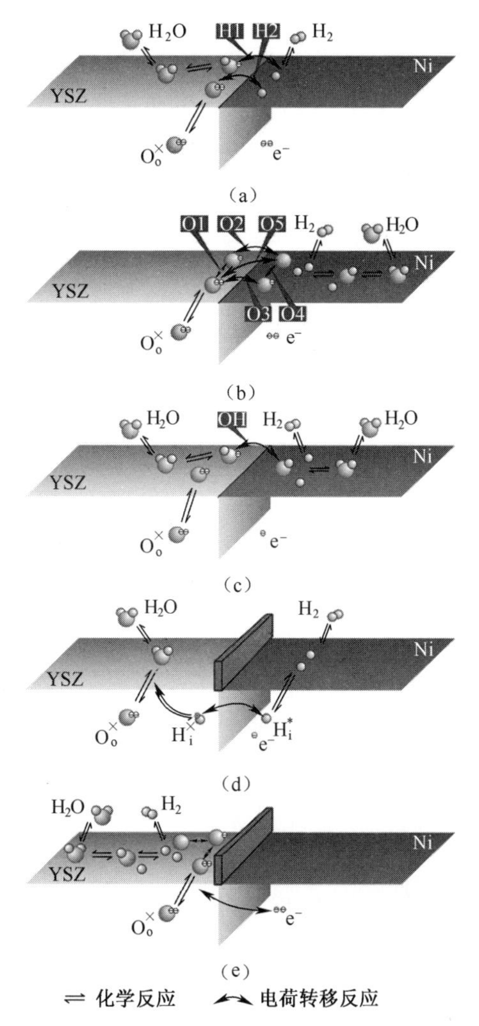

图 1.7 (a)~(e)氢气在 Ni-YSZ 界面氧化可能的反应路径[47]

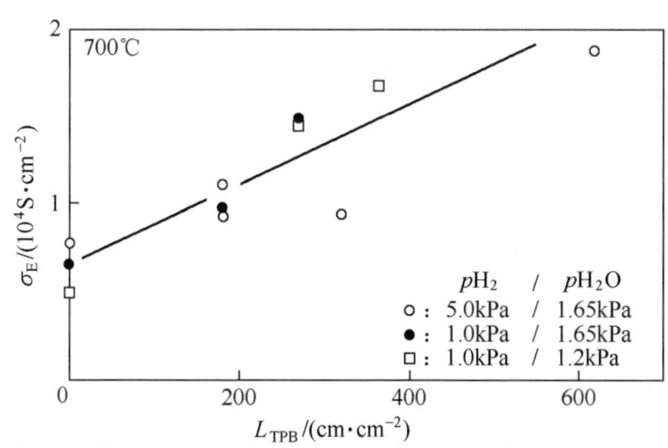

图 1.8 对于 YSZ 基体上的 Ni 条状阳极，Ni-YSZ-气相界面的电导率与 TPB 长度的关系[50]

的无显著差别，进而得出速率控制反应发生在 Ni 的表面而非 YSZ 表面。在该小组发表的第二篇文章中，进一步分析了实验数据，提出反应机理中的速率控制步骤是氢气与吸附氧原子在 Ni 表面的直接氧化反应[51]。

近来，Goodwin 等人[52]利用计算机建模的方法重新验证了这一解释，通过与 Mizusaki 的数据进行对比，得到了以下三种可能机理：

(1) O^{2-}从 YSZ 表面溢出传导至 Ni 表面。首先，Ni 得到 O^{2-}释放的一个电子，留下 O^-在 YSZ 的表面，电离的离子经过 TPB 传导至 Ni 表面的过程为速率控制步骤。该步骤包括最后的电荷转移至 Ni 相并在 YSZ 表面留下氧空位。

(2) H^+通过单通道溢出。一个质子从 Ni 表面传导至 YSZ 表面与一个氧离子相结合形成羟基离子 OH^-，释放出一个电子并传导至 Ni 相。速率控制步骤为第二个质子从 Ni 表面传导至 YSZ 表面与 OH^-形成 H_2O，并将释放的第二个电子传导至 Ni 相。

(3) H^+通过双通道溢出。双通道过程的机理与单通道过程的机理相同，但是两个质子传输步骤具有不同的速率常数。假设其在物理上是可行的，例如被吸附的离子在两个独立的位点上。

与 Mizusaki 等人得出的结论不同，Goodwin 提出 H^+溢出机理就足以解释 Mizusaki 在阳极和阴极极化下的实验数据。在一定的偏压和对应的离子流量的范围内，实验数据和该机理都能很好地对应上(图 1.9)。

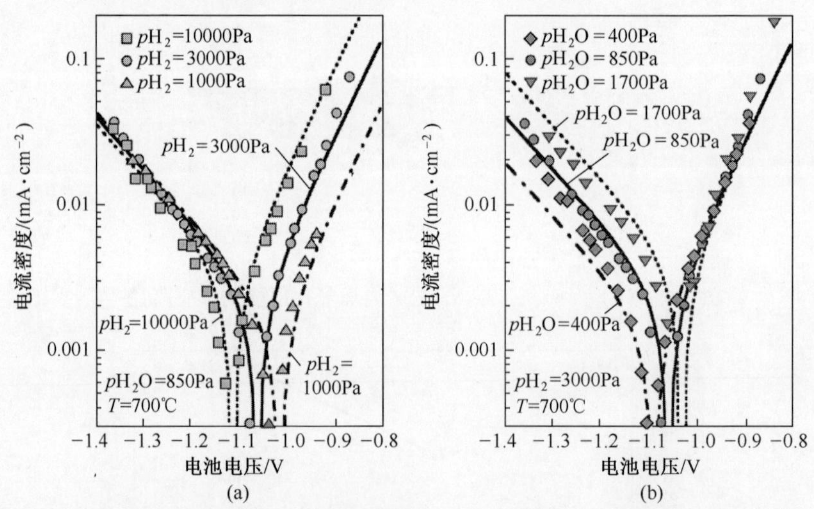

图 1.9 遵循单通道氢溢出电荷转移模型的 Ni-YSZ 阳极，实验数据(符号)[51]与理论数据(线条)[52]的对比。(a)阳极过电势，(b)阴极过电势

Bieberle 等人[53]研究了一种具有特定形状的电极，证明阳极动力学受限于可利用的 TPB 长度。这一研究证明了 Mizusaki 等人的实验结果，电极的电导率与 TPB 长度线性相关。他们还观察到阳极动力学随着阳极侧气体中水分压的上升而上升。分析这一现象得到的结论是，气体中的水分促使 YSZ 表面羟基基

团的形成，然后来自于 YSZ 表面的氧离子被去质子化，促进质子从 Ni 的表面向 YSZ 表面迁移（H^+溢出）。因此，水分所带来的催化性能的提升应归于增强了 H^+溢出过程。另外一项研究证实了在较低温度条件下 YSZ 表面吸附水分时质子的传输机理，同时指出在 SOFC 工作的温度范围内 YSZ 表面羟基的覆盖率很低[54]，不过该覆盖率还取决于气相中的水分压。

Bessler 等人[55]通过扩展电化学和非电化学反应的基本动力学建立了一个模型，从物理角度表示了双电层和多尺度物质传输。该模型是一个暂态过程，可以计算动态性能和电池阻抗。Vogler 等人则采用 Bessler 等人[55]的模型对他们的数据进行模拟。与一些可能的阳极电荷传输机理相比，只有包含 H^+溢出机理的模型的模拟结果才能与实验数据相吻合。遗憾的是，由于实验数据的限制，并不能确定表面扩散的作用。

一个近期工作结合实验和理论，研究了通过印刷制备的 Ni-YSZ 阳极[56]，解释了电极阻抗随着 H_2分压的升高而下降的实验现象，表明占主导的机理是从 Ni 到 YSZ 的 H^+溢出过程。最近的研究也证明了电极阻抗随着 H_2O 分压的升高而下降，这是由于局部电极电势和表面物质浓度发生了变化，与 Bessler 等人[57]提出的解释一致。最后，此研究者还指出之前所报道的实验数据的局限性，一些重要的参数并没有包含进来，如结构变化、杂质或者活化/弛豫作用，这些因素可能导致实验结果的差异，因而会对反应路径产生误解。

Shishkin 和 Ziegler[58]使用密度泛函理论（DFT）研究了 Ni-YSZ 界面的反应，提出有必要对这些机理进行修正。他们的结果证实了氧和氢溢出反应均具有可行性。此外，他们发现只有当 YSZ 表面富氧时，从 YSZ 表面至 Ni 的 O^{2-}溢出过程才是有利的。这几位研究者还进行了后续研究[59]，指出没有一个机理是正确的，对吸附在 Ni 和 YSZ 相的氧原子来说，最易进行的反应机理是生成水（图1.10）。然而，必须指出的是，该机理表明 TPB 不会由二维线扩展，这与实验结果并不一致。

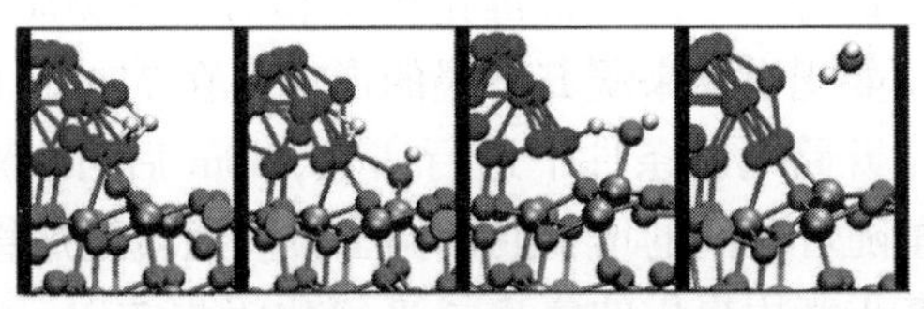

图 1.10　在 Ni-YSZ 界面可能的氢气氧化机理[59]

总的来说，近期多数研究者都尝试将实验和模拟相结合进行全面的综合性研究，研究成果均表明，H_2 在 Ni-YSZ 陶瓷阳极中主要的氧化机理为 H^+从 Ni 表面到 YSZ 表面的溢出过程。

1.4.2　Ni 基阳极中的碳氢燃料

SOFC 的工作原理是氧离子从阴极迁移至阳极与燃料气体反应，理论上来说,燃料的选择范围非常广,包括碳氢化合物燃料。甲烷由于其来源丰富、在许多城市地区均可使用以及成本较低等特性,成为 SOFC 碳氢燃料的首选。氢气在阳极中的氧化机理尚且存在争议,对碳氢燃料来说则更为复杂。H_2只能氧化生成 H_2O,与之不同的是,碳氢化合物在阳极中会进行一系列的电化学和非电化学反应,包括部分氧化、完全氧化、水蒸气重整、干重整、裂解以及聚合生成焦油。阳极气体组分以及 TPB 处发生的电化学反应都取决于这些反应的交互作用[16]。值得一提的是,只有电化学反应才对电池中产生的电流有贡献,而非电化学反应可以控制 TPB 处的气体组分。最理想的反应是碳氢化合物完全氧化成 CO_2和 H_2O,从而得到最高的燃料利用率。甲烷可能发生的反应如下:

$$CH_4 + 4O^{2-} \longrightarrow CO_2 + 2H_2O + 8e^- \quad (\text{总的电化学氧化反应}) \tag{1.1}$$

$$CH_4 + O^{2-} \longrightarrow CO + 2H_2 + 2e^- \quad (\text{部分电化学氧化反应}) \tag{1.2}$$

$$CH_4 + 3O^{2-} \longrightarrow CO + 2H_2O + 6e^- \quad (\text{部分电化学氧化反应}) \tag{1.3}$$

$$CH_4 + H_2O \longrightarrow CO + 3H_2 \quad (\text{水蒸气重整反应}) \tag{1.4}$$

$$CH_4 + CO_2 \longrightarrow 2CO + 2H_2 \quad (\text{干重整反应}) \tag{1.5}$$

$$CH_4 \longrightarrow C + 2H_2 \quad (\text{裂解反应}) \tag{1.6}$$

Ni 基阳极使用碳氢燃料存在的最主要的问题是 Ni 易于催化碳氢化合物裂解,产生积碳[5-7]。这就限制了电池的工作条件,需要在通入气体前对碳氢化合物进行水蒸气重整(外重整)或者在通入的燃料气体中加入水蒸气(内重整[60])、在燃料气中加入氧气[61]或者维持较高的氧离子流量在阳极内部产生足够的氧化产物[62],其目标都是为阳极提供足够的氧使得气体组分落在 C-H-O三元相图中生成碳的区域之外。然而,由于碳纤维在 Ni 表面的快速动力学[16,61],这些方法也不能完全抑制碳的形成。Offer 及其团队[63]就硫毒化和积碳问题撰写了一个全面的综述,明确指出热力学模型不足以完全确定这些毒化的影响。需要建立沉积动力学等动力学模型以控制毒化的程度。

近期,许多研究致力于原位观察毒化机理和对沉积物质进行表征。Pomfret 等人[64]利用原位拉曼光谱仪来研究石墨的形成。在 715℃、14%(体积分数)的 CH_4-Ar 混合气氛中开路电压条件下进行实验,2min 后可以观察到有序石墨的生成,沉积的碳含量随着时间的增长而单调上升。通过施加直流(DC)偏压可以抑制碳生长,主要基于利用提供的氧离子来氧化沉积的碳。碳生长速率在丁烷中更快,在供给少量丁烷后便可检测到有序碳和无序碳的生成。正如在 CH_4 中产生碳沉积一样,施加直流(DC)偏压后检测到的碳的峰值也明显下降。在乙烯和丙烯燃料中也得到了相似的实验结果。

这表明如果能够维持足够高的氧离子流量便可保证电池的长期运行,但如果运行环境改变则可能会导致电池发生致命失效的风险。电堆需要在开路(零电流)条件下和大范围的电流密度条件下保持稳定。因此,实验证明这种方法并不具有商业可行性。

内重整最主要的优势是能量集成——燃料氧化放热反应所产生的热能可以用作水蒸气重整吸热反应的能量来源。然而，在燃料电池系统入口处碳氢化合物浓度较高的区域，这两个反应的反应速率却大不相同，导致燃料气体入口处的温度剧增，在电堆中造成较大的温度梯度[65]。一个可以抑制放热反应的方法是降低供给气体中水蒸气的含量，利用电堆中反应产生的水蒸气来实现燃料的水蒸气重整；然而，这会增加电堆积碳的风险[66]。另外一种可能的方法是，抑制燃料入口处水蒸气重整的速率，同时不影响燃料的氧化反应。这将会使得热量向电堆内部扩展，也会增加积碳的风险。还有一种方法是在阳极中增加另外一层，使输入的碳氢燃料在此层优先与水蒸气进行重整反应[61]，因而将重整反应和电化学反应分开在不同的区域进行，可以使之分别最优化。

一般工业应用都采用外重整的方法，通过将重整反应和电化学反应分开以克服上述问题，使得独立于电池系统的重整反应系统可以得到最优化设计。通过为 SOFC 电堆提供完全或者部分重整的燃料混合气体，如 H_2 和 CO 混合物，可以除去天然气中可能含有的高碳烃类燃料。这些高碳烃类燃料非常容易在阳极中造成碳沉积。最近，Powell 等人[67]的研究证明，一个以甲烷为燃料的 SOFC 系统结合外置重整反应器，可以获得高达约 57%的系统效率，尽管燃料热效率较低。此高系统效率值是通过利用阳极废气来为吸热水蒸气重整反应提供热量和相应的水蒸气来实现的。上述实验证明，即使是使用外置重整反应器也能获得相当高的能量整体利用率。图 1.11 所示为使用外重整甲烷的 SOFC 系统的简图。

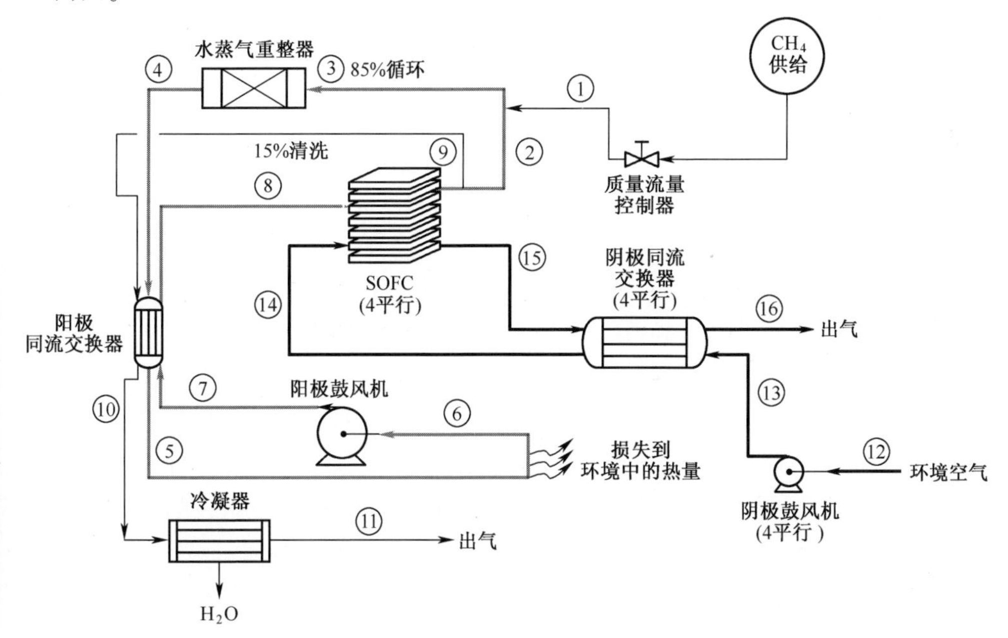

图 1.11　使用外重整甲烷的 SOFC 系统示意图[67]

除非在外部反应并且达到100%的碳氢化合物转化率,水蒸气重整才会适用于包含碳氢化合物、H_2、H_2O、CO 和 CO_2在内的燃料混合物。这就需要理解系统中优势反应的动力学,才能针对所使用的燃料设计出最具活性的阳极材料。已经有大量实验和模拟研究试图揭示碳氢化合物和 CO 在 Ni-YSZ 阳极中的氧化动力学及机理。

如果首先考虑 CH_4的直接氧化反应,Abudula 等人[68]证明,与纯氢燃料相比,只有一小部分阳极是对甲烷的电化学氧化具有活性的。他们观察到,使用H_2燃料时,Ni-YSZ 阳极的厚度增加到 120μm 都会对电池的性能产生影响;但是使用湿润的甲烷时,阳极的厚度增加到 76μm 后便不会对电池的性能产生影响。对于 CH_4来说这一现象可以理解为,活性 TPB 区域并未扩展到这么远。值得注意的是,使用 CH_4的电流密度要比使用 H_2低很多。因此可以证明,对于全层厚阳极来说,CH_4的活化可能是速率控制步骤。H_2比 CH_4更容易氧化,这一结果并不令人意外。对于碳氢燃料来说,必须也要考虑反应产物。Abudula 等人[68]报道了碳氢燃料在所有电流密度下都会形成 CO_2,并且 CO_2的产生速率与电解质的供氧速率直接相关。Horita 等人[69]证明当了 H_2O/C 在 0~1 之间时,CH_4的反应机理与电池过电势(以及电流密度)之间的联系。在低的过电势下,碳被直接氧化,碳沉积来源于 CH_4非电化学反应裂解的碳,但是在高的过电势下,反应机理转变为 CO 和 H_2的氧化。Holtappels 等人[70]证明了 Ni-YSZ 金属陶瓷氧化 CO 的活性要比氧化 H_2低一个数量级。Matsuzaki 和 Yasuda[71]量化了 H_2和 CO 的氧化速率,其差异为 2,并提出这是由于 CO 在电极表面的扩散比较缓慢。这与 Weber 等人[72]的工作相一致,当提高 CO-H_2混合物中 CO 的含量时,电池的性能会下降。

Zhan 等人[73]根据 O^{2-}/CH_4比例的变化表征了以 CH_4为燃料的 Ni-YSZ 阳极中产物的分布;他们观察到在 $O^{2-}/CH_4 \approx 1$ 时,甲烷部分氧化成 CO, 但是当这一比例增大时,氧化产物中 CO_2的含量也会上升。Buccheri 和 Hill[74]近期更多的工作报道了相似的变化,指出在低电流密度下,Ni 基阳极中 CH_4的主要反应是 C 电化学氧化成 CO;在高电流密度下,可以观察到 H_2和 CO 进一步氧化生成 H_2O 和 CO_2。

Kleis 等人[75]通过计算机模拟来研究 CH+O 或 C+O 在 Ni 颗粒上可能发生氧化反应两种机理路径。他们发现最佳的反应路径取决于 Ni 表面的晶面取向。CH+O 的反应路径倾向于在 Ni 的(211)台阶面,而 C+O 的反应路径则倾向于在 Ni 的(111)平台面,在坐标表面整个路径的阻碍最小。Horita 等人[69]以及 Buccheri 和 Hill[74]通过实验结果预测的这个路径在该计算模拟中得到了证实。当然,还需要在实际阳极中测量多方向的值进行研究,值得一提的是,这些计算的前提条件是过电势为零。Pillai 等人[76]的工作给出了另外一种解释:产物的分布是由阳极中重整反应的平衡所完全决定的,使得产物的分布趋向于平衡。这意味着观察到的产物分布并不表示电化学反应发生在阳极的 TPB。

所提出的机理可能是由于阳极中氧气增多后气体成分的改变而变化。在高电流密度下,阳极中 CO_2 和 H_2O 产物的浓度足以通过水蒸气和/或干重整碳氢化合物来产生大量的 H_2 和/或 CO。与碳氢化合物相比,这些重整燃料更容易在 TPB 中被氧化,导致观察到的机理发生变化。在低电流密度下,由于氧化的 CH_4 活性较低,导致了基于氧化沉积碳的机理。观察到的这些机理的转变可能是供给的燃料中没有水分的结果。机理随着气体环境的改变而改变的概念得到了 Hao 和 Goodwin 的支持,他们研究了在 SOFC 阳极中同时供给甲烷和氧气的反应。结果表明,阳极可以认为是由三个区域组成:近表面区域,氧气被甲烷和氢气的氧化所消耗;紧接着是中间区域,重整反应占主导;最后是阳极内部区域,水煤气变换反应占主导[77]。阳极中唯一变化的是气体组分。要完全阐明其机理需要精细的实验来测量阳极气氛中每一种物质的动力学,并与整个阳极通道内反应物及产物的分布的计算模拟相结合。

众多研究都致力于理解碳氢燃料的水蒸气重整及其产物的氧化反应。一个重要的因素是,该反应是均相的气相反应,还是在固体 Ni-YSZ 金属陶瓷表面发生的非均相反应。在 900 ℃以下,甲烷的均相反应不会对阳极的化学过程产生重要影响;然而,在较低的温度下,高碳烃类会发生均相裂解和聚合反应[63-64,78-80]。在以这些高碳烃类为燃料的 SOFC 系统中,通常可以观察到焦油沉积[78,81],从而验证了上述理论。同时,也需要区分在 Ni 表面催化生成的石墨碳纤维和通过气相化学反应生成的碳。在 Ni 表面形成的石墨碳会造成很大的体积膨胀而使电池突变失效,并造成阳极金属陶瓷的“干腐蚀”[82]。气相反应生成的焦油,当其分子量足够高之后便会沉积下来堵塞阳极的孔隙[81]。焦油的生成或者“干腐蚀”都会造成阳极性能的缓慢衰减。

关于干(CO_2)重整反应动力学的实验研究普遍较少。Kim 等人[83]对低 H_2O/CH_4 比率的水蒸气重整反应进行了研究,结果显示,碳在开路条件下会沉积在阳极上。在电池运行条件下,沉积在 TPB 的碳会被氧化。关于竞争动力学的实验细节也较少,然而,Sukeshini 等人[84]报道了 Ni-YSZ 印刷电极上的 H_2O 会抑制 CO 的氧化。

Hecht 等人[85]通过实验和建模的方法确定了最为精细的 Ni-YSZ 金属陶瓷上甲烷重整及其相关反应的动力学机理。他们实验设置的动力学参数或许是最为全面综合的,可以以此为基础对有水蒸气内重整反应的阳极进行全面的计算建模。Zhu 等人[86]研发的综合模型可以精确捕获实验结果;对于阳极的关键区域,包括从阳极-电解质界面扩展至约 10μm 范围的电化学活性区[87],以及电池的电化学阻抗行为[88]。在对这些阻抗的研究中提到,由于重整反应这一化学过程与局部物质的浓度密切相关,电池的电化学响应以及重整反应的相对速率都会因电流密度的变化而变化。这一现象与先前的讨论结果相一致,说明电流密度会影响产物的分布[69,73-74,76],不过该结果强调是电池中氧流量增加的间接作用。

1.5 Ni 基阳极的毒化

硫毒化的时间与燃料中硫含量的浓度无关,在所用的浓度范围内阳极毒化的速率都大致相同。毒化电池所需的浓度是温度的函数。例如,在 1173K 时,当硫含量达到 0.5ppm① 以上时阻抗才会增加,但是在 1023K 时,硫含量达到 0.5ppm 时阻抗就会增加。该研究使用的硫是 H_2S,且含有 H_2/H_2O(79%(摩尔分数)/21%(摩尔分数))。当把燃料中的硫除去后这一毒化反应是可逆的[89]。其他报道指出,低于 100ppm 的 H_2S 所造成的硫毒化都是可逆的[90]。这与 Kromp 等人[91]的工作结果相一致,他们证明了硫毒化主要是由于具有催化活性的 Ni 位点化学吸附了硫元素,阻碍了 H_2 的氧化反应和重整反应。Cheng 和 Liu[92]通过原位和非原位分析的方法进一步证明了这一观点,并通过比较热力学数据提出 Ni-S 混合物基体对 Ni 基阳极在含 H_2S 燃料中的长期性能衰减没有直接影响。这些研究者认为在含硫燃料中吸附在 Ni 表面的物质会造成初始性能的迅速衰减,但是此刻长期性能的衰减机理并未得到很好的解决。这些硫毒化的研究也可以帮助理解不同燃料的反应机理。例如,硫毒化对甲烷和氢气氧化反应速率的影响是不同的,表明反应区域有所差别[93]。

燃料中也可能存在其他杂质会产生严重的毒化作用,尤其当燃料是由煤的气化反应得到时。例如,当气体中含有磷时会生成磷化镍[94]。As 也会和 Ni 发生严重反应,生成 Ni-As 固溶体 Ni_5As_2 和 $Ni_{11}As_8$。Ni-As 相的存在会降低电子导电相的连通性,最终,当 Ni-As 相到达阳极-电解质界面处从而造成电池失效。为了避免性能的衰减,As 的含量必须低于 10ppb②[95]。

在初始原料中,杂质硅的存在也可能会对电池的长期运行产生影响,这些杂质会在阳极-电解质界面处累积,改变其微观结构并形成硅酸钠玻璃相[96-98]。在有水蒸气存在的情况下,这一损害会扩展至电解质中造成晶粒腐蚀,并导致 Ni 从电极传导至电解质中[96]。将含 Si 的 Ni 线和 YSZ 表面(无 Ni)相接触,将

① ppm,本书中指体积分数 μL/L。后文中均用 ppm 表示。

② ppb,本书中指体积分数 nL/L。后文中均用 ppb 表示。

其置于 3%湿化的 H_2 中将近一周后，其接触界面的形貌如图 1.12 所示[99]。

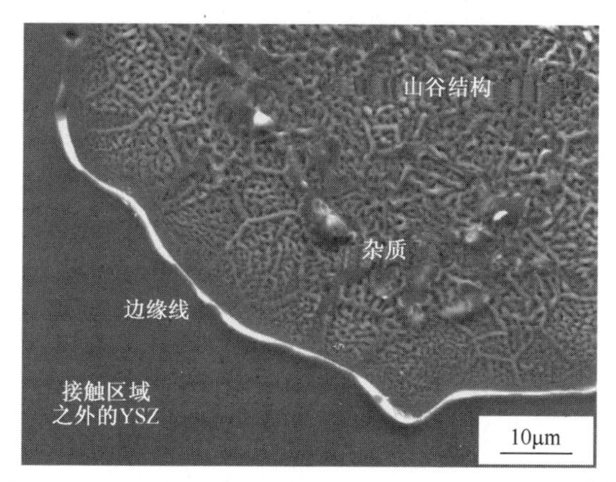

图 1.12　SEM 图显示了在 Ni 线的接触点生成了杂相[99]

1.6　直接使用碳氢燃料的备选阳极材料

在系统中添加水蒸气首先应该考虑到电池的电压会随着阳极侧氧含量的增加而降低。电池的开路电压(OCV)即为能斯特电势，它的值是由电池两边反应建立平衡时氧的化学势所决定的。对于氢气，阳极侧氧的化学势是由 H_2、H_2O 和 O_2 之间建立的平衡而确定的。如前所述，阳极在碳氢燃料中的气体成分受到一系列复杂且相互制约的反应的影响，这使得电池的 OCV 很难被完全确定。增加阳极中水蒸气的含量可以抑制碳生成，但是阳极侧氧的化学势的增加将会造成 OCV 降低。工业上进行水蒸气重整时，水/碳比通常约为 3。一般所说的理想情况是寻找或控制阳极催化剂，仅使干燥的碳氢燃料在阳极中发生电化学氧化反应。这样能够使电池得到最高的热力学开路电压，从而使电池得到最高的效率。这就需要设计可以直接在碳氢燃料中运行且不含 Ni 的其他阳极材料。

实现这个选择性催化过程是十分困难的。即使对于最简单的碳氢燃料 CH_4，反应物、产物和中间产物之间所有可能的异相反应步骤非常多，并且这些反应还与可能存在的大量气体均相互反应混合[85]。这些反应的平衡以及产物决定了阳极的氧逸度以及开路电势。根据反应方程式(1.1)，CH_4 完全氧化需要 4 个氧离子和 8 个电子，完全通过电化学过程催化这些反应从而避免其他反应发生的可能性很小。如果考虑到燃料电池电堆中气体成分从进气口反应物富集区向出气口产物富集区的变化，实现这种选择性催化的可能性显然很小。同时，反应体系的复杂性将随着燃料气体中碳原子个数的增加而迅速增加。最终，这个反应的复杂性将会使电池性能的分析变得复杂，并且文献报道只是讨论了反应的主要趋势而不是反应机制的具体细节。故需要对该领域做进一步研究。

直接碳氢燃料 SOFC 阳极材料的要求与 Ni 基电极的要求相同：高的电子电

导率、高的离子电导率以及对燃料气体具有高的电催化活性。同样地,它们也需要可加工性和耐久性。一些具有潜在可能的材料被提出,但是到目前为止还没有一种材料能够在价格尽可能低廉的条件下满足所有要求。这些材料中的大多数是直接替换 Ni-YSZ(或是其他电解质)体系中的 Ni,使用新的氧化物来进行电催化和电子传输。有意思的是,混合金属氧化物会显现出电子-离子混合导电性,而这类材料通常在 SOFC 阴极中使用。这使得单一材料能够满足 SOFC 阳极的所有需求成为可能。这类材料能够使整个电极表面都成为反应活性区(所有表面均能满足所有的功能特性),从而得到一个高性能的电极且反应活性区不会限制在 TPB。然而,到目前为止还没有这样的材料被开发出来,所以也有必要在这个领域做进一步的研究和创新。

Gorte、Vohs 及其同事提出了以 Cu-CeO_2-YSZ 阳极替代 Ni,这是很具有前景的[4,101-103]。在这个阳极体系中,Cu 提供高的电子导电性,CeO_2提供催化活性。Cu 在干燥的碳氢燃料中不会催化石墨碳的形成,这样可以使 SOFC 在从CH_4到正癸烷等燃料中运行。另外一种广泛研究的氧化物阳极体系是由 Tao 和 Irvine[104]提出的钙钛矿结构的 $La_{0.75}Sr_{0.25}Cr_{0.5}Mn_{0.5}O_3$(LSCM)。在这个体系中,LSCM 替代 Ni 提供电子导电性和催化活性。LSCM-YSZ 复合阳极具有足够的导电性,相应地,SOFC 在 900℃ 的 CH_4中可以得到足够高的性能。另一些可能的材料体系有以 $Sr_2MgMnO_{6-\delta}$(SMMO)为代表的双钙钛矿[105]、掺杂的钛酸锶[106-107],以 $Gd_2Mo_xTi_{2-x}O_7$为代表的烧绿石[108],以 $A_{0.6}BO_3$为通式的钨青铜[109-110]、钒酸盐[111-113]。表 1.1 总结了一些可能的 SOFC 阳极材料体系。需要注意的是,这些性能特征是可以改进的。例如,低催化活性可以通过添加催化剂来提高,化学相容性可以通过溶液浸渍法制备电极来解决。进一步讲,所有这些特性均是温度、压力、氧的化学势和电化学势的函数。

研究者一方面想方设法提高材料本征的性能,另一方面添加一些材料以提高阳极的性能,故阳极的组成方式繁多。下面将根据阳极材料所需满足的特性分别讨论到目前为止最有应用前景的非 Ni 基阳极材料。本章将不再讨论这些材料的晶体结构、化学缺陷以及电子和离子的传输机制,关于这些方面的论述读者可以参阅本领域的一些经典的综述[114-117]。

1.6.1 备选阳极材料的电子导电性

电子导电性的测试大多是对于单相材料,它只是阳极复合物整体的一部分。这些测试在比较选择阳极材料并研究它们的本征电导率大小方面是可靠的,但是在用于推断复合电极的性能时需要慎重。由于空隙和电解质的阻隔作用,复合物的电子电导率可能比单相材料要低很多。典型的规律是复合物的电子电导率要大于 $100S \cdot cm^{-1}$[118]。复合物的电子电导率是材料的渗透和致密度的函数,受形貌、相对量、相对颗粒大小和孔隙尺寸的影响。因此,在分析电池性能

表 1.1 一些 SOFC 阳极材料的比较

结构	典型材料	还原气氛中的稳定性	离子导电性	电子导电性	与 YSZ 的化学相容性	与 YSZ 的热相容性	H_2中的性能	CH_4中的性能	氧化还原稳定性
混合物	Ni-YSZ	√	√	√	√	√	√	×	×
混合物	Cu-YSZ	?	√	√	√	√	√	√	√
萤石结构	YZTScYZT CGO	√	√	×	√	√	一般	一般	√
Cr 钙钛矿结构	$La_{1-x}Sr_xCr_{1-y}TM_yO_3$	√	?	√	√	√	√	√	√
Ti 钙钛矿结构	$La_{1-x}Sr_xTi_{1-y}TM_yO_3$	√	×	√	√	√	×	×	√
双钙钛矿结构	Sr_2MgMoO_6	√	?	一般	×	√	√	×	√
烧绿石结构	Gd_2TiMoO_7	×	一般	√	√	?	√	?	×
钨青铜结构	$Sr_{0.6}Ti_{0.2}NbO_3$	√	×	√	√	?	×	?	√
单斜结构,空间群 $C2/m$	Nb_2TiO_7	√	×	√	√	×	?	?	×

注:“?”表示未知。
引自文献[18],Tao 和 Irvine 的文章。

时应同时考虑电极的电导率。例如,通过将 Cu 的前驱体注入 YSZ 骨架中得到 Cu-YSZ 复合物,它的电导率在 Cu 的担载量达到 15%(体积分数)时可以超过 $1000S \cdot cm^{-1}$。而通过机械混合 NiO 和 YSZ 制得的 Ni-YSZ 阳极,它的电导率满足使用要求时需要至少 40%(体积分数)的 Ni,这个值远远高于 Cu-YSZ 阳极。Cu-YSZ 阳极能够在低的 Cu 担载量的情况下得到高的电导率是因为注入的颗粒能够选择性地分布在 YSZ 上形成一个连续的表面层[119]。

阳极所需的总电子电导率与阳极的厚度相关。理想情况下,电极的欧姆电阻不应对电极所容许的总电阻产生太显著的影响。为了达到这一要求,一方面可以增加电子电导率,另一方面可以通过减小电极的厚度以缩短电子传输的路径(电子传输路径是从电解质附近的反应活性区至电极表面的电流收集层)。因此,有可能在薄的电极里或在厚的电极中薄的功能层里使用电子电导率较低的材料作为初始电子导体[120-122]。电导率低的问题可以通过使用薄的阳极来克服,但是这就需要阴极或电解质足够厚,从而对电池提供机械支撑作用。

SOFC 氧化物阳极材料呈现 n 型或 p 型电子导电特性,尽管 p 型材料的电子导电性在阳极还原气氛中会衰减,但 p 型材料作为 SOFC 阳极使用得更多。这些材料的电子电导率可以通过在晶体中掺杂异价元素来改进。掺杂后形成氧空位(大多数潜在的氧化物材料在 SOFC 阳极环境下是氧亚化学计量的)或通过过渡金属阳离子化合价转变产生电子电荷的载体以实现电荷补偿[114,123-124]。

例如,我们仔细阅读并总结了关于提高 LSCM 的电子电导率的相关研究。在 900℃时,初始材料 $La_{0.75}Sr_{0.25}Cr_{0.50}Mn_{0.50}O_{3-\delta}$ 在空气中的电子电导率约为 $40S \cdot cm^{-1}$,而在 5%(体积分数)H_2 中,其电子电导率为 $1.5S \cdot cm^{-1}$[125-126]。电子电导率随着氧分压的降低而降低的现象印证了它的 p 型导体特性。

$LaCr_{0.5}Mn_{0.5}O_3$ 作为基底材料,用 Sr^{2+} 替代 La^{3+} 后,通过 Mn 的价态提高或形成氧空位来实现电荷补偿。氧分压较高时不利于形成氧空位,而 Mn 上面的电子空穴在这个情况下占据优势,使得材料具有较高的电导率[127]。随着氧分压的降低,形成氧空位变成实现电荷补偿的主要形式,所以电导率降低。高和低的氧分压数值的精确界定取决于过渡金属阳离子的还原性和研究温度。

高氧分压下:

$$4SrO + 4La_{La}^{\times} + 4Mn_{Mn}^{\times} + O_2(g) \rightleftharpoons 4Sr'_{La} + 2La_2O_3 + 4Mn_{Mn}^{\cdot} \quad (1.7)$$

低氧分压下:

$$4Mn_{Mn}^{\cdot} + 2O_O^{\times} \rightleftharpoons 4Mn_{Mn}^{\times} + 2V_O^{\cdot\cdot} + O_2(g) \quad (1.8)$$

增加电导率最显而易见的方法是用更多的 Sr^{2+} 替代 La^{3+}[128]。然而,当 Sr^{2+} 的含量大于 25%(摩尔分数)时,电子电导率不再明显增加,而当 Sr^{2+} 的含量大于 30%(摩尔分数)时,将会导致氧化物与 YSZ 之间发生固相反应生成第二相[128]。另一种方法是提高 Mn/Cr 的比值,但是这会导致氧化物在 SOFC 阳极气氛中变得不稳定[129]。上述两点是研发 SOFC 阳极必定采用的整体思路,单独考虑其中一点是不够的。

钛酸锶($SrTiO_3$,STO)是另一种被深入研究的利用异价元素掺杂以改善氧化物电子电导率的例子。讨论这个体系对于阐明掺杂的复杂性具有很大的帮助,特别是有关所得材料的稳定性。前面讨论的LSCM是在钙钛矿结构的A位掺杂低价阳离子,与之不同的是,STO主要是在A位或B位掺杂更高价态的阳离子。通过在结构中形成电子载体或阳离子空穴以实现电荷补偿。在低氧分压和高温下,主要的电荷补偿方式是将基底材料中的Ti^{4+}还原成Ti^{3+}。因此,在Sr位掺杂的三价阳离子,如Y^{3+}或La^{3+},致使n型电子载体通过下式形成:

$$\frac{1}{2}X_2O_3 + Sr_{Sr}^{\times} + Ti_{Ti}^{\times} \longrightarrow X_{Sr}' + Ti_{Ti}' + SrO + \frac{1}{4}O_2 \tag{1.9}$$

式中:X表示掺杂的三价阳离子。

从式(1.9)可以推测出载流子的浓度与掺杂的浓度直接相关,虽然载流子与掺杂的阳离子协同作用会导致其结果与这个简单的假设有差异[133],但是这个方法可得到电导率在$100S \cdot cm^{-1}$的可用范围内的材料[107]。由于Ti^{4+}很难被还原,要实现上述电导率需要在极端的还原条件下实现[106,134-135]。在一般工作条件下,需要将电池预先在高温下处理,这会增加电池制备的成本以及如果电池进行原位处理会给电堆带来额外的材料负担。还需注意的是,在长时间运行状态下特别是电堆出口处氧分压较高的地方,材料发生缓慢的氧化还原而导致电导率损失。

高氧分压不利于Ti^{4+}的还原,需要通过另外的机制来实现电荷补偿。在Sr的亚点阵中形成阳离子空位可以实现电中性,但是要消耗电子载流子[133,136]:

$$Sr_{Sr}^{\times} + 2Ti_{Ti}' + \frac{1}{2}O_2 \rightleftharpoons SrO + V_{Sr}'' + 2Ti_{Ti}^{\times} \tag{1.10}$$

这会导致形成SrO或Sr富集的第二相[137-138]。虽然阳极不应该在如此高的pO_2下工作,但是这种情况可能在刚开始工作或长时间工作后发生。这些材料在SOFC条件下的热力学线图还没有完成。避免第二相形成的一种方法是谨慎地控制Sr的空位的量,使之补偿施主掺杂引起的电荷变化[78,110,139-140]。这样确实能得到高电导率的材料,但是有可能会导致Ti富集的二次相的形成。虽然这些材料具有好的电子电导率,但是近期的研究表明,A位缺陷会导致Ti富集的二次相的析出[106,141]。

图1.13所示为上述电导率的区别[107]。图1.13(a)所示为在空气中预先处理以后的样品的电导率与氧分压的函数关系曲线。通常,电导率随着掺杂浓度的提高而提高(这在对数标尺的图上不是很明显),并且氧分压的减小会使氧化物由离子导电特性变为电子导电特性,所以电导率也会增加。电导率随着掺杂浓度的增加而增加的特性十分明显,故预先在H_2中还原的样品的电导率测试值明显比原来高(图1.13(b))。

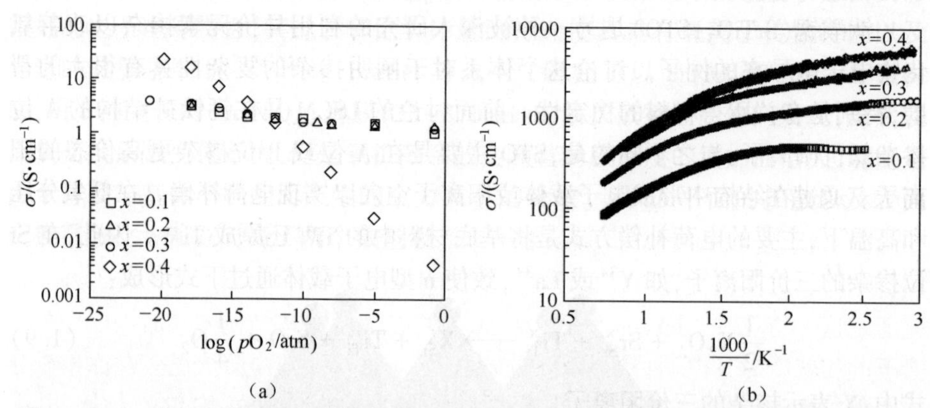

图 1.13 (a)在空气中1650℃预烧结后，$La_{1-x}Sr_xTiO_{3-\delta}$在1000℃的电导率与氧分压的函数关系和(b)在4%(体积分数)H_2/Ar中预还原后，在加热过程中$La_{1-x}Sr_xTiO_{3-\delta}$在1000℃和$CO_2$缓冲器$pO_2$为$10^{-18}$时的电导率与温度的函数关系

除了将A位二价Sr替换为三价阳离子，还可以将B位四价的Ti替换为五价的Nb[142-144]。如同在A位掺杂三价元素一样，这种方法可以在高温和低氧分压下通过Ti^{4+}还原所带来的电荷载体实现十分高的电子电导率：

$$\frac{1}{2}Nb_2O_5 + 2Ti_{Ti}^{\times} \longrightarrow Nb_{Ti}^{\cdot} + Ti_{Ti}' + TiO_2 + \frac{1}{4}O_2 \qquad (1.11)$$

但是与A位三价掺杂相似，这种掺杂方式下的氧化还原反应发生的很慢，需要在苛刻的还原条件下才能实现高的电导率[145]。Nb掺杂或其他材料发生的缓慢氧化还原反应归因于低的氧离子电导。

LSCM和STO均是钙钛矿结构的氧化物。另一种提高电子电导率的方法是开发其他晶体结构的物质。Huang等人提出双钙钛矿结构的SMMO是一种潜在的阳极材料，它在800℃的H_2中的电导率可以达到$10S \cdot cm^{-1}$[105,146-147]。在此晶体中，n型电荷载体通过阳离子Mo(Ⅵ)还原成Mo(Ⅴ)实现电荷补偿。虽然对于阳极支撑来说这个电导可能是不够的，但据报道，通过薄的电极可以实现理想的电池性能[105]。这些材料掺杂后会产生更高浓度的载流子，可能会导致双钙钛矿结构被破坏，然而，为了获得高的电导率是否需要这种双钙钛矿结构目前还不清楚。

许多其他的材料也被提出，但是都缺乏足够的电导率作为厚的电极来制备阳极电极支撑的SOFC。萤石结构的氧化物SMMO证明，作为一个氧化还原稳定的阳极可以提供足够的电导率和优异的性能，以LSGM作为电解质制成的对称电池在H_2中可以得到的最大功率密度为$850mW \cdot cm^{-2}$[148]。然而，这也是在使用薄的电极时实现的。烧绿石结构的$Gd_2Mo_xTi_{2-x}O_7$显示出足够的电子电导以及合适的SOFC性能，但是这些材料在阳极环境中的稳定性很差[108,149]。

上述讨论不是为了总结,而是为了指明发展其他氧化物电子导体以取代 Ni 存在的挑战。还有许多其他的代表性的材料[18]。一种克服这些氧化物电子电导率不足的办法是加入金属,特别是以 Cu 作为电子导电相。使用 Cu 是依据了 Gorte、Vohs 等人在 Cu-CeO_2-YSZ 阳极中将 Cu 作为电子导电相的开创性的工作。正如前面讨论的,这些 Cu 基阳极的电导率足以使它们在阳极支撑的 SOFC 作为厚的电极使用(大于 200μm)[4]。这个方法被用于使用另一些氧化物作为催化剂的情况,包括 Cu-LSCM-YSZ[151]。另一种可选的办法是使用 Cu-Ni、Cu-Co和 Cu-Cr 混合金属电极[120,152-153],这也是首先由 Gorte、Vohs 及其同事提出的。这些二元金属在碳氢化合物中能够保持稳定,在其他金属上以 Cu 来抑制碳的形成。首先需要考虑的是使用 Cu 基阳极使制备过程更加复杂,因为 CuO 的熔点(1336℃)相对较低而不能与 YSZ 共烧。同样地,Cu 必须在 YSZ 骨架形成以后使用浸渍或者另一些方法加入[102]。Cu 的热稳定性也是一个问题,因为电池的运行温度十分接近 Cu 的熔点(1085℃),Cu 的热稳定性也与浸渍工艺相关。二元合金可能提高 Cu 的熔点和热稳定性,添加另外的固相也使阳极的三相反应界面的概念复杂化。在此情况下,有电解质、电子导电相、电催化剂和气相四种相,这些相必须紧密接触以得出一个可以工作的阳极。

总的来说,对于高电导率的氧化物的探索还在进行中,目前已知的材料能够提供足够的电导率用于薄的电极。它们的使用需要将电池结构从传统阳极支撑的电池转变成阴极支撑的电池。电解质支撑的电池将会因为厚的电解质带来的欧姆损耗导致电池的性能较低。对于阳极支撑的电池,目前需要添加第二相金属,通常是 Cu。

1.6.2 备选阳极材料的电催化活性

备选阳极材料的发展还没有像 Ni-YSZ 一样达到可以详细解析电极反应机制的程度。因此,可以总结出目前材料发展的一个普适的结论并指明未来的发展方向。

首先,可以从所有的关于直接使用碳氢燃料的研究结果中得出活性很好的电化学催化剂用于碳氢燃料的氧化。除了一些具有高催化活性的贵金属催化剂外,所有其他的研究表明,在相同条件下碳氢燃料中所得的电池性能要比在 H_2 中得到的差很多。因为所有的电池都是相同的,仅仅是阳极的环境发生了变化,所以可以得出性能的差异是由于阳极对于 H_2 和碳氢燃料电化学催化活性的差异。H_2 的氧化要比碳氢燃料氧化容易得多,以 CH_4 为例,它在 SOFC 工作温度下相对更稳定。一种解释是碳氢燃料的气相传输可能比 H_2 更慢,然而,这并不适用于这些研究中所有的阳极结构,而且每摩尔碳氢燃料所消耗的电子数量(每摩尔 CH_4 至少需要 8mol 的电子)可能抵消任何传质问题。

许多证据表明,阳极中需要有高催化活性的电催化剂。研究最多的体系可能是 Cu-CeO_2-YSZ,在这个体系中 CeO_2 是最重要的电催化剂[4,154]。Cu-YSZ

的性能很差,尤其是在碳氢燃料中[79]。将 CeO_2 换成另外的镧系催化剂进一步证明电池的性能跟镧系催化剂的催化活性密切相关[79]。从测试数据来看(参见 Park 等人[101-102] 和 Kim 等人[103] 的研究),以 Cu-CeO_2-YSZ 作为阳极的 SOFC 电池的性能在碳氢燃料中比在 H_2 中低。当在阳极中使用贵金属后,电池可以在 CH_4 和 H_2 中得到相同的开路电压、极化阻抗和功率密度。这表明添加贵金属改变了碳氢燃料氧化时的电催化能垒(CeO_2 作为载体的贵金属对于碳氢燃料的氧化具有很好的催化活性),而电池性能被其他因素所限制。

LSCM 基阳极显示出相同的规律,即在碳氢燃料中的性能(高的极化阻抗)比在氢气中低[104,156]。图 1.14 所示为 LSCM 基阳极在潮湿的 H_2 和 CH_4 中的电池性能和阻抗谱[104]。与氢气相比,甲烷中的开路电压和峰值功率密度更低,而极化阻抗更高。在甲烷持续流动的条件下对 LSCM 的催化活性进行了研究,结果表明它对于 CH_4 氧化是具有催化活性的,对于 CH_4 和 CO_2 的干重整反应具有一定的催化活性,但对 CH_4 水蒸气重整反应的催化活性很有限[157-158]。Mn 被证明是 LSCM 里面具有催化活性的元素。X 射线吸收近边结构表明还原的样品 Cr 的 K 边界能量是恒定的,而 Mn 的能级改变了(表明氧的配位发生了变化)[127]。这个结果与之前的研究相吻合,不含 Mn 的材料 $La_{1-x}Cr_xO_{3-\delta}$ 是不具有催化活性的[158-159]。这也与在钙钛矿上发生的 Mars-van Krevelen 反应相吻合。这个机制是建立在晶格氧参与反应的基础上的。晶格氧在还原步骤氧化反应物时被消耗,接下来晶体再被重新氧化以完成整个催化循环。许多报道将这些钙钛矿的活性与 B 位过渡金属阳离子的氧化还原能力联系在一起[117,158,160-162],根据这个设想,许多研究寻求通过在 B 位进一步取代以提高催化活性[163-171]。虽然进一步掺杂确实影响了催化活性,但是常常导致掺杂的原子从晶格中析出[162,164,167-168,170]。

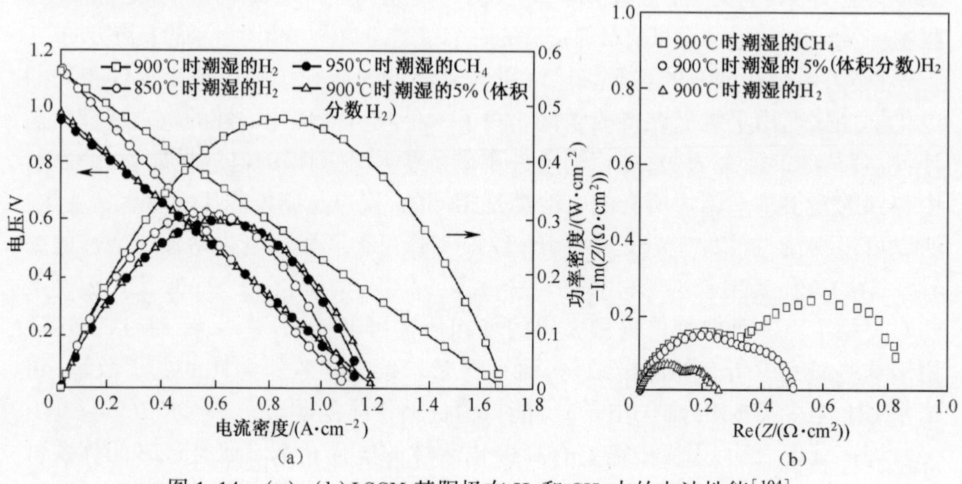

图 1.14 (a),(b)LSCM 基阳极在 H_2 和 CH_4 中的电池性能[104]

例如,van den Bossche 和 McIntosh[162]使用 Co、Fe、Ni 替换了10%(摩尔分数)Mn,发现 LSCMNi 和 LSCMCo 对甲烷氧化的转化率相对于 LSCM 提高了一个数量级。然而,这仅仅发生在 Co 和 Ni 析出后。在 LSCM 表面添加具有催化活性的金属催化颗粒是提高这些氧化物催化活性最为有效的方法,可以通过添加第二相或者从掺杂的物质中析出的方法加入。阳极中必须添加少量(1%~5%(质量分数))的活泼过渡金属或贵金属以显著提升这些 SOFC 在碳氢燃料中的性能,通常使功率密度增加一倍以上[151,172-175]。这可与之前讨论的添加贵金属的 CeO_2-YSZ 基阳极相比拟。

STO 基 SOFC 同样受到催化活性不足的限制,即使是在氢气中[176],同样也需要在阳极中添加第二相催化剂以得到满意的输出性能[176-179]。对于 LSCM,在 B 位掺杂可以还原的过渡金属可以增强其催化活性[179]。其余的氧化物阳极材料的研究结果较少,但是表现出相同的趋势:在 CH_4中的性能相对于 H_2中的更低,并且添加额外的催化剂后能够提高其在所有燃料中的性能[148,180-186]。

相关文献关于 SMMO 性能的报道存在争议。最初的报道显示,在 H_2和 CH_4中显示出很好的性能,表明这种材料对于 CH_4氧化具有很好的催化活性[105]。然而,随后的报道表明其对于 CH_4是不具有催化活性的[187]。需要注意的是,在最初的报道中使用了 Pt(高活性的氧化催化剂)作为阳极的电流收集材料。近期关于不同集流材料的研究表明,使用惰性的 Au、Ag 或 $La_{0.3}Sr_{0.7}TiO_{3-\delta}$电流收集材料时,SMMO 在 CH_4燃料中取得的功率密度是可以忽略的。只有使用 Pt 作为电流收集材料才能够在 CH_4中运行,这明确表明 Pt 是催化活性的来源。这个性能的提升与之前很多的研究相符合,证明了在阳极中要慎重地使用另外的具有催化活性的材料,报道的则是关于 Pt/SMMO 的催化活性[187]。衡量阳极在 CH_4中的性能时必须十分慎重地选择电流收集材料。SMMO 基阳极在 H_2中的测试结果表明它在 H_2中使用可能是很有前景的材料[189-190]。使用简单钙钛矿材料时,可以通过掺杂过渡金属来提升其电催化活性,但是同时必须要保证材料的稳定性[190-193]。

Etsell 等人[194-195]将 WC 作为阳极材料进行了研究,并提出了这些材料不同的反应机制。虽然 WC 具有足够的电子导电性,但是它对于甲烷的电催化活性十分差。添加 Ni 作为辅助的电催化剂(在阳极中含5%(质量分数))增强了对甲烷氧化的催化活性,如果 WC 和 Ni 两相不需要在结构上形成整体,那就可以成为氧化还原稳定的阳极。得到的阳极可以在850℃稳定运行24h。研究者认为燃料通过 WC 的氧化和再碳化的氧化还原耦合发生氧化过程,Ni 可以增加再碳化率以稳定 WC 相。

碳氢化合物在这些材料上的电化学氧化机制没有被弄清。目前已清楚得知反应是通过 Mars-van Krevelen 机制进行的,以及氧化物中的过渡金属是活性氧化还原反应的中心。然而,与 Ni-YSZ 体系相比,我们并不清楚其详细的反应机制或者各反应步骤。在某种程度上,这是因为提出的用于直接碳氢燃料阳极的材料种类十分广泛,没有材料可以在不添加辅助催化剂的情况下对碳氢燃料具有很高的催化活性。

文献中报道的一个引人关注的现象是阳极的电催化活性和选择性随着电池的过电势和相应的氧离子向阳极传输的流量的变化而变化。氧化物阳极材料的研究表明,这些阳极性能的改变是因为电催化剂的氧化状态发生了变化。这个设想起源于电池产物比例对电流密度的函数的测量[79,156]。在氧离子流量较低的情况下(低的电流密度和低的过电势),燃料的部分氧化占据主导,如在使用CH_4时,产物中存在CO;随着氧离子流量的增加,电池极化阻抗减小,产物从CO转变为完全氧化产物CO_2,结果表明反应机制的改变。类似的现象在Ni-YSZ阳极上也出现了,这可以用由于Ni表面的气体成分发生了变化而导致非电化学重整反应机制的改变来解释。这个解释可能也适用于解释LSCM所得产物比例的变化。然而,测定这些材料的氧化活性和反应选择性与氧化学计量比($3-\delta$)的函数关系表明,随着氧化学计量比的减小,材料的氧化活性减小且反应选择性向部分氧化偏移[158,162,196-197]。这说明产物比例的变化和极化阻抗的减小可能与材料氧化学计量局部动力学的变化相关。在低的氧离子流量下,LSCM由于还原气氛被高度地还原。这会导致氧化学计量较低,氧化率较低,极化阻抗较大,且倾向于发生部分氧化。当氧离子流量增加时,局部氧的电化学势增加,从而使氧化学计量增加,反应率增加,极化阻抗减小,且倾向于完全氧化。还需要进一步的实验工作和模拟研究以完全理解这个现象。通过控制氧离子的流量来控制产物比例揭示了使用SOFC技术选择性氧化电化学反应物的可能性。

图1.15所示实验证明了反应机制中的这种变化,通过一个脉冲反应系统收集,这个反应系统可以使反应选择性图(a)和反应率图(b)以氧化学计量比的函数确定[158]。对于所有的组成都能观察到CH_4完全氧化(CO_2)的选择性和反应率随着氧化学计量的减小而减小。增加Mn的含量得到高的转化率和更宽泛的氧化学计量,这都有利于燃料的完全氧化。这与之前讨论的Plint等人[127]的研究结果相吻合。这些趋势在700~900℃之间始终如一。这个数据表明反应机制的变化是发生在氧化物上的,机制的基本原理随着氧化物从氧化的状态向还原的状态变化而变化。如果反应产物组成的改变是因为第二种燃料的干重整反应,那么可以预见大量的CO将会产生。这些材料上测得的水蒸气重整率很低[158]。

1.6.3 备选阳极材料的毒化

直接碳氢燃料SOFC发展的一个相当大的复杂性在于焦油状的碳沉积物通过在碳氢燃料的气相自由基聚合而形成。在800℃以下,CH_4的气相裂解不是典型的问题。然而,随着碳氢燃料中碳原子个数的增加以及C—C键强度的降低,

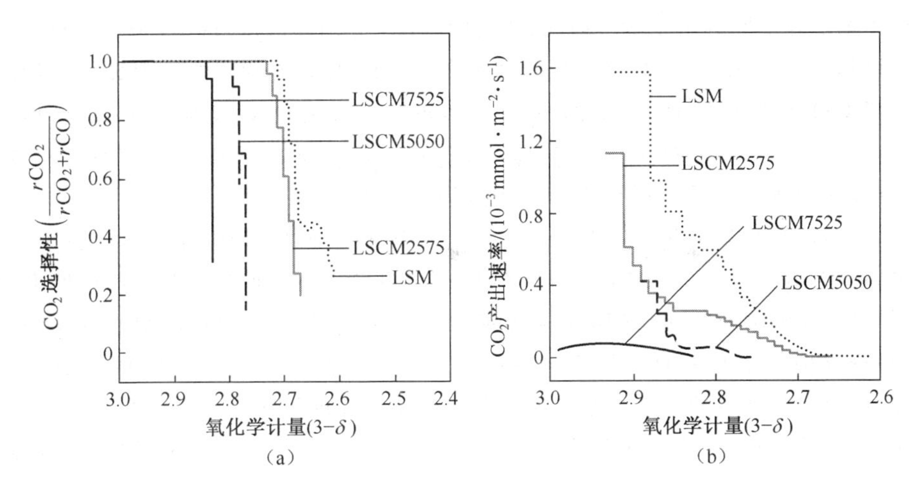

图 1.15　CH_4在 700℃以 $La_{0.75}Sr_{0.25}MnO_{3-\delta}$(LSM)、$La_{0.75}Sr_{0.25}Cr_{0.25}Mn_{0.75}O_{3-\delta}$(LSCM2575)、$La_{0.75}Sr_{0.2}5Cr_{0.5}Mn_{0.5}O_{3-\delta}$(LSCM5050)和 $La_{0.75}Sr_{0.25}Cr_{0.75}Mn_{0.25}O_{3-\delta}$(LSCM7525)为催化剂发生氧化反应

(a)CO_2相对于 CO 的选择性;(b)CO_2形成速率随氧缺位的变化[158]。

这些反应的触发温度降低。主要产物是长链和芳香族的碳氢化合物,即使在高温 SOFC 工作温度下也会非选择性沉积在电极的表面[81]。虽然这些沉积物可能最终堵塞整个电极,但是有限的沉积物被证明可以增加电极的电子导电性[78]。据报道,这些焦油状的碳氢化合物有限的电导率可以将之前孤立的金属颗粒连接在一起以得到增强的电子导电网络。

备选阳极材料的一个潜在的优势是提高耐硫毒化的能力。在 SOFC 工作温度下,硫毒化是由热力学导致的。这在 Cu-CeO_2-YSZ 体系中清楚地建立了。Kim 等人[198]和 He 等人[199]证明,如果燃料中硫的含量保持在热力学上形成 Ce_2O_2S 的临界限下就可以实现稳定运行。包括 STO 和 $La_{1-x}S_xVO_3$在内的另一些氧化物具有很好的耐硫毒化的能力[112-113,200-201]。

1.7　新型制备方法——浸渍

为了能很好地控制微观结构和引入备选阳极材料,可能需要在传统混合粉体的工艺上做出改变。研究最多的可供选择的制备方法是先制备多孔的电解质骨架,然后浸渍活性组分的盐溶液。这些盐通过在空气中煅烧分解再在电池运行前进行还原。这个方法首先被 Gorte 和 Vohs 采用以制备 Cu 基阳极[102]。传统的混合粉体的方法不适用于制备 Cu,因为 CuO 的熔点相对于 YSZ 的烧结温度要低很多。这些阳极通过在薄的且不含造孔剂的 YSZ 素坯上流延一层含 YSZ 和石墨造孔剂的浆料制备得到。烧结时,石墨燃烧后除去,得到了一个多孔

YSZ 层基片支撑的致密的 YSZ 薄膜结构。这些孔隙通过浸渍 Ce 和 Cu 的硝酸盐得到 Cu-CeO_2-YSZ 阳极。尽管这种方法可以用于制备另外的阳极材料和许多阴极材料[202],但 Gorte、Vohs 等人制备的 Cu-CeO_2-YSZ 阳极[4,154]可能是研究最为广泛的用浸渍法制备的阳极。浸渍法也广泛用于在阳极中添加少量的第二相催化材料[151,155,174-175,203-204],特别是贵金属材料。

Gorte 等人也研究了使用浸渍法来制备全部的 SOFC 阳极和阳极功能层,使用的材料为一系列备选阳极材料[120-122,172,176,205-208]。他们最引人注目的发现之一是,这些用浸渍法得到的材料的形态可以从几乎连续的包覆层变成连接的纳米颗粒阵列(图 1.16)[208]。这也被证明是含 Mn 钙钛矿中 Mn 的含量的函数,并归因于浸渍的阳极与支撑的氧化物骨架反应的结果。此外,连接的程度和颗粒及支撑的氧化物的润湿性是钙钛矿还原程度的函数。这可能是设计具有高密度三相反应界面的阳极结构的完美的方法。

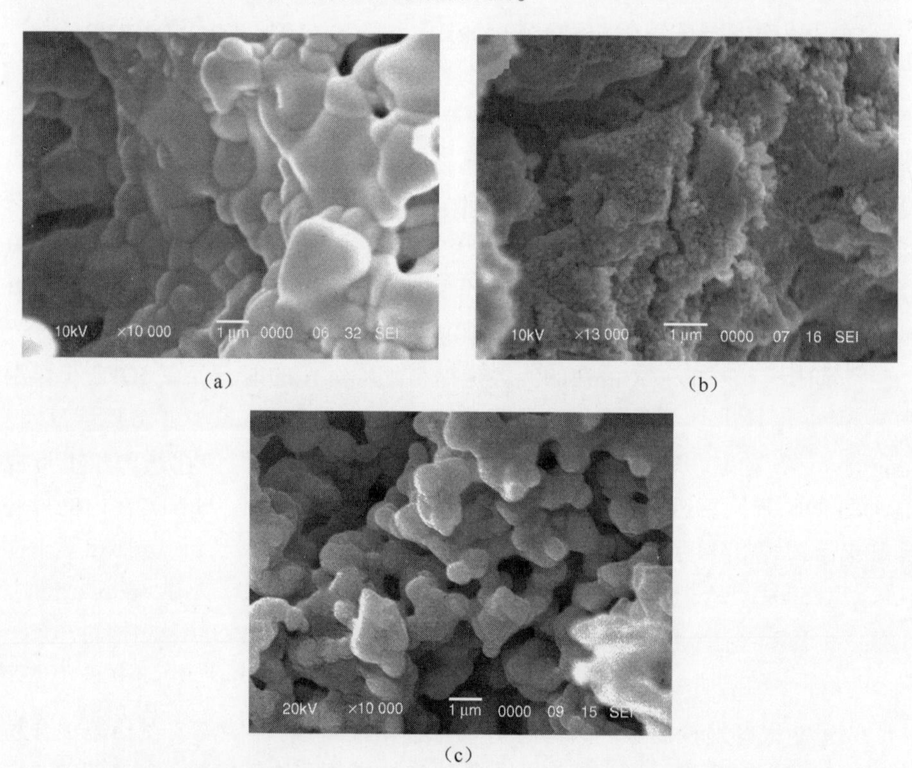

图 1.16 YSZ 浸渍的 $La_{0.75}Sr_{0.25}Cr_{0.5}Mn_{0.5}O_{3-\delta}$ 在 3% H_2O/H_2中还原 5h 后的 SEM 图像,还原温度分别为(a)700℃,(b)800℃,(c) 900℃[208]

浸渍的阳极的另一个研究热点是金属支撑 SOFC 的设计[209]。使用金属合金作为主要的结构支撑材料可以降低成本、增加强度和对快速热循环的耐受度。然而,这些金属支撑体需要 SOFC 元件在还原气氛中进行共烧以防止金属的氧化,但将 Ni 暴露在高温下会导致 Ni 的烧结和电池性能的下降。Tucker 等人[210]在 YSZ 骨架中浸渍得到 Ni-YSZ 阳极用于金属支撑的电池,这个电池性能接近满足商用化要求。不幸的是,浸渍得到的细小的 Ni 很快就聚集而导致电池性能快速衰减[211]。Blennow 等人[212]通过在预制的多孔陶瓷(YSZ)-金属(Fe-Cr)陶瓷中注入 $Ce_{0.8}Gd_{0.2}O_{3-\delta}$+10%(质量分数)Ni 的活性成分来克服这个缺陷。他们的出发点是,通过在骨架或多孔结构中提供足够的电子电导率来避免对连续 Ni 相结构的需求。这使得测试超过 1000h 后仍能稳定运行。

作为一种可以浸渍所有活性材料的方法,许多研究者寻求通过浸渍氧化物或者已知催化剂的细小(通常小于 1μm)颗粒来增强阳极性能。Jiang 等人[213]证明通过在 Ni-YSZ 阳极中添加 YSZ 颗粒可以使极化阻抗减小到原来的 2/7,而添加 $Ce_{0.8}Gd_{0.2}(NO_3)_x$溶液(形成 $Ce_{0.8}Gd_{0.2}O_{1.9}$颗粒)可以使其减小到原来的 1/7。类似地,他们也通过浸渍 $Ce_{0.8}Gd_{0.2}O_{1.9}$增强了 LSCM 基阳极对于直接使用碳氢燃料的催化活性。Jiang 等人[215]也证明浸渍法可以显著减小 Ni 在烧结和 NiO 还原过程中的团聚,这可以得到高密度的三相反应界面及相应的高性能。

这些浸渍方法的首要问题是使得相应制备过程变得复杂。这在需要通过多次浸渍以使阳极中总的活性材料的量形成一个连续相时尤为显著。得到的形貌受浸渍的方法、前驱物的选择和浸渍后的处理工艺所影响[119]。

1.8　总结与展望

SOFC 阳极经过几十年的发展达到目前这个阶段。对于 Ni-YSZ 金属陶瓷,无论是在纯氢气还是在碳氢燃料重整气中使用,其首要的技术难题是长期稳定性。在实验室条件下,这些金属陶瓷能够提供足够的性能,但是在商用时必须保证功率输出维持上千小时。阳极性能由于第二相杂质的缓慢形成和 Ni 聚集而发生缓慢衰减。虽然在 Ni-YSZ 金属陶瓷上氢气的氧化机制已经被很好地解释,但是我们对于 CO 氧化的机制我们并没有相同程度的认知。甲烷的内重整反应在系统层面上可以被准确地模拟,但是在 Ni-YSZ 表面每个步骤的反应位点仍然不清楚。

如果想要使用碳氢燃料的 SOFC 实现商业化,那么在科学原理和工程上都需要实现重大突破。虽然已经研究了大量的材料,但是直接碳氢燃料 SOFC 在实验上仍然问题重重。我们也在寻找一种可以满足阳极所有要求的单一材料,确实,有人可能认为并不存在单一的材料可以在氢气燃料中得到与 Ni 匹敌的电子导电性和电催化活性。可以认为,我们需要具有多个组分的电极材料,每个组分满足一个或者可能是两个基本需求。例如,在氧离子导体 YSZ 基体中添加具有高氧化还原稳定性、热匹配性和高电子导电性的材料。催化活性可以通过在表面添加第二相过渡金属获得。这表明材料的发展应该集中在优化特定的功能,而不是集中在意图开发具有多项功能的单一材料。

这种方法最大的缺点在于,因为涉及两种以上的固相以满足要求,从而不适用 TPB 这个概念,阳极材料使反应机制变得更为复杂。通过优化相对的负载量、颗粒尺寸、层的厚度和这些组分的分布以实现微观结构的优化,这将会是多组分阳极材料开发的关键。结合最新的微观结构分析的发展,通过浸渍来控制微观结构的做法是可行的。

我们需要深入研究这些阳极在碳氢燃料中的反应机制。到目前为止,还没有令人印象深刻的关于这些阳极的研究,包括真实的电极、简单的模型电极和计算模拟。因此,我们对反应机制知道的相对很少,从而使材料的优化遇到瓶颈。

参 考 文 献

[1] Weber, A. and Ivers-Tiffée, E. (2004) Materials and concepts for solid oxide fuel cells (SOFCs) in stationary and mobile applications. *J. Power Sources*, **127** (1-2), 273-283.

[2] Dees, D. W., Claar, T. D., Easler, T. E., Fee, D. C., and Mrazek, F. C. (1987) Conductivity of porous $Ni/ZrO_2-Y_2O_3$ cermets. *J. Electrochem. Soc.*, **134** (9), 2141-2146.

[3] Minh, N. Q. (1993) Ceramic fuel-cells. *J. Am. Ceram. Soc.*, **76** (3), 563-588.

[4] McIntosh, S. and Gorte, R. J. (2004) Direct hydrocarbon solid oxide fuel cells. *Chem. Rev.*, **104** (10), 4845-4865.

[5] Finnerty, C. M., Coe, N. J., Cunningham, R. H., and Ormerod, R. M. (1998) Carbon formation on and deactivation of nickel-based/zirconia anodes in solid oxide fuel cells running on methane. *Catal. Today*, **46** (2-3), 137-145.

[6] Horita, T., Kishimoto, H., Yamaji, K., Xiong, Y., Sakai, N., Brito, M. E., and Yokokawa, H. (2006) Materials and reaction mechanisms at anode/electrolyte interfaces for SOFCs. *Solid State Ionics*, **177** (19-25), 1941-1948.

[7] Triantafyllopoulos, N. C. and Neophytides, S. G. (2003) The nature and binding strength of carbon adspecies formed during the equilibrium dissociative adsorption of CH_4 on Ni-YSZ cermet catalysts. *J. Catal.*, **217** (2), 324-333.

[8] Sarantaridis, D. and Atkinson, A. (2007) Redox cycling of Ni-based solid oxide fuel cell anodes: a review. *Fuel Cells*, **7** (3), 246-258.

[9] Brandon, N. P., Skinner, S., and Steele, B. C. H. (2003) Recent advances in materials for fuel cells. *Annu. Rev. Mater. Res.*, **33** (1), 183-213.

[10] Jiang, S. P. and Chan, S. H. (2004) A review of anode materials development in solid oxide fuel cells. *J. Mater. Sci.*, **39** (14), 4405-4439.

[11] Gorte, R. J. and Vohs, J. M. (2009) Nanostructured anodes for solid oxide fuel cells. *Curr. Opin. Colloid Interface Sci.*, **14** (4), 236-244.

[12] Jacobson, A. J. (2009) Materials for solid oxide fuel cells. *Chem. Mater.*, **22** (3) 660.

[13] Orera, A. and Slater, P. R. (2009) New chemical systems for solid oxide fuel cells. *Chem. Mater.*, **22** (3), 675.

[14] Sun, C. W. and Stimming, U. (2007) Recent anode advances in solid oxide fuel cells. *J. Power Sources*, **171** (2), 247-260.

[15] Fergus, J. W. (2006) Oxide anode materials for solid oxide fuel cells. *Solid State Ionics*, **177**(17-18), 1529-1541.

[16] Atkinson, A., Barnett, S., Gorte, R. J., Irvine, J. T. S., McEvoy, A. J., Mogensen, M., Singhal, S. C., and Vohs, J. (2004) Advanced anodes for high-temperature fuel cells. *Nat. Mater.*, **3**(1), 17-27.

[17] Mogensen, M. and Kammer, K. (2003) Conversion of hydrocarbons in solid oxide fuel cells. *Annu. Rev. Mater. Res.*, **33**, 321-331.

[18] Tao, S. W. and Irvine, J. T. S. (2004) Discovery and characterization of novel oxide anodes for solid oxide fuel cells. *Chem. Rec.*, **4**(2), 83-95.

[19] van den Bossche, M. and McIntosh, S. (2011) in *Direct Hydrocarbon Solid Oxide Fuel Cells-Fuel Cells for Today's Fuels* (ed. K. D. Kreuer), Encyclopedia of Sustainable Science and Technology, Springer.

[20] Kee, R. J., Zhu, H., and Goodwin, D. G. (2005) Solid-oxide fuel cells with hydrocarbon fuels. *Proc. Combust. Inst.*, **30**(2), 2379.

[21] Will, J., Mitterdorfer, A., Kleinlogel, C., Perednis, D., and Gauckler, L. J. (2000) Fabrication of thin electrolytes for second-generation solid oxide fuel cells. *Solid State Ionics*, **131**(1-2), 79.

[22] Müller, A. C., Herbstritt, D., and Ivers-Tiffée, E. (2002) Development of a multilayer anode for solid oxide fuel cells. *Solid State Ionics*, **152-153**, 537-542.

[23] Clemmer, R. M. C. and Corbin, S. F. (2009) The influence of pore and Ni morphology on the electrical conductivity of porous Ni/YSZ composite anodes for use in solid oxide fuel cell applications. *Solid State Ionics*, **180**(9-10), 721.

[24] Clemmer, R. M. C. and Corbin, S. F. (2004) Influence of porous composite microstructure on the processing and properties of solid oxide fuel cell anodes. *Solid State Ionics*, **166**(3-4), 251-259.

[25] Lee, J., Heo, J., Lee, D., Kim, J., Kim, G., Lee, H., Song, H. S., and Moon, J. (2003) The impact of anode microstructure on the power generating characteristics of SOFC. *Solid State Ionics*, **158**(3-4), 225-232.

[26] Zhao, F. and Virkar, A. V. (2005) Dependence of polarization in anode-supported solid oxide fuel cells on various cell parameters. *J. Power Sources*, **141**(1), 79-95.

[27] Jensen, S. H., Hauch, A., Hendriksen, P. V., Mogensen, M., Bonanos, N., and Jacobsen, T. (2007) A method to separate process contributions in impedance spectra by variation of test conditions. *J. Electrochem. Soc.*, **154**(12), B1325-B1330.

[28] Kong, J., Sun, K., Zhou, D., Zhang, N., Mu, J., and Qiao, J. (2007) Ni-YSZ gradient anodes for anode-supported SOFCs. *J. Power Sources*, **166**(2), 337-342.

[29] Brown, M., Primdahl, S., Mogensen, M., and Sammes, N. M. (1998) Minimum active layer thickness for a Ni/YSZ cermet SOFC anode. *J. Australas. Ceram. Soc.*, **34**(1), 248-253.

[30] Meulenberg, W. A., Menzler, N. H., Buchkremer, H. P., and Stöver, D. (2002) Manufacturing routes and state-of-the-art of the planar Jülich anode-supported concept for solid oxide fuel cells. *Ceram. Trans.*, **127**, 99-108.

[31] Büchler, O., Bram, M., Mücke, R., and Buchkremer, H. P. (2009) Preparation of thin functional layers for anode supported SOFC by roll coating process. *ECS Trans.*, **25**(2), 655-663.

[32] Waldbillig, D., Wood, A., and Ivey, D. G. (2005) Thermal analysis of the cyclic reduction and oxidation behavior of SOFC anodes. *Solid State Ionics*, **176**(9-10), 847-859.

[33] Muecke, U. P., Akiba, K., Infortuna, A., Salkus, T., Stus, N. V., and Gauckler, L. J. (2008) Electrochemical performance of nanocrystalline nickel/gadolinia-doped ceria thin film anodes for solid oxide fuel cells. *Solid State Ionics*, **178**(33-34), 1762-1768.

[34] Zha, S., Rauch, W., and Liu, M. (2004) Ni-$Ce_{0.9}Gd_{0.1}O_{1.95}$ anode for GDC electrolyte-based low-temperature SOFCs. *Solid State Ionics*, **166**(3-4), 241-250.

[35] Nakamura, T., Kobayashi, T., Yashiro, K., Kaimai, A., Otake, T., Sato, K., Mizusaki, J., and Kawada, T. (2008) Electrochemical behaviors of mixed conducting oxide anodes for solid oxide fuel cell. *J. Electrochem. Soc.*, **155**(6), B563-B569.

[36] Holtappels, P., Bradley, J., Irvine, J. T. S., Kaiser, A., and Mogensen, M. (2001) Electrochemical characterization of ceramic SOFC anodes. *J. Electrochem. Soc.*, **148**(8), A923-A929.

[37] Timmermann, H., Fouquet, D., Weber, A., Ivers-Tiffée, E., Hennings, U., and Reimert, R. (2006) Internal reforming of methane at Ni/YSZ and Ni/CGO SOFC cermet anodes. *Fuel Cells (Weinheim)*, **6**(3-4), 307-313.

[38] Marina, O. A. and Mogensen, M. (1999) High-temperature conversion of methane on a composite gadolinia-doped ceria-gold electrode. *Appl. Catal., A: Gen.*, **189**(1), 117-126.

[39] Marina, O. A., Bagger, C., Primdahl, S., and Mogensen, M. (1999) A solid oxide fuel cell with a gadolinia-doped ceria anode: preparation and performance. *Solid State Ionics*, **123**(1-4), 199.

[40] Murray, E. P., Tsai, T., and Barnett, S. A. (1999) A direct-methane fuel cell with a ceria-based anode. *Nature*, **400**(6745), 649.

[41] Grew, K. N., Peracchio, A. A., Joshi, A. S., Izzo, J. R. Jr., and Chiu, W. K. S. (2010) Characterization and analysis methods for the examination of the heterogeneous solid oxide fuel cell electrode microstructure. Part 1: volumetric measurements of the heterogeneous structure. *J. Power Sources*, **195**(24), 7930-7942.

[42] Wilson, J. R., Kobsiriphat, W., Mendoza, R., Chen, H., Hiller, J. M., Miller, D. J., Thornton, K., Voorhees, P.W., Adler, S. B., and Barnett, S. A. (2006) Three-dimensional reconstruction of a solid-oxide fuel-cell anode. *Nat. Mater.*, **5**(7), 541-544.

[43] Wilson, J. R. and Barnett, S. A. (2008) Solid oxide fuel cell Ni-YSZ anodes: effect of composition on microstructure and performance. *Electrochem. Solid-State Lett.*, **11**(10), B181-B185.

[44] Shikazono, N., Kanno, D., Matsuzaki, K., Teshima, H., Sumino, S., and Kasagi, N. (2010) Numerical assessment of SOFC anode polarization based on three-dimensional model microstructure reconstructed from FIBSEM images. *J. Electrochem. Soc.*, **157**(5), B665-B672.

[45] Iwai, H., Shikazono, N., Matsui, T., Teshima, H., Kishimoto, M., Kishida, R., Hayashi, D., Matsuzaki, K., Kanno, D., Saito, M., Muroyama, H., Eguchi, K., Kasagi, N., and Yoshida, H. (2010) Quantification of SOFC anode microstructure based on dual beam FIB-SEM technique. *J. Power Sources*, **195**(4), 955-961.

[46] Lee, J., Moon, H., Lee, H., Kim, J., Kim, J., and Yoon, K. (2002) Quantitative analysis of microstructure and its related electrical property of SOFC anode, Ni-YSZ cermet. *Solid State Ionics*, **148**(1-2), 15-26.

[47] Vogler, M., Bieberle-Hutter, A., Gauckler, L., Warnatz, J., and Bessler, W. G. (2009) Modelling study of surface reactions, diffusion, and spillover at a Ni/YSZ patterned anode. *J. Electrochem. Soc.*, **156**(5), B663-B672.

[48] Nakagawa, N., Sakurai, H., Kondo, K., Morimoto, T., Hatanaka, K., and Kato, K. (1995) Evaluation of the effective reaction zone at Ni(NiO)/zirconia anode by using an electrode with a novel structure. *J. Electrochem. Soc.*, **142**(10), 3474-3479.

[49] Jiang, S. P. and Badwal, S. P. S. (1997) Hydrogen oxidation at the nickel and platinum electrodes on yttria-tetragonal zirconia electrolyte. *J. Electrochem. Soc.*, **144**(11), 3777-3784.

[50] Mizusaki, J., Tagawa, H., Saito, T., Kamitani, K., Yamamura, T., Hirano, K., Ehara, S., Takagi, T., Hikita, T., Ippommatsu, M., Nakagawa, S., and Hashimoto, K. (1994) Preparation of nickel pattern

electrodes on YSZ and their electrochemical properties in H_2-H_2O atmospheres. *J. Electrochem. Soc.* ,**141**(8),2129-2134.

[51] Mizusaki, J. , Tagawa, H. , Saito, T. , Yamamura, T. , Kamitani, K. , Hirano, K. , Ehara, S. , Takagi, T. , Hikita, T. , Ippommatsu, M. , Nakagawa, S. , and Hashimoto, K. (1994) Kinetic-studies of the reaction at the nickel pattern electrode on YSZ in H_2-H_2O atmospheres. *Solid State Ionics*,**70**,52-58.

[52] Goodwin, D. G. , Zhu, H. , Colclasure, A. M. , and Kee, R. J. (2009) Modeling electrochemical oxidation of hydrogen on Ni-YSZ pattern anodes. *J. Electrochem. Soc.* ,**156**(9),B1004-B1021.

[53] Bieberle, A. , Meier, L. P. , and Gauckler, L. J. (2001) The electrochemistry of Ni pattern anodes used as solid oxide fuel cell model electrodes. *J. Electrochem. Soc.* ,**148**(6),A646-A656.

[54] Raz, S. , Sasaki, K. , Maier, J. , and Riess, I. (2001) Characterization of adsorbed water layers on Y_2O_3-doped ZrO_2. *Solid State Ionics*,**143**(2),181-204.

[55] Bessler, W. G. , Gewies, S. , and Vogler, M. (2007) A new framework for physically based modeling of solid oxide fuel cells. *Electrochim. Acta*,**53**(4),1782-1800.

[56] Bessler, W. G. , Vogler, M. , Stormer, H. , Gerthsen, D. , Utz, A. , Weber, A. , and Ivers-Tiffee, E. (2010) Model anodes and anode models for understanding the mechanism of hydrogen oxidation in solid oxide fuel cells. *Phys. Chem. Chem. Phys.* ,**12**(42),13888-13903.

[57] Bessler, W. G. , Warnatz, J. , and Goodwin, D. G. (2007) The influence of equilibrium potential on the hydrogen oxidation kinetics of SOFC anodes. *Solid State Ionics*,**177**(39-40),3371-3383.

[58] Shishkin, M. and Ziegler, T. (2009) Oxidation of H_2, CH_4, and CO molecules at the interface between nickel and yttria-stabilized zirconia: a theoretical study based on DFT. *J. Phys. Chem. C*, **113**(52), 21667-21678.

[59] Shishkin, M. and Ziegler, T. (2010) Hydrogen oxidation at the Ni/yttria-stabilized zirconia interface: a study based on density functional theory. *J. Phys. Chem. C*,**114**(25),11209-11214.

[60] Clarke, S. H. , Dicks, A. L. , Pointon, K. , Smith, T. A. , and Swann, A. (1997) Catalytic aspects of the steam reforming of hydrocarbons in internal reforming fuel cells. *Catal. Today*,**38**(4),411-423.

[61] Zhan, Z. and Barnett, S. A. (2005) An octane-fueled solid oxide fuel cell. *Science*,**308**(5723),844-847.

[62] Liu, J. A. and Barnett, S. A. (2003) Operation of anode-supported solid oxide fuel cells on methane and natural gas. *Solid State Ionics*,**158**(1-2),11-16.

[63] Offer, G. J. , Mermelstein, J. , Brightman, E. , and Brandon, N. P. (2009) Thermodynamics and kinetics of the interaction of carbon and sulfur with solid oxide fuel cell anodes. *J. Am. Ceram. Soc.* ,**92**(4),763-780.

[64] Pomfret, M. B. , Marda, J. , Jackson, G. S. , Eichhorn, B. W. , Dean, A. M. , and Walker, R. A. (2008) Hydrocarbon fuels in solid oxide fuel cells: in situ Raman studies of graphite formation and oxidation. *J. Phys. Chem. C*,**112**(13),5232-5240.

[65] Aguiar, P. , Adjiman, C. S. , and Brandon, N. P. (2005) Anode-supported intermediate-temperature direct internal reforming solid oxide fuel cell: II. Model-based dynamic performance and control. *J. Power Sources*, **147**(1-2),136-147.

[66] Klein, J. , Bultel, Y. , Georges, S. , and Pons, M. (2007) Modeling of a SOFC fuelled by methane: from direct internal reforming to gradual internal reforming. *Chem. Eng. Sci.* ,**62**(6),1636-1649.

[67] Powell, M. , Meinhardt, K. , Sprenkle, V. , Chick, L. , and McVay, G. (2012) Demonstration of a highly efficient solid oxide fuel cell power system using adiabatic steam reforming and anode gas recirculation. *J. Power Sources*,**205**,377-384.

[68] Abudula, A. , Ihara, M. , Komiyama, H. , and Yamada, K. (1996) Oxidation mechanism and effective anode

thickness of SOFC for dry methane fuel. *Solid State Ionics*, **86-88** Part 2, 1203-1209.

[69] Horita, T., Sakai, N., Kawada, T., Yokokawa, H., and Dokiya, M. (1996) Oxidation and steam reforming of CH_4 on Ni and Fe anodes under low humidity conditions in solid oxide fuel cells. *J. Electrochem. Soc.*, **143** (4), 1161-1168.

[70] Holtappels, P., De Haart, L. G. J., and Stimming, U. (1999) Reaction of CO/CO_2 gas mixtures on Ni-YSZ cermet electrodes. *J. Appl. Electrochem.*, **29**(5), 561-568.

[71] Matsuzaki, Y. and Yasuda, I. (2000) Electrochemical oxidation of H_2 and CO in a $H_2-H_2O-CO-CO_2$ system at the interface of a Ni-YSZ cermet electrode and YSZ electrolyte. *J. Electrochem. Soc.*, **147**(5), 1630-1635.

[72] Weber, A., Sauer, B., Müller, A. C., Herbstritt, D., and Ivers-Tiffée, E. (2002) Oxidation of H_2, CO and methane in SOFCs with Ni/YSZ-cermet anodes. *Solid State Ionics*, **152-153**, 543-550.

[73] Zhan, Z., Lin, Y., Pillai, M., Kim, I., and Barnett, S. A. (2006) High-rate electrochemical partial oxidation of methane in solid oxide fuel cells. *J. Power Sources*, **161**(1), 460-465.

[74] Buccheri, M. A. and Hill, J. M. (2012) Methane electrochemical oxidation pathway over a Ni/YSZ and $La_{0.3}Sr_{0.7}TiO_3$ bi-layer SOFC anode. *J. Electrochem. Soc.*, **159**(4), B361-B367.

[75] Kleis, J., Jones, G., Abild-Pedersen, F., Tripkovic, V., Bligaard, T., and Rossmeisl, J. (2009) Trends for methane oxidation at solid oxide fuel cell conditions. *J. Electrochem. Soc.*, **156**(12), B1447-B1456.

[76] Pillai, M. R., Jiang, Y., Mansourian, N., Kim, I., Bierschenk, D. M., Zhu, H. Y., Kee, R. J., and Barnett, S. A. (2008) Solid oxide fuel cell with oxide anode-side support. Electrochem. *Solid State Lett.*, **11**(10), B174-B177.

[77] Hao, Y. and Goodwin, D. G. (2008) Numerical study of heterogeneous reactions in an SOFC anode with oxygen addition. *J. Electrochem. Soc.*, **155**(7), B666-B674.

[78] McIntosh, S., Vohs, J. M., and Gorte, R. J. (2003) Role of hydrocarbon deposits in the enhanced performance of direct-oxidation SOFCs. *J. Electrochem. Soc.*, **150**(4), A470-A476.

[79] McIntosh, S., Vohs, J. M., and Gorte, R. J. (2002) An examination of lanthanide additives on the performance of Cu-YSZ cermet anodes. *Electrochim. Acta*, **47**(22-23), 3815-3821.

[80] Pomfret, M. B., Owrutsky, J. C., and Walker, R. A. (2010) In situ optical studies of solid-oxide fuel cells. *Annu. Rev. Anal. Chem.*, **3**(1), 151-174.

[81] McIntosh, S., He, H. P., Lee, S. I., Costa-Nunes, O., Krishnan, V. V., Vohs, J. M., and Gorte, R. J. (2004) An examination of carbonaceous deposits in direct-utilization SOFC anodes. *J. Electrochem. Soc.*, **151**(4), A604-A608.

[82] Toh, C. H., Munroe, P. R., Young, D. J., and Foger, K. (2003) High temperature carbon corrosion in solid oxide fuel cells. *Mater. High Temp.*, **20**(2), 129-136.

[83] Kim, T., Moon, S., and Hong, S. (2002) Internal carbon dioxide reforming by methane over Ni-YSZ-CeO_2 catalyst electrode in electrochemical cell. *Appl. Catal., A: Gen.*, **224**(1-2), 111-120.

[84] Sukeshini, A. M., Habibzadeh, B., Becker, B. P., Stoltz, C. A., Eichhorn, B. W., and Jackson, G. S. (2006) Electrochemical oxidation of H_2, CO, and CO/H_2 mixtures on patterned Ni anodes on YSZ electrolytes. *J. Electrochem. Soc.*, **153**(4), A705-A715.

[85] Hecht, E. S., Gupta, G. K., Zhu, H., Dean, A. M., Kee, R. J., Maier, L., and Deutschmann, O. (2005) Methane reforming kinetics within a Ni-YSZ SOFC anode support. *Appl. Catal., A: Gen.*, **295**(1), 40-51.

[86] Zhu, H., Kee, R. J., Janardhanan, V. M., Deutschmann, O., and Goodwin, D. G. (2005) Modeling elementary heterogeneous chemistry and electrochemistry in solid-oxide fuel cells. *J. Electrochem. Soc.*, **152**

(12), A2427-A2440.

[87] Zhu, H. and Kee, R. J. (2008) Modeling distributed charge-transfer processes in SOFC membrane electrode assemblies. *J. Electrochem. Soc.*, **155**(7), B715-B729.

[88] Zhu, H. and Kee, R. J. (2006) Modeling electrochemical impedance spectra in SOFC button cells with internal methane reforming. *J. Electrochem. Soc.*, **153**(9), A1765-A1772.

[89] Matsuzaki, Y. and Yasuda, I. (2000) The poisoning effect of sulfur containing impurity gas on a SOFC anode: part I. Dependence on temperature, time, and impurity concentration. *Solid State Ionics*, **132**(3-4), 261-269.

[90] Rasmussen, J. F. B. and Hagen, A. (2009) The effect of H_2S on the performance of Ni-YSZ anodes in solid oxide fuel cells. *J. Power Sources*, **191**(2), 534-541.

[91] Kromp, A., Dierickx, S., Leonide, A., Weber, A., and Ivers-Tiffee, E. (2012) Electrochemical analysis of sulfur-poisoning in anode supported SOFCs fuelled with a model reformate. *J. Electrochem. Soc.*, **159**(5), B597-B601.

[92] Cheng, Z. and Liu, M. (2007) Characterization of sulfur poisoning of Ni-YSZ anodes for solid oxide fuel cells using in situ Raman microspectroscopy. *Solid State Ionics*, **178**(13-14), 925-935.

[93] Rostrup-Nielsen, J. R., Hansen, J. B., Helveg, S., Christiansen, N., and Jannasch, A. K. (2006) Sites for catalysis and electrochemistry in solid oxide fuel cell (SOFC) anode. *Appl. Phys. A: Mater. Sci. Process.*, **V85**(4), 427.

[94] Marina, O. A., Coyle, C. A., Thomsen, E. C., Edwards, D. J., Coffey, G. W., and Pederson, L. R. (2010) Degradation mechanisms of SOFC anodes in coal gas containing phosphorus. *Solid State Ionics*, **181**(8-10), 430-440.

[95] Coyle, C. A., Marina, O. A., Thomsen, E. C., Edwards, D. J., Cramer, C. D., Coffey, G. W., and Pederson, L. R. (2009) Interactions of nickel/zirconia solid oxide fuel cell anodes with coal gas containing arsenic. *J. Power Sources*, **193**(2), 730-738.

[96] Liu, Y. L., Primdahl, S., and Mogensen, M. (2003) Effects of impurities on microstructure in Ni/YSZ-YSZ half-cells for SOFC. *Solid State Ionics*, **161**(1-2), 1-10.

[97] Liu, Y. L. and Jiao, C. (2005) Microstructure degradation of an anode/electrolyte interface in SOFC studied by transmission electron microscopy. *Solid State Ionics*, **176**(5-6), 435-442.

[98] Utz, A., Hansen, K. V., Norrman, K., Ivers-Tiffée, E., and Mogensen, M. (2011) Impurity features in Ni-YSZ-H_2-H_2O electrodes. *Solid State Ionics*, **183**(1), 60-70.

[99] Mogensen, M., Jensen, K. V., Jørgensen, M. J., and Primdahl, S. (2002) Progress in understanding SOFC electrodes. *Solid State Ionics*, **150**(1-2), 123-129.

[100] Adler, S. B. (2004) Factors governing oxygen reduction in solid oxide fuel cell cathodes. *Chem. Rev.*, **104**(10), 4791.

[101] Park, S., Vohs, J. M., and Gorte, R. J. (2000) Direct oxidation of hydrocarbons in a solid-oxide fuel cell. *Nature*, **404**(6775), 265.

[102] Park, S., Gorte, R. J., and Vohs, J. M. (2001) Tape cast solid-oxide fuel cells for the direct oxidation of hydrocarbons. *J. Electrochem. Soc.*, **148**(5), A443-A447.

[103] Kim, H., Park, S., Vohs, J. M., and Gorte, R. J. (2001) Direct oxidation of liquid fuels in a solid oxide fuel cell. *J. Electrochem. Soc.*, **148**(7), A693-A695.

[104] Tao, S. W. and Irvine, J. T. S. (2003) A redox-stable efficient anode for solid-oxide fuel cells. *Nat. Mater.*, **2**(5), 320-323.

[105] Huang, Y. H., Dass, R. I., Xing, Z. L., and Goodenough, J. B. (2006) Double perovskites as anode

materials for solid-oxide fuel cells. *Science*, **312**(5771), 254-257.

[106] Kolodiazhnyi, T. and Petric, A. (2005) The applicability of Sr-deficient n-type $SrTiO_3$ for SOFC anodes. *J. Electroceram.*, **15**(1), 5-11.

[107] Marina, O. A., Canfield, N. L., and Stevenson, J. W. (2002) Thermal, electrical, and electrocatalytical properties of lanthanum-doped strontium titanate. *Solid State Ionics*, **149**(1-2), 21-28.

[108] Porat, O., Heremans, C., and Tuller, H. L. (1997) Stability and mixed ionic electronic conduction in $Gd_2(Ti_{1-x}Mo_x)_2O_7$ under anodic conditions. *Solid State Ionics*, **94**(1-4), 75.

[109] Kaiser, A., Bradley, J. L., Slater, P. R., and Irvine, J. T. S. (2000) Tetragonal tungsten bronze type phases $(Sr_{1-x}Ba_x)_{0.6}Ti_{0.2}Nb_{0.8}O_{3-\delta}$: material characterisation and performance as SOFC anodes. *Solid State Ionics*, **135**(1-4), 519-524.

[110] Slater, P. R. and Irvine, J. T. S. (1999) Niobium based tetragonal tungsten bronzes as potential anodes for solid oxide fuel cells: synthesis and electrical characterisation. *Solid State Ionics*, **120**(1-4), 125-134.

[111] Cheng, Z., Zha, S. W., Aguilar, L., and Liu, M. L. (2005) Chemical, electrical, and thermal properties of strontium doped lanthanum vanadate. *Solid State Ionics*, **176**(23-24), 1921-1928.

[112] Cheng, Z., Zha, S. W., Aguilar, L., Wang, D., Winnick, J., and Liu, M. L. (2006) A solid oxide fuel cell running on H_2S/CH_4 fuel mixtures. Electrochem. *Solid State Lett.*, **9**(1), A31-A33.

[113] Aguilar, L., Zha, S., Cheng, Z., Winnick, J., and Liu, M. (2004) A solid oxide fuel cell operating on hydrogen sulfide(H_2S) and sulfur-containing fuels. *J. Power Sources*, **135**(1-2), 17-24.

[114] Mizusaki, J. (1992) Nonstoichiometry, diffusion, and electrical properties of perovskite-type oxide electrode materials. *Solid State Ionics*, **52**(1-3), 79-91.

[115] Jacobson, A. J. (2010) Materials for solid oxide fuel cells†. *Chem. Mater.*, **22**(3), 660-674.

[116] Riess, I. (1997) in CRC Handbook of Solid State Electrochemistry (eds P. J. Gellings and H. J. M. Bouwmeester), CRC Press, Boca Raton, FL, pp. 223-294.

[117] Gellings, P. J. and Bouwmeester, H. J. M. (1992) Ion and mixed conducting oxides as catalysts. *Catal. Today*, **12**(1), 1.

[118] Steele, B. C. H., Middleton, P. H., and Rudkin, R. A. (1990) Material science aspects of SOFC technology with special reference to anode development. *Solid State Ionics*, **40-41**(Part 1), 388.

[119] Jung, S., Lu, C., He, H., Ahn, K., Gorte, R. J., and Vohs, J. M. (2006) Influence of composition and Cu impregnation method on the performance of $Cu/CeO_2/YSZ$ SOFC anodes. *J. Power Sources*, **154**(1), 42-50.

[120] Gross, M. D., Vohs, J. M., and Gorte, R. J. (2007) Recent progress in SOFC anodes for direct utilization of hydrocarbons. *J. Mater. Chem.*, **17**(30), 3071-3077.

[121] Kim, G., Gross, M. D., Wang, W., Vohs, J. M., and Gorte, R. J. (2008) SOFC anodes based on LST-YSZ composites and on $Y_{0.04}Ce_{0.48}Zr_{0.48}O_2$. *J. Electrochem. Soc.*, **155**(4), B360-B366.

[122] Gross, M. D., Vohs, J. M., and Gorte, R. J. (2007) An examination of SOFC anode functional layers based on ceria in YSZ. *J. Electrochem. Soc.*, **154**(7), B694-B699.

[123] Anderson, H. U. (1992) Review of p-type doped perovskite materials for SOFC and other applications. *Solid State Ionics*, **52**(13), 33.

[124] Pena, M. A. and Fierro, J. L. G. (2001) Chemical structures and performance of perovskite oxides. *Chem. Rev.*, **101**(7), 1981-2017.

[125] Tao, S. W. and Irvine, J. T. S. (2008) Structural and electrochemical properties of the perovskite oxide $Pr_{0.7}Sr_{0.3}Cr_{0.9}Ni_{0.1}O_{3-\delta}$. *Solid State Ionics*, **179**(19-20), 725-731.

[126] Kharton, V. V., Tsipis, E. V., Marozau, I. P., Viskup, A. P., Frade, J. R., and Irvine, J. T. S. (2007)

Mixed conductivity and electrochemical behavior of($La_{0.75}Sr_{0.25}$)$_{0.95}Cr_{0.5}Mn_{0.5}O_{3-\delta}$. *Solid State Ionics*, **178**(1-2),101-113.

[127] Plint, S. M., Connor, P. A., Tao, S., and Irvine, J. T. S. (2006) Electronic transport in the novel SOFC anode material $La_{1-x}Sr_xCr_{0.5}Mn_{0.5}O_{3+/-d}$. *Solid State Ionics*, **177**(19-25), 2005-2008.

[128] Fonseca, F. C., Muccillo, E. N. S., Muccillo, R., and de Florio, D. Z. (2008) Synthesis and electrical characterization of the ceramic anode $La_{1-x}Sr_xMn_{0.5}Cr_{0.5}O_3$. *J.* Electrochem. Soc., **155** (5), B483-B487.

[129] Zha, S. W., Tsang, P., Cheng, Z., and Liu, M. L. (2005) Electrical properties and sulfur tolerance of $La_{0.75}Sr_{0.25}Cr_{1-x}Mn_xO_3$ under anodic conditions. *J. Solid State Chem.*, **178**(6), 1844-1850.

[130] Moos, R., Bischoff, T., Menesklou, W., and Hardtl, K. (1997) Solubility of lanthanum in strontium titanate in oxygen-rich atmospheres. *J. Mater. Sci.*, **32**(16), 4247-4252.

[131] Moos, R. and Hardtl, K. H. (1997) Defect chemistry of donor-doped and undoped strontium titanate ceramics between 1000℃ and 1400℃. *J. Am. Ceram. Soc.*, **80**(10), 2549-2562.

[132] Huang, X. L., Zhao, H. L., Shen, W., Qiu, W. H., and Wu, W. J. (2006) Effect of fabrication parameters on the electrical conductivity of $Y_xSr_{1-x}TiO_3$ for anode materials. *J. Phys. Chem. Solids*, **67**(12), 2609-2613.

[133] Balachandran, U. and Eror, N. G. (1982) Electrical conductivity in lanthanum-doped strontium titanate. *J. Electrochem. Soc.*, **129**(5), 1021-1026.

[134] Hui, S. Q. and Petric, A. (2002) Evaluation of yttrium-doped $SrTiO_3$ as an anode for solid oxide fuel cells. *J. Eur. Ceram. Soc.*, **22**(9-10), 1673-1681.

[135] Fu, Q. X., Mi, S. B., Wessel, E., and Tietz, F. (2008) Influence of sintering conditions on microstructure and electrical conductivity of yttrium-substituted $SrTiO_3$. *J. Eur. Ceram. Soc.*, **28**(4), 811-820.

[136] Flandermeyer, B. F., Agarwal, A. K., Anderson, H. U., and Nasrallah, M. M. (1984) Oxidation-reduction behaviour of La-doped $SrTiO_3$. *J. Mater. Sci.*, **19**(8), 2593-2598.

[137] Battle, P. D., Bennett, J. E., Sloan, J., Tilley, R. J. D., and Vente, J. F. (2000) A-site cation-vacancy ordering in $Sr_{1-3x/2}La_xTiO_3$: a study by HRTEM. *J. Solid State Chem.*, **149**(2), 360-369.

[138] Meyer, R., Waser, R., Helmbold, J., and Borchardt, G. (2002) Cationic surface segregation in donor-doped $SrTiO_3$ under oxidizing conditions. *J. Electroceram.*, **9**(2), 101-110.

[139] Slater, P. R., Fagg, D. P., and Irvine, J. T. S. (1997) Synthesis and electrical characterisation of doped perovskite titanates as potential anode materials for solid oxide fuel cells. *J. Mater. Chem.*, **7**(12), 2495-2498.

[140] Mitchell, B. J., Rogan, R. C., Richardson, J. W., Ma, B., and Balachandran, U. (2002) Stability of the cubic perovskite $SrFe_{0.8}Co_{0.2}O_{3-\delta}$. *Solid State Ionics*, **146**(3-4), 313-321.

[141] Blennow, P., Hansen, K. K., Reine Wallenberg, L., and Mogensen, M. (2006) Effects of Sr/Ti-ratio in $SrTiO_3$-based SOFC anodes investigated by the use of cone-shaped electrodes. *Electrochim. Acta*, **52**(4), 1651-1661.

[142] Blennow, P., Hagen, A., Hansen, K. K., Wallenberg, L. R., and Mogensen, M. (2008) Defect and electrical transport properties of Nb-doped $SrTiO_3$. *Solid State Ionics*, **179**(35-36), 2047-2058.

[143] Blennow, P., Hansen, K. K., Wallenberg, L. R., and Mogensen, M. (2009) Electrochemical characterization and redox behavior of Nb-doped $SrTiO_3$. *Solid State Ionics*, **180**(1), 63.

[144] Blennow, P., Hansen, K. K., Wallenberg, L. R., and Mogensen, M. (2007) Synthesis of Nb-doped $SrTiO_3$ by a modified glycine-nitrate process. *J. Eur. Ceram. Soc.*, **27**(13-15), 3609-3612.

[145] Hashimoto, S., Poulsen, F. W., and Mogensen, M. (2007) Conductivity of $SrTiO_3$ based oxides in the

reducing atmosphere at high temperature. *J. Alloys Compd.* ,**439**(1-2),232-236.

[146] Huang, Y. H., Dass, R. I., Denyszyn, J. C., and Goodenough, J. B. (2006) Synthesis and characterization of Sr_2MgMoO_{6-d}-An anode material for the solid oxide fuel cell. *J. Electrochem. Soc.* ,**153**(7),A1266-A1272.

[147] Marrero-López, D., Peña-Martínez, J., Ruiz-Morales, J. C., Gabás, M., Núñez, P., Aranda, M. A. G., and Ramos-Barrado, J. R. (2009) Redox behaviour, chemical compatibility and electrochemical performance of Sr_2MgMoO_{6-d} as SOFC anode. *Solid State Ionics*,**180**(40),1672.

[148] Liu, Q., Dong, X., Xiao, G., Zhao, F., and Chen, F. (2010) A novel electrode material for symmetrical SOFCs. *Adv. Mater.* ,**22**(48),5478-5482.

[149] Sprague, J. J. and Tuller, H. L. (1999) Mixed ionic and electronic conduction in Mn/Mo doped gadolinium titanate. *J. Eur. Ceram. Soc.* ,**19**(6-7),803-806.

[150] Ruiz-Morales, J. C., Canales-Vazquez, J., Marrero-Lopez, D., Irvine, J. T. S., and Nunez, P. (2007) Improvement of the electrochemical properties of novel solid oxide fuel cell anodes, $La_{0.75}Sr_{0.25}Cr_{0.5}Mn_{0.5}O_{3-\delta}$ and $La_4Sr_8Ti_{11}Mn_{0.5}Ga_{0.5}O_{37.5-\delta}$, using Cu-YSZ-based cermets. *Electrochim. Acta*, **52**(25),7217-7225.

[151] Lu, X. C. and Zhu, J. H. (2007) Cu(Pd)-impregnated $La_{0.75}Sr_{0.25}Cr_{0.5}Mn_{0.5}O_{3-\delta}$ anodes for direct utilization of methane in SOFC. *Solid State Ionics*,**178**(25-26),1467-1475.

[152] Lee, S., Vohs, J. M., and Gorte, R. J. (2004) A study of SOFC anodes based on Cu-Ni and Cu-Co bimetallics in CeO_2-YSZ. *J. Electrochem. Soc.* ,**151**(9),A1319-A1323.

[153] Kim, H., Lu, C., Worrell, W. L., Vohs, J. M., and Gorte, R. J. (2002) Cu-Ni cermet anodes for direct oxidation of methane in solid-oxide fuel cells. *J. Electrochem. Soc.* ,**149**(3),A247-A250.

[154] Gorte, R. J., Vohs, J. M., and McIntosh, S. (2004) Recent developments on anodes for direct fuel utilization in SOFC. *Solid State Ionics*,**175**(1-4),1-6.

[155] McIntosh, S., Vohs, J. M., and Gorte, R. J. (2003) Effect of precious-metal dopants on SOFC anodes for direct utilization of hydrocarbons. Electrochem. *Solid State Lett.* ,**6**(11),A240-A243.

[156] Bruce, M. K., van den Bossche, M., and McIntosh, S. (2008) The influence of current density on the electrocatalytic activity of oxide-based direct hydrocarbon SOFC anodes. *J. Electrochem. Soc.* ,**155**(11), B1202-B1209.

[157] Tao, S. W., Irvine, J. T. S., and Plint, S. M. (2006) Methane oxidation at redox stable fuel cell electrode $La_{0.75}Sr_{0.25}Cr_{0.5}Mn_{0.5}O_{3-\delta}$. *J. Phys. Chem. B*,**110**(43),21771-21776.

[158] van den Bossche, M. and McIntosh, S. (2008) Rate and selectivity of methane oxidation over $La_{0.75}Sr_{0.25}Cr_xMn_{1-x}O_{3-\delta}$ as a function of lattice oxygen stoichiometry under solid oxide fuel cell anode conditions. *J. Catal.* ,**255**(2),313-323.

[159] Doshi, R., Alcock, C. B., Gunasekaran, N., and Carberry, J. J. (1993) Carbon monoxide and methane oxidation properties of oxide solid-solution catalysts. *J. Catal.* ,**140**(2),557-563.

[160] Yamazoe, N. and Teraoka, Y. (1990) Oxidation catalysis of perovskites—relationships to bulk structure and composition(valency, defect, etc.). *Catal. Today*,**8**(2),175.

[161] Gellings, P. J. and Bouwmeester, H. J. M. (2000) Solid state aspects of oxidation catalysis. *Catal. Today*,**58**(1),1-53.

[162] van den Bossche, M. and McIntosh, S. (2010) Pulse reactor studies to assess the potential of $La_{0.75}Sr_{0.25}Cr_{0.5}Mn_{0.4}X_{0.1}O_{3-\delta}$ (X = Co, Fe, Mn, Ni, V) as direct hydrocarbon solid oxide fuel cell anodes. *Chem. Mater.* ,**22**,5856-5865.

[163] Sfeir, J., Buffat, P. A., Mockli, P., Xanthopoulos, N., Vasquez, R., Mathieu, H. J., Van herle, J., and Thampi, K. R. (2001) Lanthanum chromite based catalysts for oxidation of methane directly on SOFC anodes. *J. Catal.*, **202**(2), 229-244.

[164] Danilovic, N., Vincent, A., Luo, J., Chuang, K. T., Hui, R., and Sanger, A. R. (2009) Correlation of fuel cell anode electrocatalytic and ex situ catalytic activity of perovskites $La_{0.75}Sr_{0.25}Cr_{0.5}X_{0.5}O_{3-\delta}$ (X = Ti, Mn, Fe, Co). *Chem. Mater.*, **22**(3), 957-965.

[165] Primdahl, S., Hansen, J. R., Grahl-Madsen, L., and Larsen, P. H. (2001) Sr-doped $LaCrO_3$ anode for solid oxide fuel cells. *J. Electrochem. Soc.*, **148**(1), A74-A81.

[166] Vernoux, P., Djurado, E., and Guillodo, M. (2001) Catalytic and electrochemical properties of doped lanthanum chromites as new anode materials for solid oxide fuel cells. *J. Am. Ceram. Soc.*, **84**(10), 2289-2295.

[167] Kobsiriphat, W., Madsen, B. D., Wang, Y., Marks, L. D., and Barnett, S. A. (2009) $La_{0.8}Sr_{0.2}Cr_{1-x}Ru_xO_{3-\delta}Gd_{0.1}Ce_{0.9}O_{1.95}$ solid oxide fuel cell anodes: Ru precipitation and electrochemical performance. *Solid State Ionics*, **180**(2-3), 257.

[168] Madsen, B. D., Kobsiriphat, W., Wang, Y., Marks, L. D., and Barnett, S. A. (2007) Nucleation of nanometer-scale electrocatalyst particles in solid oxide fuel cell anodes. *J. Power Sources*, **166**(1), 64-67.

[169] Tao, S. W. and Irvine, J. T. S. (2004) Catalytic properties of the perovskite oxide $La_{0.75}Sr_{0.25}Cr_{0.5}Fe_{0.5}O_{3-\delta}$ in relation to its potential as a solid oxide fuel cell anode material. *Chem. Mater.*, **16**(21), 4116-4121.

[170] Jardiel, T., Caldes, M. T., Moser, F., Hamon, J., Gauthier, G., and Joubert, O. (2010) New SOFC electrode materials: the Nisubstituted LSCM-based compounds $(La_{0.75}Sr_{0.25})(Cr_{0.5}Mn_{0.5-x}Ni_x)O_{3-\delta}$ and $(La_{0.75}Sr_{0.25})(Cr_{0.5-x}Ni_xMn_{0.5})O_{3-\delta}$. *Solid State Ionics*, **181**(19-20), 894.

[171] Pudmich, G., Boukamp, B. A., Gonzalez-Cuenca, M., Jungen, W., Zipprich, W., and Tietz, F. (2000) Chromite/titanate based perovskites for application as anodes in solid oxide fuel cells. *Solid State Ionics*, **135**(1-4), 433.

[172] Kim, G., Lee, S., Shin, J. Y., Corre, G., Irvine, J. T. S., Vohs, J. M., and Gorte, R. J. (2009) Investigation of the structural and catalytic requirements for high-performance SOFC anodes formed by infiltration of LSCM. *Electrochem. Solid State Lett.*, **12**(3), B48-B52.

[173] Liu, J., Madsen, B. D., Ji, Z. Q., and Barnett, S. A. (2002) A fuel-flexible ceramic-based anode for solid oxide fuel cells. Electrochem. *Solid State Lett.*, **5**(6), A122-A124.

[174] Jiang, S. P., Ye, Y. M., He, T. M., and Ho, S. B. (2008) Nanostructured palladium - $La_{0.75}Sr_{0.25}Cr_{0.5}Mn_{0.5}O_3/Y_2O_3-ZrO_2$ composite anodes for direct methane and ethanol solid oxide fuel cells. *J. Power Sources*, **185**(1), 179-182.

[175] Ye, Y. M., He, T. M., Li, Y., Tang, E. H., Reitz, T. L., and Jiang, S. P. (2008) Pd-promoted $La_{0.75}Sr_{0.25}Cr_{0.5}Mn_{0.5}O_3$/YSZ composite anodes for direct utilization of methane in SOFCs. *J. Electrochem. Soc.*, **155**(8), B811-B818.

[176] Lee, S., Kim, G., Vohs, J. M., and Gorte, R. J. (2008) SOFC anodes based on infiltration of $La_{0.3}Sr_{0.7}TiO_3$. *J. Electrochem. Soc.*, **155**(11), B1179-B1183.

[177] Stevenson, J. W., Armstrong, T. R., Carneim, R. D., Pederson, L. R., and Weber, W. J. (1996) Electrochemical properties of mixed conducting perovskites $La_{1-x}M_xCo_{1-y}Fe_yO_{3-\delta}$ (M = Sr, Ba, Ca). *J. Electrochem. Soc.*, **143**(9), 2722.

[178] Fu, Q. X., Tietz, F., Sebold, D., Tao, S. W., and Irvine, J. T. S. (2007) An efficient ceramic-based anode for solid oxide fuel cells. *J. Power Sources*, **171**(2), 663-669.

[179] Yang, L. M., DeJonghe, L. C., Jacobsen, C. P., and Visco, S. J. (2007) B-site doping and catalytic

activity of Sr(Y)TiO_3. *J. Electrochem. Soc.*, **154**(9), B949-B955.

[180] Vincent, A., Luo, J., Chuang, K. T., and Sanger, A. R. (2010) Effect of Ba doping on performance of LST as anode in solid oxide fuel cells. *J. Power Sources*, **195**(3), 769.

[181] Sun, X., Wang, S., Wang, Z., Ye, X., Wen, T., and Huang, F. (2008) Anode performance of LST-xCeO_2 for solid oxide fuel cells. *J. Power Sources*, **183**(1), 114-117.

[182] Sun, X., Wang, S., Wang, Z., Qian, J., Wen, T., and Huang, F. (2009) Evaluation of $Sr_{0.88}Y_{0.08}TiO_3$-CeO_2 as composite anode for solid oxide fuel cells running on CH_4 fuel. *J. Power Sources*, **187**(1), 85-89.

[183] Fu, Q. X., Tietz, F., and Stover, D. (2006) $La_{0.4}Sr_{0.6}Ti_{1-x}Mn_xO_{3-\delta}$ perovskites as anode materials for solid oxide fuel cells. *J. Electrochem. Soc.*, **153**(4), D74-D83.

[184] Fu, Q. X., Tietz, F., Lersch, P., and Stover, D. (2006) Evaluation of Sr-and Mn-substituted $LaAlO_3$ as potential SOFC anode materials. *Solid State Ionics*, **177**(11-12), 1059-1069.

[185] Ruiz-Morales, J., Canales-Vázquez, J., Savaniu, C., Marrero-López, D., Zhou, W., and Irvine, J. T. S. (2006) Disruption of extended defects in solid oxide fuel cell anodes for methane oxidation. *Nature*, **439**(7076), 568-571.

[186] He, B., Zhao, L., Song, S., Liu, T., Chen, F., and Xia, C. (2012) $Sr_2Fe_{1.5}Mo_{0.5}O_{6-d}$-$Sm_{0.2}Ce_{0.8}O_{1.9}$ composite anodes for intermediate temperature solid oxide fuel cells. *J. Electrochem. Soc.*, **159**(5), B619-B626.

[187] Bossche, M. v. d. and McIntosh, S. (2011) On the methane oxidation activity of $Sr_2(MgMo)_2O_{6-d}$: a potential anode material for direct hydrocarbon solid oxide fuel cells. *J. Mater. Chem.*, **21**(20), 7443-7451.

[188] Bi, Z. H. and Zhu, J. H. (2011) Effect of current collecting materials on the performance of the double-perovskite Sr_2MgMoO_{6-d} anode. *J. Electrochem. Soc.*, **158**(6), B605-B613.

[189] Marrero-Lopez, D., Pena-Martinez, J., Ruiz-Morales, J. C., Gabas, M., Nunez, P., Aranda, M. A. G., and Ramos-Barrado, J. R. (2010) Redox behaviour, chemical compatibility and electrochemical performance of $Sr_2MgMoO_{6-\delta}$ as SOFC anode. *Solid State Ionics*, **180**(40), 1672-1682.

[190] Xie, Z., Zhao, H., Du, Z., Chen, T., Chen, N., Liu, X., and Skinner, S. J. (2012) Effects of Co doping on the electrochemical performance of double perovskite oxide $Sr_2MgMoO_{6-\delta}$ as an anode material for solid oxide fuel cells. *J. Phys. Chem. C*, **116**(17), 9734-9743.

[191] Huang, Y., Liang, G., Croft, M., Lehtimaki, M., Karppinen, M., and Goodenough, J. B. (2009) Double-perovskite anode materials Sr_2MMoO_6(M=Co, Ni) for solid oxide fuel cells. *Chem. Mater.*, **21**(11), 2319-2326.

[192] Vasala, S., Lehtimäki, M., Huang, Y. H., Yamauchi, H., Goodenough, J. B., and Karppinen, M. (2010) Degree of order and redox balance in B-site ordered double-perovskite oxides, $Sr_2MMoO_{6-\delta}$(M=Mg, Mn, Fe, Co, Ni, Zn). *J. Solid State Chem.*, **183**(5), 1007.

[193] Marrero-Lopez, D., Pena-Martinez, J., Ruiz-Morales, J. C., Martin-Sedeno, M. C., and Nunez, P. (2009) High temperature phase transition in SOFC anodes based on $Sr_2MgMoO_{6-\delta}$. *J. Solid State Chem.*, **182**(5), 1027-1034.

[194] Torabi, A. and Etsell, T. H. (2012) Ni modified WC-based anode materials for direct methane solid oxide fuel cells. *J. Electrochem. Soc.*, **159**(6), B714-B722.

[195] Torabi, A., Etsell, T. H., Semagina, N., and Sarkar, P. (2012) Electrochemical behaviour of tungsten carbide-based materials as candidate anodes for solid oxide fuel cells. *Electrochim. Acta*, **67**, 172-180.

[196] McIntosh, S. and van den Bossche, M. (2011) Influence of lattice oxygen stoichiometry on the mechanism of methane oxidation in SOFC anodes. *Solid State Ionics*, **192**(1), 453-457.

[197] van den Bossche, M., Matthews, R., Lichtenberger, A., and McIntosh, S. (2010) Insights into the fuel oxidation mechanism of $La_{0.75}Sr_{0.25}Cr_{0.5}Mn_{0.5}O_{3-\delta}$ SOFC anodes. *J. Electrochem. Soc.*, **157**(3), B392-B399.

[198] Kim, H., Vohs, J. M., and Gorte, R. J. (2001) Direct oxidation of sulfur containing fuels in a solid oxide fuel cell. *Chem. Commun.*, **22**, 2334-2335.

[199] He, H., Gorte, R. J., and Vohs, J. M. (2005) Highly sulfur tolerant Cu ceria anodes for SOFCs. Electrochem. *Solid-State Lett.*, **8**(6), A279-A280.

[200] Cheng, Z., Zha, S. W., and Liu, M. L. (2006) Stability of materials as candidates for sulfur-resistant anodes of solid oxide fuel cells. *J. Electrochem. Soc.*, **153**(7), A1302-A1309.

[201] Mukundan, R., Brosha, E. L., and Garzon, F. H. (2004) Sulfur tolerant anodes for SOFCs. *Electrochem. Solid State Lett.*, **7**(1), A5-A7.

[202] Jiang, S. P. (2006) A review of wet impregnation-An alternative method for the fabrication of high performance and nano-structured electrodes of solid oxide fuel cells. *Mater. Sci. Eng.*, *A*, **418**(1-2), 199-210.

[203] Kurokawa, H., Yang, L., Jacobson, C. P., De Jonghe, L. C., and Visco, S. J. (2007) Y-doped $SrTiO_3$ based sulfur tolerant anode for solid oxide fuel cells. *J. Power Sources*, **164**(2), 510-518.

[204] Lu, X. C., Zhu, J. H., Yang, Z., Xia, G., and Stevenson, J. W. (2009) Pd impregnated SYT/LDC composite as sulfur-tolerant anode for solid oxide fuel cells. *J. Power Sources*, **192**(2), 381-384.

[205] Kim, G., Corre, G., Irvine, J. T. S., Vohs, J. M., and Gorte, R. J. (2008) Engineering composite oxide SOFC anodes for efficient oxidation of methane. Electrochem. *Solid State Lett.*, **11**(2), B16-B19.

[206] He, H. P., Huang, Y. Y., Vohs, J. M., and Gorte, R. J. (2004) Characterization of YSZ-YST composites for SOFC anodes. *Solid State Ionics*, **175**(1-4), 171.

[207] He, H. P., Huang, Y. Y., Regal, J., Boaro, M., Vohs, J. M., and Gorte, R. J. (2004) Low-temperature fabrication of oxide composites for solid-oxide fuel cells. *J. Am. Ceram. Soc.*, **87**(3), 331.

[208] Corre, G., Kim, G., Cassidy, M., Vohs, J. M., Gorte, R. J., and Irvine, J. T. S. (2009) Activation and ripening of impregnated manganese containing perovskite SOFC electrodes under redox cycling. *Chem. Mater.*, **21**(6), 1077-1084.

[209] Tucker, M., Sholklapper, T., Lau, G., DeJonghe, L., and Visco, S. (2009) Progress in metal-supported SOFCs. *ECS Trans.*, **25**(2), 673-680.

[210] Tucker, M. C., Lau, G. Y., Jacobson, C. P., DeJonghe, L. C., and Visco, S. J. (2007) Performance of metal-supported SOFCs with infiltrated electrodes. *J. Power Sources*, **171**(2), 477-482.

[211] Tucker, M. C., Lau, G. Y., Jacobson, C. P., DeJonghe, L. C., and Visco, S. J. (2008) Stability and robustness of metal-supported SOFCs. *J. Power Sources*, **175**(1), 447-451.

[212] Blennow, P., Hjelm, J., Klemensø, T., Persson, A., Brodersen, K., Srivastava, A., Frandsen, H., Lundberg, M., Ramousse, S., and Mogensen, M. (2009) Development of planar metal supported SOFC with novel cermet anode. *ECS Trans.*, **25**(2), 701-710.

[213] Jiang, S. P., Zhang, S., Zhen, Y. D., and Wang, W. (2005) Fabrication and performance of impregnated Ni anodes of solid oxide fuel cells. *J. Am. Ceram. Soc.*, **88**(7), 1779-1785.

[214] Jiang, S. P., Chen, X. J., Chan, S. H., and Kwok, J. T. (2006) GDC-impregnated $(La_{0.75}Sr_{0.25})(Cr_{0.5}Mn_{0.5})O_3$ anodes for direct utilization of methane in solid oxide fuel cells. *J. Electrochem. Soc.*, **153**(5), A850-A856.

[215] Jiang, S. P., Duan, Y. Y., and Love, J. G. (2002) Fabrication of high-performance $Ni/Y_2O_3ZrO_2$ cermet anodes of solid oxide fuel cells by Ion impregnation. *J. Electrochem. Soc.*, **149**(9), A1175-A1183.

第2章

固体氧化物燃料电池先进阴极

周嵬,邵宗平,Chan Kwak,Hee Jung Park

2.1 引 言

SOFC 是一种将化学能直接转化为电能的电化学装置,其具有能源转化效率高和排放率低的特征。SOFC 单电池由多孔的阳极、阴极以及置于两者之间的致密电解质层组成。在阴极侧,氧气通过电化学反应被还原成氧离子。理想的阴极不但需要较高的电导率用于集流,而且也需要对氧还原反应有较好的催化活性,同时也需要具有合适的微观结构来避免质量传递的限制。另外,阴极在工作以及加工过程中均应保持与电解质有较好的热机匹配性以及化学相容性,即它在高温加工以及制备过程中与电解质材料有较接近的热膨胀系数,并且几乎不与电解质材料反应。

目前,商业化的 SOFC 通常在较高的温度范围内(850~1000℃)运行,采用氧化钇稳定的氧化锆(YSZ)电解质,Ni-YSZ 金属陶瓷阳极以及 $La_{0.8}Sr_{0.2}MnO_3$(LSM)氧化物阴极[1]。对于此类电化学系统,可以通过与燃气轮机并用来实现高效的大规模电站的应用。然而,较高的工作温度会造成一些较为严重的问题,例如电池组分间可能产生的界面反应,电极层的致密化,电池材料之间的热膨胀系数不匹配造成的开裂以及需要采用贵的 $LaCrO_3$ 陶瓷材料作为连接体材料[1]。较高的运行温度使得电堆采用管状或者箱体结构,并使用陶瓷材料,这会降低电堆的体积功率密度[2]。

对于小规模 SOFC 应用,例如,微型热电系统、辅助能源单元以及家用的小型发电站,普遍都朝着低温、中低温 SOFC 方向发展,运行温度一般在 450~750℃范围内[3],因为温度的降低会对以下几方面有重要的促进效果[4]:

(1) 可以选用低价的材料组件,例如,采用不锈钢作为连接体和基体材料,具有较优的力学性能以及热传导性;

(2) 能迅速启动及关闭燃料电池;

(3) 使电池设计更加灵活并扩大材料的选择范围;

(4) 减弱电池组分间的界面反应并且延长燃料电池的寿命;

(5) 简化热控制过程。

由于氧离子传输以及氧分子活化所需的活化能较大,通常随着工作温度的降低,电解质的离子电导率以及发生在阴极的氧还原反应的电催化活性都会迅速降低。在低温条件下,电解质材料较高的欧姆阻抗以及电极较大的极化阻抗使得电池能源输出较低。在高温条件下,具有优异性能的 YSZ 电解质和 LSM 阴极随着工作温度的降低均呈现高的欧姆阻抗以及阴极极化阻抗,工作温度的降低使得它们无法在中低温下运行。为了降低电解质材料的欧姆阻抗,常通过降低 YSZ 电解质的厚度或者采用其他具有高离子电导的材料作为电解质[5]。在众多电解质材料中,掺杂后的氧化铈电解质比 YSZ 具有更高的离子电导率。研究表明,采用 10~20μm 厚的氧化铈基电解质可以在 500℃的低温下运行而具有较低的欧姆阻抗[6-7]。随着制造工艺的改进,采用阳极支撑的 SOFC,电解质的厚度可以控制在微米量级,并能实现批量生产,因此该工艺的应用可以有效降低电解质的欧姆阻抗。另一方面,多数情况下,微观结构优化后的多孔 Ni 金属陶瓷阳极支撑体几乎没有极化损失。因此,实现 LIT-SOFC 的关键在于降低阴极材料在低温下的极化。

低温下可以通过两种方法来改进 SOFC 的阴极性能:一是通过开发低温下具有较高催化性能的新型阴极材料,二是通过优化阴极微观结构来增大氧还原反应活性位点以及降低因气体扩散引起的极化阻抗。本章综合评价了基于氧化铈基、稳定的氧化锆基以及质子导体氧化物等不同电解质基体的 LIT-SOFC 阴极材料的最新进展,讨论了各种阴极的缺点,还介绍了具有特殊微观结构阴极的制备方法,并提出阴极未来的研究方向以及趋势。

2.2　基于氧离子导体电解质的阴极材料

SOFC 阴极上的氧还原反应过程与其接触的电解质材料的导电机理密切相关。氧气在阴极表面上转化为氧离子,再通过氧离子导体电解质材料传导到阳极从而与燃料发生反应。基于氧离子导体电解质上的阴极氧还原过程通常由以下步骤组成,如扩散、吸附、解离、离子化以及氧离子进入电解质材料晶格中。因此,基于氧离子导体电解质材料的阴极上发生的氧还原反应的总反应方程式可以用下式表示:

$$O_2 + 4e^- + 2V_O^{\cdot\cdot} \longrightarrow 2O_O^{\times} \tag{2.1}$$

如果电解质为质子导体,其阴极反应就更为复杂,因为反应过程涉及氧与氢以原子和离子状态参与反应。

简而言之，氧的电化学还原反应过程主要分为两个路径：表面路径以及体路径。当电极材料是纯电子电导材料时，如铂、钯和铑等，反应只能通过表面路径发生[8]。此种情况下，气态的氧气分子吸附到电极表面后再扩散到电解质、电极以及空气的三相界面（TPB），在 TPB 处形成的 O^{2-} 通过三相界面进入到电解质晶格中（此处假设是氧离子传导机理），最终在不同氧分压的作用下扩散到阳极（图 2.1(a)）。当电极材料本身也是一种氧离子导体（例如混合导体）时，氧离子也可以通过电极材料内部传导[9]。此时，氧离子能在体相中传导，氧气可以在绝大部分的电极表面被还原成氧离子，从而极大地增大了活性位并在低温下促进氧还原反应（图 2.1(b)）。

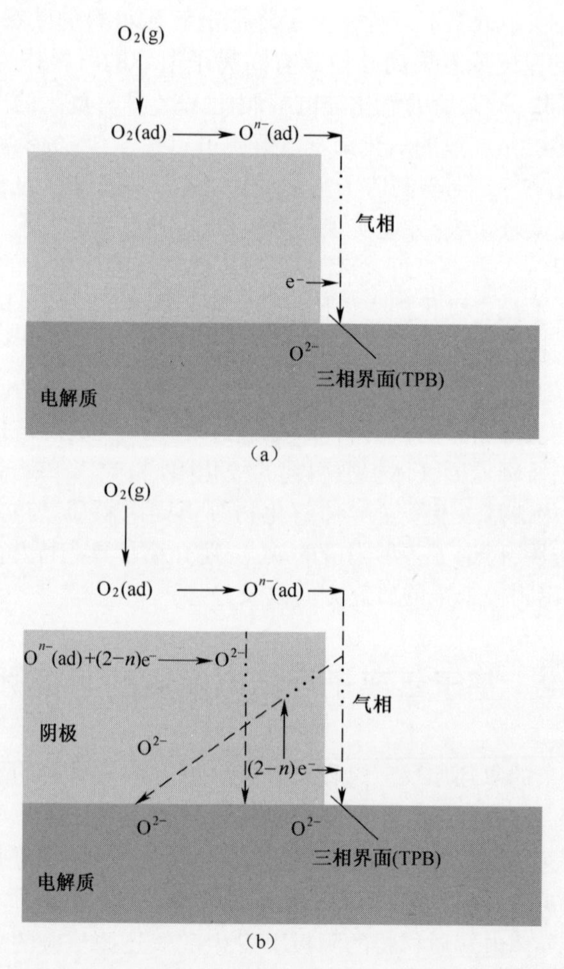

图 2.1　基于(a)Pt 阴极以及(b)MIEC 阴极的氧还原反应的原理图比较

材料的氧离子电导可以通过两种途径实现：一种途径是在纯电子电导的电极材料中加入具有氧离子传导能力的第二相来制备复合电极，从而实现氧离子传导,如 YSZ-LSM;另一种途径是通过引入晶格缺陷(氧空位)制备具有特定晶格结构的氧化物。在众多结晶化合物中,ABO_3型钙钛矿化合物、层状钙钛矿结构以及 K_2NiF_4结构化合物因其组分的多样化以及具有优异的电子电导与离子电导而成为 LIT-SOFC 阴极材料的首选。其中,含钴的氧化物在众多的混合电导氧化物中由于具有优异的离子电导和氧还原催化活性而在当下备受关注。

2.2.1 基于掺杂氧化铈基电解质的阴极材料

目前,SOFC 中最为常见的电解质材料包括萤石型的稳定氧化锆(ScSZ、YSZ)、萤石型的钆掺杂氧化铈(GDC)或钐掺杂氧化铈(SDC)、钙钛矿型的镧锶镓镁氧化物(LSGM)以及最新开发出的钙钛矿型质子导体,例如 $BaCe_{1-x}Y_xO_3$。纯的氧化铈具有萤石结构,用低价态的氧化物掺杂 CeO_2 中的 Ce^{4+},例如,用 Sm^{3+},可以通过在氧化物晶格中形成氧空位来显著增加氧化物的离子电导。由于 Sm^{3+}或 Gd^{3+}与 Ce^{4+}在大小上最为接近,因此采用 Sm^{3+}或 Gd^{3+}取代部分 Ce^{4+}可得到具有最高氧离子电导的电解质材料[10-12]。GDC 与 SDC 都比稳定的氧化锆具有更高的离子电导;然而,当温度升高时,Ce^{4+} 由于热化学反应还原成 Ce^{3+}从而使该类电解质呈现出部分电子电导[13],降低温度,离子电导显著降低,因此该类材料可以应用于低于 600℃范围内的电解质材料。

为了获得低温下与掺杂氧化铈电解质匹配的、具有较低极化电阻的 LIT-SOFC 电极材料,人们开发了许多有潜力的混合电导阴极材料。掺杂后的氧化铈与许多电极材料都具有较好的化学相容性,包括研究较多的含钴材料(如 $SrCoO_{3-\delta}$基钙钛矿化合物)、A 位阳离子有序化的 $LnBaCo_2O_{5+\delta}$型双钙钛矿氧化物以及 K_2NiFe_4型的复合氧化物。

2.2.1.1 钙钛矿材料

镧钴基钙钛矿氧化物是典型的混合导体,是较有潜力的基于掺杂氧化铈电解质的 SOFC 阴极材料[14-17]。$La_{1-x}Sr_xCoO_{3-\delta}$(LSC)钙钛矿拥有较好的氧离子电导以及超过 1000S · cm^{-1}的超高的电子电导[18],但是其相结构不稳定[19]。采用掺杂部分钴离子的铁离子可以增强相结构的稳定性,由此展开对 $La_{1-x}Sr_xCo_{1-y}Fe_yO_{3-\delta}$(LSCF)钙钛矿的研究[20-26]。虽然通过铁离子的取代使其相稳定性得到了极大的提高,然而其电子电导却在一定程度上降低,不过对于某些特定组分(如 $La_{0.6}Sr_{0.4}Fe_{0.8}Co_{0.2}O_{3-\delta}$)在 750℃ 以上其电导率可以超过 300S · cm^{-1}[27],此电导率可以满足 SOFC 的应用。LSCF 的离子电导也较高,采用电子阻挡电极技术测得 $La_{0.6}Sr_{0.4}Fe_{0.8}Co_{0.2}O_{3-\delta}$离子电导在 750℃ 时约为 1×10^{-3}S · cm^{-1}[28]。有人通过对 0.5μm 厚的致密 LSCF 阴极测得了较低的电极阻抗,此结果进一步证明了 LSCF 具有混合电导特性[29]。

有人通过对称电池测得多孔的 LSCF 阴极在 600℃ 下的面比电阻为 $0.7\Omega \cdot cm^2$[30]。通过在 LSCF 阴极与 GDC 电解质中间应用一层 1μm 厚的致密 LSCF 中间层，并通过腐蚀电解质表面来消除 SiO_2 杂质后，其电极性能得到了有效的提高并且其阻值相比传统的多孔 LSCF 电极下降到原来的 1/2 或 1/3[31-32]。在较低温度下，通过与氧化铈掺杂的电解质形成复合阴极也能改善 LSCF 电极性能。Perry Murray 等人[33]研究了 $La_{0.6}Sr_{0.4}Fe_{0.8}Co_{0.2}O_{3-\delta}$-GDC 复合阴极的电化学性能。通过在 $La_{0.6}Sr_{0.4}Fe_{0.8}Co_{0.2}O_{3-\delta}$ 中混入 50%（体积分数）的 GDC，该复合电极极化阻抗在 600℃ 时为 $0.33\Omega \cdot cm^2$，在 750℃ 时为 $0.01\Omega \cdot cm^2$，其极化阻抗与纯 $La_{0.6}Sr_{0.4}Fe_{0.8}Co_{0.2}O_{3-\delta}$ 电极相比降低到原来的 1/10。Dusastre 和 Kilner[34]测量了 LSCF 的极化阻抗以及不同的 $La_{0.6}Sr_{0.4}Fe_{0.8}Co_{0.2}O_{3-\delta}$-GDC 复合阴极在 GDC 电解质上在 500～700℃ 温度范围内空气中的极化阻抗。在 $La_{0.6}Sr_{0.4}Fe_{0.8}Co_{0.2}O_{3-\delta}$ 中混入 36%（体积分数）的 GDC 能使 LSCF 电极的极化阻抗降低到原来的 1/4，这个组成与通过有效介质渗透理论计算得到最优性能的组成非常接近[34]。通过分析极化阻抗数据，人们发现 LSCF-GDC 复合电极在电极-电解质界面具有更快的氧扩散以及氧离子电荷传输速率。Esquirol 等人[35]研究了 $La_{0.6}Sr_{0.4}Fe_{0.8}Co_{0.2}O_{3-\delta}$-GDC 复合阴极氧示踪扩散系数 D^* 以及表面交换系数 κ。他们测得复合材料的 D^* 要高于纯的 $La_{0.6}Sr_{0.4}Fe_{0.8}Co_{0.2}O_{3-\delta}$，但二者具有相似的 κ 值。其他一些研究者还报道了基于掺杂氧化铈电解质上不同的 LSCF-掺杂氧化铈复合阴极在低温下具有优异的性能[36-38]。采用掺杂氧化铈复合电极还可以提高电极与掺杂氧化铈电解质间的热化学相容性。据报道，LSC 以及 LSCF 氧化物由于其钙钛矿晶格中 Co 离子价态以及自旋态的变化致使它们具有较高的热膨胀系数（$TEC>20\times10^{-6}K^{-1}$），然而掺杂氧化铈电解质具有相对较低的 TEC（约 $12\times10^{-6}K^{-1}$）。通过引入掺杂氧化铈作为第二相可以有效降低复合阴极的表观 TEC 值。

正如前面所介绍的，在 SOFC 阴极上发生的氧还原反应是非常复杂的，包括很多步骤，如表面吸附、解离、表面扩散、电荷转移。众所周知，Pd 及 Pt 贵金属对氧活化具有较高的催化活性[43]，可能它们对氧还原过程中的子步骤的反应过程有良好的促进作用。因此，在 LSCF 电极表面加入一些贵金属会通过表面改性来改善其电极性能。Christie 等人[44]证明了在 $La_{0.6}Sr_{0.4}Fe_{0.8}Co_{0.2}O_{3-\delta}$ 阴极中加入多晶态的 Pt 颗粒可提高其性能。Sahibzada 等人[45]研究了 Pd 对 $La_{0.6}Sr_{0.4}Fe_{0.8}Co_{0.2}O_{3-\delta}$ 阴极的促进作用，证明了在 650℃ 时总电极阻抗下降了 15%，而在 550℃ 时则下降了 40%。Hwang 等人[46]发现了仅加入 0.5%（体积分数）的 Pt 到 $La_{0.6}Sr_{0.4}Fe_{0.8}Co_{0.2}O_{3-\delta}$ 电极就可在整个运行温度范围内（500～800℃）有效降低其极化阻抗。尽管加入贵金属能使电极的催化性能变得优异，但是该方法存在贵金属价格昂贵以及容易烧结等两方面的问题。

虽然钙钛矿氧化物的催化活性直接与 B 位阳离子有关，然而 A 位阳离子可以影响B位阳离子的价态以及还原特性[47-48]，从而改变氧化物的催化活性。目前，人们正通过在LSC中La位掺杂其他稀土金属来改善其相稳定性及电化学活性[49-52]。Takeda等人[49]证明了用Gd替换La形成的$Gd_{1-x}Sr_xCoO_{3-\delta}$氧化物实际上使电极性能恶化。然而，用Sm替换La而形成的$Sm_{1-x}Sr_xCoO_{3-\delta}$(SSC)钙钛矿则是有益的[50]，在$x=0.5$时，其最大的电导率可高达$1000S \cdot cm^{-1}$[51]。有实验进一步证明，SSC阴极具有较低的过电势[52]。在相同的运行温度下，致密的薄膜$Sm_{0.5}Sr_{0.5}CoO_{3-\delta}$电极比$La_{0.6}Sr_{0.4}CoO_{3-\delta}$电极的过电势约低50%[53]。在$Sm_{0.5}Sr_{0.5}CoO_{3-\delta}$致密薄膜阴极上发生的氧还原反应的速率取决于在电极表面发生的氧吸附-脱附过程，这一点与$La_{0.6}Sr_{0.4}CoO_{3-\delta}$电极较为相似，然而$Sm_{0.5}Sr_{0.5}CoO_{3-\delta}$的吸附-脱附速率常数比$La_{0.6}Sr_{0.4}CoO_{3-\delta}$几乎高一个数量级[53]。

虽然SSC的氧交换速率快，但是其低温性能不尽人意。有人用对称电池测得单相SSC电极在500℃下的ASR约为$20\Omega \cdot cm^2$[54]。高温渗透研究表明，致密SSC膜的氧通量较少[55]。这表明SSC的氧离子电导率很低，导致在低温下反应的TPB长度减少。

通过在多孔的$Sm_{0.5}Sr_{0.5}CoO_{3-\delta}$中掺入掺杂氧化铈的第二相可以提高其阴极性能[56]。此外，通过在电极中加入SDC相不仅增加了离子电导，而且抑制了$Sm_{0.5}Sr_{0.5}CoO_{3-\delta}$的晶粒长大，从而有效增加了TPB长度。Xia等人[56]系统研究了SSC-SDC复合阴极，并证明了含有30%(质量分数)SDC的$Sm_{0.5}Sr_{0.5}CoO_{3-\delta}$-SDC复合阴极具有最低的界面电阻以及比其他组成更高的氧还原催化活性，在开路电压下，600℃时其ASR小于$0.18\Omega \cdot cm^2$，而纯的单相SSC电极在相同条件下的ASR则约为$2.0\Omega \cdot cm^2$。

Shao等人[57-61]首次研究了以$Ba_{0.5}Sr_{0.5}Co_{0.8}Fe_{0.2}O_{3-\delta}$(BSCF)混合电导材料作为陶瓷氧隔膜以及膜反应器。混合导体膜的透氧量与膜材料的电子电导和氧离子电导密切相关。有研究表明，BSCF比SSC材料具有更高的透氧量[57]。因此，BSCF成为适用LIT-SOFC的阴极材料。Shao和Haile[62]首次研究了BSCF作为中温固体氧化物燃料电池(IT-SOFC)阴极材料，并证明其在低温下的出色电极性能。在图2.2中，当以含3%(体积分数)H_2O的氢气作为燃料、空气作为氧化物时，测得20μm厚的SDC电解质薄膜的单电池在600℃下的最大功率密度为$1010mW \cdot cm^{-2}$。Liu等人[63]报道了BSCF阴极在采用更薄的10μm厚的GDC电解质以及Ni-GDC金属陶瓷阳极支撑型单电池，在600℃、550℃、500℃、450℃以及400℃下的功率密度峰值分别为$1329mW \cdot cm^{-2}$、$863mW \cdot cm^{-2}$、$454mW \cdot cm^{-2}$、$208mW \cdot cm^{-2}$以及$83mW \cdot cm^{-2}$。通过结合原位中子衍射以及热重分析，发现BSCF在600～900℃温度范围内，氧分压在0.001～1atm① 时具

① 1atm=101.325kPa。

有极高的氧的非化学计量比($\delta = 0.7 \sim 0.8$)[64]。在低温下,BSCF 超高的移动氧空位能够显著改善其低温下的氧还原反应(ORR)。Baumann 等人[65-66]报道了 BSCF 电极在 750℃时具有极低的电化学表面交换电阻(约 $0.09\Omega \cdot cm^2$),该结果比在相同条件下测得的 $La_{0.6}Sr_{0.4}Co_{0.8}Fe_{0.2}O_{3-\delta}$微电极低很多,约为原来的1/50。Zhou 等人[67]对 IT-SOFC 中 BSCF 基阴极材料的研究进展进行了综述。

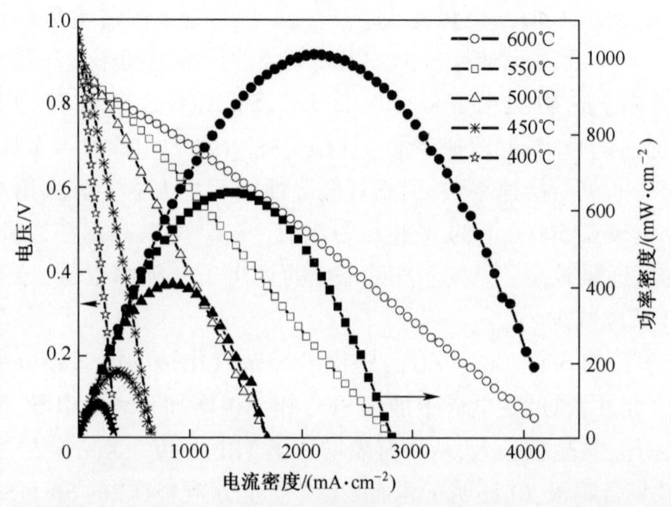

图 2.2　BSCF|SDC|Ni-SDC 燃料电池的电压、功率密度及电流密度曲线[63]

众所周知,表面氧空位有利于氧吸附、解离以及扩散。然而,较高的体空位浓度将会抑制钙钛矿晶格中电子型极化子的跃迁,因此可以观察到,随着氧的非化学计量比的增加其电子电导降低。较低的电导率将会产生较大的电荷转移电阻。例如,BSCF 的电导率非常低(约 $40S \cdot cm^{-1}$)[68]。然而最近一些施主掺杂型的 $SrCoO_{3-\delta}$钙钛矿拥有较高的氧空位浓度以及电导率。Aguadero 等人[69]在 $SrCoO_{3-\delta}$体系中的 Co 位中掺杂 10%(摩尔分数)的 Sb^{5+},成功得到了稳定的四方钙钛矿相。$SrCo_{0.9}Sb_{0.1}O_{3-\delta}$ 在 400℃下的电导率最大值为 $300S \cdot cm^{-1}$。Lin 等[70]报道了采用基于 SDC 电解质的 $SrCo_{0.9}Sb_{0.1}O_{3-\delta}$对称电池,在 700℃开路电压下空气中测到非常低的极化阻抗($0.09\Omega \cdot cm^2$)。当 $y = 0.05$ 时,$SrCo_{1-y}Sb_yO_{3-\delta}$钙钛矿阴极在 900 ~ 600℃ 温度范围内具有最低的 ASR 值($0.009 \sim 0.23\Omega \cdot cm^2$),其活化能为 0.82eV[71]。$Sb^{5+}$掺杂到 $SrCoO_{3-\delta}$中促进了电子跃迁效应,提高了 Co 离子的混合价态,从而增大了其电导率。Zhou 等人[72-73]报道了 Nb 掺杂的 $SrNb_{0.1}Co_{0.9}O_{3-\delta}$钙钛矿,此种材料在 400~600℃范围内不仅具有较大的电导率,还有较大的氧离子空位浓度。如图 2.3 所示,采用 $SrNb_{0.1}Co_{0.9}O_{3-\delta}$阴极以及 SDC 基电解质的单电池在 500℃下的功率密度达到 $561mW \cdot cm^{-2}$。

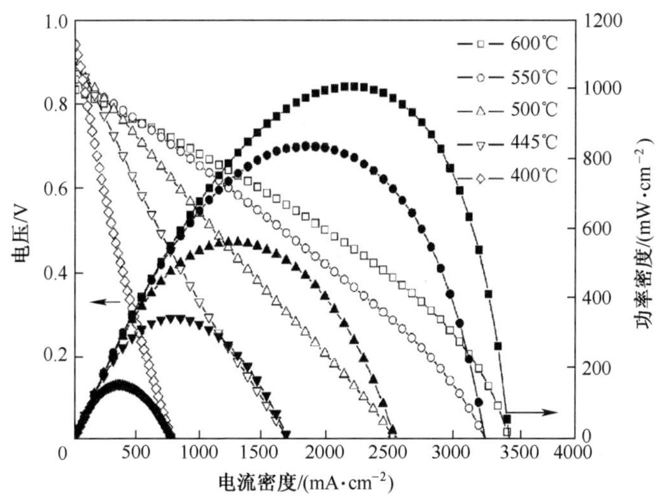

图2.3　$SrNb_{0.1}Co_{0.9}O_{3-\delta}$|SDC|Ni-SDC燃料电池的电压以及功率密度关于电流密度的曲线[72]

正如前面所提,Co主导的B位阳离子的钙钛矿化合物拥有较高的电化学性能。然而,绝大多数富含Co元素的组分其TEC较高,因此阴极在热循环过程中会从阴极脱落,此缺点在BSCF钙钛矿中尤为明显。BSCF的TEC比绝大多数的电解质要大很多[74]。TEC的不匹配还会导致BSCF阴极从GDC-ScSZ电解质上剥落[75]。McIntosh等人[64]采用中子衍射的方法测得了BSCF在600~900℃范围内、氧分压在1×10^{-3}~1atm间的化学膨胀系数和热膨胀系数。在实验测试范围内,热膨胀系数为19.0×10^{-6}~$20.8\times10^{-6}K^{-1}$,而化学膨胀系数则为0.016~0.026范围内。热膨胀与晶格谐波振动有关,取决于晶格中的静电引力[76],然而化学膨胀则与钴离子自旋态转变以及钴离子热化学还原为较低氧化态的过程有关[77]。

随着钴含量的降低,钴离子从Co^{3+}到Co^{4+}的氧化过程受到抑制,导致含钴基材料的TEC也降低[40,78]。然而,过多的取代钴离子在很大程度上会增大阴极的ORR反应极化阻抗。因此,使得含钴基材料在低温下既具有较高电催化活性又具有较低的TEC成为一个棘手的问题。具有立方钙钛矿晶体结构的Sr-Co-O体系的氧化物具有高的氧离子及电子电导。Zeng等人[79]报道了在$SrCoO_{3-\delta}$中掺杂钪能够在很宽的温度范围内有效稳定其立方钙钛矿结构。这很可能是少量的Sc^{3+}掺杂使钴离子维持在低价或高旋态时得到稳定。Zhou等人[80-81]研究了$SrSc_{0.2}Co_{0.8}O_{3-\delta}$钙钛矿作为IT-SOFC阴极材料。此材料在室温至1000℃空气下的热膨胀呈线性,TEC平均值仅为$16.9\times10^{-6}K^{-1}$。Sc掺杂不仅极大地降低了其TEC值,并在低温下得到了极高的氧空位浓度。550℃时$SrSc_{0.2}Co_{0.8}O_{3-\delta}$的ASR为0.206Ω·cm²。基于20μm厚SDC电解质的

$SrSc_{0.2}Co_{0.8}O_{3-\delta}$阴极在500℃下的峰值功率密度为564mW·cm^{-2}。

通过引入A位缺陷也可以改变钙钛矿的物理及化学性质,包括TEC、电导率以及氧的非化学计量比。Kostogloudis和Ftikos[23]发现A位缺陷化合物$(La_{0.6}Sr_{0.4})_{1-x}Co_{0.2}Fe_{0.8}O_{3-\delta}$比对应的$La_{0.6}Sr_{0.4}Co_{0.2}Fe_{0.8}O_{3-\delta}$有更低的TEC以及更低的电子电导。Mineshige等人[82]表明电导率的降低可能与产生的额外氧空位有关。然而最近有人证实了产生的额外氧空位对于ORR是有利的[83]。Doshi等人[84]报道了A位缺位的LSCF阴极具有较优的性能[84],他们还发现其阴极极化阻抗在500℃时仅为0.1Ω·cm^2。Zhou等人[85]报道了通过在BSCF中引入A位缺陷形成的$(Ba_{0.5}Sr_{0.5})_{1-x}Co_{0.8}Fe_{0.2}O_{3-\delta}$($(BS)_{1-x}CF$)具有更低的TEC。TEC很大程度上取决于A位阳离子缺位部分以及所选的温度范围。TEC会随A位阳离子缺位的增加而减小,尤其是在450~750℃的温度范围内。采用$BS_{0.97}CF$阴极的SOFC单电池在600℃以及650℃的峰值功率密度分别为694mW·cm^{-2}、893mW·cm^{-2},它们比具有相同阳离子化学计量比的BSCF阴极的电池稍低。

为了降低TEC,人们也开发了一些非钴基氧化物材料作为阴极材料。$La(Ni,Fe)O_{3-\delta}$(LNF)由于具有高的电子电导而被认为是具有潜力的阴极材料[86],当$x=0.4$时,其在800℃下电导率为580S·cm^{-1},其TEC也能与GDC匹配,这稳定了体系的热机械性能。LNF阴极的另外一个优点在于它能抵抗从电池连接体材料中扩散出来的Cr的毒化[87]。然而,最近的研究称LNF会与GDC反应,在电解质与电极界面形成较差的导电相[88-89]。在La位掺杂Sr形成的$La_{1-y}Sr_yFe_{1-x}Ni_xO_{3-\delta}$在体系中引入了氧空位而增大了其离子电导率,但是其TEC会有所增大会产生不利影响。采用共沉淀法在LNF体系中掺杂Cu制备出$LaNi_{0.2}Fe_{0.8-x}Cu_xO_3$阴极,其中$x<0.15$,单电池在580℃以及650℃下的峰值功率密度分别为635mW·cm^{-2}和763mW·cm^{-2}[90]。Hou等人报道了Mo掺杂的$LaNiO_3$($LaNi_{1-x}Mo_xO_3$)在800℃下的电化学性能。由于La_2MoO_6从$LaNi_{0.75}Mo_{0.25}O_{3-\delta}$中偏析导致引入La空位,氧空位可以将Ni(Ⅱ)重新氧化形成Ni(Ⅲ)-Ni(Ⅱ)对的混合价态,而材料中的Mo(Ⅳ)可以随机补充消耗掉的氧空位[91]。

另一组不含钴的钙钛矿是基于$SrFeO_{3-\delta}$。通常情况下,采用稀土元素,(如La),部分取代Sr,如$(La,Sr)FeO_{3-\delta}$(LSF)[92-93],该材料虽然呈现了与SDC电解质良好的TEC匹配,但是它的电化学性能差。Bi掺杂到$SrFeO_{3-\delta}$中会因为Bi^{3+}孤对电子的形成而产生高对称结构$Bi_{0.5}Sr_{0.5}FeO_{3-\delta}$(BSF),从而提供较优的电化学性能,这是La掺杂所不能提供的[94-96]。BSF对于ORR的活化能(E_a)为117kJ·mol^{-1},这与其他不含钴的阴极相比要低,例如,$La_{0.8}Sr_{0.2}FeO_{3-\delta}$(183kJ·mol^{-1})[97]、$GdBaFe_2O_{5+\delta}$(142kJ·mol^{-1})[98],以及与含钴的阴极相比

要低,如 $La_{0.8}Sr_{0.2}CoO_{3-\delta}$(164kJ · mol^{-1})[97]。

尽管对于不含钴材料的研究已取得一定得进展,然而它们仍然具有在 ORR 过程中较差的电催化活性以及在低温下较低的电导率。开发具有较高电导率以及对氧还原反应有较高电催化活性的不含钴的电极,已经成为所有研究 SOFC 人员需共同面对的挑战。

2.2.1.2　双钙钛矿材料

层状钙钛矿氧化物,尤其是具有层状钴系的 $LnBaCo_2O_{5+\delta}$(Ln = Gd,Pr,Y,La 等)体系被深入研究,因为该类材料在低温下有超常的磁性和传输特性[99-109]。这类材料具有有序的结构,其中镧系离子以及碱土金属离子占据了晶格中的 A 位,而氧空位则位于层与层之间[104-110]。图 2.4 比较了典型钙钛矿氧化物晶格结构与 A 位阳离子有序态的双层钙钛矿氧化物晶格结构。此类氧化物可以认为是一种通过层叠标准钙钛矿结构的单胞得到的层状晶态 $A'A''B_2O_6$,由连续的 $[BO_2]$-$[A''O]$-$[BO_2]$-$[A'O_\delta]$层沿着 c 轴堆叠而成[106]。从立方钙钛矿到层状结构的转变降低了 $A'O_\delta$层中的氧键结合强度并且提供了离子移动的无序通道[99],从而显著提高了氧的扩散性能,因此该类材料的应用开拓了一类适合 LIT-SOFC 阴极材料发展的方向。

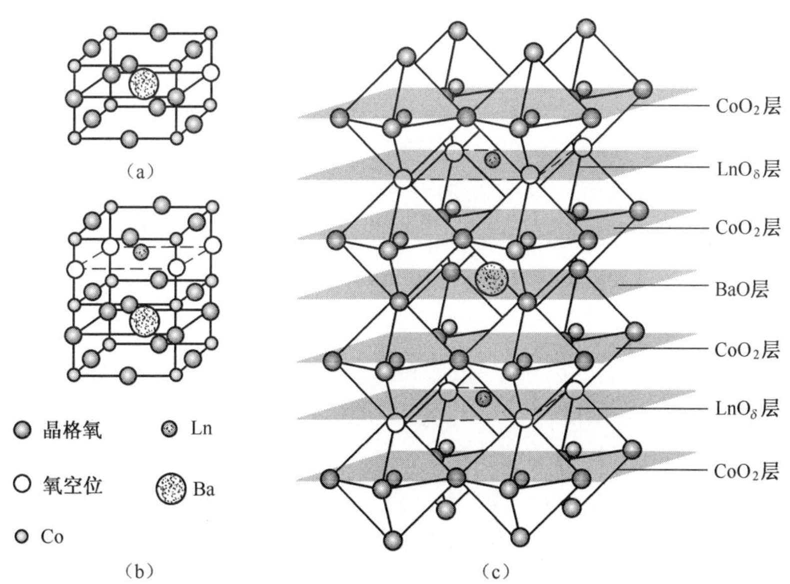

图 2.4　简单立方钙钛矿与双层钙钛矿结构:(a)ABO_3立方钙钛矿,(b)$LnBaCoO_{5+\delta}$双层钙钛矿,(c)层状结构[110]

Zhang 等人[110]系统研究了 $LnBaCo_2O_{5+\delta}$(Ln = La,Pr,Nd,Sm,Gd,Y)氧化物的相结构和相稳定性、氧含量、电导率以及阴极性能。$LnBaCo_2O_{5+\delta}$双层钙钛矿

结构的稳定性与Ln^{3+}阳离子的离子半径密切相关。人们得到了 Ln=Pr,Nd,Sm,Gd 的稳定层状结构,然而 Ln=Y 和 La 则只能以亚稳态存在。氧化物中氧含量以及钴离子的氧化态随着Ln^{3+}离子半径的增加而增大。另外,较大的阳离子半径Ln^{3+}意味着LnO_δ层中较高的氧迁移率。透氧膜测试表明,氧在厚的$PrBaCo_2O_{5+\delta}$膜中的氧扩散速率比在 BSCF 中的低,这与氧化物的多晶态结构以及氧扩散只发生在LnO_δ层中等事实有关。然而,$LnBaCo_2O_{5+\delta}$氧化物因其较快的表面交换速率而具有较好的电极性能,尤其是在 600℃下,$PrBaCo_2O_{5+\delta}$的 ASR 为$0.213\Omega \cdot cm^2$。此结果表明,这些层状结构的$LnBaCo_2O_{5+\delta}$氧化物作为低温 SOFC 电极材料比作为陶瓷氧隔膜更具有应用前景。最近的研究表明,Ln=Gd[103,105]和 Pr[106]的含钴双钙钛矿氧化物在低温下具有优越的氧传输性能(即高的氧表面交换系数以及合理的氧离子扩散率)和较高的电子电导,因此可能成为最有潜力的 LIT-SOFC 阴极材料。Tarancón 等人[105]采用$^{18}O/^{16}O$同位素交换深度曲线分析(IEDP)得到了最优的$GdBaCo_2O_{5+\delta}$的氧表面交换系数以及氧示踪扩散系数(575℃时,$k^* = 2.8\times10^{-7} cm \cdot s^{-1}$,$D = 4.8\times10^{-10} cm^2 \cdot s^{-1}$)。Zhu 等人[111]报道了在 600℃下,将$PrBaCo_2O_{5+\delta}$多孔电极沉积在 42μm 厚的 SDC 电解质上的燃料电池以H_2为燃料、空气为氧化气时的最大功率密度为$583mW \cdot cm^{-2}$。Chen 等人[12]表明,$PrBaCo_2O_{5+\delta}$与 GDC 在 1100℃下的相反应也极其微小。研究表明,在 450~700℃的中温范围内,电极的极化阻抗只与发生在电极-电解质界面的氧离子传输以及电极表面的电子传输过程有关。

Kim 以及 Manthiram[101]发现$LnBaCo_2O_{5+\delta}$的 TEC 随稀土金属阳离子半径的增大而增大。结合 SOFC 稳定性来看,他们提出在元素周期表中位于稀土金属元素中部的 Ln=Sm 是最佳的候选组分。在 700℃,基于 GDC 电解质含 50%(质量分数)$SmBaCo_2O_{5+\delta}$以及 50%(质量分数)GDC 的复合阴极的 ASR 仅为$0.05\Omega \cdot cm^2$。此外,该复合材料的 TEC 相比单相的$SmBaCo_2O_{5+\delta}$从$20\times10^{-6}K^{-1}$降到$12.5\times10^{-6}K^{-1}$[113]。

由于 Ba 具有较大的离子半径(1.60Å),因此有利于形成大的晶格空间以及更高的氧离子移动自由度,此外钙钛矿结构中较高的 Ba 含量还能提高 ORR 速率[114]。最近,Deng 等人[115]报道了 A 位完全被 Ba 取代的 B 位有序双层钙钛矿,例如$Ba_2CoMo_{0.5}Nb_{0.5}O_{6-\delta}$(BCMN)在 700℃下是一种适合作 SOFC 的阴极材料。然而,上述 BSMN 中的 Co 在 B 位阳离子仅占 50%,其含量不是最优化的,导致其较低的电导率和电催化活性。Zhou 等人[116]报道了高 Co 含量的$Ba_2Bi_{0.1}Sc_{0.2}Co_{1.7}O_{6-\delta}$(BBSC),因其具有高的氧空位体扩散系数、表面交换速率以及较高的电导率,该电极在 600℃下具有非常好的电化学性能($0.22\Omega \cdot cm^2$),如图 2.5 所示,另外在 BBSC 中不存在Co^{4+},使其具有较低的 TEC 值($17.9\times10^{-6}K^{-1}$)。

虽然 BBSC 有这些较优的性质，但是 Streule 等人[117-118] 报道了 $PrBaCo_2O_{5+\delta}$，在 500℃时可能存在相变的不利因素，这可能会影响它的应用，也会影响同族化合物作为 LIT-SOFC 阴极的可能性。根据 Streule 等的报道，PBC 被认为在低温下（约 75℃）会发生晶格畸变，它还会在 503℃时发生有序-无序化相转变中。由低温时氧空位沿 a 轴的交替填充以及氧空位链的一维分布状态（正交对称，*Pmmm* 空间群）转变为高温时氧空位在(001)面，即 PrO_δ 平面中的二维分布状态（四方对称 *P4/mmm* 空间群）。由于电极的氧传输性能的重要性，相转变将会对其电性能以及电化学性能产生很大影响。因此，也应该致力于研究清楚这一特点。Tarancón 等人[121] 揭示了层状钙钛矿结构 $GdBaCo_2O_{5+\delta}$ 在高温下的相转变对其电学特性的影响。当 $\delta<0.45$ 时，其结构会从正交对称相转变为四方对称相，而当 $\delta<0.25$ 时，其电子电导开始下降。此外，$GdBaCo_2O_{5+\delta}$ 电化学性能的下降很有可能与 GdO_δ 平面中氧的过度还原有关。

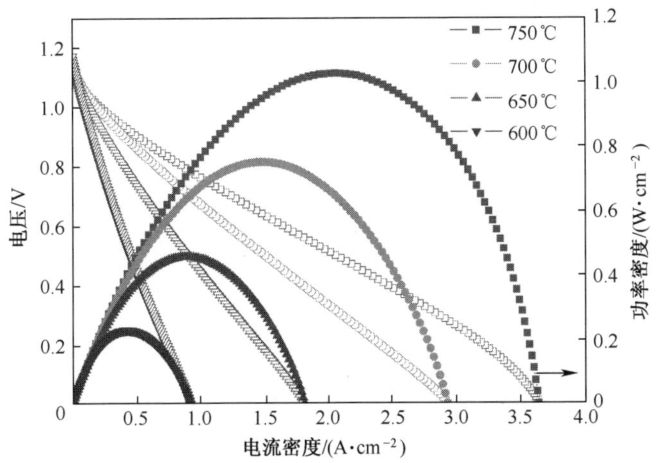

图 2.5 电池的电压以及功率密度关于电流密度的曲线（BBSC|SDC|YSZ|Ni-YSZ 燃料电池性能）[116]

BBSC 在 500~800℃的温度范围内还会发生从立方相到六方相的转变[122]。然而，在 700℃下，采用对称电池以及三电极的方法测得的阻抗谱结果表明，六方相的出现并未恶化其 ORR 性能。另外，采用阴极极化可以再现初始 ORR 性能，并且使其 ORR 性能在 72h 内保持稳定，这很可能是由于钴被还原从而保持了立方相的稳定，并且该过程能够补偿部分由立方相分解为六方相产生的影响。

近期有许多人研究了 $La_2NiO_{4+\delta}$ 基非化学计量比化合物，其混合电导特性使得它被应用于氧隔膜以及 SOFC 阴极[123-124]。这些氧化物都有着 K_2NiF_4 型结构并且分子式可表示为 $A_2BO_{4+\delta}$，该结构可认为是 ABO_3 钙钛矿以及 AO 岩盐层沿 c 方向交替分布（图 2.6）。AO 层中有足够的空间。这种结构可以在间隙中容纳带负电的氧而形成非化学计量比，而通过 B 位阳离子的氧化得到电中性的平衡[125]。之前的研究表明，$A_2BO_{4+\delta}$型材料由于B位阳离子的混合价态而具有很好的电子电导特性，其过氧非化学计量比特性使其具有氧离子传输特性以及合适的热膨胀特性[124-126]。Burriel 等人[127]研究了以 $SrTiO_3$ 和 $NdGaO_3$ 为衬底，沿 c 轴生长的 $La_2NiO_{4+\delta}$ 薄膜（33~370nm）的氧扩散特性。他们发现，虽然表面氧交换系数变化不大，但是氧扩散系数会随着薄膜厚度的增加而增大，可能是由于薄膜与基体不匹配而产生的应力减小的缘故。沿 ab 平面的扩散以及表面交换系数比 c 轴方向高了两个数量级。

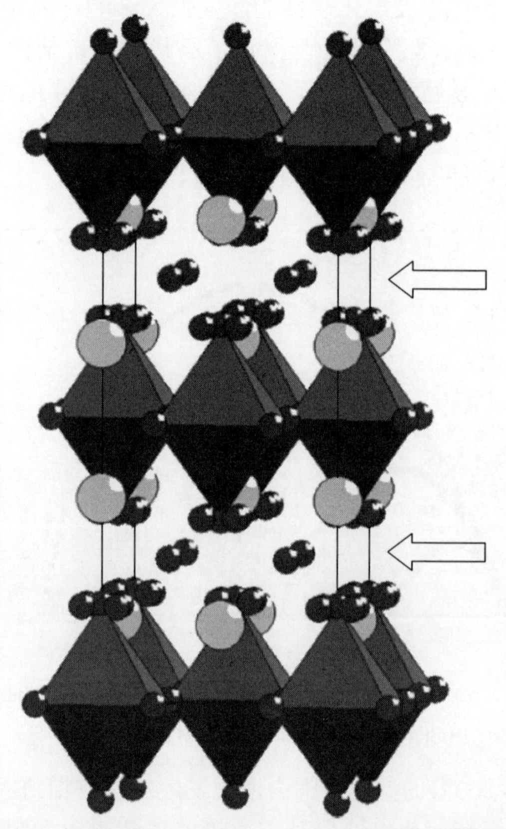

图 2.6　$La_2NiO_{4+\delta}$晶体结构（箭头指示每一层的间隙氧）[24]

用 Ni 部分取代 Co 的 $La_2Ni_{1-x}Co_xO_{4+\delta}$ 系材料中，当钴含量高时，其在 450~600℃的温度范围内呈现相对高的氧扩散系数（约 $1\times10^{-8}cm^2 \cdot s^{-1}$）以及氧表面交换系数（约 $1\times10^{-6}cm \cdot s^{-1}$）[125]。对于 SOFC 阴极材料，希望它具有高的氧离子扩散系数及表面交换常数。此外，阴极还应具有较低的 TEC（11.0×10^{-6} ~ $14.0\times10^{-6}K^{-1}$）与 SOFC 电解质材料匹配[126]。有报道称，在 $La_2Ni_{1-x}Co_xO_{4+\delta}$ 的 A 位中掺杂 Sr 可以进一步提升其电极性能[128]。采用 $La_{1.2}Sr_{0.8}Co_{0.2}Ni_{0.8}O_{4+\delta}$-GDC 作为阴极的单电池在 600℃下的峰值功率密度为 $350mW \cdot cm^{-2}$。此外，当

0.5V 的极化电压作用 36h 时其性能非常稳定。

Aguadero 等人[129]测试了 Cu 掺杂对 $La_2Ni_{1-x}Co_xO_{4+\delta}$系电极的影响。Weng 等人[130]通过研究如何优化合成此类含 Ni 体系的物质,提出一种有效的方法来合成 $La_{n+1}Ni_nO_{3n+1}(n=1,2,3,\cdots,N)$。此方法包括对纳米尺寸的共晶态前驱体进行热处理,通过连续的水热系统进行制备。此方法可以得到高质量的样品,避免了传统合成工艺中长期热处理和多步研磨等步骤。

Mazo 等人[131]报道了 $La_{2-x}Sr_xCuO_{4-\delta}$在较高的温度区间(750~1000K)内具有高的氧扩散率,其中 $La_{1.7}Sr_{0.3}CuO_{4-\delta}$的氧扩散系数最大。还有研究表明,$La_{2-x}Sr_xCuO_{4-\delta}$可以形成不同类型的氧缺陷(间隙氧或者氧空位),这取决于 Sr 的掺杂浓度、氧分压以及制备温度[132]。当 Sr 掺杂的含量较高时,会形成氧空位,并且氧空位浓度会随 Sr 含量的增加而增大。Li 等人[133]研究了 $La_{1.7}Sr_{0.3}CuO_{4-\delta}$阴极的电学特性,它在700℃空气中的 ASR 仅为 0.16Ω · cm^2。

人们进一步研究了通过不同的稀土金属阳离子掺杂氧化物的性能。Mauvy 等人[134]报道了 $Pr_2NiO_{4+\delta}$具有低的 ASR 值。$Pr_2NiO_{4+\delta}$-YSZ-$Pr_2NiO_{4+\delta}$电池作为阴极层有非常好的性能,在 610℃ 时其 ASR 为 0.5Ω · cm^2[134],然而,$Pr_2NiO_{4+\delta}$会和 YSZ 发生不利的反应。Miyoshi 等人[135]研究了在 $Pr_2NiO_{4-\delta}$中进行 Ni 位掺杂时的影响,报道了通过掺杂 Cu 以及 Mg 可以提高其渗透率。还有结果表明,镍酸钕与 GDC 和 YSZ 相比具有更好的化学相容性,未发现 $Nd_{2-x}Sr_xNiO_{4-\delta}$和 $Nd_{1.95}NiO_{4-\delta}$作为电极时与电解质发生反应[134,136]。

2.2.2 基于稳定氧化锆电解质的阴极材料

因为氧化钇稳定的氧化锆(YSZ)和氧化钪稳定的氧化锆(ScSZ)在较广的温度范围以及氧分压中具有极好的热机械性能、高的化学稳定性以及纯离子电导,所以它们仍是目前使用最为广泛的 SOFC 电解质材料。ZrO_2具有几种晶格结构[137]。在 ZrO_2晶格中掺杂适量的氧化钇或氧化钪不仅能够稳定其立方萤石相,还能增加氧空位浓度,从而提升氧离子电导[138]。虽然该类电解质在低于600℃时不具备足够高的离子电导,然而还是有很多人致力于探究在 650~850℃中温范围 SOFC 适用的稳定的氧化锆基电解质,因为当采用薄膜电解质时,该类电解质在此温度范围内的欧姆阻抗是可以接受的。

2.2.2.1 $La_{1-x}Sr_xMnO_3$基钙钛矿阴极

SOFC 阴极材料面临着电解质与阴极在高温条件下发生反应的问题。$LaMnO_3$基钙钛矿材料因与稳定化的氧化锆电解质有较好的化学相容性而被广泛研究[139-141]。在不同 $LaMnO_3$基材料中,Sr 掺杂的锰酸镧(LSM)因其高温下具有较高的电导率、较好的氧还原催化活性、较高的热稳定性和化学稳定性以及极好的力学性能而被认为是高温 SOFC 的最经典的阴极材料[142]。然而,由于 LSM 几乎不具有离子电导,其氧还原只能发生在 TPB 区域,因此纯的 LSM 阴极具有极高的阴极极化阻抗。在 700℃下,较大的电极极化阻抗已影响其实际使用[143-145]。

人们已经研究了一些能够提升 LSM 基阴极性能的方法。其中最常见的一种方法就是在 LSM 中加入具有离子电导的第二相使其成为复合阴极。采用此方法,则可让反应活性位遍布整个电极。Kenjo 和 Nishiya[146] 首次报道了 LSM-YSZ 复合阴极。之后,Wang 等人[147] 制备了采用 LSM-YSZ 作为阴极的 4cm×4cm 阳极支撑型电池,并测试了其在 750℃下的电压为 0.7V,其峰值功率密度为 $0.8W \cdot cm^{-2}$。该电池结构中 LSM 和 YSZ 都具有约 100nm 的颗粒尺寸,并且阴极与电解质间结合良好,阴极-电解质界面处的平均接触线百分比为 39%。通过优化制备工艺而得到的纳米结构阴极能够有效地提升其 TPB 长度,从而增加燃料电池的输出功率。Song 等人[148] 报道了双层-复合的方法,他们将 LSM 和 YSZ 相制备在 YSZ 晶粒上,得到了较好的相连续性以及界面连贯性,同时优化了阴极微观结构。阴极采用此类精细的微观结构使得其输出功率可以在 500h 内保持不变,然而采用传统机械混合制得的阴极在热机械力以及电化学的驱使下会导致 LSM 相的粗化以及收缩,从而在稳定性测试中其输出功率有较大的下降。

在 LSM-YSZ 复合阴极中采用具有更高离子电导率的材料替换 YSZ 能够进一步提升阴极性能。Perry Murray 以及 Barnett[149] 报道了 700℃下的纯 LSM 阴极的界面极化阻抗为 $7.28\Omega \cdot cm^2$, LSM-YSZ 复合阴极的界面极化阻抗为 $2.49\Omega \cdot cm^2$,而 LSM-GDC 复合阴极的界面极化阻抗仅为 $1.06\Omega \cdot cm^2$。因为 $Ce_{0.7}Bi_{0.3}O_2$ 与 GDC 的离子电导率接近,所以 LSM-$Ce_{0.7}Bi_{0.3}O_2$ 复合阴极表现出相似的电极性能[150-151]。如何避免 LSM 基复合电极在高温燃料电池的制备以及运行过程中电极之间以及电极与电解质界面反应的问题备受关注。人们还将 LSM-LSGM 复合阴极应用在阳极支撑型 SOFC,其中采用薄膜 YSZ 电解质[152]。然而,结果表明 1000℃下由于 LSGM 与 YSZ 电解质间的固相反应,导致 LSGM-LSM 复合阴极烧结制备时会与 YSZ 电解质产生界面反应。Wang 等人[153] 采用 $La_{0.8}Sr_{0.2}Mn_{1.1}O_3$-ScSZ-$CeO_2$ 作为阴极,制备了以薄膜 YSZ 为电解质的阳极支撑型 SOFC,测得其在 650℃ 下的最大功率密度为 $0.82W \cdot cm^{-2}$。

2.2.2.2 掺杂的 $La_{0.8}Sr_{0.2}MnO_3$

除了采用加入具有离子电导的第二相制备复合阴极外,有人尝试通过优化 LSM 电极组成来引入离子电导,尤其是在 LSM 的 B 位进行掺杂[142,154-157]。通过在 LSM 钙钛矿晶格的 B 位掺入钴离子,形成了新型的 $La_{0.5}Sr_{0.5}Mn_{1-x}Co_xO_{3\pm\delta}$ 钙钛矿氧化物,由于钴的价态变化以及在钙钛矿晶格中引入非化学计量比的协同作用,使得氧示踪扩散系数以及氧表面交换常数增大。另一方面,有报道称钪酸镧在很广的氧分压范围内是以氧离子电导为主的混合导体,并且 Sc^{3+} 的高极化度会使氧离子更容易进入晶格[158-160]。因此,Sc 掺杂的 LSM 材料的氧离子电导率将得到提升。

Gu 等人[161]合成了 $La_{0.8}Sr_{0.2}Mn_{1-x}Sc_xO_{3-\delta}$(LSMSc)钙钛矿氧化物,并且将它们应用到了氧化锆电解质的 SOFC 阴极。在 $La_{0.8}Sr_{0.2}MnO_{3-\delta}$ 的 B 位引入 Sc^{3+}离子,降低了其 TEC 值以及总电导率。在不同组分的 LSMSc 氧化物研究中,由于 $La_{0.8}Sr_{0.2}Mn_{0.95}Sc_{0.05}O_{3-\delta}$中的 Sc^{3+} 可以抑制表面 SrO 层的析出并能优化表面氧空位浓度,从而表现出极低的面比阴极极化阻抗[162]。采用 $La_{0.8}Sr_{0.2}Mn_{0.95}Sc_{0.05}O_{3-\delta}$阴极的阳极支撑型电池在 750℃下的峰值功率密度为 650mW · cm^{-2}(图 2.7),而在相同的实验条件下测得的 LSM 阴极的电池峰值功率密度为 200mW · cm^{-2}。Zheng 等人[163]进一步研究了加入 ScSZ 作为第二相所形成的 LSM-ScSZ 复合阴极。采用 LSM-ScSZ 阴极的阳极支撑型电池在 800℃以及 650℃下将氢气作为燃料、空气作为氧化物时,测得的峰值功率密度分别为 1211mW · cm^{-2}、386mW · cm^{-2}。Yue 等人[164]还报道了 LSMSc 基阴极,尤其是在低温条件下,比传统条件下的 LSM 阴极具有更高的性能。

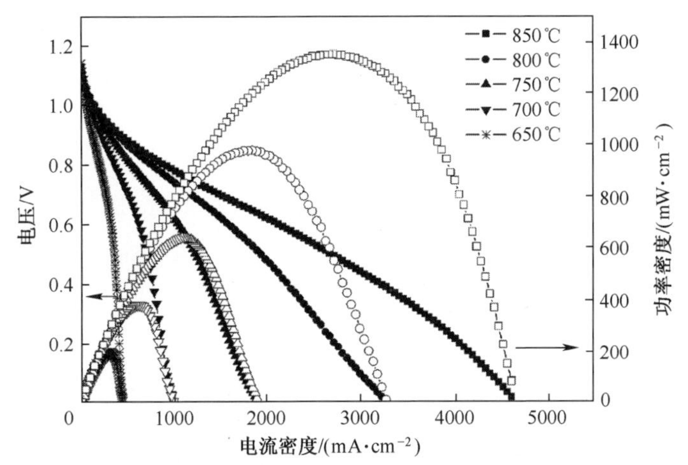

图 2.7 电池电压以及功率密度关于电流密度的曲线
($La_{0.8}Sr_{0.2}Mn_{0.95}Sc_{0.05}O_{3-\delta}$|YSZ|Ni-YSZ 燃料电池性能)[162]

2.2.2.3 带有阻挡层的含钴阴极

如前所述,在不同的钙钛矿氧化物中,含钴的钙钛矿具有最高的电子和氧离子电导以及最高的氧还原反应催化活性。因此,在低温条件下,采用掺杂氧化铈的电解质时,含钴的钙钛矿阴极与 LSM 电极相比具有更好的性能。然而,含钴的钙钛矿较易与稳定氧化锆电解质在阴极与电解质层中间反应生成$La_2Zr_2O_7$、

$SrZrO_3$和 $BaZrO_3$高电阻相[25,165-166]，这会阻挡电荷从阴极到电解质层的转移过程，从而使界面极化电阻急剧上升。为得到高性能且适用于稳定氧化锆电解质的辉钴矿氧化物，必须避免两者在界面发生反应。然而，在燃料电池的制备过程中，为了获得阴极颗粒之间足够的连通性以及阴极层与电解质表面的黏附性，通常需要采用高温烧结过程。绝大多数含钴阴极在800℃下很容易就会与氧化锆基电解质发生反应[25]。Duan 等人[166]的研究表明，BSCF 在 900℃时易与 YSZ 反应。因此，为使钴酸盐不与电解质反应，即在其表面沉积，其关键在于开发出新型先进制备工艺，使阴极沉积在电解质表面的温度低于发生界面反应的初始温度。

为了实现低温制备，研究者采用先进粉体制备技术制备了较细的含钴钙钛矿粉末改善其烧结活性。Lei 等人[167]采用甘氨酸-硝酸盐溶液燃烧法成功制备了比表面积为 $23m^2 \cdot g^{-1}$ 的超细 LSCF 粉体，它具有较高的表面活性。采用 LSCF 粉体所制备的阴极仅需在750℃下即可烧结到 YSZ 电解质上而不发生任何界面反应，此电池表现出极好的性能，700℃时其峰值功率密度高于 $1.0W \cdot cm^{-2}$。到目前为止，其他研究者也通过先进技术合成了 LSCF 粉体，避免了在电极制备过程中 LSCF 与 YSZ 电解质发生的界面反应，因此，在低温下获得了较优的电池性能[168,169]。

然而，从热力学角度来看，含钴钙钛矿阴极与稳定氧化锆电解质间的反应是无法避免的，降低制备温度只是从动力学上抑制了此类界面反应。而在实际应用中，燃料电池可能会有几年的使用寿命，那么在如此长的工作时间内稳定性就会受到很大关注。例如，将未烧结的 BSCF 阴极直接应用在 YSZ 上，在 800℃时操作 50h 其电池性能会逐渐下降，并且 BSCF 和 YSZ 的界面发生了反应产生了 $BaZrO_3$绝缘相[170]。

如前所述，绝大多数含钴钙钛矿与氧化铈基电解质间具有较好的化学相容性。避免含钴钙钛矿与稳定氧化锆间的界面反应的一种方法是，在它们之间采用掺杂的氧化铈作为阻挡层，抑制它们之间可能发生的相反应。不同研究者在采用 LSCF、SSC、BSCF 以及 LSC 等含钴材料时均采用氧化铈基阻挡层，电极的性能显著提高[75,171-174]。例如，Duan 等人采用带有 GDC 阻挡层的 BSCF 作为阴极，制备的 Ni-YSZ | YSZ | GDC | BSCF 阳极支撑型燃料电池在 800℃以及700℃得到的最大功率密度分别为 $1.56W \cdot cm^{-2}$和 $0.81W \cdot cm^{-2}$。而采用沉积的 BSCF 所制得的在 YSZ 电解质上的类似电池，在 800℃下得到的峰值功率密度仅为 $0.44W \cdot cm^{-2}$[166]，并在电极与电解质之间发生严重的界面反应。中间层不仅能够起到阻挡层的作用以避免阴极与电解质的直接接触，它还能改善电解质的表面交换动力学性能。Tsai 和 Barnett[175]在 LSM-YSZ 阴极与 YSZ 电解质之间直接采用掺杂的氧化铈作为阻挡层，其极化阻抗降低至原来的 1/10，这正是 SDC 与 YSZ 表面交换系数的比值。

基本上所有具有高的氧离子与电子电导,且有较大表面积的含钴钙钛矿阴极都可采用氧化铈基阻挡层,从而应用在氧化锆基电解质上。然而,掺杂的氧化铈也会与稳定氧化锆之间发生界面反应[176-177],生成具有非常低的电导率的$(Zr,Ce)O_2$基固溶体[178]。因此,应该严格控制其制备温度。

虽然在1000℃时掺杂的氧化铈与稳定氧化锆之间几乎不会发生反应,然而在1300℃时它们会发生明显的反应[179]。因此应该将制备温度控制在发生相反应的温度以下。人们已经采用了许多不同的制备工艺,包括湿法陶瓷加工(喷涂法、浸渍法、丝网印刷)以及物理气相沉积法(喷溅涂覆法、电子束蒸发法、脉冲激光法)[175,180-186]。湿法陶瓷加工过程相对便宜并且成本效率较高。然而,它们需要通过高温烧结过程使掺杂的氧化铈颗粒间形成良好的连通性,并使掺杂的氧化铈层能与稳定氧化锆电解之间形成较好的结合强度。由于掺杂的氧化铈粉体烧结活性较差,同时电解质层不存在收缩问题,因而很难采用湿法陶瓷加工得到致密的GDC层。过低的烧结温度会使掺杂的氧化铈层产生过量的孔结构,然而过高的烧结温度则会引发氧化铈基与氧化锆基之间反应,降低电解质的离子电导率。值得注意的是,一定厚度的多孔阻挡层不会对电极性能有明显影响[187]。Shiono等人[188]用EPMA(电子探针微量分析)证明采用3~6μm厚的多孔GDC作为LSC阴极与SScZ电解质阻挡层,它们之间也不会发生反应。然而Duan等人[166]的实验表明,在BSCF与YSZ中加入1μm厚的GDC阻挡层时,在1100~1200℃界面处会探测到$BaZrO_3$绝缘层,这意味着多孔的GDC层并不能阻挡BSCF与YSZ电解质间发生反应。换言之,Ba离子很可能从阴极通过很薄的多孔GDC层到达YSZ表面。因此,当采用湿法陶瓷加工工艺制备阻挡层时应该合理控制中间层的厚度与烧结温度。

还有研究表明,虽然多孔的阻挡层可能对电极性能没有显著的影响,然而它会导致电解质的欧姆阻抗增加[186]。当采用厚的致密的SDC阻抗层,通过等效电路来拟合阻抗曲线时,可以很明显地看出燃料电池的极化阻抗基本不变,而其欧姆阻抗显著减小。因此,在YSZ电解质表面制备一层不与其反应的掺杂氧化铈的阻挡层对于获得高性能的电池至关重要。因此,物理气相沉积技术应该比湿法陶瓷加工技术更为优越。

2.3 基于质子导体电解质的阴极材料

有些钙钛矿氧化物在高温、潮湿的气氛中会具有质子电导。质子电导来源于氧化物中质子缺位的存在[189]。因为质子电导的活化能较低,所以具有质子电导的钙钛矿在低温下有比氧离子电导电解质更高的离子电导率。实际上,一些质子导体,如$BaCe_{0.8}Y_{0.2}O_3$在小于600℃时比稳定氧化锆以及掺杂的氧化铈氧离子电导电解质具有更高的离子电导[190-191]。这意味着质子传导的LIT-

SOFC 比氧离子传导的 LIT-SOFC 具有更高的输出功率。此外,由于基于质子导体电解质的 SOFC(SOFC-H)在阴极侧会产生水,从而比基于氧离子导体电解质的 SOFC 拥有更高的理论电动势以及电效率[192]。

虽然人们已经开发了一些在低温下具有高质子电导的氧化物,然而其发展远远落后于基于氧离子传导的 SOFC-O。文献中,采用薄膜电解质的中温(600~800℃)氧离子传导的 SOFC 的峰值功率密度通常大于 $1.0W \cdot cm^{-2}$,而质子传导的 SOFC 却均小于 $500mW \cdot cm^{-2}$[193-201]。两种电池性能的差别主要在于阴极的性能不同。在质子传导的 SOFC 中,氢气在阳极氧化成质子,然后有选择性地迁移过电解质到达阴极处与氧气发生半电池反应生成水。在半电池上发生的阳极与阴极反应分别如式(2.2)、式(2.3)所示。

$$H_2 + 2O_O^{\times} \longrightarrow 2OH_O^{\cdot} + 2e^- \tag{2.2}$$

$$4OH_O^{\cdot} + O_2 + 4e^- \longrightarrow 2H_2O + 4O_O^{\times} \tag{2.3}$$

水在阴极侧生成,SOFC-H 型的阴极反应与基于氧离子导体电解质的阴极反应差别很大(如式(2.1))。

实际上,Uchida 等人[202]指出质子传导 SOFC 的 Pt 阴极过电位在低于 900℃时不能被忽略,然而阳极的过电位则可以忽略不计。因此,为获得具有足够高功率密度的质子传导型 LIT-SOFC,既要开发出更薄的、质子传导更高的新型电解质,还应开发出具有较低过电势的阴极材料。到目前为止,许多应用在低温下氧离子传导 SOFC 的混合离子电子的钙钛矿导体阴极也表现出较高性能,故研究其成为质子传导 SOFC 阴极的可能性。

2.3.1 钴酸盐

Iwahara 等人[203]采用质子电导的 $SrCe_{0.95}Yb_{0.05}O_{3-\delta}$ 电解质研究了包括 $LaCrO_3$、Sn 掺杂的 In_2O_3、$La_{0.4}Ca_{0.6}CoO_{3-\delta}$ 以及 $La_{0.4}Sr_{0.6}CoO_{3-\delta}$ 等半导体氧化物作为 SOFC 的可行性。在这些氧化物中,含钴的钙钛矿型氧化物具有最好的性能。Hibino 等人[194]研究了采用 $Ba_{0.5}Pr_{0.5}CoO_3$ 作为阴极,Y 掺杂的 $BaCeO_3$ 作为电解质的 SOFC。负载 Pd 的 FeO 阳极以及 $Ba_{0.5}Pr_{0.5}CoO_3$ 阴极在 600℃下的过电势分别为 25mV 和 53mV,当通过 $200mA \cdot cm^{-2}$ 电流时,其值小于 Pt 电极的 1/4。

Wu 等人[204]研究了基于 $BaCe_{0.8}Sm_{0.2}O_{3-\delta}$ 电解质的 $Sm_{0.5}Sr_{0.5}CoO_{3-\delta}$ 作为 SOFC 阴极材料。为获得电子、质子、氧离子电导的混合导体的阴极,人们将 $BaCe_{0.8}Sm_{0.2}O_{3-\delta}$ 与 $Sm_{0.5}Sr_{0.5}CoO_{3-\delta}$ 制成复合阴极。界面极化电阻随着 $Sm_{0.5}Sr_{0.5}CoO_{3-\delta}$-$BaCe_{0.8}Sm_{0.2}O_{3-\delta}$ 比例的下降而下降,在含有 60%(质量分数)$Sm_{0.5}Sr_{0.5}CoO_{3-\delta}$ 时界面极化阻抗达到最小(600℃时仅为 $0.67\Omega \cdot cm^2$),然后又随之增加,然而燃料电池的体电阻几乎不随此比例变化。此外,阴极的烧结温度

对于电池阻抗有着极大的影响，在1050℃时得到了高性能的阴极。700℃时，他们测得的最小界面极化阻抗为0.21Ω·cm^2、最大功率密度为0.24W·cm^{-2}。He等人[205]研究了$Sm_{0.5}Sr_{0.5}CoO_{3-\delta}-BaCe_{0.8}Sm_{0.2}O_{3-\delta}$复合阴极的ORR动力学。结果表明，在$Sm_{0.5}Sr_{0.5}CoO_{3-\delta}-BaCe_{0.8}Sm_{0.2}O_{3-\delta}$复合阴极上发生的氧活化过程在含水的气氛中可能受质子迁移到TPB以及在氧离子迁移到电解质的步骤限制，然而在不含水的气氛中则受O_{ad}还原成O_{ad}^-以及O_{ad}^-在表面扩散的步骤限制。Yang等人[206]通过用$Sm_{0.5}Sr_{0.5}CoO_{3-\delta}$以及$Ba(Zr_{0.1}Ce_{0.7}Y_{0.2})O_{3-\delta}$合理地设计了质子-氧离子-电子混合导体，并使其在质子传导的SOFC的使用中产生了较高的功率密度。经过1000℃烧结的复合阴极具有特殊的传输特性并极大地提升了氧活化位的数量，从而促进了其在整个阴极表面上H^+、O^{2-}、e^-以及$h^{\cdot}$等之间的电化学反应。在700℃、650℃、600℃以及550℃时得到的峰值功率密度分别为725mW·cm^{-2}、598mW·cm^{-2}、445mW·cm^{-2}以及272 mW·cm^{-2}。

Lin等人[207]评价了BSCF作为阴极在基于$BaCe_{0.9}Y_{0.1}O_{2.95}$电解质的质子传导SOFC中的可能性。由于从$BaCe_{0.9}Y_{0.1}O_{2.95}$到BSCF中的阳离子扩散，在900℃的烧结温度下就会形成富含Ba^{2+}以及Ba^{2+}缺位的钙钛矿型BSCF，随着烧结温度的升高，钙钛矿中的A/B之间比例会逐渐远离1。通过对对称电池的研究表明，杂相的产生并不会对其阴极极化阻抗产生明显的改变，然而电池的欧姆电阻则显著变大。有研究报道，在950℃烧结得到的BSCF阴极结合50μm厚的$BaCe_{0.9}Y_{0.1}O_{2.95}$电解质的电池，在优化的条件下，在700℃以及400℃时测得的最大峰值功率密度分别为550mW·cm^{-2}以及110mW·cm^{-2}。Peng等人[208]在1100℃时将$Ba_{0.5}Sr_{0.5}Co_{0.8}Fe_{0.2}O_{3-\delta}-BaCe_{0.9}Sm_{0.1}O_{2.95}$复合阴极烧结到$BaCe_{0.9}Y_{0.1}O_{2.95}$电解质上，得到的测试结果比Lin等人的结果差很多。Peng等人在600℃下测得的面比极化电阻约为2.25Ω·cm^2，而Lin等人在相似的测试条件下测得的阻值仅为0.5Ω·cm^2。Lin等人认为Peng等人测得的较差性能应该与其较高的烧结温度(1100℃)以及所用的复合阴极有关。他们认为在复合阴极中整个电极层都形成了A位阳离子缺位的$BaCe_{0.9}Sm_{0.1}O_{2.95}$，它们会分布在BSCF表面从而阻碍了阴极上的氧还原反应。然而，在纯的BSCF阴极中，BSCF阴极与$BaCe_{0.9}Sm_{0.1}O_{2.95}$电解质的相反应只会发生在其界面，所以阴极侧的氧还原反应性能不会受到严重影响。

2.3.2 铁酸盐

$BaCe_{0.8}Y_{0.2}O_3$质子导体钙钛矿具有较低的TEC(小于$10\times10^{-6}K^{-1}$)，然而通常含Co的钙钛矿却有着较高的TEC(大于$20\times10^{-6}K^{-1}$)。TEC不匹配会引发长期运行稳定性不足的问题。虽然理论上电解质在低温下的质子电导应该足够高，然而在采用含Co的钙钛矿作为阴极、以质子导体钙钛矿作为电解质的薄膜质子传导燃料电池中,由于阴极与电解质容易发生界面反应而导致阴极的较大欧姆压降。

一些不含钴的钙钛矿氧化物被报道应用于基于质子导体电解质燃料电池的阴极。Yamaura 等人[209]研究了 $La_{1-x}Sr_xFeO_{3-\delta}$(LSF)阴极在 $SrCe_{0.95}Yb_{0.05}O_{3-\alpha}$ 质子电导电解质电池中的阴极极化情况。$La_{0.7}Sr_{0.3}FeO_{3-\delta}$ 阴极在 500~700℃时的过电势比其他钙钛矿型氧化物,如 $La_{0.7}Sr_{0.3}MnO_{3-\delta}$、$La_{0.7}Sr_{0.3}CoO_{3-\delta}$ 以及 Pt 还小。经过 900℃处理的 $La_{0.7}Sr_{0.3}FeO_{3-\delta}$ 阴极具有最佳性能。$La_{0.7}Sr_{0.3}FeO_{3-\delta}$ 阴极极化阻值与环境中的氧分压无关,然而通过溅射法制备的 Pt 电极的极化阻抗与 $pO_2^{1/4}$ 成正比,这表明 $La_{0.7}Sr_{0.3}FeO_{3-\delta}$ 阴极反应的决速步骤与 Pt 电极不同。

Wang 等人[210]报道了一种新型的不含钴 $Ba_{0.5}Sr_{0.5}Zn_{0.2}Fe_{0.8}O_{3-\delta}$ 的钙钛矿混合导体在高温透氧膜中的应用。之后,Ding 等人[211]研究了 $Ba_{0.5}Sr_{0.5}Zn_{0.2}Fe_{0.8}O_{3-\delta}$-$BaZr_{0.1}Ce_{0.7}Y_{0.2}O_{3-\delta}$ 复合物阴极,以 $BaZr_{0.1}Ce_{0.7}Y_{0.2}O_{3-\delta}$ 为电解质的 SOFC 的性能,700℃时电池的开路电压为 1.015V,最大功率密度为486mW · cm^{-2},极化电阻为 0.08Ω · cm^2。

2.3.3 铋酸盐

目前,质子传导的 SOFC 阴极中使用最多的是氧离子-电子混合导体。质子传导的 SOFC 采用这些阴极材料在实际应用中受到限制,很可能是由于在质子导体电解质以及氧离子导体阴极界面之间仅有较少的氧还原反应活性位。因此,利用阴极材料以及电解质材料所制备的复合阴极实现了质子、氧空位以及电子缺陷的共同传输,这有效地扩展了氧还原反应活性位,从而较大程度地降低了阴极的极化阻抗。可以预见,具有质子-电子混合电导的材料能极大地提高阴极性能。

Tao 等人[212]研发了以单相质子电导的 SOFC-H 阴极材料 $BaCe_{0.5}Bi_{0.5}O_{3-\delta}$。未加入电解质粉末的单相 $BaCe_{0.5}Bi_{0.5}O_{3-\delta}$ 表现出极优的阴极性能,其单电池的最大功率密度可达 321mW · cm^{-2},这与最近报道的其他复合阴极在相似条件下测得的值较为接近。

2.4 先进阴极制备技术

2.4.1 溶液浸渍法

采用的溶液浸渍法流程如图 2.8 所示,为了制备复合电极,首先在电解质材料上制备一层多孔电解质层,该多孔层主要作为电极的氧离子电导通道,然后再在多孔层上沉积具有电子电导的组分。采用溶液浸渍法是为了采用不同于 YSZ

的烧结温度对电极组分进行烧结。同时,此法还能优化阴极的微观结构,使电极的热膨胀系数更为匹配以及降低贵金属催化剂的成本。

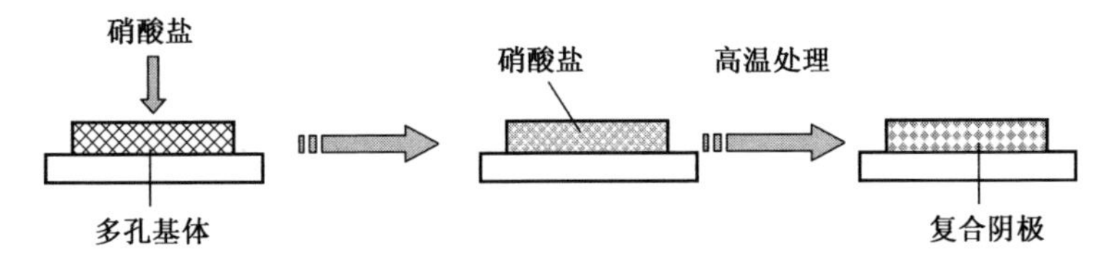

图 2.8　典型的复合阴极的溶液浸渍法原理图

2.4.1.1　减缓相反应

阴极与电解质间的相反应阻碍了阴极性能的提升。虽然 LSM 钙钛矿比 $LaCoO_3$基以及 $LaFeO_3$基钙钛矿具有更高的反应稳定性,然而在 YSZ 与 LSM 的高温加工过程中仍然会发生反应。无论是在加工过程中还是运行过程中所形成的反应层都对电池性能有害[213],因为所生成的反应层的电导率均低于电解质以及电极材料[214-217]。因此,可以采用溶液浸渍法有效地注入第二相来降低电极制备过程中的烧结温度。

此方法可以使 $La_{0.6}Sr_{0.4}CoO_{3-\delta}$、$La_{0.8}Sr_{0.2}FeO_{3-\delta}$、$La_{0.8}Sr_{0.2}Co_{0.5}Fe_{0.5}O_{3-\delta}$、$LaNi_{0.6}Fe_{0.4}O_{3-\delta}$以及 $La_{0.91}Sr_{0.09}Ni_{0.6}Fe_{0.4}O_{3-\delta}$氧化物适用于稳定氧化锆电解质[218-223]。这些材料未得到广泛应用的原因是它们在 1000℃下会与稳定氧化锆电解质发生反应形成 $La_2Zr_2O_7$以及 $SrZrO_3$绝缘相,而该温度是该类材料在 YSZ 电解质上的最低烧结温度。而采用溶液浸渍法,阴极的制备温度可以降低到 700℃。因此通过与稳定氧化锆电解质制得复合阴极避免了它们之间的界面反应。例如,Armstrong 以及 Rich 等人[219]证明了在 YSZ 多孔基体上含有 30%(体积分数)的 LSC 阴极的电池在 800℃的峰值功率密度为 $2.1W \cdot cm^{-2}$。Huang 等人[218]测得 LSC-YSZ 在 700℃时的极化阻抗仅为 $0.03\Omega \cdot cm^2$。

2.4.1.2　优化微观结构

此外,如图 2.9 所示,该方法还可以增加在电解质、电极以及气相氧间的 TPB 长度,从而优化了阴极的微观结构。图 2.9 表明复合阴极中的 YSZ 可以提供氧离子迁移到电极的通道。氧离子迁移到阴极界面的距离 h 取决于复合物的组成以及复合物中 YSZ 的结构,因为 YSZ 通道能够影响电极性能。理论与实验表明电解质到电极间的电化学活性区可以延伸到 10~20μm[226-227]。

溶液浸渍法还适用于在稳定氧化锆以外的多孔基上制备纳米结构催化剂。Shah 和 Barnett[228]报道了 600℃下注入法制备的 $La_{0.6}Sr_{0.4}Co_{0.2}Fe_{0.8}O_{3-\delta}$-GDC 复合电极的最低极化阻抗为 $0.24\Omega \cdot cm^2$。Jiang 等人[229]制备了 YSB 注入的 LSM 阴极,在 800℃以下,YSB 与 LSM 是化学相容的。600℃时,含有 25%YSB 担

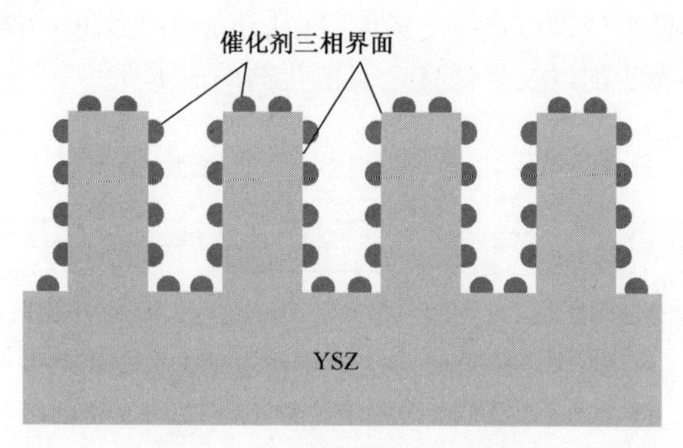

图 2.9　注入 YSZ 阴极原理图

载量的单电池最大功率密度可达 300mW · cm^{-2}。此外溶液浸渍法还被用于制备 SOFC-H 阴极。如人们将 $Sm_{0.5}Sr_{0.5}CoO_{3-\delta}$注入多孔 $BaCe_{0.8}Sm_{0.2}O_{3-\delta}$骨架而形成了复合阴极。在 1100℃时得到 $BaCe_{0.8}Sm_{0.2}O_{3-\delta}$骨架,注入 55%(质量分数)的 $Sm_{0.5}Sr_{0.5}CoO_{3-\delta}$后,经过 800℃烧结制备了复合阴极。复合阴极在 600℃时测得的最低极化阻抗仅为 0.21Ω · cm^2[230]。

溶液浸渍法可以在复合阴极中进一步引入纳米结构的催化剂。当加入第二相时,阴极性能就可以得到改善。Sholklapper 等人[231]采用单步注入的方法制备了 LSM-YSZ。在 LSM-YSZ 中注入 $Y_{0.2}Ce_{0.8}O_{1.9}$(YDC)第三相,使得注入前后在 0.7V 下测得功率密度从 135mW · cm^{-2}提升到 370mW · cm^{-2}。Sholklapper 等人[232]还制备了 Ag-LSM 浸渍的 ScSZ 阴极,证明了 Ag 金属催化剂有效地提高了阴极性能,在 0.7V 时能在 500h 以上稳定提供 316mW · cm^{-2}的电池功率密度(约 0.4V 时的峰值功率密度为 467mW · cm^{-2})。Liang 等人[233]比较了传统 LSM-YSZ 复合阴极,LSM 注入的 YSZ(LSM-YSZ)复合阴极以及 Pd 注入的 LSM-YSZ(Pd+LSM-YSZ)阴极。他们认为 Pd 纳米颗粒的引入可以通过促进氧解离以及扩散过程来提升其电化学反应活性。由于在 YSZ 以及 LSM-YSZ 基体上分别形成了纳米结构的 LSM 以及 Pd 颗粒,注入后的阴极的电化学性能得到了显著改善,另外,氧还原反应发生的 TPB 面积得到了提升,采用 Pd+LSM-YSZ以及 LSM-YSZ 阴极的单电池在 750℃ 的功率密度分别为 1.42W · cm^{-2}、0.83W · cm^{-2},而采用传统 LSM-YSZ 阴极的单电池的峰值功率密度仅为 0.20W · cm^{-2}。

2.4.1.3　匹配热膨胀系数

传统复合阴极的 TEC 通常会随各组分的 TEC 的加权平均值变化[234]。然而,采用溶液浸渍法将钙钛矿浸渍到多孔的 YSZ 中所形成的复合阴极的 TEC 更接近 YSZ 基体的 TEC[218]。这是因为当在 YSZ 表面形成一层钙钛矿时主要是由复合阴极中的 YSZ 提供其力学性能。另外采用溶液浸渍法制备的复合阴极只需要更少的钙钛矿就可以达到足够的电导率,这就意味着溶液浸渍法得到的电极与电解质有更好的 TEC 匹配性。

2.4.1.4 降低金属催化剂成本

贵金属材料因其对氧还原反应有较高的催化活性而被用作阴极材料。采用机械混合法制备的复合阴极需要加入大量金属催化剂才能获得所需的性能。为了得到最优化的电极反应活性,Pt-SSZ(氧化钪稳定的氧化锆)和 PtAg-SSZ 金属陶瓷阴极分别需要 $40mg \cdot cm^{-2}$ 和 $19mg \cdot cm^{-2}$ 的 Pt[235-236]。虽然金属催化剂可以被循环利用,但是这仍需要对金属陶瓷阴极投入大量初始成本。并且 SOFC 中金属催化剂的高成本会阻碍其实际应用。湿浸渍法不仅能够在很大程度上降低金属催化剂的负载量,它还能够提供较好的阴极性能。Liang 等人[237]用 Pd 注入的 YSZ 复合阴极获得了较高的性能。20~80nm 的 Pd 纳米颗粒均匀分布在多孔的 YSZ 骨架上,此种纳米结构的复合阴极对于 ORR 具有很高的反应活性,其在 750℃ 以及 700℃ 下的极化电阻分别为 $0.11\Omega \cdot cm^2$ 和 $0.22\Omega \cdot cm^2$,其活化能($105kJ \cdot mol^{-1}$)比其他传统钙钛矿基的阴极活化能($130 \sim 201kJ \cdot mol^{-1}$)低得多,但是其 Pd 负载量仅为约 $1.4mg \cdot cm^{-2}$。

2.4.2 表面活性剂法

较高的 SOFC 运行温度限制了电极材料的选择范围。例如,化学反应活性、相结构、微观形貌、维度、TEC、催化活性、电子与离子电导率以及孔隙率等稳定性问题[238]。电极材料在高温下本质上是致密的,其晶粒内没有任何孔隙,并且在高温烧结过程中晶粒间烧结颈的形成产生较低的表面积。孔隙率不仅会影响气相氧化物扩散到反应位,它还能控制电子传导的电极材料中的电荷在 TPB 长度上的迁移[239-242]。TPB 被认为是具有电子电导的电极与 YSZ 电解质还有气相氧化物接触的界面。在 TPB 上发生的传质过程(气体扩散、吸附过程以及表面扩散)以及电荷迁移过程都会影响 SOFC 的效率。值得一提的是,在整个电极的微观结构中都应该具有贯穿的孔结构,同时还不会阻断电子的传输。

已有研究通过采用传统固态化学以及材料科学技术来调控电极微观结构以提高其孔隙率并扩大 TPB,例如,将贵金属盐溶液注入 YSZ 和在 YSZ 基底上采用化学沉积的方法制备电极[243]。这些方法均可通过减小金属离子(如 Pt 等)相对于 YSZ 晶粒的尺寸来扩大其 TPB。实际上,这些阴极为纳米级或微米级的金属陶瓷电极材料,热稳定性较差,孔尺寸分布较广。

由于表面活性剂-模板介孔硅酸盐的发现[244-245],人们开始了对新型过渡金属氧化物介孔材料的研究,它们具有较好的催化活性、电催化活性、电致变色性、电荷传输、光学以及主客体包结等特性。人们还采用了大量的表面活性剂模板分子和过渡金属前驱体合成了氧化镱和氧化锆介孔氧化物[246-250]。在较高的长度尺度下,一种胶态晶体乳胶球被作为合成晶态 YSZ 的周期大分子模板。然而,由于镱的醇盐前驱体在锆的醇盐中的溶解度较低,所以其外层含有少量镱且为紧密排列的致密材料[251]。Mamak 以及 Ozin 等人[252-256]很好地运用此法合成了 $La_{1-x}Sr_xMnO_3$-YSZ 纳米复合物,并将其作为 SOFC 阴极[257]。首先将每一组分的水系前驱体采用一步注入法的方式以几百纳米的晶粒尺寸的复合物的形式注入。这种方法采用十六烷基三甲基铵(CTAB)作为阳离子表面活性剂并与在碱性溶液中的无机 La、Mn 以及 Sr 盐进行共组装,制备了带有负电的镱-锆醋酸酯胶体。此合成方法得到的产物是非晶态的介孔有机-无机复合物,烧结后它就会变为具有纳米晶态 YSZ 外层的介孔无机氧化物。600℃以上的烧结温度使介孔结构消失,在 1000℃以上还会导致 YSZ 纳米晶相的进一步结晶,以及 LSM 钙钛矿相的最后结晶。图 2.10 所示为烧结中 LSM-YSZ 介孔向纳米 LSM-YSZ 复合物的结构转变。溶液中 CTAB 纳米级的相分离使得 Y-Zr 醋酸酯和 La-Sr-Mn氢氧化物在合成物的不同区域保持集中,从而使得每一相在 450℃时能被立方 YSZ 晶态分开,在 800℃以上会被 LSM 钙钛矿分开。LSM-YSZ 具有较低的极化阻抗($0.2\Omega \cdot cm^2$)和活化能(1.42eV)。还有结果表明,其能在 40h 以上的测试中提供稳定的电流密度。

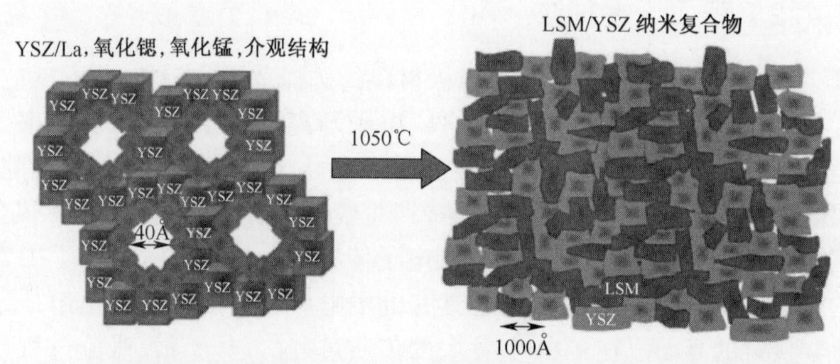

图 2.10 烧结过程中介孔-LSM-YSZ 向纳米复合物-LSM-YSZ 结构演变。紫色物质代表介孔材料中较差的结晶相 La、Sr 以及 Mn 氧化物[257]

2.4.3 喷雾热解法

喷雾热解法是制备不同组成和形貌薄膜的常用方法。它的主要优点在于能够非常容易地控制其非化学计量比且实验装备简单。对于 SOFC 所需的致密电解质以及多孔电极等不同的微观结构都可以通过喷雾热解法获得,因为通过控制喷雾过程中的大量参数可以得到不同的薄膜结构。Beckel 等人[258-260]采用增压喷雾沉积法制备了$La_{0.6}Sr_{0.4}Co_{0.2}Fe_{0.8}O_{3-\delta}$薄膜阴极。Hamedani 等人[261]采用多步超声喷雾热解法在 YSZ 电解质基底上制得了梯度分布的多孔 LSM 阴极薄膜。结果表明,采用金属有机物前驱体和有机溶剂可以实现均匀无裂痕沉积,比采用水溶液作为溶剂具有更好的效果。

Choy 等人[262]采用喷雾燃烧热解法制备了 LSM 阴极,所得到的阴极的活化能(96.29kJ · mol^{-1})比 Chen 等人[263]用刷涂浆料技术制备的 LSM-YSZ-LSM 的活化能(136.24kJ · mol^{-1})要低得多。

采用喷雾热解法制得的阴极被证明适合用于微型固体氧化物燃料电池(μ-SOFC)。500nm 左右厚的阴极性能与传统的 LSCF 厚膜阴极性能差不多。然而,通过采用 $Ba_{0.25}La_{0.25}Sr_{0.5}Co_{0.8}Fe_{0.2}O_{3-\delta}$或改善其微观结构,其性能得到了很大提高。通过减小晶粒尺寸以及在多孔阴极和电解质层中间引入薄的致密阴极层可以有效地改善其微观结构[260]。

Hwang 等人[264-266]采用超声静电喷雾热解法(EAUSP)成功制备了 $La_{0.6}Sr_{0.4}Co_{0.2}Fe_{0.8}O_3$和 $Sm_{0.5}Sr_{0.5}CoO_3$。阻抗测量的结果表明,$La_{0.6}Sr_{0.4}Co_{0.2}Fe_{0.8}O_3$薄膜的 ASR 值和活化能与传统工艺制备的样品差不多。而在 400℃的沉积温度以及 10kV 电压下,通过延长沉积时间到 600s,得到了独特的多孔柱状结构的 $Sm_{0.5}Sr_{0.5}CoO_3$,此材料在 700℃空气中的最小的 ASR 值为 0.035Ω · cm^2[264]。

2.5 总　结

在 LIT-SOFC 中制备基于氧离子导体或质子导体电解质的单相阴极材料取得了很大进展。LIT-SOFC 中基于不同阴极材料的燃料电池的峰值功率密度已总结在表 2.1 中。一些含钴的混合离子-电子电导(MIEC)氧化物,如钙钛矿型 BSCF 以及 $PrBaCoO_{3-\delta}$层状钙钛矿对 ORR 具有较优的电催化活性。然而这些材料却存在着阴极与电解质之间的相稳定性较差以及热膨胀系数不匹配等问题。在含有 CO_2的气氛中,$SrCoO_3$基阴极的表面氧交换系数急剧下降。因此,在低的运行温度下,需要不断通入超纯空气作为氧化气,这将会增加燃料电池的运行成本。接来下的研究应该集中在如何提高 IT-SOFC 单相阴极材料稳定性方面。

溶液浸渍法被证明是一种能够有效改善阴极微观结构,并能缓解电极与电解质相反应以及热膨胀系数不匹配等缺点的方法。溶液浸渍法的缺点在于,其多步制备过程会造成 SOFC 初始成本提高。而表面活性剂组装法以及喷雾热解法等制备技术较为简单,且对于制备优化结构的阴极都很有效。因此,应该进一步深入研究此类技术以提高阴极性能。

表 2.1　采用不同阴极的燃料电池的峰值功率密度 P_{max}

阴极	电解质	T /℃	P_{max} /(mW · cm^{-2})	参考文献
$La_{0.8}Sr_{0.2}Mn_{1.1}O_3$-ScSZ-$CeO_2$	YSZ(15μm)	650	820	[153]

（续）

阴极	电解质	T /℃	P_{max} /(mW · cm^{-2})	参考文献
$Sm_{0.5}Sr_{0.5}CoO_{3-\delta}$-SDC(10%(质量分数))	SDC(25μm)	500	120	[56]
$SrNb_{0.1}Co_{0.9}O_{3-\delta}$	SDC(20μm)	500	561	[72]
$SrSc_{0.2}Co_{0.8}O_{3-\delta}$	SDC(20μm)	500	564	[80]
$PrBaCo_2O_{5+\delta}$	SDC(42μm)	600	583	[111]
$Ba_2Bi_{0.1}Sc_{0.2}Co_{1.7}O_{6-x}$	SDC(5μm) | YSZ(10μm)	750	1016	[116]
$Bi_{0.5}Sr_{0.5}FeO_{3-\delta}$	SDC(2μm) | YSZ(6μm)	750	1090	[94]
$La_{1.2}Sr_{0.8}Co_{0.8}Ni_{0.2}O_{4+\delta}$-GDC	GDC(40μm)	600	350	[128]
$La_{0.8}Sr_{0.2}Mn_{0.95}Sc_{0.05}O_{3-\delta}$	ScSZ(30μm)	750	650	[162]
$Sm_{0.5}Sr_{0.5}CoO_{3-\delta}$-$Ba(Zr_{0.1}Ce_{0.7}Y_{0.2})O_{3-\delta}$	$Ba(Zr_{0.1}Ce_{0.7}Y_{0.2})O_{3-\delta}$(65μm)	650	598	[206]
$Ba_{0.5}Sr_{0.5}Co_{0.8}Fe_{0.2}O_{3-\delta}$	SDC(20μm)	500	402	[62]
		600	1010	
	GDC(10μm)	500	454	[63]
		600	1329	
	GDC(1μm) | YSZ(15μm)	700	810	[166]
	$BaCe_{0.9}Y_{0.1}O_{2.95}$(50μm)	700	550	[207]

参考文献

[1] Minh, N. Q. (1995) Ceramic fuel cells. *J. Am. Ceram. Soc.*, **76**(3), 563-588.

[2] Singhal, S. C. and Kendall, K. (2003) *High-Temperature Solid Oxide Fuel Cells: Fundamentals, Design and Applications*, Elsevier Science, Oxford.

[3] Steele, B. C. H. (2001) Material science and engineering: the enabling technology for the commercialisation offuel cell systems. *J. Mater. Sci.*, **36**(5), 1053-1068.

[4] Brett, D. J. L., Atkinson, A., Brandon, N. P., and Skinnerd, S. J. (2008) In-termediate temperature solid oxide fuel cells. *Chem. Soc. Rev.*, **37**(8), 1568-1578.

[5] Steele, B. C. H. (2000) Materials for IT-SOFC stacks: 35 years R&D: the inevitability of gradualness? *Solid State Ionics*, **134**(1-2), 3-20.

[6] Steele, B. C. H. and Heinzel, A. (2001) Materials for fuel-cell technologies. *Nature*, **414**(6861), 345-352.

[7] Tietz, F., Buchkremer, H. -P., and Stöver, D. (2002) Components manufacturing for solid oxide fuel cells. *Solid State Ionics*, **152-153**, 373-381.

[8] Baumann, F. S. (2006) Oxygen reduction kinetics on mixed conducting SOFC model cathodes. PhD thesis. Max Planck Institute for Solid State Research, Stuttgart, Germany.

[9] Stuart, B. A. (2004) Factors governing oxygen reduction in solid oxide fuel cell cathodes. *Chem. Rev.*, **104**(10), 4791-4844.

[10] Schwarz, K. (2006) Materials design of solid electrolytes. *Proc. Natl. Acad. Sci. U. S. A.*, **103**(10), 3497.

[11] Andersson, D. A., Simak, S. I., Skorodumova, N. V., Abrikosov, I. A., and Johansson, B. (2006) Optimization of ionic conductivity in doped ceria. *Proc. Natl. Acad. Sci. U. S. A.*, **103**(10), 3518-3521.

[12] Yahiro, H., Eguchi, K., and Arai, H. (1989) Electrical properties and reducibilities of ceria-rare earth oxide systems and their application to solid oxide fuel cell. *Solid State Ionics*, **36**(1-2), 71-75.

[13] Kharton, V. V., Marques, F. M. B., and Atkinson, A. (2004) Transport properties of solid oxide electrolyte ceramics: a brief review. *Solid State Ionics*, **174**(1-4), 135-149.

[14] Tu, H. Y., Takeda, Y., Imanishi, N., and Yamamoto, O. (1997) $Ln_{1-x}Sr_xCoO_3$ (Ln = Sm, Dy) for the electrode of solid oxide fuel cells. *Solid State Ionics*, **100**(3-4), 283-288.

[15] Godickemeier, M., Sasaki, K., Gauckler, L. J., and Reiss, I. (1996) Perovskite cathodes for solid oxide fuel cells basedon ceria electrolytes. *Solid State Ionics*, **86-88**, 691-701.

[16] Kawada, T., Masuda, K., Suzuki, J., Kaimai, A., Kawamura, K., Nigara, Y., Mizusaki, J., Yugami, H., Arashi, H., Sakai, N., and Yokokawa, H. (1999) Oxygen isotope exchange with a dense $La_{0.6}Sr_{0.4}CoO_{3-\delta}$ electrode on a $Ce_{0.9}Ca_{0.1}O_{1.9}$ electrolyte. *Solid State Ionics*, **121**(1-4), 271-279.

[17] Adler, S. B. (1998) Mechanism and kinetics of oxygen reduction on porous $La_{1-x}Sr_xCoO_{3-\delta}$ electrodes. *Solid State Ionics*, **111**(1-2), 125-134.

[18] Petrov, A. N., Kononchuk, O. F., Andreev, A. V., Cherepanov, V. A., and Kofstad, P. (1995) Crystal structure, electrical and magnetic properties of $La_{1-x}Sr_xCoO_{3-y}$. *Solid State Ionics*, **80**(3-4), 189-199.

[19] Skinner, S. J. (2001) Recent advances in perovskite-type materials for solid oxide fuel cell cathodes. *Int. J. Inorg. Mater.*, **3**(2), 113-121.

[20] Tai, L. W., Nasrallah, M. N., Anderson, H. U., Sparlin, D. M., and Sehlin, S. R. (1995) Structure and electrical-properties of $La_{1-x}Sr_xCo_{1-y}Fe_yO_3$. 2. The system $La_{1-x}Sr_xCo_{0.2}Fe_{0.8}O_3$. *Solid State Ionics*, **76**(3-4), 273-283.

[21] Tai, L. W., Nasrallah, M. N., Anderson, H. U., Sparlin, D. M., and Sehlin, S. R. (1995) Structure and electrical-properties of $La_{1-x}Sr_xCo_{1-y}Fe_yO_3$. 1. The system $La_{0.8}Sr_{0.2}Co_{1-y}Fe_yO_3$. *Solid State Ionics*, **76**(3-4), 259-271.

[22] Li, S. G., Jin, W., Xu, N., andShi, J. (1999) Synthesis and oxygen permeation properties of $La_{0.2}Sr_{0.8}Co_{0.2}Fe_{0.8}O_{3-\delta}$ membranes. *Solid State Ionics*, **124**(1-2), 161-170.

[23] Kostogloudis, G. C. and Ftikos, C. (1999) Properties of A-site-deficient $La_{0.6}Sr_{0.4}Co_{0.2}Fe_{0.8}O_{3-\delta}$-based perovskite. *Solid State Ionics*, **126**(1-2), 143-151.

[24] Waller, D., Lane, J. A., Kilner, J. A., and Steele, B. C. H. (1996) The structure of and reaction of A-site deficient $La_{0.6}Sr_{0.4-x}Co_{0.2}Fe_{0.8}O_{3-\delta}$. *Mater. Lett.*, **27**(4-5), 225-228.

[25] Tu, H. Y., Takeda, Y., Imanishi, N., and Yamamoto, O. (1999) $Ln_{0.4}Sr_{0.6}Co_{0.8}Fe_{0.2}O_{3-\delta}$ (Ln = La, Pr, Nd, Sm, Gd) for the electrode in solid oxide fuel cell. *Solid State Ionics*, **117**(3-4), 277-281.

[26] Waller, D., Lane, J. A., Kilner, J. A., and Steele, B. C. H. (1996) The effect of thermal treatment on the resistance of LSCF electrodes on gadolinia doped ceria electrolytes. *Solid State Ionics*, **86-88**, 767-772.

[27] Tai, L. W., Nasrallah, M. M., and Anderson, H. U. (1999) in *Proceedings of the third International Symposium-on Solid Oxide Fuel Cells*, The Electrochemical Society Proceedings Series, (eds S. C. Singhal and H. Iwahara), Electrochemical Society, Pennington, NJ, p. 241.

[28] Chen, C. C., Nasralla, M. M., Anderson, H. U., and Alim, M. A. (1995) Immittance response of $La_{0.6}Sr_{0.4}Co_{0.2}Fe_{0.8}O_3$ based electrochemical cells. *J. Electrochem. Soc.*, **142**(2), 491-496.

[29] Chen, C. C. and Nasrallah, M. M. (1999) *in Proceedings of the third International Symposium on Solid Oxide Fuel Cells*, The Electrochemical Society Proceedings Series (eds H. U. Anderson, S. C. Singhal, and H. Iwahara), The Electrochemical Society, Pennington, NJ, p. 252.

[30] Zhou, W. , Shao, Z. P. , Ran, R. , Gu, H. X. , Jin, W. Q. , and Xu, N. P. (2008) LSCF nanopowder fromcellulose-glycine-nitrate process and its application in intermediate-temperature solid-oxide fuel cells. *J. Am. Ceram. Soc.* , **91**(4), 1155-1162.

[31] Bae, J. M. and Steele, B. C. H. (1998) Properties of $La_{0.6}Sr_{0.4}Co_{0.2}Fe_{0.8}O_{3-\delta}$ (LSCF) double layer cathodes on gadolinium-doped cerium oxide (CGO) electrolytes: Ⅰ. Role of SiO_2. *Solid State Ionics*, **106**(3-4), 247-253.

[32] Bae, J. M. and Steele, B. C. H. (1998) Properties of $La_{0.6}Sr_{0.4}Co_{0.2}Fe_{0.8}O_{3-x}$ (LSCF) double layer cathodes on gadolinium-doped cerium oxide (CGO) electrolytes: Ⅱ. Role of oxygen exchange and diffusion. *Solid State Ionics*, **106**(3-4), 255-261.

[33] Perry Murray, E. , Sever, M. J. , and Barnett, S. A. (2002) Electrochemical performance of (La, Sr)(Co, Fe)O_3-(Ce, Gd)O_3 composite cathodes. *Solid State Ionics*, **148**(1-2), 27-34.

[34] Dusastre, V. and Kilner, J. A. (1999) Optimisation of composite cathodes for intermediate temperature SOFC applications. *Solid State Ionics*, **126**(1-2), 163-174.

[35] Esquirol, A. , Kilner, J. , and Brandon, N. (2004) Oxygen transport in $La_{0.6}Sr_{0.4}Co_{0.2}Fe_{0.8}O_{3-\delta}$/$Ce_{0.8}Ge_{0.2}O_{2-x}$ composite cathode for IT-SOFCs. *Solid State Ionics*, **175**(1-4), 63-67.

[36] Visco, S. J. , Jacobson, C. , and De Jonghe, L. C. (1997) in *Solid Oxide Fuel Cells V*, The Electrochemical Society Proceedings Series (eds U. Stimming, S. C. Singhal, H. Tagawa, and W. Lehnert), The Electrochemical Society, Pennington, NJ, p. 710.

[37] Xia, C. R. , Chen, F. L. , and Liu, M. L. (2001) Reduced-temperature solid oxide fuel cells fabricated by screen printing. Electrochem. *Solid-State Lett.* , **4**(5), A52-A54.

[38] Lee, S. , Song, H. S. , Hyun, S. H. , Kim, J. , and Moon, J. (2010) LSCF-SDC core-shell high-performance durable composite cathode. J. *Power Sources*, **195**(1), 118-123.

[39] Ullmann, H. , Trofimenko, N. , Tietz, F. , Stöver, D. , and Ahmad-Khanlou, A. (2000) Correlation between thermal expansion and oxide ion transport in mixed conducting perovskite-type oxides for SOFC cathodes. *Solid State Ionics*, **138**(1-2), 79-90.

[40] Petric, A. , Huang, P. , and Tietz, F. (2000) Evaluation of La-Sr-Co-Fe-O perovskites for solid oxide fuel cells andgas separation membranes. *Solid State Ionics*, **135**(1-4), 719-725.

[41] Hashimoto, S. , Fukuda, Y. , Kuhn, M. , Sato, K. , Yashiro, K. , and Mizusaki, J. (2011) Thermal and chemical lattice expansibility of $La_{0.6}Sr_{0.4}Co_{1-y}Fe_yO_{3-\delta}$ ($y=0.2, 0.4, 0.6$ and 0.8) *Solid State Ionics*, **186**(1), 37-43.

[42] Mogensen, M. , Lindegaard, T. , Hansen, U. R. , and Mogensen, G. (1994) Physical properties of mixed conductor solid oxide fuel cell anodes of doped CeO_2. *J. Electrochem. Soc.* , **141**(8), 2122-2128.

[43] Simner, S. P. , Anderson, M. D. , Templeton, J. W. , and Stevenson, J. W. (2007) Silver-perovskite composite SOFC cathodes processed via mechanofusion. *J. Power Sources*, **168**(1), 236-239.

[44] Christie, G. M. , van Heuveln, F. H. , and van Berkel, F. P. F. (1996) in *Proceedings of the 17th Risø International Symposiumon Materials Science: High Temperature Electrochemistry: Ceramics and Metals* (eds F. W. Poulsen, N. Bonanos, S. Lidenoth, M. Morgensen, and B. Zochau-Christiansen), Risø National Laboratory, Roskilde, pp. 205-211.

[45] Sahibzada, M. , Benson, S. J. , Rudkin, R. A. , and Kilner, J. A. (1998) Pd-promoted $La_{0.6}Sr_{0.4}Fe_{0.8}Co_{0.2}O_3$ cathodes. *Solid State Ionics*, **113-115**, 285-290.

[46] Hwang, H. J. , Moon, J. W. , Lee, S. , and Lee, E. A. (2005) Electrochemical performance of LSCF-based composite cathodes for intermediate temperature SOFCs. *J. Power Sources*, **145**(2), 243-248.

[47] Peña, M. A. and Fierro, J. L. G. (2001) Chemical structures and performance of perovskite oxides. *Chem. Rev.*,

101(7),1981-2018.

[48] Orera, A. and Slater, P. R. (2010) New chemical systems for solid oxide fuel cells. *Chem. Mater.*, **22**(3), 675-690.

[49] Takeda, Y., Ueno, H., Imanishi, N., Yamamoto, O., Sammes, N., and Phillipps, M. B. (1996) $Gd_{1-x}Sr_xCoO_3$ for the electrode of solid oxide fuel cells. *Solid State Ionics*, **86-88**, 1187-1190.

[50] Hibino, T., Hashimoto, A., Inoue, T., Tokuno, J. -I., Yoshida, S. -I., and Sano, M. (2000) A low-operating-temperature solid oxide fuel cell in hydrocarbon-air mixtures. *Science*, **288**, 2031-2033.

[51] Ishihara, T., Honda, M., Shibayama, T., Minami, H., Nishiguchi, H., and Takita, Y. (1998) Intermediate temperature solid oxide fuel cells using a new $LaGaO_3$ based oxide ion conductor-I. Doped $SmCoO_3$ as a new cathode material. *J. Electrochem. Soc.*, **145**(9), 3177-3183.

[52] Koyama, M., Wen, C., Masuyama, T., Otomo, J., Fukunaga, H., Yamada, K., Eguchi, K., and Takahashi, H. (2001) The mechanism of porous $Sm_{0.5}Sr_{0.5}CoO_3$ cathodes used in solid oxide fuel cells. *J. Electrochem. Soc.*, **148**(7), A795-A801.

[53] Fukunaga, H., Koyama, M., Takahashi, N., Wen, C., and Yamada, K. (2000) Reaction model of dense $Sm_{0.5}Sr_{0.5}CoO_3$ as SOFC cathode. *Solid State Ionics*, **132**(3-4), 279-285.

[54] Lv, H., Zhao, B. Y., Wu, Y. J., Sun, G., Chen, G., and Hu, K. A. (2007) Effect of B-site doping on $Sm_{0.5}Sr_{0.5}M_xCo_{1-x}O_{3-\delta}$ properties for IT-SOFC cathode material (M=Fe, Mn). *Mater. Res. Bull.*, **42**(12), 1999-2012.

[55] Kim, S., Yang, Y. L., Jacobson, A. J., and Abeles, B. (1998) Diffusion and surface exchange coefficients in mixed ionic electronic conducting oxides from the pressure dependence of oxygen permeation. *Solid State Ionics*, **106**(3-4), 189-195.

[56] Xia, C. R., Rauch, W., Chen, F., and Liu, M. L. (2002) $Sm_{0.5}Sr_{0.5}CoO_3$ cathodes for low-temperature SOFCs. *Solid State Ionics*, **149**(1-2), 11-19.

[57] Shao, Z. P., Yang, W. S., Cong, Y., Dong, H., Tong, J. H., and Xiong, G. X. (2000) Investigation of the permeation behavior and stability of a $Ba_{0.5}Sr_{0.5}Co_{0.8}Fe_{0.2}O_{3-\delta}$ oxygen membrane. *J. Membr. Sci.*, **172**(1-2), 177-188.

[58] Zeng, P. Y., Chen, Z. H., Zhou, W., Gu, H. X., Shao, Z. P., and Liu, S. M. (2007) Re-evaluation of $Ba_{0.5}Sr_{0.5}Co_{0.8}Fe_{0.2}O_{3-\delta}$ perovskite as oxygen semi-permeable membrane. *J. Membr. Sci.*, **291**(1-2), 148-156.

[59] Shao, Z. P., Xiong, G. X., Dong, H., Yang, W. S., and Lin, L. W. (2001) Synthesis, oxygen permeation study and membrane performance of a $Ba_{0.5}Sr_{0.5}Co_{0.8}Fe_{0.2}O_{3-\delta}$ oxygen-permeable dense ceramic reactor for partial oxidation of methane to syngas. *Sep. Purif. Technol.*, **25**(1-3), 97-116.

[60] Shao, Z. P., Dong, H., Xiong, G. X., Cong, Y., and Yang, W. S. (2001) Performance of a mixed-conducting ceramic membrane reactor with high oxygen permeability for methane conversion. *J. Membr. Sci.*, **183**(2), 181-192.

[61] Shao, Z. P., Xiong, G. X., Tong, J. H., Dong, H., and Yang, W. S. (2001) Ba effect in doped $Sr(Co_{0.8}Fe_{0.2})O_{3-\delta}$ on the phase structure and oxygen permeation properties of the dense ceramic membranes. *Sep. Purif. Technol.*, **25**(1-3), 419-429.

[62] Shao, Z. P. and Haile, S. M. (2004) A high-performance cathode for the next generation of solid-oxide fuel cells. *Nature*, **431**(7005), 170-173.

[63] Liu, Q. L., Khor, K. A., and Chan, S. H. (2006) High-performance low-temperature solid oxide fuel cell with novel BSCF cathode. *J. Power Sources*, **161**(1), 123-128.

[64] McIntosh, S., Vente, J. F., Haije, W. G., Blank, D. H. A., and Bouwmeester, H. J. M. (2006) Oxygen

stoichiometry and chemical expansion of $Ba_{0.5}Sr_{0.5}Co_{0.8}Fe_{0.2}O_{3-\delta}$ measuredby in situ neutron diffraction. *Chem. Mater.*, **18**(8), 2187–2193.

[65] Baumann, F. S., Fleig, J., Habermeier, H. U., and Maier, J. (2006) $Ba_{0.5}Sr_{0.5}Co_{0.8}Fe_{0.2}O_{3-\delta}$ thin film microelectrodes investigated by impedance spectroscopy. *Solid State Ionics*, **177**(35–36), 3187–3191.

[66] Baumann, F. S., Fleig, J., Habermeier, H. U., and Maier, J. (2006) Impedance spectroscopic study on well-defined (La, Sr)(Co, Fe)$O_{3-\delta}$ model electrodes. *Solid State Ionics*, **177**(11–12), 1071–1081.

[67] Zhou, W., Ran, R., and Shao, Z. P. (2009) Progress in understanding and development of $Ba_{0.5}Sr_{0.5}Co_{0.8}Fe_{0.2}O_{3-\delta}$-based cathodes for intermediate-temperature solid-oxide fuel cells: a review. *J. Power Sources*, **192**(2), 231–246.

[68] Zhou, W., Shao, Z. P., Ran, R., Zeng, P. Y., Gu, H. X., Jin, W. Q., and Xu, N. P. (2007) $Ba_{0.5}Sr_{0.5}Co_{0.8}Fe_{0.2}O_{3-\delta}$+$LaCoO_3$ composite cathode for $Sm_{0.2}Ce_{0.8}O_{1.9}$-electrolyte based intermediate-temperature solid-oxide fuel cells. *J. Power Sources*, **168**(2), 330–337.

[69] Aguadero, A., de la Calle, C., Alonso, J. A., Escudero, M. J., Fernández-Díaz, M. T., and Daza, L. (2007) Structuraland electrical characterization of the novel $SrCo_{0.9}Sb_{0.1}O_{3-\delta}$ perovskite: evaluation as a solid oxide fuel cell cathode material. *Chem. Mater.*, **19**(26), 6437–6444.

[70] Lin, B., Wang, S. L., Liu, H. L., Xie, K., Ding, H. P., Liu, M. F., and Meng, G. Y. (2009) $SrCo_{0.9}Sb_{0.1}O_{3-\delta}$ cubic perovskite as a novel cathode for intermediate-to-low temperature solid oxide fuel cells. *J. Alloys Compd.*, **472**(1–2), 556–558.

[71] Aguadero, A., Pérez-Coll, D., de la Calle, C., Alonso, J. A., Escudero, M. J., and Daza, L. (2009) $SrCo_{1-x}Sb_xO_{3-\delta}$ perovskite oxides as cathode materials in solid oxide fuel cells. *J. Power Sources*, **192**(1), 132–137.

[72] Zhou, W., Shao, Z. P., Ran, R., Jin, W. Q., and Xu, N. P. (2008) A novel efficient oxide electrode for electrocatalytic oxygen reduction at 400–600℃. *Chem. Commun.*, 5791–5793.

[73] Zhou, W., Jin, W. Q., Zhu, Z. H., and Shao, Z. P. (2010) Structural, electrical and electrochemical characterizations of $SrNb_{0.1}Co_{0.9}O_{3-\delta}$ as a cathode of solid oxide fuel cells operating below 600℃. *Int. J. Hydrogen Energy*, **35**(3), 1356–1366.

[74] Wei, B., Lü, Z., Li, S., Liu, Y., Liu, K., and Su, W. H. (2005) Thermal and electrical properties of new cathode material $Ba_{0.5}Sr_{0.5}Co_{0.8}Fe_{0.2}O_{3-\delta}$ for solid oxide fuel cells. *Electrochem. Solid-State Lett.*, **8**(8), A428–A431.

[75] Lim, Y. H., Lee, J., Yoon, J. S., Kim, C. E., and Hwang, H. J. (2007) Electrochemical performance of $Ba_{0.5}Sr_{0.5}Co_xFe_{1-x}O_{3-\delta}$ ($x = 0.2-0.8$) cathode on a ScSZ electrolyte for intermediate temperature SOFCs. *J. Power Sources*, **171**(1), 79–85.

[76] Kek, D., Panjan, P., and Wanzenberg, E. (2001) Electrical and microstructural investigations of cermet anode/YSZ thin film systems. *J. Eur. Ceram. Soc.*, **21**(10–11), 1861–1865.

[77] Mori, M. and Sammes, N. M. (2000) Sintering and thermal expansion characterization of Al-doped and Co-doped lanthanum strontium chromites synthesized by the Pechini method. *Solid State Ionics*, **146**(3–4), 301–312.

[78] Kharton, V. V., Kovalevsky, A. V., Tikhonovich, V. N., Naumovich, E. N., and Viskup, A. P. (1998) Mixed electronic and ionic conductivity of LaCo(M)O_3 (M = Ga, Cr, Fe or Ni): Ⅱ. Oxygen permeation through Cr-and Ni-substituted $LaCoO_3$. *Solid State Ionics*, **110**(1–2), 53–60.

[79] Zeng, P. Y., Ran, R., Chen, Z. H., Zhou, W., Gu, H. X., Shao, Z. P., and Liu, S. M. (2008) Efficient stabilization of cubic perovskite $SrCoO_{3-\delta}$ by B-site low concentration scandium doping combined with sol-gel synthesis. *J. Alloys Compd.*, **455**(1–2), 465–470.

[80] Zhou, W., Shao, Z. P., Ran, R., and Cai, R. (2008) Novel $SrSc_{0.2}Co_{0.8}O_{3-\delta}$ as a cathode material for low temperature solid-oxide fuel cell. *Electrochem. Commun.*, **10**(10), 1647-1651.

[81] Zhou, W., An, B. M., Ran, R., and Shao, Z. P. (2009) Electrochemical performance of $SrSc_{0.2}Co_{0.8}O_{3-\delta}$ cathode on $Sm_{0.2}Ce_{0.8}O_{1.9}$ electrolyte for low temperature SOFCs. *J. Electrochem. Soc.*, **156**(8), B884-B890.

[82] Mineshige, A., Izutsu, J., Nakamura, M., Nigaki, K., Abe, J., Kobune, M., Fujii, S., and Yazawa, T. (2005) Introduction of A-site deficiency into $La_{0.6}Sr_{0.4}Co_{0.2}Fe_{0.8}O_{3-\delta}$ and its effect on structure and conductivity. *Solid State Ionics*, **176**(11-12), 1145-1149.

[83] Hansen, K. K. and Vels Hansen, K. (2007) A-site deficient$(La_{0.6}Sr_{0.4})_{1-s}Fe_{0.8}Co_{0.2}O_{3-\delta}$ perovskites as SOFC cathodes. *Solid State Ionics*, **178**(23-24), 1379-1384.

[84] Doshi, R., Richard, V. L., Carter, J. D., Wang, X. P., and Krumpelt, M. (1999) Development of solid-oxide fuel cells that operate at 500℃. *J. Electrochem. Soc.*, **146**(4), 1273-1278.

[85] Zhou, W., Ran, R., Shao, Z. P., Jin, W. Q., and Xu, N. P. (2008) Evaluation of A-site cation-deficient $(Ba_{0.5}Sr_{0.5})_{1-x}Co_{0.8}Fe_{0.2}O_{3-\delta}$ $(x>0)$ perovskite as a solid-oxide fuel cell cathode. *J. Power Sources*, **182**(1), 24-31.

[86] Chiba, R., Yoshimura, F., and Sakurai, Y. (1999) An investigation of $LaNi_{1-x}Fe_xO_3$ as a cathode material for solid oxide fuel cells. *Solid State Ionics*, **124**(3-4), 281-288.

[87] Komatsu, T., Arai, H., Chiba, R., Nozawa, K., Arakawa, M., and Sato, K. (2006) Cr poisoning suppression in solid oxide fuel cells using LaNi(Fe)O-3 electrodes. *Electrochem. Solid State Lett.*, **9**(1), A9-A12.

[88] Millar, L., Taherparvar, H., Filkin, N., Slater, P., and Yeomans, J. (2008) Interaction of$(La_{1-x}Sr_x)_{1-y}MnO_3-Zr_{1-z}Y_zO_{2-\delta}$ cathodes and $LaNi_{0.6}Fe_{0.4}O_3$ current collecting layers for solid oxide fuel cell application. *Solid State Ionics*, **179**(19-20), 732-739.

[89] Swierczek, K., Marzec, J., Palubiak, D., Zajac, W., and Molenda, J. (2006) LFN and LSCFN perovskites-structure and transport properties. *Solid State Ionics*, **177**(19-25), 1811-1817.

[90] Li, S. and Zhu, B. (2009) Electrochemical performances of nanocomposite solid oxide fuel cells using nano-size material $LaNi_{0.2}Fe_{0.65}Cu_{0.15}O_3$ as cathode. *J. Nanosci. Nanotechnol.*, **9**(6), 3824-3827.

[91] Hou, S., Alonso, J. A., Rajasekhara, S., Martinez-Lope, M. J., Fernandez-Diaz, M. T., and Goodenough, J. B. (2010) Defective Ni perovskites as cathode materials in intermediate-temperature solid-oxide fuel cells: a structure-properties correlation. *Chem. Mater.*, **22**(3), 1071-1079.

[92] Simner, S. P., Bonnett, J. F., Canfield, N. L., Meinhardt, K. D., Sprenkle, V. L., and Stevenson, J. W. (2002) Optimized lanthanum ferrite-based cathodes for anode-supported SOFCs. *Electrochem. Solid-State Lett.*, **5**(7), A173-A175.

[93] Simner, S. P., Shelton, J. P., Anderson, M. D., and Stevenson, J. W. (2003) Interaction between $La(Sr)FeO_3$ SOFC cathode and YSZ electrolyte. *Solid State Ionics*, **161**(1-2), 11-18.

[94] Niu, Y. J., Zhou, W., Sunarso, J., Ge, L., Zhu, Z. H., and Shao, Z. P. (2010) High performance cobalt-free perovskite cathode for intermediate temperature solid oxide fuel cells. *J. Mater. Chem.*, **20**(43), 9619-9622.

[95] Niu, Y. J., Sunarso, J., Liang, F. L., Zhou, W., Zhu, Z. H., and Shao, Z. P. (2011) A comparative study of oxygen reduction reaction on Bi- and La-doped $SrFeO_{3-\delta}$ perovskite cathodes. *J. Electrochem. Soc.*, **158**(2), B132-B138.

[96] Niu, Y. J., Sunarso, J., Zhou, W., Liang, F. L., Ge, L., Zhu, Z. H., and Shao, Z. P. (2011) Evaluation and optimization of $Bi_{1-x}Sr_xFeO_{3-\delta}$ perovskites as cathodes of solid oxide fuel cells. *Int. J. Hydrogen Energy*, **36**(4), 3179-3186.

[97] Ralph, J. M., Schoeler, A. C., and Krumpelt, M. (2001) Materials for lower temperature solid oxide fuel cells. *J. Mater. Sci.*, **36**(5), 1161-1172.

[98] Ding, H. P. and Xue, X. J. (2010) Cobalt-free layered perovskite $GdBaFe_2O_{5+x}$ as a novel cathode for intermediate temperature solid oxide fuel cells. *J. Power Sources*, **195**(15), 4718-4721.

[99] Taskin, A. A., Lavrov, A. N., and Ando, Y. (2007) Fast oxygen diffusion in A-site ordered perovskites. *Prog. Solid State Chem.*, **35**(2-4), 481-490.

[100] Kim, G., Wang, S., Jacobson, A. J., Yuan, Z., Donner, W., Chen, C. L., Reimus, L., Brodersen, P., and Mims, C. A. (2006) *Appl. Phys. Lett.*, **88**(2), 024103.

[101] Kim, J. H. and Manthiram, A. (2008) $LnBaCo_{(2)}O_{(5+\delta)}$ oxides as cathodes for intermediate-temperature solid oxide fuel cells. *J. Electrochem. Soc.*, **155**(12), B385-B390.

[102] Lin, B., Zhang, S. Q., Zhang, L. C., Bi, L., Ding, H. P., Liu, X. Q., Gao, J. F., and Meng, G. Y. (2008) Prontonic ceramic membrane fuel cells with layered $GdBaCo_2O_{5+x}$ cathode prepared by gel-casting and suspension spray. *J. Power Sources*, **177**(2), 330-333.

[103] Taskin, A. A., Lavrov, A. N., and Ando, Y. (2005) Achieving fast oxygen diffusion in perovskites by cation ordering. *Appl. Phys. Lett.*, **86**(9), 091910.

[104] Frontera, C., Caneiro, A., Carrillo, A. E., Oro-Sole, J., and Garcia-Munoz, J. L. (2005) Tailoring oxygen content on $PrBaCo_2O_{5+\delta}$ layered cobaltites. *Chem. Mater.*, **17**(22), 5439-5445.

[105] Tarancón, A., Skinner, S. J., Chater, R. J., Hernández-Ramírez, F., and Kilner, J. A. (2007) Layered perovskites as promising cathodes for intermediate temperature solid oxide fuel cells. *J. Mater. Chem.*, **17**(30), 3175-3181.

[106] Kim, G., Wang, S., Jacobson, A. J., Reimus, L., Brodersen, P., and Mims, C. A. (2007) Rapid oxygen ion diffusion and surface exchange kinetics in $PrBaCo_2O_{5+x}$ with a perovskite related structure and ordered A cations. *J. Mater. Chem.*, **17**(24), 2500-2505.

[107] Li, N., Lu, Z., Wei, B., Huang, X. Q., Chen, K. F., Zhang, Y. H., and Su, W. H. (2008) Characterization of $GdBaCo_2O_{5+\delta}$ cathode for IT-SOFCs. *J. Alloys Compd.*, **454**(1-2), 274-279.

[108] Tarancón, A., Morata, A., Dezanneau, G., Skinner, S. J., Kilner, J. A., Estrade, S., Hernandez-Ramirez, F., Peiro, F., and Morante, J. R. (2007) $GdBaCo_2O_{5+x}$ layered perovskite as an intermediate temperature solid oxide fuel cell cathode. *J. Power Sources*, **174**(1), 255-263.

[109] Chang, A. M., Skinner, S. J., and Kilner, J. A. (2006) Electrical properties of $GdBaCo_2O_{5+x}$ for ITSOFC applications. *Solid State Ionics*, **177**(19-25), 2009-2011.

[110] Zhang, K., Ge, L., Ran, R., Shao, Z. P., and Liu, S. M. (2008) Synthesis, characterization and evaluation of cation-ordered $LnBaCo_2O_{5+\delta}$ as materials of oxygen permeation membranes and cathodes of SOFCs. *Acta Mater.*, **56**(17), 4876-4889.

[111] Zhu, C. J., Liu, X. M., Yi, C. S., Yan, D. T., and Su, W. H. (2008) Electrochemical performance of $PrBaCo_2O_{5+\delta}$ layered perovskite as an intermediate-temperature solid oxide fuel cell cathode. *J. Power Sources*, **185**(1), 193-196.

[112] Chen, D. J., Ran, R., Zhang, K., Wang, J., and Shao, Z. P. (2009) Intermediate-temperature electrochemical performance of a polycrystalline $PrBaCo_2O_{5+\delta}$ cathode on samarium-doped ceria electrolyte. *J. Power Sources*, **188**(1), 96-105.

[113] Kim, J. H., Kim, Y. M., Connor, P. A., Irvine, J. T. S., Bae, J., and Zhou, W. Z. (2009) Structural, thermal and electrochemical properties of layered perovskite $SmBaCo_2O_{5+\delta}$, a potential cathode material for intermediate-temperature solid oxide fuel cells. *J. Power Sources*, **194**(2), 704-711.

[114] Zhu, X. F., Wang, H. H., and Yang, W. S. (2004) Novel cobalt-free oxygen permeable membrane.

Chem. Commun., 1130-1131.

[115] Deng, Z. Q., Smit, J. P., Niu, H. J., Evans, G., Li, M. R., Xu, Z. L., Claridge, J. B., and Rosseinsky, M. J. (2009) *Chem. Mater.*, **21**(21), 5154-5162.

[116] Zhou, W., Sunarso, J., Chen, Z. G., Ge, L., Motuzas, J., Zou, J., Wang, G. X., Julbe, A., and Zhu, Z. H. (2011) Novel B-site ordered double perovskite $Ba_2Bi_{0.1}Sc_{0.2}Co_{1.7}O_{6-x}$ for highly efficient oxygen reduction reaction. *Energy Environ. Sci.*, **4**(3), 872-875.

[117] Streule, S., Podlensyak, A., Sheptyakov, D., Pomjakushina, E., Stingaciu, M., Conder, K., Medarde, M., Patrakeev, M. V., Leonidov, I. A., Kozhevnikov, V. L., and Mesot, J. (2006) High-temperature order-disorder transition and polaronic conductivity in $PrBaCo_2O_{5.48}$. *Phys. Rev. B*, **73**(9), 94203.

[118] Streule, S., Podlensyak, A., Pomjakushina, E., Conder, K., Sheptyakov, D., Medarde, M., and Mesot, J. (2006) Oxygen order-disorder phase transition in $PrBaCo_2O_{5.48}$ at high temperature. *Physica B*, **378-380**, 539-540.

[119] Maignan, A., Caignaert, V., Raveau, B., Khomskii, D., and Sawatzky, G. (2004) Thermoelectric power of $HoBaCo_2O_{5.5}$: possible evidence of the spin blockade in cobaltites. *Phys. Rev. Lett.*, **93**(2), 26401.

[120] Frontera, C., García-Muñoz, J. L., Llobet, A., Mañosa, L., and Aranda, M. A. G. (2003) Selective spin-state and metal-insulator transitions in $GdBaCo_2O_{5.5}$. *J. Solid State Chem.*, **171**(1-2), 349-352.

[121] Tarancón, A., Marrero-López, D., Peña-Martínez, J., Ruiz-Morales, J. C., and Núñez, P. (2008) Effect of phas etransition on high-temperature electrical properties of $GdBaCo_2O_{5+x}$ layered perovskite. *Solid State Ionics*, **179**(17-18), 611-618.

[122] Zhou, W., Sunarso, J., Motuzas, J., Liang, F. L., Chen, Z. G., Ge, L., Liu, S. M., Julbe, A., and Zhu, Z. H. (2011) Deactivation and regeneration of oxygen reduction reactivity on double perovskite $Ba_2Bi_{0.1}Sc_{0.2}Co_{1.7}O_{6-x}$ cathode for intermediate temperature solid oxide fuel cells. *Chem. Mater.*, **23**(6), 1618-1624.

[123] Ishikawa, K., Kondo, S., Okano, H., Suzuki, S., and Suzuki, Y. (1987) Non-stoichiometry and electrical-resistivity in 2 mixed metal-oxides, La_2NiO_{4-x} and $LaSrNiO_{4-x}$. *Bull. Chem. Soc. Jpn.*, **60**(4), 1295-1298.

[124] Kharton, V. V., Kovalevsky, A. V., Avdeev, M., Tsipis, E. V., Patrakeev, M. V., Yaremchenko, A. A., Naumovich, E. N., and Frade, J. R. (2007) Chemically induced expansion of $La_2NiO_{4+\delta}$-based materials. *Chem. Mater.*, **19**(8), 2027-2933.

[125] Munnings, C. N., Skinner, S. J., Amow, G., Whitfield, P. S., and Davidson, I. J. (2005) Oxygen transport in the $La_2Ni_{1-x}Co_xO_{4+\delta}$ system. *Solid StateIonics*, **176**(23-24), 1895-1901.

[126] Al Daroukh, M., Vashook, V. V., Ullmann, H., Tietz, F., and Arual Raj, I. (2003) Oxides of the AMO_3 and A_2MO_4-type: structural stability, electrical conductivity and thermal expansion. *Solid State Ionics*, **158**(1-2), 141-150.

[127] Burriel, M., Garcia, G., Santiso, J., Kilner, J. A., Chater, R. J., and Skinner, S. J. (2008) Anisotropic oxygen diffusion properties in epitaxial thin films of $La_2NiO_{4+\delta}$. *J. Mater. Chem.*, **18**(4), 416-422.

[128] Zhao, F., Wang, X. F., Wang, Z. Y., Peng, R. R., and Xia, C. R. (2008) K2NiF4 type $La_{2-x}Sr_xCo_{0.8}Ni_{0.2}O_{4+\delta}$ as the cathodes for solid oxide fuel cells. *Solid State Ionics*, **179**(27-32), 1450-1453.

[129] Aguadero, A., Alonso, J. A., Escudero, M. J., and Daza, L. (2008) Evaluation of the $La_2Ni_{1-x}Cu_xO_{4+\delta}$ system as SOFC cathode material with 8YSZ and LSGM as electrolytes. *Solid State Ionics*, **179**(11-12), 393-400.

[130] Weng, X. L., Boldrin, P., Abrahams, I., Skinner, S. J., Kellici, S., and Darr, J. A. (2008) Direct syntheses of $La_{n+1}Ni_nO_{3n+1}$ phases (n = 1, 2, 3 and infinity) from nanosized co-crystallites. *J. Solid State*

Chem. ,**181**(5),1123.

[131] Mazo,G. N. and Savvin,S. N. (2004) The molecular dynamics study of oxygen mobility in $La_{2-x}Sr_xCuO_{4-\delta}$. *Solid State Ionics*,**175**(1-4),371-374.

[132] Kanai,H. ,Mizusaki,J. ,Tagawa,H. ,Hoshiyama,S. ,Hirano,K. ,Fujita,K. ,Tezuka,M. ,and Hashimoto, T. (1997) Defect chemistry of $La_{2-x}Sr_xCuO_{4-\delta}$: oxygen nonstoichiometry and thermodynamic stability. *J. Solid State Chem.* ,**131**(1),150-159.

[133] Li,Q. ,Zhao,H. ,Huo,L. H. ,Sun,L. P. ,Cheng,X. L. ,and Grenier,J. C. (2007) Electrode properties of Sr doped La_2CuO_4 as new cathode material for intermediate-temperature SOFCs. *Electrochem. Commun.* ,**9**(7),1508-1512.

[134] Mauvy,F. ,Lalanne,C. ,Bassat,J. M. ,Grenier,J. C. ,Zhao,H. ,Huo,L. H. ,and Stevens,P. (2006) Electrode properties of $Ln_2NiO_{4+\delta}$(Ln=La,Nd,Pr). *J. Electrochem. Soc.* ,**153**(8),A1547-A1553.

[135] Miyoshi,S. ,Furuno,T. ,Sangoanruang,O. ,Matsumoto,H. ,and Ishihara,T. (2007) Mixed conductivity and oxygen permeability of doped Pr_2NiO_4-based oxides. *J. Electrochem. Soc.* ,**154**(1),B57-B62.

[136] Sun,L. P. ,Li,Q. ,Zhao,H. ,Huo,L. H. ,and Grenier,J. C. (2008) Preparation and electrochemical properties of Sr-doped Nd_2NiO_4 cathode materials for intermediate-temperature solid oxide fuel cells. *J. Power Sources*,**183**(1),43-48.

[137] Fergus,J. W. (2006) Electrolytes for solid oxide fuel cells. *J. Power Sources*,**162**(1),30-40.

[138] Goodenough,J. B. (2003) Oxide-ion electrolytes. *Annu. Rev. Mater. Res.* ,**33**,91-128.

[139] Jiang,S. P. (2008) Development of lanthanum strontium manganite perovskite cathode materials of solid oxide fuel cells: a review. *J. Mater. Sci.* ,**43**(21),6799-6833.

[140] Huijsmans,J. P. P. (2001) Ceramics in solid oxide fuel cells. *Curr. Opin. Solid State Mater. Sci.* ,**5**, 317-323.

[141] Van Herle,J. ,McEvov,A. J. ,and Ravindranathan Thampi,K. (1996) A study on the $La_{1-x}Sr_xMnO_{3-\delta}$ oxygen cathode. *Electrochim. Acta*,**41**(9),1447-1454.

[142] Carter,S. ,Selcuk,A. ,Chater,R. J. ,Kajda,J. ,Kilner,J. A. ,and Steele,B. C. H. (1992) Oxygen transport in selected nonstoichiometric perovskite-structure oxides. *Solid State Ionics*,**53-56**,597-605.

[143] Jiang,S. P. (2002) A comparison of O_2 reduction reactions on porous (La,Sr)MnO_3 and (La,Sr)(Co,Fe)O_3 electrodes. *Solid State Ionics*,**146**(1-2),1-22.

[144] Yasuda,I. ,Ogasawara,K. ,Hishinuma,M. ,Kawada,T. ,and Dokiya,M. (1996) Oxygen tracer diffusion coefficient of (La,Sr)$MnO_{3\pm\delta}$. *Solid State Ionics*,**86-88**,1197-1201.

[145] Jiang,S. P. (2003) Issues on development of (La,Sr)MnO_3 cathode for solid oxide fuel cells. *J. Power Sources*,**124**,390-402.

[146] Kenjo,T. and Nishiya,M. (1992) $LaMnO_3$ air cathodes containing ZrO_2 electrolyte for high temperature solid oxide fuel cells. *Solid State Ionics*,**57**(3-4),295-302.

[147] Wang,W. G. ,Liu,Y. L. ,Barfod,R. ,Schougaard,S. B. ,Gordes,P. ,Ramousse,S. ,Hendriksen,P. V. , and Mogensen,M. (2005) Nanostructured lanthanum manganate composite cathode. *Electrochem. Solid-State Lett.* ,**8**(12),A619-A621.

[148] Song,H. S. ,Hyun,S. H. ,Kim,J. ,Lee,H. W. ,and Moon,J. (2008) A nanocomposite material for highly durable solid oxide fuel cell cathodes. *J. Mater. Chem.* ,**18**(10),1087-1092.

[149] Perry Murray,E. and Barnett,S. A. (2001) (La,Sr)MnO_3-(Ce,Gd)O_{2-x} composite cathodes for solid oxide fuel cells. *Solid State Ionics*,**143**(3-4),265-273.

[150] Zhao,H. ,Feng,S. ,and Xu,W. (2000) A soft chemistry route for the synthesis of nano solid electrolytes $Ce_{1-x}Bi_xO_{2-x/2}$. *Mater. Res. Bull*,**35**(14-15),2379-2386.

[151] Zhao, H., Huo, L., and Gao, S. (2004) Electrochemical properties of LSM-CBO composite cathode. *J. Power Sources*, **125**(2), 149-154.

[152] Armstrong, T. J. and Virkar, A. V. (2002) Performance of solid oxide fuel cells with LSGM-LSM composite cathodes. *J. Electrochem. Soc.*, **149**(12), A1565-A1571.

[153] Wang, Z. W., Cheng, M. J., Dong, Y. L., Zhang, M., and Zhang, H. M. (2005) Investigation of LSM1.1-ScSZ composite cathodes for anode-supported solid oxide fuel cells. *Solid State Ionics*, **176**(35-36), 2555-2561.

[154] Pai, M. R., Wani, B. N., Sreedhar, B., Singh, S., and Gupta, N. M. (2006) Catalytic and redox properties of nano-sized $La_{0.8}Sr_{0.2}Mn_{1-x}Fe_xO_{3-\delta}$ mixed oxides synthesized by different routes. *J. Mol. Catal. A: Chem.*, **246**(1-2), 128-135.

[155] Porta, P., De Rossi, S., Faticanti, M., Minelli, G., Pettiti, I., Lisi, L., and Turco, M. (1999) Perovskite-type oxides I. Structural, magnetic, and morphological properties of $LaMn_{1-x}Cu_xO_3$ and $LaCo_{1-x}Cu_xO_3$ solid solutions with large surface area. *J. Solid State Chem.*, **146**(2), 291-304.

[156] De Souza, R. A. and Kilner, J. A. (1998) Oxygen transport in $La_{1-x}Sr_xMn_{1-y}Co_yO_{3\pm\delta}$ perovskites: part Ⅰ. Oxygen tracer diffusion. *Solid State Ionics*, **106**(3-4), 175-187.

[157] De Souza, R. A. and Kilner, J. A. (1999) Oxygen transport in $La_{1-x}Sr_xMn_{1-y}Co_yO_{3\pm\delta}$ perovskites: part Ⅱ. Oxygen surface exchange. *Solid State Ionics*, **126**(1-2), 153-161.

[158] Lybye, D. and Bonanos, N. (1999) Proton and oxide ion conductivity of doped $LaScO_3$. *Solid State Ionics*, **125**(1-4), 339-344.

[159] Lybye, D., Poulsen, F., and Mogensen, M. (2000) Conductivity of A-and B-site doped $LaAlO_3$, $LaGaO_3$, $LaScO_3$ and $LaInO_3$ perovskites. *Solid State Ionics*, **128**(1-4), 91-103.

[160] Nomura, K., Takeuchi, T., Tanase, S., Kageyama, H., Tanimoto, K., and Miyazaki, Y. (2002) Proton conductionin ($La_{0.9}Sr_{0.1}$) $MIIIO_{3-\delta}$ (MIII = Sc, In, and Lu) perovskites. *Solid State Ionics*, **154-155**, 647-652.

[161] Gu, H. X., Zheng, Y., Ran, R., Shao, Z. P., Jin, W. Q., Xu, N. P., and Ahn, J. M. (2008) Synthesis and assessment of $La_{0.8}Sr_{0.2}Sc_yMn_{1-y}O_{3-\delta}$ as cathodes for solid-oxide fuel cells on scandium-stabilized zirconia electrolyte. *J. Power Sources*, **183**(2), 471-478.

[162] Zheng, Y., Ran, R., and Shao, Z. P. (2008) Activation and deactivation kinetics of oxygen reduction over a $La_{0.8}Sr_{0.2}Sc_{0.1}Mn_{0.9}O_3$ cathode. *J. Phys. Chem. C*, **112**(47), 18690-18700.

[163] Zheng, Y., Ran, R., Gu, H. X., Cai, R., and Shao, Z. P. (2008) Characterization and optimization of $La_{0.8}Sr_{0.2}Sc_{0.1}Mn_{0.9}O_{3-\delta}$ based composite electrodes for intermediate-temperature solid-oxide fuel cells. *J. Power Sources*, **185**(2), 641-648.

[164] Yue, X. L., Yan, A. Y., Zhang, M., Liu, L., Dong, Y. L., and Cheng, M. J. (2008) Investigation on scandium-doped manganate $La_{0.8}Sr_{0.2}Mn_{1-x}Sc_xO_{3-\delta}$ cathode for intermediate temperature solid oxide fuel cells. *J. Power Sources*, **185**(2), 691-697.

[165] Yamamoto, O., Takeda, Y., Kanno, R., and Noda, M. (1987) Perovskite-type oxides as oxygen electrodes for high temperature oxide fuel cells. *Solid State Ionics*, **22**(2-3), 241-246.

[166] Duan, Z. S., Yang, M., Yan, A. Y., Hou, Z. F., Dong, Y. L., Chong, Y., Cheng, M. J., and Yang, W. S. (2006) $Ba_{0.5}Sr_{0.5}Co_{0.8}Fe_{0.2}O_{3-\delta}$ as a cathode for IT-SOFCs with a GDC interlayer. *J. Power Sources*, **160**(1), 57-64.

[167] Lei, Z., Zhu, Q. S., and Zhao, L. (2005) Low temperature processing of interlayer-free $La_{0.6}Sr_{0.4}Co_{0.2}Fe_{0.8}O_{3-\delta}$ cathodes for intermediate temperature solid oxide fuel cells. *J. Power Sources*, **161**(2), 1169-1175.

[168] Murata, K., Fukui, T., Abe, H., Naito, M., and Nogi, K. (2005) Morphology control of La(Sr)Fe(Co)O_3-a

cathodes for IT-SOFCs. *J. Power Sources*, **145**(2), 257-261.

[169] Lee, S., Song, H. S., Hyun, S. H., Kim, J., and Moon, J. (2009) Interlayer-free nanostructured $La_{0.58}Sr_{0.4}Co_{0.2}Fe_{0.8}O_{3-\delta}$ cathode on scandium stabilized zirconia electrolyte for intermediate-temperature solid oxide fuel cells. *J. Power Sources*, **187**(1), 74-79.

[170] Kim, Y. M., Kim-Lohsoontorn, P., and Bae, J. (2010) Effect of unsintered gadolinium-doped ceria buffer layer on performance of metal-supported solid oxide fuel cells using unsintered barium strontium cobalt ferrite cathode. *J. Power Sources*, **195**(19), 6420-6427.

[171] Charojrochkul, S., Choy, K. L., and Steele, B. C. H. (1999) Cathode/electrolyte systems for solid oxide fuel cells fabricated using flame assisted vapour deposition technique. *Solid State Ionics*, **121**(1-4), 107-113.

[172] Rossignol, C., Ralph, J. M., Bae, J. M., and Vaughey, J. T. (2004) $Ln_{1-x}Sr_xCoO_3$ (Ln = Gd, Pr) as a cathode for intermediate-temperature solid oxide fuel cells. *Solid State Ionics*, **175**(1-4), 59-61.

[173] Gong, Y. H., Ji, W. J., Zhang, L., Li, M., Xie, B., Wang, H. Q., Jiang, Y. S., and Song, Y. Z. (2011) Low temperature deposited (Ce, Gd) O_{2-x} interlayer for $La_{0.6}Sr_{0.4}Co_{0.2}Fe_{0.8}O_3$ cathode based solid oxide fuel cell. *J. Power Sources*, **196**(5), 2768-2772.

[174] Shiono, M., Kobayashi, K., Nguyen, T. L., Hosoda, K., Kato, T., Ota, K., and Dokiya, M. (2004) Effect of CeO_2 interlayer on ZrO_2 electrolyte/La(Sr)CoO_3 cathode for low-temperature SOFCs. *Solid State Ionics*, **170**(1-2), 1-7.

[175] Tsai, T. and Barnett, S. A. (1997) Increased solid-oxide fuel cell power density using interfacial ceria layers. *Solid State Ionics*, **98**(3-4), 191-196.

[176] Tsoga, A., Gupta, A., Naoumidis, A., and Nikolopoulos, P. (2000) *Acta Mater.*, **48**, 4709.

[177] Nguyen, T. L., Kobayashi, K., Honda, T., and Iimura, Y. (2004) Preparation and evaluation of doped ceria interlayer on supported stabilized zirconia electrolyte SOFCs by wet ceramic processes. *Solid State Ionics*, **174**(1-4), 163-174.

[178] Tsoga, A., Naoumidis, A., and Stover, D. (2000) Total electrical conductivity and defect structure of $ZrO_2-CeO_2-Y_2O_3-Gd_2O_3$ solid solutions. *Solid State Ionics*, **135**(1-4), 403-409.

[179] Martínez-Amesti, A., Larrañaga, A., Rodríguez-Martínez, L. M., Nó, L., Pizarro, J. L., Laresgoiti, A., and Arriortua, I. (2009) Chemical compatibility between YSZ and SDC sinteredat different atmospheres for SOFC applications. *J. Power Sources*, **192**(1), 151-157.

[180] Fonseca, F. C., Uhlenbruck, S., Nedél éc, R., and Buchkremer, H. P. (2010) Properties of bias-assisted sputtered gadolinia-doped ceria interlayers for solid oxide fuel cells. *J. Power Sources*, **195**(6), 1599-1604.

[181] Tsai, T. P., Perry, E., and Barnett, S. (1997) Low-temperature solid-oxide fuel cells utilizing thin bilayer electrolytes. *J. Electrochem. Soc.*, **144**(5), L130-L132.

[182] Brahim, C., Ringuede, A., Gourba, E., Cassir, M., Billard, A., and Briois, P. (2006) Electrical properties of thin bilayered YSZ/GDC SOFC electrolyte elaborated by sputtering. *J. Power Sources*, **156**(1), 45-49.

[183] Wang, D. F., Wang, J. X., He, C. R., Tao, Y. K., Xu, C., and Wang, W. G. (2010) Preparation of a $Gd_{0.1}Ce_{0.9}O_{2-\delta}$ interlayer for intermediate-temperature solid oxide fuel cells by spray coating. *J. Alloys Compd.*, **505**(1), 118-124.

[184] Nguyen, T. L., Kato, T., Nozaki, K., Honda, T., Negishi, A., Kato, K., and Iimura, Y. (2006) Application of $(Sm_{0.5}Sr_{0.5})CoO_3$ as a cathode material to (Zr, Sc) O_2 electrolyte with ceria-based interlayers for reduced-temperature operation SOFCs. *J. Electrochem. Soc.*, **153**(7), A1310-A1316.

[185] Matsuda, M., Hosomi, T., Murata, K., Fukui, T., and Miyake, M. (2007) Fabrication of bilayered YSZ/SDC electrolyte film by electrophoretic deposition for reduced-temperature operating anode-supported SOFC. *J. Power Sources*, **165**(1), 102-107.

[186] Lu, Z. G., Zhou, X. D., Fisher, D., Templeton, J., Stevenson, J., Wu, N. J., and Ignatiev, A. (2010) Enhanced performance of an anode-supported YSZ thin electrolyte fuel cell with a laser-deposited $Sm_{0.2}Ce_{0.8}O_{1.9}$ interlayer. *Electrochem. Commun.*, **12**(2), 179-182.

[187] Nguyena, T. L., Kobayashi, K., Hondaa, T., Iimuraa, Y., Katoa, K., Neghisia, A., Nozakia, K., Tapperoa, F., Sasakib, K., Shirahamab, H., Otac, K., Dokiyab, M., and Katoa, T. (2004) Preparation and evaluation of doped ceria interlayer on supported stabilized zirconia electrolyte SOFCs by wet ceramic processes. *Solid State Ionics*, **174**(1-4), 163-174.

[188] Shiono, M., Kobayashi, K., Nguyen, T. L., Hosoda, K., Kato, T., Ota, K., and Dokiya, M. (2004) Effect of CeO_2 interlayer on ZrO_2 electrolyte/La(Sr)CoO_3 cathode for low-temperature SOFCs. *Solid State Ionics*, **170**(1-2), 1-7.

[189] Kreuer, K. D. (2003) Proton-conducting oxides. *Annu. Rev. Mater. Res.*, **33**, 333-359.

[190] Zuo, C. D., Zha, S. W., Liu, M. L., Hatano, M., and Uchiyama, M. (2006) $Ba(Zr_{0.1}Ce_{0.7}Y_{0.2})O_{3-\delta}$ as an electrolyte for low-temperature solid-oxide fuel cells. *Adv. Mater.*, **18**(24), 3318-3320.

[191] Suksamai, W. and Metcalfe, I. S. (2007) Measurement of proton and oxide ion fluxes in a working Y-doped $BaCeO_3$ SOFC. *Solid State Ionics*, **178**(7-10), 627-634.

[192] Amsak, W., Assabumrungrat, S., Douglas, P. L., Laosiripojana, N., and Charojrochkul, S. (2006) Theoretical performance analysis of ethanol-fuelled solid oxide fuel cells with different electrolytes. *Chem. Eng. J.*, **119**(1), 11-18.

[193] Iwahara, H., Uchida, H., and Ogaki, K. (1988) Proton conduction in sintered oxides based on $BaCeO_3$. *J. Electrochem. Soc.*, **135**(2), 529-533.

[194] Hibino, T., Hashimoto, A., Suzuki, M., and Sano, M. (2002) A solid oxide fuel cell using Y-doped $BaCeO_3$ with Pd-loaded FeO anode and $Ba_{0.5}Pr_{0.5}CoO_3$ cathode at low temperatures. *J. Electrochem. Soc.*, **149**(11), A1503-A1508.

[195] Hirabayashi, D., Tomita, A., Brito, M. E., Hibino, T., Harada, U., Nagao, M., and Sano, M. (2004) Solid oxide fuel cells operating without using an anode material. *Solid State Ionics*, **168**(1-2), 23-29.

[196] Maffei, N., Pelletier, L., and Mctarlan, A. (2004) Performance characteristics of Gd-doped barium cerate-based fuel cells. *J. Power Sources*, **136**(1), 24-29.

[197] Ito, N., Iijima, M., Kimura, K., and Iguchi, S. (2005) New intermediate temperature fuel cell with ultra-thin proton conductor electrolyte. *J. Power Sources*, **152**, 200-203.

[198] Pelletier, L., McFarlan, A., and Maffei, N. (2005) Ammonia fuel cell using doped barium cerate proton conducting solid electrolytes. *J. Power Sources*, **145**(2), 262-265.

[199] Tomita, A., Hibino, T., and Sano, M. (2005) Surface modification of a doped $BaCeO_3$ to function as an electrolyte and as an anode for SOFCs. *Electrochem. Solid-State Lett.*, **8**(7), A333-A336.

[200] Tomita, A., Tsunekawa, K., Hibino, T., Teranishi, S., Tachi, Y., and Sano, M. (2006) Chemical and redox stabilities of a solid oxide fuel cell with $BaCe_{0.8}Y_{0.2}O_{3-\alpha}$ functioning as an electrolyte and as an anode. *Solid State Ionics*, **177**(33-34), 2951-2956.

[201] Akimune, Y., Matsuo, K., Higashiyama, H., Honda, K., Yamanaka, M., Uchiyama, M., and Hatano, M. (2007) Nano-Ag particles for electrodes in a yttria-doped $BaCeO_3$ protonic conductor. *Solid State Ionics*, **178**(7-10), 575-579.

[202] Uchida, H., Tanaka, S., and Iwahara, H. (1985) Polarization at Pt electrodes of a fuel-cell with a high temperature type proton conductive solid electrolyte. *J. Appl. Electrochem.*, **15**(1), 93-97.

[203] Iwahara, H., Yajima, T., Hibino, T., and Ushida, H. (1993) Performance of solid oxide fuel-cell using proton and oxide-ion mixed conductors based on $BaCe_{1-x}Sm_xO_{3-\delta}$. *J. Electrochem. Soc.*, **140**(6),

1687-1691.

[204] Wu, T. Z., Peng, R. R., and Xia, C. R. (2008) $Sm_{0.5}Sr_{0.5}CoO_{3-\delta}$-$BaCe_{0.8}Sm_{0.2}O_{3-\delta}$ composite cathodes for proton-conducting solid oxide fuel cells. *Solid State Ionics*, **179**(27-32), 1505-1508.

[205] He, F., Wu, T. Z., Peng, R. R., and Xia, C. R. (2009) Cathode reaction models and performance analysis of $Sm_{0.5}Sr_{0.5}CoO_{3-\delta}$-$BaCe_{0.8}Sm_{0.2}O_{3-\delta}$ composite cathode for solid oxide fuel cells with proton conducting electrolyte. *J. Power Sources*, **194**(1), 263-268.

[206] Yang, L., Zuo, C. D., Wang, S. Z., Cheng, Z., and Liu, M. L. (2008) A novel composite cathode for low-temperature SOFCs based on oxide proton conductors. *Adv. Mater.*, **20**(17), 3280-3283.

[207] Lin, Y., Ran, R., Zheng, Y., Shao, Z. P., Jin, W. Q., Xu, N. P., and Ahn, J. (2008) Evaluation of $Ba_{0.5}Sr_{0.5}Co_{0.8}Fe_{0.2}O_{3-\delta}$ as a potential cathode for an anode-supported proton-conducting solid-oxide fuel cell. *J. Power Sources*, **180**(1), 15-22.

[208] Peng, R. R., Wu, Y., Yang, L. Z., and Mao, Z. Q. (2006) Electrochemical properties of intermediate-temperature SOFCs based on proton conducting Sm-doped $BaCeO_3$ electrolyte thin film. *Solid State Ionics*, **177**(3-4), 389-393.

[209] Yamaura, H., Ikuta, T., Yahiro, H., and Okada, G. (2005) Cathodic polarization of strontium-doped lanthanum ferrite in proton-conducting solid oxide fuel cell. *Solid State Ionics*, **176**(3-4), 269-274.

[210] Wang, H., Tablet, C., Feldhoff, A., and Caro, J. (2005) *Adv. Mater.*, **17**(14), 1785-1788.

[211] Ding, H. P., Lin, B., Liu, X. Q., and Meng, G. Y. (2008) High performance protonic ceramic membrane fuel cells (PCMFCs) with $Ba_{0.5}Sr_{0.5}Zn_{0.2}Fe_{0.8}O_{3-\delta}$ perovskite cathode. *Electrochem. Commun.*, **10**(9), 1388-1391.

[212] Tao, Z. T., Bi, L., Yan, L. T., Sun, W. P., Zhu, Z. W., Peng, R. R., and Liu, W. (2009) A novel single phase cathode material for a proton-conducting SOFC. *Electrochem. Commun.*, **11**(3), 688-690.

[213] Badwal, S. P. S. (2001) Stability of solid oxide fuel cell components. *Solid State Ionics*, **143**(1), 39-46.

[214] Brugnoni, C., Ducati, U., and Scagliotti, M. (1995) SOFC cathode/electrolyte interface. Part I: reactivity between $La_{0.85}Sr_{0.15}MnO_3$ and ZrO_2-Y_2O_3. *Solid State Ionics*, **76**(3-4), 177-182.

[215] Chiodelli, G. and Scagliotti, M. (1994) Electrical characterization of lanthanum zirconate reaction layers by impedances pectroscopy. *Solid State Ionics*, 73(3-4), 265-271.

[216] Lee, H. Y. and Oh, S. M. (1996) Origin of cathodic degradation and new phase formation at the $La_{0.9}Sr_{0.1}MnO_3$/YSZ interface. *Solid State Ionics*, 90(1-4), 133-140.

[217] Mitterdorfer, A. and Gauckler, L. J. (1998) $La_2Zr_2O_7$ formation and oxygen reduction kinetics of the $La_{0.85}Sr_{0.15}Mn_yO_3$, O_2(g) YSZ system. *Solid State Ionics*, **111**(3-4), 185-218.

[218] Huang, Y., Ahn, K., Vohs, J. M., and Gorte, R. J. (2004) Characterization of Sr-Doped $LaCoO_3$-YSZ composites prepared by impregnation methods. *J. Electrochem. Soc.*, **151**, A1592-A1597.

[219] Armstrong, T. J. and Rich, J. G. (2006) Anode-supported solid oxide fuel cells with $La_{0.6}Sr_{0.4}CoO_{3-\delta}$-$Zr_{0.84}Y_{0.16}O_{2-\delta}$ composite cathodes fabricated by an infiltration method. *J. Electrochem. Soc.*, **153**, A515-A520.

[220] Huang, Y. Y., Vohs, J. M., and Gorte, R. J. (2004) Fabrication of Sr-doped $LaFeO_3$ YSZ composite cathodes. *J. Electrochem. Soc.*, **151** (10), A646-A651.

[221] Wang, W., Gross, M. D., Vohs, J. M., and Gorte, R. J. (2007) The stability of LSF-YSZ electrodes prepared by infiltration. *J. Electrochem. Soc.*, **154**(5), B439-B445.

[222] Chen, J., Liang, F. L., Liu, L. N., Jiang, S. P., Chi, B., Pu, J., and Li, J. (2008) Nano-structured (La,Sr)(Co,Fe)O_3 + YSZ composite cathodes for intermediate temperature solid oxide fuel cells. *J. Power Sources*, **183**(2), 586-589.

[223] Lee, S., Bevilacqua, M., Fornasiero, P., Vohs, J. M., and Gorte, R. J. (2009) Solid oxide fuel cell cathodes prepared by infiltration of $LaNi_{0.6}Fe_{0.4}O_3$ and $La_{0.91}Sr_{0.09}Ni_{0.6}Fe_{0.4}O_3$ in porous yttria-stabilized zirconia. *J. Power Sources*, **193**(2), 747-753.

[224] Horita, T., Yamaji, K., Sakai, N., Yokokawa, H., Weber, A., and Ivers-Tiffee, E. (2001) Oxygen reduction mechanism at porous $La_{1-x}Sr_xCoO_{3-\delta}$ cathodes/$La_{0.8}Sr_{0.2}Ga_{0.8}Mg_{0.2}O_{2.8}$ electrolyte interface for solid oxide fuel cells. *Electrochim. Acta*, **46**(12), 1837-1845.

[225] Vohs, J. M. and Gorte, R. J. (2009) High-performance SOFC cathodes prepared by infiltration. *Adv. Mater.*, **21**(9), 943-956.

[226] Zhao, F. and Virkar, A. V. (2005) Dependence of polarization in anode-supported solid oxide fuel cells on various cell parameters. *J. PowerSources*, **141**(1), 79-95.

[227] Virkar, V., Chen, J., Tanner, C. W., and Kim, J. W. (2000) The role of electrode microstructure on activation and concentration polarizations in solid oxide fuel cells. *Solid State Ionics*, **131**(1-2), 189-198.

[228] Shah, M. and Barnett, S. A. (2008) Solid oxide fuel cell cathodes by infiltration of $La_{0.6}Sr_{0.4}Co_{0.2}Fe_{0.8}O_{3-\delta}$ into Gd-doped ceria. *Solid State Ionics*, **179**(35-36), 2059-2064.

[229] Jiang, Z. Y., Zhang, L., Feng, K., and Xia, C. R. (2008) Nanoscale bismuth oxide impregnated $(La,Sr)MnO_3$ cathodes for intermediate-temperature solid oxide fuel cells. J. *Power Sources*, **185**(1), 40-48.

[230] Wu, T. Z., Zhao, Y. Q., Peng, R. R., and Xia, C. R. (2009) Nano-sized $Sm_{0.5}Sr_{0.5}CoO_{3-\delta}$ as the cathode for solid oxide fuel cells with proton-conducting electrolytes of $BaCe_{0.8}Sm_{0.2}O_{2.9}$. *Electrochim. Acta*, **54**(21), 4888-4892.

[231] Sholklapper, T. Z., Kurokawa, H., Jacobson, C. P., Visco, S. J., and De Jonghe, L. C. (2007) Nanostructured solid oxide fuel cell electrodes. *Nano Lett.*, **7** (7), 2136-2141.

[232] Sholklapper, T. Z., Radmilovic, V., Jacobson, C. P., Visco, S. J., and De Jonghe, L. C. (2008) Nanocomposite Ag-LSM solid oxide fuel cell electrodes. *J. Power Sources*, **175**(1), 206-210.

[233] Liang, F. L., Chen, J., Cheng, J. L., Jiang, S. P., He, T. M., Pu, J., and Li, J. (2008) Novel nano-structured Pd + yttrium doped ZrO_2 cathodes for intermediate temperature solid oxide fuel cells. *Electrochem. Commun.*, **10**(1), 42-46.

[234] Clemmer, R. M. C. and Corbin, S. F. (2004) Influence of porous composite microstructure on the processing and properties of solid oxide fuel cell anodes. *Solid State Ionics*, **166** (3-4), 251-259.

[235] Sasaki, K., Tamura, J., and Dokiya, M. (2001) Pt-cermet cathode for reduced-temperature SOFCs. *Solid State Ionics*, **144** (3-4), 223-232.

[236] Sasaki, K., Tamura, J., and Dokiya, M. (2001) Noble metal alloy-$Zr(Sc)O_2$ cermet cathode for reduced-temperature SOFCs. *Solid State Ionics*, **144**(3-4), 233-240.

[237] Liang, F. L., Chen, J., Jiang, S. P., Pu, J., Chi, B., and Li, J. (2009) High performance solid oxide fuel cells with electro catalytically enhanced $(La, Sr)MnO_3$ cathodes. *Electrochem. Commun.*, **11** (5), 1048-1051.

[238] Takahashi, T. and Minh, N. Q. (1995) Science and Technology of Ceramic Fuel *Cells*, Elsevier, New York.

[239] Verweij, H. (1998) Nanocrystalline and nanoporous ceramics. *Adv. Mater.*, **10**(17), 1483-1486.

[240] Ziehfreund, A., Simon, U., and Maier, W. F. (1996) Oxygen ion conductivity of platinum-impregnated stabilized zirconia in bulk and microporous materials. *Adv. Mater.*, **8** (5), 424-427.

[241] van Berkel, F. P. F., van Heuveln, F. H., and Huijsmans, J. P. P. (1994) Characterization of solid oxide fuel cell electrodes by impedance spectroscopy and I-V characteristics. *Solid State Ionics*, **72** (2),

240-247.

[242] Steele, B. C. H. (1997) Behaviour of porous cathodes in high temperature fuel cells. *Solid State Ionics*, **94** (1-4), 239-248.

[243] Shiga, H., Okubo, T., and Sadakata, M. (1996) Preparation of nanostructured platinum/yttria-stabilized zirconia cermet by the sol-gel method. *Ind. Eng. Chem. Res.*, **35**(12), 4479-4486.

[244] Kresge, C. T., Leonowicz, M. E., Roth, W. J., Vartuli, J. C., and Beck, J. S. (1992) Ordered mesoporous molecular sieves synthesized by a liquid-crystal template mechanism. *Nature*, **359**(6397), 710-712.

[245] Beck, J. S., Vartuli, J. C., Roth, W. J., Leonowicz, M. E., Kresge, C. T., Schmitt, K. D., Chu, C. T., Olson, D. H., Sheppard, E. W., McCullen, S. B., Higgins, J. B., and Schlenker, J. L. (1992) A new family of mesoporous molecular sieves prepared with liquid crystal templates. *J. Am. Chem. Soc.*, **114** (27), 10834-10843.

[246] Wong, M. S. and Ying, J. Y. (1998) Amphiphilic templating of mesostructured zirconium oxide. *Chem. Mater.*, **10**(8), 2067-2077.

[247] Antonelli, D. M. (1999) Synthesis and mechanistic studies of sulfated meso- and microporous zirconias with chelating carboxylate surfactants. *Adv. Mater.*, **11**(6), 487-492.

[248] Antonelli, D. M. and Ying, J. Y. (1996) Synthesis of a stable hexagonally packed mesoporous niobium oxide molecular sieve through a novel ligand-assisted templating mechanism. *Angew. Chem. Int. Ed.*, **35** (4), 426-430.

[249] Sun, T. and Ying, J. Y. (1997) Synthesis of microporous transition-metal-oxide molecular sieves by a supramolecular templating mechanism. *Nature*, **389**(6652), 704-706.

[250] Kim, A., Bruinsma, P., Chen, Y., Wang, L., and Liu, J. (1997) Amphoteric surfactant templating route for mesoporous zirconia. *Chem. Comm.*, **2**, 161-162.

[251] Holland, B. T., Blanford, C. F., Do, T., and Stein, A. (1999) Synthesis of highly ordered, three-dimensional, macroporous structures of amorphousor crystalline inorganic oxides, phos-phates, and hybrid composites. *Chem. Mater.*, **11**(3), 795-805.

[252] Mamak, M., Coombs, N., and Ozin, G. A. (2001) Electroactive mesoporousyttria stabilized zirconia containing platinum or nickel oxide nanoclusters: a new class of solid oxide fuel cell electrode materials. *Adv. Funct. Mater.*, **11**(1), 59-63.

[253] Mamak, M., Coombs, N., and Ozin, G. A. (2001) Mesoporous nickel-yttria-zirconia fuel cell materials. *Chem. Mater.*, **13**(10), 3564-3570.

[254] Mamak, M., Coombs, N., and Ozin, G. A. (2000) Self-assembling solid oxide fuel cell materials: mesoporous yttria-zirconia and metal-yttria-zirconia solid solutions. *J. Am. Chem. Soc.*, **122**(37), 8932-8939.

[255] Mamak, M., Coombs, N., and Ozin, G. A. (2000) Mesoporous yttria-zirconia and metal-yttria-zirconia solid solutions for fuel cells. *Adv. Mater.*, **12**(3), 198-202.

[256] Mamak, M., Coombs, N., and Ozin, G. A. (2002) Practical solid oxide fuel cells with anodes derived from self-assembled mesoporous-NiO-YSZ. *Chem. Commun.*, **20**, 2300-2301.

[257] Mamak, M., Métraux, G. S., Petrov, S., Coombs, N., Ozin, G. A., and Green, M. A. (2003) Lanthanum strontium manganite/yttria-stabilized zirconian anocomposites derived from a surfactant assisted, co-assembled mesoporous phase. J. Am. Chem. Soc., 125 (17), 5161-5175.

[258] Beckel, D., Dubach, A., Studart, A. R., and Gauckler, L. J. (2006) Spray pyrolysis of $La_{0.6}Sr_{0.4}Co_{0.2}Fe_{0.8}O_{3-\delta}$ thin film cathodes. *J. Electroceram.*, **16**(3), 221-228.

[259] Beckel, D., Dubach, A., Grundy, A. N., Infortuna, A., and Gauckler, L. J. (2008) Solid-state dewetting

of $La_{0.6}Sr_{0.4}Co_{0.2}Fe_{0.8}O_{3-\delta}$ thin films during annealing. *J. Eur. Ceram. Soc.* ,**28**(1),49-60.

[260] Beckel, D., Muecke, U. P., Gyger, T., Florey, G., Infortuna, A., and Gauckler, L. J. (2007) Electrochemical performance of LSCF based thin film cathodes prepared by spray pyrolysis. *Solid State Ionics*,**178**(5-6),407-415.

[261] Hamedani, H. A., Dahmen, K. H., Li, D., Peydaye-Saheli, H., Garmestani, H., and Khaleel, M. (2008) Fabrication of gradient porous LSM cathode by optimizing deposition parameters in ultrasonic spray pyrolysis. *Mater. Sci. Eng.*, *B*, 153 (1-3), 1-9.

[262] Choy, K. L., Charojrochkul, S., and Steele, B. C. H. (1997) Fabrication of cathode for solid oxide fuel cells using flame assisted vapour deposition technique. *Solid State Ionics*,**96**(1-2),49-54.

[263] Chen, C. C., Nasrallah, M. M., Anderson, H. U., and Honolulu, H. I. (1993) in Proceedings of the 3rd International Symposium on Solid Oxide Fuel Cells, May, 1993, The Electrochemical Society Proceedings Series (eds S. C. Singhal and H. Iwahara), The Electrochemical Society, Pennington, *NJ*, *p*. 598.

[264] Chang, C. L. and Hwang, B. H. (2008) Microstructure and electrochemicalcharacterization of $Sm_{0.5}Sr_{0.5}CoO_3$ films as SOFC cathode prepared by theelectrostatic-assisted ultrasonic spraypyrolysis method. *Int. J. Appl. Ceram. Technol.*, 5 (6), 582-588.

[265] Chang, C. L., Hsu, C. S., and Hwang, B. H. (2008) Unique porous thick $Sm_{0.5}Sr_{0.5}CoO_3$ solid oxide fuel cell cathode films prepared by spray pyrolysis. *J. Power Sources*,**179**(2),734-738.

[266] Chen, J. C. and Hwang, B. H. (2008) Microstructure and properties of the Ni-CGO composite anodes prepared by the electrostatic-assisted ultrasonic spray pyrolysis method. *J. Am. Ceram. Soc.*,**91**(1), 97-102.

第3章

氧离子导体电解质材料

Tatsumi Ishihara

3.1 引　　言

在固体氧化物燃料电池的工作温度区间,电解质必须在氧化和还原环境下能够保持稳定,同时还应该具有高的离子电导率($>\log(\sigma/(S\cdot cm^{-1}))=-2$)和低的电子电导率。目前,具有萤石结构的稳定氧化锆,尤其是氧化钇稳定的氧化锆,被广泛用作 SOFC 的电解质。电解质材料的另一个非常重要的要求就是与电池的其他组件材料具有良好的相容性,即低反应活性、相近的热膨胀系数、足够的力学强度和易加工性质。

尽管本章主要讨论目前广泛应用于 SOFC 的氧离子导体电解质材料,但是高温质子导体作为 SOFC 电解质材料也引起了关注。由于质子具有化学元素中最小的离子半径,它拥有传导所需的高的迁移率和小的激活能。因而,若只比较离子电导率,质子导体材料在低温段展现了更高的离子电导率并且适合作为低温工作的燃料电池的电解质材料[1-2]。对于使用质子导体电解质的燃料电池,高分子质子导体,如全氟磺酸膜(Nafion),被用作电解质;然而由于稳定性不够好,质子交换膜燃料电池(PEMFC)仍然有许多问题需要克服。相比较而言,陶瓷质子导体,典型的如 $AZrO_3$ 或 $ACeO_3$(A=Sr 或 Ba)都具有高稳定性和中温可工作性;同时,电解质材料不需要昂贵的贵金属。陶瓷中质子的生成机制可以用下式表示:

$$H_2O + V_O^{\cdot\cdot} \longrightarrow O_O^{\times} + 2H_i^{\cdot} \tag{3.1}$$

近来,有人报道了在中温条件下,使用新型质子导体材料 $Sn_2P_2O_7$[3-4]的电池得到极高的功率密度。然而,与高分子电解质燃料电池类似,虽然不像 PEMFC 中需要使用高纯度氢气,但使用陶瓷质子导体为电解质的 SOFC 仍需要氢气作为燃料。因此,考虑到实际的应用,目前氧离子导体是最被认可的 SOFC 电解质材料。

使用氧离子导体作为电解质,碳氢化合物也可以直接用作燃料,从而使得使用多种燃料成为可能,这也是使用氧离子导体作为电解质的 SOFC 的一个优势。这可以使得 SOFC 的燃料处理过程(如辅助系统(BOP))变得简单。

氧离子导体通常通过氧空位传导氧离子,氧空位可以通过掺杂获得。典型的例子就是稳定 ZrO_2,氧空位 $V_O^{\cdot\cdot}$ 通过下面的反应式引进:

$$Y_2O_3 \longrightarrow 2Y'_{Zr} + 3O_O^{\times} + V_O^{\cdot\cdot} \tag{3.2}$$

1899 年,Nernst[5] 第一次报道了含有 15%(质量分数)Y_2O_3 的 ZrO_2(即 YSZ)中的氧离子传导,所以氧离子导体的研究历史长达一个世纪。在氧离子导体的研究历程中,含有四价阳离子的萤石结构的氧化物(ZrO_2、CeO_2、ThO_2 等)得到了广泛研究。本章会从材料的角度介绍氧离子电导率的基础和氧离子导体的基本性质,同时还会介绍薄膜材料的电导率。从一些非常好的已经发表的文献[6-8]中,可以得到丰富的细节资料。

3.2 金属氧化物的氧离子导电性

3.2.1 萤石氧化物

在氧离子导体的发展历史中,含有四价阳离子的萤石结构氧化物得到了广泛研究。图 3.1 所示为萤石结构示意图。萤石结构是一个阳离子面心立方排列同时所有四面体间隙被阴离子占据的结构,它有大量的八面体间隙。因而,这种结构是一个相当开放的结构并且拥有快速的离子扩散能力。氧离子传导强烈依赖于氧空位的形成与扩散。因而,在以前的文献中,许多关于萤石氧化物的报道表明:掺杂元素的离子半径对氧离子传导是非常重要的。在这一部分,会简明地介绍掺杂对氧化物氧离子传导的影响,特别是典型的 SOFC 电解质材料——稳定 ZrO_2 和 CeO_2。

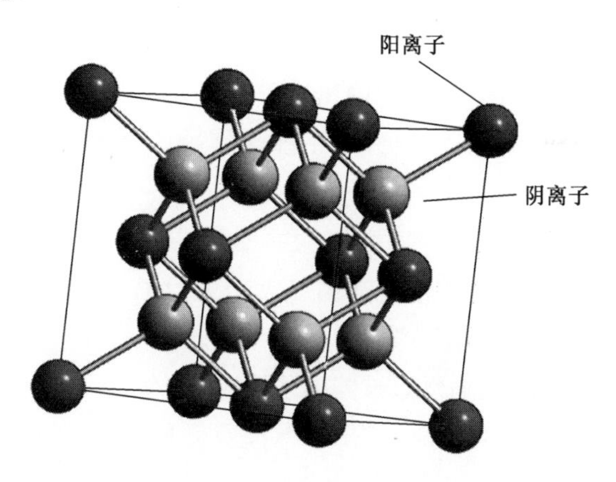

图 3.1 氧离子导体典型的萤石结构

3.2.1.1 稳定 ZrO_2

目前,ZrO_2 是 SOFC 中最常使用的电解质材料,它拥有漫长的历史。ZrO_2 一般有三种晶体结构:单斜、四方(>1443K)和立方(>2643K)[9]。纯立方相的 ZrO_2 只在高温段才稳定,而在室温中,从化学平衡上讲,单斜相是稳定相。ZrO_2 通常被划分为电绝缘体材料。为了得到更高的氧离子电导率,引入氧空位是必须的,和前面讨论的一样,通常对 ZrO_2 进行低价阳离子替换。在 Y 掺杂的 ZrO_2 中,氧空位依照式(3.2)产生。通过低价阳离子替换晶格中的阳离子,在高温下稳定的立方相可以在室温下保持,同时引入氧空位的 ZrO_2 被称为稳定 ZrO_2,它包括四方相型(部分稳定)和立方相型(完全稳定)。对于 $ZrO_2-Y_2O_3$ 体系,一些平衡相图已经被报道出来了[9-10]。将 Y_2O_3 添加到 ZrO_2 中会降低四方相转变成单斜相的相变温度。在组分 0~2.5%(摩尔分数)Y_2O_3 范围内,四方相固溶体在冷却过程中会转变成单斜相。当 Y_2O_3 含量更高时,会形成无法相变的四方相和立方相混合物。进一步增加 Y_2O_3 含量就会形成均匀的立方相。在 1273K 时,全稳定立方相 ZrO_2 需要的量约为 8%~10%(摩尔分数)。其他的 $ZrO_2-M_2O_3$ 体系,其中 M 可以是 Y、Sc、Nd、Sm 或 Gd,在一定含量范围内,也可以形成稳定相。稳定 ZrO_2 立方相所需的最小掺杂量与具有最高氧离子电导率的组分(8%(摩尔分数)Y_2O_3、10%(摩尔分数)Sc_2O_3、15%(摩尔分数)Nd_2O_3、10%(摩尔分数)Sm_2O_3、10%(摩尔分数)Gd_2O_3)非常接近。这一点会在氧空位和掺杂物的簇形成关系里讨论。

氧空位浓度仅由电中性条件给出。对于 Y_2O_3 掺杂的 ZrO_2,$2[Y'_{Zr}]=[V_O^{\cdot\cdot}]$。另一方面,离子电导率 σ 可以表示为

$$\sigma = en\mu \tag{3.3}$$

式中:n 为移动的氧离子空位数;μ 为氧离子的迁移数;e 为电量(对于氧离子,$e=2$)。

通过引入氧空位,ZrO_2 立方相中出现氧离子导电性,表明氧空位浓度与掺杂水平呈线性依赖关系。然而,这并不正确,更高的掺杂量会导致空位和掺杂元素的簇形成从而导致氧离子电导率下降。

稳定 ZrO_2 的电导率会随着掺杂浓度而变化。如图 3.2 所示,掺杂的 ZrO_2 的电导率在某个特殊的掺杂浓度时达到最大[11]。ZrO_2 的电导率很明显地依赖于掺杂元素及其浓度。在少量掺杂时,电导率随着掺杂量的增加递增,与理论和实验结果均相符,引入的缺陷以点缺陷的形式存在。因此,电导率主要由氧空位数量决定,即掺杂量。同时,Arachi 等人[12]报道了 $ZrO_2-Ln_2O_3$ 系(Ln 为镧系元素)的电导率和离子传导的激活能受掺杂离子半径的影响很大。

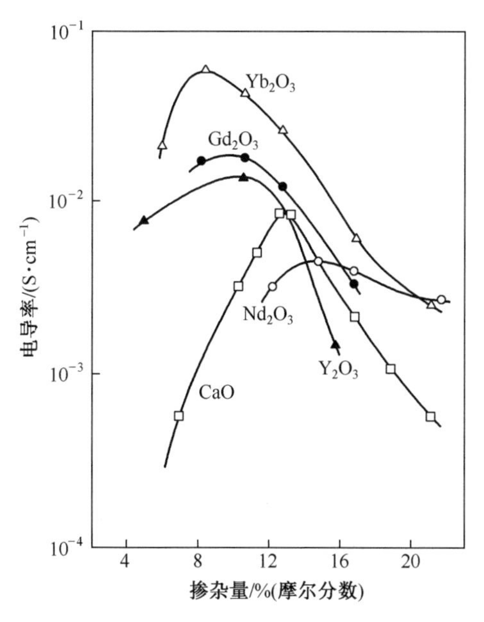

图 3.2 稳定 ZrO_2 在 1353K 时氧离子电导率与掺杂量的关系[11]

图 3.3 所示为氧化物最大离子电导率和氧离子迁移的表观焓变与掺杂离子的半径的关系。显然,随着掺杂阳离子半径的减小,电导率也会增加。这一点可以从结构效应来揭示。对于 $ZrO_2-Ln_2O_3$ 系,电导率最大时对应的掺杂量也随着掺杂元素离子半径的增大而减小。Dy^{3+} 和 Gd^{3+} 有着更大的离子半径,它们的极限量是 8%(摩尔分数)。Sc^{3+} 与宿主离子 Zr^{4+} 有最接近的离子半径,展现了在簇形成前最高的电导率和掺杂量。Sc_2O_3 稳定 ZrO_2(ScSZ)作为 SOFC 电解质是十分具有吸引力的,尤其对于中温(873~1073K)SOFC,烧结致密样品在 1273K 时的电导率为 $0.3S \cdot cm^{-1}$。然而,由于它的回火效应,电导率衰减更容易观察到,这一点会在后面讨论。

尽管 Sc_2O_3 稳定的 ZrO_2 具有高的氧离子电导率,但是在 SOFC 中 Y_2O_3 稳定的 ZrO_2 是最常用的电解质材料,因为它具有良好的稳定性,而且 Sc_2O_3 的成本很高。通常情况下,在一定范围的氧分压内,立方稳定相 ZrO_2 的离子电导率是不依赖于氧分压的。稳定 ZrO_2 与氧分压的典型关系如图 3.4 所示。电导率与氧分压($1atm<pO_2<10^{-20}atm$)无关表明离子迁移数在比较广的氧分压范围内都接近 1[13]。具有高氧离子迁移数也是使用 Y_2O_3 稳定的 ZrO_2 作为 SOFC 电解质的一个原因。尽管在稳定 ZrO_2 中,氧离子传导是主要的,但是电子电导率不是绝对为 0,这部分电子电导会决定 SOFC 的理论转换效率。$Zr_{0.84}Y_{0.16}O_2$ 的离子电导率(σ_i)和电子电导率(σ_e 或 σ_h)与温度和氧分压的关系有过报道。文献[14]给出了以下电子电导率和离子电导率方程:

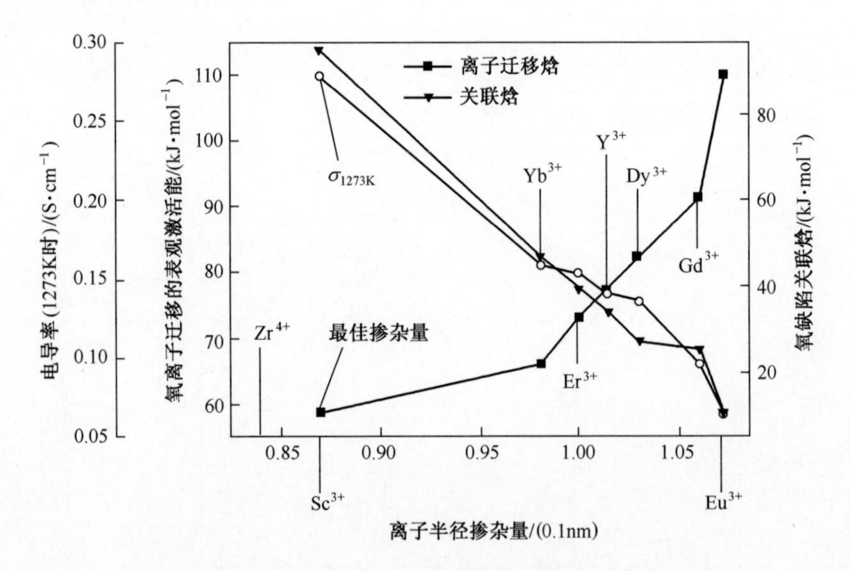

图 3.3　掺杂的 ZrO_2 在特定掺杂浓度时的最大电导率[12]

$$\sigma_i(\mathrm{S\cdot cm^{-1}}) = 1.63\times10^2\exp(-0.79kT^{-1}) \tag{3.4}$$

$$\sigma_e(\mathrm{S\cdot cm^{-1}}) = 1.31\times10^7\exp(-3.88kT^{-1})pO_2^{-1/4} \tag{3.5}$$

$$\sigma_h(\mathrm{S\cdot cm^{-1}}) = 2.35\times10^2\exp(-1.67kT^{-1})pO_2^{1/4} \tag{3.6}$$

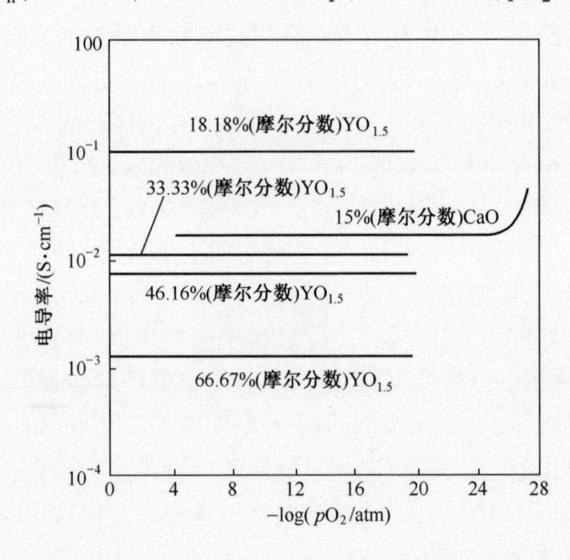

图 3.4　典型的稳定 ZrO_2 在 1273 K 时,电导率与氧分压的关系[13]

典型 SOFC 工作条件下,氧分压为 $0.21\times10^{-21}\sim1\times10^{-21}$ atm,电子电导率(无论电子或空穴)与离子电导率相比而言都是可以忽略不计的。在非常低的氧分压下,电子电导率变得非常显著,整体电导率随着氧分压的下降而上升。温度越高,电子电导率变得显著时的氧分压也越高。在高还原性的气氛中,电导率的增加主要发生在晶粒内,晶界电导基本不随着气氛变化[15]。

YSZ 广泛作为 SOFC 电解质的另一个原因是它的高机械强度。室温下,YSZ(8%(摩尔分数)Y_2O_3)的抗弯强度约为 300~400MPa,断裂韧性约为 $3MN \cdot m^{-3/2}$。即使在高温条件下,YSZ 作为电解质依然具有很高的强度。据报道[16],在 1173K 和 1273K 时的平均强度分别为 280MPa 和 225MPa。因此,YSZ 作为 SOFC 的电解质具有足够高的力学强度,然而仍有很多人尝试采用添加物来提高 YSZ 的力学强度。文献[16-17]报道了通过添加部分稳定的 ZrO_2、Al_2O_3 和 MgO 来提高 YSZ 的韧性。在 1273K 时,含有 20%(质量分数)的 Al_2O_3 的 YSZ 具有 33kgf① $\cdot mm^{-2}$ 或 323MPa(YSZ 对应的是 $24kgf \cdot mm^{-2}$ 或 235MPa)的抗弯强度,同时离子电导率约为 $0.10S \cdot cm^{-1}$(YSZ 对应的是 $0.12S \cdot cm^{-1}$)[18]。

由于高韧性和高强度,四方相的 ZrO_2 多晶体(t-ZrO_2)也用作 SOFC 的电解质材料,尽管与完全稳定 ZrO_2 相比,它的离子电导率较差[19-20]。对比来看,YSZ 的韧性在 $1 \sim 3MPa \cdot m^{1/2}$ 之间,而 t-ZrO_2 却在 $6 \sim 9MPa \cdot m^{1/2}$ 之间。在 873K 之下,t-ZrO_2 电导率比 YSZ 要高。这显现了使用 t-ZrO_2 作为低温 SOFC 的电解质的可能性。然而,t-ZrO_2 作为电解质有两个关注点:机械强度和时效效应——氧离子电导率随时间的衰减。

热膨胀性质对于 SOFC 电解质也是一个重要的影响因素。由于 SOFC 电池各组件之间微小的热膨胀系数差别,在制作以及工作过程中,会产生比较大的应力,因而,电池组件的热膨胀匹配也是十分重要的。图 3.5 所示为一些稳定 ZrO_2 和典型 SOFC 阴极材料(钙钛矿氧化物)的热膨胀曲线[21]。ZrO_2 的热膨胀系数(8%(摩尔分数)Y_2O_3-ZrO_2 为 $10.8 \times 10^{-6}K^{-1}$)比典型的钙钛矿阴极、Ni 阳极以及连接体的要小。因此,对于阴极,$LaMnO_3$ 基氧化物被广泛使用得益于它与 YSZ 电解质相近的 TEC 和低反应活性。对于阳极,通过将 YSZ 加入 Ni 中来调节热膨胀并减少过电势。

3.2.1.2 掺杂 CeO_2

掺杂 CeO_2 是可以用作低温 SOFC 电解质的材料之一。Mogensen[22] 和 Steele[23] 发表了关于氧化铈基电解质的导电性以及传导机理的详细综述。CeO_2 和稳定 ZrO_2 有着相同的萤石结构。与 ZrO_2 方式类似,可移动的氧空位经由三价的稀土元素离子替换 Ce^{4+} 来形成。与稳定 ZrO_2 类似,掺杂的 CeO_2 的电导率取决于掺杂元素和它的浓度。近来关于氧离子电导率的研究表明,掺杂阳离子和氧空位的簇化发生的掺杂浓度比以往认为的要小[24]。

---

① 1kgf=9.80665N。

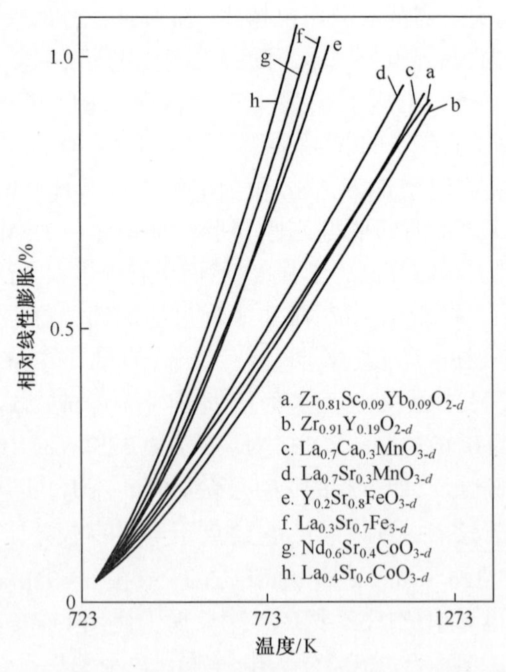

图 3.5 几种稳定 ZrO_2 和钙钛矿型阴极氧化物的热膨胀曲线[21]

图 3.6 所示为 Yahiro 等人[25]报道的 $CeO_2-Sm_2O_3$ 体系中电导率与掺杂浓度的关系。最大的电导率与掺杂浓度的关系显示，约为 10%（摩尔分数）的 Sm_2O_3 有最大电导率，该现象与稳定 ZrO_2 情况类似。在 $CeO_2-Ln_2O_3$ 体系中，电导率取决于掺杂的离子半径，它们的关系总结于图 3.7 中[26]。Butler 等人[27]计算出的结合能也展现出与此图中相近的关系，具有低结合能的掺杂元素拥有高的电导率 $CeO_2-Gd_2O_3$ 和 $CeO_2-Sm_2O_3$ 体系在 773K 时，离子电导率高达 5×10^{-3} S · cm^{-1}，对于一个 10μm 厚的电解质，欧姆阻抗为 0.2Ω · cm^{-2}。因此，这些体系作为低温 SOFC 的电解质得到了广泛的研究。

Ce 基氧离子导体在高的氧分压下具有纯的离子导电性。在低的氧分压下，如 SOFC 的阳极，这种材料被部分还原。这导致阳极侧大部分体积的电解质有电子电导[28]。当燃料电池使用这种电解质时，甚至在开路状况下电流会穿过电解质，开路电压比理论值要低。图 3.8 所示为 $Ce_{0.8}Sm_{0.2}O_{1.9-\delta}$ 的总电导率（离子和电子）与氧分压的关系曲线[26]。在高氧分压下，电导率不受氧分压影响，说明这时它是纯的氧离子导体；然而，在还原气氛中，电导率明显会随着 $pO_2^{-1/4}$ 增大而上升，表明 Ce^{4+} 还原成 Ce^{3+} 的过程中有自由电子形成。CeO_2 作为 SOFC 电解质，在燃料气氛中的这部分电子电导率会引起一些问题，尤其是降低电池效率，这一点下面会讨论到。Ce^{4+} 还原成 Ce^{3+} 还会产生体积膨胀，导致 CeO_2 电解质在 SOFC 工作时产生应力，也就是说电解质薄膜存在着巨大的氧浓

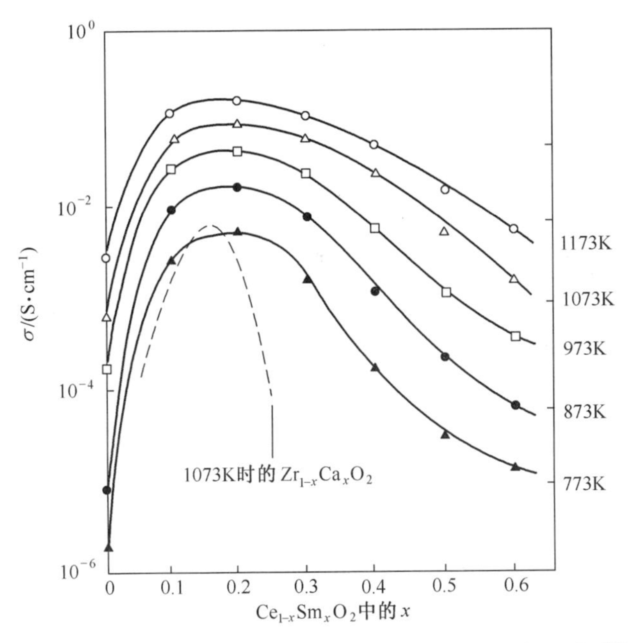

图 3.6　$CeO_2-La_2O_3$ 体系中典型的电导率与掺杂浓度的关系[25]

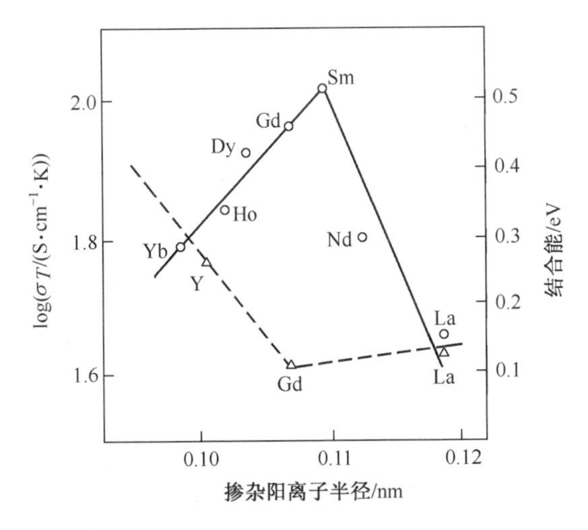

图 3.7　$Ce_{0.8}Sm_{0.2}O_2$ 的电导率与掺杂阳离子半径的关系[26]

度梯度，在有些情况下，CeO_2 基氧化物电解质会发生破裂。Godickemeier 和 Gaucker[29]采用 $Ce_{0.8}Sm_{0.2}O_{1.9}$作为电解质的电池，在通过 Gibbs 自由能并且考虑电子电导率的条件下，得到了电池在 1073K 和 873K 时的最大效率分别为 50%和 60%。因而，采用 $Ce_{0.8}Sm_{0.2}O_{1.9}$作为电解质的 SOFC 必须工作在 873K 以下。然而，在这样低的温度下使用掺杂的 CeO_2 作为 SOFC 电解质，由于低的氧离子电导率,电解质薄膜必须很薄。在薄膜 SOFC 电解质中,由于单位长度上的氧浓度梯度更大,故电子电导变得更加显著。

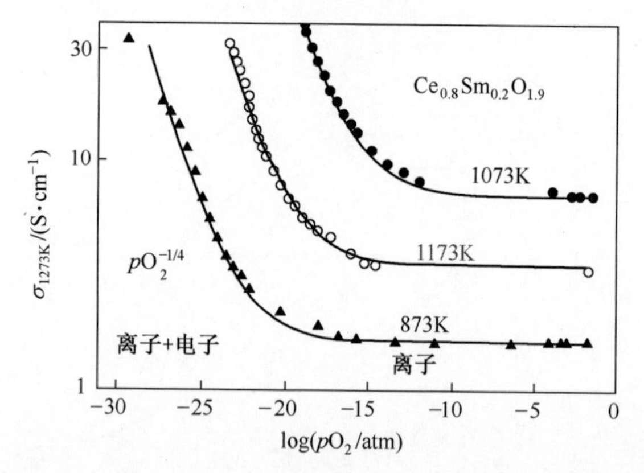

图 3.8 $Ce_{0.8}Sm_{0.2}O_{1.9-\delta}$ 的总电导率与氧分压的关系曲线[26]

CeO_2 基电解质可以在 823K 或更低温度时用在 SOFC 中。为了能在更高的温度下使用,薄层 YSZ 加在掺杂氧化铈层上的双层电解质也已见报道[30]。然而,YSZ-GDC 界面间的互扩散在 SOFC 实际使用中也是一个问题,同时使用双层电解质的电池得到的功率密度远低于使用薄层电解质预期的数值。

为了得到高的氧离子电导率,掺杂元素的选择以及它的浓度都是十分重要的。目前,尽管 YSZ 广泛用作 SOFC 的电解质,使用更高氧离子电导率的电解质对于 SOFC 工作温度来说是关键的。然而,在萤石结构的四价氧化物中,高氧离子电导率的材料受限于它在还原气氛中的稳定性,因此可以取代 YSZ 的材料很有限,包括掺杂 1%(摩尔分数)CeO_2 的 $Sc_2O_3-ZrO_2$[31]、Sm_2O_3 或 Gd_2O_3 掺杂的 CeO_2。与萤石结构类似,钙钛矿氧化物也有大量间隙,因此长期来看,钙钛矿氧化物的离子电导率较高使之可以取代 YSZ 用作 SOFC 的电解质。

3.2.2 钙钛矿氧化物

尽管预期钙钛矿结构的氧化物有超高的氧离子导电能力,但是典型的钙钛矿氧化物如 $LaCoO_3$ 和 $LaFeO_3$,都具有电子和离子混合导电性质,可以用作 SOFC 的阴极材料。因而,这些混合导电性钙钛矿结构氧化物可以作为 SOFC 的阴极催化剂或氧传导薄膜。目前,大部分展现氧离子传导能力的钙钛矿氧化物均被分类到混合导体中,它们既可以传导氧离子也可以传导电子,因此不能作为 SOFC 的电解质。氧离子在钙钛矿中典型的扩散方式如图 3.9[32]所示。一些钙钛矿氧化物拥有快速传导氧离子的能力,可以用作氧离子传导电解质。然而,这些钙钛矿氧化物展现了更高的电子电导或空穴导电性,因此只被当作活性电极。近来,少数钙钛矿氧化物被发现具有高的氧离子迁移数。这一小节将对钙钛矿氧化物氧离子导体进行总结，尤其是 $LaGaO_3$。

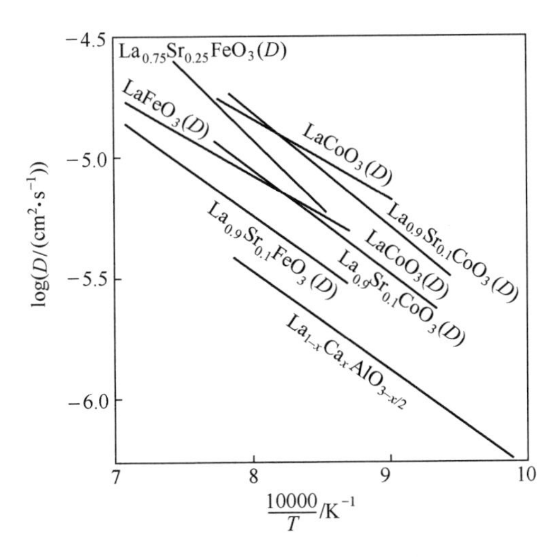

图 3.9　氧离子在多种钙钛矿氧化物中的扩散能力[32]

Takahashi 和 Iwahara[33]在钙钛矿氧离子导体方面做了开创性工作。据他们报道，Ti 基和 Al 基钙钛矿氧化物具有快氧离子传导和高迁移数，很清楚地是，Al 或 Mg 掺杂的 $CaTiO_3$ 具有高的电导率，但是依然低于 YSZ。Takahashi 和 Iwahara[33]详细地研究了 $CaTiO_3$ 的氧离子导电性。$CaTi_{0.95}Mg_{0.05}O_3$ 在中温时具有很高的氧离子迁移数，而 Ca 掺杂的 $LaAlO_3$ 则是另一个优质的氧离子传导材料，因为它在还原气氛中没有电子电导，并且在整个温度范围内，它的迁移系数大于 0.9。

在 Takahashi 和 Iwahara[33]的报道之后，许多研究者对 $LaAlO_3$ 基氧化物的氧离子导电性进行了研究。然而，报道的钙钛矿结构氧化物的氧离子电导率均低于 Y_2O_3-ZrO_2[34]。在对传统 ABO_3 型钙钛矿氧化物的研究中，普遍认为导电性或电介质性由 B 位的阳离子决定。然而，一个迁移中的氧离子必须穿过晶体点阵中由两个大的 A 位和一个小的 B 位阳离子组成的三角形空间。因而，A 位阳离子的大小似乎也会对氧离子电导率产生很大影响。A 位阳离子对 $LnAlO_3$ 基钙钛矿氧化物氧离子电导率的影响已经有过报道。图 3.10 说明了 Ca 掺杂 $LnGaO_3$ 基氧化物的电导率曲线[34]。Ga 基钙钛矿氧化物的电导率随着 A 位阳离子半径的增大而变大。这表明，晶体点阵单胞体积越大就拥有更大的空余体积，这对氧离子电导率十分重要。因而，掺杂更大的 B 位氧离子也很关键。据报道，$Nd_{0.9}Ca_{0.1}Al_{0.5}Ga_{0.5}O_3$ 有很高的氧离子电导率，但是依然低于 YSZ。$LaGaO_3$ 基钙钛矿氧化物具有更高的氧离子电导率因而得到了极大的关注。另一种钙钛矿离子导体是 $LaScO_3$，是高温质子导体[35]。图 3.11 所示为四种组成相似的钙钛矿氧化物的电导率和氧分压的关系[36]。尽管成分的差异很小，但是氧离子电导率十分不一样，$LaGaO_3$ 更高，$LaAlO_3$、$LaInO_3$ 和 $LaScO_3$ 较低而且在高氧分压下出现空穴导电[37]。Nomura 等人也得出了相似的结论,并且氧离子电导率的大小并不仅仅由空余体积决定,还和掺杂元素的离子大小相匹配有关,特别是 Mg 作为 B 位阳离子的时候。Mg 离子半径太大而不能作为上述钙钛矿的掺杂元素,但是它与 Ga 的尺寸最接近[37]。比较缺陷缔合能也是必须的,这一点会在下面讨论到,但是很明显的是,$LaGaO_3$ 在比较广的氧分压下是一个有潜力的氧离子导体[38]。

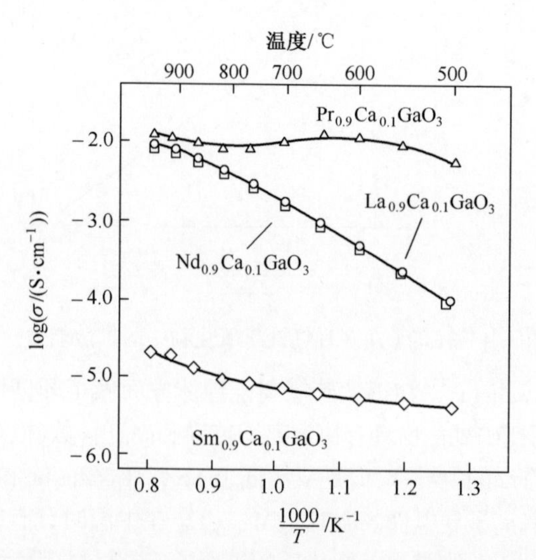

图 3.10　Ca 掺杂 $LnGaO_3$(Ln=La,Pr,Nd,Sm) 的电导率的 Arrhenius 曲线[34]

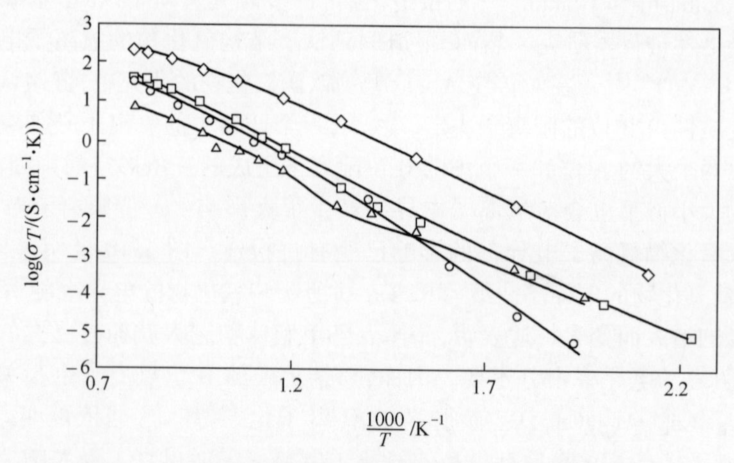

图 3.11　四种组成相似的不同钙钛矿在空气中的电导率[36]

◇—$La_{0.9}Sr_{0.1}Ga_{0.9}Mg_{0.1}O_3$;□—$La_{0.9}Sr_{0.1}Sc_{0.9}Mg_{0.1}O_3$;

○—$La_{0.9}Sr_{0.1}Al_{0.9}Mg_{0.1}O_3$;△—$La_{0.9}Sr_{0.1}In_{0.9}Mg_{0.1}O_3$。

下节会简明介绍 $LaGaO_3$ 钙钛矿的氧离子电导率。高氧离子电导率的 $LaGaO_3$ 基钙钛矿在1994年第一次被报道有纯的氧离子导体[39]。通过共掺杂低价的阳离子到钙钛矿 ABO_3 的A位和B位来获得高氧离子电导率。与Al基氧化物类似,氧离子电导率很明显地依赖于A位的阳离子,在 $LaGaO_3$ 中取得了最大的电导率,它拥有Ga基钙钛矿中最大的空余体积。Ga基钙钛矿的电导率在氧分压从 $1\sim10^{-21}$ atm的范围内基本不受影响。因此,可以预期到氧离子导电性在Ga基钙钛矿中会占据主导地位。

根据电中性条件原则,掺杂低价阳离子会形成氧空位,氧离子电导率会随着氧空位浓度的上升而增大。因此,掺杂碱土元素阳离子到La位得到了一些研究,它们的氧离子电导率如图3.12[39]所示。$LaGaO_3$ 的电导率强烈地依赖于掺杂在La位的阳离子,顺序为Sr>Ba>Ca。Sr的离子半径最接近 La^{3+},因而是最适合取代 $LaGaO_3$ 中La位的元素。该现象可以通过离子半径不同在晶格点阵中产生的局部应力不同来解释。理论上,增加Sr的数量会增加氧空位的数量,即增加氧离子电导率。然而,Sr在 $LaGaO_3$ 中的固溶量较小,当Sr的固溶量超过10%(摩尔分数)时,会有 $SrGaO_3$ 或 $LaSrO_7$ 的第二相产生。因此,La位掺杂引入的氧空位数量不够多。

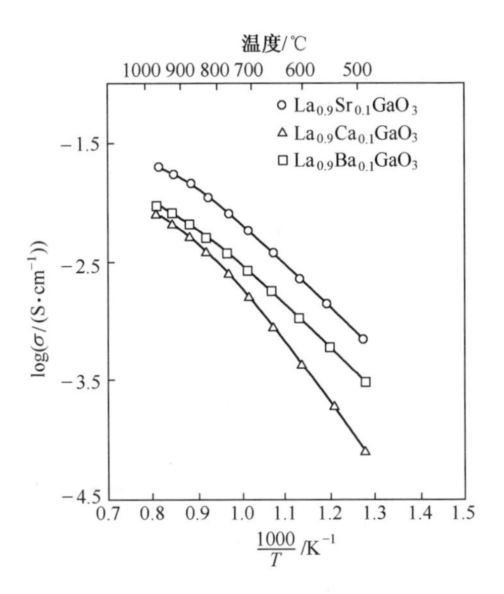

图3.12 La位碱土金属阳离子对 $LaGaO_3$ 电导率的影响[39]

掺杂Mg被证实可以通过形成氧离子空位有效提高氧离子电导率。进一步提高Mg的掺杂量会提高氧离子电导率,并且当Mg取代Ga位的含量为20%(摩尔分数)时,电导率达到最大。关于扩大Sr在La位的固溶极限,Majewski等人[40]论述过。这似乎是因为扩大了晶体点阵。无论怎样,$LaGaO_3$

基钙钛矿中$La_{0.8}Sr_{0.2}Ga_{0.8}Mg_{0.2}O_3$具有最高的氧离子电导率[41]。

由于这种氧化物有四种元素，不同的研究者关于最优配比有微小差别。很多研究组[42-43]对 $LaGaO_3$ 基钙钛矿进行了研究，许多阳离子都被尝试作为掺杂物。Huang 和 Petric[43]报道了不同元素组成的氧离子电导率，并用等高线图[44]表示出来，如图 3.13 所示，此图展示了另外两个研究组报道的最优配比。Huang 和 Goodenough[45] 报道了最优配比是 $La_{0.8}Sr_{0.2}Ga_{0.85}Mg_{0.15}O_3$。Huang 等人[44-45]以及 Huang 和 Goodenough[44-45]报道了在 $La_{1-x}Sr_xGa_{1-y}Mg_yO_3$ 中，最优配比为 $x = 0.2$, $y = 0.17$。然而，三个研究组的最优配比比较接近，在 $La_{0.8}Sr_{0.2}Ga_{1-y}Mg_yO_3$ 中 y 取值在 0.15~0.2 范围内。研究结果的细微差异或许来源于成分均匀性或晶粒大小。

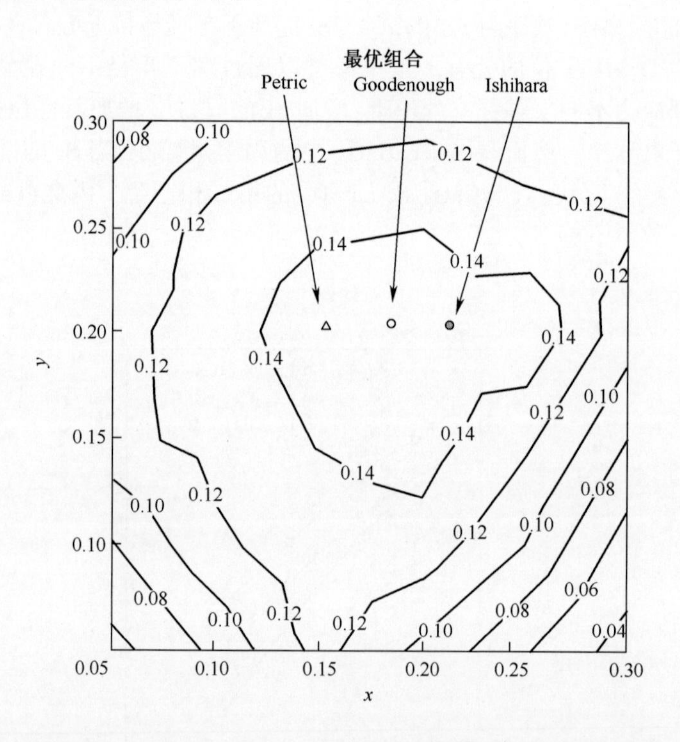

图 3.13 $La_{1-x}Sr_xGa_{1-y}Mg_yO_3$ 在 1073K 时电导率的等高线[43-44]

图 3.14 比较了双掺杂的 $LaGaO_3$ 与传统的氧离子导体的氧离子电导率[16]。很明显地，$La_{0.8}Sr_{0.2}Ga_{0.8}Mg_{0.2}O_3$ 的氧离子电导率比典型的 ZrO_2 基或 CeO_2 基电解质要更高些，比 Bi_2O_3 基氧化物要低一些。广为所知的是，在还原气氛中，CeO_2 基或 Bi_2O_3 基氧化物是 n 型半导体，Bi_2O_3 基氧化物的稳定性更是达不到要求。相比较而言，$La_{0.8}Sr_{0.2}Ga_{0.8}Mg_{0.2}O_3$ 在氧分压为 10^{-20} ~ 1atm 时均为完全的氧离子导体。因此，双掺杂的 $LaGaO_3$ 钙钛矿作为燃料电池的固体电解质或氧传感器具有良好的前景。

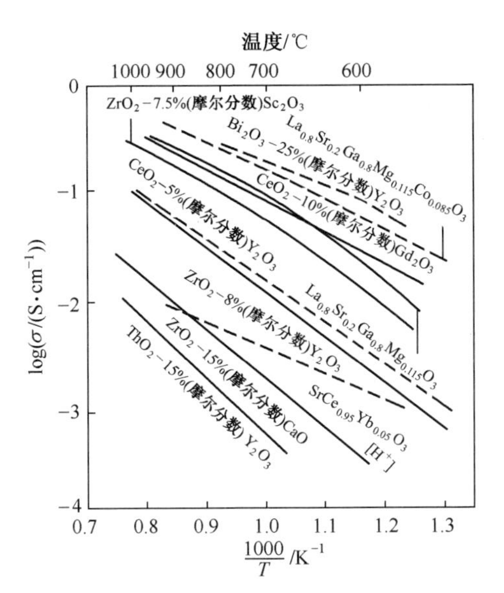

图 3.14　Sr、Mg 和 Co 掺杂的 $LaGaO_3$ 的氧离子电导率与萤石结构氧化物在 N_2 气氛中的对比

氧离子在 $(La_{0.8}Sr_{0.2})(Ga_{0.8}Mg_{0.2})O_3$(LSGM)中的扩散可以通过 ^{18}O 追踪扩散进行测量[46]。与萤石氧化物比较,LSGM 具有更高的源于氧离子高移动能力(表 3.1)的扩散系数。考虑到钙钛矿结构点阵中具有大量的空余体积允许氧离子的高速扩散,因此导致其具有高的氧离子电导率。

表 3.1　1073K 时,LSGM 氧化物与几种萤石氧化物的阳离子移动性对比

LSGM 氧化物	$D_t/(cm^2 \cdot s^{-1})$	E_a/eV	δ	$[V_O^-]/cm^{-3}$	$D/(cm^2 \cdot s^{-1})$	$\mu/(cm^2 \cdot V^{-1} \cdot s^{-1})$
$Zr_{0.81}Y_{0.19}O_{2-\delta}$	6.2×10^{-8}	1.0	0.10	2.95×10^{21}	1.31×10^{-6}	1.41×10^{-5}
$Zr_{0.858}Ca_{0.142}O_{2-\delta}$	7.54×10^{-9}	1.53	0.142	4.19×10^{21}	1.06×10^{-7}	1.15×10^{-6}
$Zr_{0.85}Ca_{0.15}O_{2-\delta}$	1.87×10^{-8}	1.22	0.15	4.43×10^{21}	2.49×10^{-7}	2.69×10^{-6}
$Ce_{0.9}Gd_{0.1}O_{2-\delta}$	2.70×10^{-8}	0.9	0.05	1.26×10^{21}	1.08×10^{-6}	1.17×10^{-5}
$La_{0.9}Sr_{0.1}Ga_{0.8}Mg_{0.2}O_{3-\delta}$	3.24×10^{-7}	0.74	0.15	2.53×10^{21}	6.4×10^{-6}	6.93×10^{-5}
$La_{0.8}Sr_{0.2}Ga_{0.8}Mg_{0.2}O_{3-\delta}$	4.13×10^{-7}	0.63	0.20	3.34×10^{21}	6.12×10^{-6}	6.62×10^{-5}
$La_{0.8}Sr_{0.2}Ga_{0.8}Mg_{0.125}Co_{0.085}O_{3-\delta}$	4.50×10^{-7}	0.42	0.1645	2.78×10^{21}	8.21×10^{-6}	8.89×10^{-5}

注:D_t 为示踪扩散系数;D 为自扩散系数。

近来,依据量子化学模拟可视化了氧离子在钙钛矿中的扩散,尤其是 $LaGaO_3$ 钙钛矿[47]。在钙钛矿中,离子迁移必须经过由两个 A 位(La^{3+})和一个 B 位组成的三角形空隙。由于晶格点阵的弛豫的几何因素,空位迁移微小地偏离于直接路径,如图 3.15 所示。计算反映了一个弯曲路径,处于八面体的边缘,拥有一个远离邻近 B 位阳离子的鞍点。由于大的空余体积,因而具有快速的氧

离子移动能力,这是钙钛矿氧化物高离子电导率的起源。

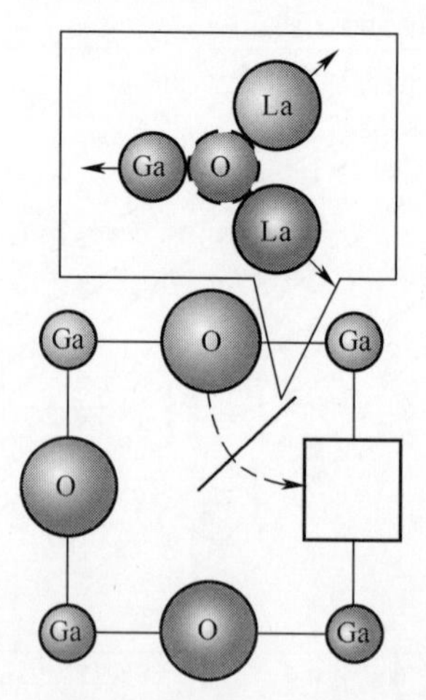

图 3.15　计算得到的氧离子空位迁移路径[47]

3.2.3　类钙钛矿氧化物

类钙钛矿结构中氧离子电导率也有报道过,尤其是 $Ba_2In_2O_5$ 基氧化物被广泛研究。本节主要介绍掺杂的 $Ba_2In_2O_5$ 和 K_2NiO_4 结构的氧化物,尤其是掺杂的影响。钙铁石结构($A_2B_2O_5$)是一种类钙钛矿结构,在单胞中有 1/6 的氧离子是原始缺失的。在这种氧化物中,氧空位在低温下沿着[101]方向排列,在高温下变得无序。$Ba_2In_2O_5$ 基氧化物中高氧离子电导率首次由 Goodenough 等人[48]在 1990 年报道,如图 3.16 所示。氧离子电导率在 $Ba_2In_2O_5$ 无序相中比 YSZ 高,因此吸引了许多学者研究它的掺杂效果[49-50]。与 ZrO_2 类似,通过掺杂异价阳离子可以使高温立方相在低温时被固定。Goodenough 等人发现以 Zr 取代 In 位是有效的,Yao 等人发现 Ga 对稳定高温相是有效的。如图 3.16所示,低温段的离子电导率可以有效地通过固定高温相来提高,而且稳定后的 $Ba_2In_2O_5$ 的电导率阿伦尼乌斯曲线不连续。然而,掺杂之后,高温时的离子电导率既没有提高也没有轻微降低。因而,掺杂的 $Ba_2In_2O_5$ 的离子电导率和 YSZ 基本一样。

Kakinuma 等人[51]报道了以 La^{3+}取代 $Ba_2In_2O_5$ 中 Ba 位的影响。在传统的氧离子导体中,通过掺杂低价氧离子引入氧空位是必要的,然而,在 $Ba_2In_2O_5$ 中,掺杂更高价的阳离子 La^{3+}到 Ba 位对提高氧离子电导率是有效的。图 3.17 所示为氧离子电导率与氧含量的关系。氧离子电导率几乎与氧含量成单调递增关系。这是由于通过引入超量的氧可以稳定它的无序氧空位结构。而且,引入 Sr^{2+}可以增加晶胞体积,这也会增加这种氧化物的氧离子电导率。空余体积也是高氧离子电导率的一个重要的因素,这和钙钛矿氧化物一致。据报道,$(Ba_{0.5}Sr_{0.2}La_{0.3})InO_{2.85}$具有最高的氧离子电导率。

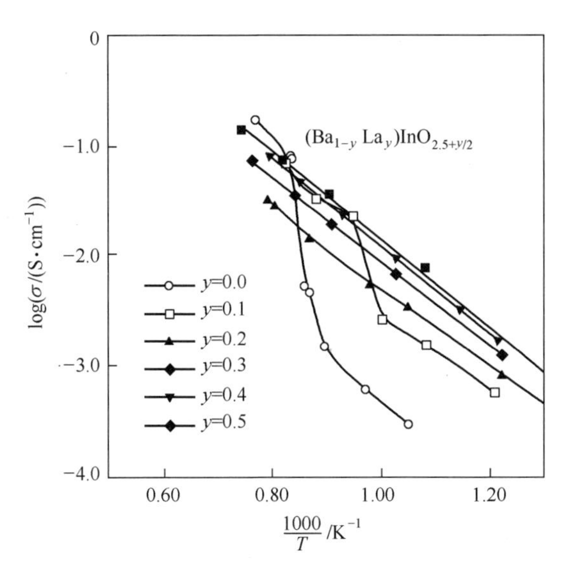

图 3.16　$Ba_2In_2O_5$ 基氧化物的氧离子电导率[48]

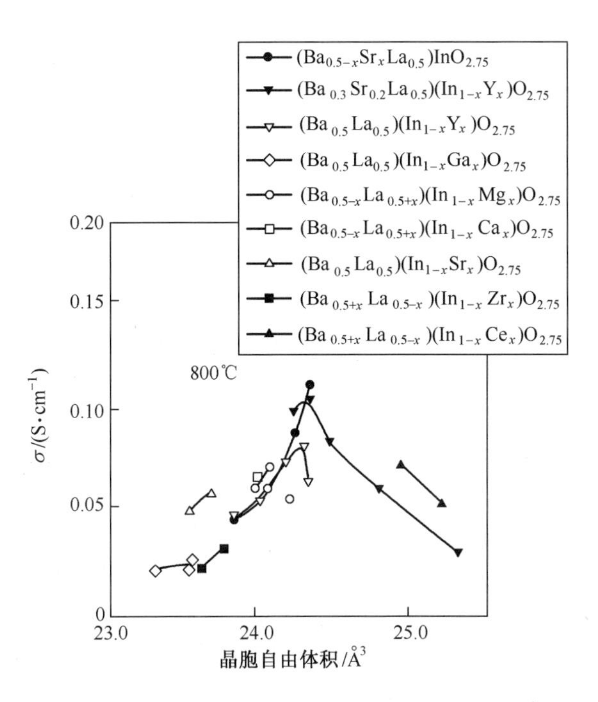

图 3.17　$Ba_2In_2O_5$ 氧离子电导率与氧含量的关系[5]

使用 Sr 和 La 掺杂 $Ba_2In_2O_5$ 作为 SOFC 电解质也有过报道。电池的开路电压为 0.93V，比理论值略低。这是由于高氧分压条件下的空穴导电造成的。在 1073K 时，它的最大功率密度为 0.6W · cm^{-2}，相对而言是比较高的。这个功率密度表明，$Ba_2In_2O_5$ 类钙钛矿氧化物作为 SOFC 电解质也是可行的。

另一种缺陷钙钛矿型氧离子导体是 K_2NiF_4，它由钙钛矿氧化物（ABO_3）与岩盐层（AO）交替形成，具有大量的空余体积可供氧离子传导。Sr_2TiO_4 是典型的缺陷钙钛矿，Ti 基氧化物的氧离子传导已经有报道过[52]。然而，引入氧空位或间隙氧到岩石盐块是十分困难的，大部分 K_2NiF_4 结构氧化物的氧离子电导率都比较低。但是，近来有报道 Cu 和 Ga 掺杂的 Pr_2NiO_4 具有高的氧离子电导率，同时还观察到有高的空穴导电[53-54]。通过掺杂 Cu 和 Ga，间隙氧被引入到岩盐层中，这种氧化物中氧离子电导率的提高主要基于间隙氧而非氧空位。图 3.18 所示为混合导体$(Pr_{0.9}La_{0.1})_2(Ni_{0.74}Cu_{0.21}Ga_{0.05})O_4$ 在 883.6K（图(a)和 1289.6K（图(b)）时，在(100)面上的原子密度。图中显示了间隔为 0.1fm · $Å^{-3}$①从 0.1~1 的等高线。显然在高温下间隙氧被引入到 O_3 的位置，而这个位置是岩盐层中的间隙位置，氧离子可以通过此位置来实现传导。另一方面，钙钛矿层具有高的电子浓度，因而空穴主要在钙钛矿层中传输。因此，如图 3.19 所示，K_2NiF_4 对空位和氧离子传导是高度各向异性的。Pr_2NiO_4 通过氧渗透预估的氧离子电导率是比 $LaGa_3$ 基氧化物高的，说明从氧离子导体的角度来看，缺陷钙钛矿氧化物也是值得研究的一组材料。

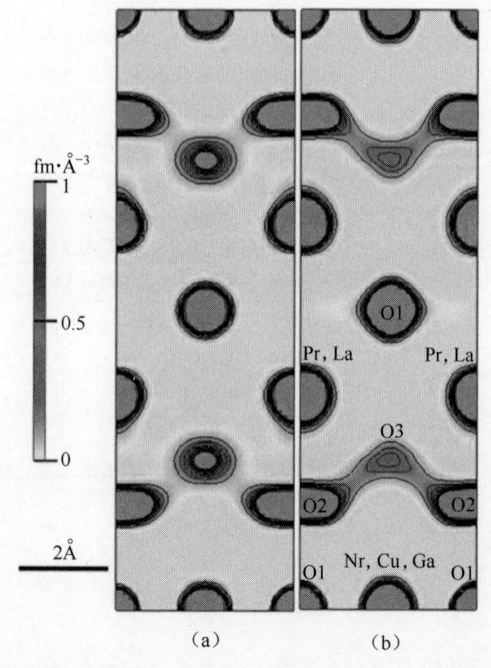

图 3.18　$(Pr_{0.9}La_{0.1})_2(Ni_{0.74}Cu_{0.21}Ga_{0.05})O_4$ 混合导体在 (a) 879.6K (606.6℃) 和 (b) 1288.6K (1015.6℃) 时，在(100)面上的原子密度。等高线为 0.1~1.0，步长为 0.1fm · $Å^{-3}$[53-54]

① $1fm = 10^{-15}m$，$0.1fm \cdot Å^{-3} = 1\times10^{-16}fm \cdot Å^{-3}$。

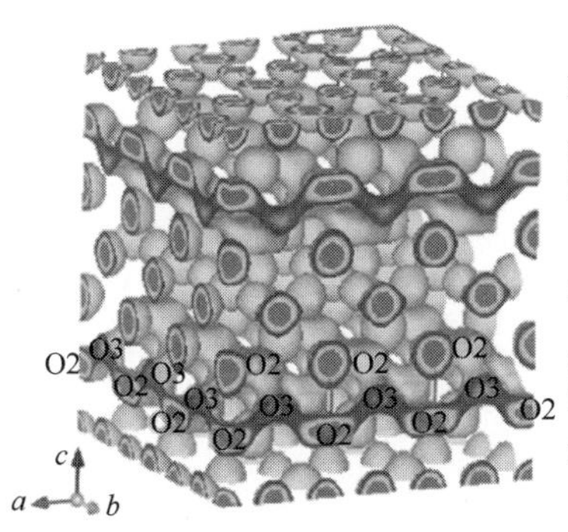

图 3.19 Pr_2NiO_4 中氧离子和空位导电途径的三维图像

3.2.4 新型氧离子导体氧化物

很大程度上,已知的快氧离子导体都是立方相或准立方晶体。$LaGaO_3$ 或钙钛矿也不例外,因为它是准立方相的钙钛矿结构。因此,晶体点晶格阵的高对称性对于快速氧离子导体是必须的。目前,还没有文献报道出知名的非立方相快氧离子导体。在少数例外情况中,Nakayama、Sakamoto[55] 以及 Nakayama[56] 报道的 $La_{10}Si_6O_{27}$ 和 $Nd_{10}Si_6O_{27}$ 是比较好的。图 3.20 比较了 $La_{10}Si_6O_{27}$ 和掺杂氧化铋的氧离子电导率。在 873K 以上,它没有传统的快氧离子导体例如掺杂氧化铋那么高。然而,在低温段,$La_{10}Si_6O_{27}$ 拥有比传统的快氧离子导体要高的氧离子电导率。Sansom 等人[57] 研究了这种氧化物晶体结构与氧离子电导率的关系。$La_{10}Si_6O_{27}$ 的细分晶体结构属于六方晶系空间群 $P3$ (no. 143),$a=b=$ 972.48pm,$c=$718.95pm。细分的晶体结构表明,$La_{10}Si_6O_{27}$ 的氧通道位置是十分独特的,高的氧离子传导能力来源于通道位置的无序性[57]。Islam 也研究了这种六方磷灰石氧化物的氧离子扩散,如图 3.21 所示,相对高的氧离子电导归结于间隙氧;然而,他指出了一个独特的扩散路径,即所谓的蛇形传输路线[58]。

在六方磷灰石 $La_{10}Si_6O_{27}$ 的类似物中,La_2GeO_5 也有高的氧离子电导率[59]。图 3.22 为 La_2GeO_5 的晶体结构示意图,与磷灰石相不同的仅仅是 GeO_4 正方锥的倾斜角。如图 3.22(a)所示,在 La_2GeO_5 中 La 和 O 沿着[111]方向呈直线排列得到一个更加直的氧离子迁移路径。随着 La 缺位的增加,$La_{2-x}GeO_5$ 的电导率也会增加,并且在 $x=0.39$ 时达到最大。通过测量 H_2-O_2 和 H_2-N_2 的浓差电池得到的 La_2GeO_5 基氧化物的氧离子迁移数为 1。图 3.23 比较了 $La_{0.61}GeO_5$ 和萤石以及钙钛矿氧化物的氧离子电导率。结果明确表明,在 973K 以上,$La_{0.61}GeO_5$ 的氧离子电导率要比 $Y_2O_3-ZrO_2$ 高得多,与 $Gd_{0.15}Ce_{0.85}O_2$ 或 $La_{0.9}Sr_{0.1}Ga_{0.8}Mg_{0.2}O_3$ 的比较接近。但是,在低温段,由于激活能的变化,$La_{0.61}GeO_5$ 的氧离子电导率会更低。阿伦尼乌斯曲线斜率的变化可用晶体结构小幅度的变化解释,它对应着氧空位结构的有序–无序变化。尽管对于 SOFC 电

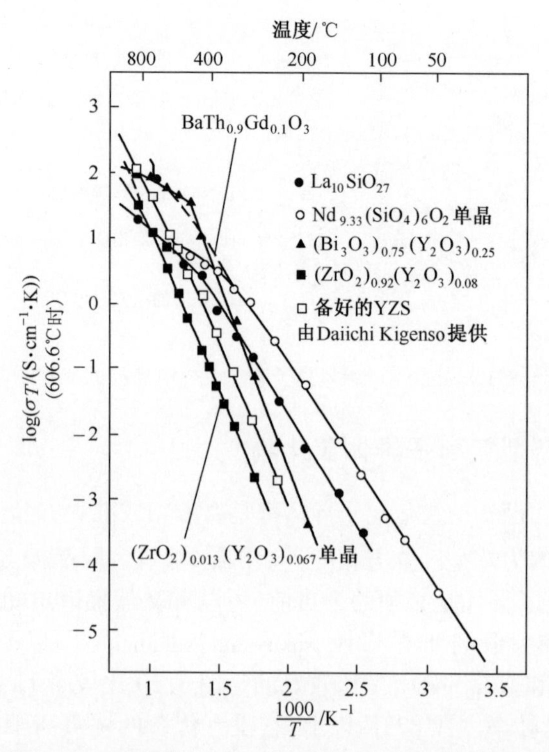

图 3.20 $La_{10}Si_6O_{27}$的氧离子电导率与掺杂氧化铋和氧化锆的比较[55]

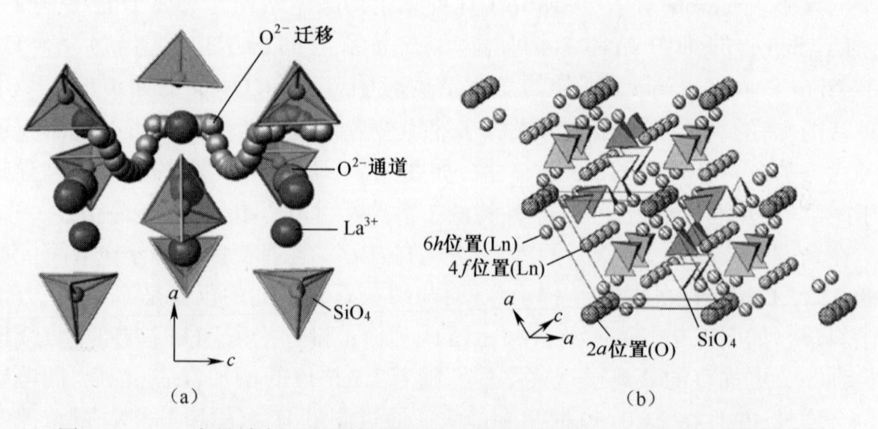

图 3.21 (a)密排磷灰石氧化物的氧离子扩散路径和(b)磷灰石单胞点阵[57]

解质有很多其他的要求,但是其高温时的高电导率是很有吸引力的。

Bi 基氧化物,即所谓的 BIMEVOX(铋金属钒氧化物)也被报道有高的氧离子电导率,但只是在有限的氧分压范围内[60],由于在还原气氛中具有高的电子电导,所以不适合作为 SOFC 电解质。为了利用这种性质,有人研究了 SDC(氧化钐掺杂氧化铈)-Bi_2O_3 基氧化物双层 SOFC 电解质[61]。如图 3.24 所示,通

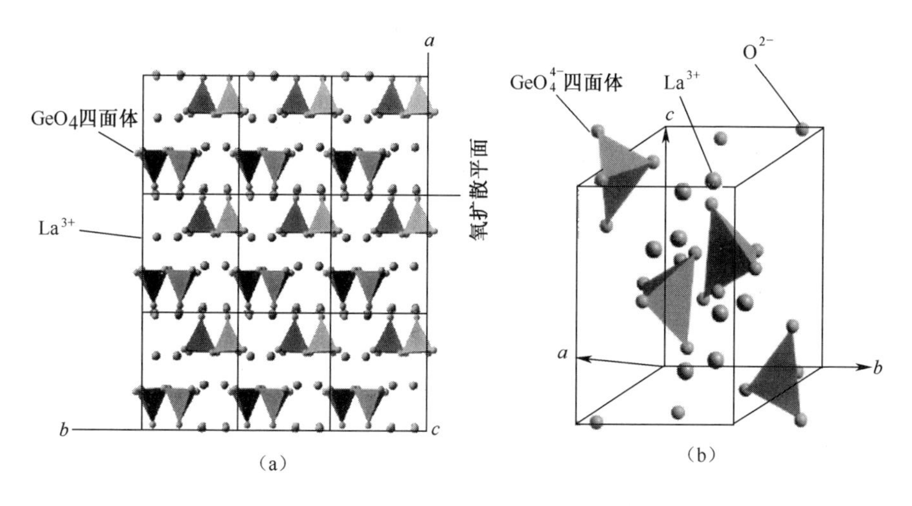

图 3.22 La_2GeO_5 在(a)[111]方向的晶体结构和(b)单包点阵[59]

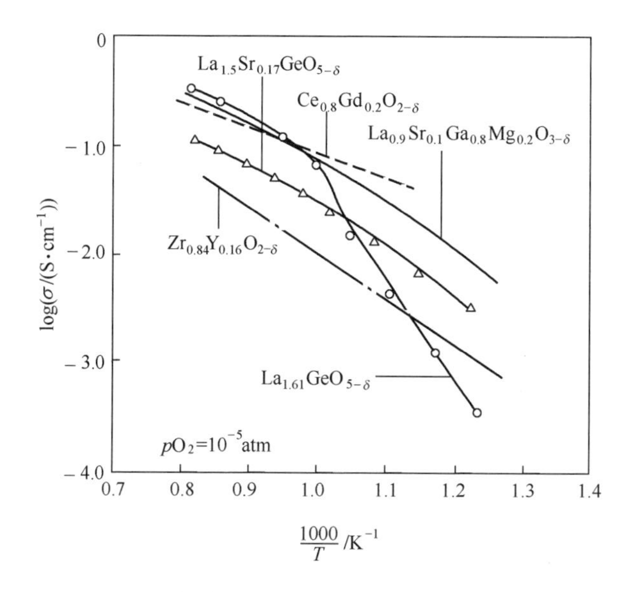

图 3.23 $La_{1.61}GeO_5$ 与萤石、钙钛矿氧化物的氧离子电导率的比较[59]

过燃料侧的 SDC 层阻止 Bi_2O_3 的还原,取得了可观的 OCV 和高功率密度。然而,阳离子之间的互扩散和 Bi_2O_3 的低熔点会导致 SOFC 的持久性问题。

Lacorre 等人[62]在 2000 年报道了 β 相 $La_2Mo_2O_9$ 的高氧离子电导率,如图 3.25 所示。与 $Ba_2In_2O_5$ 相似,这种氧化物在 973K 时的电导率会有一个大的跳跃,在这个温度 α 相会转变成更无序的 β 相。这个氧化物有着和 Bi_2O_3 一样更高的电子电导率,并且容易还原。因此,它作为 SOFC 电解质是困难的。然而,通过掺杂低价阳离子,尤其是 W 到 Mo 位或 Ca、Sr 到 La 位,可以提高其抗还

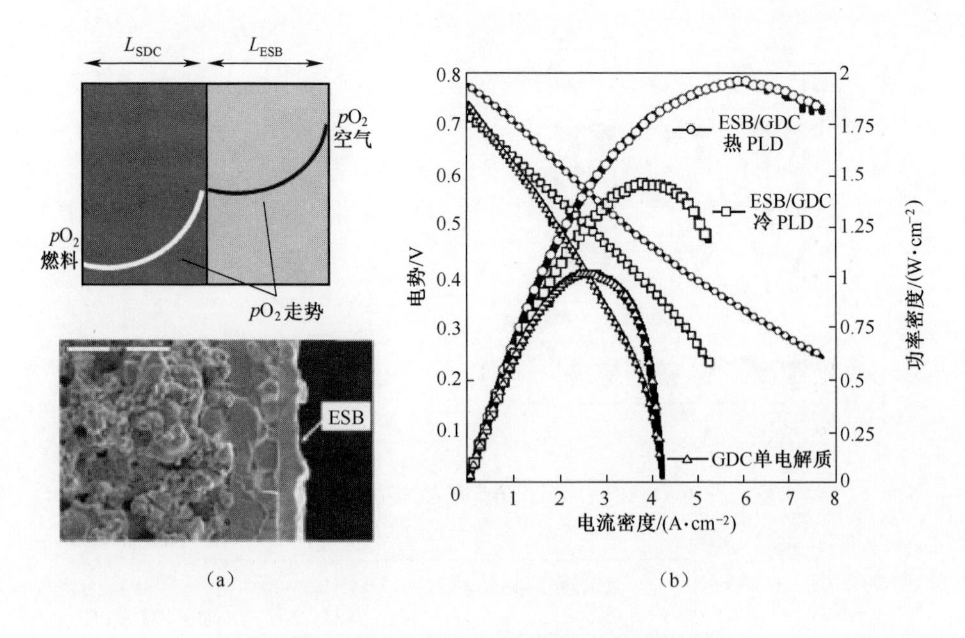

(a) (b)

图 3.24 $Gd_{0.2}Ce_{0.8}O_2/Bi_{1.6}Er_{0.4}O_3$ 双层 SOFC 电解质的(a)SEM 图片和(b)产能曲线[61]

原能力[63]。据报道,这个系列中电导率最高的是 $La_2Mo_{1.7}W_{0.3}O_9$,在 1048K 时 $\log(\sigma/(S \cdot cm^{-1}))=0.8$。尽管在还原气氛中化学稳定性通过掺杂有所提高而且电导率有所增加,但是在还原气氛中更高的电子电导率作为 SOFC 电解质是不行的。

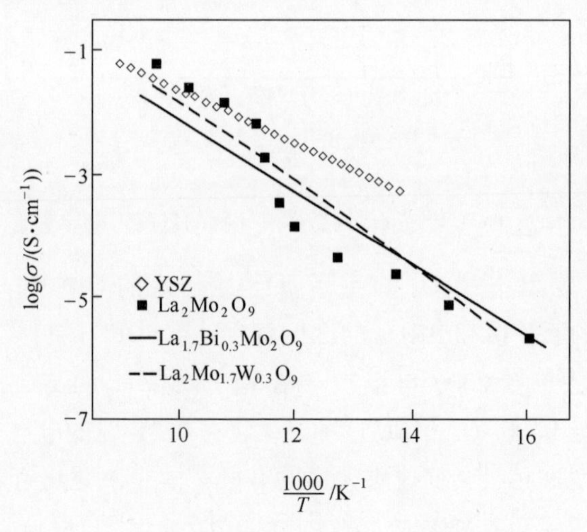

图 3.25 $La_2Mo_2O_9$ 和掺杂的 $La_2Mo_2O_9$ 的氧离子电导率[62]

3.3 电解质效率

SOFC 电解质的主要载流子是氧离子;然而,少数的载流子如电子或空穴,甚至在工作条件下也会导通小部分电流。当以氧离子导体作为 SOFC 电解质时,少数的载流子(电子和/或空穴)决定了氧离子的化学泄露[64],对于电子或空穴行为的分析对于电解质材料是一个重要的部分。电子电导部分经常使用离子阻挡的方法分析,即所谓的 Wagner 极化方法。电子电导部分是电子和空穴对于整体电导率的贡献之和,并且每种电导率都和载流子密度成正比。因此,整体电子电导率可以表示如下:

$$\sigma = \frac{ILF}{RT} = \sigma_n + \sigma_p = \sigma_n^0\left\{1 - \exp\left[\frac{FE(L)}{RT}\right]\right\} + \sigma_p^0\left\{\exp\left[\frac{FE(L)}{RT}\right] - 1\right\} \tag{3.7}$$

式中:I、L、$E(L)$、F、R 和 T 分别为电流、样品长度、施加电压、法拉第常数、气体常数和温度。

当空穴电导成为主导时,上述公式的第二项成为主导,电流随着施加电压指数而上升。由于随着氧分压的下降,载流子从空穴转变为电子,在中等氧分压时 p-n 过渡出现;电流 I 与电压 $E(L)$ 呈现出典型的“S”形曲线。图 3.26 为用离子阻碍法测得 Ni 掺杂的 LSGM 的 I-$E(L)$ 曲线[65]。测得的电流对电势的微分给出了电子电导率部分与氧分压的关系,这里的电势是与氧分压有关的。

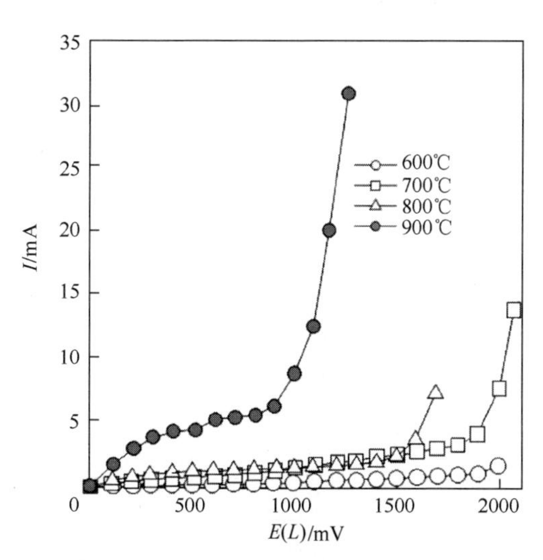

图 3.26 Ni 掺杂的 LSGM 作为氧离子阻挡层的 I-$E(L)$ 曲线[65]

Baker 等人[66-68]对 $LaGaO_3$ 基氧化物使用极化的方法得到 $LaGaO_3$ 的空穴和电子电导率的影响以及氧离子迁移数。Kim 和 YOO[68]发现空穴和电子电导

率分别与 $pO_2^{1/4}$ 和 $pO_2^{-1/4}$ 成正比，并且遵循 Hebb-Wagner 理论，即

$$\sigma(\mathrm{el}) = \sigma^0_{\mathrm{electron}} pO_2^{-1/4} + \sigma^0_{\mathrm{hole}} pO_2^{1/4} \tag{3.8}$$

极化方法的结果明确表明，$LaGaO_3$ 基氧化物在较广的氧分压（10^{-25} atm<pO_2<10^5 atm）内是纯的氧离子导体。相对于 CeO_2 基氧化物或 Bi_2O_3 来说，这是一个非常大的优势，它的还原稳定性可与 ZrO_2 基氧化物相比。很自然地，与 YSZ 相一样，$LaGaO_3$ 基氧化物很适合作为 SOFC 的电解质。Kim 和 Yoo[68] 使用极化方法研究了 Mg 掺杂的 $La_{0.9}Sr_{0.1}Ga_{0.8}Mg_{0.2}O_3$ 中空穴和电子电导与温度的关系。图 3.27 所示为多种氧离子导体的 $\log(pO_2/\mathrm{atm})$ 与 $1/T$ 的关系，估计了电解主导的边界。LSGM 电解主导（定义为 t_{ion}>0.99）的下限在 1276K 时为 10^{-23} atm。这个值甚至比 CaO 稳定的 ZrO_2 以及 YSZ 的还要低，在图 3.27 也标出了。所以，LSGM 或 YSZ 的电解主导区域覆盖了 SOFC 工作所需的氧分压区域。

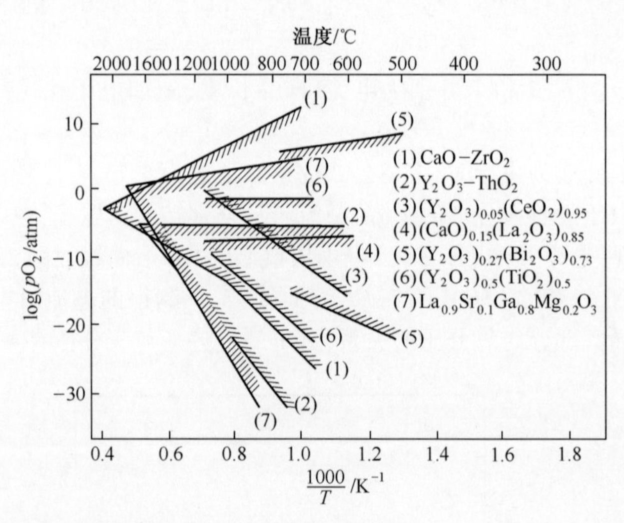

图 3.27 几种氧离子导体估计的电解主导的边界在 $\log(pO_2/\mathrm{atm})$ 与 $1/T$ 坐标系里的曲线

电解质的电性质决定了它的能量转换损失。这可以表示为从通过吉布斯（Gibbs）自由能得到的理论转换的损失。在图 3.28(a) 中，这些影响表示成与电流密度（J^{ex}）和电解质厚度（L）的函数。在大的 $J^{ex}L$ 范围内，损失的效率 $1-\eta$（电解质）随着 $J^{ex}L$ 的上升而下降。这是所谓的焦耳（Joule）效应。同时，即使在小的 $J^{ex}L$ 区域内，η（电解质）随着 $J^{ex}L$ 的下降而下降。这是电子电导的短程效应。在这个区域内，氧离子通过与电化学相关的反应被传输走了，并没有产生电能。这可以当作燃料与扩散来的氧气（氧离子和空穴）之间的普通化学反应，换言之，属于电化学反应短路。结合焦耳效应和短程效应，吉布斯能量转换效率的下降可以表征为展现最高点的行为[64,69]。

当电解质厚度和电流密度固定时，类似的最大值情况甚至可以在与温度的关系中发现，如图 3.28(b) 所示。在此图中，三种电解质互相比较，其中 YSZ 的

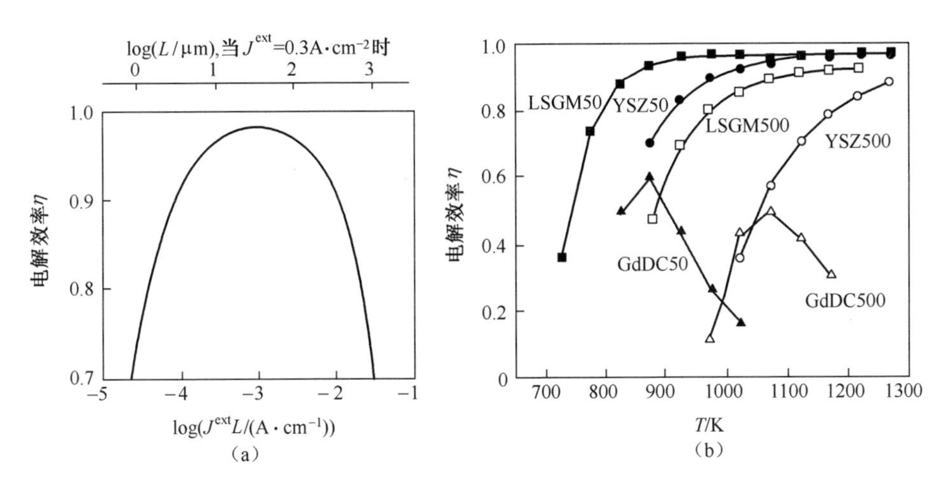

图 3.28 因为焦耳效应和短路效应的丢失,在电解质中发生的基于吉布斯自由能的转换损耗,(a)在1273K时与产生的电流密度以及厚度的关系或(b)在0.3A·cm^{-2}时,与不同温度以及厚度的关系[69]

电子电导率贡献很小,所以它的效率在很广的温度范围损失很小。LSGM相对于YSZ来说,高的效率区间倾向于低温,因为它的氧离子电导率更高,因而焦耳效应更小。对于GDC,高温效率是很小的,因为它的电子电导功效很大,这也会缩小电解质的主导区间。

3.4 氧离子导电性的应力效应

尽管离子电导率不够高,但是如果采取薄膜形态作为SOFC的电解质,依然可以取得很小的阻抗。因此,薄膜氧离子导体被广泛应用于SOFC电解质。从物理到化学的多种方法可以用来制备YSZ,传统的湿法过程,如浆料浸渍和丝网印刷,因为其成本低和材料易准备而被广泛使用。一般而言,电解质的厚度在10μm左右具有比较好的可靠性。然而,为了在中温范围内取得更高的功率密度,极薄的几百纳米的电解质也被采用,尤其是在微型SOFC中。

近来,许多研究集中在离子电导率的纳米效应[70]。纳米效应指的是当晶粒或薄膜的尺寸在纳米级别时,电导率会得到提高。Sata等人[71]第一次报道了与块体氟化钙和氟化钡相比,多层氟化钙和氟化钡(CaF_2-BaF_2)的界面密度的增加极大地加强了界面方向的离子电导率,尤其是层厚度在20~100μm之间时。Maier等人将这种电导率的提高归结到界面间存在空间电荷区。这种机制目前还在研究中,并不明确。另一方面,在超薄氧离子导体中,薄层和基体的晶体点阵不匹配会引起残余应力,对电导率会有很大影响,如图3.29所示[72]。

Kosacki等人[73-74]使用脉冲激光沉积法在MgO的(001)晶面沉积了外延生

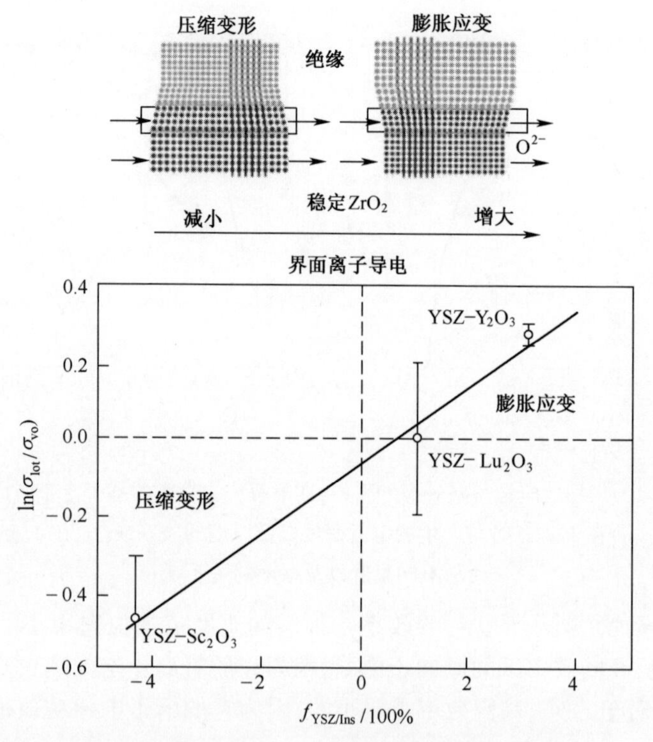

图 3.29　YSZ 中残余应力对氧离子电导率的影响[72]

长的 YSZ 薄层。他们得到的结果是，YSZ 薄层厚度在 60nm 内具有高的离子电导率。特别地，当 YSZ 厚度从 60nm 下降到 15nm，其在 673K 时的电导率提高了约 150 倍。电导率的加强归结于 YSZ−MgO 界面间的约为 1.6nm 厚的导电层，这种现象只在厚度小于 60nm 的薄层才出现。测得的界面间的电导率要比 YSZ 块体电导率高三个数量级。当 YSZ 的厚度从 60nm 降到 15nm 时，它的激活能从 1.09eV 降到 0.62eV。YSZ−MgO 界面间的点阵不匹配度很大(18%)，所以需要弹性变形还有形成的不匹配位错进行补偿。一些研究组[75-80]还发现 ZrO_2 基或 CeO_2 基氧化物层中氧离子电导率有相似的增强效果。研究者还研究了 La_2GeO_5 基氧化物薄层的厚度效应，氧离子电导率和厚度的关系如图 3.30 所示[81]。与在 ZrO_2 基或 CeO_2 基氧化物中的类似，氧离子电导率随着厚度的减少而上升。然而，与 ZrO_2 基或 CeO_2 基氧化物相比较而言，La_2GeO_5 中高氧离子电导率的薄层厚度要更大，这或许归结于 ZrO_2 基或 CeO_2 基氧化物比 La_2GeO_5 具有更高的氧离子移动能力，与前面讨论的一样。

量子计算模拟了通过施加拉伸应变来提高氧离子电导率的实验[82]。在图 3.29 中，通过增加拉伸应变，氧离子电导率提高了 2 个或 2.5 个数量级。这是由于扩张了氧跳跃的空间从而降低了氧传输的激活能。$SrTiO_3$ 中 YSZ 单

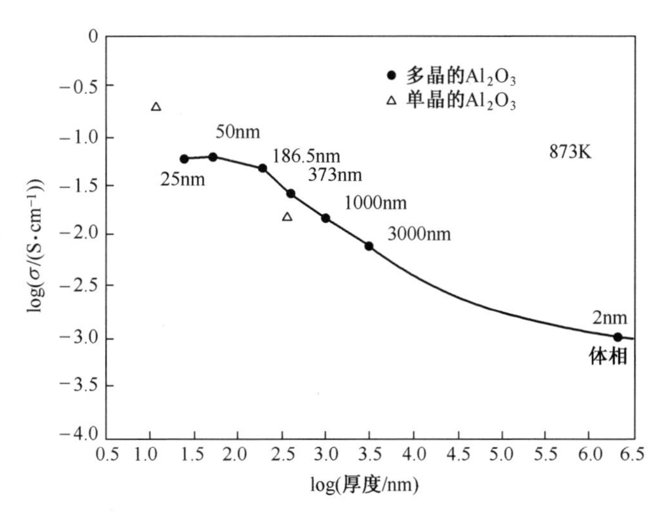

图 3.30 La_2GeO_5 薄层电导率与厚度的关系[81]

分子层的三明治结构[83],使离子电导率巨大地(8个数量级)提高了;然而,图3.31所示的结果不能被其他研究者重现;更进一步地,电导率的提高是因为电子而非氧离子。因此,Kilner[84]总结出使用纳米尺寸厚度的电解质提高电导率主要是提高了电子电导率。这些纳米尺寸对离子电导率效应不同的主要原因是缺少氧离子迁移数测量,因为薄层经常沉积在致密基体上。因此,氧扩散追踪或最少氧分压依赖测量是需要的。只有如此,不同寻常的氧离子电导率的提高才是在离子导体电解质上得到的,这样对于提高中温SOFC功率密度才是高度有效的。

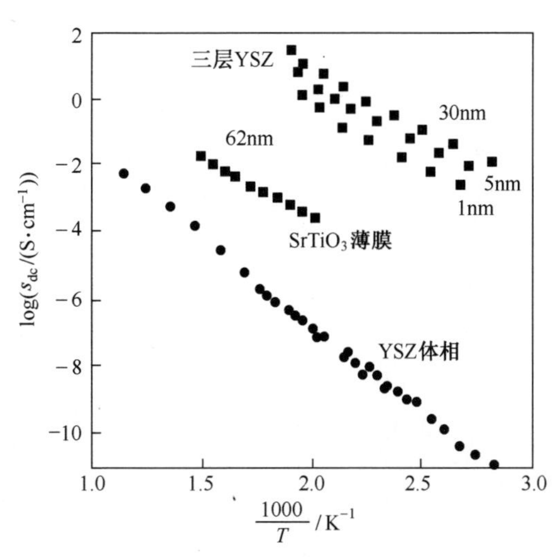

图 3.31 $SrTiO_3$ 中分子厚度的YSZ薄层的电导率与温度的关系[84]

与具有纳米效应的薄层相反，纳米晶粒 CeO_2 因为晶界处的负电荷导致氧离子电导呈现出一个下降的关系[85]。因此，离子电导率的提高应该与氧离子导体和基体界面性质相关。报道的 YSZ 的上升和 CeO_2 的下降说明理解电解质微观结构（结晶度、晶粒度、晶粒应力、掺杂物聚集和空间电荷）与电性质之间关系的重要性。因此薄层电解质的性质和块体材料是十分不一样的。目前文献中没有通用的解释，这应该和样品的微结构有关。由于氧离子型电解质的内阻通常是 SOFC 中电势降低的主要原因，氧离子电导率不同寻常地上升对于减小 SOFC 的工作温度是非常有帮助的，尤其对于微型 SOFC。

综上所述，除了材料的本征性质，导体微结构如晶粒尺寸、晶界和局部应力等对于氧离子导体也是十分重要的参数。

3.5 电导率的衰减

近来，SOFC 的持久性得到了很多的关注，同时电解质氧离子电导率的改变也强烈地影响着电池功率密度的持久性。这一节主要介绍电解质中氧离子电导率的改变。氧离子电导率的下降有两个原因：一是晶体结构的改变，即所谓的回火效应；另一个是掺杂阳离子扩散进入或离开电解质。电解质和电极之间的反应被认为是下降的主要因素。例如，稳定 ZrO_2 和 La 在阴极里反应形成高阻相 $La_2Zr_2O_7$，导致功率密度的下降[86-87]。尽管 $La_2Zr_2O_7$ 的形成在 1373K 以上才被发现，但是长时间运行后，在 ZrO_2 电解质和 $LaMnO_3$ 基钙钛矿阴极界面间发现有少量 $La_2Zr_2O_7$ 的形成。因此，抑制电池组件之间的反应是十分重要的。另一方面，在稳定 ZrO_2 中，电导率的降低还和相转变有关。这称为回火效应。过饱和的杂质在晶界处聚集导致慢慢增强的阻塞效应与之相关。对于部分过饱和的 ZrO_2 来说，认为电导率的时间效应与四方相从立方相中析出有关。多晶 YSZ 的电阻率与时间的关系经测量并用下面的公式[88]表示：

$$\gamma(t) = A - B_1\exp(-K_1 t) - B_2\exp(-K_2 t) \tag{3.9}$$

式中：γ 为电阻率；t 为时间；A_1、B_1、K_1、B_2 和 K_2 都为正的常数，下标 1 和 2 分别表示晶粒和晶界阻抗。

ScSZ（Sc 稳定的 ZrO_2）的回火效应更为显著。8%（摩尔分数）Sc_2O_3 稳定的 ZrO_2 在 1273K，电导率随着时间有很明显的下降[89]。1273K 时的电导率为 $0.3S \cdot cm^{-1}$，1000h 后降到 $0.12S \cdot cm^{-1}$。这个电导率与含 9%（摩尔分数）Y_2O_3 的 ZrO_2 在老化 1000h 之后的接近。另一方面，11%（摩尔分数）Sc_2O_3 稳定的 ZrO_2 在 1273K 退火 6000h 后没有明显的时间效应。但是含 11%（摩尔分数）Sc_2O_3 的 ZrO_2 有一个相变，在 873K 从菱形结构（低温相）转变成立方相（高温相），伴随着相变还有一些体积变化。立方相可以通过加入少量 CeO_2[90] 和

Al_2O_3[91]稳定到室温。但是电导率有微小下降。类似的时间效应也在其他氧化锆基氧离子电解质中观察到。$ZrO_2-M_2O_3$ 体系的回火效应总结在表 3.2 中[92]。与电解质和电极之间的阳离子互扩散相比,电导率时间效应不是电池功率密度下降的主要原因。

表 3.2 氧化锆基电解质的电导率、弯曲强度以及热膨胀系数[92]

电解质	1273K 时的电导率/($S \cdot cm^{-1}$)		弯曲强度/MPa	热膨胀系数/($10^{-6}K^{-1}$)
	初烧结	回火		
ZrO_2-3%(摩尔分数)Y_2O_3	0.059	0.050	1200	10.8
ZrO_2-3%(摩尔分数)Yb_2O_3	0.063	0.09	—	—
ZrO_2-2.9%(摩尔分数)Sc_2O_3	0.090	0.63	—	—
ZrO_2-8%(摩尔分数)Y_2O_3	0.13	0.09	230	10.5
ZrO_2-9%(摩尔分数)Y_2O_3	0.13	0.12	—	—
ZrO_2-8%(摩尔分数)Yb_2O_3	0.20	0.15	—	—
ZrO_2-10%(摩尔分数)Yb_2O_3	0.15	0.15	—	—
ZrO_2-8%(摩尔分数)Sc_2O_3	0.30	0.12	270	10.7
ZrO_2-11%(摩尔分数)Sc_2O_3	0.30	0.30	255	10.0
ZrO_2-11%(摩尔分数)Sc_2O_3-1%(质量分数)Al_2O_3	0.26	0.26	250	—

3.6 总 结

在这一章中,介绍了有希望作为 SOFC 电解质的氧离子导体的现状以及相关的性质。大部分氧离子导体是立方结构;然而,近来非萤石结构的氧离子导体,如立方钙钛矿或缺陷钙钛矿以及磷灰石改性氧化物,作为新型氧离子导体都有被报道过。有些非立方氧离子导体如 $La_{10}Si_6O_{27}$ 和 La_2GeO_5 是非常有前景的。因此,在不远的将来,有很大的可能会发现一种拥有极快的离子电导率的非立方氧化物。目前,在 1273K 工作的高温 SOFC 电解质似乎是 Y_2O_3 稳定的 ZrO_2;然而,中温工作的电解质还没有确定。一般认为最好的候选是 $LaGaO_3$ 基氧化物。同时,如果工作温度可以降低到 673~873K 之间,发展实际应用的 SOFC 可以加快步伐,因为作为能源产生器的可靠性、持久性和容易度提高了。与质子导体电解质相比,使用氧离子导体电解质 SOFC 的一个巨大的优势是直接使用碳氢燃料。因此,使用氧离子导体电解质的 SOFC 只需考虑一个简单的重整系统。另一个有趣的报道是所谓的纳米离子效应。尽管氧离子电导率的明显提升还不能实现,但是这表明控制离子导体的微结构对于提高氧离子电导率是十分重要的。SOFC 能在低温工作的那一天就在不远的将来。纳米厚度的氧离子薄膜导体具有极高的潜力用作小型热电联供系统 SOFC 的电解质。

参 考 文 献

[1] Iwahara,H. (1998) *Solid State Ionics*,**28-30**,573.

[2] Norby,T. (1999) *Solid State Ionics*,**125**,1.

[3] Heo,P.,Nagao,M.,Kamiya,T.,Sano,M.,Tomita,A.,and Hibino,T. (2007) *J. Electrochem. Soc.*,**154**,B63.

[4] Jin,Y. C.,Shen,Y. B.,and Hibino,T. (2010) *J. Mater. Chem.*,**20**,6214.

[5] Nernst,W. (1899) *Z. Elektrochem.*,**6**,41.

[6] Ishihara,T.,Sammes,N. M.,and Yamamoto,O. (2003) in *High Temperature Solid Oxide Fuel Cells: Fundamentals,Design and Applications* (eds S. C. Singhal and K. Kendall),Elsevier,Oxford,pp. 83-117.

[7] Malavasi,L.,Fisherb,C. A. J.,and Islam,M. S. (2010) *Chem. Soc. Rev.*,**39**,4370.

[8] Khartona,V. V.,Marquesa,F. M. B.,and Atkinson,A. (2004) *Solid State Ionics*,**174**,135.

[9] Scott,H. G. (1975) *J. Mater. Sci.*,**10**,1527.

[10] Stubican,V. S. (1988) in *Science and Technology of Zirconia* Ⅲ (eds S. Somiya,N. Yamamoto,and H. Yanagida),American CeramicSociety,Columbus,OH,p. 71.

[11] Baumard,J. F. and Abelard,P. (1984) in *Science and Technology of Zirconia* Ⅱ (eds N. Claussen,M. Ruhle,and A. H. Heuer),American Ceramic Society,Columbus,OH,p. 555.

[12] Arachi,Y.,Sakai,H.,Yamamoto,O.,Takeda,Y.,and Imanishi,N. (1999) *Solid State Ionics*,**121**,133.

[13] Subbarao,E. C. (1981) in *Science and Technology of Zirconia* (eds A. H. Heuer and L. W. Hobbs),American CeramicSociety,Columbus,OH,p. 1.

[14] Park,J. H. and Blumenthal,R. N. (1989) *J. Electrochem. Soc.*,**136**,2867.

[15] Ovenston,A. (1992) *Solid State Ionics*,**58**,221.

[16] Minh,N. Q. and Takahashi,T. (eds) (1995) *Science and Technology of Ceramic Fuel Cells*,Elsevier,Amsterdam,p. 90.

[17] Heussner,K. H. and Claussen,N. (1989) *J. Eur. Ceram. Soc.*,**5**,193.

[18] Ishizaki,F.,Yoshida,T.,and Sakurada,S. (1989) Proceedings of the International Symposium on Solid Oxide Fuel Cells,Nagoya,The Electrochemical Society,p. 172.

[19] Evans,A.,Bieberle-Hütter,A.,Bonderer,L. J.,Stuckenholz,S.,and Gauckler,L. J. (2011) *J. Power Sources*,**196**,10069.

[20] Weppner,W. (1992) *Solid State Ionics*,**52**,15.

[21] Minh,N. Q. and Takahashi,T. (eds) (1995) *Science and Technology of Ceramic Fuel Cells*,Elsevier,Amsterdam,p. 89.

[22] Mogensen,M.,Sammes,N. M.,and Tompsett,G. A. (2000) *Solid State Ionics*,**129**,63.

[23] Steele,B. C. H. (2000) *Solid State Ionics*,**129**,95.

[24] Navrotsky,A.,Simoncic,P.,Yokokawa,H.,Chen,W.,and Lee,T. (2007) *Faraday Discuss.*,**134**,171.

[25] Yahiro,H.,Eguchi,Y.,Eguchi,K.,and Arai,H. (1988) *J. Appl. Electrochem.*,**18**,527-531.

[26] Yahiro,H.,Eguchi,K.,and Arai,H. (1989) *Solid State Ionics*,**36**,71.

[27] Butler,V.,Catlow,C. R. A.,Fender,B. E. F.,and Harding,J. H. (1983) *Solid State Ionics*,**8**,109.

[28] Tuller,H. L. and Nowick,A. S. (1975) *J. Electrochem. Soc.*,**122**,255.

[29] Godickemeier, M. and Gaucker, L. J. (1998) *J. Electrochem. Soc.*, **145**, 414.

[30] (a) Tsai, T., Perry, E., and Barnett, S. (1997) *J. Electrochem. Soc.*, **144**, L130. (b) Kwon, T. H., Lee, T. W., and Yoo, H. I. (2011) *Solid State Ionics*, **195**, 25.

[31] Omar, S., Najib, W. B., and Bonanos, N. (2011). *Solid State Ionics*, **189**, 100.

[32] Kilner, J. A. (2000). *Solid State Ionics*, **129**, 13.

[33] Takahashi, T. and Iwahara, H. (1971) *Energy Convers.*, **11**, 105-111.

[34] Ishihara, T., Matsuda, H., and Takita, Y. (1994). *J. Electrochem. Soc.*, **141**, 3444.

[35] Nomura, K., Takeuchi, T., Kamo, S., Kageyama, H., and Miyazaki, Y. (2004) *Solid State Ionics*, **175**, 553.

[36] Lybye, D., Poulsen, F. W., and Mogensen, M. (2000) *Solid State Ionics*, **128**, 91.

[37] Nomura, K. and Tanase, S. (1997) *Solid State Ionics*, **98**, 229.

[38] Mogensen, M., Lybye, D., Bonanos, N., Hendriksen, P. V., and Poulsen, F. W. (2004) *Solid State Ionics*, **174**, 279.

[39] Ishihara, T., Matsuda, H., and Takita, Y. (1994) *J. Am. Chem. Soc.*, **116**, 3801.

[40] Majewski, P., Rozumek, M., and Aldinger, F. (2001) *J. Alloys Compd.*, **329**, 253-258.

[41] Ishihara, T., Matsuda, H., and Takita, Y. (1995) *Solid State Ionics*, **79**, 147.

[42] Feng, M. and Goodenough, J. B. (1994). *Eur. J. Solid State Inorg. Chem.*, **31**, 663.

[43] Huang, P. N. and Petric, P. (1996) *J. Electrochem. Soc.*, **143**, 1644.

[44] Huang, K., Tichy, R., and Goodenough, J. B. (1998) *J. Am. Ceram. Soc.*, **81**, 2565.

[45] Huang, K. and Goodenough, J. B. (2000) *J. Alloy. Compd*, **303-304**, 454.

[46] Ishihara, T., Kilner, J. A., Honda, M., and Takita, Y. (1997) *J. Am. Chem. Soc.*, **119**, 2747.

[47] Ishihara, T., Shibayama, T., Honda, M., Nishiguchi, H., and Takita, Y. (1999) *Chem. Commun.*, **1227**.

[48] Goodenough, J. B., Ruiz-Diaz, J. E., and Zhen, Y. S. (1990) *Solid State Ionics*, **44**, 21-31.

[49] Yao, T., Uchimoto, Y., Kinuhata, M., Inagaki, T., and Yoshida, H. (2000) *Solid State Ionics*, **132**, 189.

[50] Kharton, V. V., Marques, F. M. B., and Atkinson, A. (2004) *Solid State Ionics*, **174**, 135.

[51] Kakinuma, K., Yamamura, H., and Atake, T. (2005) *Defect Diffus. Forum*, **159**, 242-244.

[52] Sirikanda, N., Matsumoto, H., and Ishihara, T. (2010) *Solid State Ionics*, **181**, 315.

[53] Ishihara, T., Sirikanda, N., Nakashima, K., Miyoshi, S., and Matsumoto, H. (2010) *J. Electrochem. Soc.*, **157**, B141.

[54] Yashima, M., Enoki, M., Wakita, T., Ali, R., Matsushita, T., Izumi, F., and Ishihara, T. (2008) *J. Am. Chem. Soc.*, **30**, 2762.

[55] Nakayama, S. and Sakamoto, M. (1998) *J. Eur. Ceram. Soc.*, **18**, 1413.

[56] Nakayama, S. (1999) *Mater. Integr*, **12** (4), 57.

[57] Sansom, J. E., Richings, D., and Slater, P. R. (2001) *Solid State Ionics*, **139**, 205.

[58] Tolchard, J. R., Islam, M. S., and Slater, P. R. (2003) *J. Mater. Chem.*, **13**, 1956.

[59] Ishihara, T., Arikawa, H., Akbay, T., Nishiguchi, H., and Takita, Y. (2001) *J. Am. Chem. Soc.*, **123**, 203.

[60] Abraham, F., Boivin, J. C., Mairesse, G., and Nowogrocki, G. (1990) *Solid State Ionics*, **40-41**, 934.

[61] Ahn, J. S., Camaratta, M. A., Pergolesi, D., Lee, K. T., Yoon, H., Lee, B. W., Jung, D. W., Traversa, E., and Wachsmana, E. D. (2010) *J. Electrochem. Soc.*, **157**, B376.

[62] Lacorre, P., Goutenoire, F., Bohnke, O., Retoux, R., and Laligant, Y. (2000) *Nature*, **404**, 856.

[63] (a) Tealdi, C., Malavasi, L., Ritter, C., Flor, G., and Costa, G. (2008) *J. Solid State Chem.*, **181**, 603. (b) Tealdi, C., Chiodelli, G., Flor, G., and Leonardi, S. (2010) *Solid State Ionics*, **181**, 1456.

[64] Yokokawa, H., Sakai, N., Horita, T., and Yamaji, K. (2001) *Fuel Cells*, **1**, 117.

[65] Ishihara, T., Ishikawa, S., Hosoi, K., Nishiguchi, H., and Takita, Y. (2004) *Solid State Ionics*, **175**, 319.

[66] Baker, R. T., Gharbage, B., and Marques, F. M. B. (1997) *J. Electrochem. Soc.*, **144**, 3130.

[67] Yamaji, K., Horita, T., Ishikawa, M., Sakai, N., Yokokawa, H., and Dokiya, M. (1997) Solid oxide fuelcells V. *Proc. Electrochem. Soc.*, **97** (18), 1041.

[68] Kim, J. H. and Yoo, H. I. (2001) *Solid State Ionics*, **140**, 105.

[69] Yokokawa, H., Sakai, N., Horita, T., Yamaji, K., and Brito, M. E. (2005) Solid oxide electrolytes for high temperature fuel cells. *Electrochemistry*, **73**, 20-30.

[70] Maier, J. (2004) *Physical Chemistry of Ionic Materials. Ions and Electrons in Solids*, John Wiley & Sons, Ltd, Chichester.

[71] Sata, N., Eberman, K., Eberl, K., and Maier, J. (2000) *Nature*, **408**, 946.

[72] Fabbri, E., Pergolesi, D., and Traversa, E. (2010) *Sci. Technol. Adv. Mater.*, **11**, 054503.

[73] Kosacki, I., Rouleau, C. M., Becher, P. E., Bentley, J., and Lowndes, D. H. (2004) *Electrochem. Solid-State Lett.*, **7**, A459.

[74] Kosacki, I., Rouleau, C. M., Becher, P. F., Bentley, J., and Lowndes, D. H. (2005) *Solid State Ionics.*, **176**, 1319.

[75] Sillassen, M., Eklund, P., Pryds, N., Johnson, E., Helmersson, U., and Bøttiger, J. (2010) *Adv. Funct. Mater.*, **20**, 2071.

[76] Guo, X., Vasco, E., Mi, S., Szot, K., Wachsman, E., and Waser, R. (2005) *Acta Mater.*, **53**, 5161.

[77] Karthikeyan, A., Chang, C. H., and Ramanathan, S. (2006) *Appl. Phys. Lett.*, **89**, 183116.

[78] Korte, C., Peters, A., Janek, J., Hesse, D., and Zakharov, N. (2008) *Phys. Chem. Chem. Phys.*, **10**, 4623.

[79] Azad, S., Marina, O. A., and Wang, C. M. (2005) *Appl. Phys. Lett.*, **86**, 131906.

[80] Rupp, J. L. M., Infortuna, A., and Gauckler, L. J. (2007) *J. Am. Ceram. Soc.*, **90**, 1792.

[81] Yan, J. W., Matsumoto, H., and Ishihara, T. (2005) *Electrochem. Solid-State Lett.*, **8**, A607.

[82] Kushima, A. and Yildiz, B. (2010) *J. Mater. Chem.*, **20**, 4809.

[83] Garcia-Barriocanal, J., Rivera-Calzada, A., Varela, M., Sefrioui, Z., Iborra, E., Leon, C., Pennycook, S. J., and Santamaria, J. (2008) *Science*, **321**, 676.

[84] Kilner, J. A. (2008) *Nat. Mater.*, **7**, 838.

[85] Kim, S. T. and Maier, J. (2002) *J. Electrochem. Soc.*, **149**, J73.

[86] van Roosmalen, J. A. M. and Cordfunke, E. H. P. (1992) *Solid State Ionics*, **52**, 303.

[87] Clausen, C., Bagger, C., Bilde-Sorensen, J. B., and Horsewell, A. (1994) *Solid State Ionics*, **70/71**, 59.

[88] Moghadam, F. K. and Stevenson, D. A. (1982) *J. Am. Ceram. Soc.*, **65**, 213.

[89] Yamamoto, O., Arachi, Y., Takeda, Y., Imanishi, N., Mizutani, Y., Kawai, M., and Nakamura, Y. (1995) *Solid State Ionics*, **79**, 137.

[90] Arachi, Y., Ashai, T., Yamamoto, O., Takeda, Y., Imanishi, N., Kawada, K., and Tamakoshi, C. (2001) *J. Electrochem. Soc.*, **148**, A520.

[91] Mizutani, Y., Kawai, M., Nomura, K., Nakamura, Y., and Yamamoto, O. (1997) in *Proceedings of the 5th International Symposium on Solid Oxide Fuel Cells* (eds U. Stimming, S. C. Singhal, H. Tagawa, and W. Lehnert), The Electrochemical Society, p. 37.

[92] Ishihara, T., Sammes, N., and Yamamoto, O. (2003) in *High Temperature Solid Oxide Fuel Cell, Fundamentals, Design and Applications* (eds S. C. Singhal and K. Kendal), Elsevier, Oxford, p. 91.

第4章

用于固体氧化物燃料电池的质子导体电解质材料

篮蓉,陶善文

4.1 引　　言

作为一种能够高效地将物质的化学能转换为电能的电化学装置[1-3],固体氧化物燃料电池的关键材料包括阴极、电解质和阳极,其中电解质又分为氧离子导体电解质和质子导体电解质。氧离子导体电解质的应用最为广泛,如YSZ[4-5]、GDC[6]、SDC[7]和LSGM。以氧离子导体为电解质的SOFC称为氧离子固体氧化物燃料电池(SOFC-O),以质子导体为电解质则被称为质子固体氧化物燃料电池(SOFC-H)[8]。SOFC-H较SOFC-O而言,反应产物水在阴极生成,能够避免对阳极燃料的稀释,而且在以氨气或者H_2S为燃料时,能够避免形成含氮、含硫氧化物。一些优秀的文章已经对质子导体进行了总结[9-15]。本章将对质子导体及其在SOFC中的应用做简要的介绍。

4.2 质子导体氧化物

1980年,Iwahara等人首次在$SrCe_{0.95}Yb_{0.05}O_{3-\delta}$、$SrCe_{0.95}Mg_{0.05}O_{3-\delta}$、$SrCe_{0.95}Sc_{0.05}O_{3-\delta}$和$SrCe_{0.9}Sc_{0.1}O_{3-\delta}$等固体氧化物中发现质子电导[16-17],并利用水蒸气浓差电池证明其存在(图4.1)。起初,人们认为质子在固体氧化物中的传输可能与电子空穴有关,其相应的传输机理如下:

$$H_2O + 2h^+(\text{氧化物}) \longrightarrow 2H^+(\text{氧化物}) + \frac{1}{2}O_2 \tag{4.1}$$

后来,Iwahara等人提出水分子可能通过与氧空位结合形成质子如下所示:

$$H_2O(g) + V_O^{\cdot\cdot} \longrightarrow 2H^+ + \frac{1}{2}O_O^{\times} \tag{4.2}$$

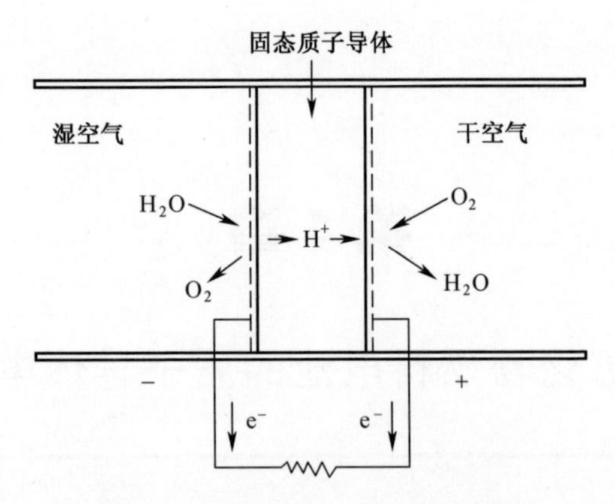

图 4.1　水蒸气浓差电池示意图[16]

而如今人们发现,水分子通过与晶格中的氧空位和氧离子发生反应,形成质子缺陷:

$$H_2O(g) + V_O^{\cdot\cdot} + O_O^{\times} \longrightarrow 2OH_O^{\cdot} \tag{4.3}$$

形成的质子则通过旋转扩散的方式,从一个氧离子转移到相邻的氧离子。总之,质子在氧化物中的传输与氧空位密切相关。

典型的质子导体电导率随着温度的变化如图 4.2 所示。由式(4.3)可知,对于质子导体而言,通过水分解形成质子进入导体的反应主要发生在中温区,特别是 200~500℃[19]。例如,在湿润的 5% H_2/Ar 中,在中温区时,O—H 基团会填充 $Sr_3CaZr_{1-x}Ta_{1+y}O_{8.5-x/2}$的氧空位。如图 4.2 所示,当温度低于 T_1 时,质子缺陷在氧化物中占主导地位。因此,在区域 A 中,这些材料表现出纯粹的质子导电性;当温度高于 T_1 时,晶格中的质子将通过反应式(4.4)形成水,并从晶格中析出:

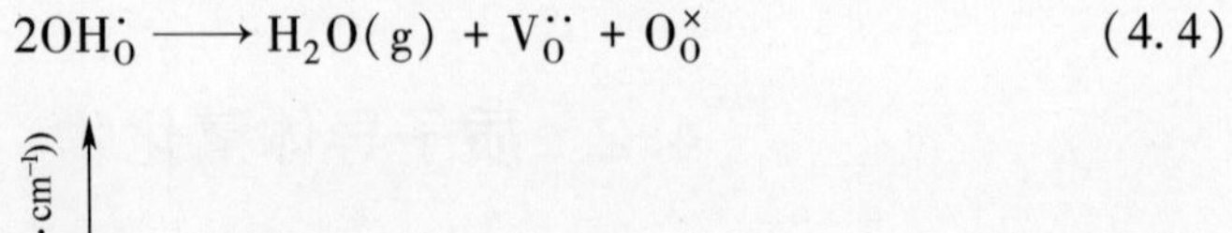

$$2OH_O^{\cdot} \longrightarrow H_2O(g) + V_O^{\cdot\cdot} + O_O^{\times} \tag{4.4}$$

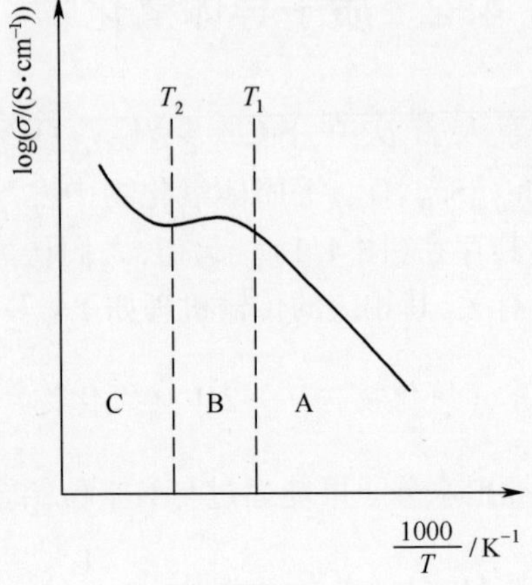

图 4.2　在湿润的气体中,典型的质子导体的电导率随着温度变化的示意图

由此可知,式(4.3)所示的反应是可逆的。当温度高于 T_1 时,质子在晶格中的浓度随着温度的升高而下降,但其移动能力随着温度的升高而增强,致使在一定的温度区间内,材料的离子导电能力是随着温度的升高而增强的。当温度高于 T_2 时,质子通过与氧离子结合生成水,从晶格中析出,从而使氧离子成为主要的导电离子。当温度位于 T_1 和 T_2 之间时,如区域 B 所示,材料则表现出质子/氧离子混合导电性。对于质子导体氧化物,如 $BaCeO_3$ 和 $BaZrO_3$ 等钙钛矿材料,当温度低于 600~700℃时,质子为其主要的导电离子,当温度继续升高时,则变为质子/氧离子混合导体[20]。

需要注意的是,材料的质子电导与氧分压有关。以 $BaCeO_3$ 基、$BaZrO_3$ 基的质子导体为例,其在高氧分压时是离子/电子混合导体,而在低氧分压时,其电子导电性则会大大降低。

自从首次在氧化物(掺杂的 $SrCeO_3$)中发现质子电导以后,人们发现了其他更多种类的质子导体。下面将对其他种类的质子导体进行简要介绍。

4.3　用于固体氧化物燃料电池的质子导体材料

4.3.1　$BaCeO_3$ 基和 $BaZrO_3$ 基质子导体氧化物

继 1980 年 Iwahara 指出在掺杂的 $SrCeO_3$ 中存在质子电导以后,更多关于 $SrCeO_3$ 基质子导体的报道相继出现。1985 年,Virkar 和 Maiti 发表了纯相和经 Y_2O_3 掺杂 $SrCeO_3$ 的离子电导率,并指出在氧分压低于 10^{-6} atm,温度为 600~1000℃时,其离子电导占主导。1987 年,Mitsui 等人首先发现 $BaCe_{0.95}Yb_{0.05}O_{3-\delta}$ 和 $BaZr_{0.95}Yb_{0.05}O_{3-\delta}$ 具有质子导电性,而且在湿润的空气中,前者的电导率在 800℃时达到 10^{-2} S·cm^{-1},比相同条件下的 $SrCe_{0.95}Yb_{0.05}O_{3-\delta}$ 高出一个数量级。典型的稀土元素掺杂 $SrCeO_3$ 和 $BaCeO_3$ 的离子电导率如图 4.3 所示[15]。

如图 4.3 所示,在相同的条件下,$BaCeO_3$ 基质子导体的离子电导率比 $SrCeO_3$ 基的要高很多,可能是由于前者较后者有更大的晶格常数,能够提供更大的空间让质子自由移动。但是,晶格常数大则意味着金属键更长更弱,从而降低材料的稳定性。$BaCeO_3$ 能够与水和 CO_2 发生反应,生成 $Ba(OH)_2$ 和 $BaCO_3$[30-33]:

$$BaCeO_3 + H_2O \longrightarrow Ba(OH)_2 + CeO_2 \tag{4.5}$$

$$BaCeO_3 + CO_2 \longrightarrow BaCO_3 + CeO_2 \tag{4.6}$$

除铈酸盐外,掺杂的 $BaZrO_3$ 和 $SrZrO_3$ 等具有钙钛矿结构的锆酸盐也具有质子导电性[34-37]。最初报道的 Y_2O_3 掺杂 $BaZrO_3$ 和 $SrZrO_3$ 的质子电导率在 1000℃时低于 10^{-2} S·cm^{-1}。但 Kreuer 指出,其体电导率大小与掺杂 $BaCeO_3$ 的质子电导率相当[15]。巨大的晶界电阻是造成其电导率偏低的主要原因[34,38]。Irivine 等人通过在 $BaZr_{0.9}Y_{0.1}O_{2.95}$ 晶粒表面覆盖一层薄的 $BaCe_{0.9}Y_{0.1}O_{2.95}$，构建核-壳结构来减少其晶界电阻。在湿润的 5%（体积分数）H_2/Ar 中，这种核-壳结构材料的晶界和晶体电阻都明显的低于 Y_2O_3 掺杂 $BaZrO_3$ 的晶界和晶内电阻，但仍不足以将其作为电解质用于 SOFC 中[39]。Tao 和 Irvine 发现在 Y_2O_3 掺杂 $BaZrO_3$ 中引入部分 ZnO，虽然能够显著降低其晶界电阻，但是却使其总的电导率下降。最近，Traversa 等人利用脉冲激光沉积，在不同的单晶基底上制备出无晶界的 $BaZr_{0.8}Y_{0.2}O_{3-\delta}$（BZY）质子导体电解质薄膜。使用这种方法，在 MgO（100）晶面基体上外延生长制备了高度结构的 BZY 薄膜，该薄膜具有迄今所知最高的质子电导率（在 500℃时达到 $0.11S \cdot cm^{-1}$）[41]。但是，这种高电导率的 BZY 薄膜是在单晶表面制备出来，难以沉积在多晶的 SOFC 阴极或阳极表面。$BaZrO_3$ 基质子导体虽然在 H_2O 和 CO_2 中具有很好稳定性[42-43]，但是需要在 1700℃进行烧结[38]，才能获得致密结构[44]。Haile 和 Iwahara 指出，利用 Zr 部分代替 Ce 能够提高 $BaCeO_3$ 的稳定性，并且只需在 1550℃烧结就能获得致密结构[42-43]。Tao 和 Irvine 发现，以 ZnO 为助烧剂，能够将 BZY 的烧结温度从 1700℃降至 1325℃[33,40,45]。Babilo 和 Haile 报道过类似的效应[46]。$BaCe_{0.5}Zr_{0.3}Y_{0.16}Zn_{0.04}O_{3-\delta}$（BCZYZn）是一种潜在的既稳定又易烧结的质子导体氧化物，其电导率在 600℃时超过 $10mS \cdot cm^{-1}$[33]。$BaCe_{0.7}Zr_{0.1}Y_{0.2}O_{3-\delta}$则是另一种

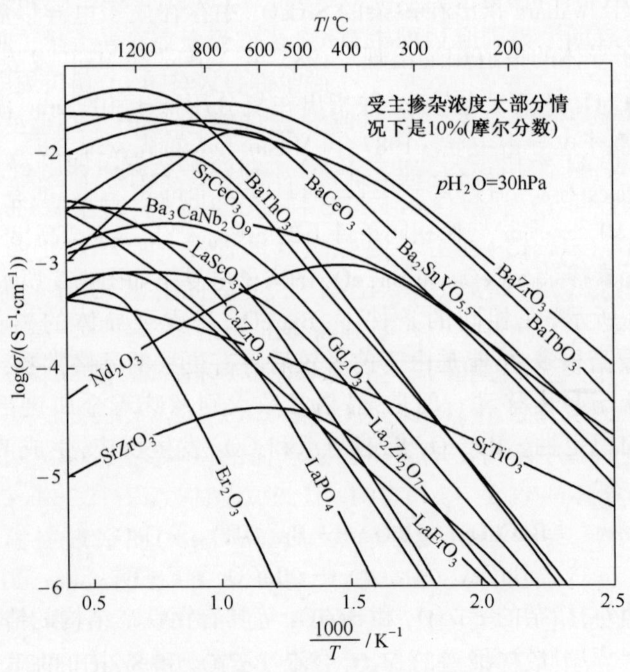

图 4.3　典型的质子导体的离子电导率[15]

性能优异的 SOFC 电解质材料，在空气中具有较好的稳定性，同时具有高的质子电导率[47]。

在湿润的空气中，氧化物 $BaZr_{0.1}Ce_{0.7}Y_{0.1}Yb_{0.1}O_{3-\delta}$（BZCYYb）的电导率在600℃时达到 $1.18\times10^{-2}S\cdot cm^{-1}$，但是在高氧分压时具有高的空穴电导[40,48]。下面将介绍以其作为电解质的 SOFC 所获得优异的性能。更重要的是，通过在阳极掺杂 BZCYYb 来构建的 H^+/e^- 复合 SOFC-H 阳极，能够有效抵抗硫和碳毒化。

4.3.2 其他钙钛矿结构质子导体氧化物

除铈酸盐和锆酸盐外，其他氧化物，如 $Ba_2SnYO_{5.5}$，同样具有质子电导，$Ba_2SnYO_{5.5}$不易形成碳酸盐，但是其结构不稳定，在还原过程中易坍塌，产生高晶界阻抗，同时在永合反应作用下会由于晶格应变产生微裂纹。在400℃时，其晶内电导率为 $1.5\times10^{-3}S\cdot cm^{-1}$，低于 Y_2O_3 掺杂 $BaCeO_3$[49]。化学式为 $A_2(B'_{1+x}B''_{1+x})O_{6-\delta}$（其中：$A=Sr^{2+}, Ba^{2+}$；$B'_{1+x}=Ga^{3+}, Gd^{3+}, Nd^{3+}$；$B''_{1+x}=Nb^{5+}, Ta^{5+}$；$x=0\sim0.2$）计量比和非计量比的钙钛矿陶瓷具有较低的质子电导率[50]。$Sr_3Sr_{1.5}Nb_{1.5}O_{9-\delta}$在测试之初表现出很高的电导率，但是在1100℃保温6周之后，其电导率下降[51]。钙钛矿结构 $Ba_2Ca_{1.18}Nb_{1.92}O_6$（BCN18）具有很高的电导率，在湿润的 Ar/O_2 中，其电导率在400℃时达到 $1.5\times10^{-3}S\cdot cm^{-1}$，且在 CO_2 和 H_2O 中具有很好的稳定性[52]。质子导体 $Sr_3CaZr_{0.5}Ta_{1.5}O_{8.75}$在湿润的 H_2/Ar 中，其晶内电导率在500℃达到 $5.15\times10^{-4}S\cdot cm^{-1}$[53]。但是，这些质子氧化物导体的电导率无法满足 SOFC 电解质的要求。典型的质子氧化物导体的离子电导率如图4.3所示。

4.3.3 铌酸盐和钽酸盐基质子导体氧化物

稀土金属铌酸盐和钽酸盐拥有显著的质子电导，如 $La_{0.99}Ca_{0.01}NbO_4$（LCN）的电导率在800℃时达到 $10^{-3}S\cdot cm^{-1}$[54,56]。铌酸盐和钽酸盐的电导率也受镧系元素影响。例如，在800℃时，$Gd_{0.95}Ca_{0.05}NbO_4$ 的总电导率为 $6.0\times10^{-4}S\cdot cm^{-1}$，其中质子电导率仅为 $2.0\times10^{-4}S\cdot cm^{-1}$[57]。一般而言，钽酸镧的质子电导率低于铌酸镧，例如，在800℃时，$La_{0.99}Ca_{0.01}TaO_4$ 的电导率仅为 $5.0\times10^{-4}S\cdot cm^{-1}$，是铌酸镧的1/5。由于稀土金属铌酸盐和钽酸盐较低的质子电导率，以其为电解质的燃料电池无法获得优异的性能[13]。

4.3.4 典型氧离子导体材料的质子导电性

由式(4.3)可知，质子通过与氧化物中氧离子分离、结合的方式进行传输。因此，氧离子的传输可能伴随着质子传输。

通过热力学分析,Yokokawa 研究了掺杂氧化铈的热力学、电子空穴与质子电导之间的关系。与 YSZ 对比,掺杂 CeO_2 具有更高浓度的质子和电子空穴,主要由于 CeO_2 中存在不稳定的缺陷。通过热力学计算发现,掺杂 CeO_2 的质子和电子空穴的浓度随着温度的升高而降低,表明掺杂的氧化铈可能具有比 YSZ 更高的质子电导率[59]。Nigara 发现在 1075~1800K,H_2-N_2 混合气氛中,氢气能够透过$(CeO_2)_{0.9}(CaO)_{0.1}$证明其在高温下是一种混合质子/电子导体。

以纳米结构的致密 YSZ 或者 SDC 作为电解质的燃料电池能够在室温下工作。人们只在具有纳米结构(晶粒尺寸约为 15nm)的材料中观察到这种现象,而且在水浓差电池中能够测试到燃料电池的开路电动势(EMF)(YSZ 为 180mV,SDC 为 400mV)和闭路电流(YSZ 约为 6nA,SDC 约为 30nA),证明这些具有纳米结构的材料中存在质子电导。纳米结构的 YSZ 和 SDC 在室温下具有质子传导能力[62],其导电率约为 $10^{-8}\sim10^{-7}S\cdot cm^{-1}$[63],质子传导主要发生在晶界部位[64-65]。然而,在晶粒尺寸大小为 91~252nm 的 $Ce_{0.9}Gd_{0.1}O_{2-\delta}$中也发现了质子电导[66]。

以 $Ce_{0.8}M_{0.2}O_{2-\delta}$(M=La,Y,Gd,Sm)为电解质的电池能够利用氨气合成 H_2 和 N_2,表明 $Ce_{0.8}M_{0.2}O_{2-\delta}$(M=La,Y,Gd,Sm)具有质子电导[67]。

氧离子导体 $La_{0.9}Sr_{0.1}Ga_{0.8}Mg_{0.2}O_{3-\delta}$(LSGM)也具有质子电导[7]。LSGM 在 H_2 中是一种优秀的质子导体,在 600~1000℃,其质子电导率达到 $1.4\times10^{-2}\sim1.4\times10^{-1}S\cdot cm^{-1}$,且质子迁移数大于 0.99,与 $BaCeO_3$ 基质子导体及 $Ba_3Ca_{1.18}Nb_{1.82}O_{9-\delta}$的质子电导率相当。在湿润的空气中,其表现出混合质子/氧离子电导,质子和氧离子的迁移数分别为 0.05~0.2 和 0.95~0.8,而在干燥含氧气体中,则是纯氧离子导体[68]。利用电化学的方法,以 LSGM 为电解质的燃料电池能够合成氨气,也证明其具有质子电导[69-70]。

由于氧空位的存在,$Ba_2In_2O_5$ 是一种典型的氧离子导体,但在低温区是一种质子导体。当温度低于 600℃时,其在湿润空气的电导率比在干燥空气中的电导率高出许多[71]。但是由于 In 在 H_2 中易被还原,$Ba_2In_2O_5$ 在 480℃以上的稳定性差[72],会限制其作为电解质用于 SOFC 中。

Kendrick 等人指出,$La_{1-x}Ba_{1+x}GaO_{4-x/2}$具有氧离子和质子电导。其氧离子通过类似齿轮协同转动的方式,由 Ga_2O_7 基团的分裂、再生进行传输,但是这种四面体传输方式限制了质子的传输。这两种机理对于陶瓷来说并不常见,而且这种类似协同的传输方式可能对于含有四方基团的体系同样重要[73]。此时,质子和氧离子采用不同的方式传输。

4.3.5 其他质子导体材料

Ca 掺杂 La_6WO_{12}具有混合离子/电子电导,且在高温还原和氧化气氛中,n

和p型电子传导机制占主导地位。在湿润空气中,温度低于750℃时,质子是其主要的载流子。La_6WO_{12}的质子电导率在800℃时达到最大,为3×10^{-3} $S\cdot cm^{-1}$,主要归于分子水与反弗仑克尔氧空位之间的相互作用[74-75]。在一些磷酸盐中,如Ca、Sr掺杂的$LaPO_4$,同样表现出显著的质子电导,但是其质子电导率在900℃时低于$10^{-3}S\cdot cm^{-1}$,从而无法作为SOFC的电解质[76]。

4.4 质子导体电解质固体氧化物燃料电池(SOFC-H)

Iwahara等人首次以$SrCe_{0.95}Yb_{0.05}O_{3-\delta}$作为SOFC的电解质,采用Pt或Ni作为阳极、Pt或$La_{0.4}Sr_{0.6}CoO_{3-\delta}$作为阴极。以Pt作为电极时,其功率密度在1000℃时达到$50mW\cdot cm^{-2}$,如图4.4所示[25]。下面将简要给出SOFC-H中所发生的反应。

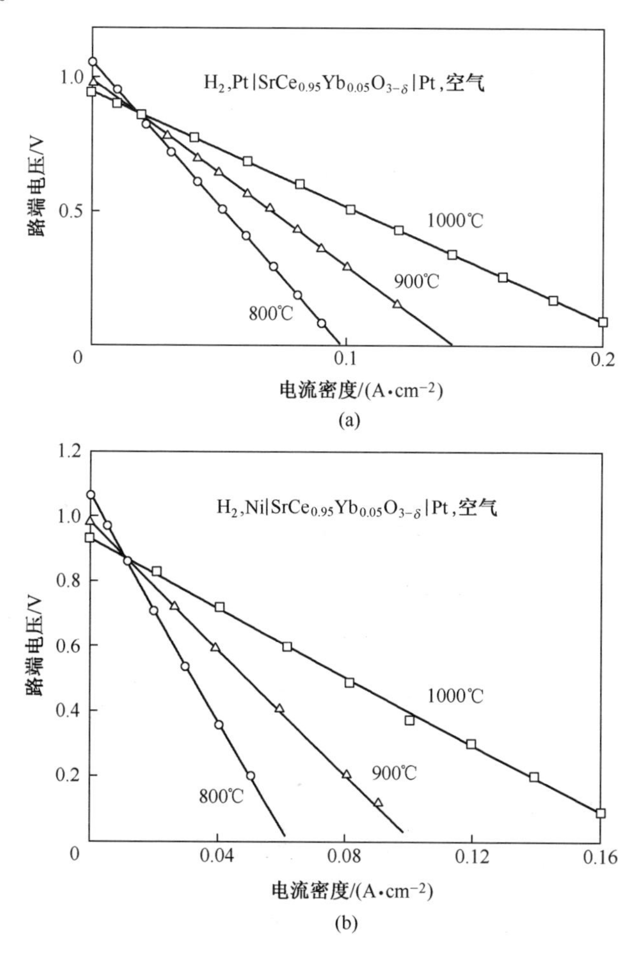

图4.4 以质子导体$SrCe_{0.95}Yb_{0.05}O_{3-\delta}$为电解质的$H_2$/空气燃料电池的性能[25]

在阳极,氢气通过失去电子形成质子:

$$H_2 - 2e^- \longrightarrow 2H^+ \tag{4.7}$$

形成的质子传输到阴极和空气中的氧发生反应生成水。阴极反应如下:

$$2H^+ + \frac{1}{2}O_2 + 2e^- \longrightarrow H_2O \tag{4.8}$$

以质子导体为电解质的燃料电池的总反应方程如下:

$$H_2 + \frac{1}{2}O_2 \longrightarrow H_2O \tag{4.9}$$

关于以质子导体为电解质的 SOFC 在文献[77]中有详细的介绍。

SOFC 包括电解质和两个电极,但是 Daisuke 等人制备出以 $BaCe_{0.76}Y_{0.20}Pr_{0.04}O_{3-\delta}$ 为电解质的无阳极 SOFC。此电池能够在电解质表面经还原形成混合质子/电子导电层作为阳极。800℃时,在 H_2/空气电池中,这种无阳极的 SOFC 能够获得 $140mW \cdot cm^{-2}$ 的最大功率密度(图 4.5)[78]。即使没有采用阳极材料,其用来收集电流的金网也可能具有阳极功能。

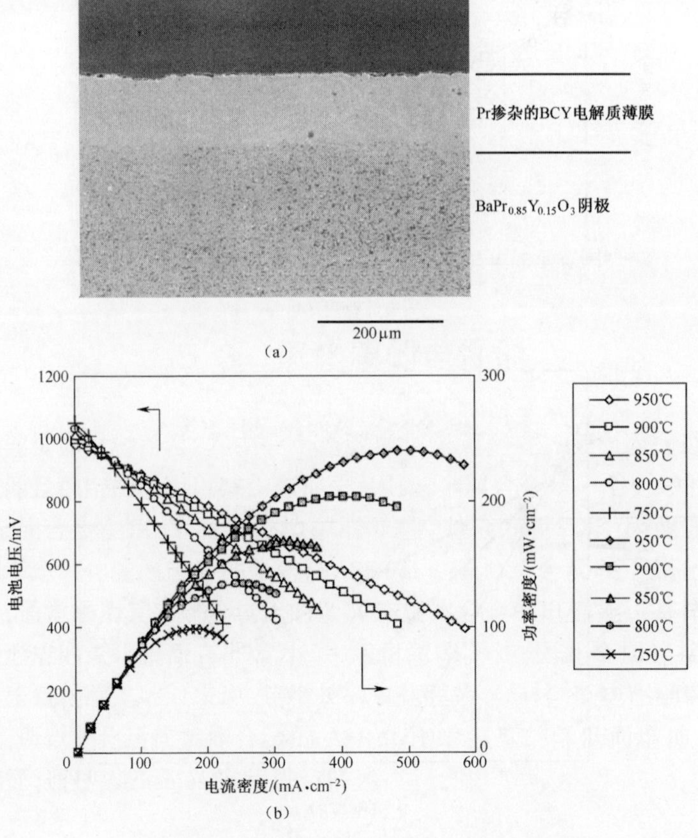

图 4.5 (a)无阳极 SOFC 的 SEM 图;(b)以湿氢气为燃料,Pr-BCY 薄膜为电解质的 B 型电池的电池电压及功率密度[78]

单室燃料电池是一种有趣的燃料电池，最早是以氧离子导体 $Ce_{0.8}Sm_{0.2}O_{1.9}$为电解质开发的[79]。质子导体 $BaCe_{0.8}Y_{0.2}O_{3-\delta}$同样可以作为单室燃料电池的电解质。以电池 Pt/$BaCe_{0.8}Y_{0.2}O_{3-\delta}$/Au 为例，通过在其两侧注入相同的$CH_4$/空气混合气体，由于不同电极材料对甲烷的催化性能不同：Pt 可以将 CH_4 部分催化成 H_2 和 CO，但是 Au 不能。因此，若将 Pt 作为燃料电极，Au 作为反应中的氧电极，则能够在电池中形成电流，提供能量。当燃料为 CH_4/O_2(2 : 1)混合物时，此电池在 950℃时可获得的最大功率密度为 160mW · cm^{-2}(图 4.6)[80]。

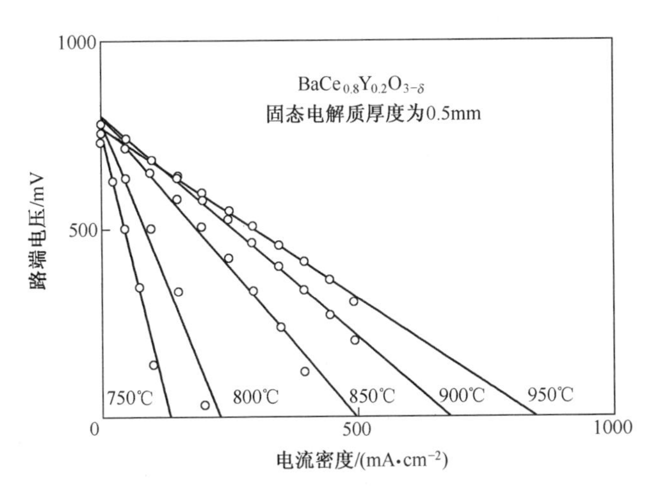

图 4.6 当以 CH_4/O_2(2 : 1)为燃料时，Pt/$BaCe_{0.8}Y_{0.2}O_{3-\delta}$/Au 单室燃料电池的性能[80]

BCZYZn 烧结温度较低，能够作为理想的 SOFC 电解质。通过软化学法合成的 BCZYZn 能够仅在 1250℃烧结就获得致密的组织[81]，且在 700℃时能够获得 1.009V 的开路电压和 350mW · cm^{-2} 的最大功率密度（图 4.7）。当以 $SrCo_{0.9}Sb_{0.1}O_{3-\delta}$(SCS)为阴极时，在 700℃时单电池能够获得 0.987V 的开路电压和350mW · cm^{-2}的最大功率密度[82]；当以 $LaSr_3Co_{15}Fe_{15}O_{10}$(LSCF)-BCZYZn 复合材料为阴极时，在 650℃时单电池能够获得 1.00V 的开路电压和 247mW · cm^{-2} 的最大功率密度[83]；当以 $Ba_{0.5}Sr_{0.5}Zn_{0.2}Fe_{0.8}O_3$ 为阴极时，单电池具有相似的性能[84]；当以 $BaZr_{0.1}Ce_{0.7}Y_{0.2}O_{3-\delta}$(BZCY7)为 SOFC 电解质时，$H_2$/空气燃料电池在 700 ℃时能够获得 270mW · cm^{-2}的最大功率密度[47]。

以 BZCYYb 为电解质的燃料电池具有优异的性能。在 750℃时，分别以 C_3H_8和 H_2 为燃料，此电池能够获得的最大功率密度分别为 560mW · cm^{-2}和 1100mW · cm^{-2}[48]。以 $PrBaCo_2O_{5+\delta}$(PBCO)为阴极，BZCYYb 为电解质时，H_2/空气燃料电池在 700℃时能够获得 0.983V 的开路电压和 490mW · cm^{-2}的最大功率密度[85]。以混合质子/电子导体 BZCYYb 为电解质的电池具有相当高的开路电压，表明 BZCYYb 具有很高的离子迁移数。

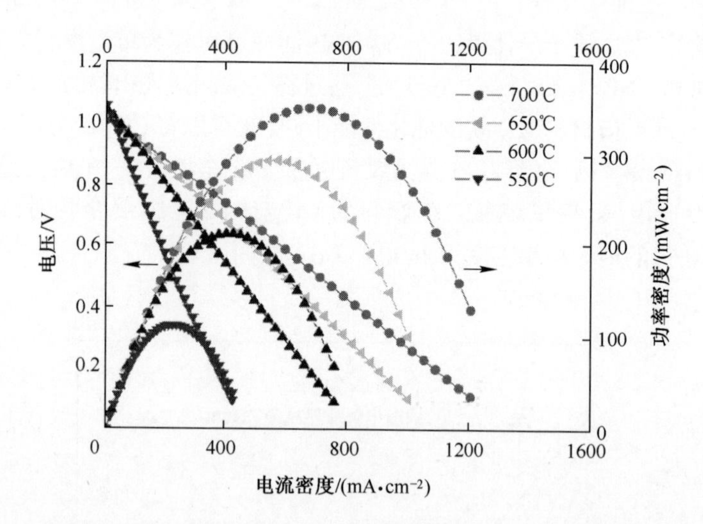

图 4.7　以 $BaCe_{0.5}Zr_{0.3}Y_{0.16}Zn_{0.04}O_{3-\delta}$为电解质的 H_2/空气燃料电池的性能[81]

2005 年,Ito 等人报道出迄今为止性能最好的 SOFC-H。他们通过脉冲激光沉积的方法,在固态 Pd 薄膜阳极上沉积出超薄的质子导体 $BaCe_{0.8}Y_{0.2}O_{3-\delta}$(0.7μm)薄膜,作为燃料电池的电解质。此电池在 400℃和 600℃时的最大功率密度分别为 900mW · cm^{-2}和 1400mW · cm^{-2}(图 4.8)[86],但是由于其电解质厚度太薄,致使其长期稳定性不足,更不用说 $BaCe_{0.8}Y_{0.2}O_{3-\delta}$在 CO_2 和 H_2O 中的稳定性差。如果以更稳定的 $BaZr_{0.8}Y_{0.2}O_{3-\delta}$(厚度为 1μm)代替 $BaCe_{0.8}Y_{0.2}O_{3-\delta}$,以 Pd 薄膜为阳极, Pt 为阴极, 制备出的燃料电池在 400℃ 时仅能获得 9.1mW · cm^{-2}的最大功率密度,其主要原因是电解质-电极界面存在着高的极化电阻[87]。虽然能够通过脉冲激光沉积的方法,以单晶 MgO(100)晶面为基底,沉积出无晶界的 $BaZr_{0.8}Y_{0.2}O_{3-\delta}$ 薄膜(550℃时的质子电导率可以达到 0.11S · cm^{-1}),但是若以其作为电解质制备电池时,可能同样面临着电解质-电极界面问题[41]。以脉冲激光沉积法制备的 $BaZr_{0.8}Y_{0.2}O_{3-\delta}$薄膜为电解质,Pt 为阳极和阴极的 H_2/空气燃料电池,在 400℃时能获得 136mW · cm^{-2}的最大功率密度[88]。到目前为止,以 $BaCeO_3$ 基质子导体为电解质的燃料电池的性能优于以 $BaZr_{0.8}Y_{0.2}O_{3-\delta}$基质子导体为电解质的燃料电池的性能[89]。

以 Ni-$LaNbO_4$ 为阳极支撑体(厚度 1200μm)、$La_{0.995}Sr_{0.005}NbO_4$ 为电解质(厚度 30μm)、$La_{1-x}Sr_xMnO_3$ 为阴极(厚度 250μm)的 SOFC,在其阳极被还原之后,分别在两端通入湿润的 5%(体积分数)H_2/Ar 和湿润的空气,在 800℃时得到约为 830mV 的 OCV(约为理论能斯特值的 85%)和约为 1.32mW · cm^{-2}的最大功率密度[13]。Meng 报道出与上述结构相似的电池具有稍好的电池性能,其利用 NiO-$La_{0.5}Ce_{0.5}O_{1.75}$(NiO-LDC)作为阳极,$(La_{0.8}Sr_{0.2})_{0.9}MnO_{3-\delta}$-$La_{0.5}Ce_{0.5}O_{1.75}$

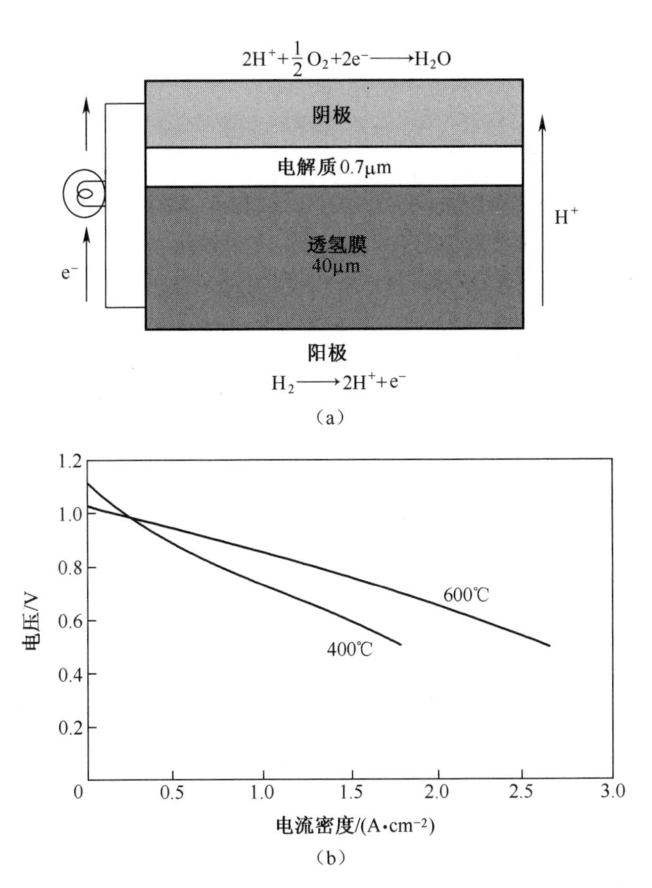

图 4.8 (a)以 Pd 为基底制备 SOFC 的示意图以及(b)H_2/空气燃料电池在 400℃和 600℃时的性能[86]

(LSM-LDC)作为复合阴极,以 H_2 为燃料,在 800℃时其开路电压达到 0.98V,最大功率密度为 $65mW \cdot cm^{-2}$[90]。不同的电极成分及制备方法可能是导致两种电池性能差别的主要原因。综上所述,所知的镧系铌酸盐和钽酸盐无法满足 SOFC 电解质电导率的要求。

除了 H_2 及碳氢化合物,氨气同样可以作为 SOFC-H 的燃料。以 $BaCeO_3$ 基、$BaZrO_3$ 基质子导体为电解质的直接氨燃料电池,能够很好地避免氮氧化合物的形成[91-96]。

2003 年,Coors 利用碳氢化合物作为 SOFC-H 的燃料。质子传输表明产物水会在阴极产生,与以氧离子为电解质的燃料电池相比,避免了产物水对燃料的稀释,使 CO_2 成为唯一的废气,进而提高燃料的利用效率。同时,两极扩散可以使产物水从阴极扩散至阳极,为碳氢化合物重整提供水蒸气,避免从外界输入水蒸气,从而在获得更高的热力学效率的同时解决了积碳问题[97]。在973℃时,分别以 H_2 或 CH_4 为燃料,$BaCe_{0.9}Y_{0.1}O_{3-\delta}$为电解质的 SOFC,能够获得42mW·$cm^{-2}$和22mW·$cm^{-2}$的最大功率密度。

Ni 和 Lan 等人对直接氨固体氧化物燃料电池进行了总结[98-99]。以 H_2 或 NH_3 为燃料,$BaCe_{0.9}Nd_{0.1}O_{3-\delta}$为电解质的 SOFC 具有相似的 OCV 和最大功率密度。700℃时,在 H_2/空气和 NH_3/空气电池中,该组分电池分别获得335mW·cm^{-2}和315mW·cm^{-2}的最大功率密度[96]。Meng 等人以氧离子导体 $Ce_{0.8}Sm_{0.2}O_{1.9}$为电解质制备的直接氨 SOFC 在550~650℃时具有优异的性能,其能量密度仅稍低于以氢为燃料的电池[100]。人们希望直接氨 SOFC-H 能够获得更高的功率密度。

利用 H_2S 作为以 YSZ 为电解质的 SOFC 的燃料,有可能生成 SO_x[101],但是 SOFC-H 能够将有毒的 H_2S 转化为硫,并产生电能。典型的质子导体$BaCe_{1-x}Y_xO_{3-\delta}$在 H_2S 中不稳定[102]。具有质子导电性的复合物 YSZ-K_3PO_4-$Ca_3(PO_4)_2$也作为电解质用于 H_2S-SOFC 中[102]。表4.1列出了 SOFC-H 的性能。

表4.1 以质子导体为电解质的燃料电池性能比较

电解质	电解质制备方法	电解质厚度/μm	阴极	阳极	开路电压/V	功率密度/(mW·cm^{-2})	参考文献
$SrCe_{0.95}Yb_{0.05}O_{3-\delta}$	1500℃,烧结10h	500	Pt	Pt	1.05(800℃,氢气/空气)	25(800℃,氢气/空气)	[25]
$BaCe_{0.9}Y_{0.1}O_{3-\delta}$	未知	460	多孔 Pt	Ni 厚度(1μm)	1.01(793℃,氢气/空气);0.96(793℃,甲烷/空气)	42(793℃,氢气/空气);22(793℃,甲烷/空气)	[97]
$BaC_{0.76}Y_{0.20}Pr_{0.04}O_{3-\delta}$	1650℃,烧结6h	500	$BaPr_{0.85}Y_{0.15}O_3$	无阳极(金网作为阳级电流收集器)	1.02(800℃,氢气/空气)	140(800℃)	[78]
$BaCe_{0.8}Y_{0.2}O_{3-\delta}$	1650℃,烧结10h	500	Au	Pt	0.8(800℃,燃料为甲烷/氧气=2/1)	52(800℃)	[80]

（续）

电解质	电解质制备方法	电解质厚度/μm	阴极	阳极	开路电压/V	功率密度/(mW·cm^{-2})	参考文献
BCZYZn	1250℃，烧结5h	20	$GdBa_{0.5}Sr_{0.5}Co_2O_{5+\delta}$	NiO-BZCYZn（重量比65∶35）	1.05(700℃，氢气/空气)	350(700℃)	[81]
BZCY7	1350℃，烧结6h	65	$BaCe_{0.4}Pr_{0.4}Y_{0.2}O_3$	NiO-BZCY7	1.0(700℃，氢气/空气)	270(700℃)	[47]
BZCYYb	1400℃，烧结5h	10	LSCF-BZCYYb	NiO-BZCYYb	1.0(750℃，氢气/空气)；0.89(750℃，丙烷/空气)	1100(750℃，氢气/空气)；560(750℃，丙烷/空气)	[48]
$BaCe_{0.8}Y_{0.2}O_3$	脉冲激光沉积	0.7	钙钛矿结构阴极（具体未知）	Pd薄膜（厚度400nm）	1.1(400℃，氢气/空气)；1.0(600℃，氢气/空气)	900(400℃，氢气/空气)；1400(600℃，氢气/空气)	[86]
$BaZr_{0.8}Y_{0.2}O_3$	脉冲激光沉积	1	Pt	Pd薄膜（厚度40μm）	1.0(400℃)	9.1(400℃，氢气/空气)	[87]
LCN	1400℃，烧结5h	20	LSM-LDC（重量比50∶50）	LCN-LDC	0.98(800℃，氢气/空气)	65(800℃)	[90]
BCNO	1400℃，烧结5h	20	$La_{0.5}Sr_{0.5}CoO_{3-\delta}$	NiO-NCNO	0.951(700℃，氢气/空气)；0.95(700℃，氨气/空气)	355(700℃，氢气/空气)；315(700℃，氨气/空气)	[96]

注：BCZYZn：$BaCe_{0.5}Zr_{0.3}Y_{0.16}Zn_{0.04}O_{3-\delta}$；BZCY7：$BaZr_{0.1}Ce_{0.7}Y_{0.2}O_{3-\delta}$；BCZYYb：$BaCe_{0.7}Zr_{0.1}Y_{0.1}Yb_{0.1}O_{3-\delta}$；LSCF：$La_{0.6}Sr_{0.4}Co_{0.2}Fe_{0.8}O_{3-\delta}$；PLD：脉冲激光沉积；LCN：$La_{0.99}Ca_{0.01}NbO_4$；LSM：$(La_{0.8}Sr_{0.2})_{0.9}MnO_{3-\delta}$；LDC：$La_{0.5}Ce_{0.5}O_{1.75}$；BCNO：$BaCe_{0.9}Nd_{0.1}O_{3-\delta}$。

4.5 质子导体电解质固体氧化物燃料电池的电极材料和阳极反应

氧离子导体电解质SOFC(SOFC-O)的电极材料已被广泛研究，典型的阳极材料有金属-氧化物陶瓷复合阳极，如Ni-YSZ，氧化还原稳定的阳极，如

$(La_{0.75}Sr_{0.25})Cr_{0.5}Mn_{0.5}O_{3-\delta}$[103-104]。而钙钛矿结构的氧化物,如镧锶锰,则常用于 SOFC 阴极材料[105]。一般说来,SOFC-O的电极材料同样可以作为 SOFC-H的电极材料。质子在阳极材料中的传导对于 SOFC-H 的性能至关重要,其能够将电极反应从三相界面扩展至整个电极(图 4.9)[106]。因此,利用质子导体电解质与金属或氧化物导体组成复合阳极或阴极,可以降低电极极化电阻,从而提高燃料电池的功率密度。

以氢气为燃料的 SOFC 的阳极反应机理如式(4.7)、式(4.8)、式(4.9)所示。与 SOFC-O 不同,SOFC-H 的反应产物 H_2O 产生在阴极侧,因此,其燃料不会被稀释。

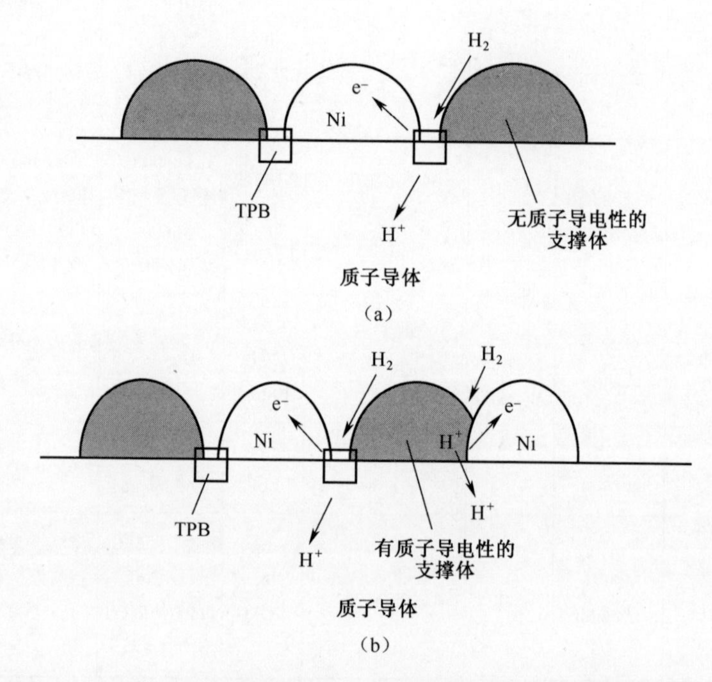

图 4.9 (a)无质子导体支撑体的、(b)有质子导电性的支撑体的 SOFC-H 阳极表面反应机理示意图

若以碳氢化合物作为 SOFC-H 的燃料,如甲烷,其阴极反应与以氢气为燃料时一致,但其阳极反应却更为复杂。

当以干燥的甲烷作为燃料时,在 SOFC-H 的阳极可能会发生积碳,如下式所示:

$$CH_4 \longrightarrow C + 2H_2 \tag{4.10}$$

但实际上,积碳并未如预期般发生[97]。Kreuer 描述了甲烷燃料在 SOFC-H 的反应机理,如图 4.10 所示[15]。

在阳极侧,质子从晶格中分离出来形成水,如下式所示:

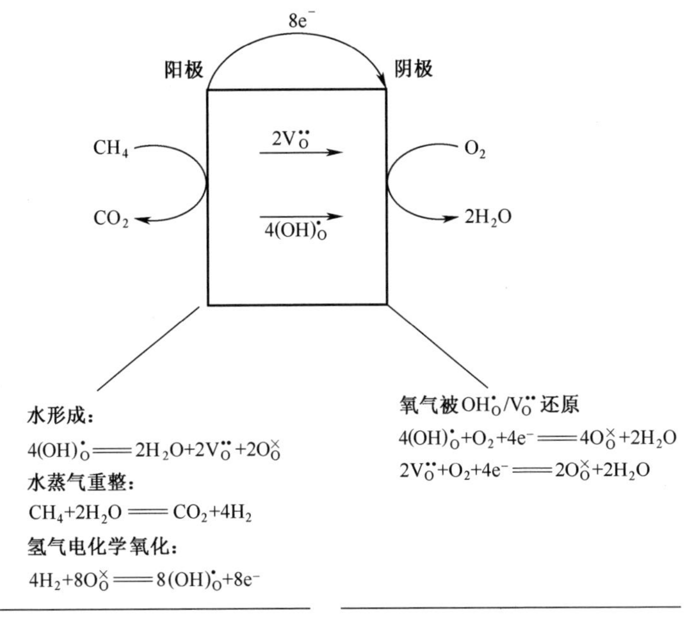

图 4.10　SOFC-H 中甲烷自重整示意图[15]

(a)整个电池反应式；(b)水蒸气重整。

$$4(OH)_O^{\cdot} \longrightarrow 2H_2O(g) + 2V_O^{\cdot\cdot} + 2O_O^{\times} \tag{4.11}$$

生成的水则参与甲烷重整反应：

$$CH_4 + 2H_2O \longrightarrow CO_2 + 4H_2 \tag{4.12}$$

产生的 H_2 则与晶格氧发生反应，形成质子缺陷：

$$4H_2 + 8O_O^{\times} \longrightarrow 8(OH)_O^{\cdot} + 8e^- \tag{4.13}$$

整个阳极反应如下式所示：

$$CH_4 + 6O_O^{\times} \longrightarrow CO_2 + 2V_O^{\cdot\cdot} + 4(OH)_O^{\cdot} + 8e^- \quad (4.14)$$

在阴极侧，氧气通过与质子或氧空位相结合而被还原，如式(4.15)、式(4.16)所示：

$$4(OH)_O^{\cdot} + O_2 + 4e^- \longrightarrow 4O_O^{\times} + 2H_2O \quad (4.15)$$

$$2V_O^{\cdot\cdot} + O_2 + 4e^- \longrightarrow 2O_O^{\times} \quad (4.16)$$

整个阴极反应如下：

$$4(OH)_O^{\cdot} + 2V_O^{\cdot\cdot} + 2O_2 + 8e^- \longrightarrow 6O_O^{\times} + 2H_2O \quad (4.17)$$

结合式(4.9)和式(4.12)，整个电池的化学反应如下：

$$CH_4 + 2O_2 \longrightarrow CO_2 + 2H_2O \quad (4.18)$$

在阳极产生的水蒸气也可以通过热分解形成 H_2，进而作为 SOFC-H 的燃料[107]，如图 4.11 所示。

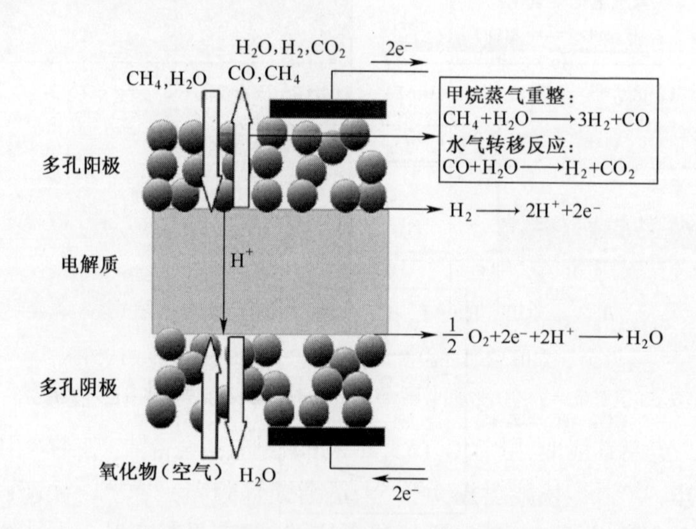

图 4.11　SOFC-H 中的甲烷内重整示意图[107]

若以氨气作为 SOFC-H 的燃料，其阳极发生如下反应：

$$2NH_3 - 6e^- \longrightarrow N_2 + 6H^+ \quad (4.19)$$

而阴极反应如式(4.17)所示。整个直接氨 SOFC-H 的反应如下：

$$2NH_3 + \frac{3}{2}O_2 \longrightarrow N_2 + 3H_2O \quad (4.20)$$

若 SOFC-H 运行的温度足够高，氨气可能会热分解为 H_2 和 N_2，其中的 H_2 又可以作为 SOFC-H 的燃料。直接氨 SOFC-H 能够避免 NO_x 毒性气体的生成，其反应机理如图 4.12 所示[98]。若以 H_2S 为燃料，其反应机理与以氨气为燃料的 SOFC-H 相似。

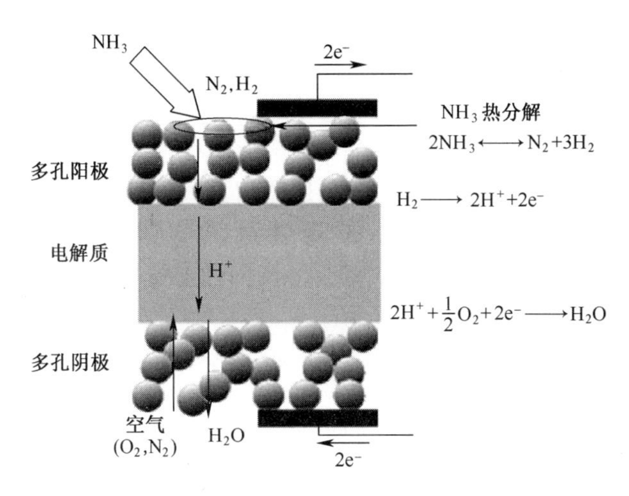

图 4.12　直接氨(NH_3/空气)燃料 SOFC-H 反应示意图[98]

4.6　总　　结

迄今为止,以质子导体为电解质的固体氧化物燃料电池(SOFC-H)的研究仍远远落后于以氧离子导体为电解质的固体氧化物燃料电池(SOFC-O)。以 BZCYYb 为电解质的 SOFC 具有非常优异的性能[48],表明质子导体 SOFC 能够具有与以 YSZ、LSGM、Gd 掺杂 CeO_2(CGO)为电解质的氧离子导体 SOFC 同样优秀的性能。新技术如脉冲激光沉积(PLD),能够制备出厚度约 1μm 的致密电解质薄膜,使其在中温段(400~600℃)使用成为可能。但是同时,此电解质薄膜存在机械强度差、易生成裂纹等缺点,无法满足长期使用的需求。相对于以氧离子导体为电解质的 SOFC,当使用氨气、硫化氢或碳氢化合物为燃料时,以质子导体为电解质能够有效避免形成有毒的 NO_x 或 SO_x 产物。

SOFC-O 的电极材料同样可以用于 SOFC-H 中,但是两者具有不同的反应机理。SOFC-H 的发展仍处于起步阶段,后续研究需要更关注于体系兼容性以及性能的提升。相信经过进一步的研究,SOFC-H 也能够具有和 SOFC-O 同样优异的性能。

参 考 文 献

[1] Steele, B. C. H. and Heinzel, A. (2001) Materials for fuel-cell technologies. *Nature*, **414**, 345-352.

[2] Minh, N. Q. and Takahashi, T. (1995) *Science and Technology of Ceramic Fuel Cells*, Vol. 9, Elsevier, Amsterdam.

[3] Singhal, S. C. and Kendall, K. (2003) *High Temperature Solid Oxide Fuel Cells: Fundamentals, Design, and Applications*, Elsevier, Oxford.

[4] Ruiz-Morales, J. C., Canales-Vazquez, J., Savaniu, C., Marrero-Lopez, D., Zhou, W. Z., and Irvine, J. T. S. (2006) Disruption of extended defects in solid oxide fuel cell anodes for methane oxidation. *Nature*, **439**, 568-571.

[5] Zhang, L., Jiang, S. P., Wang, W., and Zhang, Y. J. (2007) NiO/YSZ, anode-supported, thin-electrolyte, solid oxide fuel cells fabricated by gel casting. *J. Power Sources*, **170**, 55-60.

[6] Oishi, N., Atkinson, A., Brandon, N. P., Kilner, J. A., and Steele, B. C. H. (2005) Fabrication of an anode-supported gadolinium-doped ceria solid oxide fuel cell and its operation at 550℃. *J. Am. Ceram. Soc.*, **88**, 1394-1396.

[7] Ishihara, T., Matsuda, H., and Takita, Y. (1994) Doped $LAGAO_3$ perovskite-type oxide as a new oxide ionic conductor. *J. Am. Chem. Soc.*, **116**, 3801-3803.

[8] Xie, K., Yan, R. Q., Jiang, Y. Z., Liu, X. Q., and Meng, G. Y. (2008) A simple and easy one-step fabrication of thin $BaZr_{0.1}Ce_{0.7}Y_{0.2}O_{3-\delta}$ electrolyte membrane for solid oxide fuel cells. *J. Membr. Sci.*, **325**, 6-10.

[9] Kreuer, K. D. (1996) Proton conductivity: materials and applications. *Chem. Mater.*, **8**, 610-641.

[10] Haile, S. M. (2003) Fuel cell materials and components. *Acta Mater.*, **51**, 5981-6000.

[11] Orera, A. and Slater, P. (2009) New chemical systems for solid oxide fuel cells. *Chem. Mater.*, **22**, 675-690.

[12] Fabbri, E., Pergolesi, D., and Traversa, E. (2010) Materials challenges toward proton-conducting oxide fuel cells: a critical review. *Chem. Soc. Rev.*, **39**, 4355-4369.

[13] Magraso, A., Fontaine, M. L., Larring, Y., Bredesen, R., Syvertsen, G. E., Lein, H. L., Grande, T., Huse, M., Strandbakke, R., Haugsrud, R., and Norby, T. (2011) Development of proton conducting SOFCs based on $LaNbO_4$ electrolyte - status in Norway. *Fuel Cells*, **11**, 17-25.

[14] Malavasi, L., Fisher, C. A. J., and Islam, M. S. (2010) Oxide-ion and proton conducting electrolyte materials for clean energy applications: structural and mechanistic features. *Chem. Soc. Rev.*, **39**, 4370-4387.

[15] Kreuer, K. D. (2003) Proton-conducting oxides. *Annu. Rev. Mater. Res.*, **33**, 333-359.

[16] Iwahara, H., Esaka, T., Uchida, H., and Maeda, N. (1981) Proton conduction in sintered oxides and its application to steam electrolysis for hydrogen production. *Solid State Ionics*, **3-4**, 359-363.

[17] Takahashi, T. and Iwahara, H. (1980) Solid-state ionics - protonic conduction in perovskite type oxide solid-solutions. *Rev. Chim. Minerale*, **17**, 243-253.

[18] Uchida, H., Yoshikawa, H., and Iwahara, H. (1989) Formation of protons in $SrCeO_3$-based proton conducting oxides. Part I. Gas evolution and absorption in doped $SrCeO_3$ at high temperature. *Solid State Ionics*, **34**, 103-110.

[19] Irvine, J. T. S., Corcoran, D. J. D., Lashtabeg, A., and Walton, J. C. (2002) Incorporation of molecular species into the vacancies of perovskite oxides. *Solid State Ionics*, **154**, 447-453.

[20] Ma, G. L., Shimura, T., and Iwahara, H. (1999) Simultaneous doping with La^{3+} and Y^{3+} for Ba^{2+}- and Ce^{4+}-sites in $BaCeO_3$ and the ionic conduction. *Solid State Ionics*, **120**, 51-60.

[21] Liu, M. L., Hu, H. X., and Rauch, W. (1997) Ionic and electronic transport in $BaCe_{0.8}Gd_{0.2}O_3$ solid electrolyte, in *Proceedings of the First International Symposium on Ceramic Membranes*, Electrochemical Society Series, Vol. **95** (eds H. U. Anderson, A. C. Khandkar, and M. Liu), The Electrochemical Society, Pennington, NJ, pp. 192-220.

[22] Uchida, H., Maeda, N., and Iwahara, H. (1982) Steam concentration cell using a high-temperature type proton conductive solid electrolyte. *J. Appl. Electrochem.*, **12**, 645-651.

[23] Iwahara, H., Uchida, H., and Maeda, N. (1982) High-temperature fuel and steam electrolysis cells using proton conductive solid electrolytes. *J. Power Sources*, **7**, 293-301.

[24] Uchida, H., Maeda, N., and Iwahara, H. (1983) Relation between proton and hole conduction in $SrCeO_3$-based solid electrolytes under water-containing atmospheres at high-temperatures. *Solid State Ionics*, **11**, 117-124.

[25] Iwahara, H., Uchida, H., and Tanaka, S. (1983) High-temperature type proton conductor based on $SrCeO_3$ and its application to solid electrolyte fuel cells. *Solid State Ionics*, **9-10**, 1021-1025.

[26] Iwahara, H., Esaka, T., Uchida, H., Yamauchi, T., and Ogaki, K. (1986) High-temperature type protonic conductor based on $SrCeO_3$ and its application to the extraction of hydrogen gas. *Solid State Ionics*, **18-19**, 1003-1007.

[27] Ishigaki, T., Yamauchi, S., Kishio, K., Fueki, K., and Iwahara, H. (1986) Dissolution of deuterium into proton conductor $SrCe_{0.95}Yb_{0.05}O_{3-\delta}$. *Solid State Ionics*, **21**, 239-41.

[28] Virkar, A. N. and Maiti, H. S. (1985) Oxygen ion conduction in pure and yttria-doped barium cerate. *J. Power Sources*, **14**, 295-303.

[29] Mitsui, A., Miyayama, M., and Yanagida, H. (1987) Evaluation of the activation-energy for proton conduction in perovskite-type oxides. *Solid State Ionics*, **22**, 213-217.

[30] Kreuer, K. D. (1997) On the development of proton conducting materials for technological applications. *Solid State Ionics*, **97**, 1-15.

[31] Chen, F. L., Sorensen, O. T., Meng, G. Y., and Peng, D. K. (1997) Chemical stability study of $BaCe_{0.9}Nd_{0.1}O_{3-\delta}$ high-temperature proton-conducting ceramic. *J. Mater. Chem.*, **7**, 481-485.

[32] Tanner, C. W. and Virkar, A. V. (1996) Instability of $BaCeO_3$ in H_2O-containing atmospheres. *J. Electrochem. Soc.*, **143**, 1386-1389.

[33] Tao, S. W. and Irvine, J. T. S. (2006) A stable, easily sintered protonconducting oxide electrolyte for moderate-temperature fuel cells and electrolyzers. *Adv. Mater.*, **18**, 1581.

[34] Iwahara, H., Yajima, T., Hibino, T., Ozaki, K., and Suzuki, H. (1993) Protonic conduction in calcium, strontium and barium zirconates. *Solid State Ionics*, **61**, 65-69.

[35] Yajima, T., Kazeoka, H., Yogo, T., and Iwahara, H. (1991) Proton conduction in sintered oxides based on $CaZrO_3$. *Solid State Ionics*, **47**, 271-275.

[36] Yajima, T., Suzuki, H., Yogo, T., and Iwahara, H. (1992) Protonic conduction in $SrZrO_3$-based oxides. *Solid State Ionics*, **51**, 101-107.

[37] Hibino, T., Mizutani, K., Yajima, T., and Iwahara, H. (1992) Evaluation of proton conductivity in $SrCeO_3$, $BaCeO_3$, $CaZrO_3$ and $SrZrO_3$ by temperature programmed desorption method. *Solid State Ionics*, **57**, 303-306.

[38] Bohn, H. G. and Schober, T. (2000) Electrical conductivity of the high temperature proton conductor $BaZr_{0.9}Y_{0.1}O_{2.95}$. *J. Am. Ceram. Soc.*, **83**, 768-772.

[39] Savaniu, C. D., Canales-Vazquez, J., and Irvine, J. T. S. (2005) Investigation of proton conducting $BaZr_{0.9}Y_{0.1}O_{2.95}$: $BaCe_{0.9}Y_{0.1}O_{2.95}$ core-shell structures. *J. Mater. Chem.*, **15**, 598-604.

[40] Tao, S. W. and Irvine, J. T. S. (2007) Conductivity studies of dense yttrium-doped $BaZrO_3$ sintered at 1325℃. *J. Solid State Chem.*, **180**, 3493-3503.

[41] Pergolesi, D., Fabbri, E., D'Epifanio, A., Di Bartolomeo, E., Tebano, A., Sanna, S., Licoccia, S., Balestrino, G., and Traversa, E. (2010) High proton conduction in grain-boundary-free yttrium-doped

barium zirconate films grown by pulsed laser deposition. *Nat. Mater.*, **9**, 846-852.

[42] Ryu, K. H. and Haile, S. M. (1999) Chemical stability and proton conductivity of doped $BaCeO_3$-$BaZrO_3$ solid solutions. *Solid State Ionics*, **125**, 355-367.

[43] Katahira, K., Kohchi, Y., Shimura, T., and Iwahara, H. (2000) Protonic conduction in Zr-substituted $BaCeO_3$. *Solid State Ionics*, **138**, 91-98.

[44] Kreuer, K. D., Adams, S., Munch, W., Fuchs, A., Klock, U., and Maier, J. (2001) Proton conducting alkaline earth zirconates and titanates for high drain electrochemical applications. *Solid State Ionics*, **145**, 295-306.

[45] Irvine, J. T. S., Tao, S. W., Savaniu, C. D., and A. K. Azad (2004) Patent No. GB20040006818 20040326; GB20040027329 20041214; WO2005GB01169 20050324.

[46] Babilo, P. and Haile, S. M. (2005) Enhanced sintering of yttrium doped barium zirconate by addition of ZnO. *J. Am. Ceram. Soc.*, **88**, 2362-2368.

[47] Zuo, C. D., Zha, S. W., Liu, M. L., Hatano, M., and Uchiyama, M. (2006) $BaZr_{0.1}Ce_{0.7}Y_{0.2}O_{3-\delta}$ as an electrolyte for low-temperature solid-oxide fuel cells. *Adv. Mater.*, **18**, 3318-3320.

[48] Yang, L., Wang, S. Z., Blinn, K., Liu, M. F., Liu, Z., Cheng, Z., and Liu, M. L. (2009) Enhanced sulfur and coking tolerance of a mixed Ion conductor for SOFCs: $BaZr_{0.1}Ce_{0.7}Y_{0.2-x}Yb_xO_{3-\delta}$. *Science*, **326**, 126-129.

[49] Murugaraj, P., Kreuer, K. D., He, T., Schober, T., and Maier, J. (1997) High proton conductivity in barium yttrium stannate $Ba_2YSnO_{5.5}$. *Solid State Ionics*, **98**, 1-6.

[50] Liang, K. C. and Nowick, A. S. (1993) High-temperature protonic conduction in mixed perovskite ceramics. *Solid State Ionics*, **61**, 77-81.

[51] Glockner, R., Neiman, A., Larring, Y., and Norby, T. (1999) Protons in $Sr_3(Sr_{1+x}Nb_{2-x})O_{9-3x/2}$ perovskite. *Solid State Ionics*, **125**, 369-376.

[52] Bohn, H. G., Schober, T., Mono, T., and Schilling, W. (1999) The high temperature proton conductor $Ba_3Ca_{1.18}Nb_{1.82}O_{3-\delta}$. I. Electrical conductivity. *Solid State Ionics*, **117**, 219-228.

[53] Savaniu, C. and Irvine, J. T. S. (2003) $Sr_3Ca_{1-x}Zn_xZr_{0.5}Ta_{1.5}O_{8.75}$: a study of the influence of the B-site dopant nature upon protonic conduction. *Solid State Ionics*, **162**, 105-113.

[54] Haugsrud, R. and Norby, T. (2006) Proton conduction in rare-earth ortho-niobates and ortho-tantalates. *Nat. Mater.*, **5**, 193-196.

[55] Haugsrud, R. and Norby, T. (2006) High-temperature proton conductivity in acceptor-doped $LaNbO_4$. *Solid State Ionics*, **177**, 1129-1135.

[56] Mokkelbost, T., Kaus, I., Haugsrud, R., Norby, T., Grande, T., and Einarsrud, M. A. (2008) High-temperature proton-conducting lanthanum ortho-niobatebased materials. Part II: sintering properties and solubility of alkaline earth oxides. *J. Am. Ceram. Soc.*, **91**, 879-886.

[57] Haugsrud, R., Ballesteros, B., Lira-Cantu, M., and Norby, T. (2006) Ionic and electronic conductivity of 5% Ca-doped $GdNbO_4$. *J. Electrochem. Soc.*, **153**, J87-J90.

[58] Haugsrud, R. and Norby, T. (2007) High-temperature proton conductivity in acceptor-substituted rare-earth ortho-tantalates, $LnTaO_4$. *J. Am. Ceram. Soc.*, **90**, 1116-1121.

[59] Yokokawa, H., Horita, T., Sakai, N., Yamaji, K., Brito, M. E., Xiong, Y. P., and Kishimoto, H. (2006) Ceria: Relation among thermodynamic, electronic hole and proton properties. *Solid State Ionics*, **177**, 1705-1714.

[60] Nigara, Y., Mizusaki, J., Kawamura, K., Kawada, T., and Ishigame, M. (1998) Hydrogen permeability in $(CeO_2)_{0.9}(CaO)_{0.1}$ at high temperatures. *Solid State Ionics*, **113**, 347-354.

[61] Nigara, Y., Yashiro, K., Kawada, T., and Mizusaki, J. (2001) The atomic hydrogen permeability in $(CeO_2)_{0.85}(CaO)_{0.15}$ at high temperatures. *Solid State Ionics*, **145**, 365-370.

[62] Kim, S., Anselmi-Tambtirini, U., Park, H. J., Martin, M., and Munir, Z. A. (2008) Unprecedented room-temperature electrical power generation using nanoscale fluorite-structured oxide electrolytes. *Adv. Mater.*, **20**, 556.

[63] Avila-Paredes, H. J., Barrera-Calva, E., Anderson, H. U., De Souza, R. A., Martin, M., Munir, Z. A., and Kim, S. (2010) Room-temperature protonic conduction in nanocrystalline films of yttria-stabilized zirconia. *J. Mater. Chem.*, **20**, 6235-6238.

[64] Avila-Paredes, H. J., Chen, C. T., Wang, S. Z., De Souza, R. A., Martin, M., Munir, Z., and Kim, S. (2010) Grain boundaries in dense nanocrystalline ceria ceramics: exclusive pathways for proton conduction at room temperature. *J. Mater. Chem.*, **20**, 10110-10112.

[65] Kim, S., Avila-Paredes, H. J., Wang, S. Z., Chen, C. T., De Souza, R. A., Martin, M., and Munir, Z. A. (2009) On the conduction pathway for protons in nanocrystalline yttria-stabilized zirconia. *Phys. Chem. Chem. Phys.*, **11**, 3035-3038.

[66] Ruiz-Trejo, E. and Kilner, J. A. (2009) Possible proton conduction in $Ce_{0.9}Gd_{0.1}O_{2-\delta}$ nanoceramics. *J. Appl. Electrochem.*, **39**, 523-528.

[67] Liu, R. Q., Xie, Y. H., Wang, J. D., Li, Z. J., and Wang, B. H. (2006) Synthesis of ammonia at atmospheric pressure with $Ce_{0.8}M_{0.2}O_{2-\delta}$ (M=La, Y, Gd, Sm) and their proton conduction at intermediate temperature. *Solid State Ion.*, **177**, 73-76.

[68] Ma, G. L., Zhang, F., Zhu, J. L., and Meng, G. Y. (2006) Proton conduction in $La_{0.9}Sr_{0.1}Ga_{0.8}Mg_{0.2}O_{3-\delta}$. *Chem. Mater.*, **18**, 6006-6011.

[69] Chen, C., Wang, W. B., and Ma, G. L. (2009) Proton conduction in $La_{0.9}M_{0.1}Ga_{0.8}Mg_{0.2}O_{3-\delta}$ at intermediate temperature and its application to synthesis of ammonia at atmospheric pressure. *Acta. Chim. Sinica*, **67**, 623-628.

[70] Chen, C. and Ma, G. L. (2008) Preparation, proton conduction, and application in ammonia synthesis at atmospheric pressure of $La_{0.9}Ba_{0.1}Ga_{1-x}Mg_xO_{3-\delta}$. *J. Mater. Sci.*, **43**, 5109-5114.

[71] Zhang, G. B. and Smyth, D. M. (1995) Protonic conduction in $Ba_2In_2O_5$. *Solid State Ion.*, **82**, 153-160.

[72] Jankovic, J., Wilkinson, D. P., and Hui, R. (2011) Proton conductivity and stability of $Ba_2In_2O_5$ in hydrogen containing atmospheres. *J. Electrochem. Soc.*, **158**, B61-B68.

[73] Kendrick, E., Kendrick, J., Knight, K. S., Islam, M. S., and Slater, P. R. (2007) Cooperative mechanisms of fast-ion conduction in gallium-based oxides with tetrahedral moieties. *Nat. Mater.*, **6**, 871-875.

[74] Haugsrud, R. and Kjolseth, C. (2008) Effects of protons and acceptor substitution on the electrical conductivity of La_6WO_{12}. *J. Phys. Chem. Solids*, **69**, 1758-1765.

[75] Haugsrud, R. (2007) Defects and transport properties in Ln_6WO_{12} (Ln = La, Nd, Gd, Er). *Solid State Ionics.*, 178, 555-560.

[76] Norby, T. and Christiansen, N. (1995) Proton conduction in Ca-substituted and Sr-substituted $LaPO_4$. *Solid State Ionics.*, **77**, 240-243.

[77] Lefebvre-Joud, F., Gauthier, G., and Mougin, J. (2009) Current status of proton-conducting solid oxide fuel cells development. *J. Appl. Electrochem.*, **39**, 535-543.

[78] Hirabayashi, D., Tomita, A., Brito, M. E., Hibino, T., Harada, U., Nagao, M., and Sano, M. (2004) Solid oxide fuel cells operating without using an anode material. *Solid State Ionics*, **168**, 23-29.

[79] Hibino, T., Hashimoto, A., Inoue, T., Tokuno, J., Yoshida, S., and Sano, M. (2000) A low-operating-temperature solid oxide fuel cell in hydrocarbon-air mixtures. *Science*, **288**, 2031-2033.

[80] Asano, K., Hibino, T., and Iwahara, H. (1995) A novel solid oxide fuel cell system using the partial oxidation of methane. *J. Electrochem. Soc.*, **142**, 3241-3245.

[81] Zhang, X. L., Jin, M. F., and Sheng, J. M. (2010) Layered $GdBa_{0.5}Sr_{0.5}Co_2O_{5+\delta}$ delta as a cathode for proton-conducting solid oxide fuel cells with stable $BaCe_{0.5}Zr_{0.3}Y_{0.16}Zn_{0.04}O_{3-\delta}$ delta electrolyte. *J. Alloy. Compd.*, **496**, 241-243.

[82] Lin, B., Dong, Y. C., Wang, S. L., Fang, D. R., Ding, H. P., Zhang, X. Z., Liu, X. Q., and Meng, G. Y. (2009) Stable, easily sintered $BaCe_{0.5}Zr_{0.3}Y_{0.16}Zn_{0.04}O_{3-\delta}$ electrolyte-based proton-conducting solid oxide fuel cells by gel-casting and suspension spray. *J. Alloy. Compd.*, **478**, 590-593.

[83] Zhang, S. Q., Bi, L., Zhang, L., Tao, Z. T., Sun, W. P., Wang, H. Q., and Liu, W. (2009) Stable $BaCe_{0.5}Zr_{0.3}Y_{0.16}Zn_{0.04}O_{3-\delta}$ thin membrane prepared by in situ tape casting for proton-conducting solid oxide fuel cells. *J. Power Sources*, **188**, 343-346.

[84] Lin, B., Hu, M. J., Ma, J. J., Jiang, Y. Z., Tao, S. W., and Meng, G. Y. (2008) Stable, easily sintered $BaCe_{0.5}Zr_{0.3}Y_{0.16}Zn_{0.04}O_{3-\delta}$ electrolyte-based protonic ceramic membrane fuel cells with $Ba_{0.5}Sr_{0.5}Zn_{0.2}Fe_{0.8}O_{3-\delta}$ perovskite cathode. *J. Power Sources*, **183**, 479-484.

[85] Ding, H. P., Xie, Y. Y., and Xue, X. J. (2011) Electrochemical performance of $BaZr_{0.1}Ce_{0.7}Y_{0.1}Yb_{0.1}O_{3-\delta}$ electrolyte based proton-conducting SOFC solid oxide fuel cell with layered perovskite $PrBaCo_2O_{5+\delta}$ cathode. *J. Power Sources*, **196**, 2602-2607.

[86] Ito, N., Iijima, M., Kimura, K., and Iguchi, S. (2005) New intermediate temperature fuel cell with ultra-thin proton conductor electrolyte. *J. Power Sources*, **152**, 200-203.

[87] Kang, S., Heo, P., Lee, Y. H., Ha, J., Chang, I., and Cha, S. W. (2011) Low intermediate temperature ceramic fuel cell with Y-doped $BaZrO_3$ electrolyte and thin film Pd anode on porous substrate. *Electrochem. Commun.*, **13**, 374-377.

[88] Shim, J. H., Park, J. S., An, J., Gur, T. M., Kang, S., and Prinz, F. B. (2009) Intermediate-temperature ceramic fuel cells with thin film yttrium-doped barium zirconate electrolytes. *Chem. Mater.*, **21**, 3290-3296.

[89] Bi, L., Fabbri, E., Sun, Z. Q., and Traversa, E. S. (2011) Interactive anodic powders improve densification and electrochemical properties of $BaZr_{0.8}Y_{0.2}O_{3-\delta}$ electrolyte films for anode-supported solid oxide fuel cells. *Energy. Environ. Sci.*, **4**, 1352-1357.

[90] Lin, B., Wang, S. L., Liu, X. Q., and Meng, G. Y. (2009) Stable proton-conducting Ca-doped $LaNbO_4$ thin electrolyte-based protonic ceramic membrane fuel cells by in situ screen printing. *J. Alloy. Compd.*, **478**, 355-357.

[91] Maffei, N., Pelletier, L., Charland, J., and McFarlan, A. (2005) An intermediate temperature direct ammonia fuel cell using a proton conducting electrolyte. *J. Power Sources*, **140**, 264-267.

[92] Zhang, L. M. and Yang, W. S. (2008) Direct ammonia solid oxide fuel cell based on thin proton-conducting electrolyte. *J. Power Sources*, **179**, 92-95.

[93] Ni, M., Leung, D. Y. C., and Leung, M. K. H. (2008) Electrochemical modeling of ammonia-fed solid oxide fuel cells based on proton conducting electrolyte. *J. Power Sources*, **183**, 687-692.

[94] Maffei, N., Pelletier, L., Charland, J. P., and McFarlan, A. (2007) A direct ammonia fuel cell using barium cerate proton conducting electrolyte doped with gadolinium and praseodymium. *Fuel Cells*, **7**, 323-328.

[95] Xie, K., Yan, R. Q., Chen, X. R., Wang, S. L., Jiang, Y. Z., Liu, X. Q., and Meng, G. Y. (2009) A stable and easily sintering $BaCeO_3$-based proton-conductive electrolyte. *J. Alloy. Compd.*, **473**, 323-329.

[96] Xie, K., Ma, Q. L., Lin, B., Jiang, Y. Z., Gao, J. F., Liu, X. Q., and Meng, G. Y. (2007) An ammonia fuelled SOFC with a $BaCe_{0.9}Nd_{0.1}O_{3-\delta}$ thin electrolyte prepared with a suspension spray. *J. Power Sources*, **170**, 38-41.

[97] Coors, W. G. (2003) Protonic ceramic fuel cells for high-efficiency operation with methane. *J. Power Sources*, **118**, 150-156.

[98] Ni, M., Leung, M. K. H., and Leung, D. Y. C. (2009) Ammonia-fed solid oxide fuel cells for power generation-A review. *Int. J. Energy Res.*, **33**, 943-59.

[99] Lan, R., Irvine, J. T. S., and Tao, S. W. (2012) Ammonia and related chemicals as potential indirect hydrogen storage materials. *Int. J. Hydrogen Energy*, **37**, 1482-1494.

[100] Meng, G. Y., Jiang, C. R., Ma, J. J., Ma, Q. L., and Liu, X. Q. (2007) Comparative study on the performance of a SDC-based SOFC fueled by ammonia and hydrogen. *J. Power Sources*, **173**, 189-193.

[101] Pujare, N. U., Semkow, K. W., and Sammells, A. F. (1987) A direct H_2S/Air solid oxide fuel-cell. *J. Electrochem. Soc.*, **134**, 2639-2640.

[102] Chen, H., Xu, Z. R., Peng, C., Shi, Z. C., Luo, J. L., Sanger, A., and Chuang, K. T. (2010) Proton conductive YSZ phosphate composite electrolyte for H_2S SOFC. *Ceram. Int.*, **36**, 2163-2167.

[103] Atkinson, A., Barnett, S., Gorte, R. J., Irvine, J. T. S., McEvoy, A. J., Mogensen, M., Singhal, S. C., and Vohs, J. (2004) Advanced anodes for high-temperature fuel cells. *Nat. Mater.*, **3**, 17-27.

[104] Cowin, P. I., Petit, C. T. G., Lan, R., Irvine, J. T. S., and Tao, S. W. (2011) Recent progress in the development of anode materials for solid oxide fuel cells. *Adv. Energy. Mater.*, **1**, 314-332.

[105] Jiang, S. P. (2008) Development of lanthanum strontium manganite perovskite cathode materials of solid oxide cells: a review. *J. Mater. Sci.*, **43**, 6799-6833.

[106] Tao, S. W., Wu, Q. Y., Peng, D. K., and Meng, G. Y. (2000) Electrode materials for intermediate temperature proton-conducting fuel cells. *J. Appl. Electrochem.*, **30**, 153-157.

[107] Ni, M., Leung, D. Y. C., and Leung, M. K. H. (2008) Modeling of methane fed solid oxide fuel cells: comparison between proton conducting electrolyte and oxygen ion conducting electrolyte. *J. Power Sources*, **183**, 133-142.

第5章

固体氧化物燃料电池金属连接体材料

李箭,华斌,张文颖

5.1 引　言

固体氧化物燃料电池是一种将化石、生物质或碳氢燃料中的化学能直接转化为电能的电化学能量转换装置,由于不包括燃烧和机械运动过程,使得 SOFC 这种发电技术具有广阔的前景。它具有高效率、低排放和燃料多样化等优势。连接体是 SOFC 电堆的关键组件之一,外气道设计中的连接体如图 5.1 所示,它分隔燃料气体和氧化气体,将反应气体分配到电极,同时为相邻电池提供电连接。此外,在某些电堆的设计中,连接体也作为结构件构成完整的电堆,提供机械接触表面用于气流通道的密封[1-3]。目前,由于电解质的薄膜化工艺和优异性能的电极材料的发展,使得在保持功率密度和稳定性不变的情况下,SOFC 的

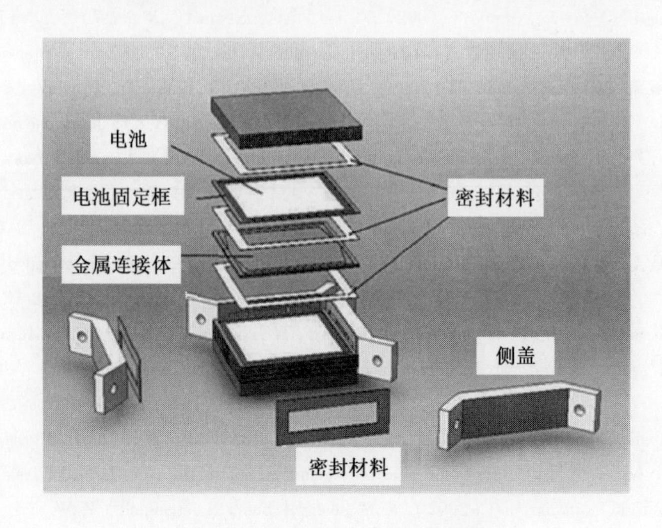

图 5.1　平板式 SOFC 电堆结构

工作温度已从1000℃左右的高温降低至600~800℃的中温范围内。SOFC工作温度的降低使得连接体可以使用金属合金为材料。近年来,研究者们致力于寻找合适的金属连接体材料[4-9]。

由于中温固体氧化物燃料电池(IT-SOFC)的工作温度为600~800℃,其材料要面对高的工作温度和严格的双重气氛(阴极侧氧化气氛和阳极侧还原气氛)所带来的考验,这使得材料需要满足以下要求[4-5,10-13]:

(1) 与电池组件相近的热膨胀匹配性。由于电池组件的热膨胀系数(TEC)大约为$10\times10^{-6}\sim13\times10^{-6}K^{-1}$,因此连接体材料在工作温度下最好具有与之相近的TEC,从而避免在热循环过程中产生过大的热应力而导致单电池破裂,使其性能急剧衰减。

(2) 足够的抗氧化能力和电导率。连接体一侧暴露在阴极气氛(通常为空气,氧分压为0.21atm),而另一侧处于阳极气氛(燃料气,氧分压在$10^{-18}\sim10^{-8}$atm),使连接体表面不可避免地会发生氧化而形成氧化膜,从而增加其欧姆电阻。为了确保电堆性能的稳定,连接体的面比电阻必须小于$0.1\Omega\cdot cm^2$。同时要求连接体材料具有很低的离子导电率。

(3) 允许的化学相容性。连接体通常与阳极、阴极及密封部件相连接。连接体与相邻部件中的元素通过发生化学反应或相互扩散形成高阻相,将会影响电极的性能,同时使得密封材料表面破裂而影响其功能。所以在SOFC工作状态下连接体材料与相邻部件的化学相容性对于电堆性能的稳定非常重要。

(4) 足够的气密性。连接体材料连接相邻电池的阳极和阴极,为了避免电池运行时阴极和阳极气体的直接混合,要求反应气体不能渗透材料。根据能斯特方程可以知道,连接体处的气体泄露会使氧气或氢气分压发生变化,这将导致开路电压明显变化,从而影响电池的性能;另一方面,燃料和氧化气体直接混合将使局部温度显著升高,从而毁坏连接体和电池。

(5) 高的热导率。作为电堆里的结构部件,由于电极反应中产生过多热量,连接体必须能够散热,同时维持电堆稳定和温度分布的均匀性。此外,连接体是平衡平板电池中阴极和阳极产生热量的热交换工具,特别是电池中燃料重整所发生的吸热反应。通常来说,连接体材料的导电率应高于$20W\cdot m^{-1}\cdot K^{-1}$。

(6) 优异的抗硫化和抗碳化能力。向SOFC电堆中通入含硫或含碳的燃料可能会使金属连接体材料硫化或碳化,所产生的硫化物或碳化物将增加金属连接体的面比电阻,同时氧化膜的剥落以及金属的粉末化将瓦解连接体和电极之间的连接。

(7) 可接受的高温力学性能。这个特别的要求是针对平板SOFC中作为结构支撑的连接体而言。从根本上来说,金属连接体在工作过程中不会遭受很高的机械载荷,因此对金属连接体高温力学性能的最低要求是具有足够的高温强度和蠕变强度来维持长期工作过程中的结构刚度。

(8) 低廉的材料成本和制造费用。连接体的费用占据了 SOFC 电堆中相当大的比重,因此合适的连接体材料及其制造方法对于降低 SOFC 电堆的成本乃至推动 SOFC 技术的商业化至关重要。

为了满足这些要求,研究者考虑将抗氧化合金作为候选材料。这些合金通常含有不等量的 Al、Si 或 Cr,它们优先氧化形成氧化膜。暴露在 SOFC 工作温度下,合金中的 Al 形成 Al_2O_3,Si 形成 SiO_2,而 Cr 形成 Cr_2O_3。尽管形成 Al_2O_3 和 SiO_2 的合金具有更佳的抗氧化能力,但由于热增长的 Al_2O_3 和 SiO_2 氧化膜导电率较低,这将导致 ASR 偏高,因此它们在 SOFC 连接体中使用较少。在中温 SOFC 的工作条件下,合金表面不可避免地会形成氧化膜,理想的解决办法是开发具有足够抗氧化能力的合金,使其在中温 SOFC 期望的 40000h 服役期限内的 ASR 不超过 $0.1\Omega \cdot cm^2$。这要求合金形成相对致密的氧化膜并且具有好的基体黏附性、化学稳定性、均匀性、足够高的电子电导率以及较低的增长速率,同时满足前面提及的其他方面要求。因此,形成 Cr_2O_3 氧化膜的合金作为有潜力的金属连接体材料受到了广泛的关注,尤其是铁素体 Fe-Cr 和 Ni-Cr 合金。它们与电池部件的 TEC 非常匹配,同时拥有相对较低的 Cr_2O_3 氧化膜增长速率和可接受的高电导率[4,10,14]。

本章分别从氧化行为、电导率、表面改性以及新合金方面总结了近些年对于中温 SOFC 金属连接体的研究,并以此对过去十年发表的有关 SOFC 金属连接体的综述进行补充[4-7,15]。

5.2 备选合金的氧化行为

对金属连接体材料的研究主要集中于形成 Cr_2O_3 氧化膜耐热合金中的三类合金,分别为 Cr 基、Ni 基和 Fe 基合金。在中温 SOFC 的气氛中,合金中的 Cr 优先氧化形成致密、黏附性好的 Cr_2O_3 层,从而通过减慢合金中金属阳离子的向外扩散和反应气体中氧的向内扩散来增强合金抗氧化能力。Cr 基合金中氧化物弥散强化合金 $Cr_5Fe_1Y_2O_3$ 可作为高温 SOFC(约 900℃)金属连接体材料的选择之一,它在 20~1000℃ 范围内的 TEC 为 $11.8\times10^{-6}K^{-1}$,与电池的其他部件非常匹配,同时显现出优异的抗氧化能力和高温力学性能。然而,当工作温度超过 800℃时,急需解决由于合金抗氧化能力不足而带来的长期稳定性问题,特别是处于水或 CO 的气氛中。与此同时,合金中的 Cr 挥发沉积到阴极,会导致电池电化学性能快速衰减。另外,Cr 基合金制备困难、价格昂贵,且缺乏其在较低温度下的抗氧化能力数据[6-20]。因此认为 Cr 基合金并不适用作中温 SOFC 的金属连接体材料。

Ni 基合金具有优异的抗氧化腐蚀能力而被广泛研究,因此也被考虑作为有潜能的金属连接体应用的候选材料。由于具有奥氏体显微结构,通常 Ni 基合金 TEC 相对较高,从室温至 800℃,其 TEC 一般为 $14.0\times10^{-6}\sim19.0\times10^{-6}K^{-1}$;另一方面,它们相对于铁素体类型的 Fe-Cr 合金更为昂贵,因此,Ni 基合金也不适用于金属连接体材料,而一些特别的 Ni 基合金得到了较少的关注,如 Haynes 230,它是一种有潜力成为中温 SOFC 金属连接体材料的 Ni 基合金,其在 25~800℃ 的 TEC 为 $15.2\times10^{-6}K^{-1}$[24-32]。

Fe 基合金,特别是铁素体 Fe-Cr 不锈钢合金,它在 25~800℃时的 TEC 一般在 $12.0\times10^{-6}\sim13.0\times10^{-6}K^{-1}$ 的范围内,它与电池的其他部件非常匹配,这是 Fe-Cr 不锈钢合金作为 SOFC 电堆金属连接体材料的主要原因之一。此外,通常 Fe-Cr 不锈钢合金具有相对较高的抗氧化能力和较好的力学性能,且成本较低,因此,在中温 SOFC 的工作环境下,虽然 Fe 基合金的抗氧化能力不及 Ni 基合金,但是这些年来几种 Fe-Cr 铁素体不锈钢合金依旧作为金属连接体的候选材料被广泛研究,其 TEC 为 $12.0\times10^{-6}K^{-1}$,Cr 含量在 16%~22%(质量分数)范围内,如 SUS 430 和 Crofer 22 APU[33-51]。

在中温 SOFC 工作条件下,合金表面必然会形成氧化膜,由于在电堆预期寿命的 40000h 内,ASR 必须小于 $0.1\Omega\cdot cm^2$,因此要求金属连接体具有相当高的电导率和足够的抗氧化能力来阻止氧化膜的过度生长以及由于氧化膜与基体合金热膨胀系数不匹配而导致的剥落[52-54]。在金属连接体应用中,合金的氧化通常是扩散过程,遵守 Wagner 理论抛物线定律,表达式为

$$\Delta W^2 = K_p t \tag{5.1}$$

或

$$X^2 = K_p t \tag{5.2}$$

式中:ΔW 为样品比表面积上的增重;X 为热增长氧化膜的厚度;t 为氧化时间;K_p($g^2\cdot cm^{-4}\cdot s^{-1}$或 $\mu m^2\cdot s^{-1}$)为抛物线速率常数或称为氧化速率。

为了描述抗氧化能力,根据公式可知,氧化动力学通常在特定温度下用样品比表面积上的增重或氧化膜的厚度对应氧化时间所绘制的曲线来表达。曲线的斜率表示抛物线速率常数 K_p,它的大小主要取决于合金的成分、受热循环的过程及表面情况等。在 Ni-Cr 合金和 Fe-Cr 合金的氧化过程中,阳离子通过已形成的 Cr_2O_3 层向外扩散,氧化动力学基本上与受扩散控制的抛物线增长关系一致。典型的氧化动力学曲线如图 5.2 所示,具有恒定或变化的氧化速率。在氧化动力学的基础上,合金的长期氧化行为和其能否作为连接体材料可通过外推进行预测。氧化速率随着氧化时间的变化归因于氧化膜形成了特定的氧化物[28,37]。

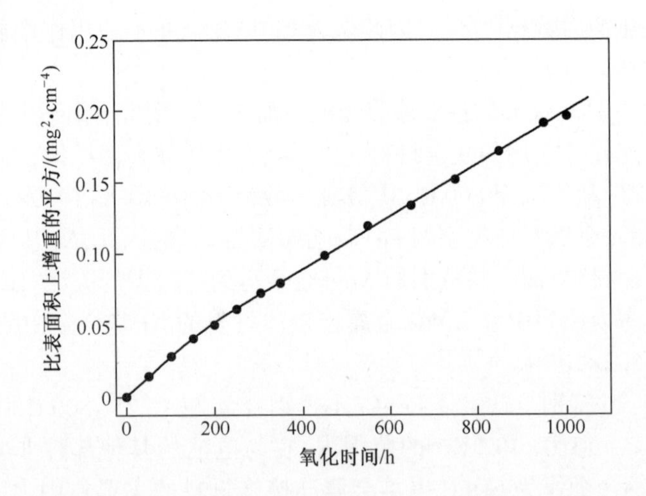

图 5.2 Fe-Cr 合金在 750℃空气中氧化 1000h 的氧化动力学曲线[59]

5.2.1 阴极气氛中的氧化

在中温 SOFC 温度范围内,阴极气氛一般为空气,金属连接体暴露在这种环境下,合金中的 Cr 优先氧化,最初在合金表面形成 Cr_2O_3。前面提到氧化膜的增长受控于阳离子通过 Cr_2O_3 层向外扩散,遵循抛物线定律。Yang[8] 和 Fergus 等人[5] 总结了不同温度下 Fe 基和 Ni 基合金的抛物线速率常数:Ni-Cr 合金通常具有更低的氧化膜增长速率,也就是具有比 Fe-Cr 铁素体不锈钢更强的抗氧化能力,并且在其他合金元素百分比含量一致的情况下,合金中 Cr 含量越高抗氧化能力越好。在 800℃空气中,Fe-Cr 基体合金的氧化增长速率为 $10^{-14} \sim 10^{-12} g^2 \cdot cm^{-4} \cdot s^{-1}$。

热增长氧化膜的增长速率、显微结构和相都取决于合金的成分。在 Fe-Cr 或 Ni-Cr 合金中添加少量的 Mn 元素会形成 Mn-Cr 尖晶石立方相,尖晶石显微结构的典型形貌如图 5.3 所示。由于 Mn 离子在 Cr_2O_3 中的向外扩散速度大于 Cr 离子,因此 Fe-Cr-Mn 合金或 Ni-Cr-Mn 合金形成的热增长氧化膜显示出两层结构,即在致密的 Cr_2O_3 层上形成 Mn-Cr 尖晶石,如图 5.4 所示[60-62]。经常可以在 Fe-Cr-Mn 合金和 Ni-Cr-Mn 合金中观察到这样的双层氧化膜结构,如 SUS 430、Crofer 22 APU 和 Haynes 230[28,32,37,41]。向合金表面的 Fe 渗碳,能加速 Mn 的扩散,同时促进 Mn-Cr 尖晶石的形成[63]。一般来说,金属连接体暴露在中温 SOFC 工作环境中,候选合金形成的氧化膜主要是 Cr_2O_3 和 Mn-Cr 尖晶石,这是由于 Mn-Cr 尖晶石的电导率比 Cr_2O_3 高出几个数量级,所以形成 Mn-Cr 尖晶石层能使氧化膜的电导率比只有 Cr_2O_3 时的氧化膜的电导率高[6,38,64-66]。另外,合金的厚度也影响其氧化速率:合金越薄,在同等情况下的抗氧化能力越弱。对于薄板材合金,当 Cr_2O_3 层底部的 Cr 耗尽时,基体会变得不稳定,最终导致 Fe 被氧化。薄板材合金的加速氧化行为可以通过降低 Mn 含量、增加 Cr 含量并添加 W 元素来改善[67]。

图 5.3 金属连接体表面尖晶石形貌
(空气中,750℃氧化 300h)

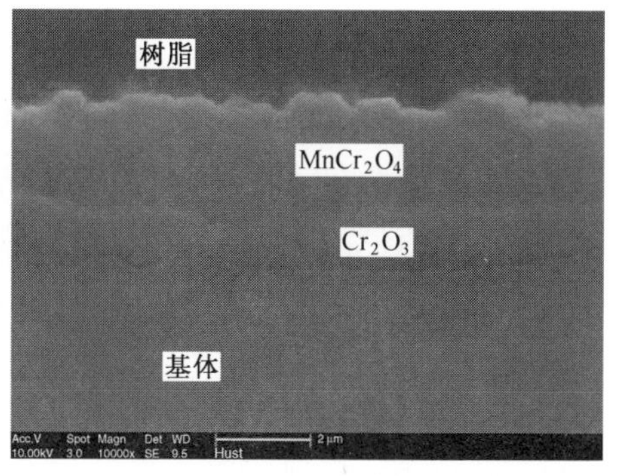

图 5.4 金属连接体表面双层氧化膜结构[37]
(空气中,750℃氧化 500h)

对于具有单一抛物线速率常数 K_p 的氧化过程而言,氧化膜的增长可以根据抛物线定律很好地进行预测,也能评价合金在 40000h 后氧化的程度。然而,目前的研究表明,形成 Cr_2O_3 的 Fe 或 Ni-Cr-Mn 合金并不总是遵循恒定速率的氧化动力学,而是表现出多级氧化的特质,每个阶段遵循 Wagner 抛物线定律而具有不同的氧化速率常数[28,37]。如图 5.5[28] 所示,Haynes 230 合金在 800℃空气中氧化 1000h 的氧化动力学曲线有三条,第一条和第三条的斜率几乎一致,均小于第二阶段的斜率。产生这个现象的原因是由于 Mn 离子在 Cr_2O_3 中的扩散速度更快而 Mn 又较为匮乏,随后连接合金/氧化膜界面的基体中 Mn 含量恢复所造成的[28,37]。Caplan 等人[68]报道了 Fe-Cr-Mn 合金中 Mn 的快速向外扩散在表面形成富含 Mn 的氧化膜,这将引起局部 Mn 的匮乏直到 Mn 含量再次被补充。与富 Mn 氧化膜底部相邻合金的瞬间成分接近 Fe-Cr 合金,从而导致 Cr_2O_3 形成。因此,第一个缓慢的氧化阶段与 Cr_2O_3 层的生长有关,受控于不活泼 Cr 离子穿过致密 Cr_2O_3 层的扩散;较快速的第二阶段是由于 Mn 离子通过已形成的 Cr_2O_3 层快速扩散在 Cr_2O_3 上形成 Mn-Cr 尖晶石;由于 Haynes 230 合金中 Mn 含量有限,而反应需要连续提供 Mn 离子,因此 Mn-Cr 尖晶石的快速增长有可能中断,如此 Mn 的消耗可能会减缓 Mn-Cr 尖晶石的快速增长,这时氧化动力学到达第三个阶段,与第一阶段相同,受控于 Cr 的扩散。Marasco、Young[69] 和 Cox 等人[70] 提出相同的机制来解释分阶段氧化过程中形成的 M_3O_4($M = Fe, Cr$ 或 Mn)型和 M_2O_3 型氧化物:首先是 M_2O_3 生长,然后是 M_3O_4 生长,M_3O_4 的生长速率比 M_2O_3 大一个数量级。由于金属连接体在预期寿命 40000h 内的 ASR 应低于 $0.1\Omega \cdot cm^2$,因此充分了解候选合金的长期氧化动力学对于氧化行为的评价非常重要。

众所周知,晶界为 Fe 迁移的快速通道,阳离子沿着晶界扩散将影响氧化膜的增长[61,71-75]。如图5.6(a)所示,Crofer 22 APU合金在800℃的空气中氧化1000h时,晶界上可观察到相对较快的元素扩散,晶界上形成的大尺寸的氧化物颗粒降低了合金的抗氧化能力和接触电阻。通过控制晶界,如在晶界处沉淀Laves相[76-77],能够有效地抑制晶界的优先氧化,从而形成均匀的氧化膜表面,如图5.6(b)所示。另外,Laves相能优先消耗合金中的Si元素,避免形成富含Si的高电阻率氧化物,从而达到进一步改善电性能的作用[78]。然而,Laves相不能完全阻止晶界扩散,也无法完全去除基体中的Si元素。此外,通过在合金中添加稀土元素和活性元素,可在晶界形成氧化物,能有效改善其抗氧化能力[79-83]。总的来说,为了金属连接体应用的需要,控制元素沿着晶界扩散是形成薄且完整氧化膜的有效方式。

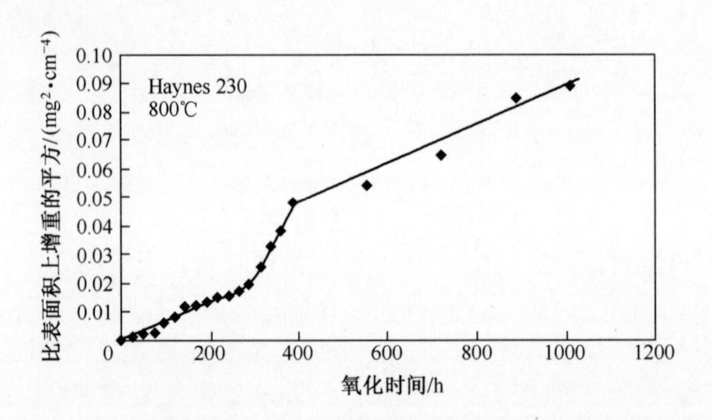

图5.5 Haynes 230合金在800℃空气中氧化1000h的氧化动力学曲线[28]

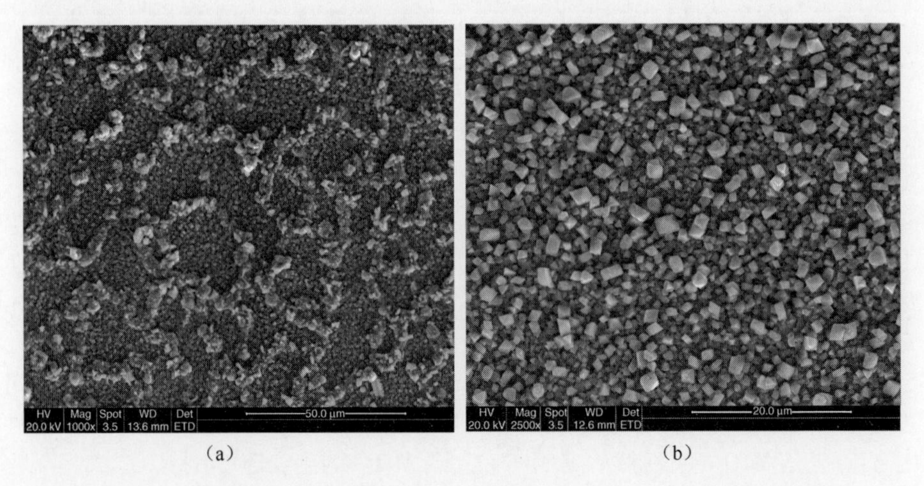

图5.6 金属连接体(a)Crofer 22 APU和(b)Crofer 22 H氧化后的表面形貌(空气中,750℃氧化1000h)

5.2.2 阳极气氛中的氧化

对金属连接体在氧化气氛(空气)中的氧化行为研究非常广泛,然而,对中温SOFC阳极燃料气氛中,如潮湿 H_2 或氧分压为 $10^{-18}\sim10^{-8}$ atm 的典型重整气的研究却不够充分。相比于阴极侧,阳极侧的环境更为复杂,特别是使用碳氢燃料时,水、氢气和碳的存在使得金属连接体受到各种形式的腐蚀。尽管阳极侧的氧分压相对于阴极侧低很多,氧化物如 Cr_2O_3 和 Mn-Cr 尖晶石在热动力学上依然是稳定的。文献中报道了潮湿氢气环境下合金氧化膜的增长速率数值,然而,它们之间存在着数量级的差别。Brylewski 等人[84]报道了在 800℃ 温度下,SUS 430合金在潮湿氢气中氧化的抛物线速率常数 K_p 为 $3.8\times10^{-6}\mu m^2\cdot s^{-1}$,与在空气中氧化差别不大($3.0\times10^{-6}\mu m^2\cdot s^{-1}$);但对于 SUS466 和 Fe22CrMn 合金,在 800℃ 温度 H_2 和 H_2O 气氛中氧化 250h,氧化增重仅仅为相同情况下空气中的一半[85-86]。同样在 Ni 基合金的氧化实验中观察到,当温度为 700℃~1100℃时,该合金在 H_2 和 H_2O 气氛中氧化具有比在空气气氛中更快的氧化速率[24-25]。一般认为中温 SOFC 阳极气氛比阴极气氛的腐蚀性更强,但具体原因至今不明。

XRD(X-ray diffraction)分析指明,中温铁素体 Fe-Cr 合金在潮湿氢气中形成的热增长氧化膜通常与其在空气中氧化形成的主要相一致,即 Cr_2O_3 和 Mn-Cr尖晶石双层结构依然是氧化产物的主要相。然而,表面显微形貌和氧化膜的特性却大不相同。潮湿氢气中合金氧化形成的上层尖晶石相一般为针状,如图 5.7 所示,而在空气中氧化形成的是棱形(图 5.3)。对于 ZMG 232 合金而言,在 H_2 和 H_2O 气氛中形成的氧化膜包含顶层的尖晶石相和底层的 Cr_2O_3 相,同时还有一层与基体合金相连的 SiO_2,而且在氧化膜和合金界面可观察到高浓度的 Al[33,52,87]。Fe-Cr 合金中 Si 和 Al 含量的减少将导致绝缘的 SiO_2 和/或

图 5.7 ZMG 232 合金在 1023K 潮湿 4%(体积分数)H_2/96%(体积分数)N_2 气氛中退火 1000h 的表面形貌[47]

Al_2O_3 氧化膜变薄，改善氧化膜的电子导电性[88]。另外，在 H_2 和 H_2O 气氛中，经常观察到 Fe-Cr(Crofer 22 APU)和 Ni-Cr(Haynes 230)合金中有 MnO 和富含 Fe 的氧化物生成[89]，同时晶界的氧化加剧[76,90]。在高水分压环境中形成 Mn 或富含 Fe 的氧化物是不利的，这会导致 Cr_2O_3 保护层减少，氧化膜在应力作用下剥落，而高 Cr 合金不易发生这种破坏性氧化。

与 Fe 基合金相比，尽管 Ni 基合金中的 Cr 含量相对较低，但通常有着更强的抗氧化和氧化膜剥落的能力[91-96]。在中温 SOFC 阳极环境下，除去主要的 Mn-Cr 尖晶石和 Cr_2O_3 相，Ni-Cr 合金氧化膜的另一个显微特征却受到较少关注。如前所述，阳极气氛中的氧分压很低，通过 65℃ 水温加湿器使 H_2 湿润，在 750℃ 时的氧分压为 2.5×10^{-21} atm，低于 Ni 发生氧化的氧分压。因此，当 Haynes 230合金在 750℃ 的湿润 H_2 下氧化时，Ni 在此环境中暴露 1000h 后仍保持为金属，而 Cr 和 Mn 发生了选择性氧化。一旦 Cr_2O_3 在原始合金表面形成，其增长主要依靠 Cr 离子的向外扩散。由于 Cr 氧化形成 Cr_2O_3 引起体积膨胀，金属 Ni 向外扩散时会富集在合金与 Cr_2O_3 层的界面，向外扩散的 Ni 在压应力作用下向自由表面扩散形成 Ni 的结节，如图 5.8 所示[26-27]。合金表面进一步氧化有望形成完整的 Ni 层，熔融碳酸盐燃料电池中的超耐热合金在阳极环境下氧化也出现了同样的现象[97]。

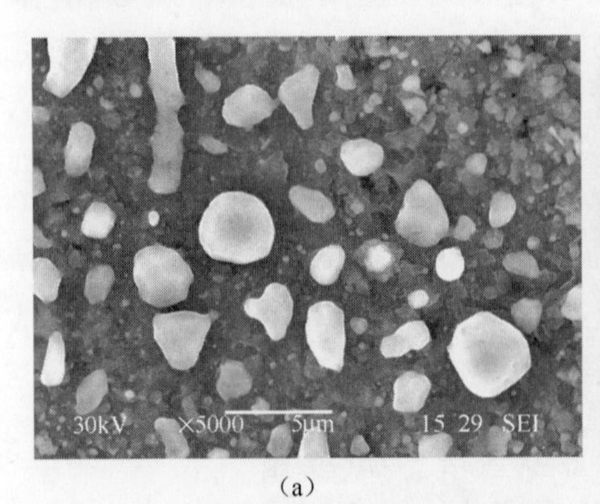

(a)

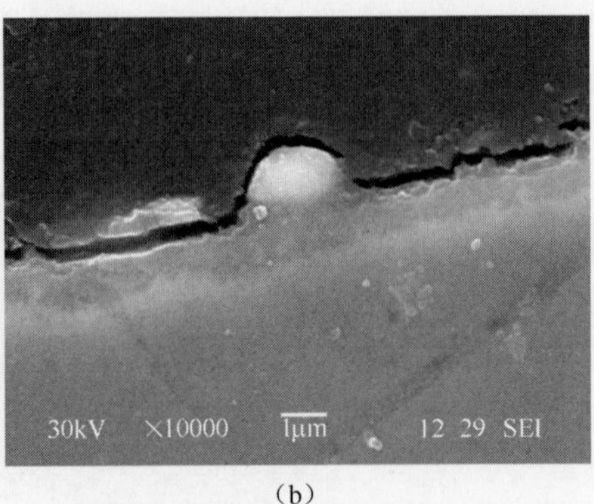

(b)

图 5.8 Haynes 230 合金在阳极条件下氧化后表面的金属 Ni 球[26]：(a)表面形貌，(b)截面形貌

中温 SOFC 阳极环境的特殊性在于低氧分压和水蒸气同时存在。通常认为水蒸气会损害合金的高温抗氧化能力，但是能改善氧化膜的黏附性，特别是在热循环条件下[93,98-99]。水蒸气对于合金氧化的影响机制目前并不清楚，其中一个可能的原因是氧化物中氢的中和影响了氧化膜的缺陷结构，从而改变了金属离子和氧离子的扩散行为[100]。在 H_2 和 H_2O 气氛中，可能会发生下述反应：

$$H_2O(g) \longrightarrow H^{\cdot} + OH' \tag{5.3}$$

因为氢氧根离子的半径($r=0.10$nm)相对于氧离子的半径($r=0.14$nm)小很多，解离后的氢氧根离子迁移速率较高，可能通过氧空位向内扩散，最终穿越氧化膜到达氧化膜与金属基体的界面。在阳极环境低氧分压下形成的致密 Cr_2O_3 层中，氧空位是主要缺陷[101-102]。反应可表达为

$$OH' + V_O^{\cdot\cdot} \longrightarrow (OH)_O^{\cdot} \tag{5.4}$$

相同地，质子可能会与氧化物中的氧离子结合形成氢氧根离子：

$$H^{\cdot} + O_O^{\times} \longrightarrow (OH)_O^{\cdot} \tag{5.5}$$

因此，氢氧根离子的形成促进了氧的向内扩散，加速合金氧化的同时增强了氧化膜的黏附性。另一方面，由于氢氧根离子占据了晶格中氧离子的位置，从而使得这些位置各带一个正电荷，为了达到电中性会产生带负电荷的金属离子空位，这将进一步加快阳离子的向外扩散，再次增加氧化速率。

直接使用碳氢燃料是 SOFC 的重大优势之一，因此在含碳气氛中连接体候选材料的稳定性是非常重要的。Horia 等人[33,35,74,87,103-106]研究了不同铁素体不锈钢在 CH_4/H_2O 气氛中的氧化行为，如 ZMG 232、SUS 430 和 Fe-Cr-W 合金，与在 H_2 和 H_2O 气氛中一致，合金氧化后生成含有 Mn-Fe-Cr 尖晶石和 Cr_2O_3 的厚氧化膜。但对于 ZMG 232 合金而言，混合气中 CH_4 分压处于 3.5~12kPa 之间的任意数值，都具有比在 H_2 和 H_2O 气氛中更高的氧化速率[33,87]。Fe-Cr 合金中 Si 的浓度能改变氧化膜的显微结构、增长速率和元素分布[106]。Li 等人[107]研究了 Crofer 22 和 Haynes 230 合金在 800℃ 模拟的煤合成气(29.1CO-28.5H_2-11.8CO_2-27.6H_2O-2.1N_2-0.01CH_4)中 500h 的氧化行为。Crofer 22 氧化膜的物相为$(Cr,Fe)_2O_3$、Mn-Cr 尖晶石和 Fe_3O_4，而 Cr_2O_3 为 Haynes 230 的主要相。气氛中的氧分压影响了表面氧化物的形貌，从 Crofer 22 和 Haynes 230 合金表面的氧化膜可以分别观察到晶须状和角形的氧化物。另外，合金暴露在合成气中形成了多孔的氧化膜，使得电阻率增加的同时力学性能的稳定性有所降低。然而，Crofer 22 APU 和 Haynes 230 合金在 800℃ 煤合成气中氧化 100h 却没有生成碳化物和金属粉末[108]。合金表面的氧化膜保护了合金，使其避免发生粉末化腐蚀，其中 Cr_2O_3 型氧化物相较于尖晶石更有效。合金中 Cr 含量较高有利于抵抗合金粉末化，Ni 基合金粉末化情况通常轻于 Fe 基合金，这是由于 Ni 基合金氧化膜中尖晶石含量较少。高湿度和低氧分压的环境会使合金更易于受到粉末化腐蚀[34,109]。

5.2.3　双重气氛中的氧化

连接体同时暴露于阴极和阳极气氛中时，其氧分压为从空气侧的 0.21atm 到燃料侧的 10^{-18}~10^{-8}atm。研究金属连接体备选材料在双重气氛中(一侧暴露于空气，另一侧暴露于燃料气氛)的氧化行为是非常重要的。合金在双重气氛中的氧化行为与在单一气氛中的氧化行为是不同的[31,53,110-112]，尤其是在双

重气氛中空气侧增长氧化膜的成分和结构与两侧同时暴露于空气中的迥然不同，这取决于 Fe-Cr 合金中 Cr 的含量，然而在燃料气氛侧合金的氧化行为与两侧同时暴露于燃料气氛中的差别不大。在双重气氛中，Fe-Cr 合金空气侧氧化膜的生长得到了促进，形成的氧化膜存在富含 Fe 的尖晶石或结节状的 Fe_2O_3，如图 5.9 所示[53]。研究者在 ZMG 232-M0[113]、SUS 441[114] 和具有 CoMnO 涂层的 SUS 441[115] 合金中观察到同样异常的氧化膜增长，它们在 800℃ 双重气氛中氧化生成 Fe 的氧化物。

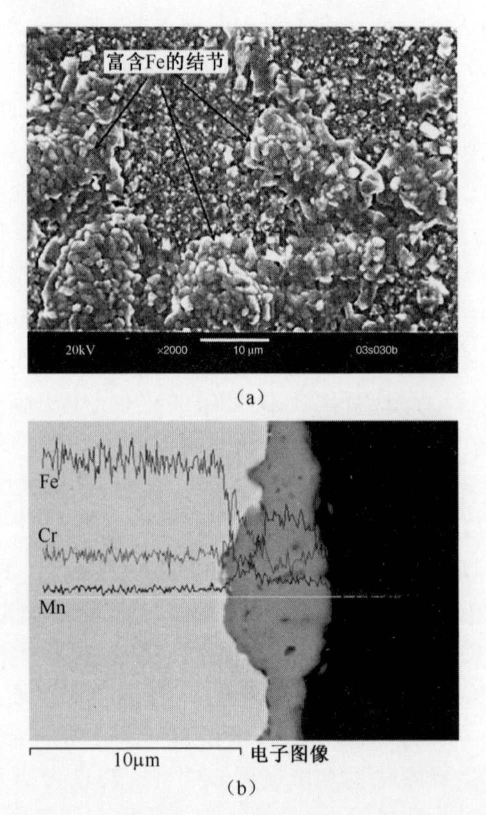

图 5.9　SUS 430 合金 800℃ 暴露在双重气氛下氧化 300h 在空气侧形成氧化膜的（a）表面形貌和（b）截面形貌[53]

考虑双重气氛中空气侧异常氧化膜的增长是由于氢从燃料侧穿过合金基体到达空气侧的缘故，氢存在于氧化膜和金属的界面以及空气侧的氧化膜中[53,111,114-115]。氧化膜中的氢或质子趋于与氧结合，这将形成氢氧化物的点缺陷，氧化膜会形成阳离子空位来提供电荷补偿。氧化膜中阳离子空位数量的增加可能会促进 Fe 的扩散并使富含 Fe 的氧化物形成。尽管随着氧化膜的形成，氢的渗入速度急剧降低，但铁素体不锈钢氢渗入的测试[116]支持了氢可以通过合金进行扩散的假设。因此，需要进一步研究双重气氛中阴极侧异常氧化膜形成的具体机制。

Fe-Cr 合金在双重气氛中空气侧的氧化行为受到合金成分和水蒸气含量的影响。合金中 Cr 含量增加,双重气氛的影响随之降低。SUS 430 合金中 Cr 含量为 17%,由于形成富含赤铁矿节状的 Fe_2O_3,暴露于双重气氛中的样品在空气侧容易受到局部侵蚀;而 Crofer 22 APU 合金的 Cr 含量达到 22%,只会在空气侧氧化层表面形成富 Fe 的尖晶石;当 Cr 含量增加到 27%时,合金的空气侧不会形成赤铁矿或富含 Cr 的相,只是比在单一空气气氛中生长的氧化膜较为疏松,同时易于形成缺陷,如 E-Brite[53,111] 和 SUS 446[117] 合金。合金中 Cr 含量的不同可以解释为 Cr_2O_3 保护层易于在 Cr 含量更高的合金中形成,它可以抑制 Fe 离子向氧化膜表面扩散。空气侧气氛中水蒸气分压同样能加速异常氧化,导致局部氧化膜中赤铁矿的形成和生长。5.2.2 节解释了氢从潮湿空气渗入到氧化膜的结果,相比之下,Kurokawa 等人[118] 将 SUS 430 合金在 800℃ 暴露于双重气氛(空气和 $Ar-H_2-H_2O$ 混合燃料气)300h 后形成的氧化膜,与分别暴露于没有氢势梯度的空气及 $Ar-H_2-H_2O$ 混合燃料气单一气氛中形成的氧化膜相比几乎相同,其氧化膜包含 Cr_2O_3、$MnCr_2O_4$ 和少量的 $FeCr_2O_4$。氢势梯度对于合金氧化行为的影响尚没有详细的报道。

除了 Fe-Cr 合金以外,对其他合金也进行了双重气氛影响的相关研究,如形成 Al_2O_3 氧化膜合金和 Ni-Cr 合金。Fe-Cr-Al 合金(Fecralloy)暴露于 800℃ 的潮湿空气和氢气中,其在空气侧形成的氧化膜相较于单一空气气氛中的氧化膜有轻微增厚,氧化膜的金属界面也更为平整,结果表明双重气氛中 Al_2O_3 氧化膜的形成依然对双重气氛氧化具有保护性[112];暴露于双重气氛中的 Ni-Cr 合金能在空气侧形成厚度均匀且黏附性较好的氧化膜,而没有 Fe_2O_3 生成;尽管双重气氛轻微地抑制了氧化膜中 NiO 层的形成[31],但对 Haynes 230、Hastelloy S 和 Haynes 242 合金的氧化行为几乎没有影响。总的来说,相较于 Ni-Cr 合金,Fe-Cr 合金在双重气氛中更易受到影响。

5.2.4 金属连接体的铬挥发

除了金属连接体氧化的问题之外,对于形成 Cr_2O_3 氧化膜合金的连接体材料而言,另一个主要的挑战就是氧化膜中挥发的含 Cr 气相会毒化电极,从而降低 SOFC 的电化学性能。Cr 毒化电极现象是 SOFC 环境中形成含 Cr 氧化膜的 Fe-Cr 和 Ni-Cr 合金的固有缺陷。例如,Cr_2O_3 层在高温下处于热力学不稳定状态,可能通过以下反应式形成不稳定的 Cr 相:

$$CrO_3(s) + 1.5O_2(g) \rightleftharpoons 2CrO_3(g) \tag{5.6}$$

$$Cr_2O_3(s) + 1.5O_2(g) + 2H_2O(g) \rightleftharpoons 2CrO_2(OH)_2(g) \tag{5.7}$$

$$Cr_2O_3(s) + O_2(g) + H_2O(g) \rightleftharpoons 2CrO_2(OH)(g) \tag{5.8}$$

$$Cr_2O_3(s) + H_2O(g) \rightleftharpoons 2CrOOH(g) \tag{5.9}$$

这些不稳定的 Cr 物相容易通过电化学或化学沉积的方式存在于阴极表面或阴极与电解质界面，使得阴极的活性区域减少，导致电池性能剧烈恶化[119-122]。电池性能的衰退主要表现为电压下降或过电压增加。

根据式(5.6)~式(5.9)的反应，$CrO_3(g)$、$CrO_2(OH)_2(g)$、$CrO_2(OH)(g)$和 $CrOOH(g)$是潜在的不稳定 Cr 物相，它们的形成主要依赖于环境中的温度、氧分压以及水分压。阴极侧中流动空气的氧分压比阳极侧流动燃料气体中的氧分压高很多（燃料气体中的氧分压一般在 10^{-18} ~ 10^{-8} atm 范围内），因此，通过式(5.6)~式(5.8)的反应可知，可以忽略 Cr 气相对于阳极性能的影响。此外，温度低于 1100℃时反应式(5.9)不会发生[123]，因此金属连接体引起的 Cr 毒化最有可能发生在阴极[124]；根据反应式(5.6)，在 1000℃时干燥空气中 Cr_2O_3 的挥发速率是非常微小的；空气中水蒸气的存在加速了 Cr_2O_3 的挥发速率，同时也降低了式(5.7)和式(5.8)中 Cr_2O_3 挥发形成氢氧化物的反应温度[123-125]，导致了潮湿空气中相当高的 Cr 沉积量并使阴极被毒化[126]。由于空气中水蒸气的出现会形成 $CrO_2(OH)_2(g)$，每一种 Cr 氢氧化物的分压会随着水分压的增加而增加，从而极大增加了整个含 Cr 气相的分压，这也解释了为什么潮湿空气中含 Cr 气相主要为 $CrO_2(OH)_2(g)$，它的分压随着水分压的增加呈线性增加。Hilper 等人[124]指出，干燥空气作为氧化气时，SOFC 阴极的主要含 Cr 气相是 CrO_3。当空气中的氧分压高于 90Pa 时（等同于空气，25℃，$pH_2O = 2\times10^3$Pa），$CrO_2(OH)_2(g)$在 1223K 时的分压超过 $CrO_3(g)$。这表明相比于干燥空气，Cr 的挥发性增加了不止一个数量级。当 SOFC 中阴极和阳极之间存在漏点，水蒸气从阳极向阴极扩散，Cr 的挥发性将增强。

Cr 的挥发性取决于氧化膜的成分和形貌。迁移测试[127-128]指出，Fe 基合金中 Cr 物相的传输速率远低于 Cr 基合金，这是由于 Fe 基合金表面会形成富含 Fe 的氧化物，例如 850℃时 SUS 446 合金中 Cr 的迁移速率仅是 $Cr_5Fe_1Y_2O_3$ 的 1/20[128]。尽管氧化膜表层存在的$(Cr,Mn)_3O_4$ 尖晶石很大程度上降低了含 Cr 物相的挥发，但不足以有效地抑制 Cr 的挥发，因此需要进一步的改善[41,46,129-130]，Stanislowski 等人[131]进行了一系列系统的实验来研究 Cr 基、Fe 基、Ni 基和 Co 基合金在空气和氢气气氛中 Cr 的挥发以及$(Cr,Mn)_3O_4$、$(Fe,Cr)_3O_4$、Co_3O_4、TiO 和 Al_2O_3 作为氧化膜外层的影响，结果表明作为 SOFC 连接体应用而开发的铁素体不锈钢中 Cr 的挥发速率几乎相同，如 Crofer 22 APU、ZMG 232、IT-10、IT-11 及 IT-14，这是因为它们都形成了黏附性较好的$(Cr,Mn)_3O_4$ 尖晶石氧化膜外层。相比于形成纯 Cr_2O_3 层的 Ducrolloy 和 E-Brite 合金，$(Cr,Mn)_3O_4$ 尖晶石可以有效降低 800℃潮湿空气中 61%~75%的 Cr 挥发速率。对于含不同 Mn、Ti、Al、Si 和 W 量的 Ni 基、Co 基和 Fe 基奥氏体不锈钢合金，它们在 800℃潮湿空气中氧化形成不同的热增长氧化膜外层：$(Cr,Fe)_3O_4$、$(Cr,Mn)_3O_4$、Al_2O_3、TiO_2 和 Co_3O_4，其

中 Al_2O_3 和 Co_3O_4 外层显示出最低的 Cr 挥发速率。氧化膜外层存在 Co_3O_4 时，Cr 的挥发速率仅有纯 Cr_2O_3 层的 10%，这表明在金属连接体表面施加 Co_3O_4 涂层是有望解决金属连接体 Cr 挥发的有效途径。

来自金属连接体的含 Cr 气相能够在电极表面或电解质界面发生电化学或化学还原反应。由于 SOFC 阳极侧中挥发性的含 Cr 气相蒸气压太低，不会有很大影响，因此电池性能的衰减主要发生在阴极。沉积的发生能够阻碍电极活性区域并且使电池性能快速衰减，因此，理解阴极侧含 Cr 相的迁移和沉积过程非常重要。其中一个解释 Cr 沉积现象的机制是高价态气相的电化学还原[10,124,132-136]。阴极和电解质之间界面区域的固相沉积相能与掺杂 Sr 的 $LaMnO_3$ 阴极发生反应，从而在三相界面（TPB）形成（La，Sr）（Mn，Cr）O_3 或（Cr，Mn）$_3O_4$，它们将堵塞发生氧还原反应的活性区域和阴极的多孔结构。因此，TPB 区域的大量减少将会阻碍氧还原反应并增加阴极极化。电化学机制的提出解释了含 Cr 相在电极和电解质界面间的沉积与在 LSM 电极发生氧还原反应时阴极性能衰减的关联。

Jiang 等人[120,137-145]提出含 Cr 相在阴极的沉积反应并非由高价态含 Cr 相的电化学还原所致。他们研究了在阳极极化和阴极极化下的沉积情况，观察到含 Cr 相没有在由 O_2、LSM 电极以及 Y_2O_3 稳定的 ZrO_2（YSZ）电解质三者构成的 TPB 区中优先沉积。此外，由于 YSZ 电解质表面的电子并不能参与电化学反应，所以在反应的早期阶段 Cr 相的沉积是随机的，并且 YSZ 表面的 Cr 沉积物比纯 LSM 电极上要少很多。结果表明，含 Cr 气相的沉积不是在 TPB 区域与 O_2 还原进行竞争而发生电化学反应形成固相 Cr_2O_3，其本质是通过 Cr 气相和 Mn^{2+} 离子的形核反应引发化学离解过程。在高温极化电势作用下，LSM 电极中产生的 Mn^{2+} 离子向 YSZ 电解质表面扩散，随后与气态的 Cr 相发生反应形成Cr-Mn-O 核心，并将此作为 Cr_2O_3 和（Cr，Mn）$_3O_4$ 相结晶和生长的形核位置。这个机制指出含 Cr 气相的沉积主要取决于电极和电解质材料，但这个机制还无法解释清楚其他材料体系里 Cr 的沉积。

在含 Cr 氧化膜的金属连接体上施加保护涂层是降低 Cr 挥发的有效途径。保护涂层能作为一个稳定致密的屏障来减少金属连接体表层含 Cr 氧化膜的形成和挥发，这极大改善了与具有涂层金属连接体相连的阴极性能[135,146-154]。亚微米级混合电子电导氧化物粉体可用于制备不含 Cr 的陶瓷涂层，如 LSM、$La_{0.6}Sr_{0.4}Co_{0.8}Fe_{0.2}O_3$、$MnCo_2O_4$，在 800℃时它们能把 Cr 的挥发速率降至 1/40，其涂层的致密性是影响抑制 Cr 挥发速率中的主导因素[146]；均匀致密的 Co 涂层施加于 E-Brite 合金表面能够有效减少 Cr 的迁移，使得 LSCF 电极的电化学稳定性得到改善[148]，SUS 430 合金表面施加 Mn-Co 涂层能有效阻挡来自于合金中 Cr 相的形成并抑制 Cr 的挥发[149]；采用溅射法制备的钙钛矿涂层并不能有效阻挡 Cr，如由 LSM 和 Sr 掺杂的 $LaCoO_3$，这是因为非晶体的溅射涂层在高温结晶时存在孔洞。另一方面,金属涂层如 Co、Ni 或 Cu 分别形成稳定、黏附性好且有导电性的 Co_2O_3、NiO 和 CuO 层,能降低 99%的 Cr 挥发,这证明它们有潜力成为连接体合金的涂层材料[151]。另一个研究结果表明[152],相比于无涂层的样品,施加 Mn_3O_4 或 $(Mn,Co,Fe)_3O_4$ 尖晶石涂层的合金能有效地将 Cr 的挥发速率降低 1~2 个数量级。一般来说,涂层的应用有利于抑制 Cr 的挥发,而涂层的质量是取得成功的关键,如致密度和表面均匀性。除了涂层以外,对 Crofer 22 APU合金表面渗碳或渗氮不仅可以抑制晶界氧化物的形成,还可以使表面形成均匀细小的晶粒,有效降低 Cr 的挥发[153]。

5.2.5 连接体与单电池和电堆部件的相容性

SOFC 的高工作温度要求金属连接体与相邻电池和电堆部件具有热膨胀系数匹配性和化学稳定性,如电极材料、电解质材料和密封材料。一般来说,电池的 TEC 在 $10.5\times10^{-6}\sim12.5\times10^{-6}K^{-1}$范围内,因此通常要求候选的金属连接体合金材料与电池陶瓷部件的 TEC 相匹配,从而避免产生热应力,导致电池或电堆接触失效。Cr 基合金与陶瓷部件 TEC 匹配性较好,如 $Cr_5Fe_1Y_2O_3$,其 20~1000℃的 TEC 为 $11.8\times10^{-6}K^{-1}$,这个值与电池相关部件的热膨胀系数相当。奥氏体不锈钢和 Ni 基不锈钢通常具有相对较高的 TEC,一般在20~800℃温度范围内其值为 $14.0\times10^{-6}\sim19.0\times10^{-6}K^{-1}$,远高于电池。因此,尽管 Ni 基合金在 SOFC 工作温度下拥有优越的抗氧化能力,但奥氏体不锈钢很少作为金属连接体材料。相较而言,铁素体不锈钢,特别是 Fe-Cr 合金,其 TEC 在室温到 800℃温度范围内的值通常为 $11.0\times10^{-6}\sim13.0\times10^{-6}K^{-1}$,这与电池部件非常接近,使得 Fe-Cr 合金在 SOFC 电堆连接体的应用更为广泛。在平板 SOFC 中,金属连接体和电池之间对 TEC 匹配性的需要并没有那么严格,为了使电堆获得更好的受压接触,特殊的导电接触材料应用于连接体和电池之间,由于接触材料通常为混合导电的钙钛矿粉末状态,所以其与相邻部件之间的连接并不是刚性连接。在诸如此类的电堆设计中,在不影响电堆的稳定运行或热循环性能的前提下,可以允许金属连接体和电池之间的 TEC 存在一定程度的不匹配度,如 30%,通常需要开发密封材料来满足连接体和密封材料之间对 TEC 匹配性的需求。

金属连接体和相邻部件的化学相容性是另一个关键问题,它将影响到该合金是否可以应用于 SOFC 电堆中。连接体和阴极之间存在接触材料,形成 Cr_2O_3 氧化膜的合金和阴极材料之间的相互作用主要体现在合金中,Cr 通过含 Cr 的气相传递到达电极。Cr 气相在阴极的沉积使得电堆的性能发生衰减,这在 5.2.4 节中进行了相应的讨论。早期提及的接触材料通常为混合电子电导的钙钛矿材料,它通常表现出与传统金属连接体材料良好的化学相容性,但含 Sr 的钙钛矿材料,尤其是 LSCF 却是例外。它与氧化膜反应形成 $SrCrO_4$,使得电堆的接触 ASR 增加[155]。在众多平板电堆设计中,连接体与泡沫镍相连接,虽然一般不考虑阳极和金属连接体材料的化学相容性，但是连接体和泡沫镍之间元素的扩散将严重影响两者表面形成的氧化膜的导电性能和显微特征。

如果 SOFC 在工作温度下使用玻璃密封材料，那么连接体和密封材料之间的化学相容性有可能出现问题。扩散、变形和合金密封材料界面的化学反应将降低所形成的氧化膜的稳定性和电池部件的性能[156-160]。形成的 Cr_2O_3 氧化膜可能溶解到玻璃中形成铬酸盐，从而引起密封材料和氧化膜热膨胀系数不匹配并导致连接失效[161-163]。形成 Al_2O_3 氧化膜的合金虽然不会形成铬酸盐，但是会形成多孔的界面[164]，这极可能是由于工作温度下界面元素的扩散造成的。研究发现，在850℃空气条件下测试500h后，Sr-Ca-Y-B-Si-Zn 密封材料甚至会和具有 Mn-Co 尖晶石涂层的 Crofer 22 APU 合金发生反应[165]；对于无涂层的 Crofer 22 APU 合金，玻璃和 Cr 的氧化物极可能在 SiO_2 表面形成很厚的 $SrCrO_4$；具有涂层的 Crofer 22 APU 合金，除了会形成铬酸盐，还会让初始致密的 Mn-Co 尖晶石涂层受到玻璃密封材料的侵蚀破碎成不连续的颗粒或岛状。这类反应很大程度上影响了密封材料和涂层的有效性，而密封表面的铝化有利于减慢和阻止碱性稀土密封玻璃和氧化膜之间铬酸盐的形成[166]。不同于界面反应形成的铬酸盐，靠近玻璃密封附近的金属连接体表面经常出现异常氧化，在原始表面的内部和外部生成了较大的颗粒状氧化物，如图5.10所示。考虑到碱性稀土玻璃与早期形成的 Cr-Mn 尖晶石和 Cr_2O_3 氧化膜发生反应，其中挥发的物质导致氧化膜的分解，同时形成含有 Fe_2O_4 或 Fe_2O_3 较厚氧化物，研究者提出了图5.11所示的机制[113,167]：在还原气氛中，合金或氧化膜中 Fe 和 Mn 组元可能和密封玻璃中的硅组元反应，分别生成 $FeSiO_3$ 或 Mn_2SiO_4[75,168]。合金中的微量组分，如 Al 和 Si 对于合金与玻璃密封材料的界面反应行为存在不利影响[169]。

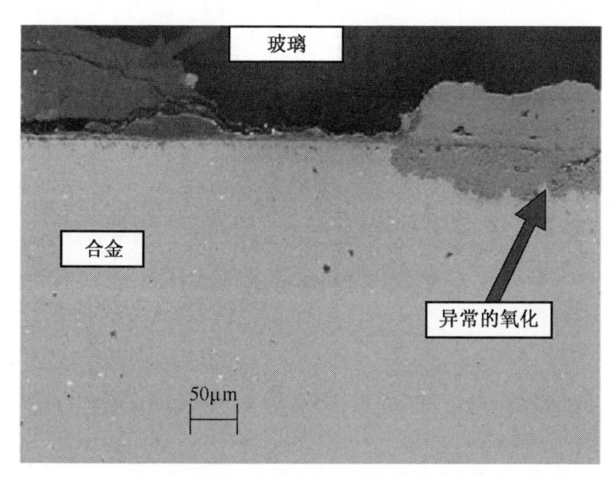

图5.10 靠近密封材料和金属连接体接触界面的异常氧化形貌[113]

金属连接体和玻璃密封之间的长期相容性及其对电堆性能衰减的进一步影响需要详细研究,尤其是对阳极支撑的平板 SOFC。

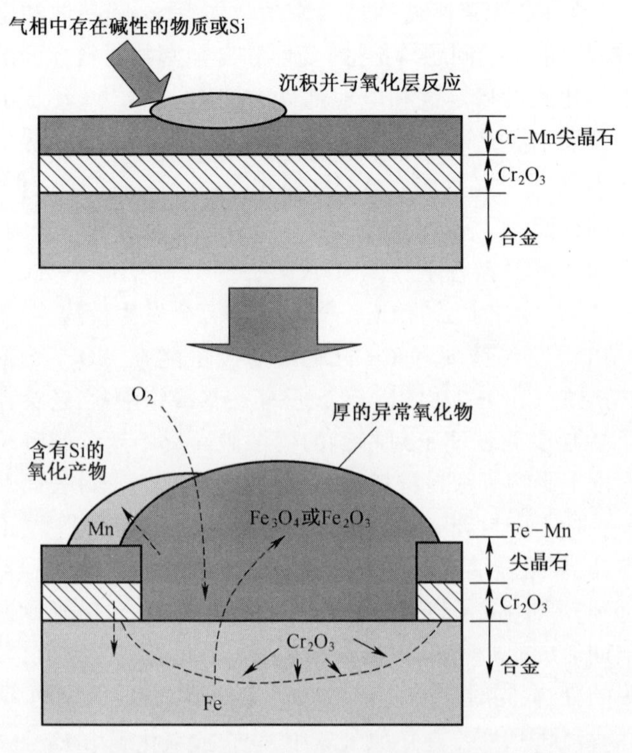

图 5.11　保护氧化膜的失效及致使异常氧化的示意图[113]

5.3　氧化膜的电性能

对于连接体材料而言,其中一个重要的要求就是在 SOFC 运行过程中需要有相对较低且稳定的电阻以减少电损失,因此,金属合金是一个更好的选择。如前所述,金属合金在 SOFC 运行环境中不可避免地会发生氧化,因此连接体的电阻值必须考虑氧化膜所产生的影响。ASR($\Omega \cdot cm^2$)综合反映了氧化膜的导电率和厚度,通常采用其来评价氧化的金属连接体合金的电性能。基体合金的电阻相较于形成的氧化膜而言非常小,一般可忽略不计,因此金属连接体的 ASR 主要来自于氧化膜。一般来说,热增长的氧化膜为半导体,其电阻随着温度的升高而降低,所以氧化后连接体合金的 ASR 值随着温度的降低而增加,表现出半导体的特征,通过 Arrhenius 方程进行描述:

$$\frac{\text{ASR}}{T} = A\exp\left(\frac{E_a}{kT}\right) \tag{5.10}$$

式中:A 为指前常数;T 为热力学温度;E_a 为激活能;k 为玻尔兹曼常数;$\log(\mathrm{ASR}/T)$线性正比于 $1/T$。

通过描述 $\log(\mathrm{ASR}/T)$和 $1/T$ 的关系,得到曲线的斜率等于激活能的大小。根据氧化膜厚度 X 和电阻率 ρ,金属合金的 ASR 可以表式为

$$\mathrm{ASR} = \rho X \tag{5.11}$$

式(5.11)反映了氧化膜厚度和电阻率在电阻中的关系。在一定温度下,ASR 和氧化时间的关系为

$$\mathrm{ASR}^2 = \rho^2 K_p t \tag{5.12}$$

因此,如果连接体长期暴露于 SOFC 气氛中,合金氧化膜的电阻受到氧化膜增长动力学的影响,ASR 值将会与时间呈抛物线关系。假定氧化过程中氧化膜电阻率为恒定值,在传统 SOFC 设计寿命内(40000h)ASR 可以通过相对短期的氧化测试进行近似推算。金属连接体材料的目标 ASR 值应小于 $50\mathrm{m\Omega \cdot cm^2}$[5,8,170]($500\mathrm{mA \cdot cm^{-2}}$电流密度所对应的电压为 25mV),这是实际中评价金属合金是否适合作为连接体材料的标准。氧化膜中的裂纹、与基体的黏附性及其厚度和电阻率都影响其 ASR 值。原则上,在 SOFC 连接体应用中,氧化膜增长速度慢、电子电导高且黏附性强的合金更为研究者所青睐。

测量氧化合金的 ASR 通常采用"四电极法",如图 5.12 所示,将 Pt 或 Ag 网与四根 Pt 线或 Ag 线焊接,并置于涂覆 Pt 或 Ag 浆氧化后的样品两侧表面,在涂覆浆料的表面施加一定的压力,通入电流后测量电压。四根导线中连接两侧表面的两根通入恒定电流,通过另外两个导线测得分布在整个样品上的压降。通过欧姆电阻计算 ASR 值,计算公式为 $\mathrm{ASR}=(V/2I)\times S$,其中 S 为覆盖浆料的面积,1/2 用来表示单侧表面氧化膜的电阻值。

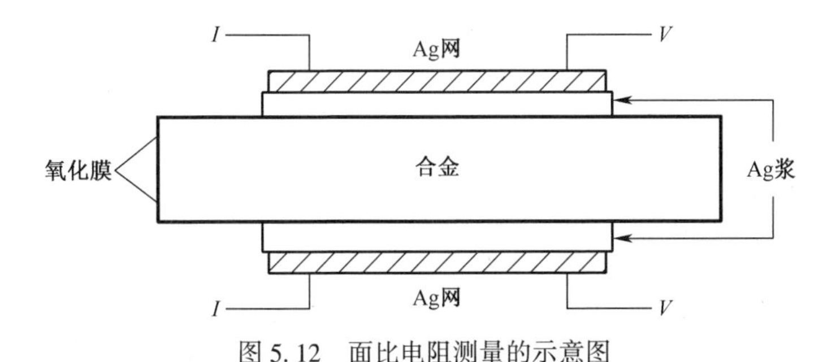

图 5.12 面比电阻测量的示意图

形成 Cr_2O_3氧化膜合金中氧化生成的主要相为 Cr_2O_3,它的导电率随着温度的变化而变化[171-172]。当温度高于 1000℃时,Cr_2O_3为本征电子导体;当温度低于 1000℃时,电导率某种程度上主要取决于杂质和氧、氢的活性。据报道,在 800~1000℃温度区间内,Cr_2O_3层的电导率在 $1\times10^{-3} \sim 5\times10^{-2}\mathrm{S \cdot cm^{-1}}$范围内,其值受到氧化膜中杂质纯度、气氛中氧活性和平衡情况的影响。Cr_2O_3的电导率

可以通过用多种氧化物取代 Cr_2O_3 层进行改善[173]。

Ni 基合金由于氧化速率较低,其氧化膜主要形成电导率较好的 $(Cr,Mn)_3O_4$ 尖晶石和 Cr_2O_3,如 Inconel 625、Inconel 718、Hastelloy X、Haynes 230 合金分别在 800℃氧化气氛和还原气氛中氧化 1000h,Haynes 230 合金的 ASR 最低[24-25],如图 5.13所示,与其他 Ni 基合金相比,Haynes 230 合金在 800℃空气中的 ASR 与氧化时间成函数关系[24]。Ni 基合金遵循抛物线氧化动力学规律,氧化膜厚度 X 与氧化时间的平方根成正比。根据式(5.12),假设一定温度下指定合金氧化膜的电阻率恒定,ASR 与氧化时间平方根的对应关系应为一条直线,若 ASR 与氧化时间平方根的关系呈非线性则表明氧化膜的电阻率随时间发生改变:随着氧化膜厚度的增加,薄合金样品中微量成分不断消耗,氧化膜的成分也随之变化。Haynes 230 合金在 800℃ H_2/H_2O 气氛中氧化后,ASR 显著高于空气气氛中的 ASR,这是由于在低氧分压的还原气氛中形成的氧化膜更厚、导电率更低[65,174]。

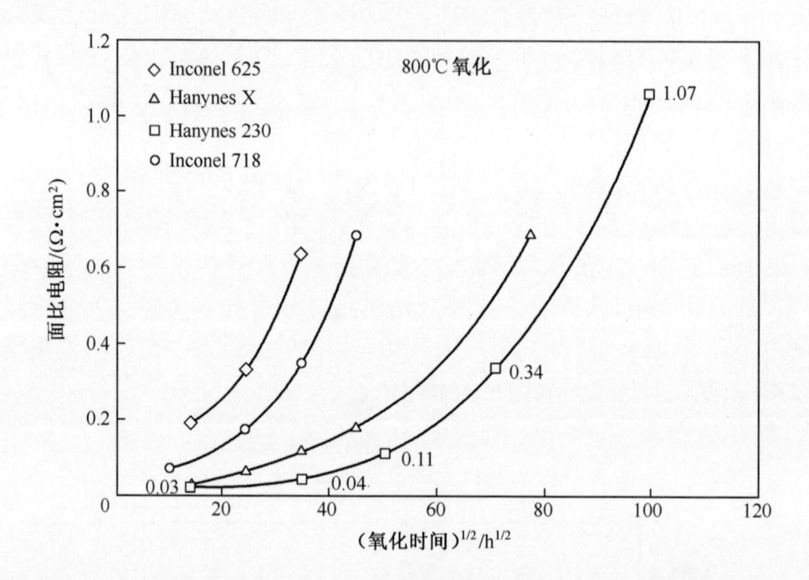

图 5.13 Ni 基合金在 800℃空气中面比电阻与氧化时间的关系曲线[24]

铁素体 Fe-Cr 合金的电阻通常比 Ni 基合金高,这是由于它们在 SOFC 环境中具有较低的抗氧化能力。在 SOFC 寿命内,铁素体不锈钢热增长形成的氧化膜可能过度生长,达到 10μm,这将导致 SOFC 电堆性能发生不可接受的衰减[52-53]。Fe-Cr 合金中增加 Cr 的含量能增强其抗氧化能力,降低氧化膜的电阻率。商用 SUS 430 铁素体不锈钢含有 16%(质量分数)Cr,其在 750℃空气中氧化 850h 后,在 750℃和 800℃空气中测得的 ASR 分别为 $43m\Omega\cdot cm^2$ 和 $19m\Omega\cdot cm^2$[175]。在连接体合金材料中 Crofer 22 APU 是一种有应用前景的 Fe-Cr 合金,它含有 23%(质量分数)的 Cr 和少量的 Mn、Ti 和 La,当其在 800℃

空气中氧化500~1800h后，对应的ASR值从9.3mΩ·cm^2增加到13mΩ·cm^2[41]。所有这些表明，SUS 430和Crofer 22 APU合金的ASR值过高，不能满足在SOFC中温运行40000h后ASR小于50mΩ·cm^2的要求。

事实上，从电导率方面来看，价格低廉的商用合金不能满足SOFC运行温度高于700℃这一使用要求。改善SOFC金属连接体材料的ASR仍然具有挑战性。施加涂层和开发低成本的新型合金有望解决目前中温SOFC金属连接体材料的瓶颈。

5.4 表面改性和涂层

形成Cr_2O_3氧化膜的铁素体不锈钢被认为是最具潜力的连接体材料，然而它们却面临在SOFC环境中抗氧化能力不足和Cr挥发等问题的挑战。在众多降低氧化速率和Cr挥发的方法中，采用保护涂层进行表面改性有望起到实际的作用，尤其是应用于存在Cr挥发问题的阴极侧。可行的涂层材料应该满足以下要求：

（1）在SOFC环境中具有化学稳定性，同时与基体合金、SOFC的相邻部件具有相容性；

（2）涂层对于向外扩散的阳离子和向内扩散的氧离子迁移起到阻碍作用；

（3）涂层与基体合金具有热相容性；

（4）涂层具有导电性。

为了改善金属连接体，研究者对各种各样的保护涂层进行了广泛的调查研究，如RE氧化物、钙钛矿、尖晶石以及Mn、Co、Ni或其他金属元素。对于氧化物涂层，相结构是相对稳定的，除去其他元素掺杂的情况，物相不会有任何急剧的变化；对于金属元素涂层，涂层元素会在加热过程中与合金中的元素形成不同的陶瓷涂层。

5.4.1 稀土和金属元素涂层

众所周知，形成Cr_2O_3氧化膜的合金添加活性元素如La、Ce和Y能大大降低高温下合金的氧化速率，同时增加氧化膜的黏附性[176-182]，因此，研究者通过向连接体合金添加稀土（RE）或其氧化物作为保护涂层。这类涂层通常能降低氧化膜的厚度和增强氧化膜的黏附性，因此有望得到较低的ASR。Y是常用元素之一，通过溶胶凝胶法在304不锈钢表面制备Y涂层，结果表明在1000℃空气中进行等温或循环氧化后涂层合金的氧化速率显著降低，并且氧化膜黏附性大大提高[183]。SUS 430合金作为基体，通过Y硝酸盐水溶液得到的Y涂层合金在还原环境中的氧化膜黏附性明显增强，在氧化膜和合金的界面处不再发生涂层失效[48]。从实验结果分析，虽然溶胶凝胶和注入两种方法制备的涂层都有效降低了氧化膜的增加速率，但是相对于溶胶凝胶法制备的涂层，采用注入法制备的Y涂层能为不锈钢提供更有效的保护[184]。采用金属有机化学气相沉积法(MOCVD)制备Y_2O_3涂层,能使涂层合金氧化速率下降,且其值降低一个数量级,同时避免了空穴的形成和氧化膜的剥落[185]。TEM 的研究表明,氧化物晶界中 Y 的存在使Cr_2O_3增长方式从占主导地位的金属阳离子的向外扩散改为氧离子的向内扩散,从而减慢了氧化膜的增长,其中 Y 抑制了氧化膜和合金界面 S 的偏析,增强了氧化膜和合金之间的黏附性[186]。La[187-188]、Ce[46] 和其他氧化物都对 Crofer 22 APU 和 Inconel 600合金的氧化阻力、电导率和氧化膜黏附性产生有利影响,因此采用溶胶凝胶法[189-190]、电沉积法[191]、电子束蒸发沉积法[192]和磁控溅射法[193]在形成Cr_2O_3层的 Fe-Cr 铁素体合金表面制备 Y、Y-Co、Ce-Co、Co 和 Sm-Co 涂层。其中,含 Y 的涂层显示出最好的抗氧化能力和最低的电阻,含 Co 的涂层形成的尖晶石氧化物改善了电阻,但加速了氧化膜的增长。对于含 Co 的涂层,额外增加 5%的 Sm 将会形成具有$CoFe_2O_4$、Co_3O_4和$SmCoO_3$的多层结构,抑制了热生长氧化物Cr_2O_3和$MnCr_2O_4$的生成;氮化Sm-Co会使涂层更加致密,且可控制氧化比例,使涂层具有较薄的 Sm 消耗区和少量的 Fe,改善了其 ASR[193]。Y 可能溶解进入Cr_2O_3,不会形成明显的富 Y 相[189]或在Cr_2O_3和 Cr-Mn 尖晶石之间形成$YCrO_4$[192];Co 主要存在于尖晶石相中;Ce 在Cr_2O_3和 Cr-Mn 尖晶石界面间形成明显的CeO_2颗粒。对比 Y、Ce 和 La 涂层的结果表明,活性元素中 Y 对于降低氧化膜增长的动力学和Cr_2O_3氧化膜的 ASR 有更加明显的效果[194-195]。

相对于重镧系元素(Gd、Td、Dy、Ho、Er、Th、Yb 和 Lu),Y 和轻镧系元素(La、Ce、Pr、Nd、Pm、Sm 和 Eu)在改善形成Cr_2O_3氧化膜合金的高温氧化行为中表现出更佳的效果。然而,它们改善合金抗氧化能力和电导率的效果还取决于合金本身。对于 Fe-30Cr 基体合金,氧化物涂层根据其抗氧化能力从小到大依次排序为$Yb_2O_3<Nd_2O_3<Y_2O_3$[99,196-198]。最受青睐的 Crofer 22 APU 合金由于在800℃空气或含 10%H_2O 的氢气中进行氧化后可以生成$LaCrO_3$相,因此La_2O_3涂层在降低氧化速率和电阻方面是最佳的选择[99,198-199]。

大量研究证明,RE 涂层能有效抑制 SOFC 连接体合金材料的氧化,然而这种现象背后的机制仍然不明。研究者提出两种不同的机制解释 RE 对于氧化物增长的影响:晶界分离机制和界面污染机制[137,200-201]。第一种机制提出 RE 大大延迟了晶粒晶界阳离子的向外迁移,使氧化膜的增长主要受控于阴离子的向内扩散,从而难以在氧化膜和合金的界面形成孔洞,因此合金氧化速率得以降低,同时氧化膜的黏附性得以改善。通过 TEM 分析 RE 改善形成Cr_2O_3氧化膜合金的实验结果,支持了该机制[82,178,186,202-203]的理论,然而这个机制不能解释为何起到隔离作用的 RE 仅能阻碍阳离子的扩散却允许阴离子沿着晶界进行扩散。第二种机制[204]认为氧化物的增长不仅仅是通过氧化膜进行扩散,还依靠界面发生的反应。该机制解释了分离的大尺寸 RE 通过排除有效的位置来湮灭阳离子空位,进而污染了氧化膜和合金界面,因此阻止了阳离子向外的迁移,然而由于这种情况下氧化膜和气体界面中空位的湮灭，氧化膜合金界面阴离子的向内迁移将不受RE阻碍作用的影响。总的来说，形成的Cr_2O_3氧化膜中RE的存在有助于形成连续的Cr_2O_3氧化膜，通过改变氧化物增长的迁移机制能降低氧化膜的增长速率并增强氧化膜和基体合金之间的黏附性。

近几年，耐热涂层如Cr-Al-N[205]、(Ti,Al)N[206]、Cr-Al-O-N[207]、MCrAlYO(M=Ti、Co、Mn)[208-209]、Cr-Al-Y-O[210]、Co-Cr-Al-O-N[211]以及CrAlYO-CoMnO[210,212]都被考虑用作金属连接体涂层材料。这些涂层能起到阻碍合金氧化和Cr毒化的作用，然而由于它们Al的含量较高，可能形成绝缘的Al_2O_3，因而可能不适合作为金属连接体涂层。由于低氧分压下Ni不会在阳极气氛发生氧化，所以Ni是SOFC中特别的金属元素，可以作为金属连接体阳极侧的涂层来降低氧化和改善接触。采用电镀[213]或大气等离子喷涂[214]在Fe-22Cr(Sandvik 0YC44)或SUS 430合金表面制备Ni涂层能使连接体阳极侧的ASR和氧化速率较低。

5.4.2 钙钛矿氧化物涂层

目前，含La的钙钛矿涂层材料能够改善形成Cr_2O_3氧化膜的Fe-Cr合金的氧化行为、ASR和Cr的挥发，使该涂层材料受到广泛关注的一个重要的原因是，这些钙钛矿材料的电导率非常高，且与合金之间的热匹配性和化学相容性好。大量研究致力于在SOFC中应用$LaCrO_3$和(La,Sr)MnO_3陶瓷，它们分别是传统的陶瓷连接体材料和阴极材料。

因为$LaCrO_3$在SOFC工作环境中具有较低的Cr挥发速率和可接受的电子电导率，所以不管是纯的还是掺杂的$LaCrO_3$作为金属连接体的涂层材料已有广泛应用。然而，制备$LaCrO_3$涂层的过程对其性能起到至关重要的影响。通过采用溶胶法得到致密、无裂纹以及黏附性好的$LaCrO_3$涂层，可提高合金等温或循环氧化的抗氧化能力，并降低铁素体Fe-Cr合金的ASR，如E-Brite和SUS 444不锈钢[215-216]。其他工艺如反应法[217]和磁控溅射法[218-220]都用于E-Brite、SUS 446或Crofer 22 APU合金表面制备$LaCrO_3$涂层，相对于溶液法，无论是固相反应涂覆的La_2O_3、热增长形成的La_2O_3还是空气中喷涂非结晶的La-Cr-O，这几种制备方法的涂层都会出现孔洞，这样的缺陷会破坏涂层的性能。还原气氛中结晶会形成致密紧实的涂层，能有效抑制氧的扩散。Elangovan等人[221]采用涂层专利和热处理技术证明，$LaCrO_3$保护涂层能显著降低商用不锈钢合金在750℃空气和双重气氛下的氧化速率，同时维持稳定的电导率和Cr的低挥发速率。

为了改善电导率和TEC，研究者经常在$LaCrO_3$钙钛矿结构中的La和/或Cr位置进行掺杂。由于掺杂Sr能大大改善电导率，因此掺杂Sr的$LaCrO_3$(LSCr，La位掺杂)被广泛研究并应用于金属连接体涂层材料。反应法[222]和RF磁控溅射法[222-225]等不同方法都被用于制备掺杂的保护涂层。结果表明，相比于没有施加涂层的样品，LSCr涂层明显改善了商用铁素体Fe-Cr合金的性能，如

Crofer 22 APU、E-Brite、AL 453 和 SUS 430 在 700~800℃空气中的抗氧化能力，同时降低了 E-Brite、AL 453 和 SUS 430 氧化物层的 ASR，这说明 ASR 取决于涂层的电导率和随后增长的氧化膜及其厚度。如果在无涂层的情况下形成了导电性更好的氧化膜，含有涂层的样品的 ASR 值可能更高。不同于 Sr，Ca 通常用于掺杂形成(La，Ca)CrO_3涂层来改善电导率[226]，Co 掺杂的(La，Sr)(Cr，Zn)O_3[227]和(La，Sr)(Cr，V)O_3[228]对于降低氧化速率和提高 ASR 以及抑制 Cr 的挥发是非常有效的。

众所周知，$LaCrO_3$基的钙钛矿离子导电率很低，在 1000℃空气中的数值约为 10^{-5}S · cm^{-1}，但在某种程度上其电子电导率较高，如在 800℃空气中$La_{0.8}Sr_{0.2}CrO_3$的电导率为 24S · cm^{-1}。为了进一步提高涂层的电导率，研究者对 Ni-$LaCrO_3$[229-230]和 Co-$LaCrO_3$[231]的复合涂层进行了实验。含有大量 Ni 或 Co 的涂层合金在 800℃空气中进行氧化，涂层本身也发生氧化，由于形成了富含 Ni 或 Co 的氧化物，故在涂层和氧化膜合金界面中产生了大量孔洞。尽管相对于无涂层的合金，涂层合金的 ASR 有所降低，但是涂层易于在 SOFC 长期运行中剥落，因此这类涂层并不可靠，而含有少量纯金属的涂层类型更具前景[232]。

LSM 是典型的 SOFC 阴极材料，它是另一种受到青睐的金属连接体钙钛矿氧化物涂层材料。涂层的制备有多种工艺，如浆料浸渍法[233]、等离子喷涂法[234-235]、溅射法[236-239]、丝网印刷法[237,240]、物理气相沉积法[241]、气溶胶沉积法[242-243]、热喷涂法[244]和泥浆喷涂法[245]。这些涂层起到的作用相同：阻止氧化物增长、改善 ASR 以及抑制氧化膜中 Cr 的挥发。涂层合金的 ASR 取决于涂层的化学稳定性、制备过程以及 SOFC 运行过程中合金和涂层之间形成的氧化膜相。进行氧化之前，涂层的制备工艺对于获得稳定无裂纹的涂层以及低电阻率氧化膜至关重要，如 SUS 430 合金制备 LSM 涂层，首先在 1200℃惰性气氛中烧结 2h，接着在 1000℃空气中进行 3h 热处理，随后在 750℃空气中氧化 2600h，此时 ASR 值仅为 0.074Ω · cm^2，这是由于合金表面形成了稳定的 LSM 涂层[233]。等离子喷涂 LSM 涂层，喷涂后在 1000℃保温 2h 以达到在不明显改变涂层结构的前提下使喷涂中所形成的细微裂纹愈合的目的[234]。但是热处理的过程会导致涂层和基体之间形成绝缘的氧化物，使得涂层合金的 ASR 少许增加。

对于涂层达到的效果而言，研究者报道掺杂 Ti 的 $LaMnO_3$(LTM)比 LSM 更有效。掺杂 Sr 增加了 $LaMnO_3$的氧离子导电率，而 Ti 的掺杂增加了电子导电率。因此，如图 5.14 所示，相比于涂覆 LSM 涂层和无涂层的样品，LTM 涂覆的 Haynes 230合金的 ASR 值最低[239]。涂层和涂层底部形成的氧化膜之间有可能发生界面扩散，这可能将进一步有效降低涂覆 LTM 涂层样品的 ASR。然而，过度的扩散是不希望发生[239]。由于显微结构稳定的 YSZ 有助于抑制晶粒的增长，LSM-YSZ 的复合涂层[243]相对于 LSM 涂层更有效。对于 LSM 类涂层抑制 Cr 挥发作用的实验结果是相互矛盾的[244-245]，因此需要进行长期且更详尽的实验研究。

除去以上提到的两种类型的钙钛矿材料，$LaCoO_3$基和$LaFeO_3$基材料，如$(La,Sr)CoO_3$(LSCo)[135,225]、LSCF[240,242,246]和$(La,Sr)FeO_3$(LSF)[223-224,247-248]都被考虑作为金属连接体阴极侧的涂层材料。这些具有混合电子且电导性能优异的阴极材料作为涂层材料将有助于抑制 Cr 的挥发并降低 ASR，但不一定能有效阻碍氧化，这是由于它们有较高的氧离子导电率，同时与热增长氧化膜发生反应，只能增强短期氧化的抗氧化能力[248]。

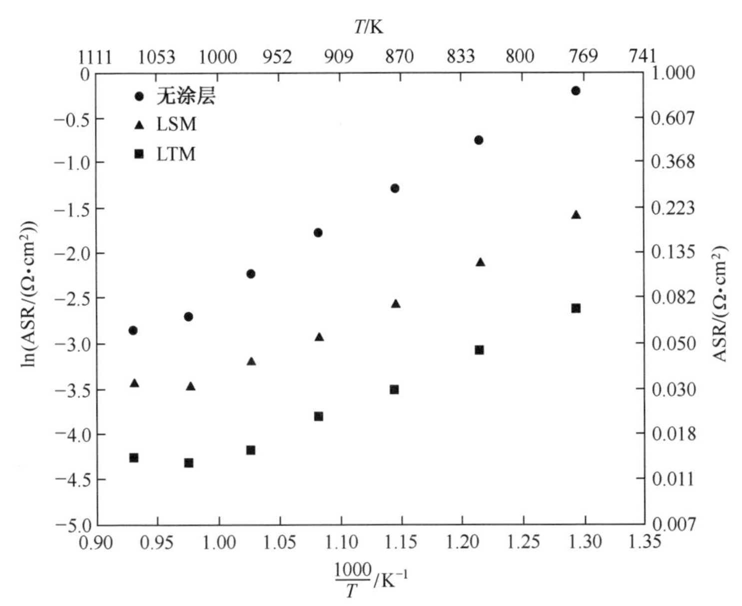

图 5.14　LTM 和 LSM 涂层合金和无涂层 Haynes 230 合金在 800℃空气中预氧化 504h 后 ASR 随测量温度变化的关系曲线[239]

5.4.3　尖晶石氧化物涂层

为了改善热增长形成Cr_2O_3氧化膜合金的抗氧化能力、导电率以及 Cr 的挥发性，通常将尖晶石氧化物选作金属连接体合金的涂层材料。$(Cr,Mn)_3O_4$尖晶石一般在含有少量 Mn 且形成了Cr_2O_3氧化膜的合金表面生成[65,228,249]。研究者最初考虑将$(Cr,Mn)_3O_4$作为涂层材料，其导电率随成分变化而变化，成分为$Cr_{1.5}Mn_{1.5}O_4$时达到最大。然而，Cr 会从$(Cr,Mn)_3O_4$中挥发出来，因此仍然需要关注含 Cr 的尖晶石中 Cr 挥发时毒化阴极的问题，故而研究者更青睐于采用高电导率且无 Cr 的尖晶石氧化物作为涂层材料。在由 Mg、Al、Cr、Mn、Fe、Co、Ni、Cu 和 Zn 构成的二元尖晶石氧化物中，最有潜力作为铁素体不锈钢金属连接体涂层材料的是Co_3O_4、$Mn_xCo_{3-x}O_4$和$Cu_xMn_{3-x}O_4$($1<x<1.5$)，Co_3O_4导电率最低，且与合金之间的热膨胀匹配性最差；在过渡性金属中 MCO 和$Cu_{1.3}Mn_{1.7}O_4$在空气中测得最高的导电率，分别为 800℃时的 $60S\cdot cm^{-1}$ 和 750℃时的

225S·cm^{-1}[250]。在SUS430[251]和Crofer 22 APU[252]合金表面电镀Co，如图5.15所示，Co扩散进入合金后与合金化元素发生反应，形成含有Co掺杂的Cr_2O_3底层和几乎无Cr的Co_3O_4表层。这种氧化膜提供有效的氧化保护，减缓Cr挥发并降低SUS 430合金的ASR（800℃长期氧化1900h后的ASR为26mΩ·cm^2），然而Co氧化过程中会形成孔洞，因此这种涂层的长期稳定性是一个值得关注的问题。

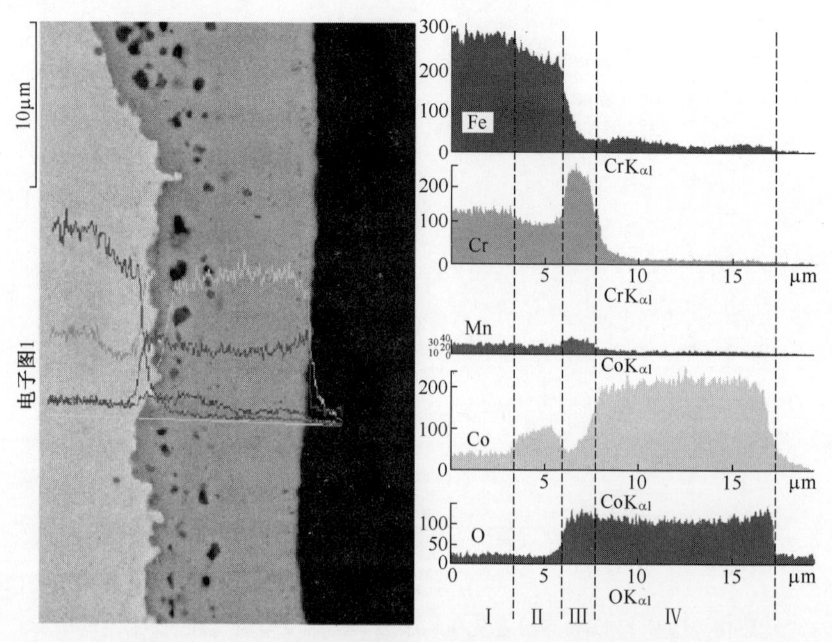

图5.15 Crofer 22 APU表面Co氧化的形貌和成分分析：

Ⅰ—合金基体；Ⅱ—Co扩散层；Ⅲ—Fe、Mn和Co掺杂的Cr_2O_3；Ⅳ—最顶层Co_3O_4[252]

可采用多种工艺制备金属连接体的$(Mn,Co)_3O_4$涂层，如泥浆涂覆[129,253-259]、常压等离子喷涂[260-261]、溶胶凝胶涂覆[175,262]、磁控溅射[263-264]、电镀[265-269]和喷涂热解[270]。研究结果表明，所有涂层对形成Cr_2O_3氧化膜合金的氧化行为、电导率和Cr挥发具有积极的影响，这是由于涂层合金在空气中进行长期氧化的过程中具有优越的热循环性能[262,175,254]。涂层作为保护层阻碍Cr的向外扩散和O的向内扩散，抑制了涂层和合金基体之间氧化膜的增长以及Cr对阴极的毒化。$(Mn,Co)_3O_4$涂层合金的寿命明显长于无涂层的样品，这与综合实验/模拟的方法所预测的结果一致[271]。通过截面上^{18}O同位素的分布来看，涂层和合金之间形成富Cr氧化膜对于阻碍氧离子的向内扩散是有重大意义的，如图5.16所示[272]。在800℃氧离子仍然能通过致密的MCO涂层，但是其受到热增长富Cr薄氧化物的阻碍。

尽管相比于Cr_2O_3和$MnCr_2O_4$，$(Mn,Co)_3O_4$的导电率分别比它们高出3~4

个和 1~2 个数量级[129,250,253]，但对于 Ni-Cr 合金，如 Haynes 230，$(Mn,Co)_3O_4$ 涂层的效果并不明显[259]，因此这种涂层并非必要。对于涂层来说，必要的工作是减薄涂层、改善涂层的黏附性以及通过调整成分增加涂层的导电率。实验结果表明，Ce 的添加[273]、LSM[274] 或 La_2O_3[275] 双层涂层的使用、$(Mn,Co)_3O_4$[247,276] 涂层中 Fe 替代部分 Co，这些行为可以改善涂层长期的稳定性和电性能。Fe 替代部分 Co 可以增强 Fe^{2+} 和 Fe^{3+} 的电子跳跃[64] 并增加 MCO 的电子导电性，然而需要谨慎控制掺杂的比例来维持相的稳定性，$MnCo_{1.9}Fe_{0.1}O_4$ 似乎具有最佳的比例。

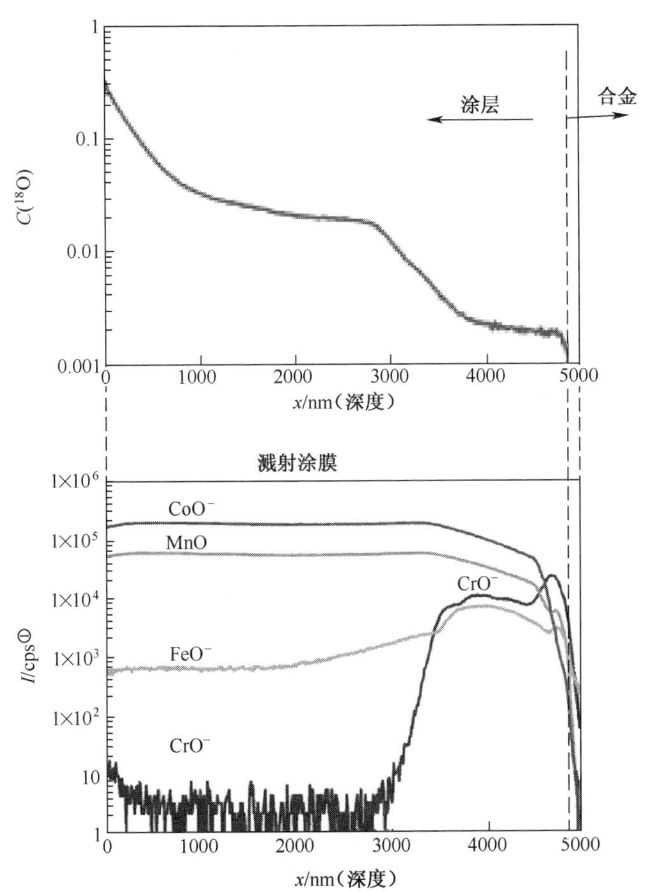

图 5.16 靠近 $MnCo_2O_4$ 涂层和基体合金界面的 ^{18}O 氧同位素扩散和元素分布的截面图（RF 溅射 $MnCo_2O_4$ 涂层，次级离子质谱计算 MO^- 计数）[272]

其他无 Cr 尖晶石，如 $(Cu,Mn)_3O_4$[265,147,277-278]、Cu-Fe 尖晶石[278]、$NiCo_2O_4$[279]、$CoFe_2O_4$[280] 和 $NiFe_2O_4$[281-282]，都有望成为有潜力的金属连接体

① 1cps = 1mPa · s。

涂层材料。除了 Cu-Fe 尖晶石形成了 Fe 氧化物而增加了 ASR 值之外,其他材料都使合金的抗氧化能力、电导率和 Cr 挥发得到改善。实验结果表明,800℃空气中尖晶石会存在 Cu 的损失,这极可能是挥发的 Cu 相[147]沉积于 LSM 阴极表面。因此有必要进一步研究$(Cu,Mn)_3O_4$中 Cu 损失对涂层和阴极性能的影响。采用溶胶凝胶法在 SUS 430 合金表面制备 $NiCo_2O_4$涂层并在 800℃时氧化 200h,其抛物线氧化速率常数仅为 $8.1\times10^{-15}g^2 \cdot cm^{-4} \cdot s^{-1}$,且 800℃ 时 ASR 值为 $3m\Omega \cdot cm^2$,这归因于涂层底部形成较薄的 Cr_2O_3[279]。为了充分确认 $NiCo_2O_4$涂层的有效性,有必要对其进行长期实验。

5.5 新型合金的开发

综上所述,某些形成 Cr_2O_3氧化膜的 Fe-Cr 合金或者 Ni-Cr 合金有望成为 SOFC 金属连接体材料。然而,这些合金材料在长期氧化过程中存在抗氧化能力不足和电导率不足的问题,因而不利于它们成为令人满意的金属连接体材料。此外,含 Cr 氧化膜中 Cr 的挥发和随后引发的阴极毒化现象是这类材料所面临的另一个重大挑战。合金表面改性能有效增强合金的抗氧化能力、改善电导率并阻碍 Cr 挥发。然而,各种各样的涂层达不到预期效果,同时缺乏长期实验对其性能进行评价。再者,涂层制备中的各种工艺明显会增加连接体的成本,削弱低成本金属连接体取代陶瓷连接体的优势。在这种情况下,另一种可行的方法是寻找和开发出所期望氧化膜的金属连接体材料,以达到在 SOFC 运行过程中抗氧化、电子导电和抑制表面 Cr 挥发的要求。

一般来说,合金中 Cr 的含量对于合金抗氧化能力至关重要,其随着 Cr 含量的增加而增强。合金 Cr 含量不足将不能形成连续的 Cr_2O_3保护层,因此通常要求 Fe-Cr 和 Ni-Cr 合金中的 Cr 含量不低于 13%,而合金中过多的 Cr 可能会促进 Cr_2O_3的增长和不可接受的 Cr 毒化,如 5.2.4 节所述,因此,需要合适的 Cr 含量,使其能够在 SOFC 运行温度下的氧化和还原环境中平衡抗氧化能力和 Cr 挥发的问题。Fe-Cr 和 Ni-Cr 合金中 Mn 和 Ti 对于氧化速率和氧化膜的 ASR 有明显的影响。由于 Mn 在 Cr_2O_3 中比 Cr 扩散速度更快,可以促进氧化膜表面 Mn-Cr尖晶石的形成,而 Ti 造成的 TiO_2或 Ti 掺杂 Cr_2O_3的形成增加了合金氧化速率,因此,合金中含有过量的 Mn 和 Ti 无法满足金属连接体材料的要求。另一方面,形成的 Mn-Cr 尖晶石不仅有利于抑制底层 Cr_2O_3的增长,且在一定程度上缓解了 Cr 的挥发,同时其还具有比 Cr_2O_3更低的电阻率,因而改善了氧化膜的 ASR;Ti 掺杂的 Cr_2O_3和 TiO_2比 Cr_2O_3具有更好的导电性,使氧化膜的导电性得到改善,而且 Ti 易在氧化膜和合金界面形成 TiO_2沉淀,这将改善氧化膜的力学性能和黏附性。在形成 Cr_2O_3氧化膜的合金中添加活性元素(如 La、Y、Ce 等)有利于形成连续的 Cr_2O_3氧化膜,降低氧化膜增长速率并改善黏附性。添加 Co

能提高所形成的Co掺杂尖晶石和Cr_2O_3的导电性;添加如Mo和W这类元素能够降低合金的TEC,使其与接触的其他部件能更好地匹配;添加形成Laves相的元素,如Nb和Mo,能够通过形成Laves相有效控制阳离子在晶界的扩散,从而降低合金氧化速率并改善导电性能;另外,高合金钢的纯度越高越有利于提高其抗氧化能力,改善氧化膜的黏附性;合金中的C和S对于氧化膜的增长速率和力学性能有致命的影响;Al和Si含量较低有利于分别阻碍绝缘Al_2O_3和SiO_2的形成。因此,通过调整合金成分来开发新合金以获得所期望的氧化膜性能至关重要。

作为金属连接体材料的新类型,研究者对成分优化的Fe-Co-Ni合金进行了评价,其具有较低的热膨胀系数和Cr含量,如表5.1所列[39]。合金在800℃空气中氧化500h后形成了非常厚的氧化膜(>100μm),氧化膜表层不含Cr而由导电的Co_3O_4和/或$CoFe_2O_4$构成,内层为混合氧化物(Fe、Ni、Co、Al、Ti、Nb)、Al_2O_3和富含Cr的氧化物或内部氧化物。尽管这种结构的氧化膜的ASR低于Crofer 22 APU合金,且无Cr的氧化膜表层能有效防止Cr的挥发,但是Cr的含量不足以形成连续的Cr_2O_3保护层而导致合金过度氧化,使得这类合金不能用作连接体材料。实验结果表明,这类Cr含量低的合金中Cr的挥发并不明显。成分优化的Fe-30Cr-25Ni-6Cr-5Nb-1.5Si-0.1Y合金[283],其抗氧化能力得到了明显改善。由于经过预期氧化后合金表面形成了$(Fe,Co,Ni)_3O_4$尖晶石层,合金在800℃空气中氧化2000h的氧化速率与Crofer 22 APU相当。同时尖晶石和合金基体之间区域富含Cr、Si、Nb和Y元素,这些元素使之得以形成连续的Cr_2O_3层。然而,Fe-Co-Ni合金的TEC明显低于相邻电池的部件(10×10^{-6}~13×10^{-6}),这可能会导致两者之间热膨胀不匹配。

表5.1 改良的Fe-Co-Ni低热膨胀合金成分表(%(质量分数))

合金型号	Fe	Co	Ni	Cr	Nb	Ti	Si	Al	B
Three-Phase	平衡	18	42	—	3.0	1.5	—	6.0	—
EXP 4005	平衡	31	33	—	3.0	0.6	—	5.3	—
Thermo-Span	平衡	29	24.5	5.5	4.8	0.85	0.35	0.45	0.004
HRA 929C	平衡	22.5	29.5	2.0	4.0	1.25	0.3	0.55	0.0045

为了改善铁素体Fe-Cr合金,向Fe-20Cr合金中添加Mo(0.5%(质量分数))和Nb(0.35%(质量分数))元素[90],在800℃ H_2/H_2O气氛中氧化1100h后,除去通常在氧化膜中观察到的Cr_2O_3和Cr-Mn尖晶石外,晶界还形成了Laves相,如Fe_2Nb。晶界处的Laves相阻碍了阳离子沿着晶界向外扩散,使合金抗氧化能力增强,同时降低了ASR。由此可见,对于Fe-20Cr合金而言,进行成分微小调整能有效改善合金性能。同样的方法也可应用于低成本的商用铁素体Fe-Cr合金,如SUS 430,为了改善氧化膜的导电性,制备Ti掺杂的

Fe-(6-22)Cr-0.5Mn-1Ti合金以形成导电的TiO_2外层氧化膜。在800℃潮湿的空气中(3%(体积分数)H_2O)进行实验[284],Cr含量低于12%(质量分数)时,无论合金表面是否经过Ce处理,合金会因为抗氧化能力不足而产生富含Fe的氧化物;Cr含量在12%~22%(质量分数)范围内时,经过Ce处理的表面能有效抑制富含Fe的氧化物的形成,同时促进TiO_2的形成,使得非化学计量比的TiO_2过度生长,从而达到有抑制Cr挥发的可能。实验结果再一次表明,合金的Cr含量需要达到18%(质量分数)左右才能拥有较好的抗氧化能力。

目前,Hua等人[59]开发了一种有潜力的Fe-Cr合金,成分为Fe-17Cr-1Mn-0.5Ti-2.1Mo并含有少量的La、Y和Zr。其在35~800℃温度范围内的TEC为12.2×10^{-6},与电池部件有很好匹配性。该合金在750℃空气中等温或循环氧化1000h后形成多层结构的导电氧化膜,其表层为Mn_2O_3,中间层为Mn-Cr尖晶石,底层为Cr_2O_3,如图5.17所示[59]。合金的氧化速率仅在$5.1\times10^{-14}\sim7.6\times10^{-14}g^2\cdot cm^{-4}\cdot s^{-1}$之间,且ASR约为$10m\Omega\cdot cm^2$。初始氧化膜的表面形成粒状$Mn_2O_3$,随着氧化时间的延长,$Mn_2O_3$逐渐致密并覆盖整个表面,$TiO_2$内层氧化物在合金氧化膜底部沿着晶界零星形成,高迁移率的Ti和Mn离子向已形成的氧化膜内部进行扩散,导致掺杂的Cr_2O_3和尖晶石的形成。循环氧化看起来改善了Mn_2O_3层的致密性、氧化膜黏附性和ASR。

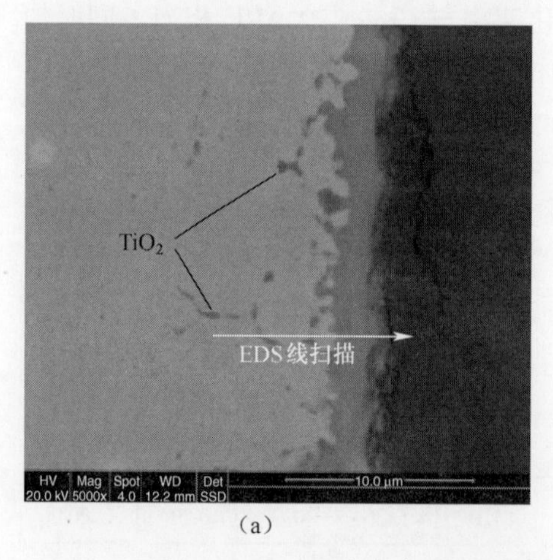

(a)

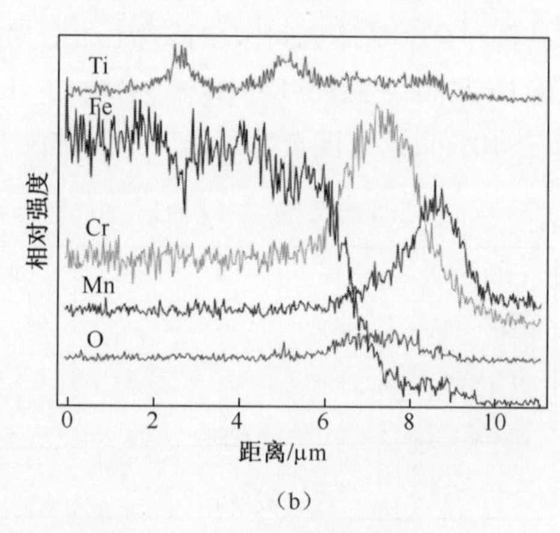

(b)

图5.17 Fe-Cr合金在750℃空气中循环氧化1000h的(a)截面形貌和(b)EDS线扫元素分布[59]

除了Fe-Cr合金,研究者研制了Cr含量低的Ni-Mo-Cr合金,成分为Ni-20.76Mo-12.24Cr-4.12W-3.02Co-1.18Ti-0.98Mn并含有微量的Y、La、C和Si[285,100],其TEC值为13.92×10^{-6},与电池部件接近。合金分别在750℃空气和潮湿氢气中氧化1000h后,在空气中形成的氧化膜由表层的无Cr的$NiMn_2O_4$和底层的Cr_2O_3构成,潮湿H_2中形成的氧化膜结构为$MnCr_2O_4$顶层和

Cr_2O_3底层,如图 5.18 和图 5.19 所示,其氧化动力学速率常数低于 $1.56\times10^{-14}g^2\cdot cm^{-4}\cdot s^{-1}$ 和 $4.94\times10^{-14}g^2\cdot cm^{-4}\cdot s^{-1}$。此外,合金基体形成一层金属中间相 $MoNi_3$ 与氧化膜相连接,$MoNi_3$ 将减缓 Cr、Ni 或 Mn 离子的向外扩散以阻碍氧化膜的进一步生长。在 750℃空气和潮湿氢气中所形成氧化膜的 ASR 分别为 $4.48m\Omega\cdot cm^2$ 和 $8.34m\Omega\cdot cm^2$,其中空气中测得的 ASR 向外推算到 40000h 时的值为 $22m\Omega\cdot cm^2$。致密的无 Cr 的 $NiMn_2O_4$ 阻止了内部含 Cr 氧化物中 Cr 的挥发,从而减轻了 Cr 对 LSM 阴极的毒化[286]。综上所述,新开发的 Ni-Mo-Cr 合金有望作为金属连接体材料。

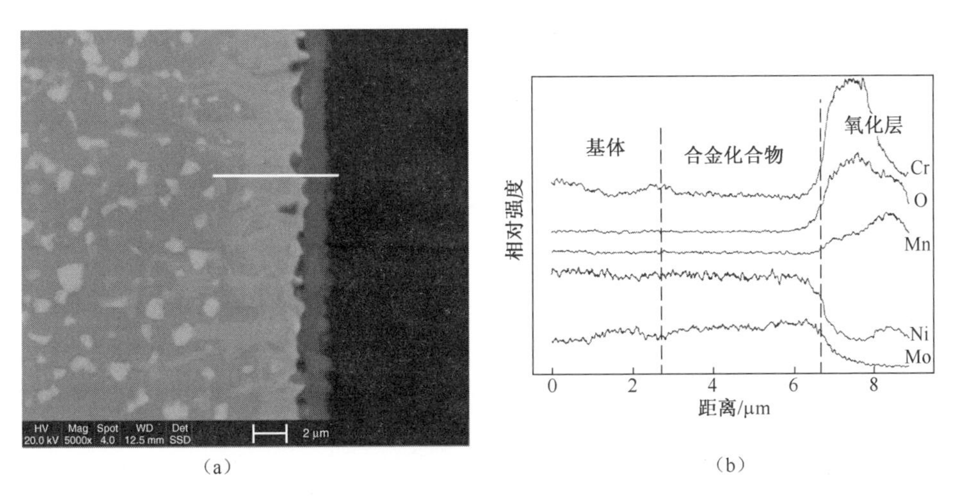

(a)　(b)

图 5.18　Ni-Mo-Cr 合金在 750℃空气中氧化 1000h 的(a)截面形貌和(b)EDS 线扫元素分布[285]

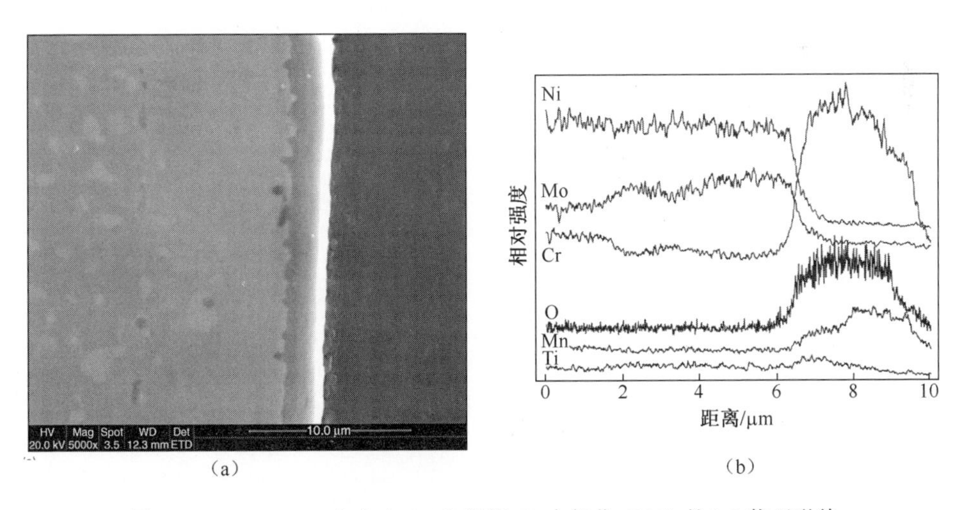

(a)　(b)

图 5.19　Ni-Mo-Cr 合金在 750℃潮湿 H_2 中氧化 1000h 的(a)截面形貌和(b)EDS 线扫元素分布[100]

5.6 总　　结

连接体材料对于 SOFC 电堆的制造起着关键作用。金属连接体的使用取代了传统的陶瓷部件,其具有热、电、力学性能以及材料和制造成本等方面的优势。金属连接体的候选材料主要是形成 Cr_2O_3 氧化膜的铁素体 Fe-Cr 合金。然而,发展适合的金属连接体依然需要克服长期抗氧化能力、氧化膜稳定性和电导率以及含 Cr 氧化物所带来的 Cr 挥发等问题。实验结果证明,通过对导电保护涂层进行金属连接体表面改性能有效解决这些问题,尤其是无 Cr 涂层有望成为最具有前景的涂层材料。另一方面,开发具有合适 TEC 和所期望氧化膜的新合金是另一种满足金属连接体要求的可行方法。作为 SOFC 电堆连接体的金属合金,需要对其长期氧化行为、与相邻部件的相容性以及如何降低成本等方面进行进一步的研究。

参 考 文 献

[1] Singh, P, and Minh, N. Q. (2004) Solid oxide fuel cells: Technology status. *Int. J. Appl. Ceram. Technol.*, **1** (1), 5-15.

[2] Williams, M. C. and Singhal, S. C. (2000) Mass-produced ceramic fuel cells for low-cost power: The solid state energy conversion alliance. *Fuel Cells Bull.*, **3**(24), 8-11.

[3] Singhal, S. C. (2002) Solid oxide fuel cells for stationary, mobile, and military applications. *Solid State Ionics*, **152-153**, 405-410.

[4] Zhu, W. Z. and Deevi, S. C. (2003) Development of interconnect materials for solid oxide fuel cells. *Mater. Sci. Eng.*, A, **A348**(1-2), 227-243.

[5] Fergus, J. W. (2005) Metallic interconnects for solid oxide fuel cells. *Mater. Sci. Eng.*, *A*, **397** (1-2), 271-283.

[6] Zhu, W. Z. and Deevi S C. (2003) Opportunity of metallic interconnects for solid oxide fuel cells: a status on contact resistance. *Mater. Res. Bull.*, **38**(6), 957-972.

[7] Yang, Z. (2008) Recent advances in metallic interconnects for solid oxide fuel cells. *Int. Mater. Rev.*, **53**(1), 39-54.

[8] Yang, Z., Weil, K. S., Paxton, D. M., and Stevenson, J. W. (2003) Selection and evaluation of heat-resistant alloys for SOFC interconnect applications. *J. Electrochem. Soc.*, **150**(9), A1188-A1201.

[9] Yang, Z., Xia, G., Li, X., Maupin, G. D., Coleman, J. E., Nie, Z., Bonnett, J. F., Simner, S. P., Stevenson, J. W., and Singh, P. (2006) Advanced SOFC interconnect development at PNNL. *ECS trans.*, **5** (1), 347-356.

[10] Badwal, S. P. S., Deller, R., Foger, K., Ramprakash, Y., and Zhang, J. P. (1997) Interaction between chromia forming alloy interconnects and air electrode of solid oxide fuel cells. *Solid State Ionics*, **99**(3-4), 297-310.

[11] Singhal, S. C. (2000) Science and technology of solid-oxide fuel cells. *MRS Bull.*, **25**(3), 16-21.

[12] Minh, N. Q. (1993) Ceramic fuel cells. *J. Am. Ceram. Soc.*, **76**(3), 563-588.

[13] Badwal, S. P. S. (2001) Stability of solid oxide fuel cell components. *Solid State Ionics*, **143**(1), 39-46.

[14] Huang, K., Hou, P. Y., and Goodenough, J. B. (2000) Characterization of iron-based alloy interconnects for reduced temperature solid oxide fuel cells. *Solid State Ionics*, **129**(1), 237-250.

[15] Shaigan, N., Qu, W., Ivey, D. G., and Chen, W. (2010) A review of recent progress in coatings, surface modifications and alloy developments for solid oxide fuel cell ferritic stainless steel interconnects. *J. Power Sources*, **195**(6), 1529-1542.

[16] Quadakkers, W. J., Greiner, H., Hänsel, M., Pattanaik, A., Khanna, A. S., and Mallener, W. (1996) Compatibility of perovskites contact layers between cathode and metallic interconnector plates of SOFCs. *Solid State Ionics*, 91(1-2), 55-67.

[17] Hatchwell, C., Sammes, N. M., Brown, I. W. M., and Kendall, K. (1999) Current collectors for a novel tubular design of solid oxide fuel cell. *J. Power Sources*, **77**(1), 64-68.

[18] Quadakkers, W. J., Hänsel, M., and Rieck, T. (1998) Carburization of Cr-based ODS alloys in SOFC relevant environments. *Mater. Corros.*, **49**(4), 252-257.

[19] Larring, Y., and Norby, T. (2000) Spinel and perovskite functional layers between Plansee metallic interconnect(Cr-5wt%Fe-1wt%Y_2O_3) and Ceramic ($(La_{0.85}Sr_{0.15})_{0.91}MnO_3$ cathode materials for solid oxide fuel cells. *J. Electrochem. Soc.*, **147**(9), 3251-3256.

[20] Konysheva, E., Penkalla, H., Wessel, E., Mertens, J., Seeling, U., Singheiser, L., and Hilpert, K. (2006) Chromium poisoning of perovskites cathodes by the ODS alloy $Cr5Fe1Y_2O_3$ and the high chromium ferritic steel Crofer22APU. *J. Electrochem. Soc.*, **153**(4), A765-A773.

[21] Zhu, J. H., Geng, S. J., Lu, Z. G., and Porter, W. D. (2007) Evaluation of binary Fe-Ni alloys as intermediate-temperature SOFC interconnect. *J. Electrochem. Soc.*, **154**(12), B1288-B1294.

[22] Brady, M. P., Pint, B. A., Lu, Z. G., Zhu, J. H., Milliken, C. E., Kreidler, E. D., Miller, L., Armstrong, T. R., and Walker, L. R. (2006) Comparison of oxidation behavior and electrical properties of doped NiO- and Cr_2O_3-forming alloys for solid oxide fuel cell metallic interconnects. *Oxid. Met.*, **65**(3-4), 237-261.

[23] Church, B. C., Sanders, T. H., Speyer, R. F., and Cochran, J. K. (2007) Thermal expansion matching and oxidation resistance of Fe-Ni-Cr interconnect alloys. *Mater. Sci. Eng.*, *A*, **452-453**, 334-340.

[24] England, D. M. and Virkar, A. V. (1999) Oxidation kinetics of some nickel-based superalloy foils and electronic resistance of the oxide scale formed in air Part I. *J. Electrochem. Soc.*, **146**(9), 3196-3202.

[25] England, D. M. and Virkar, A. V. (2001) Oxidation kinetics of some nickel-based superalloy foils in humidified hydrogen and electronic resistance of the oxide scale formed Part II. *J. Electrochem. Soc.*, **148**(4), A330-A338.

[26] Li, J., Pu, J., Xiao, J., and Qian, X. (2005) Oxidation of Haynes 230 alloy in reduced temperature solid oxide fuel cell environments. *J. Power Sources*, **139**(1-2), 182-187.

[27] Li J., Pu J., Xie, G., Wang, S., and Xiao, J. (2006) Heat resistant alloys as interconnect materials of reduced temperature SOFCs. *J. Power Sources*, **157**(1), 368-376.

[28] Li, J., Pu, J., Hua, B., and Xie, G. (2006) Oxidation kinetics of Haynes 230 alloy in air at temperatures between 650 and 850℃. *J. Power Sources*, **159**(1), 641-645.

[29] Geng, S. J., Zhu, J. H., and Lu, Z. G. (2006) Evaluation of Haynes 242 alloy as SOFC interconnect material. *Solid State Ionics*, 177(5-6), 559-568.

[30] Geng, S. J., Zhu, J. H., and Lu, Z. G. (2006) Investigation on Haynes 242 alloy as SOFC interconnect in simulated anode environment. *Electrochem. Solid-State Lett.*, **9**(4), A211-214.

[31] Yang, Z., Xia, G., and Stevenson, J. W. (2006) Evaluation of Ni-Cr-base alloys for SOFC interconnect

applications. *J. Power Sources*, **160**(2), 1104-1110.

[32] Yang, Z., Singh, P., Stevenson, J. W, and Xia, G. (2006) Investigation of modified Ni-Cr-Mn base alloys for SOFC interconnect applications. *J. Electrochem. Soc.*, **153**(10), A1873-1879.

[33] Horita. T., Xiong, Y., Yamaji, K., Sakai, N., and Yokokawa, H. (2002) Characterization of Fe-Cr alloys for reduced operation temperature SOFCs. *Fuel Cells*, **2**(3-4), 189-194.

[34] Jian, L., Huezo., J, and Ivey, D. G. (2003) Carburisation of interconnect materials in solid oxide fuel cells. *J. Power Sources*, **123**(2), 151-162.

[35] Horita T, Xiong Y, Kishimoto H, Yamaji K, Sakai N, Yokokawa H. (2004) Application of Fe-Cr alloys to solid oxide fuel cells for cost-reduction oxidation behavior of alloys in methane fuel. *J. Power Sources*, **131**(1-2), 293-298.

[36] Brylewski, T., Dabek, J., and Przybylski, K. (2004) Oxidation kinetics study of the iron-based steel for solid oxide fuel cell application. *J. Therm. Anal. Calorim.*, **77**(1), 207-216.

[37] Pu, J., Li, J., Hua, B., and Xie, G. (2006) Oxidation kinetics and phase evolution of a Fe-16Cr alloy in simulated SOFC cathode atmosphere. *J. Power Sources*, **158**(1), 354-360.

[38] Geng, S. J. and Zhu, J. H. (2006) Promising alloys for intermediate-temperature solid oxide fuel cell interconnect application. *J. Power Sources*, **160**(2), 1009-1016.

[39] Zhu, J. H., Geng, S. J., Ballard, D. A. (2007) Evaluation of several low thermal expansion Fe-Co-Ni alloys as interconnect for reduced-temperature solid oxide fuel cell. *Int. J. Hydrogen Energy*, **32**(16), 3682-3688.

[40] Antepara, I., Villarreal, I., Rodríguez-Martínez, L. M., Lecanda, N., Castro, U., Laresgoiti, A. (2005) Evaluation of ferritic steels for use as interconnects and porous metal supports in IT-SOFCs. *J. Power Sources*, **151**(1-2), 103-107.

[41] Yang, Z., Hardy, J. S., Walker, M. S., Xia, G., Simner, S. P, and Stevenson, J. W. (2004) Structure and conductivity of thermally grown scales on ferritic Fe-Cr-Mn steel for SOFC interconnect applications. *J. Electrochem. Soc.*, **151**(11), A1825-A1831.

[42] Simner, S. P., Anderson, M. D., Xia, G., Yang, Z., Pederson, L. R., and Stevenson, J. W. (2005) SOFC performance with Fe-Cr-Mn alloy interconnect. *J. Electrochem. Soc.*, **152**(4), A740-A745.

[43] Han, M., Peng, S., Wang, Z., Yang, Z., and Chen, X. (2007) Properties of Fe-Cr based alloy alloys as interconnects in a solid oxide fuel cell. *J. Power Sources*, **164**(1), 278-283.

[44] Mustala, S., Veivo, J., Auerkari, P., and Kiviaho, J. (2007) Thermal degradation of selected alloys for SOFC interconnectors. *ECS Trans.*, **2**(9), 151-157.

[45] Toji, A., and Uehara, T. (2007) Stability of oxidation resistance of ferritic Fe-Cr alloy for SOFC interconnects. *ECS Trans.*, **7**(1), 2117-2124.

[46] Alman, D. E., and Jablonski, P. D. (2007) Effect of minor elements and a Ce surface treatment on the oxidation behavior of an Fe-22Cr-0.5Mn(Crofer 22 APU) ferritic stainless steel. *Int. J. Hydrogen Energy*, **32**(16), 3743-3753.

[47] Ogasawara, K., Kameda, H., Matsuzaki, Y., Sakurai, T., Uehara, T., Toji, A., Sakai, N., Yamaji, K., Horita, T., and Yokokawa, H. (2007) Chemical stability of ferritic alloy interconnect for SOFCs. *J. Electrochem. Soc.*, **154**(7), B657-B663.

[48] Belogolovsky, I., Hou, P. Y., Jacobson, C. P., and Visco, S. J. (2008) Chromia scale adhesion on 430 stainless steel: Effect of different surface treatments. *J. Power Sources*, **182**(1), 259-264.

[49] Sun, X., Liu, W. N., Stephens, E., and Khaleel, M. A. (2008) Determination of interfacial adhesion strength between oxide scale and substrate for metallic SOFC interconnects. *J. Power Sources*, **176**(1),

167-174.

[50] Cooper, L., Benhaddad, S., Wood, A., and Ivey, D. G. (2008) The effect of surface treatment on the oxidation of ferritic stainless steels used for solid oxide fuel cell interconnects. *J. Power Sources*, **184**(1), 220-228.

[51] Liu, W. N, Sun, X., Khaleel, M. A. (2010) Effect of creep of ferritic interconnect on long-term performance of solid oxide fuel cell stacks. *Fuel Cells*. Doi: 10.1002/fuce.200900075.

[52] Horita, T., Xiong, Y., Yamaji, K., Sakai, N., and Yokokawa, H. (2003) Evaluation of Fe-Cr alloys as interconnects for reduced operation temperature SOFCs. *J. Electrochem. Soc.*, **150**(3), A243-A248.

[53] Yang, Z., Walker, M. S., Singh, P., Stevenson, J. W., and Norby, T. (2004) Oxidation behavior of ferritic stainless steels under SOFC interconnect exposure conditions. *J. Electrochem. Soc.*, **151**(12), B669-B678.

[54] Shaigan, N., Ivey, D. G, and Chen, W. (2009) Metal-oxide scale interfacial imperfections and performance of stainless steels utilized as interconnects in solid oxide fuel cells. *J. Electrochem. Soc.*, **256** (6), B765-B770.

[55] Tortorelli, P. F, and DeVan, J. H. (1992) Behavior of iron aluminides in oxidizing and oxidizing/sulfidizing environments. *Mater. Sci. Eng.*, *A*, **A153**(1-2), 573-577.

[56] DeVan, J. H., and Tortorelli, P. F. (1993) The oxidation-sulfidation behavior of iron alloys containing 16-40 AT% aluminum. *Corros. Sci.*, **35**(5-8), 1065-1071.

[57] Pint, B. A, Martin, J. R, and Hobbs, L. W. (1993) ^{18}O/SIMS characterization of the growth mechanism of doped and undoped α-Al_2O_3. *Oxid. Met.*, **39**(3-4), 167-195.

[58] Pint, B. A. (1996) Experimental observations in support of the dynamic-segregation theory to explain the reactive-element effect. *Oxid. Met.*, **45**(1-2), 1-37.

[59] Hua, B., Pu, J., Lu, F., Zhang, J., Chi, B., and Li, J. (2010) Development of a Fe-Cr alloy for interconnect application in intermediate temperature solid oxide fuel cells. *J. Power Sources*, **195** (9), 2782-2788.

[60] Wild, R. K. (1977) High temperature oxidation of austenitic stainless steel in low oxygen pressure. *Corros. Sci.*, **17**(2), 87-104.

[61] Lobnig, R. E, Schmidt, H. P, Hennesen, K., Grabke, H. J. (1992) Diffusion of cations in chromia layers grown on iron-base alloys. *Oxid. Met.*, **37**(1-2), 81-93.

[62] Cox, M. G. C., McEnaney, B., and Scott, V. D. (1972) Chemical diffusion model for partitioning of transition elements in oxide scales on alloys. *Philos. Mag.*, **26**(4), 839-851.

[63] Hong, S. H., Phaniraj, M. P., Kim, D. -I., Ahn, J. -P., Cho, Y. W., Han, S. H., and Han, H. N. (2010) Improvement in oxidation resistance of ferritic stainless steel by carbon ion implantation. *Electrochem. Solid-State Lett.*, **13**(4), B40-B42.

[64] Sakai, N., Horita, T., Xiong, Y., Yamaji, K., Kishimoto, H., Brito, M. E., Yokokawa, H., and Maruyama, T. (2005) Structure and transport property of manganese-chromium-iron oxide as a main compound in oxide scales of alloy interconnects for SOFCs. *Solid State Ionics*, **176**(7-8), 681-686.

[65] Lu, Z., Zhu, J., Andrew, P. E., and Paranthaman, M. P. (2005) Electrical conductivity of the manganese chromite spinel solid solution. *J. Am. Ceram. Soc.*, **88**(4), 1050-1053.

[66] Geng, S. J, Zhu, J. H, and Lu, Z. G. (2006) Evaluation of several alloys for solid oxide fuel cell interconnect application. *Scr. Mater.*, **55**(3), 239-242.

[67] Yasuda, N., Uehara, T., Okamoto, M., Aoki, C., Ohno, T., and Toji, A. (2009) Improvement of oxidation resistance of Fe-Cr ferritic alloy sheets for SOFC interconnects. *ECS Trans.*, **25**(2), 1447-1453.

[68] Caplan, D., Beaubien, P. E., and Cohen, M. (1965) *Trans. AIME*, **233**, 766.

[69] Marasco, A. L, and Young, D. J. (1991) The oxidation of iron-chromium-manganese alloys at 900℃. *Oxid. Met.*, **36**(1-2), 157-174.

[70] Cox, M. G. C., McEnaney, B., Scott, V. D. (1975) Kinetics of initial oxide growth on Fe-Cr alloys and the role of vacancies in film breakdown. *Philos. Mag.*, **31**(2), 331-338.

[71] Matsunaga, S., and Homma, T. (1976) Influence on the oxidation kinetics of metals by control of the structure of oxide scales. *Oxid. Met.*, **10**(6), 361-376.

[72] Atkinson, H. V. (1987) Evolution of grain structure in nickel oxide scales. *Oxid. Met.*, **28**(5-6), 353-389.

[73] Kofstad, P., and Lillerud, K. P. (1982) Chromium transport through Cr_2O_3 scales. I. On lattice diffusion of chromium. *Oxid. Met.*, **17**(3-4), 177-194.

[74] Horita, T., Xiong, Y., Yamaji, K., Kishimoto, H., Sakai, N., Brito, M. E., and Yokokawa, H. (2004) Imaging of mass transports around the oxide scale/Fe-Cr alloy interfaces. *Solid State Ionics*, **174**(1-4), 41-48.

[75] Sakai, N., Horita, T., Yamaji, K., Xiong, Y., Kishimoto, H., Brito, M. E., Yokokawa, H. (2006) Material transport and degradation behavior of SOFC interconnects. *Solid State Ionics*, **177**(19-25), 1933-1939.

[76] Horita, T., Kishimoto, H., Yamaji, K., Xiong, Y., Sakai, N., Brito, M. E., and Yokokawa, H. (2008) Effect of grain boundaries on the formation of oxide scale in Fe-Cr alloy for SOFCs. *Solid State Ionics*, **179**(27-32), 1320-1324.

[77] Froitzheim, J., Meier, G. H., Niewolak, L., Ennis, P. J., Hattendorf, H., Singheiser, L., and Quadakkers, W. J. (2008) Development of high strength ferritic steel for interconnect application in SOFCs. *J. Power Sources*, **178**(1), 163-173.

[78] Jablonski, P. D, Cowen, C. J, Sears, J. S. (2010) Exploration of alloy 441 chemistry for solid oxide fuel cell interconnect application. *J. Power Sources*, **195**(3), 813-820.

[79] Tsai, S. C., Huntz, A. M., and Dolin, C. (1996) Growth mechanism of Cr_2O_3 scales: Oxygen and chromium diffusion, oxidation kinetics and effect of yttrium. *Mater. Sci. Eng.*, *A*, **A212**(1), 6-13.

[80] Moosa, A. A., and Rothman, S. J. (1985) Effect of yttrium additions on the oxidation of nickel. *Oxid. Met.*, **24**(3-4), 133-148.

[81] Moosa, A. A., Rothman, S. J., and Nowicki, L. J. (1985) Effect of yttrium addition to nickel on the volume and grain boundary diffusion of Ni in the scale formed on the alloy. *Oxid. Met.*, **24**(3-4), 115-132.

[82] Cotell, C. M., Yurek, G. J., Hussey, R. J., Mitchell, D. F., and Graham, M. J. (1990) The influence of grain-boundary segregation of Y in Cr_2O_3 on the oxidation of Cr metal. *Oxid. Met.*, **34**(3-4), 173-200.

[83] Kim, K. Y., Kim, S. H., Kwon, K. W., and Kim, L. H. (1994) Effect of yttrium on the stability of aluminide-yttrium composite coatings in a cyclic high-temperature hot-corrosion environment. *Oxid. Met.*, **41**(3-4), 179-201.

[84] Brylewski, T., Nanko, M., Maruyama, T., and Przybylski, K. (2001) Application of Fe-16Cr ferritic alloy to interconnector for a solid oxide fuel cell. *Solid State Ionics*, **143**(2), 131-150.

[85] Quadakkers, W. J, Malkow, T., Prion-Abbellán, J., Flesch, U., Shemet, V., and Singheiser, L. (2000) in *Proceedings of the 5th Solid Oxide Fuel Cell Forum, Oberrohrdorf, Swilzerland*, European Fuel Cell Forum, vol. 2. (ed. A. J. McEvoy), Elsevier, Amsterdam, pp. 827-836.

[86] Prion-Abbellán, J., Tidtz, F., Shemet, V., Gil, A., Ledwein, T., Singheiser, L., and Quadakkers, W. J. (2001) in (ed. J. huijsmans) *Proceedings of the 5th Solid Oxide Fuel Cell Forum*, European Fuel Cell Forum, Lucerne, Switzerland, pp. 248-256.

[87] Horita, T., Yamaji, K., Xiong, Y., Kishimoto, H., Sakai, N., and Yokokawa, H. (2004) Oxide scale formation of Fe-Cr alloys and oxygen diffusion in the scale. *Solid State Ionics*, **175**(1-4), 157-163.

[88] Horita, T., Yamaji, K., Yokokawa, H., Toji, A., Uehara, T., Ogasawara, K., Kameda, H., Matsuzaki, Y., and Yamashita, S. (2008) Effects of Si and Al concentrations in Fe-Cr alloy on the formation of oxide scales in H_2-H_2O. *Int. J. Hydrogen Energy*, **33**(21), 6308-6315.

[89] Liu, Y. (2008) Performance evaluation of several commercial alloys in a reducing environment. *J. Power Sources*, **179**(1), 286-291.

[90] Horita, T., Kishimoto, H., Yamaji, K., Xiong, Y., Sakai, N., Brito, M. E., and Yokokawa, H. (2008) Evaluation of Laves-phase forming Fe-Cr for SOFC interconnects in reducing atmosphere. *J. Power Sources*, **176**(1), 54-61.

[91] Asteman, H., Evensson, J. E., and Johansson, L. G. (2002) Oxidation of 310 steel in H_2O/O_2 mixtures at 600℃: The effect of water-vapour-enhanced chromium evaporation. *Corros. Sci.*, **44**(11), 2635-2649.

[92] Mikkelsen, L., and Linderoth, S. (2003) High temperature oxidation of Fe-Cr alloy in $O_2-H_2-H_2O$ atmosphere: Microstructure and kinetics. *Mater. Sci. Eng.*, *A*, **A361**(1-2), 198-212.

[93] Saunders, S. R J, Monteiro, M., and Rizzo, F. (2008) The oxidation behaviour of metals and alloys at high temperatures in atmospheres containing water vapour: A review. *Prog. Mater. Sci.*, **53**(5), 775-837.

[94] Othman, N. K, Othman, N., Zhang, J., and Young, D. J. (2009) Effects of water vapour on isothermal oxidation of chromia-forming alloys in Ar/O_2 and Ar/H_2 atmospheres. *Corros. Sci.*, **51**(12), 3039-3049.

[95] Essuman, E., Meier, G. H., Żurek, J., Hänsel, M., and Quadakkers, W. J. (2008) The effect of water vapor on selective oxidation of Fe-Cr alloys. *Oxid. Met.*, **69**(3-4), 143-162.

[96] Sánchez, L., Hierro, M. P., and Pérez, F. J. (2009) Effect of chromium content on the oxidation behaviour of ferritic steels for applications in steam atmospheres at high temperatures. *Oxid. Met.*, **71**(3-4), 173-186.

[97] Jian, L., Yuh, C. Y., and Farooque, M. (2000) Oxidation behavior of superalloys in oxidizing and reducing environments. *Corros. Sci.*, **42**(9), 1573-1585.

[98] Hänsel, M., Quadakkers, W. J., and Young, D. J. (2003) Role of water vapor in chromia-scale growth at low oxygen partial pressure. *Oxid. Met.*, **59**(3-4), 285-301.

[99] Fontana, S., Chevalier, S., and Caboche, G. (2009) Metallic interconnects for solid oxide fuel cell: Effect of water vapour on oxidation resistance of differently coated alloys. *J. Power Sources*, **193**(1), 136-145.

[100] Hua, B., Lu, F., Zhang, J., Kong, Y., Pu, J., Chi, B., and Jian, L. (2009) Oxidation behavior and electrical property of a Ni-based alloy in SOFC anode environment. *J. Electrochem. Soc.*, **156**(10), B1261-B1266.

[101] Young, E. W. A., Stiphout, P. C. M., and de Wit, J. H. W. (1985) N-type of chromium(Ⅲ) oxide. *J. Electrochem. Soc.*, **132**(4), 884-886.

[102] Maris-Sida, M. C. G., Meier, H., and Pettit, F. S. (2003) Some water vapor effects during the oxidation of alloys that are $\alpha-Al_2O_3$ formers. *Metall. Mater. Trans. A*; **34A**(11), 2609-2619.

[103] Horita, T., Xiong, Y., Yamaji, K., Sakai, N., and Yokokawa, H. (2003) Stability of Fe-Cr alloy interconnects under CH_4-H_2O atmosphere for SOFCs. *J. Power Sources*, **118**(1-2), 35-43.

[104] Horita, T., Xiong, Y., Kishimoto, H., Yamaji, K., Sakai, N., Brito, M. E., and Yokokawa, H. (2005) Oxidation behavior of Fe-Cr- and Ni-Cr-based alloy interconnects in CH_4-H_2O for solid oxide fuel cells. *J. Electrochem. Soc.*, **152**(11), A2193-A2198.

[105] Horita, T., Xiong, Y., Kishimoto, H., Yamaji, K., Sakai, N., Brito, M. E., and Yokokawa, H. (2006) Surface analyses and depth profiles of oxide scales formed on alloy surface. *Surf. Interface Anal.*, **38**(4), 282-286.

[106] Horita, T. , Kishimoto, H. , Yamaji, K. , Sakai, N. , Xiong, Y. , Brito, M. E. , and Yokokawa, H. (2006) Effects of silicon concentration in SOFC alloy interconnects on the formation of oxide scales in hydrocarbon fuels. *J. Power Sources*, **157**(2), 681-687.

[107] Li, Y. , Wu, J. , Johnson, C. , Gemmen, R. , Scott, X. M. , and Liu, X. (2009) Oxidation behavior of metallic interconnects for SOFC in coal syngas. *Int. J. Hydrogen Energy*, **34**(3), 1489-1496.

[108] Liu, K. , Luo, J. , Johnson, C. , Liu, X. , Yang, J. , and Mao, S. C. (2008) Conduction oxide formation and mechanical endurance of potential solid-oxide fuel cell interconnects in coal syngas environment. *J. Power Sources*, **183**(1), 247-252.

[109] Zeng, Z. , and Natesan, K. (2004) Corrosion of metallic interconnects for SOFC in fuel gases. *Solid State Ionics*, **167**(1-2), 9-16.

[110] Yang, Z. , Walker, M. S, Singh, P. , and Stevenson, J. W. (2003) Anomalous corrosion behavior of stainless steels under SOFC interconnect exposure conditions. *Electrochem. Solid-State Lett.* , **6**(10), B35-B37.

[111] Yang, Z. , Xia, G. , Singh, P. , and Stevenson, J. W. (2005) Effects of water vapor on oxidation behavior of ferritic stainless steels under solid oxide fuel cell interconnect exposure conditions. *Solid State Ionics*, **176**(17-18), 1495-1503.

[112] Yang, Z. , Xia, G. , Walker, M. S. , Wang, C. -M. , Stevenson, W. J, and Singh, P. (2007) High temperature oxidation/corrosion behavior of metals and alloys under a hydrogen gradient. *Int. J. Hydrogen Energy*, **32**(16), 3770-3777.

[113] Horita, T. , Kshimoto, H. , Yamaji, K. , Sakai, N. , Xiong, Y. , Brito, M. E. , and Yokokawa, H. (2008) Anomalous oxidation of ferritic interconnects in solid oxide fuel cells. *Int. J. Hydrogen Energy*, **33**(14), 3962-3969.

[114] Rufner, J. , Gannon, P. , White, P. , Deibert, M. , Teintze, S. , Smith, R. , and Chen, H. (2008) Oxidation behavior of stainless steel 430 and 441 at 800℃ in single(air/air) and dual atmosphere(air/hydrogen) exposures. *Int. J. Hydrogen Energy*, **33**(4), 1392-1398.

[115] Gannon, P. E, and White, P. T. (2009) Oxidation of ferritic steels subjected to simulated SOFC interconnect environments. *ECS Trans.* , **16**(44), 53-56.

[116] Kurokawa, H. , Oyama, Y. , Kawamura, K. , and Maruyama, T. (2004) Hydrogen permeation through Fe-16Cr alloy interconnect in atmosphere simulating SOFC at 1073K. *J. Electrochem. Soc.* , **151**(8), A1264-A1268.

[117] Zeng, Z. , Natesan, K. , and Cai, S. B. (2008) Characterization of oxide scale on alloy 446 by X-ray nanobeam analysis. *Electrochem. Solid-State Lett.* , **11**(1), C5-C8.

[118] Kurokawa, H. , Kawamura, K. , and Maruyama, T. (2004) Oxidation behavior of Fe-16Cr alloy interconnect for SOFC under hydrogen potential gradient. *Solid State Ionics*, **168**(1-2), 13-21.

[119] Jiang, S. P. , Zhang, S. , and Zhen, Y. D. (2005) Early interaction between Fe-Cr alloy metallic interconnect and Sr-doped $LaMnO_3$ cathodes of solid oxide fuel cells. *J. Mater. Res.* , **20**(3), 747-758.

[120] Jiang, S. P,. Zhen, Y. D. , and Zhang, S. (2006) Interaction between Fe-Cr metallic interconnect and (La, Sr) MnO_3/YSZ composite cathode of solid oxide fuel cells. *J. Electrochem. Soc.* , **153**(8), A1511-A1517.

[121] Chen, X. , Zhang, L. , and Jiang, S. P. (2008) Chromium deposition and poisoning on $(La_{0.6}Sr_{0.4-x}Ba_x)(Co_{0.2}Fe_{0.8})O_3$ $(0 \leq x \leq 0.4)$ cathodes of solid oxide fuel cells. *J. Electrochem. Soc.* , **155**(11), B1093-B1101.

[122] Fergus, J. W. (2007) Effect of cathode and electrolyte transport properties on chromium poisoning in solid oxide fuel cells. *Int. J. Hydrogen Energy*, **32**(16), 3664-3671.

[123] Yamauchi, A. , Kurokawa, K. , and Takahashi, H. (2003) Evaporation of Cr_2O_3 in atmospheres containing

H_2O. *Oxid. Met.* ,**59**(5-6),517-527.

[124] Hilpert,K. ,Das,D. ,Miller,M. ,Peck,D. H. ,and Weiβ,R. (1996) Chromium vapor species over solid oxide fuel cell interconnect materials and their potential for degradation processes. *J. Electrochem. Soc.* , **143**(11),3642-3647.

[125] Gindorf, C. , Singheiser, L. , and Hilpert, K. (2005) Vaporisation of chromia in humid air. *J. Phys. Chem. Solids*,**66**(2-4),384-387.

[126] Chen,X. ,Zhen, Y. ,Li,J. , and Jiang, S. P. (2010) Chromium deposition and poisoning in dry and humidified air at $(La_{0.8}Sr_{0.2})_{0.9}MnO_{3+\delta}$ cathodes of solid oxide fuel cells. *Int. J. Hydrogen Energy*,**35**(6),2477-2485.

[127] Gindorf,C. ,Singheiser,L. ,Hilpert,K. ,Schroeder,M. ,Martin,M. ,Greiner,H. ,and Richter,F. (1999) *Solid Oxide Fuel Cells(SOFC VI). Proceedings of the 6th International Symposium*,The Electrochemical. Society,Hawaii,pp. 774-782.

[128] Gindorf,C. ,Hilpert,K. ,and Singheiser,L. (2001) *Solid Oxide Fuel Cells(SOFC VII). Proceedings of the 6th International Symposium*,The Electrochemical. Society,Pennington,NI. pp. 793-802.

[129] Yang,Z. ,Xia,G. ,Li,X. ,and Stevenson,J. W. (2007) $(Mn,Co)_3O_4$ spinel coatings on ferritic stainless steels for SOFC interconnect applications. *Int. J. Hydrogen Energy*,**32**(16),3648-3654.

[130] Fujita, K. , Hashimoto, T. , Ogasawara, K. , Kameda, H. , Matsuzaki, Y. , and Sakurai, T. (2004) Relationship between electrochemical properties of SOFC cathode and composition of oxide layer formed on metallic interconnects. *J. Power Sources*,**131**(1-2),270-277.

[131] Stanislowski,M. ,Wessel,E. ,Hilpert,K. ,Markus,T. ,and Singheiser,L. (2007) Chromium vaporization from high - temperature alloys I. Chromia - forming steels and the influence of outer oxide layers. *J. Electrochem. Soc.* ,**154**(4),A295-A306.

[132] Taniguchi, S. , Kadowaki, M. , Kawamura, H. , Yasuo, T. , Akiyama, Y. , Miyake, Y. , and Saitoh, T. (1995) Degradation phenomena in the cathode of a solid oxide fuel cell with an alloy separator. *J. Power Sources*,**55**(1),73-79.

[133] Matsuzaki,Y. ,and Yasuda,I. (2000) Electrochemical properties of a SOFC cathode in contact with a chromium-containing alloy separator. *Solid State Ionics*,**132**(3),271-278.

[134] Matsuzaki,Y. ,and Yasuda,I. (2001) Dependence of SOFC cathode degradation by chromium-containing alloy on compositions of electrodes and electrolytes. *J. Electrochem. Soc.* ,**148**(2),A126-A131.

[135] Fujita, K. , Ogasawara, K. , Matsuzaki, Y. , and Sakurai, T. (2004) Prevention of SOFC cathodes degradation in contact with Cr-containing alloy. *J. Power Sources*,**131**(1-2),261-269.

[136] Paulson,S. C. ,and Birss,V. I. (2004) Chromium poisoning of LSM-YSZ SOFC cathodes I. Detailed study of the distribution of chromium species at a porous,single-phase cathode. *J. Electrochem. Soc.* ,**151**(11), A1961-1968.

[137] Hou,P. Y. ,and Stringer,J. (1995) The effect of reactive element additions on the selective oxidation, growth and adhesion of chromia scales. *Mater. Sci. Eng.* ,*A*,A202(1-2),1-10.

[138] Jiang,S. P. ,Zhang,J. P. ,Apateanu,L. ,and Foger,K. (1999) Deposition of chromium species on Sr-doped $LaMnO_3$ cathodes in solid oxide fuel cells. *Electrochem. Commun.* ,**1**(9),394-397.

[139] Jiang,S. P. ,Zhang,J. P. ,Apateanu,L. ,and Foger,K. (2000) Deposition of chromium species at Sr-doped $LaMnO_3$ electrodes in solid oxide fuel cells I. Mechanism and kinetics. *J. Electrochem. Soc.* ,**147**(11),4013-4022.

[140] Jiang,S. P. ,Zhang,J. P. ,and Foger,K. (2000) Deposition of chromium species at Sr-doped $LaMnO_3$ electrodes in solid oxide fuel cells. II. Effect on O_2 reduction reaction. *J. Electrochem. Soc.* ,**147**(9),

3195-3205.

[141] Jiang, S. P., Zhang, J. P., and Foger, K. (2001) Deposition of chromium species at Sr-doped $LaMnO_3$ electrodes in solid oxide fuel cells Ⅲ. Effect of air flow. *J. Electrochem. Soc.*, **148**(7), C447-C455.

[142] Jiang, S. P, Zhang, J. P, and Zheng, X. G. (2002) A comparative investigation of chromium deposition at air electrodes of solid oxide fuel cells. *J. Eur. Ceram. Soc.*, **22**(3), 361-373.

[143] Jiang, S. P., Zhang, S., and Zhen, Y. D.. (2006) Deposition of Cr species at (La, Sr)(Co, Fe)O_3 cathodes of solid oxide fuel cells. *J. Electrochem. Soc.*, **153**(1), A127-A134.

[144] Zhen, Y. D., Li, J., and Jiang, S. P. (2006) Oxygen reduction on strontium-doped $LaMnO_3$ cathodes in the absence and presence of an iron-chromium alloy interconnect. *J. Power Sources*, **162**(2), 1043-1052.

[145] Jiang, S. P, and Zhen, Y. D. (2008) Mechanism of Cr deposition and its application in the development of Cr-tolerant cathodes of solid oxide fuel cells. *Solid State Ionics*, **179**(27-32), 1459-1464.

[146] Kurokawa, H., Jacobson, C. P., DeJonghe, L. C., and Visco, S. J. (2007) Chromium vaporization of bare and of coated iron-chromium alloys at 1073K. *Solid State Ionics*, **178**(3-4), 287-296.

[147] Paulson, S. C., Bateni, M. R., Wei, P., Petric, A., and Birss, V. I. (2007) Improving LSM cathode performance using $(Cu, Mn)_3O_4$ spinel coated UNS430 ferritic stainless steel SOFC interconnects. *ECS Trans.*, **7**(1), 1097-1106.

[148] Li, X., Lee, J., and Popov, B. N. (2009) Performance studies of solid oxide fuel cell cathodes in the presence of bare and cobalt coated E-brite alloy interconnects. *J. Power Sources*, **187**(2), 356-362.

[149] Collins, C., Lucas, J., Buchanan, T. L., Kopczyk, M., Kayani, A., Gannon, P. E., Deibert, M. C., Smith, R. J., Choi, D. S., and Gorokhovsky, V. I. (2006) Chromium volatility of coated and uncoated steel interconnects for SOFCs. *Surf. Coat. Technol.*, **201**(7), 4467-4470.

[150] Nielsen, K. A., Persson, A., Beeaff, D., Høgh, J., Mikkelsen, L., and Hendriksen, P. V. (2007) Initiation and performance of a coating for countering chromium poisoning in a SOFC stack. *ECS Trans.*, **7**(1), 2145-2154.

[151] Stanislowski, M., Froitzheim, J., Niewolak, L., Quadakkers, W. J., Hilpert, K., Markus, T., and Singheiser, L. (2007) Reduction of chromium vaporization from SOFC interconnectors by highly effective coatings. *J. Power Sources*, **164**(2), 578-589.

[152] Trebbels, R., Markus, T., and Singheiser, L. (2009) Reduction of chromium evaporation with manganese-based coatings. *ECS Trans.*, **25**(2), 1417-1422.

[153] Hong, S. H, Madakashira, P., Kim, D. -I., Cho, Y. W., Han, S. H., and Han, H. N. (2009) Oxidation behavior and chromium vaporization of ion implanted Crofer22APU. *ECS Trans.*, **25**(2), 1437-1446.

[154] Trebbels, R., Markus, T., and Singheiser, L. (2010) Investigation of chromium vaporization form interconnector steels with spinel coatings. *J. Electrochem. Soc.*, **157**(4), B490-B495.

[155] Yang, Z., Xia, G., Singh, P., and Stevenson, J. W. (2006) Electrical contacts between cathodes and metallic interconnects in solid oxide fuel cells. *J. Power Sources*, **155**(2), 246-252.

[156] Mahapatra, M. K, and Lu, K. (2009) Interfacial study of Crofer 22 APU interconnect-SABS-0 seal glass for solid oxide fuel/electrolyzer cells. *J. Mater. Sci.*, **44**(20), 5569-5578.

[157] Widgeon, S. J., Corral, E. L., Spilde, M. N., and Loehman, R. E. (2009) Glass-to-metal seal interfacial analysis using electron probe microscopy for reliable solid oxide fuel cells. *J. Am. Ceram. Soc.*, **92**(4), 781-786.

[158] Horita, T., Kishimoto, H., Yamaji, K., Brito, M. E., Xiong, Y., and Yokokawa, H. (2009) Anomalous oxide scale formation under exposure of sodium containing gases for solid oxide fuel cell alloy interconnects. *J. Power Sources*, **193**(1), 180-184.

[159] Goel, A., Tulyaganov, D. U., Kharton, V. V., Yaremchenko, A. A., and Ferreira, J. M. F. (2010) Electrical behavior of aluminosilicate glass-ceramic sealants and their interaction with metallic solid oxide fuel cell interconnects. *J. Power Sources*, **195**(2), 522-526.

[160] Jin, T., and Lu, K. (2010) Compatibility between AISI441 alloy interconnect and representative seal glasses in solid oxide fuel/electrolyzer cells. *J. Power Sources*, **195**(15), 4853-4864.

[161] Yang, Z., Meinhardt, K. D., and Stevenson, J. W. (2003) Chemical compatibility of barium-calcium-aluminosilicate-based sealing glasses with the ferritic stainless steel interconnect in SOFCs. *J. Electrochem. Soc.*, **150**(8), A1095-A1101.

[162] Menzler, N. H., Batfalsky, P., Blum, L., Bram, M., Groß, S. M., Haanappel, V. A. C., Malzbender, J., Shemet, V., Steinbrech, R. W., and Vinke, I. (2007) Studies of material interaction after long-term stack operation. *Fuel Cells*, **7**(5), 356-363.

[163] Chou, Y., Stevenson, J. W., and Singh, P. (2007) Novel refractory alkaline earth silicate sealing glasses for planar solid oxide fuel cells. *J. Electrochem. Soc.*, **154**(7), B644-B651.

[164] Yang, Z., Stevenson, J. W., and Meinhardt, K. D. (2003) Chemical interactions of barium-calcium-aluminosilicate-based sealing glasses with oxidation resistant alloys. *Solid State Ionics*, **160**(3-4), 213-225.

[165] Chou, Y.-S., Stevenson, J. W., Xia, G.-G., and Yang, Z.-G. (2010) Electrical stability of a novel sealing glass with (Mn, Co)-spinel coated Crofer22APU in a simulated SOFC dual environment. *J. Power Sources*, **195**(17), 5666-5673.

[166] Chou, Y., Stevenson, J. W., and Singh, P. (2008) Effect of aluminizing of Cr-containing ferritic alloys on the seal strength of a novel high-temperature solid oxide fuel cell sealing glass. *J. Power Sources*, **185**(2), 1001-1008.

[167] Horita, T., Kishimoto, H., Yamaji, K., Xiong, Y., Sakai, N., Brito, M. E., and Yokokawa, H. (2006) Oxide scale formation and stability of Fe-Cr alloy interconnects under dual atmospheres and current flow conditions for SOFCs. *J. Electrochem. Soc.*, **153**(11), A2007-A2012.

[168] Wiener, F., Bram, M., Buchkremer, H. P., and Sebold, D. (2007) Chemical interaction between Crofer 22 APU and mica-based gaskets under simulated SOFC conditions. *J. Mater. Sci.*, **42**(8), 2643-2651.

[169] Menzler, N. H., Sebold, D., Zahid, M., Gross, S. M., and Koppitz, T. (2005) Interaction of metallic SOFC interconnect materials with glass-ceramic sealant in various atmospheres. *J. Power Sources*, **152**(1-2), 156-167.

[170] Quadakkers, W. J., Prion-Abbellán, J., Shemet, V., and Singheiser, L. (2003) Metallic interconnectors for solid oxide fuel cells-A review. *Mater. High Temp.*, **20**(2), 115-127.

[171] Holt, A., and Kofstad, P. Electrical conductivity and defect structure of Cr_2O_3. I. High temperatures (>~1000℃). (1994). *Solid State Ionics*, **69**(2), 127-136.

[172] Holt, A., and Kofstad, P. (1994) Electrical conductivity and defect structure of Cr_2O_3. II. Reduced temperatures (<~1000℃). *Solid State Ionics*, **69**(2), 137-143.

[173] Huang, K., and Hou, P. Y, Goodenough J B. (2001) Reduced area specific resistance for iron-based metallic interconnects by surface oxide coatings. *Mater. Res. Bull.*, **36**(1-2), 81-95.

[174] Park, J. H, and Natesan, K. (1990) Electronic transport in thermally grown Cr_2O_3. *Oxid. Met.*, **33**(1-2), 31-54.

[175] Hua, B. et al, (2010) The electrical property of $MnCo_2O_4$ and its application for SUS 430 metallic interconnect. *Chin. Sci. bull.*, **55**, 3831-3837.

[176] Kvernes, I. A. (1973) The role of yttrium in high-temperature oxidation behavior of Ni-Cr-Al

alloys. *Oxid. Met.* ,**6**(1),45-64.

[177] Golightly,F. A. ,Stott,F. H. ,and Wood,G. C. (1976) The influence of yttrium additions on the oxide-scale adhesion to an iron-chromium aluminum alloy. *Oxid. Met.* ,**10**(3),163-187.

[178] Ramanarayanan T A,Ayer R,Petkovic-Luton R,Leta D P. (1988) The influence of yttrium on oxide scale growth and adherence. *Oxid. Met.* ,**29**(5-6),445-472.

[179] Moon, D. P. (1989) The reactive element effect on the growth rate of nickel oxide scales at high temperature. *Oxid. Met.* ,**32**(1-2),47-66.

[180] Biegun, T. , Danielewski, M. , and Skrzypek, Z. (1992) The reactive-element effect in the high-temperature oxidation of Fe-23Cr-5Al commercial alloys. *Oxid. Met.* ,**38**(3-4),207-215.

[181] Roure,S. ,Czerwinski,F. ,and Petric,A. (1994) Influence of CeO_2-coating on the high-temperature oxidation of chromium. *Oxid. Met.* ,**42**(1-2),75-102.

[182] Molin,S. ,Kusz,B. ,Gazda,M. ,and Jasinski,P. (2009) Protective coatings for stainless steel for SOFC applications. *J. Solid State Electrochem.* ,**13**(11),1695-1700.

[183] Riffard,F. ,Buscail,H. ,Caudron,E. ,Cueff,R. ,Issartel,C. ,and Perrier,S. (2003) Yttrium sol-gel coating effects on the cyclic oxidation behaviour of 304 stainless steel. *Corros. Sci.* ,45(12),2867-2880.

[184] Riffard,F. ,Buscail,H. ,Caudron,E. ,Cueff,R. ,Issartel,C. ,and Perrier,S. (2002) Effect of yttrium addition by sol-gel coating and ion implantation on the high temperature oxidation behaviour of the 304 steel. *Appl. Surf. Sci.* ,**199**(1-4),107-122.

[185] Cabouro,G. ,Caboche,G. ,Chevalier,S. ,and Piccardo,P. (2006) Opportunity of metallic interconnects for ITSOFC: Reactivity and electrical property. *J. Power Sources*,**156**(1),39-44.

[186] Hamid,A. U. (2002) TEM study of the effect of Y on the scale microstructures of Cr_2O_3- and Al_2O_3-forming alloys. *Oxid. Met.* ,**58**(1-2),23-40.

[187] Oishi,N. ,Namikawa,T. ,and Yamazaki,Y. (2000) Oxidation behavior of an La-coated chromia-forming alloy and the electrical property of oxide scales. *Surf. Coat. Technol.* ,**132**(1),58-64.

[188] Piccardo, P. , Chevalier, S. , Molins, R. , Viviani, M. , Caboche, G. , Barbucci, A. , Sennour, M. , and Amendola, R. (2006) Metallic interconnects for SOFC: Characterization of their corrosion resistance in hydrogen/water atmosphere and at the operating temperatures of differently coated metallic alloys. *Surf. Coat. Technol.* ,**201**(7),4471-4475.

[189] Qu,W. ,Li,J. ,and Ivey,D. G. (2004) Sol-gel coatings to reduce oxide growth in interconnects used for solid oxide fuel cells. *J. Power Sources*,**138**(1-2),162-173.

[190] Qu,W. ,Li,J. ,Ivey,D. G,and Hill,J. M. (2006) Yttrium,cobalt and yttrium/cobalt oxide coatings on ferritic stainless steels for SOFC interconnects. *J. Power Sources*,**157**(1),335-350.

[191] Tondo,E. ,Boniardi,M. ,Cannoletta,D. ,Riccardis,M. F. D. ,and Bozzini,B. (2010) Electrodeposition of yttria/cobalt oxide and yttria/gold coatings onto ferritic stainless steel for SOFC interconnects. *J. Power Sources*,**195**(15),4772-4778.

[192] Kim,S. -H. ,Huh,J. -Y. ,Jun,J. -H. ,and Favergeon,J. (2010) Thin elemental coatings of yttrium, cobalt,and yttrium/cobalt on ferritic stainless steel for SOFC interconnect applications. *Curr. Appl. Phys.* , **10**(10),S86-S90.

[193] Wu,J. ,Li,C. ,Johnson,C. ,and Liu,X. (2008) Evaluation of SmCo and SmCoN magnetron sputtering coatings for SOFC interconnect applications. *J. Power Sources*,**175**(2),833-840.

[194] Jun,J. ,Kim,D. ,and Jun,J. (2007) Effects of REM coatings on electrical conductivity of ferritic stainless steels for SOFC interconnect applications. *ECS Trans.* ,**7**(1),2385-2390.

[195] Seo,H. ,Jin,G. ,Jun,J. ,Kim,D. ,and Kim,K. (2008) Effect of reactive elements on oxidation behaviour

of Fe-22Cr-0.5Mn ferritic stainless steel for a solid oxide fuel cell interconnect. *J. Power Sources*, **178** (1), 1-8.

[196] Chevalier, S., and Larpin, J. P. (2003) Influence of reactive element oxide coatings on the high temperature cyclic oxidation of chromia-forming steels. *Mater. Sci. Eng.*, *A*, **A363**(1-2), 116-125.

[197] Chevalier, S., Valot, C., Bonnet, G., Colson, J. C., and Larpin, J. P. (2003) The reactive element effect on thermally grown chromia scale residual stress. *Mater. Sci. Eng.*, *A*, **A343**(1-2), 257-264.

[198] Fontana, S., Amendola, R., Chevalier, S., Piccardo, P., Caboche, G., Viviani, M., Molins, R., and Sennour, M. (2007) Metallic interconnects for SOFC: Characterisation of corrosion resistance and conductivity evaluation at operating temperature of differently coated alloys. *J. Power Sources*, **171** (2), 652-662.

[199] Piccardo, P., Amendola, R., Fontana, S., Chevalier, S., Caboches, G., and Gannon, P. (2009) Interconnect materials for next-generation solid oxide fuel cells. *J. App. Electrochem.*, **39**(4), 545-551.

[200] Simkovich, G. (1995) The change in growth mechanism of scales due to reactive elements. *Oxid. Met.*, **44** (5-6), 501-504.

[201] Stott, F. H, Wood, G. C., and Stringer, J. (1995) The influence of alloying elements on the development and maintenance of protective scales. *Oxid. Met.*, **44**(1-2), 113-145.

[202] Cotell, C. M., Yurek, G. J., Hussey, R. J., Mitchell, D. F., and Graham, M. J. (1990) The influence of grain-boundary segregation of Y in Cr_2O_3 on the oxidation of Cr metal. II. Effects of temperature and dopant concentration. *Oxid. Met.*, **34**(3-4), 201-216.

[203] Chevalier, S., Bonnet, G., Dufour, P., and Larpin, J. P. (1998) The REE: A way to improve the high-temperature behavior of stainless steels. *Surf. Coat. Technol.*, **100-101**(1-3), 208-213.

[204] Pieraggi, B., and Rapp, R. A. (1993) Chromia scale growth in alloy oxidation and the reactive element effect. *J. Electrochem. Soc.*, **140**(10), 2844-2850.

[205] Kayani, A., Buchanan, T. L., Kopczyk, M., Collins, C., Lucas, J., Lund, K., Hutchison, R., Gannon, P. E., Deiber, M. C., Smith, R. J., Choi, D. S., and Gorokhovsky, V. I. (2006) Oxidation resistance of magnetron-sputtered CrAlN coatings on 430 steel at 800℃. *Surf. Coat. Technol.*, **201**(7), 4460-4466.

[206] Liu, X., Johnson, C., Li, C., Xu, J., and Cross, C. (2008) Developing TiAlN coatings for intermediate temperature solid oxide fuel cell interconnect applications. *Int. J. Hydrogen Energy*, **33**(1), 189-196.

[207] Gannon, P. E., Kayani, A., Ramana, V., Deibert, M. C., Smith, R. J., and Gorokhovsky, V. I. (2008) Simulated SOFC interconnect performance of Crofer 22 APU with and without filtered arc CrAlON coatings. *Electrochem. Solid-State Lett.*, **11**(4), B54-B58.

[208] Gannon, P., Deibert, M., White, P., Smith, R., Chen, H., Priyantha, W., Lucas, J., and Gorokhovsky, V. (2008) Advanced PVD protective coatings for SOFC interconnects. *Int. J. Hydrogen Energy*, **33**(14), 3991-4000.

[209] Chen, H., Lucas, J. A., Priyantha, W., Kopczyk, M., Smith, R. J., Lund, K., Key, C., Finsterbusch, M., Gannon, P. E., Deibert, M., Gorokhovsky, V. I., Shutthanandan, V., and Nachimuthu, P. (2008) Thermal stability and oxidation resistance of TiCrAlYO coatings on SS430 for solid oxide fuel cell interconnect applications. *Surf. Coat. Technol.*, **202**(19), 4820-4824.

[210] Gannon, P. E., Gorokhovsky, V. I., Deibert, M. C., Smith, R. J., Kayani, A., White, P. T., Sofie, S., Yang, Z., McCready, D., Visco, S., Jacobson, C., and Kurokawa, H. (2007) Enabling inexpensive metallic alloy as SOFC interconnects: An investigation into hybrid coating technologies to deposit nanocomposite functional coatings on ferritic stainless steels. *Int. J. Hydrogen Energy*, **32**(16), 3672-3681.

[211] Gorokhovsky, V. I., Gannon, P. E., Deibert, M. C., Smith, R. J., Kayani, A., Kopczyk, M., VanVorous,

D., Yang, Z., Stevenson, J. W., Visco, S., Jacobson, C., Kurokawa, H., and Sofie, S. W. (2006) Deposition and evaluation of protective PVD coatings on ferritic stainless steel SOFC interconnects. *J. Electrochem. Soc.*, **153** (10), A1886–A1893.

[212] Piccardo, P., Gannon, P., Chevalier, S., Viviani, M., Barbucci, A., Caboche, G., Amendola, R., and Fontana, S. (2007) ASR evaluation of different kinds of coatings on a ferritic stainless steel as SOFC interconnects. *Surf. Coat. Technol.*, **202**(4–7), 1221–1225.

[213] Nielsen, K. A., Dinesen, A. R., Korcakova, L., Mikkelsen, L., Hendriksen, P. V., and Poulsen. F. W. (2006) Testing of Ni–plated ferritic steel interconnect in SOFC stacks. *Fuel Cells*, **6**(2), 100–106.

[214] Fu, C., Sun, K., Chen, X., Zhang, N., and Zhou, D. (2008) Effects of the nickel–coated ferritic stainless steel for solid oxide fuel cells interconnects. *Corros. Sci.*, **50**(7), 1926–1931.

[215] Lu, Z., Zhu, J., Pan, Y., Wu, N., and Ignatiev, A. (2008) Improved oxidation resistance of a nanocrystalline chromite–coated ferritic stainless steel. *J. Power Sources*, **178**(1), 282–290.

[216] Yoon, J. S., Lee, J., Hwang, H. J., Whang, C. M., Moon, J., and Kim, D. (2008) Lanthanum oxide–coated stainless steel for bipolar plates in solid oxide fuel cells (SOFCs). *J. Power Sources*, **181** (2), 281–286.

[217] Zhu, J. H., Zhang, Y., Basu, A., Lu, Z. G., Paranthaman, M., Lee, D. F., and Payzant, E. A. (2004) $LaCrO_3$ – based coatings on ferritic stainless steel for solid oxide fuel cell interconnect applications. *Surf. Coat. Technol.*, **177–178**, 65–72.

[218] Orlovskaya, N., Coratolo, A., Johnson, C., and Gemmen, R. (2004) Structural characterization of lanthanum chromite perovskite coating deposited by magnetron sputtering on an iron–based chromium–containing alloy as a promising interconnect material for SOFCs. *J. Am. Ceram. Soc.*, **87**(10), 1981–1987.

[219] Johnson, C., Gemmen, R., and Orlovskaya, N. (2004) Nano–structured self–assembled $LaCrO_3$ thin film deposited by RF–magnetron sputtering on a stainless steel interconnect material. *Composites Part B*, **35** (2), 167–172.

[220] Johnson, C., Orlovskaya, N., Coratolo, A., Cross, C., Wu, J., Gemmen, R., and Liu, X. (2009) The effect of coating crystallization and substrate impurities on magnetron sputtered doped $LaCrO_3$ coatings for metallic solid oxide fuel cell interconnects. *Int. J. Hydrogen Energy*, **34**(5), 2408–2415.

[221] Elangovan, S., Balagopal, S., Hartvigsen, J., Bay, I., Larsen, D., Timper, M., and Pendleton, J. (2006) Selection and surface treatment of alloys in solid oxide fuel cell systems. *J. Materi. Engi. Perform.*, **15**(4), 445–452.

[222] Linderoth, S. (1996) Controlled reactions between chromia and coating on alloy surface. *Surf. Coat. Technol.*, **80**(1–2), 185–189.

[223] Yang, Z., Xia, G, Maupin, G. D., and Stevenson, J. W. (2006) Conductive protection layers on oxidation resistant alloys for SOFC interconnect applications. *Surf. Coat. Technol.*, **201**(7), 4476–4483.

[224] Yang, Z., Xia, G., Maupin, G. D., and Stevenson, J. W. (2006) Evaluation of perovskite overlay coatings on ferritic stainless steels for SOFC interconnect applications. *J. Electrochem. Soc.*, **153** (10), A1852–A1858.

[225] Lee, C., and Bae, J. (2008) Oxidation–resistant thin film coating on ferritic stainless steel by sputtering for solid oxide fuel cells. *Thin Solid Films*, **516**(18), 6432–6437.

[226] Brylewski, T., Przybylski, K., and Morgiel, J. (2003) Microstructure of Fe–25Cr/(La, Ca)CrO_3 composite interconnector in solid oxide fuel cell operating conditions. *Mater. Chem. Phys.*, **81**(2–3), 434–437.

[227] Belogolovsky, I., Zhou, X., Kurokawa, H., Hou, P. Y., Visco, S., and Anderson, H. U. (2007) Effects of Surface– deposited nanocrystalline chromite thin films on the performance of a ferritic interconnect

alloy. *J. Electrochem. Soc.* ,**154**(9),B976-B980.

[228] Mikkelsen,L. ,Chen,M. ,Hendriksen,P. V. ,Persson,Å. ,Pryds,N. ,and Rodrigo,K. (2007) Deposition of $La_{0.8}Sr_{0.2}Cr_{0.97}V_{0.03}$ and $MnCr_2O_4$ thin films on ferritic alloy for solid oxide fuel cell application. *Surf. Coat. Technol.* ,**202**(4-7),1262-1266.

[229] Shaigan, N. , Ivey, D. G. , and Chen, W. (2008) Oxidation and electrical behavior of nickel/lanthanum chromite-coated stainless steel interconnects. *J. Power Sources*,**183**(2),651-659.

[230] Shaigan, N. , Ivey, D. G. , and Chen, W. (2008) Electrodeposition of Ni/$LaCrO_3$ composite coatings for solid oxide fuel cell stainless steel interconnect applications. *J. Electrochem. Soc.* ,**155**(4),D278-D284.

[231] Shaigan,N. ,Ivey,D. G. ,and Chen,W. (2008) Co/$LaCrO_3$ composite coatings for AISI 430 stainless steel solid oxide fuel cell interconnects. *J. Power Sources*,**185**(1),331-337.

[232] Feng,Z. J. ,and Zeng,C. L. (2010) $LaCrO_3$-based coatings deposited by high-energy micro-arc alloying process on a ferritic stainless steel interconnect material. *J. Power Sources*,**195**(13),4242-4246.

[233] Kim,J. ,Song,R. ,and Hyun,S. (2004) Effect of slurry-coated $LaSrMnO_3$ on the electrical property of Fe-Cr alloy for metallic interconnect of SOFC. *Solid State Ionics*,**174**(1-4),185-191.

[234] Lim,D. P. ,Lim,D. S. ,Oh,J. S. ,and Lyo,L. W. (2005) Influence of post-treatments on the contact resistance of plasma-sprayed $La_{0.8}Sr_{0.2}MnO_3$ coating on SOFC metallic interconnector. *Surf. Coat. Technol.* , **200**(5-6),1248-1251.

[235] Nie, H. W. , Wen, T. L. , and Tu, H. Y. (2003) Protection coatings for planar solid oxide fuel cell interconnect prepared by plasma spraying. *Mater. Res. Bull.* ,**38**(9-10),1531-1536.

[236] Jan,D. ,Lin,C. ,and Ai,C. (2008) Structural characterization of $La_{0.67}Sr_{0.33}MnO_3$ protective coatings for solid oxide fuel cell interconnect deposited by pulsed magnetron sputtering. *Thin Solid Films*,**516**(18), 6300-6304.

[237] Chu,C. ,Lee,J. ,Lee,T. ,and Cheng,Y. (2009) Oxidation behavior of metallic interconnect coated with La-Sr-Mn film by screen painting and plasma sputtering. *Int. J. Hydrogen Energy*,**34**(1),422-434.

[238] Chu, C. , Wang, J. , and Lee, S. (2008) Effects of $La_{0.67}Sr_{0.33}MnO_3$ protective coating on SOFC interconnect by plasma-sputtering. *Int. J. Hydrogen Energy*,**33**(10),2536-2546.

[239] Pattarkine, G. V. , Dasgupta, N. , and Virkar, A. V. (2008) Oxygen transport resistant and electrically conductive perovskite coatings for solid oxide fuel cell interconnects. *J. Electrochem. Soc.* , **155** (10), B1036-B1046.

[240] Lee,S. ,Chu,C. -L. ,Tsai,M. -J. ,and Lee,J. (2010) High temperature oxidation behavior of interconnect coated with LSCF and LSM for solid oxide fuel cell by screen printing. *Appl. Surf. Sci.* , **256** (6), 1817-1824.

[241] Kunschert, G. , Kailer, K. H. , Schlichtherle, S. , and Strauss, G. N. (2007) Ceramic PVD coatings as dense/thin barrier layers on interconnect components for SOFC applications. *ECS Trans.* ,**7**(1),2407-2416.

[242] Choi,J. ,Lee,J. ,Park,D. ,Hahn,B. ,Yoon,W. ,and Lin,H. (2007) Oxidation resistance coating of LSM and LSCF on SOFC metallic interconnects by the aerosol deposition process. *J. Am. Ceram. Soc.* ,**90**(6), 1926-1929.

[243] Choi,J. -J. ,Ryu,J. ,Hahn,B. -D. ,Yoon,W. -H. ,Lee,B. -K. ,Choi,J. -H. ,and Park,D. -S. (2010) Oxidation behavior of ferritic steel alloy coated with LSM - YSZ composite ceramics by aerosol deposition. *J. Alloys Compd.* ,**492**(1-2):488-495.

[244] Hwang, H. , and Choi, G. M. (2009) The effects of LSM coating on 444 stainless steel as SOFC interconnect. *J. Electroceram.* ,**22**(1-3),67-72.

[245] Pyo, S. -S., Lee, S. -B., Lim, T. -H., Song, R. -H., Shin, D. -R., Hyun, S. -H., and Yoo, Y. -S. (2011) Characteristic of $(La_{0.8}Sr_{0.2})_{0.98}MnO_3$ coating on Crofer22APU used as metallic interconnects for solid oxide fuel cell. *Int. J. Hydrogen Energy*, **36**(2), 1868-1881.

[246] Tsai, M. -J., Chu, C. -L., and Lee, S. (2010) $La_{0.6}Sr_{0.4}Co_{0.2}Fe_{0.8}O_3$ protective coatings for solid oxide fuel cell interconnect deposited by screen printing. *J. Alloys Compd.*, **489**(2), 576-581.

[247] Montero, X., Jordán, N., Pirón-Abellán, J., Tietz, F., Stöver, D., Cassir, M., and Villarreal, I. (2009) Spinel and perovskite protection layers between Crofer22APU and $La_{0.8}Sr_{0.2}FeO_3$ cathode materials for SOFC interconnects. *J. Electrochem. Soc.*, **156**(1), B188-B196.

[248] Fu, C. J., Sun, K. N., Zhang, N. Q., Chen, X. B., and Zhou, D. R. (2008) Evaluation of lanthanum ferrite coated interconnect for intermediate temperature solid oxide fuel cells. *Thin Solid Films*, **516**(8), 1857-1863.

[249] Qu, W., Jian, L., Hill, J. M., and Ivey, D. G. (2006) Electrical and microstructural characterization of spinel phases as potential coatings for SOFC metallic interconnects. *J. Power Sources*, **153**(1), 114-124.

[250] Petric, A., Ling, H. (2007) Electrical conductivity and thermal expansion spinels at elevated temperatures. *J. Am. Ceram. Soc.*, **90**(5), 1515-1520.

[251] Deng, X., Wei, P., Bateni, M. R., and Petric, A. (2006) Cobalt plating of high temperature stainless steel interconnects. *J. Power Sources*, **160**(2), 1225-1229.

[252] Fu, Q. -X., Sebold, D., Tietz, F., and Buchkremer, H. -P. (2010) Electrodeposited cobalt coating on Crofer22APU steels for interconnect applications in solid oxide fuel cells. *Solid State Ionics*. doi: 10.1016/j.ssi.2010.03.010.

[253] Chen, X., Hou, P. Y., Jacobson, C. P., Visco, S. J., and De Jonghe, L. C. (2005) Protective coating on stainless steel interconnect for SOFCs: Oxidation kinetics and electrical properties. *Solid State Ionics*, **176**(5-6), 425-433.

[254] Yang, Z., Xia, G., Simner, S. P., and Stevenson, J. W. (2005) Thermal growth and performance of manganese cobaltite spinel protection layers on ferritic stainless steel SOFC interconnects. *J. Electrochem. Soc.*, **152**(9), A1896-A1901.

[255] Simner, S. P., Anderson, M. D., Xia, G., Yang, Z., and Stevenson, J. W. (2005) Long-term SOFC stability with coated ferritic stainless steel interconnect. *Ceram. Eng. Sci. Proc.*, **26**(4), 83-90.

[256] Xia, G., Yang, Z., and Stevenson, J. W. (2006) Manganese-cobalt spinel oxides as surface modifiers for stainless steel interconnects of solid oxide fuel cells. *ECS Trans.*, **1**(7), 325-332.

[257] Yang, Z., Xia, G., Wang, C., Nie, Z., Templeton, J., Stevenson, J. W., and Singh, P. (2008) Investigation of iron-chromium-niobium-titanium ferritic stainless steel for solid oxide fuel cell interconnect applications. *J. Power Sources*, **183**(2), 660-667.

[258] Alvarez, E., Meier, A., Weil, K. S., and Yang, Z. (2009) Oxidation kinetics of manganese cobaltite spinel protection layers on sanergy HT for solid oxide fuel cell interconnect applications. *Int. J. Appl. Ceram. Technol.*, doi: 10.1111/j.1744-7402.2009.02421.x.

[259] Chen, L., Sun, E. Y., Yamanis, J., and Magdefrau, N. (2010) Oxidation kinetics of $Mn_{1.5}Co_{1.5}O_4$-coated Haynes 230 and Crofer 22 APU for solid oxide fuel cell interconnects. *J. Electrochem. Soc.*, **157**(6), B931-B942.

[260] Garcia-Vargas, M. J., Zahid, M., Tietz, F., and Aslanides, A. (2007) Use of SOFC metallic interconnect coated with spinel protective layers using the APS technology. *ECS Trans.*, **7**(1), 2399-2405.

[261] Saoutieff, E., Bertrand, G., Zahid, M., and Gautier, L. (2009) APS deposition of $MnCo_2O_4$ on commercial alloys K41X used as solid oxide fuel cell interconnect: the importance of post heat-treatment for

densification of the protective layer. *ECS Trans.* ,**25**(2),1397-1402.

[262] Hua,B. ,Pu,J. ,Gong,W. ,Zhang,J. ,Lu,F. ,and Jian,L. (2008) Cyclic oxidation of Mn-Co spinel coated SUS 430 alloy in the cathodic atmosphere of solid oxide fuel cells. *J. Power Sources*, **185**(1), 419-422.

[263] Mardare,C. C. ,Asteman,H. ,Spiegel,M. ,Savan,A. ,and Ludwig,A. (2008) Investigation of thermally oxidised Mn-Co thin films for application in SOFC metallic interconnects. *Appl. Surf. Science*, **255**(5), 1850-1859.

[264] Mardare,C. C. ,Spiegel,M. ,Savan,A. ,and Ludwig,A. (2009) Thermally oxidized Mn-Co thin films as protective coatings for SOFC interconnects. *J. Electrochem. Soc.* ,**156**(12),B1431-B1439.

[265] Bateni,M. R. ,Wei,P. ,Deng,X. ,and Petric,A. (2007) Spinel coatings for UNS 430 stainless steel interconnects. *Surf. Coat. Technol.* ,**201**(8),4677-4684.

[266] Wei,W. ,Chen,W. ,and Ivey,D. G. (2009) Oxidation resistance and electrical properties of anodically electrodeposited Mn-Co oxide coatings for solid oxide fuel cell interconnect applications. *J. Power Sources*, **186**(2),428-434.

[267] Wu,J. ,Jiang,Y. ,Johnson,C. ,and Liu,X. (2008) DC electrodeposition of Mn-Co alloys on stainless steels for SOFC interconnect application. *J. Power Sources*,**177**(2),376-385.

[268] Wu,J. ,Johnson,C. D. ,Jiang,Y. ,Gemmen,R. S. ,and Liu,X. (2008) Pulse plating of Mn-Co alloys for SOFC interconnect applications. *Electrochim. Acta*,**54**(2),793-800.

[269] Wu,J. ,Johnson,C. D. ,Gemmen,R. S. ,and Liu,X. (2009) The performance of solid oxide fuel cells with Mn-Co electroplated interconnect as cathode current collector. *J. Power Sources*,**189**(2),1106-1113.

[270] Xie,Y. ,Qu,W. ,Yao,B. ,Shaigan,N. ,and Rose,L. (2010) Dense protective coatings for SOFC interconnect deposited by spray pyrolysis. *ECS Trans.* ,**26**(1),357-362.

[271] Liu,W. N. ,Sun,X. ,Stephens,E. ,and Khaleel,M. A. (2009) Life prediction of coated and uncoated metallic interconnect for solid oxide fuel cell applications. *J. Power Sources*,**189**(2),1044-1050.

[272] Horita,T. ,Kishimoto,H. ,Yamaji,K. ,Xiong,Y. ,Brito,M. E. ,Yokokawa,H. ,Baba,Y. ,Ogasawara,K. , Kameda,H. ,Matsuzaki,Y. ,Yamashita,S. ,Yasuda,N. ,and Uehara,T. (2008) Diffusion of oxygen in the scales of Fe-Cr alloy interconnects and oxide coating layer for solid oxide fuel cells. *Solid State Ionics*,**179**(38),2216-2221.

[273] Yang,Z. ,Xia G. ,Nie Z. ,Templeton,J. ,and Stevenson,J. W. (2008) Ce-modified $(Mn,Co)_3O_4$ spinel coatings on ferritic stainless steels for SOFC interconnect applications. *Electrochem. Solid-State Lett.* ,**11**(8),B140-B143.

[274] Yoo,J. ,Woo,S. ,Yu,J. H. ,Lee,S. ,and Park,G. W. (2009) $La_{0.8}Sr_{0.2}MnO_3$ and $(Mn_{1.5}Co_{1.5})O_4$ double layer coated by electrophoretic deposition on Crofer22APU for SOFC interconnect applications. *Int. J. Hydrogen Energy*,**34**(3),1542-1547.

[275] Balland,A. ,Gannon,P. ,Deibert,M. ,Chevalier,S. Caboche,G. ,and Fontana,S. (2009) Investigation of La_2O_3 and/or $(Co,Mn)_3O_4$ deposits on Crofer22APU for the SOFC interconnect application. *Surf. Coat. Technol.* ,**203**(20-21),3291-3296.

[276] Montero,X. ,Tietz,F. ,Sebold,D. ,Buchkremer,H. P. ,Ringuede,A. ,Cassir,M. ,Laresgoiti,A. ,and Villarreal,I. (2008) $MnCo_{1.9}Fe_{0.1}O_4$ spinel protection layer on commercial ferritic steels for interconnect applications in solid oxide fuel cells. *J. Power Sources*,**184**(1),172-179.

[277] Huang,W. ,Gopalan,S. ,Pal,U. B. ,and Basu,S. N. (2008) Evaluation of electrophoretically deposited $CuMn_{1.8}O_4$ spinel coatings on Crofer 22 APU for solid oxide fuel cell interconnects. *J. Electrochem. Soc.* , **155**(11),B1161-1167.

[278] Wei, P., Deng, X., Bateni, M. R., and Petric, A. (2007) Oxidation behavior and conductivity of UNS 430 stainless steel and Crofer 22 APU with spinel coatings. *ECS Trans.*, **7**(1), 2135–2143.

[279] Hua, B., Zhang, W., Wu, J., Pu, J., Chi, B., and Jian, L. (2010) A promising $NiCo_2O_4$ protective coating for metallic interconnects of solid oxide fuel cells. *J. Power Sources*, **195**(21), 7375–7379.

[280] Bi, Z. H., Zhu, J. H., and Batey, J. L. (2010) $CoFe_2O_4$ spinel protection coating thermally converted from the electroplated Co–Fe alloy for solid oxide fuel cell interconnect application. *J. Power Sources*, **195**(11), 3605–3611.

[281] Liu, Y., and Chen, D. Y. (2009) Protective coatings for Cr_2O_3–forming interconnects of solid oxide fuel cells. *Int. J. Hydrogen Energy*, **34**(22), 9220–9226.

[282] Geng, S., Li, Y., Ma, Z., Wang, L., Li, L., and Wang, F. (2010) Evaluation of electrodeposited Fe–Ni alloy on ferritic stainless steel solid oxide fuel cell interconnect. *J. Power Sources*, **195**(10), 3256–3260.

[283] Geng, S., Zhu, J., Brady, M. P., Anderson, H. U., Zhou, Z., and Yang, Z. (2007) A low–Cr metallic interconnect for intermediate–temperature solid oxide fuel cells. *J. Power Sources*, **172**(2), 775–781.

[284] Jablonski, P. D., and Alman, D. E. (2008) Oxidation resistance of novel ferritic stainless steels alloyed with titanium for SOFC interconnect applications. *J. Power Sources*, **180**(1), 433–439.

[285] Hua, B., Pu, J., Zhang, J., Lu, F., Chi, B., and Jian, L. (2009) Ni–Mo–Cr alloy for interconnect applications in intermediate temperature solid oxide fuel cells. *J. Electrochem. Soc.*, **156**(1), B93–B98.

[286] Chen, X., Hua, B., Pu, J., Li, J., Zhang, L., and Jiang, S. P. (2009) Interaction between (La, Sr) MnO_3 cathode and Ni–Mo–Cr metallic interconnect with suppressed chromium vaporization for solid oxide fuel cells. *Int. J. Hydrogen Energy*, **34**(14), 5737–5748.

第6章

平板式固体氧化物燃料电池密封材料

朱庆山,彭练,张涛

6.1 引　　言

在平板式固体氧化物燃料电池(pSOFC)的设计中,密封材料需要隔离燃料气体和空气,否则会因直接接触燃烧而降低功率效率以及局部过热。如图6.1[1]所示,在pSOFC中需要密封的位置包括金属连接体与金属连接体之间,金属连接体与正负电极-电解质(PEN)间以及金属连接体与侧盖间。pSOFC密封材料需要同时在高温(700~850℃)氧化气氛和潮湿的还原气氛中工作。当应用于固定电站时,其静态工作寿命需大于40000h,并能够经受几百次的热循环;当应用于交通运输,其工作寿命应不少于5000h,并能够经受3000次以上热循环[2-3]。为达成这些目标,当长期工作在两种高温气氛中时,密封材料必须拥有良好的化学稳定性以及与电堆其他组件之间良好的化学相容性。此外,密封材料必须具备足够的机械强度来满足由于热循环(启动和关闭)以及气体流动和电化学反应而产生的温度梯度引起的热应力。这些要求给密封材料的开发带来了巨大的挑战,因此密封也成为制约pSOFC发展的重要技术瓶颈之一[4-5]。

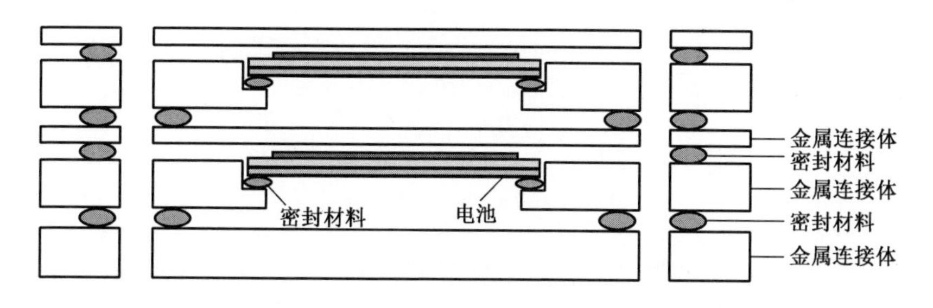

图6.1　平板式固体氧化物燃料电池的密封体系

到目前为止,主要研究的pSOFC密封材料有四种:玻璃(包括玻璃-陶瓷)、云母、金属钎焊和复合密封材料。玻璃可以如同胶水一样通过高温(密封温度)的黏流性浸润相邻组件的表面,在低温(工作温度)时又可以通过固化来达到密封。在附加载荷作用下,云母可以如同橡胶圈一样通过变形来填补相邻组件之间的缝隙达到密封的目的。与玻璃类似,金属钎焊也是通过浸润相邻组件的表面来密封。大多数由两相(玻璃-陶瓷、陶瓷-陶瓷、玻璃-金属等)组成的复合密封材料也可以应用于 pSOFC。在文献中提到的复合密封材料主要有两种类型:像玻璃、钎焊一样的硬密封材料、与云母一样的压密封材料。对于硬复合密封材料,玻璃相通常用来浸润相邻组件的界面,然后通过陶瓷或金属来调节密封的性能,如热膨胀系数(TEC)、黏度和力学性能。同时,对于复合压密封材料,陶瓷相通常作为骨架,玻璃-陶瓷相用来填补骨架留下的空隙。在本章中,讨论了各种类型密封材料的发展现状,重点阐述了不同种类密封材料的长期稳定性。

6.2 玻璃与玻璃-陶瓷密封材料

玻璃和玻璃-陶瓷作为 pSOFC 密封材料已被广泛研究。玻璃基密封材料的优点如下:

(1) 可以在很宽的范围内通过调整玻璃相成分和相应的热处理方案来调整材料性能;

(2) 由于玻璃和玻璃-陶瓷的绝缘性,从而简化了 pSOFC 的设计;

(3) 玻璃和玻璃-陶瓷价格便宜而且易于加工。

pSOFC 密封材料的主要性能参数包括 TEC、黏度、化学稳定性、热稳定性以及与其他电堆组件之间的化学相容性。

在高温条件下,玻璃和玻璃-陶瓷的特性会随着工作时间的延长而改变。很多情况下,相关特性如 TEC 和黏度等只有在较短的工作时间里有意义。在长期应用中,其他特性如化学稳定性、热稳定性、与其他电堆组件的化学相容性则显得更为重要。此外,玻璃和玻璃-陶瓷在拉伸应力下易脆,这已被确定为玻璃基密封材料的主要失效模式之一。密封失效不仅与密封材料性质有关而且也受密封结构的影响;相应地,通过密封的几何形状设计来进行应力优化是改善 pSOFC 密封材料可靠性的重要途径。

6.2.1 短期性能

黏度是玻璃材料重要物理特性之一,因为它决定了玻璃密封材料的密封性能和工作温度。玻璃的黏度随着温度的逐渐升高而不断减小,可以通过 Vogel-Fulcher-Tammann 方程式估算:

$$\log(\eta) = \frac{-A + B}{T - T_0} \tag{6.1}$$

式中:A 和 B 为与温度无关的常数;T_0为与温度相关的常数。

对于一个给定的玻璃体系,这些常数可以通过回归黏度测量数据进行估算。实际上,玻璃相中黏度-温度之间的关系,通常可通过几个特征温度来表征,如玻璃化转变温度 T_g、软化温度 T_s 和工作温度 T_w,这可以通过相应的测试技术,如示差扫描量热法(DSC)和热膨胀仪来确定。T_g 为玻璃黏度约为 10^{12} Pa · s 时所对应的温度,在这一温度玻璃开始由固态转化为液态。T_s 对应的黏度为$10^{6.6}$Pa · s它是玻璃成形的温度下限值。T_w 对应的黏度为 10^3Pa · s,它是玻璃成形的温度上限值。因此,密封材料的成形温度应在 T_w 和 T_s 之间,当黏度约为 10^5Pa · s 时,可以获得较好的密封能力。玻璃密封材料的运行温度最好要高于 T_g,以有利于玻璃内部的应力通过塑性变形得以释放。为了获得足够的刚性以保持 pSOFC 的结构稳定性,密封材料在 SOFC 运行温度时的黏度不能太低,如小于 10^9Pa · s[5]。

有时通过热台显微镜(HSM)进行实验来确定玻璃密封材料的密封成形温度和工作温度,以替代 T_g 和 T_s 的测定[6-14]。如图 6.2 所示[6],随着温度的升高,方形玻璃的形状发生改变。当温度为 T_1时,玻璃的边缘变圆,该特征温度被命名为圆形边缘温度。球点温度 T_2则对应立方体变成球形的温度。相似地,T_3称为半球点温度。通常密封温度接近于球点温度,并且运行温度一般要低于圆形边缘温度。但必须指出,这三个特征温度依赖于外部压应力与退火时间。

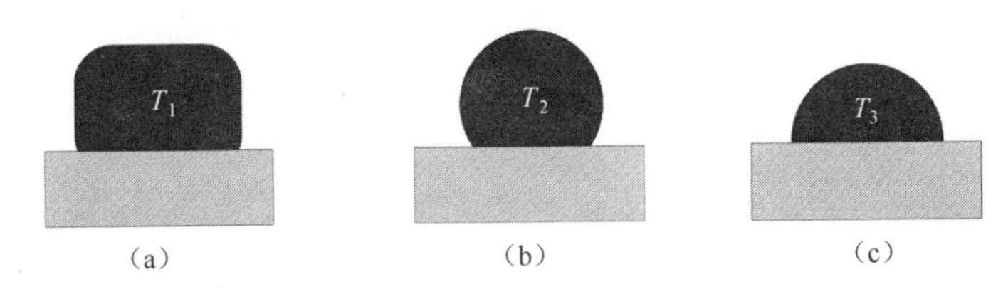

图 6.2 玻璃随着温度升高的形变行为

密封温度最好低于 850℃,以防止在密封过程中连接体材料的过度氧化。因此,对密封玻璃设计的主要目标之一是在 850℃以下获得足够低的黏度来获得有效的密封能力。玻璃的黏度可以通过调整成分来改变,例如,增加低熔点氧化物如 B_2O_3、P_2O_5和 Bi_2O_3的含量来降低玻璃黏度,相反地,玻璃黏度随着高熔点氧化物含量的增加而升高,如 SiO_2和 Al_2O_3等。对于玻璃-陶瓷密封材料,其黏度取决于玻璃相和结晶相的含量,且一般比母相玻璃黏度高。因为结晶后的玻璃-陶瓷难以在低于 850℃温度下烧结以形成致密的密封材料,而通常结晶过程与烧结过程是同时进行的,因此密封过程通常分为两步:母相玻璃粉末首先在烧结致密的同时对相连组件进行密封,紧接着是致密的密封玻璃的结晶化,以形成玻璃-陶瓷密封剂。为了达到此目的,玻璃的烧结温度必须低于其结晶温度。如果其结晶温度低于烧结温度,玻璃在致密化前将优先结晶形成玻璃-陶瓷,最终导致多孔玻璃-陶瓷的形成[15]。

黏度-温度关系也决定了玻璃基密封材料的自愈能力[16-18]。如果玻璃密封材料在工作温度下的黏度足够低,以便于同时进行烧结,那么在热循环过程中形成的裂纹能通过黏性流动得以愈合,这对于提高玻璃密封材料的热循环性能有很大的帮助。由于冷却过程中裂纹的形成,导致了玻璃密封材料在低温下的高漏气率。然而,如果裂纹可以自愈,当回到高温时密封材料的漏气率会下降[16]。Singh[17]发现裂纹愈合会经历三个阶段。第一阶段,裂纹尖端变圆且裂纹变成圆柱形;第二阶段,圆柱形裂纹演变成球形;第三阶段,球形裂纹随着退火时间的延长而逐渐变小并最终消失。由于其具备自我愈合能力,从室温(RT)到800℃之间进行300次热循环后其密封性仍然良好,这一令人印象深刻的结果已被Singh等证实。然而低黏度也可能带来问题,如玻璃密封材料会从密封区域流出,这将对电堆的刚性产生不利影响[19]。为了解决这个问题,Liuet等人提出了使用阻塞件,以避免过量压缩导致低黏度密封材料被挤出。在低黏度条件下,玻璃的反应活性也很高,这可能会影响密封界面的长期稳定性。即使是在工作温度条件下,其黏度也没有低到足够让裂纹愈合,经过多次热循环后可以通过升高温度来使裂纹愈合。图6.3所示为热循环温度为150~700℃的测试结果。在经历约20次热循环后,当漏气率达到上限之前,将温度升高到810℃(密封温度)并保持30min以使裂纹愈合,使得其漏气率降低了一个数量级。同时,如此处理也有助于改善玻璃密封材料的热循环性能。

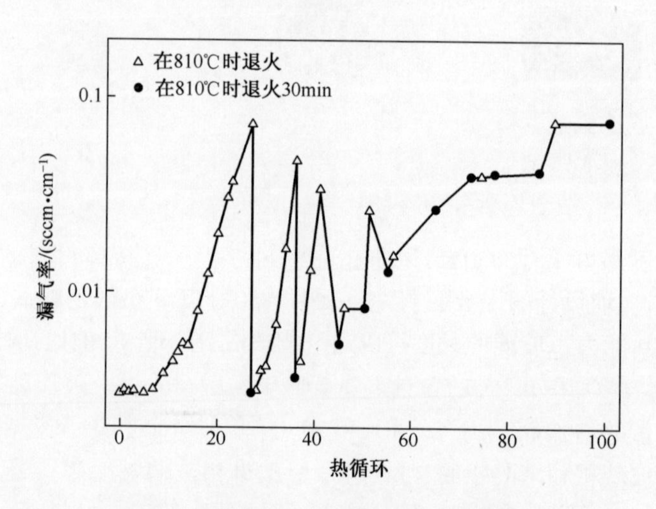

图6.3　玻璃自愈合能力对漏气率的影响

TEC是玻璃基密封材料研究最为广泛的性能,与SOFC其他组件TEC不匹配所产生的热应力是导致密封玻璃失效的重要原因。因此,密封玻璃设计的另一个目标是减小其同被密封的阳极材料与连接体材料之间的TEC差异。因Ni含量以及测量温度的变化,Ni-YSZ阳极的TEC从$11.0\times10^{-6}\sim14.0\times10^{-6}K^{-1}$不等。而连接体材料的TEC则取决于所使用合金的种类,如Crofer 22 APU的TEC为$11.5\times10^{-6}K^{-1}$,SS410的TEC则为$12.2\times10^{-6}K^{-1}$[3,20]。因此,密封玻璃的TEC最好在$11.0\times10^{-6}\sim13.5\times10^{-6}K^{-1}$($RT-T_g$)范围内。玻璃材料的TEC可以通过Appen模型预测:

$$\alpha=\sum\alpha_i C_i \tag{6.2}$$

式中:α为玻璃的TEC($10^{-6}K^{-1}$);α_i为第i个组分的TEC贡献因子;c_i为第i个组分在玻璃中的摩尔分数。

一些常用氧化物的TEC贡献因子列于表6.1中。硅酸盐类玻璃的TEC通常低于pSOFC所需要的密封材料的TEC值。因此,需要提高其TEC值以便于pSOFC密封使用。表6.1显示,碱金属氧化物具有较高的TEC贡献因子,因此可以通过增加碱金属氧化物的含量来提高硅酸盐玻璃的TEC。然而在高温条件下,碱金属氧化物容易与其他固体氧化物燃料电池组件发生反应,导致电池性能的劣化。因此,很多情况下不建议在玻璃密封材料中添加碱金属氧化物[21]。为了获得较高的TEC,往往会使用碱土金属氧化物[21],而BaO由于具有相当大的TEC贡献因子而成为最常用的添加成分。然而,即使加入BaO,也很难使玻璃的TEC大于$11.5\times10^{-6}K^{-1}$,同时由于过量添加碱土金属氧化物,破坏了玻璃网络,这将导致其黏度降低且热稳定性变差。

表6.1　不同金属氧化物热膨胀系数的贡献因子

物质	$\alpha_i/(10^{-6}K^{-1})$	物质	$\alpha_i/(10^{-6}K^{-1})$
SiO_2	0.005~0.038	B_2O_3	-0.050~0.00
Li_2O	0.270	SrO	0.160
Na_2O	0.395	BaO	0.200
K_2O	0.465	PbO	0.130~0.190
MgO	0.060	Al_2O_3	-0.030
CaO	0.130	ZrO_2	-0.060
ZnO	0.050	P_2O_5	0.140
MnO	0.105	Fe_2O_3	0.055

另外,通过控制形成玻璃-陶瓷的结晶度,也能增加玻璃的热膨胀系数。形成玻璃-陶瓷还有其他的优点,如玻璃-陶瓷相比于玻璃更加稳定且机械强度更高,可以通过调整热力学和动力学参数来控制其结晶度。热力学上,在结晶过程中形成的结晶相取决于玻璃组分,因此可以通过调整玻璃组分形成具有较高的TEC的结晶相。表6.2所列为有关pSOFC密封应用中不同结晶相的TEC值[21-26]。从表6.2可以明显看出,铝酸盐如$Mg_2Al_4Si_5O_{18}$、$CaAl_2SiO_8$、$SrAl_2Si_2O_8$及$BaAl_2Si_2O_8$的TEC较小,所以要避免此类物质的生成。从热力学角度看,含很少量的铝或不含铝的母相结晶形成玻璃-陶瓷可以避免低TEC铝酸盐的形成,因此可获得较高TEC的玻璃-陶瓷密封材料[27-37]。基于此理论,

研究人员已经开发出多种 TEC 范围从 $11.6\times10^{-6}\sim12.8\times10^{-6}K^{-1}$ 的 $BaO-B_2O_3-SiO_2$ 系玻璃-陶瓷密封材料，如图 6.4 所示。Chou 等人[38] 报道了一系列基于 $SrO-CaO-Y_2O_3-B_2O_3-SiO_2$ 体系的玻璃-陶瓷，其 TEC 在 $11.2\times10^{-6}\sim11.7\times10^{-6}K^{-1}$ 范围内。Reis 等人[15] 开发了一种基于 $SrO-CaO-ZnO-B_2O_3-Al_2O_3-SiO_2-TiO_2$ 体系的玻璃-陶瓷，其 TEC 为 $11.5\times10^{-6}K^{-1}$，且 Al_2O_3 含量仅为 1.96%（摩尔分数）。但必须指出，上述氧化铝的影响只是一个简单的例子，揭示了通过改变成分可以调整玻璃-陶瓷的 TEC。事实上，玻璃母相组分对结晶相的影响是非常复杂的。例如，Fergus[21] 指出，一种组分的添加可以抑制某一特定相的形成，但同时也会促进其他相的生成。到目前为止，还没有一个统一的规则可以应用于预测结晶相形成，而且玻璃-陶瓷的发展非常依赖试错的方法。结晶也可以使玻璃中化学稳定性较差的成分转化为稳定相，例如，使玻璃网格中的无定形氧化硼和磷酸氧化物转化成晶态硼酸盐和磷酸盐可以改善玻璃的化学稳定性。

表 6.2　含有碱土金属氧化物结晶相的热膨胀系数

结晶相	TEC/($10^{-6}K^{-1}$)
$MgSiO_3$（顽火辉石）	9.0～12.0
$MgSiO_3$（斜顽辉石）	7.8～13.5
$MgSiO_3$（原顽辉石）	9.8
Mg_2SiO_4（镁橄榄石）	9.4
$CaSiO_3$（硅灰石）	9.4
Ca_2SiO_4（正硅酸钙）	10.8～14.4
$Ba_3CaSi_2O_8$（钡硅酸钙）	12.2～13.8
$BaSi_2O_5$（硅酸钡）	14.1
$Ba_2Si_3O_8$（硅酸钡）	12.6
$BaSiO_3$（硅酸钡）	9.4～12.5
BaB_2O_4（硼酸钡）	$\alpha_a=4,\alpha_c=16$
$BaZrO_3$（锆酸钡）	7.9
$CaZrO_3$（锆酸钙）	10.4
$BaCrO_4$（铬酸钡）	21～23
$SrCrO_4$（铬酸锶）	21～23
$Mg_2Al_4Si_5O_{18}$（堇青石）	2
$CaAl_2SiO_8$（钙长石）	4.5
$SrAl_2Si_2O_8$（六钡长石）	7.5～11.1
$SrAl_2Si_2O_8$（单钡长石）	2.7
$SrAl_2Si_2O_8$（斜方晶系长石）	5.4～7.6
$BaAl_2Si_2O_8$（六钡长石）	6.6～8.0
$BaAl_2Si_2O_8$（单钡长石）	2.3
$BaAl_2Si_2O_8$	4.5～7.1

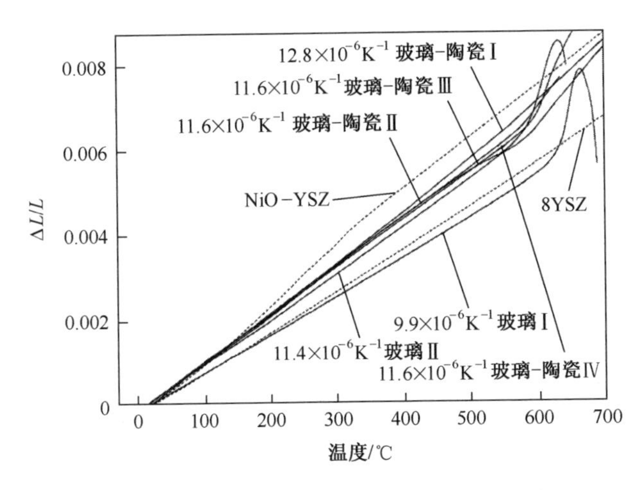

图 6.4 各种玻璃和玻璃-陶瓷的热膨胀曲线

虽然特定晶相的形成对控制晶体的特性起着非常重要作用,但是结晶动力学在结晶过程中也有着重要影响。结晶过程可通过调整动力学行为,如结晶温度和时间、成核剂、成核温度等来控制。结晶通常在结晶温度进行,结晶温度可以通过 DSC 测出。晶体生长速率可以通过测量不同结晶时间的晶粒尺寸来计算。通过测量不同温度下的结晶速率,结晶所需的反应能也可以计算获得。结晶动力学可以通过添加成核剂如 ZrO_2、TiO_2、Cr_2O_3和 P_2O_5来控制。成核剂有几个重要功能:①促进结晶相的均相成核;②促进特殊相的形成;③抑制不需要相的形成。成核剂与玻璃网络的相互作用已在文献[21]中讨论,不再进一步讨论。但应当注意的是,玻璃和玻璃-陶瓷通常以粉末的形式在 pSOFC 中应用,其结晶主要由表面晶化机理控制,其颗粒大小对结晶动力学影响显著。由此,结晶速度必须低于烧结速率,才能获得所需的致密的密封材料。

6.2.2 长期性能

pSOFC 密封材料需要同时在高温氧化气氛与湿还原气氛下长期工作,在此期间,密封件需经历一系列的变化,包括由于蒸发导致的密封材料损失、结晶导致的 TEC 变化以及界面反应导致的新相形成。随着时间的延长,这些变化会逐渐累积,最终达到临界点,导致密封失效。因此,应用新的玻璃基密封之前,对于其长期可靠性的测试显得尤为重要。

含有 B_2O_3和 P_2O_5的玻璃密封材料的化学稳定性受到极大关注,因为 B_2O_3和 P_2O_5在高温下可能会显著挥发,尤其在潮湿的还原气氛中。B_2O_3主要用于降低密封玻璃的黏度。研究显示,含有 B_2O_3的密封玻璃在高温空气气氛中具有很好的稳定性,然而,在潮湿的燃料气氛中,玻璃中的氧化硼易与潮湿的燃料气体发生反应形成高挥发性物质,如 $B_2(OH)_2$和 $B_2(OH)_3$,这将引发严重的密封失效。例如,使用 B_2O_3 作为单一网络形成体的玻璃其失重可达到 20%。Reis 和 Brow[39] 研究了在潮湿的还原性气氛中 B_2O_3 含量对玻璃化学稳定性的影响。将四种不同 B_2O_3 含量的玻璃置于 750℃还原气氛($10\%H_2+90\%N_2$)中退火 10 天,结果显示,玻璃失重随 B_2O_3 含量的增加而增加,含 2%(摩尔分数)B_2O_3 的玻璃失重为 $2.0\times10^{-5}g\cdot cm^{-2}$,而含 7%(摩尔分数)$B_2O_3$ 的玻璃失重则为 $1.0\times10^{-4}g\cdot cm^{-2}$。基于长期化学稳定性考虑,$B_2O_3$ 在密封玻璃中的含量应尽可能地少。此外,Reis 和 Brow[39] 指出,可通过将玻璃网络中的无定形 B_2O_3 转换为晶体硼酸盐来提高其化学稳定性。与硼酸盐玻璃相似,磷酸盐玻璃在高温下也易挥发,在空气中,P_2O_5 只能通过形成 P_2O_5 气体而挥发,然而在还原性气氛中,P_2O_5 可以通过形成 P_2O_5 和 P_2O_3 气体而挥发[40]。由于挥发特性以及与 SOFC 其他组件严重的交互反应,使得磷酸盐玻璃不适用于 pSOFC 密封材料应用。

pSOFC 的工作温度(700~850℃)与大部分玻璃材料的结晶温度范围一致。因此,在 pSOFC 工作环境中,玻璃基密封材料可能结晶化。无法控制的结晶化会引起密封玻璃 TEC 的改变,Sohn 等人[27] 研究认为,由于低 TEC 的钡长石的形成,$BaO-Al_2O_3-B_2O_3-SiO_2$ 玻璃体系在 800℃持续保温 1000h,其 TEC 变小 17.8%~39.6%。TEC 的较大改变危害性极大,由此产生的热应力将无可避免会引起密封失效。玻璃的热稳定性可由长期工作时 TEC 的变化情况来表征。如何获得长期的热稳定性是先进 pSOFC 电堆密封玻璃和玻璃-陶瓷需主要研究的问题。虽然玻璃是热力学非稳定相,易于析晶,但研究表明,可通过调整玻璃成分使其拥有优异的热稳定性。如图 6.5 所示,玻璃原始的 TEC 为 $9.8\times10^{-6}K^{-1}$ ($RT-T_g$),在 700℃空气气氛中保温 5000h 后,其 TEC 的改变可忽略不计。从玻璃到玻璃-陶瓷的转变是改善玻璃热稳定性的常用方法,通过合适的组分调整是获得优异热稳定性的唯一方法。玻璃设计的基本目标之一是如何获得一个合

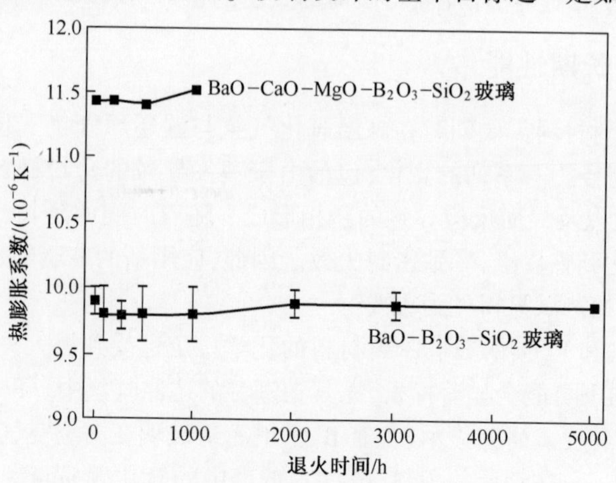

图 6.5　图 6.4 中的玻璃在 700℃时的热稳定性

适的组分,避免低 TEC 相的形成,同时促进特定高 TEC 相的形成,如前所述。另一目标是通过对基体玻璃的设计来改变组分,在结晶温度下实现快速均匀的结晶,并且将工作温度下的结晶控制在最小的速度。为了实现此目标,要控制工作温度至少比结晶温度低 100℃,如果工作温度与结晶温度太过接近,会导致密封材料在工作过程中持续结晶。

因此,在长期运行过程中,显微结构的改变累积到一定程度会影响密封的完整性。在过去的二十年里,这个领域已经取得了很大进步。我们发现通过降低SiO_2-B_2O_3-BaO-Al_2O_3体系玻璃中氧化铝的含量可以抑制低 TEC 相$BaAl_2Si_2O_8$的形成,因此,对于密封材料的发展,我们主要关注 RO-B_2O_3-SiO_2(R=Mg,Ca,Sr,Ba)体系。通过调整玻璃组分,TEC 位于 $11.5\times10^{-6}\sim13.0\times10^{-6}K^{-1}$范围内的三种玻璃-陶瓷得以研发成功。如图 6.6 所示,这三种玻璃-陶瓷具有非常好的热稳定性,在 700℃保温 3000h、1000h 和 2500h 后,其 TEC 改变分别为 4.3%、1.7%和 4.3%。Chou 等人[38]基于 SrO-CaO-Y_2O_3-B_2O_3-SiO_2体系研究发现了许多热稳定性良好的玻璃-陶瓷。如表 6.3 所列,在 30% H_2O/2.7% H_2/67.3% Ar 气氛中经过 900℃保温 1000h,其 TEC 的改变可忽略不计。Reiset 等人[15]最近报道了基于 SrO-CaO-ZnO-B_2O_3-SiO_2-Al_2O_3体系的玻璃-陶瓷材料,其 TEC 为 $11.7\times10^{-6}K^{-1}$,经过 800℃保温 2880h,其 TEC 改变低于 5%,表现出优异的热稳定性。

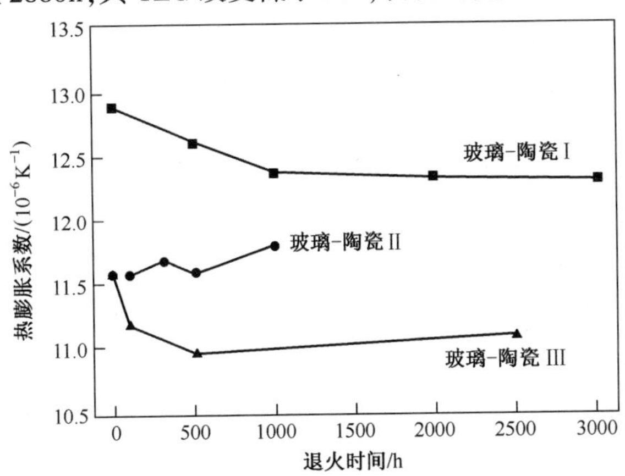

图 6.6 图 6.4 中的玻璃-陶瓷在 700℃时的热稳定性

表 6.3 基础玻璃和玻璃-陶瓷的热膨胀系数对比

玻璃代号	基础玻璃的热膨胀系数/($10^{-6}K^{-1}$)	玻璃-陶瓷的热膨胀系数/($10^{-6}K^{-1}$)		
		按样计算	经过 1000h 湿法还原	在空气中 2000h
YSO-1	12.1(RT-695℃)	11.7(RT-870℃)	11.5(RT-945℃)	11.6(RT-970℃)
YSO-4	11.7(RT-713℃)	11.5(RT-938℃)	11.9(RT-940℃)	—
YSO-5	11.6(RT-735℃)	11.3(RT-910℃)	11.6(RT-970℃)	—
YSO-7	11.4(RT-685℃)	11.4(RT-877℃)	11.6(RT-975℃)	—
YSO-8	11.5(RT-673℃)	11.2(RT-896℃)	11.6(RT-980℃)	—

对于阳极支撑的 pSOFC,玻璃与电解质及金属连接体的化学相容性也作了重点讨论[41-45]。界面反应一般认为有两个阶段。在第一个阶段,两个相邻组件中的各元素相互扩散形成一个扩散区,这个扩散区加强了两个相邻组件之间的结合。在第二个阶段,扩散区的元素含量达到一个形成新相的临界值,从而形成新相。一般来说,新相的形成会减弱相邻组件间的结合力,所以界面反应最好控制在第一个阶段。在图 6.7 中,玻璃和玻璃-陶瓷与 8%(摩尔分数)Y_2O_3-ZrO_2(8YSZ)在 pSOFC 工作温度下具有很好的相容性,甚至在 700℃下保温 5000h,玻璃-8YSZ 界面都没有新相的形成。此外,元素在玻璃-8YSZ 界面的相互扩散分布也被发现可以忽略。如图 6.8 所示,在 700℃保温 5000h,界面扩散区厚度也只有约 5μm。唯一潜在的问题是 Y_2O_3 扩散进入玻璃,导致立方 ZrO_2 转变为单斜 ZrO_2[46]。由于在玻璃中添加 Y_2O_3 会减弱 Y_2O_3 向玻璃扩散的驱动力,因此,含 Y_2O_3 的玻璃得以研究开发[3]。

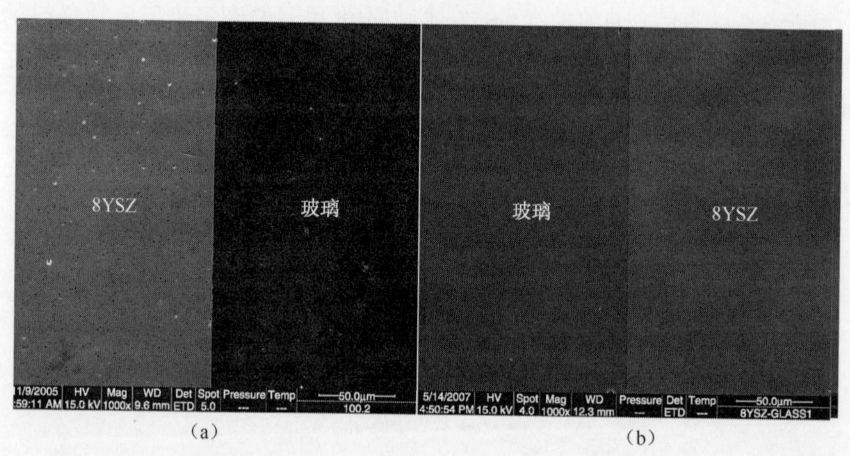

图 6.7 玻璃-8YSZ 界面在 700℃经过(a)100h 和(b)5000h 处理后的电子显微镜扫描截面图

与 8YSZ 电解质相比,玻璃基密封材料与金属连接体间的反应更为复杂,直到现在,对于密封-金属连接体界面反应的研究都很少[47-50]。Yang 等人[47]研究了硅酸钡玻璃(G18)分别与铁素体不锈钢(AISI 446)、镍基耐热合金(Nicrofer6025)以及铁铬铝合金之间的界面反应。添加碱土金属氧化物的硅酸盐玻璃在 pSOFC 中应用前景很好,因此使用硅酸钡玻璃来研究玻璃-金属的交互作用很具有意义。Yang 等人发现反应的程度和产物特性依赖于金属表面的氧化膜。AISI 446 和 Nicrofer6025 表面为富铬的氧化膜。在此情况下,$BaCrO_4$ 为主要的反应产物,通过以下反应形成:

$$Cr_2O_3(s)+2BaO+1.5O_2 \longrightarrow 2BaCrO_4(s) \tag{6.3}$$

$$CrO_2(OH)_2(g)+BaO \longrightarrow BaCrO_4(s)+H_2O(g) \tag{6.4}$$

如果玻璃中的钡结晶形成 $BaSiO_3$,$BaCrO_4$ 也可以通过以下反应形成:

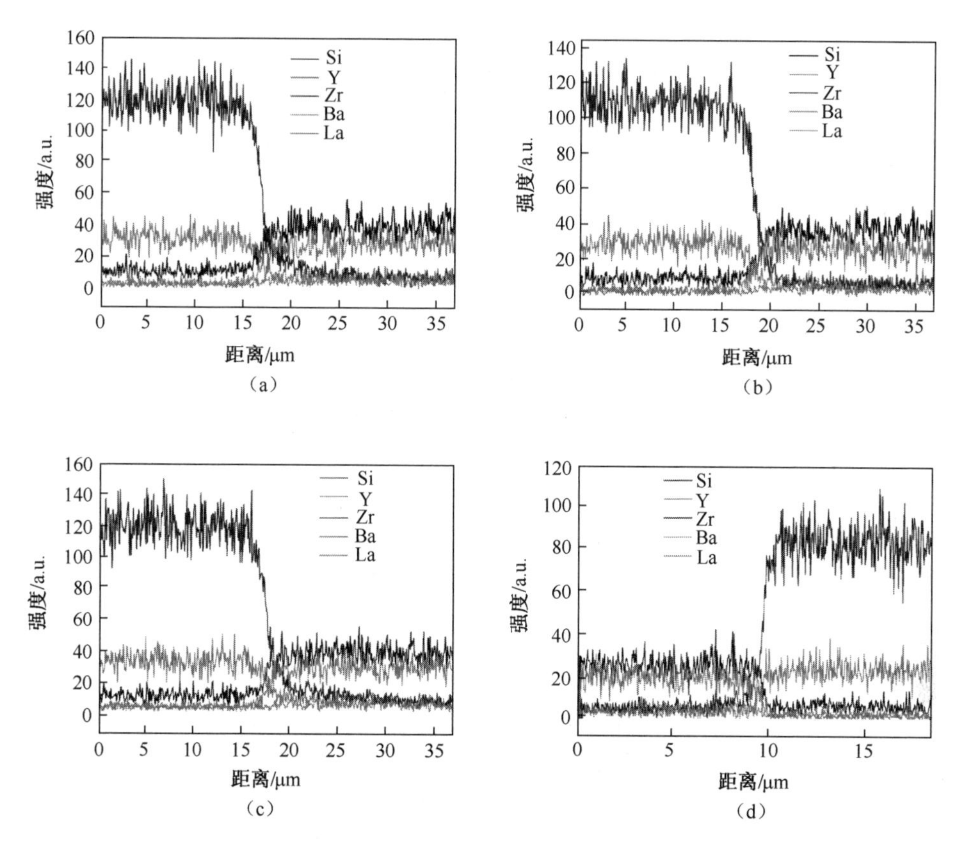

图 6.8　玻璃-8YSZ 界面在 700℃经过(a)0h、(b)1h、(c)100h 和(d)5000h 处理后的能谱图

$$2BaSiO_3(s)+Cr_2O_3(s)+1.5O_2(g)\longrightarrow 2BaCrO_4(s)+2SiO_2(s) \qquad (6.5)$$

因为 $BaCrO_4$ 具有特别高的 TEC，即 $21\times10^{-6}\sim23\times10^{-6}K^{-1}$ (20～1000℃)[38]，$BaCrO_4$的大量形成不仅导致玻璃-陶瓷材料中 Ba 的流失，而且由于热膨胀系数的不匹配也会导致玻璃-陶瓷与合金基体的分离[47]。对于 Nicrofer 6025，表面氧化膜主要由 NiO、Al_2O_3和 Fe_2O_3组成，与 AISI 446 相比，由于没有 Cr_2O_3，$BaCrO_4$的形成在某种程度上被抑制了。应指出的是，式(6.3)和式(6.4)需要 O_2形成 $BaCrO_4$，所以在界面的内部区域，因空气被拦截而无法获得 O_2，故无法形成 $BaCrO_4$，此时，Cr 扩散进入 BCAS 密封玻璃，形成富 Cr 固溶体。Yang 等人发现的另外一个特征是，在相当短的时间内，玻璃-合金界面的间隙缺陷结合形成大的孔洞，例如，金属-玻璃-金属试样暴露在 800℃空气中 1h 或在 750℃空气中 4h 就形成孔洞。Yang 等人指出，孔隙的形成主要是由于界面合金元素交互反应形成气相挥发物所导致，特别是玻璃中的 Cr 溶解于水。铁铬铝合金表面氧化膜的主要成分为氧化铝，因此在界面处并没有观察到 $BaCrO_4$。此外，大孔隙的直径等于所述密封区的宽度，这主要是由于合金元素，如 Al、Y、Cr，与

密封玻璃中溶解的水和残留的钠氧化物反应导致的。沿界面形成的孔对密封材料的性能是极为不利的,因为反应引起的孔隙会大大降低界面的接合强度。

我们还研究了用于 pSOFC 密封材料的钡硅酸盐玻璃和 SS410 合金之间的反应[51]。类似于 Yang 等人的结果,在空气侧的金属-玻璃界面以及玻璃表面上观察到 $BaCrO_4$,基于反应式(6.3)和式(6.4),如图 6.9 所示。在实验中,经 700℃保温 150h 后,并没有在界面中观察到由于反应所产生的微孔。而这样的静态试验得到一些关于反应的程度和产物性质的信息,而热循环测试则更贴近 pSOFC 的实际应用,热循环引起的热应力对密封-金属之间的界面反应也起到了非常重要的作用。我们已经研究了热循环行为对界面反应特性的影响,发现界面处 $BaCrO_4$的形成导致密封破裂,由于所形成的裂纹尖端充当氧气扩散的通道,开裂又促进了 $BaCrO_4$ 的形成[51]。因此,热循环次数的增加加速了裂纹扩展,进而导致漏气率提高。图 6.10 所示为添加 8YSZ 和不添加 8YSZ 涂层的玻璃的漏气率之间的比较。在两个阶段中均出现了漏气率的增加。在第一阶段中,漏气率随着热循环次数增加而缓慢增加,这可能要归因于该玻璃密封材料的不完全自愈性能。在第二阶段中,漏气率随着热循环迅速增加,这主要是由于在界面处或多或少形成了 $BaCrO_4$层,并阻碍裂纹的自愈。

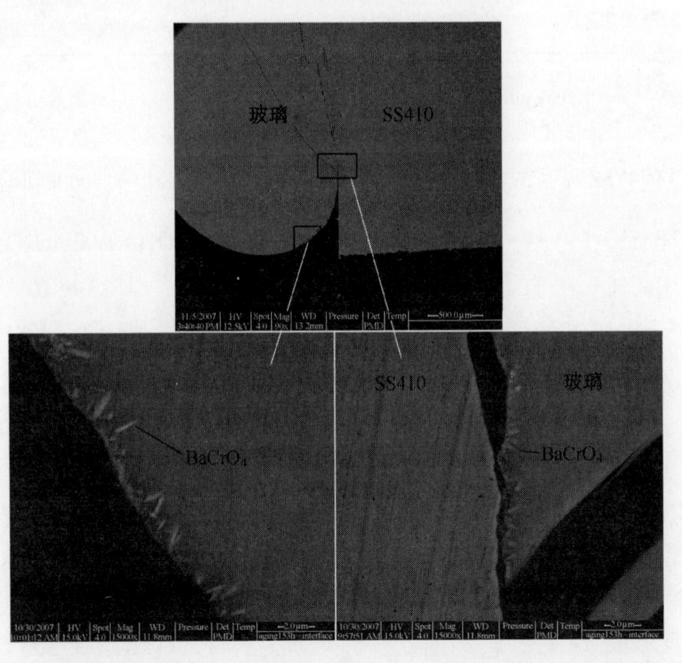

图 6.9 在 700℃处理 150h 后玻璃-SS410 界面和玻璃表面上形成的 $BaCrO_4$

在金属连接体表面添加一层阻碍涂层可以防止高 TEC 相 $BaCrO_4$的形成,从而提高密封玻璃的热循环稳定性。必须要指出的是,在高温下,阻碍涂层要与玻璃密封材料和连接体化学相容,否则,该涂层本身可能引起有害的反应。

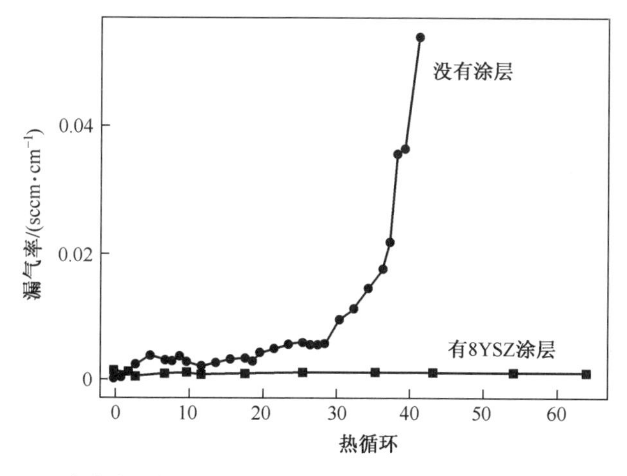

图 6.10　玻璃中添加 8YSZ 涂层和不添加 8YSZ 涂层时的漏气率对比

Mahapatra 和 Lu[52] 研究了 $SrO-La_2O_3-Al_2O_3-SiO_2$ 和 AISI 441 合金以及$(Mn,Co)_3O_4$涂层的界面相容性。虽然$(Mn,Co)_3O_4$涂层在一定程度上阻止了铁和铬元素扩散进入密封玻璃中，但同时却加速了 AISI 441-玻璃界面的破坏，因为它的不稳定性且与玻璃密封材料反应。同样的结果在具有$(Mn,Co)_3O_4$涂层的 Crofer 22APU 合金上也观察到[53]。我们也使用 8YSZ 作为 SS410 连接体的涂层材料以提高 $BaO-B_2O_3-SiO_2$玻璃的热循环稳定性[24]。如图 6.10 所示，没有 8YSZ 涂层的连接体经过 30 次热循环以后，漏气率迅速增加，然而在有 8YSZ 涂层的连接体中，即使经过 65 次热循环其漏气率也几乎保持不变，这证实了玻璃基密封材料可以通过采用阻隔涂层减少不利的界面反应来改善其热循环稳定性。

6.2.3　密封材料结构优化

由于玻璃和玻璃-陶瓷的易碎性，玻璃基密封材料在拉伸热应力下容易断裂，因此，断裂被认为是造成玻璃基密封材料失效的主要原因之一[17,54-57]。直到现在，许多研究者都致力于使密封材料与相邻组件具有更好地 TEC 匹配性[41,58-61]。然而，由于阳极、阴极和连接体之间 TEC 的差异所导致的残留热应力并不能完全消除。热应力的大小由材料特征决定，但也受密封几何结构的影响。所以通过密封结构的优化来减少热应力同样重要，但这一方面还没有引起足够的重视。

事实上，存在两种典型的密封失效现象：连接处的界面剥离[62]和密封材料内部出现裂纹[54-55]。密封材料的失效模型主要依赖于玻璃-金属的黏合性是弱（界面间断裂能低于密封断裂能）[63]还是强（界面间断裂能高于密封断裂能）[55,59]。第一种情况已经由 Muller 等人[62]进行了阐述，他们通过有限元建模分析了密封和裂纹界面的残余应力分布,发现当且仅当所释放的能量和局部应力都超过临界值时裂纹才增长,增加密封材料的宽度和减小密封材料的厚度也会增强密封材料与连接件的剥离的难度。

我们已经开发了一种基于经典的梁弯曲理论模型和陶瓷材料断裂理论的方法用于预测固体氧化物燃料电池密封材料的开裂行为。通过一系列的方程推导[63],得出一个可用来预测裂缝是否会在密封材料中扩散的依据:

$$t \leqslant t_c = \frac{\Gamma E'}{0.42\sigma_s^2} \tag{6.6}$$

$$E' = \frac{E}{1 - \upsilon} \tag{6.7}$$

式中:t 为密封厚度;t_c为临界密封厚度;σ_s为双压缩应力;Γ 为密封材料的临界应变能释放速率;E 为杨氏模量;υ 为泊松比。

式(6.6)表明,如果密封厚度小于给定密封体系的临界密封厚度时,裂纹(裂纹延伸)可以被抑制。因此,对于既定的密封体系来说,所谓的裂解图可以在规定的运行条件下获得,如图6.11所示。图6.11中的线代表"裂纹"区与"无裂纹"区的边界,可以看到随着TEC差异的减小,"无裂纹"区域半增加,这意味着在比较大的TEC差异的情况下,要使用更薄的密封厚度来抑制裂纹产生。例如,当TEC差异达到$1.2\times10^{-6}\text{K}^{-1}$时,密封材料的厚度必须小于0.1mm才可以阻止裂纹开裂,如图6.11所示。另一方面,当TEC差异小于$0.6\times10^{-6}\text{K}^{-1}$时,$t_c$随着TEC差异的减小而迅速增大,$t_c$对$\Delta\alpha$的依赖性变得不那么重要。例如,TEC不匹配为$0.5\times10^{-6}\text{K}^{-1}$时可以允许0.8mm的最大密封厚度,这已经超过通常文献中所述的0.1~0.5mm的密封材料厚度[58,60,64-67]。该裂解图已经通过实验被验证[63],可以用作指导密封结构的设计。

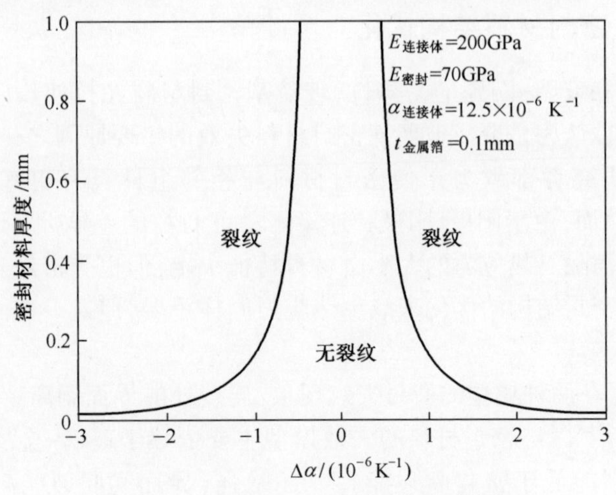

图6.11 玻璃-SS410密封系统的裂解图

6.3　云母密封材料

云母是一种压密封材料，需要提供额外的压力来实现界面密封。用于pSOFC密封材料的云母可分为两类：白云母（$KAl_2(AlSi_3O_{10})(F,OH)_2$）和金云母（$KMg_3(AlSi_3O_{10})(OH)_2$）。云母具备层状结构，相邻的层通过$K^+$离子来连接，层与层之间可被压缩，所以云母可以通过自身的压缩变形来密封相邻组件。云母自身层与层间的黏结很弱，以至于云母能很容易地沿着裂纹方向自身分离。这种结构特性使得云母在pSOFC的应用中具有以下特性：

（1）由于层状结构之间结合较弱，云母可以通过层与层之间的滑移释放热应力，有助于获得长期的热循环稳定性。

（2）不同于玻璃，云母不与相邻组件黏附，所以云母能承受较大的热膨胀系数不匹配，这使得Ni基合金作为SOFC的金属连接体应用成为可能。此外，云母可以很容易地从其相邻组件上剥离出来，这使得pSOFC的装配变得容易。

美国太平洋西北国家实验室（Pacific Northwest National Laboratory，PNNL）对云母在pSOFC中的应用进行了深入研究，包括云母的漏气机理、外加载荷、不同通气压力、长期工作老化、热循环对漏气率的影响以及老化和热循环对漏气率的综合影响[66,68-79]。此外，还建立了一个云母密封的漏气模型[80]。

6.3.1　云母的漏气机理

通常情况下，pSOFC中的云母片在外加载荷的作用下会互相重叠。不同于靠自身致密以及与相临组件界面浸润的玻璃密封，云母密封是不致密的，并且不黏附在相邻组件上。因此，云母密封有两个主要的漏气路径，如图6.12所示。一条路径形成于云母片和相邻组件的界面，由于接触表面的粗糙度而导致，这是最主要的漏气路径。另一条路径是云母片之间的漏气，这是次要的漏气路径[69]。Chou和Stevenson的研究表明[69]，在云母片和相邻组件之间通过玻璃或金属银夹层这种“云母基混合密封”来提高云母密封的气密性，可以使得两种漏气路径减少并最终降低漏气率，如图6.13所示。另外，Chou等人进一步探索

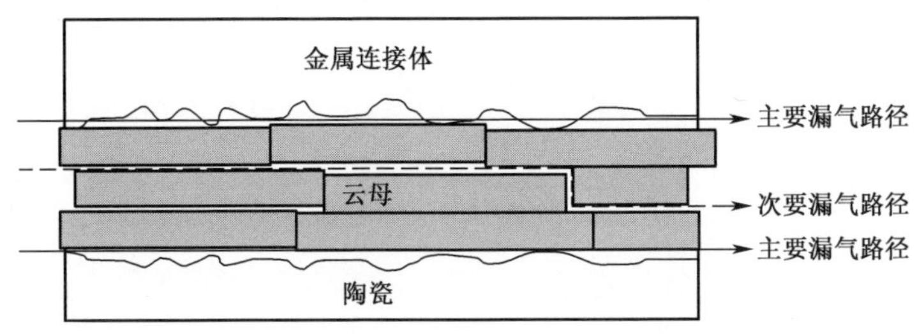

图6.12　云母密封中的主要和次要漏气路径示意图

混合云母密封,不仅用玻璃作为中间层来减少主要的界面漏气路径,还用玻璃浸润的云母来降低密封材料本身的漏气路径,使得混合云母密封在所有密封测试中展现了最低的漏气率。

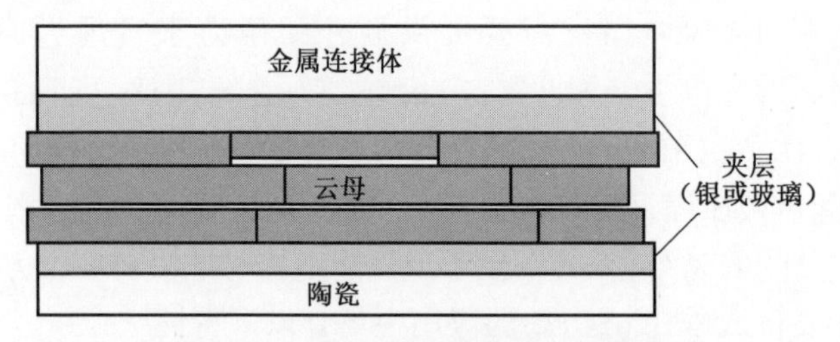

图 6.13　混合云母压缩密封示意图

6.3.2　附加载荷和通气压力对云母漏气率的影响

云母密封的漏气率随着附加载荷的增加和通气压力的减少而降低。Chou 等人[73,75]研究了在通气压力为 13.79kPa 时,不同附加载荷下的单晶白云母、白云母纸和金云母纸的漏气率。云母基密封主要有三种形式:单纯的云母、玻璃夹层的云母和银夹层的云母。

在相同的附加载荷下,单晶白云母的漏气率比白云母纸和金云母纸的低。此外,玻璃夹层的云母密封漏气率比银夹层的云母密封漏气率低。根据 Chou 等人的研究,附加载荷为 689.5kPa,通气压力为 13.79kPa 时,单晶白云母的漏气率为 0.65sccm · cm^{-1},该附加载荷是 SOFC 难以承受的。与纯云母相比,混合的云母密封通过减少主要漏气路径,在更低的附加载荷下可以获得更低的漏气率。对于玻璃夹层的单晶白云母,附加载荷为 172.4kPa 时漏气率为 3.59×10^{-4}sccm · cm^{-1}。图 6.14 所示为在通气压力为 13.79kPa 时,漏气率随附加载荷的变化。从图 6.14

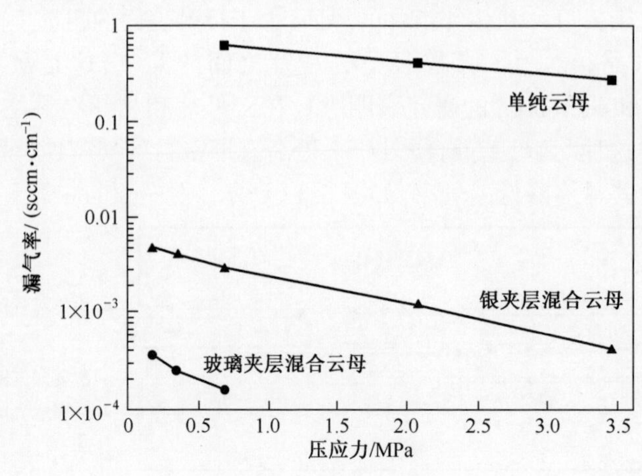

图 6.14　压应力对云母、玻璃夹层混合云母和银夹层混合云母漏气率的影响

可以看出,玻璃夹层混合云母密封的漏气率的数量级为 10^{-3},银夹层混合云母密封的漏气率的数量级为 10^{-2},纯云母密封的漏气率的数量级为 10^{-1}。尽管玻璃夹层可以降低漏气率和附加载荷,但其本身会引发一些问题,例如热膨胀系数的不匹配、热稳定性和化学相容性差。此外,对于混合云母密封,因为玻璃和银夹层的出现或多或少地使密封类型变成刚性密封。一些云母自身的优点,如能忍受较大的热膨胀系数不匹配和拆卸方便,都将不复存在。另外,云母的预压有助于降低其漏气率,通过 Simner 和 Stevenson 的报告,预压的云母漏气率比没预压的云母漏气率低三倍[70]。

6.3.3　长期测试对云母密封漏气率的影响

在 pSOFC 的工作温度下云母有很好的热稳定性。云母没有玻璃密封存在的结晶化和 TEC 不匹配的问题。由于夹层的存在,目前焦点聚集在混合云母密封的热稳定性上。Chou 等人[66]研究了三种不同玻璃夹层的混合云母在 800℃的热稳定性。研究发现,玻璃层与云母的化学反应对于混合云母密封的热稳定性有明显影响,经过 800℃保温 350h 后,其中一种玻璃结晶化并与云母发生反应,使混合云母密封的漏气率下降到 $1\times10^{-3}\sim2\times10^{-3}$ sccm · cm^{-1},这是因为结晶相和反应产物部分阻塞了漏气路径。而在 800℃下保温 850h 后,漏气率迅速上升到约 0.04sccm · cm^{-1},表明过多的反应会引起大量漏气路径的产生。另外两种混合密封通过抑制玻璃和云母的反应,表现出良好的热稳定性,在 800℃下保温 1036h 后的漏气率为 0.02sccm · cm^{-1},而在 800℃下保温 508h 后的漏气率仅为 0.001~0.004sccm · cm^{-1}。很明显,混合云母密封的长期热稳定性由玻璃夹层与云母的热稳定性和化学相容性决定。此外,玻璃夹层在恒温(800℃)工作时会连续不断地渗入到云母中,这可以降低混合云母密封的漏气率[76]。Chou 和 Stevenson 也研究了有银夹层的混合云母密封在 800℃湿的还原气氛中($2.64\%H_2/Ar+3\%H_2O$)的热稳定性。这种有银夹层的混合云母密封的漏气率在起初的 3000h 为 0.01~0.02sccm · cm^{-1},在 3000~30000h 降到0.01sccm · cm^{-1},展现出非常好的热稳定性[78]。此外,云母在湿的还原气氛中的化学稳定性对于其长期热稳定性是个潜在的问题。通过 Chou 和 Stevenson 的研究,云母的两个反应可能出现在湿的还原气氛中:

$$F_2(g)+H_2(g)\longrightarrow 2HF(g) \tag{6.8}$$

$$SiO_2(s)+4HF(g)\longrightarrow SiF_4(g)+2H_2O(g) \tag{6.9}$$

从式(6.8)可以看出,云母中的氟在湿的还原气氛中有可能产生 HF。由于云母本身是硅的矿物,形成的 HF 可能通过式(6.9)所示的反应腐蚀云母本身。

6.3.4　热循环对云母密封漏气率的影响

对于大多数云母密封材料,在热循环过程中的漏气率的变化基本相似。漏气率在经历过第一次热循环后会迅速增加然后再随着热循环次数的增加而缓慢增长。图6.15所示为典型的纯云母和混合云母密封漏气率随热循环的变化。云母的热循环稳定性已经在多方面进行了研究,包括云母的厚度、玻璃的体积分数、不同的夹层、不同TEC的金属连接体和附加载荷。不论是厚的(0.5mm)还是薄的(0.1mm或0.2mm)混合云母密封,在经过50次热循环后都保持着良好的稳定性,稍厚的混合云母密封的漏气率一般来说要高于薄的混合云母密封[76]。玻璃的体积分数似乎对混合云母密封的热循环性能没有明显的影响[77]。Chou和Stevenson[72]比较纯云母、玻璃夹层混合云母和银夹层混合云母密封的热循环性能时发现,由于银的高TEC特性($19\times10^{-6}K^{-1}$),相比于低TEC的金属连接体,银夹层更适合用在高TEC的金属连接体上。对于低TEC的金属连接体(例如SS430),因为其TEC与SS430的不匹配,银夹层混合云母密封的漏气率甚至比纯云母密封经过10次热循环后的漏气率还高。忽略金属连接体的影响,玻璃夹层混合云母的密封漏气率要低于银夹层混合云母密封,这是因为玻璃在高于T_g温度时可以释放热应力。此外,玻璃夹层混合云母密封的漏气率随着附加载荷的增加而降低[77]。在较大的附加载荷下,因为玻璃持续不断的渗入到云母基体,玻璃夹层复合云母密封的漏气率甚至可能随着热循环次数的增加而降低[77,79]。

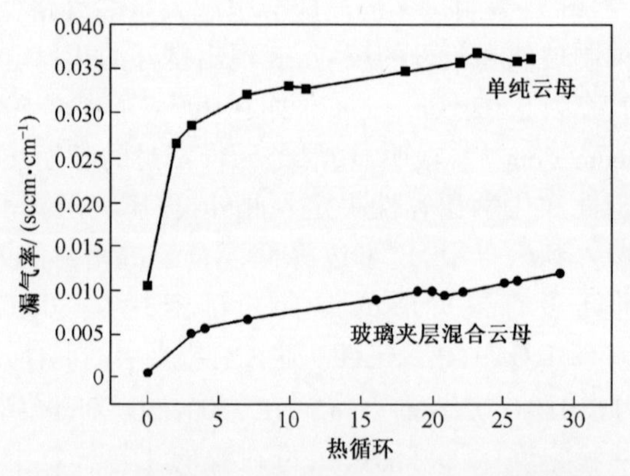

图6.15 热循环对云母/混合云母漏气率的影响

6.3.5 老化和热循环对于云母密封漏气率的综合影响

G18玻璃夹层混合云母密封在800℃恒温1036h后随着热循环次数的增加其漏气率迅速增加[66]。然而,如果这种混合云母不经历800℃恒温,其漏气率在热循环过程中保持稳定,这种差异是由玻璃夹层和云母反应造成的。另一方面,G6玻璃夹层混合云母密封在初始的800℃恒温508h后,仍有很好的热循环稳定性,因为G6玻璃夹层与云母具有更好的化学稳定性。由此可见,玻璃夹层的热稳定性和化学稳定性对于混合云母密封的性能影响非常大。玻璃密封所面对的问题与玻璃夹层在混合云母密封中要解决的问题相同。

6.4 金属钎焊密封材料

像玻璃密封一样,金属钎焊通过浸润相邻表面而黏附在相邻部件上。金属钎焊作为 pSOFC 密封材料的优点是,它们相对于陶瓷来说有稍低的硬度能经受某些塑性形变,这有利于缓和热应力和机械应力,进而减少密封失效的可能[81-87]。另一方面,在钎焊应用到 pSOFC 密封之前,一些问题不得不提前解决。例如:

(1) 金属钎焊是导电的,所以要施加适合的绝缘层来避免短路;

(2) 绝大多数金属钎焊在高温 SOFC 环境中不满足长期抗氧化的能力,只有少数贵金属 Au、Ag、Pt、Pd 可以应用,这会增加 pSOFC 的制造成本[55,81-87];

(3) 大多数金属钎焊的 TEC 要比 PEN 和连接体的高,这会在热循环过程中产生大量热应力。

由于上述问题,金属钎焊密封没有得到大量研究。在各类钎焊中,因为与其他贵金属相比,Ag 的价格要低些,绝大部分研究都投入在 Ag 上。PNNL 开发了一种新颖的金属钎焊 4%(摩尔分数)CuO 和 96%(摩尔分数)Ag[55,81-83]。添加 CuO 的目的是改善 Ag 和相邻陶瓷及金属组件的浸润性。因为金属 Ag 的优异力学性能,Ag-CuO 钎焊有很好的热稳定性和热循环稳定性。Weil 等人[82]发现 Ag-CuO 密封的漏气率无论在 800℃ 空气中还是在湿还原气氛中保温 1000h 后都仍保持在非常低的水平。此外,他们还研究了在 70~750℃ 热循环条件下,加热和冷却速率都为 75℃ · min^{-1}时,Ag-CuO 钎焊的热循环稳定性。实验发现这种密封材料的漏气率无论在空气中还是湿还原气氛中经历 50 次热循环后仍然保持在一个很低的水平,这展现了 Ag-CuO 密封很好的热循环稳定性。尽管 Ag-CuO 密封材料比玻璃和云母材料有更好的力学性能,其在 pSOFC 的工作温度下的化学稳定性将会是一个潜在问题。Weil 等人发现在 750℃ 湿还原气氛中保温 200h,会有亚微米级的气泡在 Ag-CuO 密封材料中形成;当保温时间增加至 800h 时,气泡的大小会增长到约 0.5μm[82]。这是由于 H_2扩散到 Ag 中形成孔,引起 CuO 的还原并形成水蒸气,如下面的反应方程:

$$CuO+2H(\text{液化})\longrightarrow Cu+H_2O(\text{水蒸气}) \tag{6.10}$$

Ag-4%CuO 钎料和 Fe-Cr 合金的反应是有限的,这个反应可以加强钎料和 Fe-Cr 合金之间的结合强度[82]。然而,Ag-8%CuO 和 Fe-Cr 合金的反应会在空气一侧形成部分多孔的 Cu-Fe-Cr-Mn 混合氧化层,这会削弱钎料和合金之间的结合性能。Ag-8%CuO 钎料的力学性能比无 CuO 钎料的差。因此,考虑断裂强度和浸润能力,Ag-4%CuO 可能是最优的钎料组分[55]。

6.5 复合密封材料

复合密封材料,如玻璃-陶瓷、玻璃-金属或陶瓷-陶瓷,一般包含两个不同的相[57,58,60,88-105]。复合密封的性能取决于两相的共同作用。因此,复合密封的性能可以在一个宽泛的范围内调整。复合密封根据密封方式可以分为两类:一类像玻璃密封,通过与相邻界面的浸润性达到密封的作用;另一类像云母密封,通过附加载荷来实现界面的密封黏结。

大多数的复合密封都包含玻璃和陶瓷相,通过浸润性来达到密封效果。对于玻璃-陶瓷密封,玻璃用来与相邻组件黏结,而陶瓷相用来调节所需的性能,例如 TEC、黏度、自愈合能力、弯曲强度和断裂韧性[57,58,60,65,88-98]。所添加的陶瓷相可以明显提升高温时密封的刚性。Brochu 等人[95-96]深入研究了 YSZ 含量对于玻璃-YSZ 复合密封材料接触角的影响,发现 YSZ 的最大含量为 5%(体积分数),否则这种复合密封材料不能浸润相邻组件表面而起到黏结作用,这表明陶瓷相的增加会大幅提升玻璃密封的黏度。因此,在合适的密封温度下,陶瓷相的含量应该尽量降低。因为 YSZ 的低含量和中等的 TEC,导致 YSZ 对于玻璃-YSZ 复合密封材料的 TEC 影响非常有限。为了在低陶瓷含量下增加复合密封材料的 TEC,就要选用具有高 TEC 的陶瓷相,例如 NiO、MgO、$KAlSi_2O_6$、$KAlSiO_4$等[57,58,90-91]。此外,陶瓷相和玻璃相的化学兼容性也是一个问题。Brochu 等人[95]发现,在 850℃时玻璃-YSZ 复合密封材料会形成一个新相 $BaZrO_3$(TEC 为 $7.9\times10^{-6}K^{-1}$),导致整体 TEC 的下降。Coillot 等人[88]报道了玻璃-VB(钒硼化物,CAS 编号:12045-27-1)复合密封材料具有自愈合能力,VB 可以被氧化成 B_2O_3和 V_2O_5,它们黏度较低且有利于裂纹的愈合。Choi 等人[93]用一种硼氮化物纳米管来增强玻璃密封,发现与纯玻璃相比,强度提高了 90%,断裂韧性提高了 35%。玻璃-金属复合密封与玻璃-陶瓷复合密封在界面的密封机理相似[99-100]。对于玻璃-金属密封,金属相主要用来提高其力学性能。

陶瓷-陶瓷复合密封与云母密封类似,通过附加载荷来密封界面。Le 等人[101-102]开发了一种用锻造的氧化硅渗入的 Al_2O_3-SiO_2陶瓷纤维密封材料。当 Al_2O_3-SiO_2复合密封材料用于邻近组件 SS430-SS430 间密封时,在附加载荷为 50kPa、通气压力为 1.4kPa 时,其漏气率为 0.05sccm · cm^{-1}。Sang 等人[103]开发了一种 Al_2O_3-Al 复合密封材料,将金属铝添加进 Al_2O_3流延带的孔隙中,在高温下,Al 可以氧化成 Al_2O_3,产生的体积膨胀会进一步填补孔洞。他们测得这种复合密封材料的漏气率为 0.03sccm · cm^{-1}。Sang 等人[104]还建立了一种 Al_2O_3压密封的漏气速度模型。近期,Zhang 等人[105]提出了一种新型密封材料,他们开发的一种晶体材料在 800~840℃时有自愈合的能力。与玻璃密封材料不同,这种晶体密封材料在工作温度下热力学更稳定,展现出超稳定的热力学性能。然而,这种密封材料的密封机理还需要深入研究。

由于复合密封材料中含有完全不同的两相,与其他传统的密封材料相比,可以在一个宽泛的范围内调控其各种性能。然而,两相间的化学兼容性是玻璃基复合密封材料的一个关键问题。陶瓷-陶瓷复合密封材料的漏气率似乎比云母密封材料的还要高些。

6.6 总 结

大量的研究表明,玻璃和玻璃-陶瓷被认为是最有希望的 pSOFC 密封材料。在过去的十年里,开发出几种拥有适合的 TEC、极好的热稳定性以及热循环性能的玻璃、玻璃-陶瓷密封材料,发展显著。这些玻璃基密封材料主要通过反复尝试验证的方式获得,这种方式效率很低,因为 pSOFC 密封需要同时满足几个要求,包括 TEC 相匹配、合适的黏度、与其他材料的化学兼容性、在燃料电池环境下的化学稳定性以及长期热稳定性。为了提高密封玻璃的开发速度,需要开发一种定量的设计方法。研究人员提出了一种密封玻璃的开发模式,如图 6.16 所示,包括几个步骤:①通过建立 TEC 模型、T_g 模型、热力学模型、结晶动力学模型来设计玻璃成分,达到同时满足模型参数的要求;②尝试合成玻璃;③如果玻璃能合成,再通过实验检验其各种性能。如果各性能要求均得到满足,那么设计步骤就完成,否则需根据实验结果重新进行玻璃的设计。为了实现这一方法,需要建立一个可靠的 TEC 和黏度模型来进行 pSOFC 密封材料的应用评估。相对于 TEC 和黏度模型,可靠的热力学模型和结晶动力学模型同样重要,而且更具有挑

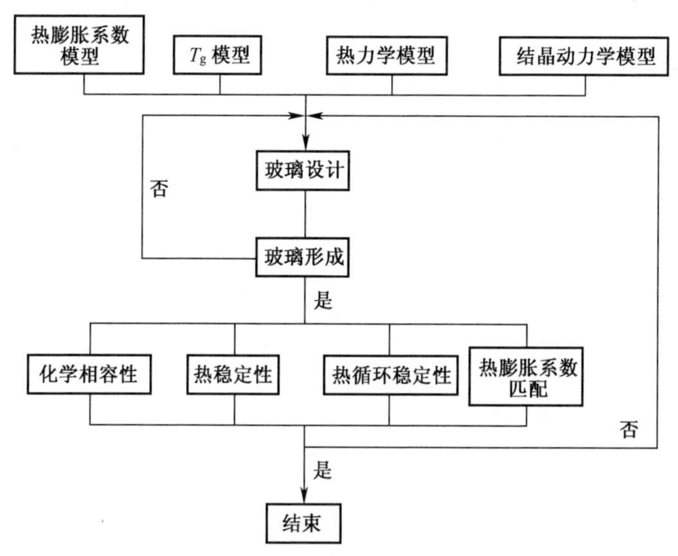

图 6.16 密封玻璃设计流程图

战性。玻璃密封材料的自愈合能力可以有效弥补其脆性,有利于获得长期热循环稳定性。

由于纯云母无黏附性,相对于玻璃密封材料,云母作为密封材料可以承受较大的 TEC 不匹配,也有利于电堆的拆卸。然而,即使在高附加载荷下纯云母的漏气率依然太高,这阻碍了其在 pSOFC 中的应用。此外,过高的附加载荷(如 689.5kPa)使得 PEN 和电堆的设计变得困难,这导致了玻璃夹层或银夹层混合云母密封材料的提出和研究。因为银的 TEC 很高,银夹层混合云母密封材料的热循环稳定性要比玻璃夹层密封材料的差。当前的主要研究方向为玻璃夹层混合云母密封材料,但玻璃密封材料要面对的问题,这种混合云母密封材料同样需要面对。尽管夹层的加入可以降低云母密封的漏气率,但同时也使得密封类型从压密封变成了硬密封,这使得混合云母密封失去了云母密封可以忍受大的 TEC 不匹配的优点。

钎焊密封虽然有出色的长期热循环稳定性,但自身的导电性使其不适用于传统的 pSOFC 密封材料。复合密封材料是很有前景并且值得深入研究的 pSOFC 密封材料。

致 谢

感谢中国国家自然科学基金的资金支持,合同号为 50730002、21006111、20876159。

参 考 文 献

[1] Zhu, Q. S., Peng, L., Huang, W. L., and Xie, Z. H. (2008) Sealing glass and a method of sealing for intermediate temperature solid oxide fuel cell. Chinese Patent 100376046C.

[2] Chou, Y. S., Stevenson, J. W., and Choi, J. P. (2010) Alkali effect on the electrical stability of a solid oxide fuel cell sealing glass. *J. Electrochem. Soc.*, **157**(3), B348-B353.

[3] Zhu, Q. S., Peng, L., and Zhang, T. (2007) in *Fuel Cell Electronics Packing*, 1st edn (eds K. Kuang and K. Easler), Springer Science+Business Media, LLC, New York, pp. 33-60.

[4] Singh, P. and Misra, A. (2004) NASA, pacific northwest team on SOFC sealing. *Fuel Cells Bull.*, **2**, 6.

[5] Eichler, K., Solow, G., Otschik, P., and Schaffrath, W. (1999) BAS($BaO \cdot Al_2O_3 \cdot SiO_2$)-glasses for high temperature applications. *J. Eur. Ceram. Soc.*, **19**, 1101-1104.

[6] Schwickert, T., Sievering, R., Geasee, P., and Conradt, R. (2002) Glass-ceramic materials as sealants for SOFC applications. *Materialwiss. Werkstofftech.*, **33**, 363-366.

[7] Flügel, A., Dolan, M. D., Varshneya, A. K., Zheng, Y., Coleman, N., Hall, M., Earl, D., and Misture, S. T. (2007) Development of an improved devitrifiable fuel cell sealing glass. *J. Electrochem. Soc.*, **154**(6), B601-B608.

[8] Sun, T., Xiao, H. N., Guo, W. M., and Hong, X. C. (2010) Effect of Al_2O_3 content on $BaO-Al_2O_3-B_2O_3-$

SiO_2 glass sealant for solid oxide fuel cell. *Ceram. Int.* ,**36**,821–826.

[9] Goel,A. ,Tulyaganov,D. U. ,Ferrari,A. M. ,Shaaban,E. R. ,Prange,A. ,Bondioli,F. ,and Ferreira,J. M. F. (2010) Structure, structure, sintering, and crystallization kinetics of alkaline–earth aluminosilicate glass–ceramic sealants for solid oxide fuel cells. *J. Am. Ceram. Soc.* ,**93**(3),830–837.

[10] Meinhardt, K. D. , Kim, D. S. , Chou, Y. S. , and Weil, K. S. (2008) Synthesis and properties of a barium aluminosilicate solid oxide fuel cell glass–ceramic sealant. *J. Power Sources*,**182**,188–196.

[11] Goel, A. , Pascual, M. J. , and Ferreira, J. M. F. (2010) Stable glass–ceramic sealants for solid oxide fuel cells:influence of Bi_2O_3 doping. *Int. J. Hydrogen Energy*,**35**,6911–6923.

[12] Wang, R. F. , Lü, Z. , Liu, C. Q. , Zhu, R. B. , Huang, X. Q. , Wei, B. , Ai, N. , and Su, W. H. (2007) Characteristics of a $SiO_2-B_2O_3-Al_2O_3-BaCO_3-PbO_2-ZnO$ glass–ceramic sealant for SOFCs. *J. Alloys Compd.* ,**432**,189–193.

[13] Zheng,R. ,Wang,S. R. ,Nie,H. W. ,and Wen,T. L. (2004) $SiO_2-CaO-B_2O_3-Al_2O_3$ ceramic glaze as sealant for planar ITSOFC. *J. Power Sources*,**128**,165–172.

[14] Smeacetto, F. , Salvo, M. , Bytner, F. D. D. , Leone, P. , and Ferraris, M. (2010) New glass and glass–ceramic sealants for planar solid oxide fuel cells. *J. Eur. Ceram. Soc.* ,**30**,933–940.

[15] Reis,S. T. ,Pascual,M. J. ,Brow,R. K. ,Ray,C. S. ,and Zhang,T. (2010) Crystallization and processing of SOFC sealing glasses. *J. Non–Cryst. Solids*,**356**,3009–3012.

[16] Huang,X. Y. (2005) Low–cost Integrated Composite Seal for SOFC:Materials and Design Methodologies. 2005 Office of Fossil Energy Fuel Cell Program Annual Report. SECA 121.

[17] Singh,R. N. (2007) Sealing technology for solid oxide fuel cells(SOFC). *Int. J. Appl. Ceram. Technol.* ,**4**(2),134–144.

[18] Liu,W. N. ,Sun,X. ,Koeppel,B. ,and Khaleel,M. (2010) Experimental study of the aging and self–healing of the glass/ceramic sealant used in SOFCs. *Int. J. Appl. Ceram. Technol.* ,**7**(1),22–29.

[19] Liu,W. N. ,Sun,X. ,and Khaleel,M. A. (2011) Study of geometric stability and structural integrity of self–healing glass seal system used in solid oxide fuel cells. *J. Power Sources*,**196**,1750–1761.

[20] Mahapatra,M. K. and Lu,K. (2010) Thermochemical compatibility of a seal glass with different solid oxide cell components. *Int. J. Appl. Ceram. Technol.* ,**7**(1),10–21.

[21] Fergus,J. W. (2005) Sealants for solid oxide fuel cells. *J. Power Sources*,**147**,46–57.

[22] Mahapatra, M. K. and Lu, K. (2010) Glass–based seals for solid oxide fuel and electrolyzer cells – a review. *Mater. Sci. Eng.* ,*R*,**67**,65–85.

[23] Weil,K. S. ,Deibler,J. E. ,Hardy,J. S. ,Kim,D. S. ,Xia,G. G. ,Chick,L. A. ,and Coyle,C. A. (2004) Rupture testing as a tool for developing planar solid oxide fuel cell seals. *J. Mater. Eng. Perform.* ,**13**(3),316–326.

[24] Peng,L. (2008) Sealing glass design and characterization in the $BaO-B_2O_3-SiO_2$ system for intermediate–temperature planar SOFC applications. Doctoral thesis,Institute of Process Engineering,Chinese Academy of Sciences.

[25] Peng,L. and Zhu,Q. S. (2008) The development of thermally stable sealing glass in the $BaO-B_2O_3-SiO_2$ system for planar SOFC applications. *J. Fuel Cell Sci. Technol.* ,**5**(3),031210.

[26] Namwong, P. , Laorodphan, N. , Thiemsorn, W. , Jaimasith, M. , Wannakon, A. , and Chairuangsri, T. (2010) A barium–calcium silicate glass for use as seals in planar SOFCs. *Chiang Mai J. Sci.* ,**37**(2),231–242.

[27] Sohn,S. B. ,Choi,S. Y. ,Kim,G. H. ,Song,H. S. ,and Kim,G. D. (2004) Suitable glass–ceramic sealant for planar solid–oxide fuel cells. *J. Am. Ceram. Soc.* ,**87**(2),254–260.

[28] Ghosh, S., Sharma, A. D., Kundu, P., and Basu, R. N. (2008) Glass-ceramic sealants for planar IT-SOFC: a bilayered approach for joining electrolyte and metallic interconnect. *J. Electrochem. Soc.*, **155**(5), B473-478.

[29] Goel, A., Tulyaganov, D. U., Kharton, V. V., Yaremchenko, A. A., and Ferreira, J. M. F. (2010) Electrical behavior of aluminosilicate glass-ceramic sealantsn and their interaction with metallic solid oxide fuel cell interconnects. *J. Power Sources*, **195**, 522-526.

[30] Chang, H. T., Lin, C. K., Liu, C. K., and Wu, S. H. (2011) High-temperature mechanical properties of a solid oxide fuel cell glass sealant in sintered forms. *J. Power Sources*, **196**, 3583-3591.

[31] Zhang, T., Brow, R. K., Reis, S. T., and Ray, C. S. (2008) Isothermal crystallization of a solid oxide fuel cell sealing glass by differential thermal analysis. *J. Am. Ceram. Soc.*, **91**(10), 3235-3239.

[32] Bansal, N. P. and Gamble, E. A. (2005) Crystallization kinetics of a solid oxide fuel cell seal glass by differential thermal analysis. *J. Power Sources*, **147**(1-2), 107-115.

[33] Pascual, M. J., Lara, C., and Durán, A. (2006) Non-isothermal crystallisation kinetics of devitrifying RO-BaO-SiO_2(R=Mg, Zn) glasses. *Phys. Chem. Glasses B*, **47**(5), 572-581.

[34] Lara, C., Pascual, M. J., and Durán, A. (2004) Glass-forming ability, sinterability and thermal properties in the systems RO-BaO-SiO_2(R=Mg, Zn). *J. Non-Cryst.* Solids, **348**, 149-155.

[35] Zhu, Q., Peng, L., Huang, W., and Xie, Z. (2007) Ultra stable sealing glass for intermediate temperature solid oxide fuel cells. *Key Eng. Mater.*, 336-338, 481-485.

[36] Peng, L., Zhu, Q. S., Xie, Z. H., and Huang, W. L. (2006) Thermal stability investigation of a newly developed sealing glass as IT-SOFC sealant. *J. Inorg. Mater.*, **21**(4), 867-872.

[37] Chou, Y. S., Stevenson, J. W., and Gow, R. N. (2007) Novel alkaline earth silicate sealing glass for SOFC part I. The effect of nickel oxide on the thermal and mechanical properties. *J. Power Sources*, **168**, 426-433.

[38] Chou, Y. S., Stevenson, J. W., and Singh, P. (2007) Novel refractory alkaline earth silicate sealing glasses for planar solid oxide fuel cells. *J. Electrochem. Soc.*, **154**(7), B644-B651.

[39] Reis, S. T. and Brow, R. K. (2006) Designing sealing glasses for solid oxide fuel cells. *J. Mater. Eng. Perform.*, **15**, 410-413.

[40] Larsen, P. H. and James, P. F. (1998) Chemical stability of MgO/CaO/Cr_2O_3-Al_2O_3-B_2O_3-phosphate glasses in solid oxide fuel cell environment. *J. Mater. Sci.*, **33**, 2499-2507.

[41] Jin, T. and Lu, K. (2010) Compatibility between AISI441 alloy interconnect and representative seal glasses in solid oxide fuel/electrolyzer cells. *J. Power Sources*, **195**, 4853-4864.

[42] Ghosh, S., Sharma, A. D., Mukhopadhyay, A. K., Kundu, P., and Basu, R. N. (2010) Effect of BaO addition on magnesium lanthanum alumino borosilicate-based glass-ceramic sealant for anode-supported solid oxide fuel cell. *Int. J. Hydrogen Energy*, **35**, 272-283.

[43] Ghosh, S., Kundu, P., Sharma, A. D., Basu, R. N., and Maiti, H. S. (2008) Microstructure and property evaluation of barium aluminosilicate glass-ceramic sealant for anode-supported solid oxide fuel cell. *J. Eur. Ceram. Soc.*, **28**, 69-76.

[44] Chou, Y. S., Stevenson, J. W., Xia, G. G., and Yang, Z. G. (2010) Electrical stability of a novel sealing glass with (Mn, Co)-spinel coated Crofer22APU in a simulated SOFC dual environment. *J. Power Sources*, **195**, 5666-5673.

[45] Donald, I. W., Metcalfe, B. L., and Gerrard, L. A. (2008) Interfacial reactions in glass-ceramic-to-metal seals. *J. Am. Ceram. Soc.*, **91**(3), 715-720.

[46] Horita, T., Sakai, N., Kawada, T., Yokokawa, H., and Dokiya, M. (1993) Reaction of SOFC components with sealing materials. *Denki Kagaku*, **61**(7), 760-762.

[47] Yang, Z. G., Stevenson, J. W., and Meinhardt, K. D. (2003) Chemical interactions of barium-calcium-aluminosilicate-based sealing glasses with oxidation resistant alloys. *Solid State Ionics*, **160**, 213-225.

[48] Lahl, N., Bahadur, D., Singh, K., Singheiser, L., and Hilpert, K. (2002) Chemical interactions between aluminosilicate base sealants and the components on the anode side of solid oxide fuel cells. *J. Electrochem. Soc.*, **149**(5), A607-A614.

[49] Yang, Z. G., Meinhardt, K. D., and Stevenson, J. W. (2003) Chemical compatibility of barium-calcium-aluminosilicate-based sealing glasses with the ferritic stainless steel interconnect in SOFCs. *J. Electrochem. Soc.*, **150**(8), A1095-A1101.

[50] Kumar, V., Pandey, O. P., and Singh, K. (2010) Effect of A_2O_3 (A = La, Y, Cr, Al) on thermal and crystallization kinetics of borosilicate glass sealants for solid oxide fuel cells. *Ceram. Int.*, **36**, 1621-1628.

[51] Peng, L. and Zhu, Q. S. (2009) Thermal cycle stability of $BaO-B_2O_3-SiO_2$ sealing glass. *J. Power Sources*, **194**, 880-885.

[52] Mahapatra, M. K. and Lu, K. (2010) Seal glass compatibility with bare and $(Mn,Co)_3O_4$ coated AISI 441 alloy in solid oxide fuel/electrolyzer cell atmospheres. *Int. J. Hydrogen Energy*, **35**, 11908-11917.

[53] Mahapatra, M. K. and Lu, K. (2011) Seal glass compatibility with bare and $(Mn,Co)_3O_4$ coated Crofer 22 APU alloy in different atmospheres. *J. Power Sources*, **196**, 700-708.

[54] Malzbender, J. and Steinbrech, R. W. (2007) Advanced measurement techniques to characterize thermomechanical aspects of solid oxide fuel cells. *J. Power Sources*, **173**(1), 60-67.

[55] Weil, K. S., Coyle, C. A., Hardy, J. S., Kim, J. Y., and Xia, G. G. (2004) Alternative planar SOFC sealing concepts. *Fuel Cells Bull.*, **5**, 11-16.

[56] Singh, R. N. (2006) High-temperature seals for solid oxide fuel cells (SOFC). *J. Mater. Eng. Perform.*, **15**(4), 422-426.

[57] Chou, Y. S., Stevenson, J. W., and Gow, R. N. (2007) Novel alkaline earth silicate sealing glass for SOFC part II. Sealing and interfacial microstructure. *J. Power Sources*, **170**, 395-400.

[58] Nielsen, K. A., Solvang, M., Nielsen, S. B. L., Dinesen, A. R., Beeaff, D., and Larsen, P. H. (2007) Glass composite seals for SOFC application. *J. Eur. Ceram. Soc.*, **27**(2-3), 1817-1822.

[59] Pascual, M. J., Guillet, A., and Duran, A. (2007) Optimization of glass-ceramic sealant compositions in the system $MgO-BaO-SiO_2$ for solid oxide fuel cells (SOFC). *J. Power Sources*, **169**(1), 40-46.

[60] Smeacetto, F., Salvo, M., Ferraris, M., Casalegno, V., and Asinari, P. (2008) Glass and composite seals for the joining of YSZ to metallic interconnect in solid oxide fuel cells. *J. Eur. Ceram. Soc.*, **28**, 611-616.

[61] Smeacetto, F., Salvo, M., Ferraris, M., Cho, J., and Boccaccini, A. R. (2008) Glass-ceramic seal to join Crofer 22 APU alloy to YSZ ceramic in planar SOFCs. *J. Eur. Ceram. Soc.*, **28**(1), 61-68.

[62] Muller, A., Becker, W., Stolten, D., and Hohe, J. (2006) A hybrid method to assess interface debonding by finite fracture mechanics. *Eng. Fract. Mech.*, **73**(8), 994-1008.

[63] Zhang, T., Zhu, Q. S., and Xie, Z. H. (2009) Modeling of cracking of the glass-based seals for solid oxide fuel cell. *J. Power Sources*, **188**(1), 177-183.

[64] Weil, K. S. and Koeppel, B. J. (2008) Thermal stress analysis of the planar SOFC bonded compliant seal design. *Int. J. Hydrogen Energy*, **33**(14), 3976-3990.

[65] Taniguchi, S., Kadowaki, M., Yasuo, T., Akiyama, Y., Miyake, Y., and Nishio, K. (2000) Improvement of thermal cycle characteristics of a planar-type solid oxide fuel cell by using ceramic fiber as sealing material. *J. Power Sources*, **90**, 163-169.

[66] Chou, Y. S., Stevenson, J. W., Hardy, J., and Singh, P. (2006) Material degradation during isothermal ageing and thermal cycling of hybrid mica seals under solid oxide fuel cell exposure conditions. *J. Power

Sources, **157**, 260–270.

[67] Gross, S. M., Koppitz, T., Remmel, J., and Reisgen, J. B. B. U. (2006) Joining properties of a composite glass–ceramic sealant. *Fuel Cells Bull.*, **9**, 12–15.

[68] Chou, Y. S. and Stevenson, J. W. (2005) Long–term thermal cycling of phlogopite mica–based compressive seals for solid oxide fuel cells. *J. Power Sources*, **140**, 340–345.

[69] Chou, Y. S. and Stevenson, J. W. (2002) Thermal cycling and degradation mechanisms of compressive mica–based seals for solid oxide fuel cells. *J. Power Sources*, **112**, 376–383.

[70] Simner, S. P. and Stevenson, J. W. (2001) Compressive mica seals for SOFC applications. *J. Power Sources*, **102**, 310–316.

[71] Chou, Y. S., Stevenson, J. W., and Singh, P. (2005) Combined ageing and thermal cycling of compressive mica seals for solid oxide fuel cells. *Ceram. Eng. Sci. Proc.*, **26**(4), 265–272.

[72] Chou, Y. S. and Stevenson, J. W. (2003) Novel silver/mica multilayer compressive seals for solid–oxide fuel cells: the effect of thermal cycling and material degradation on leak behavior. *J. Mater. Res.*, **18**(9), 2243–2250.

[73] Chou, Y. S., Stevenson, J. W., and Chick, L. A. (2003) Novel compressive mica seals with metallic interlayers for solid oxide fuel cell applications. *J. Am. Ceram. Soc.*, **86**(6), 1003–1007.

[74] Chou, Y. S. and Stevenson, J. W. (2003) Mid–term stability of novel mica–based compressive seals for solid oxide fuel cells. *J. Power Sources*, **115**, 274–278.

[75] Chou, Y. S., Stevenson, J. W., and Chick, L. A. (2002) Ultra–low leak rate of hybrid compressive mica seals for solid oxide fuel cells. *J. Power Sources*, **112**, 130–136.

[76] Chou, Y. S. and Stevenson, J. W. (2003) Phlogopite mica–based compressive seals for solid oxide fuel cells: effect of mica thickness. *J. Power Sources*, **124**, 473–478.

[77] Chou, Y. S., Stevenson, J. W., and Singh, P. (2005) Thermal cycle stability of a novel glass–mica composite seal for solid oxide fuel cells: effect of glass volume fraction and stresses. *J. Power Sources*, **152**, 168–174.

[78] Chou, Y. S. and Stevenson, J. W. (2009) Long–term ageing and materials degradation of hybrid mica compressive seals for solid oxide fuel cells. *J. Power Sources*, **191**, 384–389.

[79] Chou, Y. S. and Stevenson, J. W. (2005) *Development in Solid Oxide Fuel Cells and Lithium Ion Batteries*, Ceramic Transaction Series, Vol. **161**, American Ceramic Society, Westerville, OH, pp. 89–98.

[80] Sang, S. B., Pu, J., Jiang, S. P., and Li, J. (2008) Prediction of H_2 leak rate in mica–based seals of planar solid oxide fuel cells. *J. Power Sources*, **182**, 141–144.

[81] Weil, K. S. (2006) The state–of–the–art in sealing technology for solid oxide fuel cells. *JOM*, **58**(8), 37–44.

[82] Weil, K. S., Coyle, C. A., Darsell, J. T., Xia, G. G., and Hardy, J. S. (2005) Effects of thermal cycling and thermal aging on the hermeticity and strength of silver–copper oxide air–brazed seals. *J. Power Sources*, **152**, 97–104.

[83] Weil, K. S., Kim, J. Y., and Hardy, J. S. (2005) Reactive air brazing: a novel method of sealing SOFCs and other solid–state electrochemical devices. *Electrochem. Solid–State Lett.*, **8**(2), A133–A136.

[84] Kuhn, B., Wessel, E., Malzbender, J., Steinbrech, R. W., and Singheiser, L. (2010) Effect of isothermal aging on the mechanical performance of brazed ceramic/metal joints for planar SOFC–stacks. *Int. J. Hydrogen Energy*, **35**, 9158–9165.

[85] Kuhn, B., Wetzel, F. J., Malzbender, J., Steinbrech, R. W., and Singheiser, L. (2009) Mechanical performance of reactive–air–brazed (RAB) ceramic/metal joints for solid oxide fuel cells at ambient

temperature. *J. Power Sources*, **193**, 199-202.

[86] Le, S. R., Shen, Z. M., Zhu, X. D., Zhou, X. L., Yan, Y., Sun, K. N., Zhang, N. Q., Yuan, Y. X., and Mao, Y. C. (2010) Effective Ag-CuO sealant for planar solid oxide fuel cells. *J. Alloys Compd.*, **496**, 96-99.

[87] Jiang, W. C., Tu, S. T., Li, G. C., and Gong, J. M. (2010) Residual stress and plastic strain analysis in the brazed joint of bonded compliant seal design in planar solid oxide fuel cell. *J. Power Sources*, **195**, 3513-3522.

[88] Coillot, D., Podor, R., Méar, F. O., and Montagne, L. (2010) Characterization of self-healing glassy composites by high-temperature environmental scanning electron microscopy (HT-ESEM). *J. Electron Microsc.*, **59**(5), 359-366.

[89] Suda, S., Matsumiya, M., Kawahara, K., and Jono, K. (2010) Thermal cycle reliability of glass/ceramic composite gas sealing materials. *Int. J. Appl. Ceram. Technol.*, **7**(1), 49-54.

[90] Wang, S. F., Wang, Y. R., Hsu, Y. F., and Chuang, C. C. (2009) Effect of additives on the thermal properties and sealing characteristic of $BaO-Al_2O_3-B_2O_3-SiO_2$ glass-ceramic for solid oxide fuel cell application. *Int. J. Hydrogen Energy*, **34**, 8235-8244.

[91] Sakuragi, S., Funahashi, Y., Suzuki, T., Fujishiro, Y., and Awano, M. (2008) Non-alkaline glass-MgO composites for SOFC sealant. *J. Power Sources*, **185**, 1311-1314.

[92] Caron, N., Bianchi, L., and Méthout, S. (2008) Development of a functional sealing layer for SOFC applications. *J. Therm. Spray Technol.*, **175**(5-6), 598-602.

[93] Choi, S. R., Bansal, N. P., and Garg, A. (2007) Mechanical and microstructural characterization of boron nitride nanotubes-reinforced SOFC seal glass composite. *Mater. Sci. Eng.*, *A*, **460-461**, 509-515.

[94] Lee, J. C., Kwon, H. C., Kwon, Y. P., Lee, J. H., and Park, S. (2007) Porous ceramic fiber glass matrix composites for solid oxide fuel cell seals. Colloids Surf. *A Physicochem. Eng. Asp.*, **300**, 150-153.

[95] Brochu, M., Gauntt, B. D., Shah, R., Miyake, G., and Loehman, R. E. (2006) Comparison between barium and strontium-glass composites for sealing SOFCs. *J. Eur. Ceram. Soc.*, **26**(5), 3307-3313.

[96] Brochu, M., Gauntt, B. D., Shah, R., and Loehman, R. E. (2006) Comparison between micrometer- and nano-scale glass composites for sealing solid oxide fuel cells. *J. Am. Ceram. Soc.*, **89**(3), 810-816.

[97] Hong, S. J. and Kim, D. J. (2007) Polymer derived ceramic seals for application in SOFC. *Mater. Sci. Forum*, **534-536**, 1061-1064.

[98] Lee, J. C., Kwon, H. C., Kwon, Y. P., Lee, J. H., and Park, S. (2007) Sealing properties of ceramic fiber composites for SOFC application. *Solid State Phenom.*, **124-126**, 803-806.

[99] Deng, X. H., Duquette, J., and Petric, A. (2007) Silver-glass composite for high temperature sealing. *Int. J. Appl. Ceram. Technol.*, **4**(2), 145-151.

[100] Story, C., Lu, K., Reynolds, W. T. Jr., and Brown, D. (2008) Shape memory alloy/glass composite seal for solid oxide electrolyzer and fuel cells. *Int. J. Appl. Ceram. Technol.*, **33**, 3970-3975.

[101] Le, S. R., Sun, K. N., Zhang, N. Q., An, M. Z., Zhou, D. R., Zhang, J. D., and Li, D. G. (2006) Novel compressive seals for solid oxide fuel cells. *J. Power Sources*, **161**, 901-906.

[102] Le, S. R., Sun, K. N., Zhang, N. Q., Shao, Y. B., An, M. Z., Fu, Q., and Zhu, X. D. (2007) Comparison of infiltrated ceramic fiber paper and mica base compressive seals for planar solid oxide fuel cells. *J. Power Sources*, **168**, 447-452.

[103] Sang, S. B., Li, W., Pu, J., and Li, J. (2008) Al_2O_3-based compressive seals for planar intermediated temperature solid oxide fuel cells. *J. Inorg. Mater.*, **23**(4), 841-846.

[104] Sang, S. B., Pu, J., Chi, B., and Li, J. (2009) Model-oriented cast ceramic tape seals for planar solid oxide fuel cells. *J. Power Sources*, **193**, 723-729.

[105] Zhang, T., Tang, D., and Yang, H. W. (2011) Can crystalline phase be self-healing sealants for solid oxide fuel cells? *J. Power Sources*, **196**, 1321-1323.

第7章

固体氧化物燃料电池电极的衰减和耐久性

陈孔发，蒋三平

7.1 引　言

为了提高固体氧化物燃料电池的稳定性和可靠性，降低生产成本，必须将工作温度由传统的1000℃降低到600~800℃的中温范围[1-2]。中温固体氧化物燃料电池的一个显著优点是可以使用金属连接体材料。与钙钛矿结构La-Cr基陶瓷连接体材料相比，金属连接体具有高导电性、良好的力学性能、高导热性、良好的可加工性和低成本的特点[3-4]。目前得到广泛发展和研究的金属连接体是含Cr合金，它们具有良好的热力学性能以及在高温Cr氧化物环境中的强耐腐蚀能力。然而，在燃料电池的空气端，Cr氧化物在SOFC的工作温度下可以进一步与氧气和水蒸气发生反应，生成气态的六价Cr化合物，例如CrO_3和$CrO_2(OH)_2$[5]。含Cr合金连接体中的Cr以气态的形式挥发出来，并且穿过阴极，在阴极与电解质的界面、电极内部以及表面等处以固态三价Cr氧化物的形式沉积。Cr沉积物的累积会导致阴极的活性降低，引起SOFC性能衰减[6-9]。

空气中的二氧化硫是另外一种能导致阴极性能衰减的杂质。空气中的二氧化硫主要来源于工业生产过程和使用含硫燃料，例如煤、石油、天然气等发电过程中会产生二氧化硫。尽管SO_x的含量很低（0.02~0.20ppm，与地点和时间有关），硫沉积对SOFC性能是有害的[10]。然而，关于硫沉积以及SO_x与阴极相互作用的研究很少，在SOFC空气端硫的来源也不清楚，但是天然气中含硫却是得到确认的。

在管式SOFC电堆长时间工作的过程中，阴极端还出现了Na、Al和Si等其他杂质，并且随着时间的延长，杂质的含量会增加[11-12]。上述元素的来源还不太清楚，它们可能来自于隔热材料和供气管道，SOFC电堆经过长时间工作后，这些元素在阴极表面和阴极与电解质界面处沉积。在高温条件下，阴极与电解质界面处的化学反应、微结构的变化和颗粒长大都对电极的氧还原催化活性不利。

高温 SOFC 的一个显著优点是燃料的多样性,包括煤和生物质气化获得的合成气。然而,直接使用碳氢燃料通入到 Ni 基阳极会因为碳沉积导致活性显著降低,阻塞阳极上的反应活性点,降低燃料电池的发电效率和寿命。需要特别指出的是,焦油是生物质和煤气化燃料中的主要杂质,它会引起碳沉积而导致阳极衰减[13]。Ni 基阳极对氢气的氧化反应很有利,但是容易受到硫毒化的影响而使活性降低[14-15]。硫是碳氢燃料中一种常见的杂质。此外,原材料中的其他杂质例如硅的毒化也是不能忽略的。对于 Ni 基金属陶瓷阳极,Ni 的烧结和氧化还原过程是导致微结构变化的主要因素[16-17]。YSZ 电解质的老化也是电池性能发生衰减的因素[18-20]。

在本章中,我们首先测试各种杂质的衰减、沉积和毒化过程对 SOFC 阳极和阴极的电化学活性和稳定性的影响。综述了通过改善现有电极材料和发展新型材料以开发具有抗毒化能力的电极的发展前景。同时还简要综述了高温固体氧化物电解池(SOEC)的衰减过程的研究进展。

7.2 阳 极

SOFC 阳极上的电化学反应主要发生在离子导体、电子导体和气相组成的三相界面(TPB)附近。因此,阳极材料微观结构和表面性能的变化对 SOFC 的性能和寿命有显著影响。

7.2.1 Ni 颗粒的烧结和团聚

在 SOFC 长期工作过程中,Ni 基金属陶瓷阳极中 Ni 的烧结和颗粒长大是一个很重要的问题。在 Ni-YSZ 金属陶瓷阳极中,Ni 与 YSZ 电解质之间有很高的界面能,因此它们之间的润湿性不好[21]。因此,在高温工作条件下的还原气氛中,Ni 颗粒会逐渐长大和团聚。团聚会导致 Ni 颗粒之间的连通性变差,表面活性区域减小,引起电池性能衰减。Iwata[22]发现,在 1008℃电流密度为 0.3A · cm^{-2} 的条件下工作 1015h 的过程中,Ni-YSZ 阳极以 14μV · h^{-1}的速率发生衰减。在 927℃工作 211h 后,Ni-YSZ 阳极中 Ni 颗粒的直径由初始时的 0.1μm 增加到 1μm。Simwonis 等人[23]对 Ni-YSZ 阳极在 93% Ar/4% H_2/3% H_2O 气氛中、1000℃温度下进行了超过 4000h 的测试,结果发现了 Ni 颗粒的团聚。Ni 颗粒的团聚导致电导率降低 33.3%。Ni 颗粒的团聚还会导致阳极的渗透性变差。

在稳定工作条件下,温度和水蒸气是影响 Ni 基金属陶瓷阳极中 Ni 团聚的重要因素。Sehested 等人[24-25]研究了在 Ni 蒸气重整反应器中 Ni 颗粒长大与工作温度的关系,发现了 Ni 比表面积发生变化的 Arrhenius 现象。电池还原温度也会影响 Ni 团聚。Iwanschitz 等人[26]研究了在 555~1140℃时 Ni 团聚与还原温度之间的关系,发现在还原温度高于 850℃时,Ni-GDC(钆掺杂的氧化铈)

阳极中 Ni 颗粒明显长大。通常情况下,高水蒸气浓度、高燃料利用率和高电流密度会加速 Ni 颗粒长大[27-30]。Matsui 等人[30]研究了在燃料湿度 20%~40%条件下,Ni-YSZ 阳极的性能稳定性。在 30%水蒸气的条件下,在工作开始的 69h 内,阳极逐渐衰减,之后电流密度急剧降低。在 40%水蒸气通电流的条件下,Ni 颗粒微观结构变化显著。FIB-SEM 测试结果表明,经过极化测试后,三相界面区域显著减小,可能是生成了挥发性的 $Ni(OH)_2$。另一方面,在高水蒸气浓度下,有关电池的工作稳定性问题也有报道[31-32]。de Haart 等人[32]对阳极支撑 SOFC 在甲烷/水(1:2,内重整)和氢气/水(2:1)的混合气氛中,在 800℃温度下的工作进行了测试。结果发现,氢气中的水含量是引起开路电压变化的主要因素。

众所周知,加入 YSZ 或掺杂的氧化铈等陶瓷相可以形成三维网状结构进而降低 Ni 颗粒团聚。因此,对于 Ni 基金属陶瓷阳极,Ni 颗粒团聚取决于连续分布的陶瓷颗粒大小[33]以及 Ni 与陶瓷相的比例[27]。Jiang[17]研究了在 1000℃处理 2000h 过程中 Ni-YSZ 金属陶瓷随着 Ni/YSZ 的质量比发生变化的烧结行为。图 7.1 为 Ni-YSZ 金属陶瓷在 $10\%H_2/90\%N_2$气氛中经 1000℃处理不同时间后

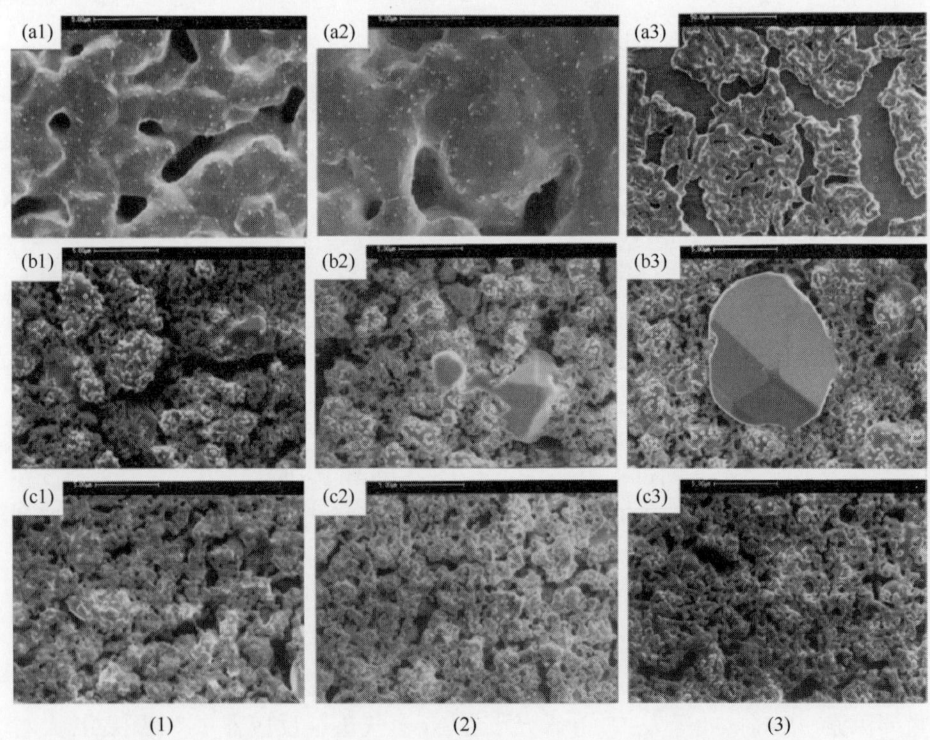

图 7.1 (a)Ni,(b)Ni(70%(体积分数))-YSZ(30%(体积分数))和(c)Ni(50%(体积分数))-YSZ(50%(体积分数))在 $10\%H_2/90\%N_2$气氛中 1000℃条件下烧结(1)250h,(2)750h 和(3)2000h 后的 SEM 图

的SEM图片[17]。对于纯Ni阳极,电极表面形貌的变化非常明显,出现了破碎区域和离散分布的突起。对于Ni-YSZ金属陶瓷阳极,微结构变化较慢,其速度取决于金属陶瓷中Ni和YSZ的含量。在Ni(70%(体积分数))-YSZ(30%(体积分数))金属陶瓷电极的表面,经1000℃处理250h后,Ni颗粒向外生长,烧结750h后,颗粒变得更大(图7.1(b1)、(b2))。另一方面,在Ni(50%(体积分数))-YSZ(50%(体积分数))金属陶瓷电极的表面,Ni颗粒没有明显长大(图7.1(c1)、(c2))。结果表明,Ni-YSZ金属陶瓷阳极的烧结行为受到金属陶瓷中Ni颗粒的团聚和长大的影响,并且取决于金属陶瓷中Ni和YSZ的含量。

Ni颗粒的烧结和团聚可以通过优化制备工艺显著降低。Itoh等人[34-35]采用粒度为0.6μm的YSZ粉末作为电解质制备了NiO-YSZ阳极。结果显示,在1000℃工作20h后,无论是阳极的导电性还是电化学活性都快速降低。然而,将部分0.6μm的YSZ颗粒替换为27.0μm的颗粒以后,Ni-YSZ阳极的稳定性得到了显著提高。由两种粒度差别较大的颗粒组成的稳定结构提高了YSZ和Ni结构的稳定性。

采用共合成法制备金属陶瓷阳极也可以有效阻止Ni的烧结,提高电池的稳定性[36-38]。共合成法包括将纳米YSZ和NiO颗粒混合,从而得到有利于燃料发生氧化反应的三相界面。此外,由于Ni表面被均匀分布的电解质小颗粒覆盖,Ni的烧结和团聚得到了显著抑制。Fukui等人[39]制备了以喷雾热解法合成的Ni-YSZ复合材料为阳极的单电池,在1000℃氢气中工作8000h后,性能仍然稳定(图7.2)。经过稳定性测试后,阳极的微观结构没有发生变化。采用溶液浸渍法添加钐掺杂的氧化铈(SDC)或YSZ纳米颗粒到Ni-YSZ阳极中也可以提高其电化学催化活性,抑制其在高温烧结和还原过程中Ni的烧结和团聚[40]。

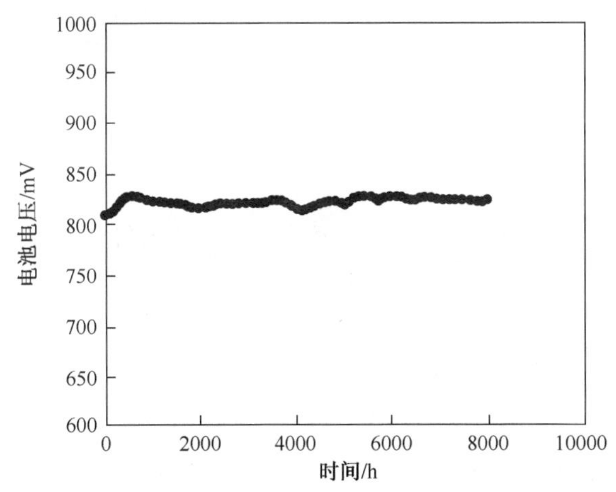

图7.2 以共合成法制备的Ni-YSZ为阳极和LSM-YSZ为阴极的单电池的电位随工作时间的变化曲线。电池的工作条件为1000℃,电流密度为300mA·cm^{-2},含3%(体积分数)H_2O的H_2[39]

7.2.2 氧化还原循环

能够商业化的 SOFC 系统寿命要达到 5 年,在这一期间,要求它能承受 25~100 个氧化还原循环[41]。在氧化还原过程中,需要面对的一个重要问题是在燃料供应突然中断或燃料利用率太高时,金属陶瓷阳极中发生氧化还原反应的 Ni 体积发生变化[42-43]。由氧化还原反应引起的 Ni 金属陶瓷阳极的体积变化会导致电极出现裂纹以及电解质和阳极界面处的剥离。

研究表明,在发生氧化还原反应的过程中,阳极的微观结构会发生变化。Klemenso 等人[44]采用环境扫描电子显微镜研究了阳极支撑电池的微观结构变化。图 7.3 所示的是经过首次氧化还原后的样品的微观形貌。还原过程中 Ni 颗

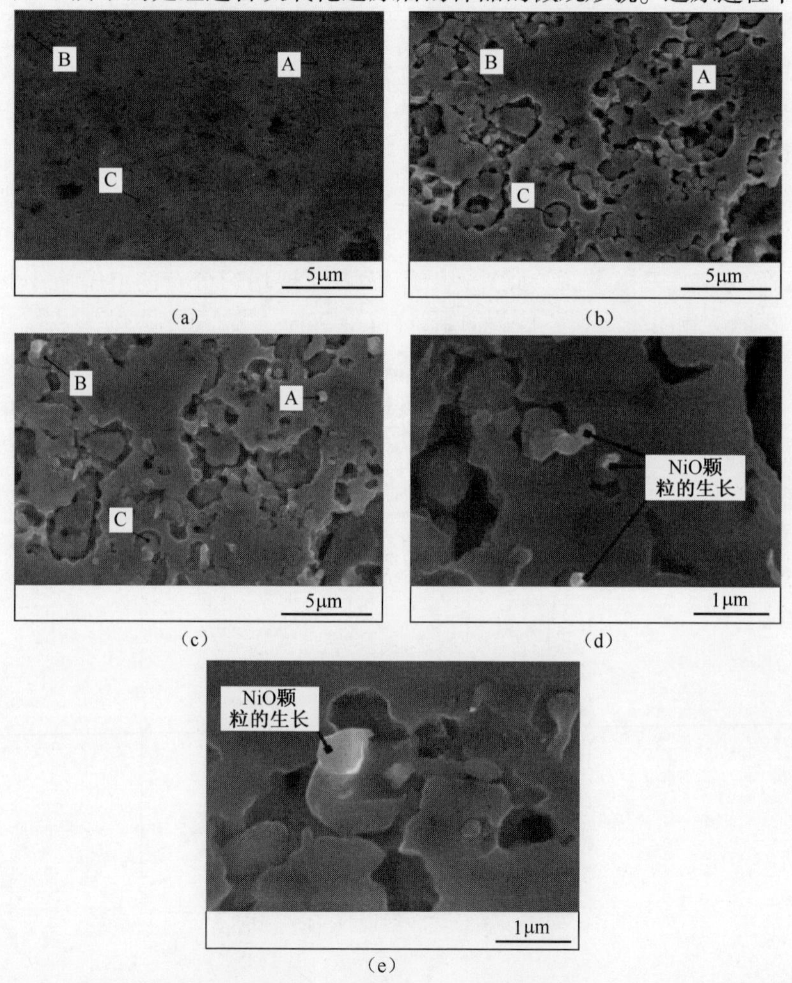

图 7.3 首次氧化还原循环的 ESEM(环境扫描电子显微镜)图片。(a)~(c)反映的是同一区域的图片。三种 Ni 颗粒分别用 A、B、C 表示。(a)烧结前;(b)还原环境,850℃,27min;(c)氧化环境,850℃,60min;(d),(e)850℃氧化 60min 后的 NiO 颗粒的生长[44]

粒的体积收缩导致其与 YSZ 分离(图 7.3(b))。另一方面,经过 850℃氧化后,Ni 颗粒尺寸增大,但是没有恢复到烧结前的形状(图 7.3(c))。与之对应的是,很多颗粒分解成了 2~4 个晶粒,并且在光滑的平面上形成突起(图 7.3(d),(e))。然而,氧化过程中 Ni 颗粒的长大与氧化动力学有关。经再次氧化后的 Ni 具有更高的孔隙率,比被还原前的 NiO-YSZ 阳极中的 NiO 的体积更大[45]。微观结构的变化通常伴随着阳极的体积膨胀[46]。阳极膨胀使电解质内部出现张力,引起电解质的破碎,导致电池失效[45,47-49]。此外,体积的膨胀和收缩也会引起阳极本身的碎裂和破碎[41]。

在氧化还原循环中,Ni-YSZ 金属陶瓷阳极的性能会发生衰减[50,51]。Waldbillig 等人[50]发现在氧化还原循环以后,尤其是在氧化还原时间超过 1h 的情况下,电池性能会变差。Sumi 等人[52]报道指出,在经过氧化还原反应以后,Ni-YSZ 阳极的欧姆阻抗和极化阻抗都增大。在经过一个和四个氧化还原循环以后,阳极三相界面的长度分别由初始时的 2.49$\mu m \cdot \mu m^{-3}$减小到 2.39$\mu m \cdot \mu m^{-3}$和 2.11$\mu m \cdot \mu m^{-3}$。

氧化还原循环的影响与阳极的初始微观结构有很大关系。晶粒较大[53]和高孔隙率的阳极在氧化还原循环过程中具有更稳定的结构。减少阳极中的 Ni 含量或降低氧化反应温度可以降低体积膨胀[53]。Klemenso 等人[41]采用膨胀测试技术研究了 Ni-YSZ 阳极的膨胀过程,结果显示,得到良好的氧化还原稳定性的关键是陶瓷结构的强度、限制 Ni 颗粒迁移的能力以及 Ni 颗粒的粗化。Waldbillig 等人[54]提出了一种提高阳极耐氧化还原能力的方法。通过制备内层为低 Ni 含量的两层梯度阳极,可以使 Ni 基金属陶瓷阳极的耐氧化还原能力得到提升。在阳极的外层制备一层 20μm 厚的 NiO-YSZ 氧化阻挡层。在还原条件下阻挡层是多孔的,而在氧化条件下阻挡层是致密的,从而可以阻止氧气渗透到阳极中。然而,由于氧化还原动力学与试样的厚度有关[55],在长期的氧化还原过程中,阻挡层的作用不太明显。此外,致密层也对阳极的电化学活性不利。

使用合理的运行参数和操作规程有助于减小氧化还原循环的不利影响。Vedasri 等人[49]通过控制降温速度可以避免氧化还原循环过程中的机械损伤。当 Ni-YSZ 阳极支撑的单电池在空气中以大于 3℃/min 的速度从 800℃降到 600℃时,Ni 氧化速度明显降低,体积膨胀减小。较高的冷却速度会使 Ni,尤其是内层的 Ni 氧化量减少,从而减小阳极中的 Ni 膨胀,避免电解质层破碎。

采用浸渍法将 Ni 引入到电解质多孔骨架上从而得到纳米结构 Ni 基金属陶瓷的方法,可以减小氧化还原循环中的微观结构变化和性能衰减。Busawon 等人[42]采用浸渍法将 12%~16%(质量分数)Ni 引入到多孔 YSZ 骨架上,得到 Ni-YSZ阳极,在 800℃氧化过程中没有出现体积变化。然而,由于 Ni 颗粒团聚和长大,经过一个氧化还原循环以后,阳极的电子导电性降低了 20%。Hanifi 等人[56]采用溶液浸渍法将 Ni-SDC 引入到多孔 YSZ 骨架中作为阳极,将

LSM（$(La,Sr)MnO_3$）引入到多孔 YSZ 骨架中作为阴极制备的管式燃料电池在 400~800℃经历 100 个热循环以及 10 个氧化还原循环测试后，开路电压仍然是稳定的。Tucker 等人[48]以 YSZ 为电解质，将 Ni 和 LSM 浸渍到多孔 YSZ 多孔骨架中得到阳极和阴极，制备了金属支撑管式 SOFC，该电池可以承受 5 个完整的阳极氧化还原循环和 5 个快速热循环。工作前，先在 800℃环境中进行 Ni 阳极的预粗化处理也可以提高其稳定性。Kim 等人[57]的研究发现，采用 Pechini 法将 NiO 纳米颗粒包覆到 YSZ 粉末表面得到阳极粉末，可以提高 Ni-YSZ 金属陶瓷的耐热性和耐氧化还原性能。

研究发现，部分不含 Ni 的氧化物具有良好的氧的还原耐受性，也可作为 SOFC 阳极材料，这些材料有 $La_{0.75}Sr_{0.25}Cr_{0.5}Mn_{0.5}O_3$（LSCM）[58]和（La，Sr）$TiO_3$（LST）[59]。不含 Ni 的氧化物阳极材料的一个重要缺点是这类金属氧化物的电子导电性较差。例如，在 800℃工作条件下，LSCM 的电子电导率是 $1S \cdot cm^{-1}$[60-61]，LST 的电子电导率是 $10 \sim 100S \cdot cm^{-1}$[59,62]。这比 Ni 基金属陶瓷的电导率 $1000S \cdot cm^{-1}$低很多[63]。

7.2.3 积碳

氢气是理想的 SOFC 燃料，但是它的大量生产、储存和运输仍然存在技术难题[64]。因此，在不经过重整和净化的条件下直接使用碳氢燃料比传统的以氢为燃料的燃料电池具有更大的优势[65-67]。

另一方面，Ni 会促进碳氢燃料的裂解，形成碳颗粒或碳纤维沉积在 Ni 基阳极的表面（图 7.4[68]），从而阻碍燃料的传输，阻塞反应活性点，导致电池性能衰减[68-72]。同时，碳可以溶解到 Ni 内部导致金属 Ni 粉化[73]。以甲烷作为燃料时，碳主要通过分解反应（式（7.1））或 Boudouard 反应（式（7.2））形成[66,74]：

图 7.4 积碳的 SEM 图片[68]

（a），（b）Ni-YSZ 金属陶瓷表面；（c）在 1000℃，CH_4发生分解反应后的 ZrO_2负载 Ni 催化剂表面。

$$CH_4 \rightleftharpoons C + 2H_2 \tag{7.1}$$

$$2CO \rightleftharpoons C + CO_2 \tag{7.2}$$

由 Boudouard 反应形成的固态碳一般在低于 700℃条件下发生,而甲烷的分解反应一般在温度高于 500℃条件下发生[75]。

对重质烃来说,积碳发生的速度比轻质烃要快,因为重质烃比较容易发生非催化的热裂解反应[76-79]。Saunders 等人[80]研究发现,在异辛烷中工作 30min 后,电池电压降低为零,分子中 90%的碳都沉积到了 Ni 金属陶瓷上。

通过电解质传输过来的氧离子会移除 Ni 阳极上的积碳[81]。施加电流和过电位对积碳有显著影响[82-83]。Lin 等人发现以甲烷作为燃料的 Ni-YSZ 阳极在温度高于 700℃开路电压条件下工作时,通过半电池测试可直接测得阳极衰减速度很快,但是在施加电流条件下,阳极上没有明显衰减,也没有积碳形成。由于碳的热解在高温条件下发生,因此高温条件下需要施加大电流来避免碳的形成和电池性能的衰减[82]。提高水蒸气与碳的比例(S/C)[84-87],CO_2或空气的量[88-89],可以提高燃料内重整的效率,进而抑制碳沉积。Kishimoto 等人[90]发现,在 S/C 比较低时,如 S/C=0.05~0.1 时,以正十二烷作为燃料,在 Ni-ScSZ(钪稳定的氧化锆)阳极上发生快速积碳。然而,当 S/C 比增大到 2 时,在 $38mA \cdot cm^{-2}$电流密度下工作 120h 后,电池电压仍然是稳定的。高燃料利用率可以抑制积碳,因此可以在使用过程中提高水蒸气的浓度[91]。另一方面,水蒸气的重整也与温度有很大关系。在低温条件下,水蒸气的重整可能不彻底,高浓度的水蒸气会导致高的浓差极化[85]。然而,SOFC 内重整有几个内在缺点。高浓度的水蒸气稀释燃料,降低了电池的效率[92-93],使 Ni 发生氧化,燃料入口处的吸热效应也会导致电池与连接体之间出现高温度梯度[93-94]。

金属陶瓷阳极的成分以及还原温度也会影响积碳。Wang 等人[95]采用浸渍 Ni 硝酸盐到 SDC 粉末中的方法得到阳极粉末。含 60%(质量分数)Ni 的 Ni-SDC阳极在甲烷燃料中具有低极化电阻、高性能和高稳定性的特点。研究结果认为,其高稳定性得益于 Ni-Ni、SDC-SDC 和 Ni-SDC 颗粒之间良好的分布和接触。Mallon 和 Kendall[96]发现还原温度不同会导致阳极上 Ni 的分布不同,在较低温度下还原的 Ni-YSZ 阳极在甲烷燃料中表现出了更好的稳定性。

金属陶瓷阳极中的电解质组分会影响 Ni 基金属陶瓷阳极上的积碳过程。Sumi 等人[97]比较了 Ni-ScSZ 阳极和 Ni-YSZ 阳极在 1000℃以 3% H_2O/97% CH_4为燃料的工作条件下工作 250h 以后,Ni-YSZ 阳极的功率密度由初始时的 $0.8W \cdot cm^{-2}$降低到 $0.6W \cdot cm^{-2}$。然而,以 Ni-ScSZ 为阳极的电池在同样的条件下没有发生衰减。以正十二烷为燃料工作 50h 以后,以 Ni-ScSZ 为阳极的电池性能也是稳定的,没有发生积碳[98]。Iida 等人[71]发现,Ni-(Sm,Ce)O_2(SDC)阳极和 Ni-ScSZ 阳极在丙烷中比 Ni-YSZ 阳极更稳定。Ni 与 ScSZ、掺杂的氧化铈之间的强交互作用或者两者与 YSZ 相比更好的离子导电性[99-102]被认为是 Ni-ScSZ 阳极和 Ni 掺杂氧化铈阳极与 Ni-YSZ 阳极相比具有高的抗积碳性能的原因。

加入对碳氢燃料裂解反应催化活性较低的金属,如 Cu[103-106]和 Au[107-108]等,也可以提高 Ni 基阳极的抗积碳性能。Boder 和 Dittmeyer[109]发现,将 Cu 浸渍到 Ni-YSZ 阳极中对电化学活性影响很小,但是随着 Cu 含量的增加水蒸气重整反应的催化活性明显降低。计算结果显示,添加 25%(质量分数)Cu 后,重整速率常数在 950℃时降低为原来的 1/3,在 750℃时降低为原来的 1/10。添加 Fe[110-111]、Mo[87,112-113]和 Sn[114-116]也可以减小 Ni 基金属陶瓷阳极表面发生积碳的驱动力。

往 Ni 基金属陶瓷中添加贵金属可以提高它们的电化学催化活性,抑制碳的生成[117-118]。Takeguchi 等人[117]将 Pd、Pt、Rh 和 Ru 分别添加到 Ni-YSZ 中,发现添加了 Ru 和 Pt 的阳极在 CH_4 条件下的电化学活性得到了显著提高。导致这一结果的可能原因是 Ru 和 Pt 提高了 CH_4 的重整速率,抑制了甲烷的裂解。

添加氧化物也可以提高 Ni 基金属阳极的抗积碳能力[68,120-121]。Takeguchi 等人[68]发现,添加适量的 CaO,SrO 和 CeO_2 可以有效抑制积碳,而添加 MgO 会促进积碳。另一方面,Zhong 等人[111]的研究结果显示,添加 5%(质量分数)MgO 到 Ni-Fe 合金中可以有效提高电池在甲烷中的稳定性。添加电解质材料,如 YSZ,掺杂氧化铈和质子导体 $SrZr_{0.95}Y_{0.05}O_{3-\alpha}$(SZY)也能提高 Ni-YSZ 阳极的抗积碳能力[40,122-124]。Wang 等人[125]发现,GDC 浸渍的 Ni 基阳极以含 3% H_2O 的甲烷为原料,无论是在开路还是在电流密度为 $20mA \cdot cm^{-2}$ 的条件下,都具有很高的稳定性。SDC 浸渍的 Ni 阳极在 600℃异辛烷/空气混合物中工作 260h 后,性能仍然保持稳定[126]。

添加催化层可以抑制 Ni 基金属陶瓷阳极的抗积碳能力。Murray 和 Barnett[66]在 Ni-YSZ 阳极和 YSZ 电解质之间沉积了一层厚 0.5μm 的 $(Y_2O_3)_{0.15}(CeO_2)_{0.85}$(YDC),结果电池在温度低于 700℃的甲烷燃料中工作 100h 后仍然保持很高的稳定性。通过在 Ni-YSZ 阳极表面沉积 Ru-CeO_2 催化剂薄层,Zhan 和 Barnett[89]制备的电池在 770℃异辛烷燃料中得到的功率密度为 $0.6W \cdot cm^{-2}$,并且能保持稳定工作了 50h。同时,Ru-CeO_2/PSZ/Ru-CeO_2 复合催化剂的添加也使得电池在甲烷中稳定工作了 350h[127]。其他催化剂层,如 Ni-Al_2O_3 和 Cu-CeO_2[128]也可以有效提高阳极在甲烷和碳氢燃料中的稳定性。然而,催化剂层会降低阳极内部的气体扩散速率,增大了集流电阻,从而降低电池的效率和功率密度[89]。

研究表明,不含 Ni 的阳极,如 Cu-CeO_2 阳极在碳氢燃料中性能比较稳定[67,129-130]。因为对碳氢燃料的裂解反应没有催化作用,Cu 可以作为集流材料使用,浸渍的氧化铈成为氢气和碳氢燃料的电催化反应活性点。Cu-CeO_2 和

Cu-SDC 阳极在甲烷和重质烃中有稳定的性能(图7.5)[131-132]。添加镧系或贵金属元素可以提高 Cu-CeO_2 对烃氧化反应的电催化活性[130,133]。尽管 Cu-CeO_2 阳极在700℃碳氢燃料中表现出良好的耐久性,但是 Cu 在高温条件下的热稳定性仍然是一个不能忽视的问题[134-135]。研究显示,在低温条件下形成的 Cu 连续结构在800℃和900℃时会由于 Cu 的团聚而形成分散的 Cu 颗粒[134]。

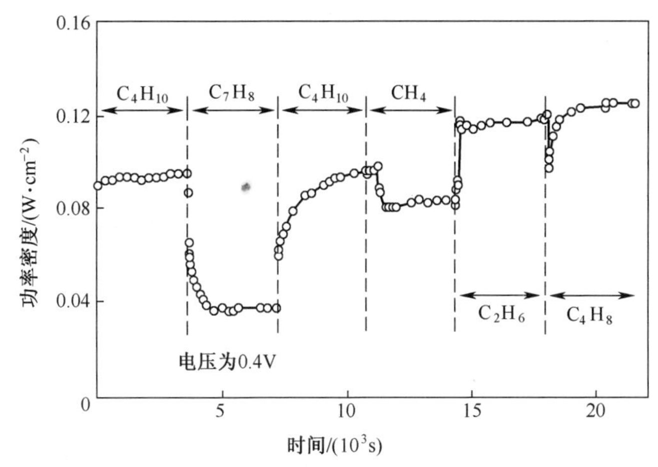

图7.5 在700℃,不同燃料对以 Cu-钐掺杂的氧化铈(SDC)为阳极的电池性能的影响,功率密度与时间的变化趋势[132]

由于在碳氢燃料中具有很高的抗积碳能力,具有导电能力的氧化物陶瓷材料可以取代 Ni 基金属陶瓷[136-138]作为阳极使用。众所周知,CeO_2具有良好的储存、传输和释放氧的能力。Marina 和 Mogensen[139] 报道了 $Ce_{0.6}Gd_{0.4}O_3$(GDC)作为阳极材料对甲烷氧化和重整反应具有比较低的电催化活性,1000℃工作350h后,GDC 阳极上没有出现积碳。CeO_2 阳极的性能较差,主要在于它的电子导电能力较低。然而,它的性能可以通过掺杂或添加其他成分得到提升。在 CeO_2中掺杂 Mn 和 Fe 形成 $Ce_{0.6}Mn_{0.3}Fe_{0.1}O_2$能提高阳极性能[140]。添加少量 Ni[141]或贵金属元素如 Rh、Ru 和 Pd[142-144],也可以提高电催化活性。以浸渍了1%(质量分数)Pd 和50%(质量分数)CeO_2的 YSZ 为阳极的电池,在800℃以 H_2/H_2O 为燃料时的最大功率密度为 1.1W · cm^{-2},表现出了良好的性能[145]。

钙钛矿结构氧化物材料如 $La_{0.75}Sr_{0.25}Cr_{0.5}Mn_{0.5}O_{3-\delta}$(LSCM)[58,146-147],掺杂 $SrTiO_3$[59,148-150],$La_4Sr_8Ti_{11}Mn_{0.5}Ga_{0.5}O_{37.5}$[151] 和 $Sr_2MgMoO_{6-\delta}$[152-153]也表现出了良好的抗积碳性能。然而,由于钙钛矿结构氧化物材料在还原气氛中的电子导电能力较差[154-155],并且这些氧化物对 H_2和 CH_4氧化反应的催化活性较低,因此以这些氧化物为阳极的电池的功率密度低于使用 Ni 基阳极的电池[155-157]的功率密度。McIntosh 等人[158]研究了采用超声喷雾热解法在 YSZ

上制备的致密 LSCM 阳极的电催化活性,结果显示,单一 LSCM 层对甲烷氧化反性催化活性较低。而引入电解质材料、贵金属和 Ni 可以提高阳极的离子电导率、电子电导率和电催化活性,进而改善阳极性能。例如,添加 YSZ[146]、GDC[159] 和 Pd[160-161] 可以提高 LSCM 对燃料氧化反应的电催化活性。然而,在 SOFC 高温工作环境中,纳米颗粒的稳定性是必须解决的问题。在今后工作中,提高纳米结构阳极的稳定性是很有必要的。

7.2.4 硫毒化

硫主要以硫化氢的形式存在于煤合成气和化石燃料中,如天然气[162-163]。研究显示,ppm 含量的 H_2S 就对 Ni 基金属陶瓷阳极有毒化作用[164]。燃料气中的硫可以采用如下方法除去:电化学膜分离法[165-166]、氧化铈和氧化镧等吸附剂吸附法[167]、水洗涤技术[168]。然而,仍然很有必要发展抗硫毒化阳极以降低系统的整体成本,保证电池在脱硫系统出现故障的情况下仍然能正常工作。

H_2S 对 Ni 基金属陶瓷阳极的毒化受很多因素的影响:工作温度[15,169]、H_2S 浓度[169-170]、电流密度[171]、燃料利用率[172]、H_2/CO 比[173]、水含量[174]。Ni 基金属陶瓷阳极的硫毒化一般包括两个过程:初始阶段是电池短期暴露于 ppm 浓度的 H_2S 中功率的快速下降,接下来的阶段是长期暴露于含硫燃料中,如图 7.6所示[175]。将燃料中的 H_2S 除去以后,阳极的电催化活性将会全部[15,173,176]或部分恢复[162,177]。Ishikura 等人[178]发现硫毒化的第二阶段不能完全恢复,其原因可能是在阳极和电解质界面处生成了硫化镍。恢复速度与工作温度和电流密度有关[15,169]。佐治亚理工学院的 Liu 及其所在的研究团队率先采用原位拉曼光谱技术研究硫毒化,并且采用实验和计算模拟相结合的方法对硫毒化机理进行了深入研究[179-183]。最近,Liu 等人对硫毒化所涉及的材料和电化学相关问题进行了详细综述[175]。

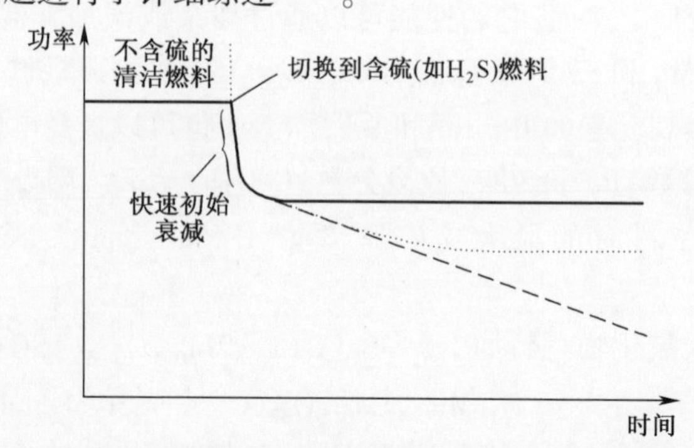

图 7.6 以 Ni-YSZ 金属陶瓷为阳极的 SOFC 在硫毒化过程中的功率随时间的变化曲线,在经过初始阶段的快速衰减后又经历两种不同阶段:实线代表没有第二阶段的缓慢衰减过程;点划线代表第二阶段电压随时间缓慢变化,之后达到稳定;虚线代表第二阶段在经过长时间衰减后仍然没有达到平衡状态[175]

硫毒化不仅会阻碍氢气的氧化，同时也会降低甲烷的内重整反应活性[176,184-185]。Lohsoontorn 等人[170]发现在硫存在的条件下，Ni-GDC 阳极的电荷转移电阻会显著增大。在高 H_2S 浓度或低 H_2浓度条件下，高频弧和低频弧都受到了影响。然而，硫毒化会在阳极表面形成硫覆盖层，从而阻碍 Ni 基金属陶瓷阳极上发生积碳[174,186]。

与 7.2.3 节提到的积碳类似，Ni 基金属陶瓷阳极的抗硫毒化性能也受阳极中电解质成分的影响。Sasaki 等人[173]发现由于 ScSZ 比 YSZ 具有更高的离子电导率，因此能产生更多的反应活性点，Ni-ScSZ 阳极比 Ni-YSZ 阳极有更高的抗硫毒化性能。对 Ni-YSZ 阳极和 Ni-GDC 阳极的抗硫毒化性能进行对比研究发现，对于发生 H_2氧化反应的极化阻抗的增加值，Ni-GDC 阳极比在相同条件下的 Ni-YSZ 阳极要小很多[177]，说明 Ni-GDC 阳极具有更高的抗硫毒化性能。Trembly 等人[162]也报道了类似的结果。Yang 等人[187]将 Ni-YSZ 金属陶瓷阳极中的氧离子导体 YSZ 换成了同时具有氧离子导电能力和质子导电能力的混合离子导体，如 $BaZr_{0.1}Ce_{0.7}Y_{0.2-x}Yb_xO_3$(BZCYYb)。在 750℃，以 Ni-BZCYYb 金属陶瓷作为阳极的电池，无论是在约 20ppm 的 H_2S 气氛中以 BZCYYb 为电解质，还是在约 50ppm 的 H_2S 气氛中以 SDC 为电解质，其都具有很好的抗积碳和抗硫毒化性能。以 Ni-BZCYYb 金属陶瓷作为阳极的电池在燃料由纯氢气转变为含 H_2S 分别为 10ppm、20ppm 和 30ppm 的氢气后，其输出功率没有发生明显变化(图 7.7)。抗硫毒化性能和抗积碳性能得到提高的原因是 BZCYYb 具有较高的硫氧化反应催化活性以及较高的水吸附能力，有利于反应活性点附近的 H_2S和硫元素被氧化为 SO_2。

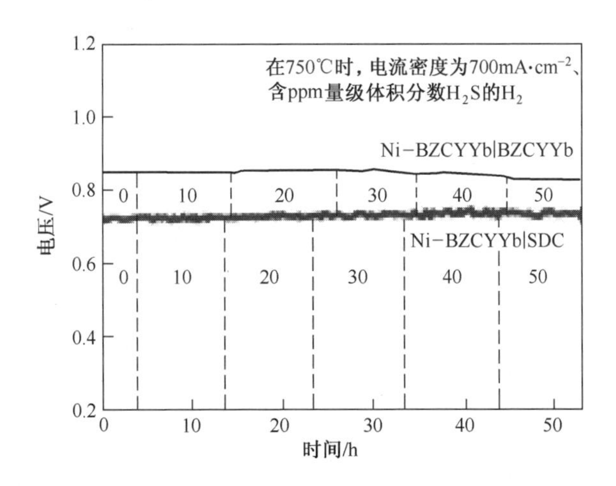

图 7.7 Ni-BZCYYb|BZCYYb|BZCY-LSCF 和 Ni-BZCYYb|SDC|LSCF 两种电池在 750℃、电流密度为 700mA · cm^{-2}时，以 H_2 和混合了不同浓度 H_2S 的 H_2 作为燃料工作时的路端电压随时间的变化曲线[187]

引入氧化物和金属组分可以提高 Ni-YSZ 阳极的抗硫毒化性能。Sasaki 等人[173]发现在还原气氛中浸渍不同的元素如 Ce、Y、La、Mg、Nb、Sc、Zr 和 Ti 或金属 Ru 可以抑制电池在 20ppm 的 H_2S 环境中的衰减。Kurokawa 等人[188]发现，在浸渍氧化铈纳米粒子以后，Ni-YSZ 阳极在 700℃含 40ppm H_2S 的 H_2 环境中工作 500h 后性能仍然保持稳定。在 H_2S 含量为 200ppm 的环境中，氧化铈颗粒会吸附 H_2S 并且发生反应生成 $Ce_2O_2S_2$，可以避免 Ni_2S_3 的生成。Choi 等人[189]采用氧化铌(Nb_2O_5)修饰 Ni-YSZ 阳极，在 700℃暴露于 50ppm 的 H_2S 环境中，NbO_x 包覆的 Ni-YSZ 金属陶瓷阳极具有很好的抗硫毒化性能。反应过程中，在氧化铌表面形成了各种形式的铌硫化物(NbS_x)，它们具有良好的导电性和氢氧化反应催化活性。Marina 等人[190]将 Ni-YSZ 阳极暴露于气态锑或锡中，形成 Sb-Ni 或 Sn-Ni 合金。Sn 或 Sb 在合金表面富集会减少硫在阳极表面的吸附。Zheng 等人[191]的研究表明，加入 Pd 纳米颗粒会降低 Ni-GDC 阳极在含硫的氢气燃料中的性能衰减。

研究结果显示，不含 Ni 的 Cu-CeO_2 基阳极具有很好的抗硫毒化性能[192-193]，该阳极在含有 100ppm H_2S 的 5%(摩尔分数)正癸烷中能够稳定工作。而在含有 $5\times10^{-3}H_2S$ 的 50%(摩尔分数)正癸烷中工作时，由于存在较高浓度的硫，其电流密度显著降低。然而，其性能的衰减可以通过引入含 50%(摩尔分数)水蒸气的 N_2 得到完全恢复。Cu-CeO_2 阳极具有很高的抗硫毒化性能的主要原因是，在 SOFC 工作条件下 Cu 与 H_2S 不易发生反应。此外，在 H_2S 浓度较高的条件下，CeO_2 会和硫发生反应生成 Ce_2O_2S，而高温水蒸气可以除去硫而重新生成 CeO_2。在 800℃温度下，H_2 燃料中含有 450ppm 的 H_2S 对 Cu-CeO_2 阳极的性能没有影响[193]。另一方面，Jiang 等人[177]的研究显示，CeO_2 和硫相互作用会显著改变 Ni-GDC 金属陶瓷中 CeO_2 相的微观结构，表明硫对 CeO_2 基电极的长期稳定性有不利影响。

研究表明，一些金属氧化物材料具有很高的抗硫毒化性能。Aguilar 等人[194]和 Cooper 等人[195]报道了 $La_xSr_{1-x}VO_{3-\delta}$(LSV)基阳极在含 H_2S 的燃料中性能稳定。Huang 等人[196]指出双钙钛矿材料，如 Sr_2MgMoO_6，具有很好的抗硫毒化性能，在含 5ppm H_2S 的 H_2 燃料中工作 2 天后仍然没检测到硫。Zha 等人[197]发现烧绿石结构材料 $Gd_2Ti_{1.4}Mo_{0.6}O_7$ 表现出很高的抗硫毒化性能，经过 6 天的工作后，仍然没有发现明显的性能衰减。$SrTiO_3$ 基氧化物在含硫条件下也具有高的稳定性[195,198-199]。Mukundan 等人[198]指出，$La_{0.4}Sr_{0.6}TiO_3$(LST)-YSZ 阳极在含有 5000ppm H_2S 的氢气中没有发生衰减，Ni 金属陶瓷与 LST 氧化物的混合物也表现出很高的抗硫毒化性能。Pillai 等人[200]制备出包含 LST 支撑体、Ni-SDC 吸附层、Ni-YSZ 活性层的 SOFC 阳极。在含 100ppm H_2S 的 H_2 中，电池功率密度在初始阶段有衰减，但是经过 80h 测试后性能趋于稳定，除去 H_2S

后电池性能恢复到初始状态。金属氧化物基阳极的抗硫毒化性能得到提高的主要原因是硫吸附量的减少[175]。

正如之前所提到的,金属氧化物阳极的一个主要缺点是它们中的大多数都比 Ni 基金属陶瓷阳极的电子导电率低。另外一个问题是,在现有的以 YSZ 为电解质特别是阳极支撑电池结构的 SOFC 电池的制备工艺中,采用金属氧化物阳极材料是很困难的,这些困难可能来自于金属氧化物与 YSZ 电解质之间的热力学、物理或化学性能的不兼容性。

7.2.5　煤合成气中杂质的毒化

煤是一种储量丰富的化石燃料。由煤的气化产生的煤合成气(H_2、CO、CO_2、N_2和 H_2O)可以作为 SOFC 燃料使用[201-203]。另一方面,即使经过了气体净化处理,仍然有少量或微量的杂质存在于煤合成气中,影响 SOFC 的性能和稳定性[204-205]。热力学分析表明,煤合成气中的杂质元素,如磷(P)、砷(As)和锑(Sb),能与 Ni 金属陶瓷阳极反应[206]。虽然磷含量非常少,但是对电极性能的影响却是最大的。

在 SOFC 工作条件下,磷会与 Ni 发生反应生成磷化镍(Ni_mP_n)。热力学计算表明,磷浓度在 1ppb 时就能生成磷化镍[207]。曾有报道显示,磷会与锆反应生成磷酸锆[208]。Gong 等人[209]研究了 $LaSr_2Fe_2CrO_9$-GDC 阳极在氢气以及含磷杂质的煤气中的性能和稳定性。在燃料中引入 5~20ppm 的 PH_3后,生成的 FeP_x和 $LaPO_4$导致严重的性能衰减,除去燃料中的 PH_3后电极性能不可恢复。水蒸气对磷化氢毒化有影响,高浓度的水蒸气会降低磷毒化作用[206]。

在长期测试过程中,磷会引起 Ni 阳极的性能衰减[204,207,210]。Mariana 等人发现磷被阳极完全吸附,与 Ni 发生反应形成磷化镍。如图 7.8 所示,阳极上发生反应和没发生反应的区域有清晰的界线[211]。当阳极全部转变为磷化镍以后,电极的欧姆阻抗显著增大。Haga 等人[207]指出,在磷化氢存在的条件下,会出现 Ni_xP_y形成、Ni 团聚和阳极外层的致密化。Ni 颗粒长大会减少三相界面的反应活性点,阳极外层的致密化会阻碍燃料在多孔阳极中的传输,Ni_xP_y相的形成导致阳极电子电导率降低。煤合成气中含 20ppm 的 PH_3会同时增大电荷转移和气体传输的阻力,后者的增加大于前者[208]。Liu 等人[212]报道了在 5ppm 的 PH_3中工作 470h 后,Ni-YSZ 阳极出现裂缝。Ni 转化为磷化镍会导致局部体积增大,产生很大的局部应力,使阳极结构遭到破坏。

氯是煤合成气中杂质的一种,它通常以 HCl 的形式存在。研究已经发现在 HCl 存在的条件下电池的衰减[168,213-214],但是氯对性能衰减的影响要比磷小很多。有报道显示,氯引起的衰减是可以恢复的[168]。另有报道显示,由于微观结构变化导致的性能衰减只能部分恢复。例如,Haga 等人[213]发现在含有 Cl_2和

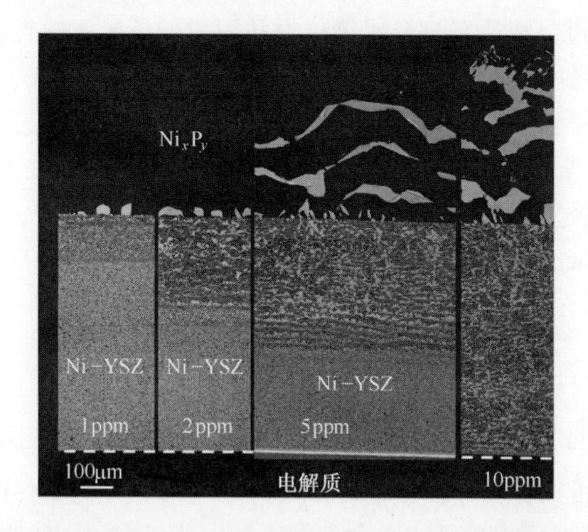

图 7.8　Ni-YSZ 阳极支撑体在 700℃含磷化氢的模拟煤气中处理 990h 后的 SEM 断面图。电解质的位置由底部的虚线表示，标示为 5ppm 电池。浅灰色代表 Ni 和 Ni_xP_y，深灰色代表 YSZ，黑色代表孔洞。在 1～5ppm PH_3燃料中的电池内含有没发生转变的 Ni-YSZ。在 10ppm PH_3中所有的 Ni 都转变为 Ni_xP_y[211]

HCl 的燃料中处理 150h 后，由于气态 $NiCl_2$的升华导致纳米 Ni 颗粒在氧化锆晶粒表面形成。Xu 等人[214]指出，在 100ppm 的 HCl 中，Ni 颗粒表面变粗糙，并且阳极表面的 Ni 颗粒比阳极-电解质界面处的 Ni 颗粒更粗糙。Marina 等人[215]研究了阳极支撑 SOFC 在 650～850℃含有 HCl 的煤合成气中的性能。结果表明，随着 HCl 浓度增大到 100ppm，其性能衰减逐渐增加，衰减与 HCl 浓度密切相关，与电池电位和电流密度无关。没有证据证明经过长时间工作后的衰减与 HCl 有关，这说明 HCl 对 Ni-YSZ 金属陶瓷阳极的毒化是可以恢复的。

煤气中的其他杂质也可以引起阳极性能衰减。Marina 等人[204,216-217]发现，0.5～5ppm 的砷(As)、锑(Sb)和硒(Se)会导致 Ni 金属陶瓷阳极中第二相的生成，从而引起 SOFC 性能的不可逆衰减。Bao 等人[218]发现，10ppm 的 As 和 5ppm 的 Cd 导致了输出功率的显著降低。此外，在 9ppm 的 Zn、7ppm 的 Hg 和 8ppm 的 Sb 的条件下，经过 100h 的测试后，电池功率密度的衰减小于 1%。

不同杂质对阳极的性能和寿命的影响存在协同效应。Bao 等人[219]指出，协同效应可能是不利的，也可能是有利的，它与单一杂质的影响有所不同。例如，在 As 和 P 存在的条件下加入 H_2S 会加速性能衰减，但是 HCl 的存在却可以减缓或阻止 Ni-YSZ 金属陶瓷阳极的性能衰减。

7.2.6　硅污染

在长时间工作过程中，Ni 基金属陶瓷阳极的原材料中的硅会导致在阳极和电解质界面处生成硅酸盐薄膜[220-222]。硅沉积覆盖了三相界面处的反应活性点,引起阳极性能衰减。Liu 等人[223]研究了采用两种含有不同浓度杂质的 NiO 粉末制备的 Ni-YSZ 阳极的长期稳定性。SiO_2 和 Na_2O 含量为几百 ppm 的阳极的衰减速度远大于杂质含量为几十 ppm 的阳极。研究发现,在阳极-电解质的界面处会有硅酸钠的析出和聚集,从而导致界面附近的电解质遭到严重破坏。

Primdahl 和 Mogensen[224]测试了在电流密度为 $300mA \cdot cm^{-2}$ 的潮湿氢气中,Ni-YSZ 阳极经过 1300~2000h 工作后的寿命。阳极性能在 1050℃ 保持稳定,但是在较低温度下性能发生衰减,并且随着工作温度的降低衰减率逐渐增大。在 850℃,经过 400h 极化以后,电极的极化电阻几乎增加了一倍。Liu 和 Jiao[225]测试了经过长时间工作后的 Ni-YSZ 阳极/YSZ 界面处的微观结构,发现在阳极-电解质界面处和 Ni-YSZ 晶界处有成分约为 90%(摩尔分数)SiO_2 的无定形硅分布(图 7.9),研究表明,这些杂质来自于原材料。Gentile 和 Sofie[226]发现 SOFC 中的耐火材料所含的铝硅酸盐也会导致硅在 YSZ 上沉积,由于玻璃相的作用而使 YSZ 晶界分离。此外,高温区供应燃料的管道中的铝硅酸盐会加速电池性能衰减。煤合成气中的硅氧烷也会使硅在阳极上沉积,毒化阳极[227]。

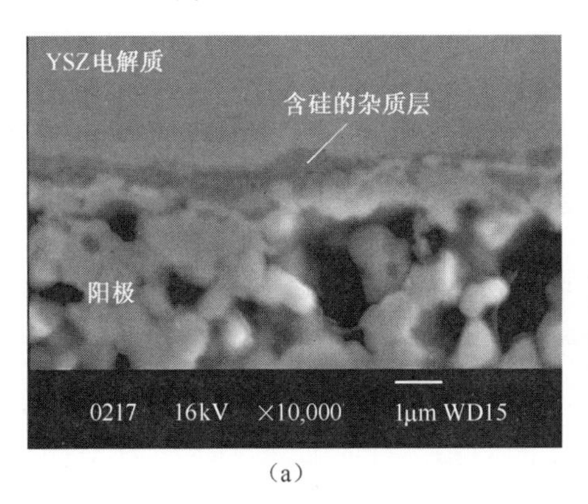

(a)

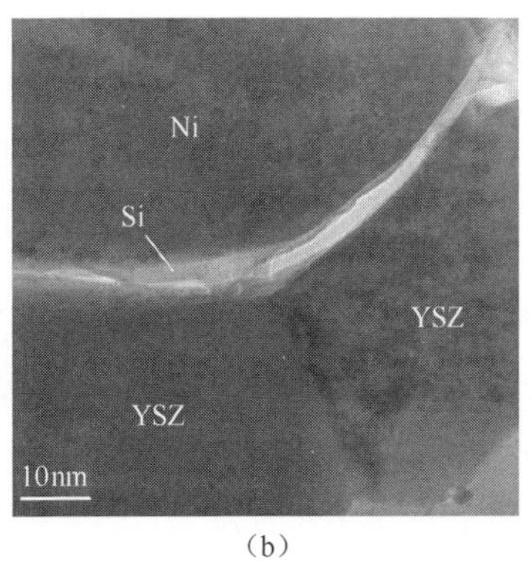

(b)

图 7.9　(a)阳极-电解质界面处析出的杂质 SEM 图;(b)经过 1800h 测试后阳极内 Ni-YSZ 晶界处出现的硅酸盐玻璃薄膜的 TEM 图[225]

7.3　阴　　极

7.3.1　界面化学反应引起的衰减

在 SOFC 烧结过程以及电池工作的高温环境下,阴极和 YSZ 电解质材料之间的化学不相容性是导致阴极衰减的主要原因之一。例如,LSM 阴极和 YSZ 电解质在高温烧结过程中会发生化学反应[228]。Mn 在 YSZ 中有较高的溶解性,且 LSM 中 B 位 Mn 逸出会导致 A 位 La 和 Sr 过剩,过剩的 La 和 Sr 与 YSZ 发生化学反应生成高阻抗的黄绿石相 $La_2Zr_2O_7$ 和 $SrZrO_3$，过量的 Sr 会导致 $SrZrO_3$ 的优先形成。$La_2Zr_2O_7$ 在 1000℃ 时的电导率为 $3.8\times10^{-5}S\cdot cm^{-1}$[229]，远低于 LSM 和 YSZ 的电导率。此外，$La_2Zr_2O_7$ 在氧还原反应中的催化活性可以忽略不计，因此，界面处此反应物的生长将会导致阴极性能的衰减。Lee 和 Oh[230] 发现在 900℃下，在 $La_{0.9}Sr_{0.1}MnO_3$-YSZ 界面处会形成 $La_2Zr_2O_7$，在电池测试 500h 后，电极的极化阻抗增长达 40%。

使用带有 A 位缺陷非化学计量比的 LSM 阴极，例如 $(La_{0.8}Sr_{0.2})_{0.9}MnO_3$，可以减少 LSM 和 YSZ 之间发生固体溶解的风险[231-233]，也可以降低 LSM 和 YSZ 之间的反应活性并且增加相稳定性[232]。LSM/YSZ 的比例也会影响 LSM 和 YSZ 之间的化学稳定性。Yang 等人[234] 发现在 20%（体积分数）$La_{0.65}Sr_{0.3}MnO_3$(LSM)-YSZ 复合情况下有第二相物质 La_2Zr_2O 和 $SrZrO_3$ 生成，而当 LSM 的体积含量高于 20%时不会形成此类物质，在 LSM 体积分数为 50%时，1400℃ 高温焙烧 24h 后，也未发现上述低电导率反应物生成。

与纯电子导电材料 LSM 阴极相比，离子电子混合导电材料（MIEC），如 LSCF 和 $Ba_{0.5}Sr_{0.5}Co_{0.8}Fe_{0.2}O_3$(BSCF)，在氧还原反应中展现出更优越的电催化活性[235-238]。然而，与 LSM 材料相比，LaSrCo 基阴极材料与 YSZ 电解质有更高的反应活性。在 800℃ 时，YSZ 和 LSCF 粉末混合焙烧后观察到 $SrZrO_3$ 的生成[241]。Zhu 等人研究发现，在 800℃时，BSCF 粉末与 YSZ 或 GDC 粉末分别混合焙烧，没有发生任何化学反应，证明 BSCF 在 800℃以下与 YSZ、GDC 有很好的化学相容性；当温度高于 800℃ 时，会发生严重的反应。一种含 Ce 的阻挡层通常用来阻止离子电子混合导电阴极材料与 YSZ 电解质之间的化学反应。一项近期研究发现[242]，在极化电流条件下，BSCF 和 GDC 或 SDC 之间会在低至 700℃ 温度下发生界面反应，在电解质/电极界面处形成含 Ba 的物质，这表明极化电流促进了 BSCF 和 Ce 基电解质之间的化学反应活性。BSCF 和 Ce 基电解质之间反应的加速与阴极材料中 Ba 的偏析有关，而 Ba 的偏析是由极化或高温造成的。含 Ba 的氧化物，如 $Ba_xCe_{1-y}Gd_yO_3$，是质子和 p 型电子导体，它们在界面处的产生和聚积对以 BSCF 为阴极、Ce 基材料为电解质的 SOFC 的长期稳定性存在不容忽视的威胁。

然而，以 LSCF 为阴极的固体氧化物燃料电池在长期工作中也表现出较高的衰减性。Tietz 等人[243] 报道，以 LSCF 为阴极的单电池，每 1000h 的衰减率为 0.5%~2%，远远高于以 LSM 为阴极的单电池的衰减速度。Mai 等人[240] 的研究发现，在 700~800℃ 时，以阳极支撑、LSCF 为阴极的电池，其性能衰减率为 2%~6%每 1000h。阴极在 1080℃ 烧结后，在 GDC 阻挡层和 YSZ 电解质界面处有 $SrZrO_3$ 生成，且随着工作时间的增长，该固相持续增多。Simner 等人[244] 还发现，以 YSZ 为电解质，LSCF 为阴极的阳极支撑电池，在 750℃ 时工作 500h 的输出功率的衰减率超过 30%，但没有明显的微观结构变化或化学反应的发生，因此推测衰减可能是由阴极-电解质界面和阴极-集流层界面 Sr 的富集引起的。

La-Sr-Co 基阴极和电解质 TEC 不匹配性也可能造成微观结构的变化和性能衰减。例如，$La_{0.6}Sr_{0.4}Fe_{0.8}Co_{0.2}O_3$的 TEC 为 $20\times10^{-6}K^{-1}$[245]，其他文献也报道了 BSCF 有相似的 TEC[246]。相比而言，YSZ 和 GDC 电解质的 TEC 分别为 $10.3\times10^{-6}K^{-1}$和 $12.5\times10^{-6}K^{-1}$[247]。由于 TEC 不匹配导致的阴极与电解质之间的应力可以使阴极和电解质之间形成裂缝甚至产生分层等严重结果。

Sr 掺杂的 La，Mn 和 Co，Fe 钙钛矿结构材料在阴极表面分解是众所周知的现象，这对 SOFC 阴极的电催化活性有消极影响。多个独立的研究组织利用 X 射线电子能谱、电子能量损失谱、俄歇电子能谱等方法，证实了 Sr 在 LSM 钙钛矿表面的析出现象[248-251]。La，Co 钙钛矿结构表面 Sr 的分解也被报道过。Vovk 等人[252]使用原位 XPS 技术，在电化学极化的条件下研究了$La_{0.5}Sr_{0.5}CoO_3$钙态矿结构的表面，在阴极极化条件下，氧化物表面 Sr/(La+Co) 的比例增加了5%，并且是不可逆的，但 La/Co 的比例却保持不变，该结果证实了表面 Sr 的富集。最近，Norman 和 Leach[253]对 BSCF 进行原位高温 XPS 的研究。结果显示，虽然 XPS 不能精确分析 BSCF 表面的成分，但在高温条件下，B 位的 Co/Fe 比例保持不变，Ba 和 Sr 在表面分解。最近的研究也表明，Ba 和 Sr 的分解在 BSCF 阴极 Cr 的沉积和毒化过程中起到了非常重要的作用[254]。表面 Ba 的分解可能和 BSCF 钙态矿结构相的不稳定性有关[255]。

7.3.2 微观结构退化

在 SOFC 工作条件下，曾观察到 LSM 电极和电解质界面处的微观结构变化。Jorgensen 等人[256]报道，LSM-YSZ 电极在电流密度为 $300mA\cdot cm^{-2}$和1000℃高温条件下测试2000h 后，阴极过电势比初始值增加超过100%。而在没有电流情况下，在同样温度下测试超过2000h，没有发现严重的衰减现象。在加载电流的情况下发现电极和电解质界面处空隙的增多，但在开路的情况下并没有这种结构性的变化。界面处孔洞的形成可能减少了电极三相界面的长度，因此导致了电极性能的衰减。

在高温条件下 LSM 容易被烧结而出现颗粒的长大。Jiang 和 Wang[257]研究了$(La_{0.8}Sr_{0.2})_xMnO_3$电极分别在 $x=1.0, 0.9, 0.8$ 的情况下的烧结情况。结果显示，在开路情况下，LSM 在1000℃烧结1600h 后，颗粒尺寸明显增大，且 A 位非计量比的 LSM 比 A 位计量比的 LSM 显示出更好的烧结稳定性。另一方面，在1000℃以及施加 $500mA\cdot cm^{-2}$极化电流下，LSM 阴极晶粒比开路情况下的 LSM 晶粒要小很多(图7.10)。阴极极化使阴极 A 位上阳离子空位减少，因此增加了烧结过程的阻碍作用。

近几年，SOFC 阴极的纳米结构被广泛研究，注入法是将纳米尺寸的催化颗粒引入多孔电极结构的最普遍方法[131,258-259]。然而，纳米结构的相稳定性和

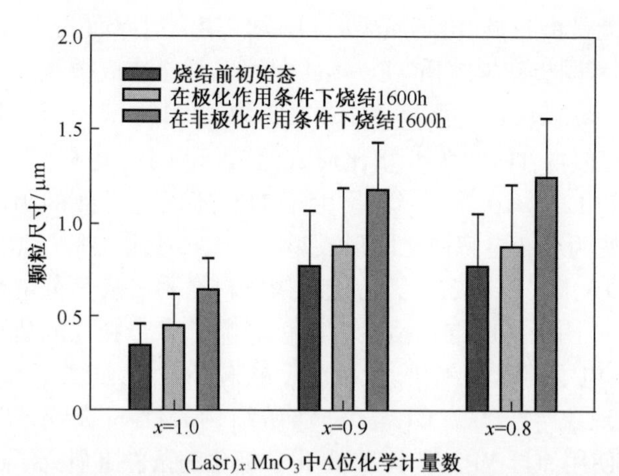

图 7.10　在 1000℃空气中，在 500mA · cm^{-2}电流密度和无电流条件下，LSM 电极颗粒大小与 A 位原子数的关系曲线[257]

化学稳定性仍存在问题。在工作温度下，发现注入相和骨架间会发生化学反应。Huang 等人[260]将 $La_{0.6}Sr_{0.4}CoO_3$（LSC）注入多孔的 YSZ 骨架上，质量分数为 35%的 LSC 浸渍量的复合阴极在 700℃时的面比电阻低至 0.03Ω · cm^2，800℃时仅为 0.01Ω · cm^2。另一方面，在 700℃时，阴极的欧姆阻抗和极化阻抗随着时间都有所增加。而在 800℃时，阴极衰减得更快。性能衰减的原因可能是 $SrZrO_3$相的生成，因为 LSC 和 YSZ 可以在 650~700℃时发生化学反应[261]。Ai 等人[262]将 BSCF 纳米颗粒注入的骨架上，在 700℃时测试 90h 后，阴极的极化阻抗从最初的 0.47Ω · cm^2 增加到 2.4Ω · cm^2。衰减的原因很可能是注入 BSCF 纳米颗粒的长大。另一方面，Kungas 等人[263]发现 YSZ 骨架表面致密包覆的 SDC 保护层在 1000℃高温下也可以防止 LSC 和 YSZ 发生化学反应。

高的表面活性使得纳米颗粒在工作温度下易烧结和长大，导致电极三相界相的减少。Shah 等人[264]将 LSM 注入 YSZ，观察到在 800℃、300h 内，阴极极化阻抗随着时间的增加，从最初的 0.2Ω · cm^2 增大到 0.5Ω · cm^2。在此段时间内，LSM 颗粒粒径从 59nm 增长到 105nm。Yoon 等人[265]将 $Sm_{0.2}Ce_{0.8}O_2$（SDC）注入 LSM 骨架上，在 600℃下烧结，在 700℃时测试 500h，阴极极化阻抗从 0.19Ω · cm^2 增大到 0.67Ω · cm^2。Wang 等人[266]观察到在 700℃经过 2500h，LSF 注入的 YSZ 阴极的阻抗从初始的 0.13Ω · cm^2 增大到 0.55Ω · cm^2。另一方面，当烧结温度从 850℃升高到 1100℃时，电极的稳定性有所改善。然而烧结温度的升高使得纳米结构变得更粗糙，降低了阴极的初始性能。

工作温度的降低可使阴极粒径增大的速度变小，因此带来更低的衰减。Chen 等人[267]发现以 SDC 注入的 LSM 材料为阴极的 SOFC 在 700℃时比在 800℃时更稳定。对在 LSM 中注入 ScSZ 的阴极材料施加 150mA · cm^{-2} 的电流密度，在 650℃时测试 500h 后没有发现衰减现象[268]。Shah 等人[264,269]发现在

GDC 中注入 12%(体积分数)LSCF 的阴极在 650~850℃时,阴极的衰减程度比在更高的测试温度下的衰减程度小(图 7.11),因为在高温测试时,阴极微观结构会发生显著变化。在 850℃测试 289h 后,LSCF 颗粒尺寸从最初的 38nm 左右增大到 60nm 左右。而在 600℃经过 189h 后,阴极在微观结构上没有发生明显变化。

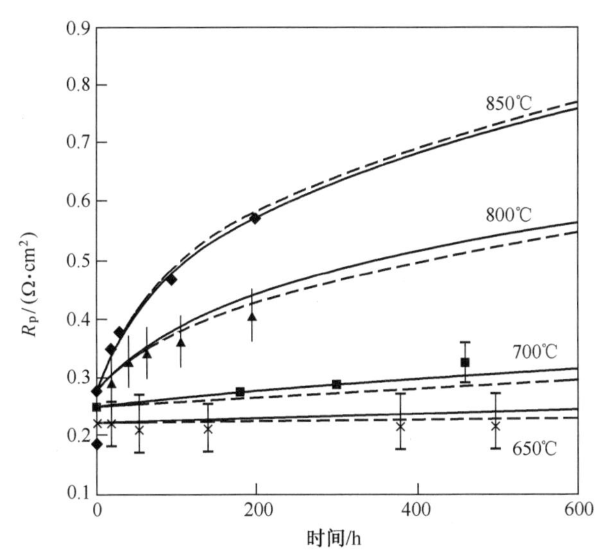

图 7.11 LSCF 浸渍的 SDC 阴极在不同温度下的极化电阻(离散的点)与时间相关的曲线以及拟合曲线[269]

引入第二相是阻止颗粒长大的有效方法,Sholklapper 等人[270]报道在 400mA · cm^{-2}、700℃时,Ag 注入的 ScSZ 阴极性能并不稳定。然而,LSM 颗粒加入可以阻止 Ag 颗粒烧结长大,提升阴极的稳定性。Pd 有很高的氧还原反应催化活性[236,271],而 Pd 颗粒在 SOFC 工作温度下的稳定性并不好,在 750℃工作 30h 后, Pd 颗粒团聚严重[272]。据报道,5%(摩尔分数)Mn 的加入可以显著阻止 Pd 的团聚[273]。加入少量的 Ag 和 Co 也可以有效阻碍 Pd 的烧结和团聚[274]。Kim 等人[275]最近发现,注入 Pd-CeO_2 核壳结构到 YSZ 骨架上可以得到高活性且稳定阴极结构,其中核壳结构阻止了纳米 Pd 颗粒的长大。

Zhao 等人[14]发现纳米 LSC-SDC 阴极具有优异的热循环稳定性(图 7.12)。LSC 和 SDC 具有很好的化学兼容性,两者在长时间以及高温工作温度下都没有发生反应。如图 7.12 所示,经过 20 次 500~800℃以及 10 次室温到 800℃的热循环后,注入的阴极没有出现性能的衰减。与传统复合阴极相比,注入的阴极有更好的性能和更优异的热稳定性。注入的 LSC-SDC 阴极良好的稳定性可能是由于稳定的 LSC 纳米颗粒在 SDC 骨架上形成了连续相。SSC-SDC 核壳纳米颗粒也显示了优良的热循环稳定性[276]。模拟研究显示,纳米颗粒的尺寸是影响热循环中结构稳定性的最重要因素[277]。然而,大电池内部纳米结构的长期稳定性还有待研究。

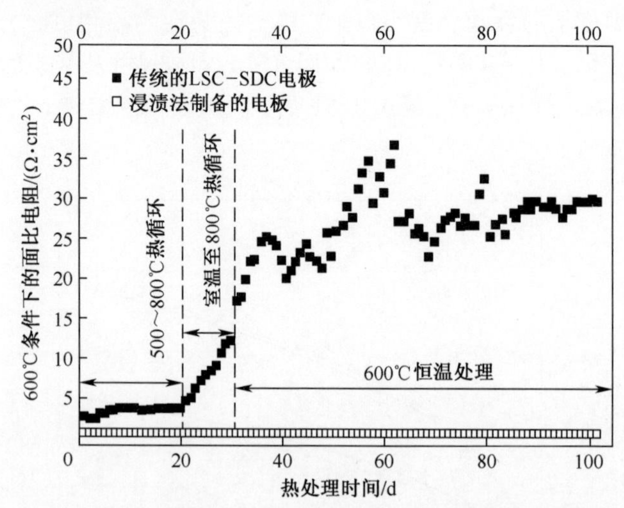

图 7.12　浸渍法和丝网印刷法制备的 LSC-SDC 复合阴极在热循环和在 600℃热处理条件下的面比电阻的对比[14]

7.3.3　铬毒化

SOFC 的中温化(650~850℃)使得低成本金属连接体材料的使用成为可能[278-279]。然而,据报道,在有 Fe-Cr 连接体情况下,Cr 的沉积和毒化是 SOFC 阴极衰减的一个重要原因[7]。从含 Cr 的合金氧化层(Cr_2O_3)中挥发出来的 Cr 毒化阴极,导致 SOFC 的性能严重衰减[9,280-281]。图 7.13 所示为接触 Fe-Cr 合金连接体的 LSM 阴极氧还原反应的极化行为。在有电流的情况下,极化电势起初急剧增加,而后缓慢增加[8]。极化电势的显著增加是 Cr 毒化阴极的一个典型特征。

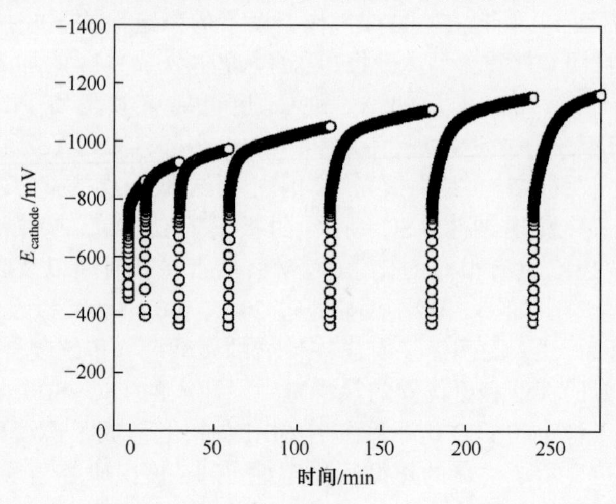

图 7.13　在以 Fe-Cr 合金作为连接体集流条件下,LSM 阴极氧还原反应的典型极化曲线

Cr 毒化主要指 Cr_2O_3在阴极的沉积以及含 Cr 的固溶体在阴极的生成。这受很多因素的影响，如阴极材料的种类[278,282-283]、电解质的组成[284]、极化[9]、空气流量[285-286]以及湿度[287]。以 LSM 阴极为例，研究发现了发现 Cr_2O_3 和 $(Mn,Cr)_3O_4$尖晶石沉积相，且 Cr 主要沉积在电极电解质界面处[9,288]。Cr 沉积一般在极化条件下观察到，在开路情况下，也观察到了在 LSM 阴极表面的少量沉积。LSCF 作为阴极时，Cr_2O_3 和 $SrCrO_4$ 优先沉积在电极表面。在开路情况下，当工作温度达到 900℃时，在 LSCF 表面发现了 Cr 沉积。

对于 SOFC 阴极 Cr 的沉积和毒化，文献中提出了两种反应机理。一种是电化学沉积机理，Cr 的沉积主要是由气态 Cr 物质 CrO_3和 $Cr(OH)_2O_2$变成固态 Cr_2O_3的电化学还原反应控制的，随后 Cr_2O_3与 LSM 反应生成$(Mn,Cr)_3O_4$[5,6,9,280,288,290]。高价 Cr 物质的还原反应直接与氧气还原反应竞争，反应过程如下：

$$2CrO_3(g)+6e^- \longrightarrow Cr_2O_3(s)+3O^{2-} \tag{7.3}$$

$$2Cr(OH)_2O_2(g) \longrightarrow Cr_2O_3(s)+2H_2O(g)+3O^{2-} \tag{7.4}$$

$$1.5Cr_2O_3(s)+3(La,Sr)MnO_3 \longrightarrow 3(La,Sr)(Mr_yCr_{1-y})O_3+(Cr_yMr_{1-y})O_4+0.25O_2 \tag{7.5}$$

$$3Cr_2O_3(g)+3(La,Sr)MnO_3 \longrightarrow 3(La,Sr)(Mr_yCr_{1-y})O_3+(Cr_yMr_{1-y})O_4+2.5O_2 \tag{7.6}$$

我们广泛研究了各种阴极，包括 LSM、LSM - YSZ、LSCF、BSCF、$(LaBaSr)(CoFe)O_3$和$(LaSr)(CoMn)O_3$[8,254,291-296]。结果显示，Cr 沉积与氧活性以及在阴极和电解质界面处的氧还原反应没有内在的联系。Cr 沉积实际上是一个化学过程，是含 Cr 物质与 Mn^{2+}核之间的形核化学反应。Mn^{2+}在电流极化条件下产生。Cr 在 LSM 上的沉积过程可以由下列化学式表示[8,293]：

$$Cr_2O_3(s)+1.5O_2 \longrightarrow 2CrO_3(g) \tag{7.7}$$

$$Mn^{2+}+CrO_3 \longrightarrow Cr\text{-}Mn\text{-}O_x(\text{形核}) \tag{7.8}$$

$$Cr\text{-}Mn\text{-}O_x+CrO_3 \longrightarrow Cr_2O_3 \tag{7.9}$$

$$Cr\text{-}Mn\text{-}O_x+CrO_3+Mn^{2+} \longrightarrow (Cr,Mn)_3O_4 \tag{7.10}$$

当 Cr 在 LSCF 上沉积时，沉积主要由气态含 Cr 物质和电极表面溢出的 SrO 之间的形核反应控制。Cr 在 LSCF 上的沉积反应如下：

$$SrO+CrO_3 \longrightarrow Cr\text{-}Sr\text{-}O_x(\text{形核}) \tag{7.11}$$

$$Cr\text{-}Sr\text{-}O_x+CrO_3 \longrightarrow Cr_2O_3 \tag{7.12}$$

$$Cr\text{-}Sr\text{-}O_x+CrO_3+SrO \longrightarrow SrCrO_4 \tag{7.13}$$

Cr 的沉积和毒化对电极的稳定性和催化活性有很大的影响。在极化条件下，LSM 在和含 Cr 合金接触时衰减得非常快[284]。Taniguchi 等人[280]发现 LSM-YSZ 阴极电极极化与阴极和电解质界面处的 Cr 沉积密切相关。Jiang 等人[291]发现，在有含 Cr 合金的情况下，氧气在 LSM 阴极表面的吸附解离被气态

Cr(如 CrO_3)物质阻碍,而氧离子在电解质中的迁移被固态 Cr 物质阻碍,如电解质表面的 Cr_2O_3-$(Mn,Cr)_3O_4$。氧离子迁移进入电解质的活化能在 Cr 沉积出现后显著增加[297]。最近对于 LSMC 阴极的研究显示,Cr 在 LSMC 阴极的沉积是由于 B 位被 Co 取代而引起的[295]。图 7.14 总结了 Cr 在 LSMC 电极表面和 GDC 电解质表面沉积以及对 LSMC 电化学活性的影响[295]。结果显示,当 B 位 Mn 被 Co 取代后,和 LSMC 接触的电解质上的 Cr 沉积减少,而在电极表面的沉积却增加。此外,通过过电势和极化阻抗所显示出来的 Cr 毒化在 $x=0.4$ 时最为严重。阴极毒化的最大可能是因为 Cr 在电极和电解质上的沉积对氧还原反应动力学有影响。

由 Cr 毒化引起的 LSCF 阴极性能的衰减比 LSM 要缓慢[298]。Cr_2O_3 和 Sr_2CrO_4 沉积在阴极表面阻塞了活性位,降低了阴极的电化学催化活性。此外,Wachsman 等人[299]发现,由于 Sr 从晶格中析出形成 $SrCrO_4$ 相,LSCF 逐渐变成 Sr 缺位并且发生相转变,在表面区域发生从斜方六面体到立方钙钛矿的结构转变。由于氧空位的减少和表面 Co-Fe 的聚集,Sr 的缺失严重降低了 LSCF 的催化活性。

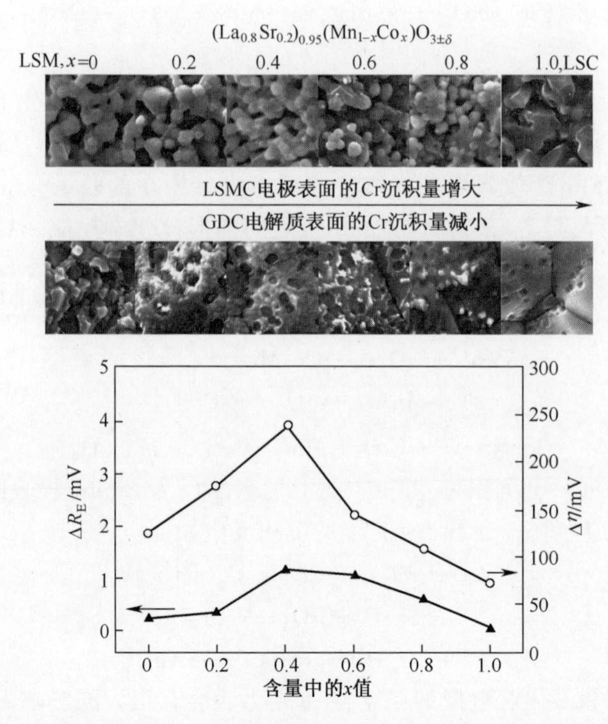

图 7.14 LSMC 电极表面和 GDC 电解质表面的 Cr 沉积以及在 900℃ 和 $200mA \cdot cm^{-2}$ 电流密度下处理 1200min 后 Cr 对 LSMC 阴极电化学活性的毒化与 B 位 Co 含量的关系[295]

一些阴极材料在SOFC工作环境下显示出一定的抗Cr毒化能力。我们观察到LSM-YSZ复合阴极比纯LSM阴极有更少的Cr沉积[300-301]。与LSM不同的是,在含YSZ(30%(质量分数))的LSM-YSZ复合阴极和GDC注入LSM的复合阴极中,含Cr的物质没有优先在电极和电解质界面处沉积。在LSM复合阴极中Cr沉积的显著减少可能是由于加入的离子导电相使得Mn^{2+}在阴极极化条件下减少,这阻碍了成核反应以及Cr沉积颗粒的长大。

La(Ni,Fe)O_3(LNF)电极材料有很高的抗Cr毒化和沉积能力[302-304]。Zhen等人[302]发现,在有Fe-Cr连接体存在时LNF比LSM稳定很多。在极化电流为200mA·cm^{-2},900℃工作20h后,在阴极表面和阴极/电解质界面处没有发现Cr沉积(图7.15(a)~(c))。对比而言,很多的Cr沉积在LSM和电解质的界面处(图7.15(d))。LNF抗Cr毒化能力强的原因是缺少形核剂,如LSM-YSZ电解质系统中的Mn^{2+}[302]。然而,Stodolny等人[305]报道,LNF在800℃时与Cr_2O_3直接接触是非常不稳定的。Cr会逐渐扩散到LNF的晶格结构中,此种反应会使LNF的电子导电性降低。Komatsu等人[304]研究了以LNF基材料作为阴极的电池在合金连接体存在时的稳定性。在低电流密度0.3A·cm^{-2}的情况下,电池工作超过700h后其性能仍然稳定,一旦加大电流密度,电池性能开始衰减,且随着电流密度的增大而更加严重。阴极材料颗粒在1.5A·cm^{-2}和2.3A·cm^{-2}电流密度下开始融合,在电流密度为2.3A·cm^{-2}时含Cr物质会在阴极/电解质界面邻近处沉积。

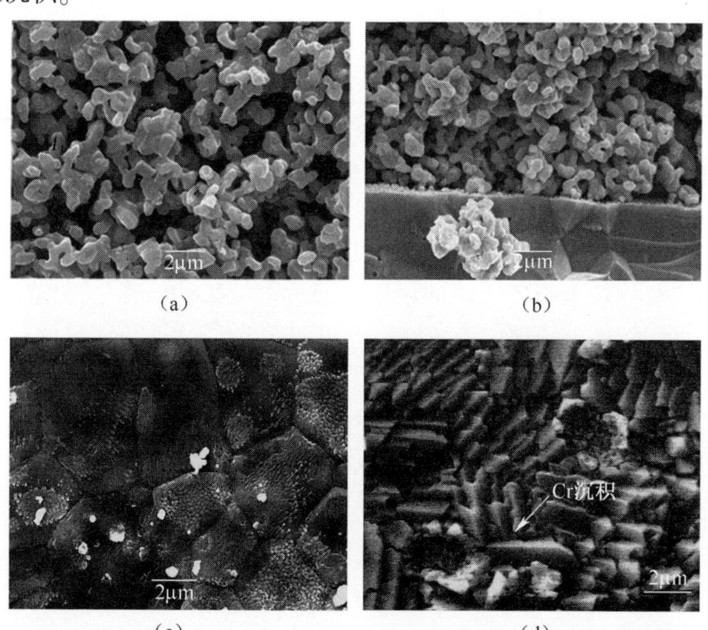

图7.15 SEM图片:LNF(a)表面和(b)断面,经20h极化后的YSZ电解质与(c)LNF和(d)LSM电极的接触表面。(c)和(d)的电极表面经过HCl处理[302]

减少 Sr 在 LSCF 和 BSCF 中 A 位元素的含量可以促进阴极的抗 Cr 毒化能力。Zhen 和 Jiang[306]将 LSCF 中 A 位的 Sr 用 Ba 取代而形成(La,Ba)(Co,Fe)$_3$O$_3$(LBCF)电极,LBCF 上的 Cr 沉积非常少。Chen 等人[307]仔细研究了添加 Ba 后(La,$Sr_{0.4-x}Ba_x$)(Co,Fe)$_3$O$_3$(LSBCF)上的 Cr 沉积。当 $x=0$ 时,Cr 沉积最严重,基本上覆盖了整个阴极表面。当 Sr 在 LSBCF 中的含量降低时,电极表面 Cr 沉积显著减少。BSCF 阴极的 Cr 沉积和毒化随着 BSCF 中 Sr 的减少迅速降低[254,294]。

除了开发抗 Cr 毒化的阴极,Cr 毒化还可以通过在传统 Fe-Cr 基金属连接体中加入其他金属元素来减少。Yang 等人[308]在 Fe-Cr 合金中加入了 0.45% 的 Mn 形成了 Fe-Cr-Mn 合金,Mn 的添加使合金表面形成(Mn,Cr)$_3$O$_4$导电尖晶石层。Simner 等人[309]研究了阳极支撑的 SOFC 在以含 Mn 铁素体不锈钢作为连接体条件下的衰减行为,当以 LSM、LSF 或 LSCF 作为阴极时,电池性能快速衰减。而当该金属连接体在 800℃ 预氧化 500h 后,金属表面会形成一层致密的(Mn,Cr)$_3$O$_4$ 导电层,减缓电池的衰减。

Cr 毒化还可以通过使用新型的合金连接体材料来减少。Stanislowski 等人[310]研究了 Cr 基、Fe 基、Ni 基、Co 基合金在高温下的 Cr 挥发行为,结果显示 Cr 基合金的 Cr 挥发可以通过加入其他金属减少 90%。Chen 等人[311]研究了含 20.76%Mo 和 3.02%Cr 的 Ni-Mo-Cr 金属连接体材料,对比 Fe-Cr 合金,与 Ni-Mo-Cr 接触的阴极 LSM 上 Cr 沉积显著减少。其原因是合金中 Cr 含量较低以及合金表面 $NiMn_2O_4$保护层的形成。

在金属连接体表面涂覆致密且导电的陶瓷材料涂层是减少 Cr 毒化的有效方法。Fujita 等人[312]研究了 Fe-Cr 合金上的多种氧化涂层,如 YSZ、Y_2O_3、La_2O_3、$LaAlO_3$、LSC。在这些氧化物中,LSC 被认为是阻挡 Cr_2O_3形成的最有效涂层,增加了 LSCF-SDC 为阴极的单电池的稳定性。Kurokawa 等人[313]研究了 LSM、LSCF、$MnCo_2O_4$陶瓷涂层对 Cr 挥发的影响,发现涂层有效减少了 Cr 的挥发,此作用主要依赖于制备涂层的粉末。通过电沉积法涂覆 Co-$LaCrO_3$涂层是一种有效阻碍 Cr 扩散到外层氧化层的方法[314]。Qu 等人[315]在 16%~18%(质量分数)Cr 的合金上分别涂覆 Y、Co、Y-Co 氧化物涂层后的氧化形为。他们发现 Cr-Mn 尖晶石和 Cr_2O_3是主要的表面氧化物,但是尖晶石的形貌主要与涂层的种类有关。Y-Co 涂层拥有最低的电阻,ASR 是其他无涂层合金的 1/8。

研究证明,尖晶石阻挡层有效减少了阴极上的 Cr 毒化。Yang 等人[316]制备了一种 $Mn_{1.5}Co_{1.5}O_4$尖晶石阻挡层,并通过丝网印刷涂覆到合金上。1000~3000h 热学和电学测试证实了该尖晶石涂层在减少 Cr 挥发、减缓氧化和减少阴极/电解质界面阻抗方面效果显著。Montero 等人[317]发现,使用$MnCo_{1.9}Fe_{0.1}O_4$涂层,还原性的 Cr 物质迁移到接触层和 LSF 阴极。Bi 等人[318]在合金上沉积一种 Co-Fe 合金,在热氧化后,表面形成了 $CoFe_2O_4$ 尖晶石层,致密的尖晶石涂层有效阻碍了 Cr 的挥发和传输,以 LSM 为阴极的电池在以该涂覆合金为连接体时稳定工作超过 300h。$NiCo_2O_4$ 涂层有效增加了金属连接体的抗氧化性且改善了其电子导电性[319]。

7.3.4 玻璃密封材料的污染

由于其良好的性能,玻璃陶瓷是非常理想的 SOFC 密封材料。然而,在 SOFC 工作温度下,密封玻璃中某些成分具有良好的可挥发性和反应活性。Batfalsky 等人[320]发现玻璃陶瓷密封材料和金属连接体之间的反应导致了密封材料周围的金属连接体被严重腐蚀,导致短路和电堆失效等问题。在 Ni 基电极电池的电解质/电极界面也处发现了来自于密封材料的 Si[321]。我们研究了在 1000℃时,玻璃密封材料对 LSM 阴极的微观结构和电催化活性的影响[286],结果显示,玻璃中的 Na、K,特别是 Na 导致了 LSM 颗粒的长大,导致三相界面的减少,致使阴极极化损失增加。

B_2O_3 是控制 SOFC 玻璃密封材料软化温度和黏度的关键成分。B_2O_3 熔点很低(450~510℃),而在还原气氛中,挥发性的含 B 物质容易在干燥气氛中形成 BO_2,在湿润和还原条件下形成 $B_3H_3O_6$[322]。Zhou 等人[323]研究了 B 对 LSM-YSZ 和 LSCF 阴极的氧化情况。当气氛中含有 B 时,以 LSM-YSZ 为阴极的电池的功率密度显著减小。在移除 B 后,电池的电化学性能可以部分恢复。另外,B 沉积对 LSCF 的电化学性能基本没有影响。

最近,我们研究了气态含 B 物质对 SOFC 中纳米结构 GDC 浸渍的 LSM 阴极的微观结构和性能的影响[324]。结果显示,阴极在有玻璃密封材料的情况下,在 800℃空气中保温 30 天后,GDC 纳米颗粒的粒径显著增大并且出现聚集。图 7.16 是浸渍的 GDC-LSM 阴极的 SEM 图。GDC 不均匀地分布在 LSM 颗粒表面以及电极/电解质界面上,颗粒的平均尺寸是(57±14)nm(图 7.16(a)和(b))。在没有玻璃存在的条件下,在 800℃ 烧结,GDC 纳米颗粒尺寸增加到(83±11)nm (图 7.16(c))。在有玻璃存在的条件下,在 800℃烧结,在电极表面及电极/电解质界面处形成了致密的团聚物以及大的无规则形状的物质(图 7.16(d)和(e))。致密团聚物尺寸约 200~600nm,说明含 B 挥发物对 GDC-LSM 阴极微观结构有一定的破坏作用。在有玻璃的情况下,GDC-LSM 阴极的极化阻抗为 $3.15\Omega \cdot cm^2$,比没有玻璃时的 $0.17\Omega \cdot cm^2$ 要高很多。ICP-OES 分析显示,有含 B 物质在阴极沉积,此项研究表明含 B 物质对 GDC-LSM 阴极的微观结构和活性有很大的毒化作用。

玻璃密封材料中的 Si 也会导致阴极的衰减。Horita 等人[11]研究扁管式 SOFC 电堆的使用寿命时发现,电堆欧姆阻抗随着时间的增加而增长,而极化阻抗基本保持恒定。Na、Al、Si、Cr 几种物质在 $LaFeO_3$ 基阴极上的浓度随着工作

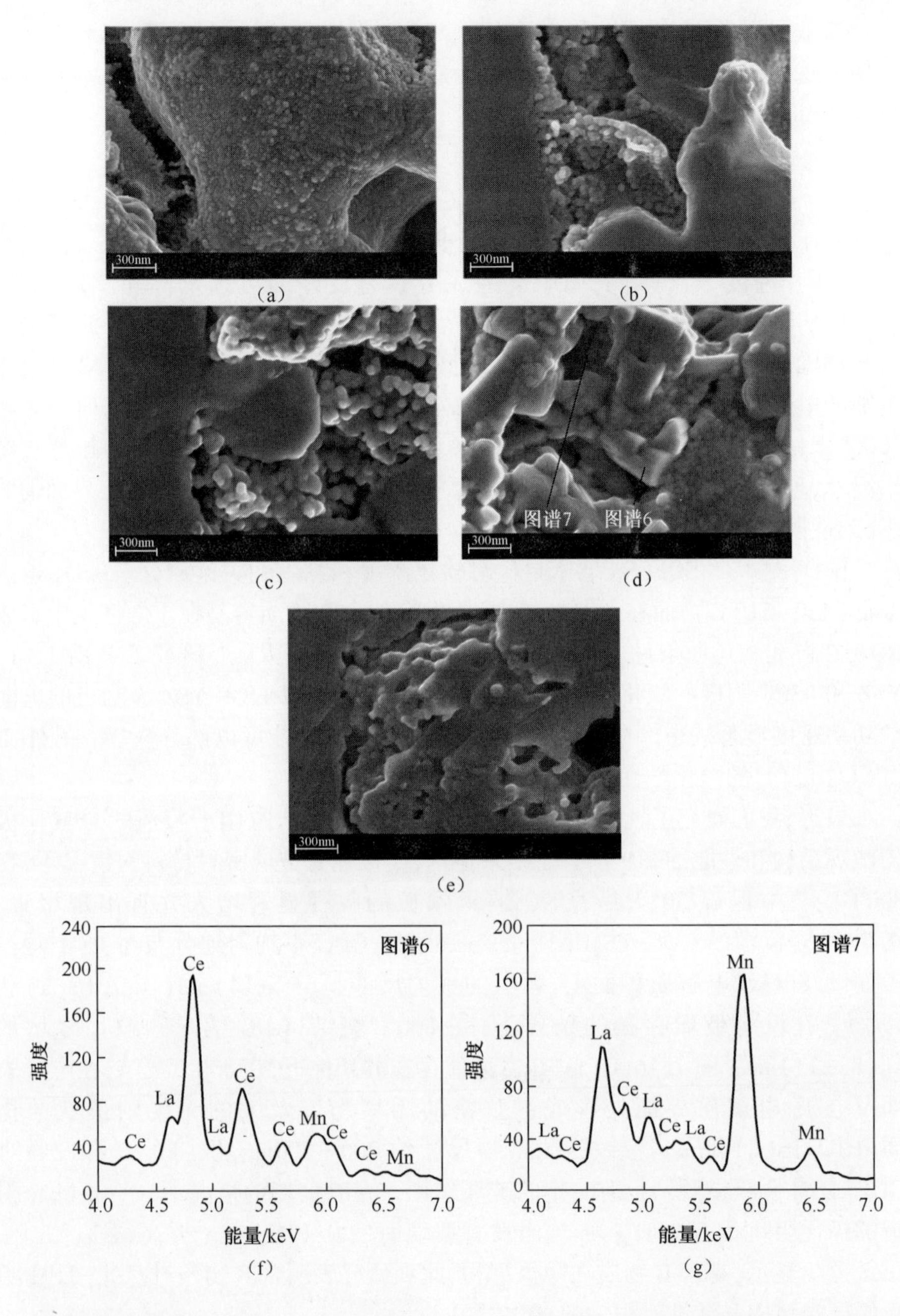

图 7.16　SEM 图片:((a),(b))新制备的 GDC-LSM 阴极,(c)在无玻璃条件下 800℃处理 30 天后的 GDC-LSM 阴极,((d),(e))在无玻璃条件下 800℃处理 30 天后的 GDC-LSM 阴极,图(d)所示的不规则形状的颗粒的 EDS 图谱分别在(f)和(g)中显示[324]

时间的增加而增大。Ce 基阻挡层处的 Si 的浓度也从 24h 后的 164ppm 增长到 8000h 后的 910ppm。Bae 和 Steele[325] 指出 GDC 中 SiO_2 不仅影响了 GDC 的离子电导率,也影响了 LSCF 阴极的电催化活性。界面处 SiO_2 的出现限制了氧离子在电解质的传输,而电极表面孔洞中 SiO_2 的聚积将毒化催化活性区域,阻止氧交换反应。

Komatsu 等人[326] 对阳极支撑的 SOFC 进行长期监测,发现 LNF 阴极的极化阻抗和欧姆阻抗随着时间的增加而增大。电压衰减率在 5200h 内为 0.86%/1000h,而在 5670h 内为 1.40%/1000h,这与密封材料中 B 和 Si 的析出有密切联系。

7.3.5　空气中杂质的毒化

在空气中存在的 SO_2,可能会影响阴极的活性和稳定性。Liu 等人[327] 观察到当 SO_2 浓度为 1ppm 时,LSM 在 800℃时是稳定的,但是当 SO_2 浓度增加时,阴极性能衰减也会加快。LSCF 对 SO_2 非常敏感,当 SO_2 浓度为 1ppm 时,LSCF 阴极就出现不稳定现象。当 LSM 和 LSCF 阴极暴露在 20ppm SO_2 中超过 1000h 后,电极表面会生成 $SrSO_4$ 化合物。

Schuler 等人[328] 制备了双层结构阴极,包含了 LSM-YSZ 功能层和 LSC 电流收集层。在 800℃时,暴露在含有 SO_2 的空气中超过 1900h, LSM-YSZ 层没有出现 S 毒化,但是在 LSC 层中发现 $SrSO_4$。在有 Cr 的情况下,LSC 表面出现了 $Sr(Cr_{0.85}S_{0.15})O_4$。

Yamaji 等人[329] 报道,微量的 SO_2(如 5ppb 和 1ppm)可以导致 SSC 阴极的衰减,SO_2 和 SSC 反应生成了 $SrSO_4$。另一方面,在高浓度 SO_2 中,如 100ppm, SSC 衰减更迅速,并且观察到形貌发生明显变化(图 7.17)[10]。Sr 和 Sm 与 SO_2 反应分别生成 $SrSO_4$ 和 $Sm_2O_2SO_4$ 相关相。Co 的氧化物,如 Co_3O_4 和 CoO,是由于 SSC 的部分分解形成的。

(a)　　(b)

图 7.17　在空气中处理后的电池中心区域(Sm,Sr)CoO_3 表面的背散射图片:(a)无 SO_2,(b)含 98ppm SO_2 空气[10]

由于地理位置和气候的不同,空气中存在一定的湿度。Sakai 等人[330]指出,少量的水蒸气可以显著增强氧气在 YSZ 表面的交换速率。另外,在 1000h 测试中,空气中 3%(体积分数)的水蒸气对 LSM 和 LSCF 阴极的性能基本上没有影响。可是,大量的水蒸气(如 20%(体积分数))会导致 LSM 表面 La_2O_3、Mn_3O_4 的形成从而导致阴极性能衰减[331-332]。

Hagen 等人发现在空气中加入 4%H_2O 会降低电池电压,但是这种现象在转换到干燥空气中时可以部分恢复。当有水蒸气存在时,与 LSM-YSZ 阴极接触的 YSZ 电解质表面会形成波纹状的结构。另外,如 Chen 等人[287]所描述的,在接触金属连接体时,SOFC 中 LSM 阴极的 Cr 沉积和毒化在湿润(3%H_2O)空气中更严重。在没有接触金属连接体时,LSM 阴极在干燥和湿润空气中具有相当的氧还原反应活性和电化学活性。可是,当存在 Fe-Cr 合金连接体时,LSM 阴极的电化学活性在湿润空气中比在干燥空气中要小很多,Cr 沉积也更严重。因此,在以 Fe-Cr 合金为金属连接体的 SOFC 中,空气中的湿度越低越好。

空气中含有 0.039% CO_2。CO_2 会毒化含碱金属元素的钙钛矿材料,如 BSCF。BSCF 阴极 A 位的 Ba 会和 CO_2 反应生成 $BaCO_3$,导致其氧还原催化活性大幅度降低。Yan 等人[333-334]观察到在含 0.28%~3.07%CO_2 的情况下,BSCF 性能大幅衰减。这种衰减在低温、高 Ba 含量的 BSCF 中以及高浓度 CO_2 的情况下更严重,Bucher 等人[335]发现,在 300~400℃,CO_2 的分压在 4×10^{-4}~5×10^{-2} 时,BSCF 表面的氧交换非常缓慢。而在富含 CO_2 的气氛中(20%(体积分数)O_2+5%(体积分数)CO_2+Ar),600~800℃时,由于 BSCF 中碳酸盐的形成,BSCF 表面的氧交换显著加快。另外,在移除 CO_2 后,由于碳酸盐在 800℃分解[335],阴极成分会逐渐恢复[333]。这表明 BSCF 阴极长时间的性能衰减主要发生在 600~700℃的中温段内。

7.4 固体氧化物电解池的衰减

高温固体氧化物电解池具有高效、经济地生产氢燃料的潜力,与传统的低温电解法相比,它具有较低的能量损耗[336-338]。SOEC 是 SOFC 的反过程,可以通过高温电解水蒸气的方法将可再生能源的能量储存到 H_2 中。在工作过程中,将水蒸气通入到燃料电极侧,发生还原反应生成氢气。在阳极侧通过电解质传输过来的氧离子被氧化,生成氧气。高温是发生高效电解的必要条件,因此使用的材料在工作温度下必须要有很好的稳定性。用于 SOFC 的材料和制备技术可以直接应用到 SOEC 中,SOEC 的高电解能力已经得到了证明[339-341]。然而,在高温电解条件下常用 SOFC 材料的稳定性是一个重要问题。Hauch 等人[342]发现 SOEC 在长期工作过程中的衰减是 SOFC 的近 5 倍。因此,理解 SOEC 的衰减机理对高温 SOEC 的发展非常重要。

7.4.1 燃料电极

工业气体中的杂质会毒化 SOEC 的燃料电极。Ebbesen 等人[343]研究了 Ni-YSZ阳极支撑 SOEC 在电流密度为 0.25~0.50A · cm^{-2}条件下电解 CO_2 过程中的稳定性。在初始的 500h 内,SOEC 的衰减率为 0.22~0.44mV · h^{-1},在之后的 400~500h 中,衰减率逐渐降低到 0.05~0.09mV · h^{-1}。衰减不受电流密度的影响,当电池处于开路时衰减仍然继续。在通入水蒸气以后,衰减不可恢复,而在通入氢气以后,衰减可部分恢复。研究表明,Ni-YSZ 电极的衰减是由水蒸气中的杂质,如硫,吸附到镍上引起的。当通入的气体中的杂质被清除以后,SOEC 可以在不发生衰减的情况下工作[344-346]。图 7.18 所示为用于电解 CO_2 的 SOEC 在通入的气体经过净化以后的稳定性。如 7.2.4 节所述,SOEC 燃料电极由硫等杂质引起的毒化与 SOFC 类似。

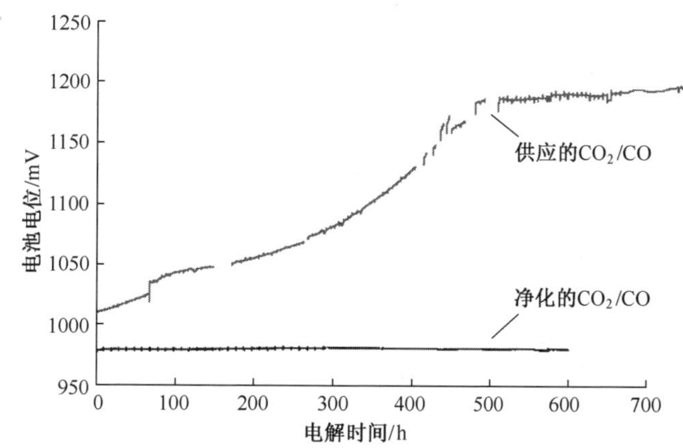

图 7.18 通入未经处理的或经过净化处理的燃料后,Ni-YSZ 基 SOEC 在电解 CO_2 过程中(850℃,0.25A · cm^{-2},70%CO_2-30%CO)的电池电压曲线[345]

硅杂质也会引起 SOEC 燃料电极的性能衰减。Hauch 等人[347]发现,在电解过程中,在测试的初始几天内,电池电压显著增加。衰减与含硅杂质在氢电极-电解质界面处析出有密切关系。密封材料中的硅会引起 SOEC 燃料电极的衰减。报道显示,在燃料电极端使用 $NaAlSi_3O_8$ 作为密封材料会导致电池性能在进行水蒸气电解的最初几百小时内发生衰减。衰减主要是由燃料电极的极化阻抗的增加而引起的[321]。在 SOEC 测试过程中,燃料电极上有硅存在。然而,在使用金作为密封材料的时候,没有发现衰减行为。Knibbe 等人[348]研究了在高电流密度 1A · cm^{-2}、1.5A · cm^{-2}和 2.0A · cm^{-2}条件下,在 Ni-YSZ 电极端通入 H_2O/H_2 比例为 1 : 1 的混合气的过程中 SOEC 的衰减行为。他们发现电极的极化阻抗增大,但是该增大与电流密度没有直接关系,应该是由 Ni-YSZ 电极上吸附的SiO_2引起的。有证据显示 Ni 发生了轻微的团聚,但是没有发现还原后的 Ni 发生渗透的迹象。在 Ni-YSZ 阳极的进气口发现了SiO_2,但是在出气口没有发现该物质。

Kim-Lohsoontorn 等人[349]发现,在在电流密度为 0.1A·cm^{-2}的条件下进行 200h 电解反应的过程中,Ni-YSZ 基 SOEC 以较高的速度 2.5mV·h^{-1}发生衰减。另一方面,将 GDC 浸渍到 Ni-YSZ 燃料电极中不仅能够提高电极的电催化活性,还能够提高 SOEC 的寿命。以 GDC 浸渍 Ni-YSZ 作为电极的 SOEC 在工作超过 200h 后仍然保持性能稳定(图 7.19)。

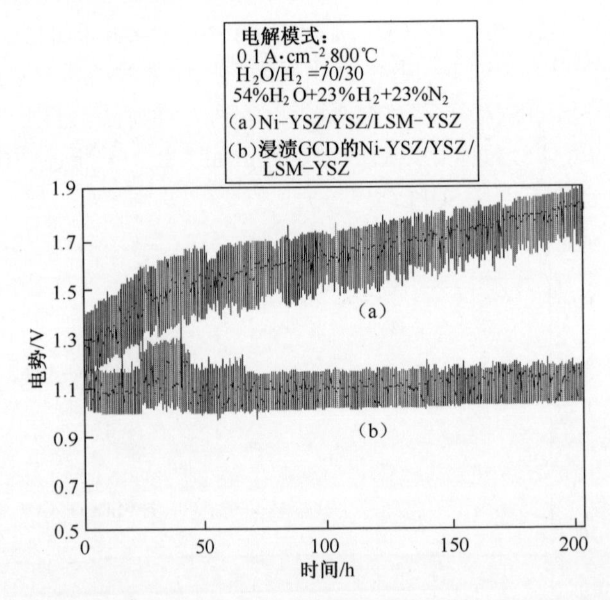

图 7.19 以两种不同的电极:浸渍 GDC 以及未浸渍 GDC 的 Ni-YSZ 为燃料电极的阳极支撑 SOEC 在电解水蒸气过程中(0.1A·cm^{-2},800℃,H_2O/H_2=70%/30%)的极化电位[349]

正如 7.2.1 节所述,在水蒸气浓度较高的条件下,Ni 容易被氧化并且发生颗粒长大。这一问题对 Ni 基金属陶瓷电极在 SOEC 工况下的稳定性的影响也是非常大的。Hauch 等人[321]发现,在 950℃ 高电流密度和高水蒸气分压(2A·cm^{-2},pH_2O=0.9atm)条件下,在 SOEC 模式下工作 68h 后,Ni-YSZ 电极的微结构发生了显著变化。电解结束后,在 Ni-YSZ 电极-电解质界面处形成了厚度为 2~4μm 的致密 Ni-YSZ 层。研究人员认为,在高水蒸气环境下,特别是在界面处,气态$Ni(OH)_2$会被还原成 Ni,从而导致 Ni 迁移和重新分布,使致密的 Ni-YSZ 层在靠近 YSZ 电解质处生成。Schiller 等人[350]也发现在 800℃ 水蒸气浓度为 43%的条件下进行氢电解超过 2000h 后,金属支撑电池中的多孔金属基底上有氧化物层形成,Ni 颗粒长大。

考虑到 Ni-YSZ 电极在高水蒸气浓度和高电流密度条件下的性能不够稳

定,其他一些替代材料也得到了研究。Yang 和 Irvine[351]采用浸渍 50%(质量分数)$(La_{0.75}Sr_{0.25})_{0.95}Mn_{0.5}Cr_{0.5}O_3$(LSCM)到 YSZ 的方法制备 SOEC 燃料电极,并将它与 Ni-YSZ 燃料电极进行比较。对于 Ni-YSZ,当入口气体由还原性的 3%水蒸气/Ar/4%H_2 转变为惰性的 3%水蒸气/Ar 气体时,经过短时间工作后,电池的阻抗快速增大到几千欧姆。在 1V 电压下电解后,Ni 会被氧化为 NiO。另一方面,以 LSCM 作为燃料电极的电池无论是在还原气氛中还是在惰性气氛中都能很好地工作。

7.4.2 氧电极

许多研究团队已经发现了氧电极的衰减和电极剥离现象[352-357]。与极化对 LSM 基阴极在 SOFC 工作模式下发生氧还原反应的电化学活性的活化作用有很大不同[235,358-361],在 SOEC 模式下,阳极电流极化对 LSM 电极和 LSM-YSZ 电极有钝化作用,会导致发生氧氧化反应的电极极化阻抗增大[340,362-364]。图 7.20所示为 LSM 氧电极在 SOEC 工作条件下的典型极化曲线[365]。电极的阳极极化电位(E_{anodic})随极化时间的变化可以分为三个不同的区域。区域Ⅰ的特点是极化电位随极化时间持续降低,表明 LSM 氧电极在阳极极化条件下得到了活化。经过初始的活化阶段后,E_{anodic} 趋向于稳定,不再随极化时间发生变化(区域Ⅱ)。无论是在区域Ⅰ还是区域Ⅱ,LSM 氧电极的欧姆电阻都不发生变化。然而,在工作的最后阶段,无论是极化电位、欧姆电阻还是极化电阻都显著增大,这表明 LSM 电极从电解质上发生了剥离。已经有报道表明,氧电极-电解质界面发生剥离是 SOEC 氧电极工作过程中最常见的衰减方式[352-353,366]。

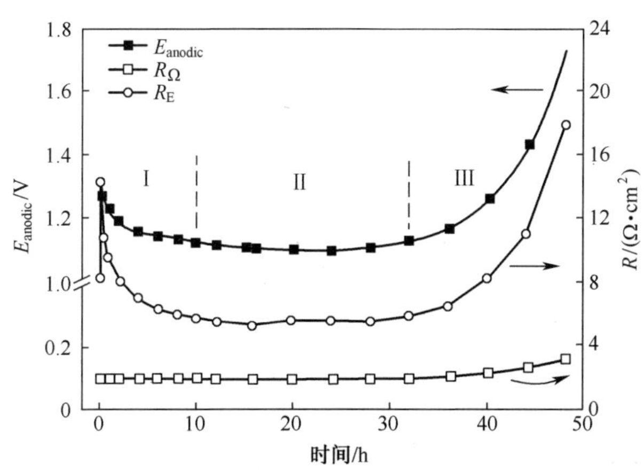

图 7.20 在 800℃空气中,电流密度为 500mA·cm^{-2}的条件下,新制备的 LSM 氧电极的极化曲线随阳极极化时间的变化[365]

氧电极的衰减和剥离受施加电流密度大小的影响。Chen 等人[354]发现在 800℃,1A·cm^{-2}电流密度下阳极极化处理 22h 后,LSM 氧电极已经完全与电解质剥离。然而,在 200mA · cm^{-2} 电流密度下经过相同时间处理后,LSM 电极仍然与 YSZ 电解质接触良好。Graves 等人[367]发现,在较低的电流密度下,如 0.25A · cm^{-2} 时,电池的衰减主要是由 Ni-YSZ 燃料电极引起的。然而,在较高的电流密度 0.5A · cm^{-2} 和 1.0A · cm^{-2} 下,电池衰减原因除了 Ni-YSZ 燃料电极的衰减,主要还是欧姆电阻的增大和 LSM-YSZ 电极的衰减。

关于电极的剥离,有几种不同的机理可以进行解释,包括电极-电解质界面处的氧渗透到孔/缺陷中的过程,电极－电解质界面处高氧分压的形成[352,368-369]。Virkar[370]提出了一种关于 SOEC 衰减的模型,该模型预测氧电极的剥离主要是由靠近氧电极-电解质界面处的电解质内部形成了高氧分压引起的。这个模型与一些实验结果相吻合。Knibbe 等人[348]研究了 SOEC 在 1~2A · cm^{-2} 的高电流密度条件下的衰减行为,结果发现在接近 LSM-YSZ 氧电极的 YSZ 电解质晶界处出现了孔洞。研究人员认为,电池的衰减主要与氧电极附近的 YSZ 晶界处氧分子的生成有关。Laguna-Bercero 等人[357]也发现,在 1.8V 高电位工作后,氧电极-YSZ 电解质界面附近的 YSZ 电解质发生了永久性破坏,表明高电位条件下 YSZ 的破坏可能会导致电解质性能变差。

最近,我们详细研究了 LSM 氧电极在 SOEC 工作条件下的衰减行为[365]。在 500mA · cm^{-2} 电流密度下电解 48h 后,LSM 电极发生了剥离。之后的测试表明,在 LSM 与电解质表面的接触处出现了纳米颗粒簇(图 7.21)。这些纳米簇由多层粒度在 50~100nm 之间的纳米颗粒组成(图 7.21(b))。簇中的纳米颗粒可以通过 HCl 处理的方法除去,只在 YSZ 表面留下圆环痕迹。这些痕迹与在 1100℃烧结后 YSZ 电解质表面与 LSM 之间的凸起接触环类似[371]。这表明,YSZ 电解质表面的纳米颗粒簇主要来自于与 YSZ 电解质接触的 LSM 颗粒,并且是由阳极极化处理条件下氧电极-电解质界面处的 LSM 大晶粒的分解导致的。形成的纳米颗粒主要局限于圆形接触环内部(图 7.21(b))。研究结果显示,SOEC 工作条件下 LSM 晶格的收缩产生了局部拉伸应变,产生了微裂纹,进而导致在电极-电解质界面处 LSM 内部形成纳米颗粒。纳米簇的形成以及内部高氧分压是 LSM 基氧电极发生剥离和衰减的主要原因。引入 YSZ 电解质相形成 LSM-YSZ 复合氧电极可以提高它们的电化学性能。然而,复合氧电极在 SOEC 模式下仍然会迅速衰减,在 800℃电流密度为 500mA · cm^{-2} 的条件下测试 100h 后,电极-电解质界面处有 LSM 纳米颗粒形成[372]。报道显示,由 LSM-YSZ 氧电极/10%Sc_2O_3-1%CeO_2-ZrO_2 电解质构成的电解池发生了严重的衰减,引起衰减的主要原因可能是不同相之间发生了反应[373]。

在 SOEC 工作条件下,混合导体氧电极表现出比纯电子导体,如 LSM 基氧电极材料,更高的电催化活性。Minh 团队[355,374]研究了几种不同类型的 SOEC 氧电极,结果发现,无论是在 SOFC 模式下还是在 SOEC 模式下,氧电极的性能由好到差的顺序为 LSCF > LSF > LSM-YSZ。此外,在 SOEC 模式下,LSCF 和

LSF 表现出比 LSM-YSZ 复合电极更好的稳定性。

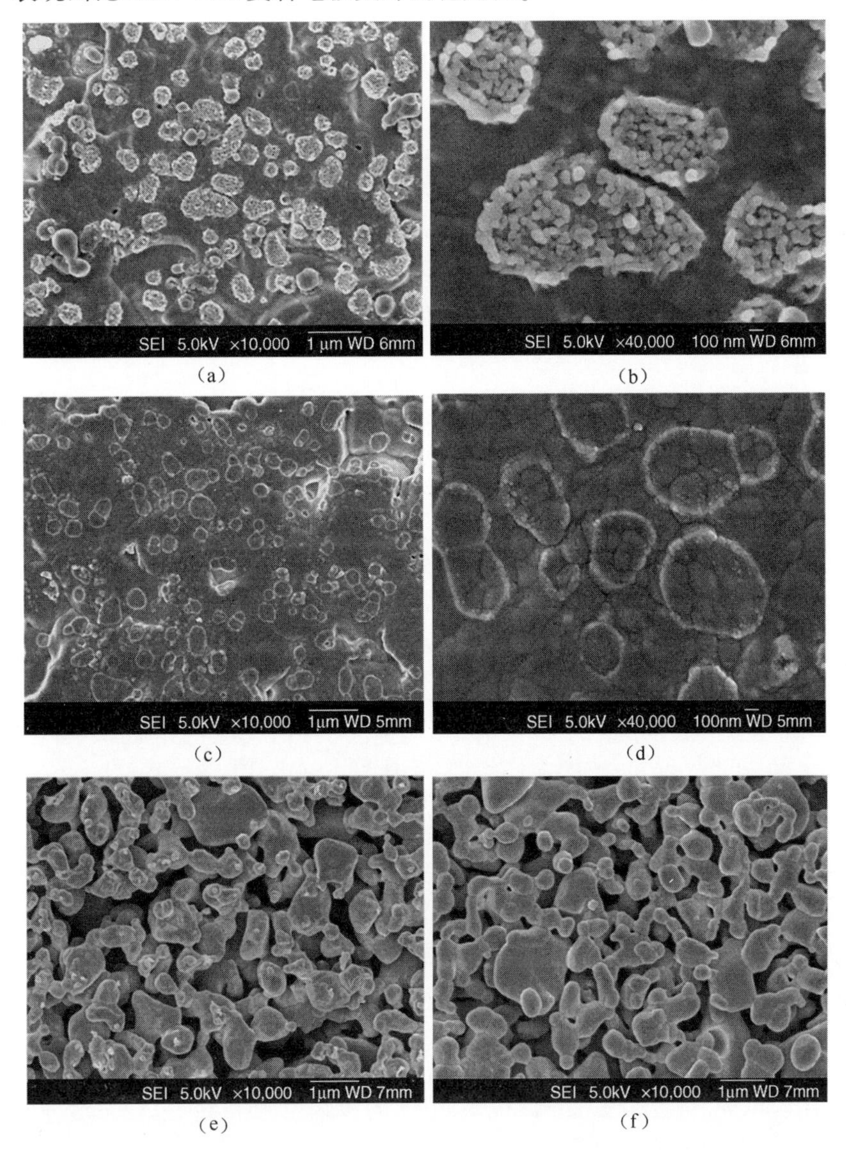

图 7.21　在 800℃电流密度为 500mA · cm^{-2}的条件下,阳极极化处理 48h 后与 LSM 氧电极接触的 YSZ 电解质表面的 SEM 图:((a),(b))盐酸处理前和((c),(d))盐酸处理后,(e)与 YSZ 接触的 LSM 氧电极的内表面,(f)LSM 氧电极暴露于空气中的外表面[365]

另一方面,在混合导体电极中也会出现由剥离导致的性能衰减。Hino 等人[356]采用 $LaCoO_3$ 作为氧电极,YSZ 作为电解质制备 SOEC。经历一个热循环以后,$LaCoO_3$ 会从电解质上剥离。主要原因是电极和电解质之间的热膨胀系数匹配性较差。这种不匹配同样会导致 BSCF 电极从电解质上剥离[366]。

SOEC 工作模式下氧电极上的 Cr 毒化也得到了报道。Mawdsley 等人[353]测试了以氧化锰-氧化锆复合材料为氧电极，(La,Sr)CoO_3(LSC)为集流材料的两种 SOEC 电堆。经过 2000h 的测试后，电堆的衰减率约为 46%，衰减主要是由氧电极的剥离和 LSC 层的 Cr 毒化引起的。在 LSC 层内部检测到了 Cr_2O_3、$LaCrO_3$、La_2CrO_6和 Co_3O_4 等第二相。LSC 的分解主要是由氧电极上的电解电位和氧分压条件下 La-Cr-O 相关的热力学作用驱动的[375]。Minh[355]发现，经过长时间工作后，LSCF 氧电极-不锈钢连接体界面处会发生 Sr 和 Cr 的迁移以及相互反应。Elangovan 等人[376]使用钴-铁氧电极，并且通过在连接体上空气的一侧涂上有保护作用的尖晶石涂层，电堆的衰减速率达到了每 1000h 小于 0.5% 的极低值。

有证据显示，纳米结构氧电极可以提高 SOEC 电极的电化学活性和稳定性。Chen 等人[354]采用浸渍 20~30nm 的 GDC 纳米颗粒的方法修饰了 LSM 电极。浸渍 GDC 不仅显著提高了氧气氧化反应的电催化活性，也抑制了氧电极-电解质界面处的电极剥离的发生。Wang 等人[363]制备了纳米结构(La,Sr)CoO_3(LSC)、(La,Sr)FeO_3(LSF)和 LSM 浸渍的 YSZ 氧电极以及传统的 LSM-YSZ 复合电极。经历几个小时的工作后，LSF-YSZ 和 LSC-YSZ 在 SOEC 和 SOFC 模式下都表现出很好的稳定性。然而，在 700℃ 电解 24h 后，LSM-YSZ 氧电极表现出性能的不稳定。另一方面，Yang 等人制备了 LSM 浸渍的 YSZ 氧电极，发现由于多孔 YSZ 内部形成了不均匀分布的 LSM 颗粒，导致氧氧化反应的电极极化电阻降低[377]。在 800℃，0.33A · cm^{-2}条件下电解 50h 以后，以 LSM 浸渍的 YSZ 作为氧电极的 SOEC 表现出很高的稳定性。近期关于 LSM 浸渍 YSZ 氧电极的研究表明，浸渍的 LSM 纳米颗粒的结构稳定性主要由两种作用截然不同的因素所控制：一是由热烧结作用导致的晶体生长，另一种是阳极极化条件下 LSM 的晶格收缩[378]。具体哪种作用对浸渍的 LSM 纳米颗粒的微观结构有决定性影响与 LSM 颗粒的原始粒度有一定关系。

其他材料作为 SOEC 氧电极使用的问题也得到了研究。Liu 等人[379]使用钙钛矿结构 $Sr_2Fe_{1.5}Mo_{0.5}O_6$(SFM)同时作为 SOEC 的燃料电极和氧电极。在 900℃ 含水 60%(体积分数)的燃料端，电池的极化电阻为 0.26Ω · cm^2，并且在 850℃ 电解超过 100h 后，电池的性能仍很稳定。

7.5 总结和结论

由微结构破坏和杂质毒化导致的电极性能衰减，是影响 SOFC 系统长期稳定性和寿命的重要因素。由于自然界存在丰富的煤和生物质能源，在未来的发电装置中会使用煤和生物质合成气气作为 SOFC 的燃料，上述衰减需要引起更多的重视。然而，煤和生物质合成气内含有不同种类的杂质，如焦油、磷、砷、硫、锌和硒等,它们会影响 SOFC 的性能和寿命。将蒸气中的杂质完全除去是非常困难的,并且杂质净化过程的成本很高。此外,有些杂质如铬、硼和硅来自于电堆的组成部件,它们的存在不可避免。因此,燃料电池必须具有一定的抗杂质毒化能力。

然而,正如本章所讨论的,对于衰减过程和机理的研究仍然处于实验阶段,关于电池性能和结构衰减机理的基本理论研究远远落后于 SOFC 和 SOEC 材料的发展需求。这些内容对于提出准确预测与杂质相关的性能衰减的模型是非常必要的。不过,建立标准的经验模型可以在没有完全弄清楚衰减机理的条件下有效地设计和预测 SOFC 的工作寿命。Cayan 等人[380]开发了一种反映在煤合成气燃料中工作的衰减行为的模型,与文献中报道的由砷化氢、磷化氢、硫化氢和硒化氢引起的衰减的速率进行了对比,得到了一致的结果。对燃料电池工作条件下的材料微结构变化、材料表面化学、杂质存在条件下的扩散、材料与杂质的相互作用等相关问题开展进一步研究,对开发和建立更加实用,且能准确反映 SOFC 阳极和阴极性能的模型是非常必要的。

在 SOFC 和 SOEC 环境下工作时,除了对阴极端发生的氧还原反应、阳极端发生的燃料氧化反应有很高的电催化活性之外,性能良好的电极还必须具有很高的抗杂质毒化能力。目前这个领域的研究还较少,但是开发具有高电催化活性和高抗杂质毒化能力的电极材料为 SOFC 和 SOEC 领域的科研工作者和工程人员带来了新机遇的同时也提出了新挑战。

参考文献

[1] Brett, D. J. L., Atkinson, A., Brandon, N. P., and Skinner, S. J. (2008) Intermediate temperature solid oxide fuel cells. *Chem. Soc. Rev.*, **37**, 1568-1578.

[2] Wachsman, E. D. and Lee, K. T. (2011) Lowering the temperature of solid oxide fuel cells. *Science*, **334**, 935-939.

[3] Fergus, J. W. (2005) Metallic interconnects for solid oxide fuel cells. *Mater. Sci. Eng.*, *A*, **397**, 271-283.

[4] Zhu, W. Z. and Deevi, S. C. (2003) Development of interconnect materials for solid oxide fuel cells. *Mater. Sci. Eng.*, *A*, **348**, 227-243.

[5] Hilpert, K., Das, D., Miller, M., Peck, D. H., and Weiss, R. (1996) Chromium vapor species over solid oxide fuel cell interconnect materials and their potential for degradation processes. *J. Electrochem. Soc.*, **143**, 3642-3647.

[6] Paulson, S. C. and Birss, V. I. (2004) Chromium poisoning of LSM-YSZ SOFC cathodes - I. Detailed study of the distribution of chromium species at a porous, single-phase cathode. *J. Electrochem. Soc.*, **151**, A1961-A1968.

[7] Fergus, J. W. (2007) Effect of cathode and electrolyte transport properties on chromium poisoning in solid oxide fuel cells. *Int. J. Hydrogen Energy*, **32**, 3664-3671.

[8] Jiang, S. P., Zhang, J. P., Apateanu, L., and Foger, K. (2000) Deposition of chromium species at Sr-doped

$LaMnO_3$ electrodes in solid oxide fuel cells I. Mechanism and kinetics. *J. Electrochem. Soc.*, **147**, 4013-4022.

[9] Badwal, S. P. S., Deller, R., Foger, K., Ramprakash, Y., and Zhang, J. P. (1997) Interaction between chromia forming alloy interconnects and air electrode of solid oxide fuel cells. *Solid State Ionics*, **99**, 297-310.

[10] Xiong, Y. P., Yamaji, K., Horita, T., Yokokawa, H., Akikusa, J., Eto, H., and Inagaki, T. (2009) Sulfur poisoning of SOFC cathodes. *J. Electrochem. Soc.*, **156**, B588-B592.

[11] Horita, T., Kishimoto, H., Yamaji, K., Brito, M. E., Xiong, Y. P., Yokokawa, H., Hori, Y., and Miyachi, I. (2009) Effects of impurities on the degradation and long-term stability for solid oxide fuel cells. *J. Power Sources*, **193**, 194-198.

[12] Yokokawa, H., Yamaji, K., Brito, M. E., Kishimoto, H., and Horita, T. (2011) General considerations on degradation of solid oxide fuel cell anodes and cathodes due to impurities in gases. *J. Power Sources*, **196**, 7070-7075.

[13] Lorente, E., Millan, M., and Brandon, N. P. (2012) Use of gasification syngas in SOFC: impact of real tar on anode materials. *Int. J. Hydrogen Energy*, **37**, 7271-7278.

[14] Zhao, F., Peng, R. R., and Xia, C. R. (2008) A $La_{0.6}Sr_{0.4}CoO_{3-\delta}$-based electrode wit high durability for intermediate temperature solid oxide fuel cells. *Mater. Res. Bull.*, **43**, 370-376.

[15] Zha, S. W., Cheng, Z., and Liu, M. L. (2007) Sulfur poisoning and regeneration of Ni-based anodes in solid oxide fuel cells. *J. Electrochem. Soc.*, **154**, B201-B206.

[16] Tikekar, N. M., Armstrong, T. J., and Virkar, A. V. (2006) Reduction and reoxidation kinetics of nickel-based SOFC anodes. *J. Electrochem. Soc.*, **153**, A654-A663.

[17] Jiang, S. P. (2003) Sintering behavior of $Ni/Y_2O_3-ZrO_2$ cermet electrodes of solid oxide fuel cells. *J. Mater. Sci.*, **38**, 3775-3782.

[18] Fergus, J. W. (2006) Electrolytes for solid oxide fuel cells. *J. Power Sources*, **162**, 30-40.

[19] Nomura, K., Mizutani, Y., Kawai, M., Nakamura, Y., and Yamamoto, O. (2000) Aging and raman scattering study of scandia and yttria doped zirconia. *Solid State Ionics*, **132**, 235-239.

[20] Yamamoto, O., Arati, Y., Takeda, Y., Imanishi, N., Mizutani, Y., Kawai, M., and Nakamura, Y. (1995) Electrical conductivity of stabilized zirconia with ytterbia and scandia. *Solid State Ionics*, **79**, 137-142.

[21] Tsoga, A., Naoumidis, A., and Nikolopoulos, P. (1996) Wettability and interfacial reactions in the systems Ni/YSZ and $Ni/Ti-TiO_2/YSZ$. *Acta Mater.*, **44**, 3679-3692.

[22] Iwata, T. (1996) Characterization of Ni-YSZ anode degradation for substrate-type solid oxide fuel cells. *J. Electrochem. Soc.*, **143**, 1521-1525.

[23] Simwonis, D., Tietz, F., and Stoöver, D. (2000) Nickel coarsening in annealed Ni/8YSZ anode substrates for solid oxide fuel cells. *Solid State Ionics*, **132**, 241-251.

[24] Sehested, J., Gelten, J. A. P., and Helveg, S. (2006) Sintering of nickel catalysts: effects of time, atmosphere, temperature, nickel-carrier interactions, and dopants. *Appl. Catal.*, *A*, **309**, 237-246.

[25] Sehested, J. (2003) Sintering of nickel steam-reforming catalysts. *J. Catal.*, **217**, 417-426.

[26] Iwanschitz, B., Holzer, L., Mai, A., and Schutze, M. (2012) Nickel agglomeration in solid oxide fuel cells: the influence of temperature. *Solid State Ionics*, **211**, 69-73.

[27] Jiang, S. P., Callus, P. J., and Badwal, S. P. S. (2000) Fabrication and performance of Ni/3mol% $Y_2O_3-ZrO_2$ cermet anodes for solid oxide fuel cells. *Solid State Ionics*, **132**, 1-14.

[28] Koch, S., Hendriksen, P. V., Mogensen, M., Liu, Y. L., Dekker, N., Rietveld, B., de Haart, B., and Tietz, F. (2006) Solid oxide fuel cell performance under severe operating conditions. *Fuel Cells*, **6**, 130-136.

[29] Ivers-Tiffée, E., Weber, A., and Herbstritt, D. (2001) Materials and technologies for SOFC-components. *J. Eur. Ceram. Soc.*, **21**, 1805-1811.

[30] Matsui, T., Kishida, R., Kim, J. Y., Muroyama, H., and Eguchi, K. (2010) Performance deterioration of Ni-YSZ anode induced by electrochemically generated steam in solid oxide fuel cells. *J. Electrochem. Soc.*, **157**, B776-B781.

[31] Yamaji, K., Kishimoto, H., Xiong, Y., Horita, T., Sakai, N., and Yokokawa, H. (2004) Performance of anode-supported SOFCs fabricated with EPD techniques. *Solid State Ionics*, **175**, 165-169.

[32] de Haart, L. G. J., Mayer, K., Stimming, U., and Vinke, I. C. (1998) Operation of anode-supported thin electrolyte film solid oxide fuel cells at 800℃ and below. *J. Power Sources*, **71**, 302-305.

[33] Moon, J. W., Lee, H. L., Kim, J. D., Kim, G. D., Lee, D. A., and Lee, H. W. (1999) Preparation of ZrO_2-coated NiO powder using surface-induced coating. *Mater. Lett.*, **38**, 214-220.

[34] Itoh, H., Yamamoto, T., Mori, M., Horita, T., Sakai, N., Yokokawa, H., and Dokiya, M. (1997) Configurational and electrical behavior of Ni-YSZ cermet with novel microstructure for solid oxide fuel cell anodes. *J. Electrochem. Soc.*, **144**, 641-646.

[35] Itoh, H., Yamamoto, T., Mori, M., Watanabe, T., and Abe, T. (1996) Improved microstructure of Ni-YSZ cermet anode for SOFC with a long term stability. *Denki Kagaku*, **64**, 549-554.

[36] Marinsek, M., Zupan, K., and Maèek, J. (2002) Ni-YSZ cermet anodes prepared by citrate/nitrate combustion synthesis. *J. Power Sources*, **106**, 178-188.

[37] Esposito, V., de Florio, D. Z., Fonseca, F. C., Muccillo, E. N. S., Muccillo, R., and Traversa, E. (2005) Electrical properties of YSZ/NiO composites prepared by a liquid mixture technique. *J. Eur. Ceram. Soc.*, **25**, 2637-2641.

[38] Sunagawa, Y., Yamamoto, K., and Muramatsu, A. (2006) Improvement in SOFC anode performance by finelystructured Ni/YSZ cermet prepared via heterocoagulation. *J. Phys. Chem. B*, **110**, 6224-6228.

[39] Fukui, T., Ohara, S., Naito, M., and Nogi, K. (2002) Performance and stability of SOFC anode fabricated from NiO-YSZ composite particles. *J. Power Sources*, **110**, 91-95.

[40] Jiang, S. P., Duan, Y. Y., and Love, J. G. (2002) Fabrication of high-performance $NiOY_2O_3$-ZrO_2 cermet anodes of solid oxide fuel cells by ion impregnation. *J. Electrochem. Soc.*, **149**, A1175-A1183.

[41] Klemenso, T., Chung, C., Larsen, P. H., and Mogensen, M. (2005) The mechanism behind redox instability of anodes in high-temperature SOFCs. *J. Electrochem. Soc.*, **152**, A2186-A2192.

[42] Busawon, A. N., Sarantaridis, D., and Atkinson, A. (2008) Ni infiltration as a possible solution to the redox problem of SOFC anodes. *Electrochem. Solid-State Lett.*, **11**, B186-B189.

[43] Sarantaridis, D. and Atkinson, A. (2007) Redox cycling of Ni-based solid oxide fuel cell anodes: a review. *Fuel Cells*, **7**, 246-258.

[44] Klemenso, T., Appel, C. C., and Mogensen, M. (2006) In situ observations of microstructural changes in SOFC anodes during redox cycling. *Electrochem. Solid-State Lett.*, **9**, A403-A407.

[45] Malzbender, J., Wessel, E., and Steinbrech, R. W. (2005) Reduction and re-oxidation of anodes for solid oxide fuel cells. *Solid State Ionics*, **176**, 2201-2203.

[46] Sarantaridis, D., Chater, R. J., and Atkinson, A. (2008) Changes in physical and mechanical properties of SOFC Ni-YSZ composites caused by redox cycling. *J. Electrochem. Soc.*, **155**, B467-B472.

[47] Cassidy, M., Lindsay, G., and Kendall, K. (1996) The reduction of nickel-zirconia cermet anodes and the effects on supported thin electrolytes. *J. Power Sources*, **61**, 189-192.

[48] Tucker, M. C., Lau, G. Y., Jacobson, C. P., DeJonghe, L. C., and Visco, S. J. (2008) Stability and robustness of metal-supported SOFCs. *J. Power Sources*, **175**, 447-451.

[49] Vedasri, V., Young, J. L., and Birss, V. I. (2010) A possible solution to the mechanical degradation of Ni-yttria stabilized zirconia anode-supported solid oxide fuel cells due to redox cycling. *J. Power Sources.*, **195**, 5534-5542.

[50] Waldbillig, D., Wood, A., and Ivey, D. G. (2005) Electrochemical and microstructural characterization of the redox tolerance of solid oxide fuel cell anodes. *J. Power Sources*, **145**, 206-215.

[51] Kong, J., Sun, K., Zhou, D., Zhang, N., and Qiao, J. (2006) Electrochemical and microstructural characterization of cyclic redox behaviour of SOFC anodes. *Rare Met.*, **25**, 300-304.

[52] Sumi, H., Kishida, R., Kim, J. Y., Muroyama, H., Matsui, T., and Eguchi, K. (2010) Correlation between microstructural and electrochemical characteristics during redox cycles for Ni-YSZ anode of SOFCs. *J. Electrochem. Soc.*, **157**, B1747-B1752.

[53] Waldbillig, D., Wood, A., and Ivey, D. G. (2005) Thermal analysis of the cyclic reduction and oxidation behavior of SOFC anodes. *Solid State Ionics*, **176**, 847-859.

[54] Waldbillig, D., Wood, A., and Ivey, D. G. (2007) Enhancing the redox tolerance of anode-supported SOFC by microstructural modification. *J. Electrochem. Soc.*, **154**, B133-B138.

[55] Hagen, A., Poulsen, H. F., Klemenso, T., Martins, R. V., Honkimaki, V., Buslaps, T., and Feidenshans'l, R. (2006) A depth-resolved in-situ study of the reduction and oxidation of Ni-based anodes in solid oxide fuel cells. *Fuel Cells*, **6**, 361-366.

[56] Hanifi, A. R., Torabi, A., Zazulak, M., Etsell, T. H., Yamarte, L., Sarkar, P., and Tucker, M. C. (2011) Improved redox and thermal cycling resistant tubular ceramic fuel cells. *ECS Trans.*, **35**, 409-418.

[57] Kim, S.-D., Moon, H., Hyun, S.-H., Moon, J., Kim, J., and Lee, H.-W. (2006) Performance and durability of Ni-coated YSZ anodes for intermediate temperature solid oxide fuel cells. *Solid State Ionics*, **177**, 931-938.

[58] Tao, S. W. and Irvine, J. T. S. (2003) A redox-stable efficient anode for solid-oxide fuel cells. *Nat. Mater.*, **2**, 320-323.

[59] Marina, O. A., Canfield, N. L., and Stevenson, J. W. (2002) Thermal, electrical, and electrocatalytical properties of lanthanum-doped strontium titanate. *Solid State Ionics*, **149**, 21-28.

[60] Ong, K. P., Wu, P., Liu, L., and Jiang, S. P. (2007) Optimization of electrical conductivity of $LaCrO_3$ through doping: a combined study of molecular modeling and experiment. *Appl. Phys. Lett.*, **90**, 044109.

[61] Tao, S. W. and Irvine, J. T. S. (2004) Synthesis and characterization of $(La_{0.75}Sr_{0.25})Cr_{0.5}Mn_{0.5}O_{3-\delta}$, a redox-stable, efficient perovskite anode for SOFCs. *J. Electrochem. Soc.*, **151**, A252-A259.

[62] Moos, R. and Hardtl, K. H. (1996) Electronic transport properties of $Sr_{1-x}La_xTiO_3$ ceramics. *J. Appl. Phys.*, **80**, 393-400.

[63] Jiang, S. P. and Chan, S. H. (2004) Development of $Ni/Y_2O_3-ZrO_2$ cermet anodes for solid oxide fuel cells. *Mater. Sci. Technol.*, **20**, 1109-1118.

[64] Agnolucci, P. (2007) Hydrogen infrastructure for the transport sector. *Int. J. Hydrogen Energy*, **32**, 3526-3544.

[65] Jiang, S. P. and Chan, S. H. (2004) A review of anode materials development in solid oxide fuel cells. *J. Mater. Sci.*, **39**, 4405-4439.

[66] Murray, E. P., Tsai, T., and Barnett, S. A. (1999) A direct-methane fuel cell with a ceria-based anode. *Nature*, **400**, 649-651.

[67] Park, S., Craciun, R., Vohs, J. M., and Gorte, R. J. (1999) Direct oxidation of hydrocarbons in a solid oxide fuel cell I. Methane oxidation. *J. Electrochem. Soc.*, **146**, 3603-3605.

[68] Takeguchi, T., Kani, Y., Yano, T., Kikuchi, R., Eguchi, K., Tsujimoto, K., Uchida, Y., Ueno, A.,

Omoshiki, K. , and Aizawa, M. (2002) Study on steam reforming of CH_4 and C_2 hydrocarbons and carbon deposition on Ni-YSZ cermets. *J. Power Sources*, **112**, 588-595.

[69] Gunji, A. , Wen, C. , Otomo, J. , Kobayashi, T. , Ukai, K. , Mizutani, Y. , and Takahashi, H. (2004) Carbon deposition behaviour on Ni-ScSZ anodes for internal reforming solid oxide fuel cells. *J. Power Sources*, **131**, 285-288.

[70] He, H. P. and Hill, J. M. (2007) Carbon deposition on Ni/YSZ composites exposed to humidified methane. *Appl. Catal.*, *A*, **317**, 284-292.

[71] Iida, T. , Kawano, M. , Matsui, T. , Kikuchi, R. , and Eguchi, K. (2007) Internal reforming of SOFCs - carbon deposition on fuel electrode and subsequent deterioration of cell. *J. Electrochem. Soc.*, **154**, B234-B241.

[72] Horita, T. , Kishimoto, H. , Yamaji, K. , Sakai, N. , Xiong, Y. P. , Brito, M. E. , Yokokawa, H. , Rai, M. , Amezawa, K. , and Uchimoto, Y. (2006) Active parts for CH_4 decomposition and electrochemical oxidation at metal/oxide interfaces by isotope labeling - secondary ion mass spectrometry. *Solid State Ionics*, **177**, 3179-3185.

[73] Chun, C. M. , Mumford, J. D. , and Ramanarayanan, T. A. (2000) Carbon - induced corrosion of nickel anode. *J. Electrochem. Soc.*, **147**, 3680-3686.

[74] Macek, J. , Novosel, B. , and Marinsek, M. (2007) Ni - YSZ SOFC anodes - minimization of carbon deposition. *J. Eur. Ceram. Soc.*, **27**, 487-491.

[75] Buergler, B. E. , Grundy, A. N. , and Gauckler, L. J. (2006) Thermodynamic equilibrium of single-chamber SOFC relevant methane-air mixtures. *J. Electrochem. Soc.*, **153**, A1378-A1385.

[76] Joensen, F. and Rostrup-Nielsen, J. R. (2002) Conversion of hydrocarbons and alcohols for fuel cells. *J. Power Sources*, **105**, 195-201.

[77] Sasaki, K. , Kojo, H. , Hori, Y. , Kikuchi, R. , and Eguchi, K. (2002) Direct-alcohol/ hydrocarbon SOFCs: comparison of power generation characteristics for various fuels. *Electrochemistry*, **70**, 18-22.

[78] Eguchi, K. , Kojo, H. , Takeguchi, T. , Kikuchi, R. , and Sasaki, K. (2002) Fuel flexibility in power generation by solid oxide fuel cells. *Solid State Ionics*, **152**, 411-416.

[79] Timmermann, H. , Sawady, W. , Campbell, D. , Weber, A. , Reimert, R. , and Ivers-Tiffee, E. (2007) Coke formation in hydrocarbons-containing fuel Gas and effects on SOFC degradation phenomena. *ECS Trans.*, **7**, 1429-1435.

[80] Saunders, G. J. , Preece, J. , and Kendall, K. (2004) Formulating liquid hydrocarbon fuels for SOFCs. *J. Power Sources*, **131**, 23-26.

[81] Atkinson, A. , Barnett, S. , Gorte, R. J. , Irvine, J. T. S. , McEvoy, A. J. , Mogensen, M. , Singhal, S. C. , and Vohs, J. (2004) Advanced anodes for high-temperature fuel cells. *Nat. Mater.*, **3**, 17-27.

[82] Lin, Y. B. , Zhan, Z. L. , Liu, J. , and Barnett, S. A. (2005) Direct operation of solid oxide fuel cells with methane fuel. *Solid State Ionics*, **176**, 1827-1835.

[83] Koh, J. -H. , Yoo, Y. -S. , Park, J. -W. , and Lim, H. C. (2002) Carbon deposition and cell performance of Ni-YSZ anode support SOFC with methane fuel. *Solid State Ionics*, **149**, 157-166.

[84] Trimm, D. L. (1997) Coke formation and minimisation during steam reforming reactions. *Catal. Today*, **37**, 233-238.

[85] Kawano, M. , Matsui, T. , Kikuchi, R. , Yoshida, H. , Inagaki, T. , and Eguchi, K. (2008) Steam reforming on Nickel-Samarium-doped ceria cermet anode for practical size solid oxide fuel cell at intermediate temperatures. *J. Power Sources*, **182**, 496-502.

[86] Kawano, M. , Matsui, T. , Kikuchi, R. , Yoshida, H. , Inagaki, T. , and Eguchi, K. (2007) Direct internal

steam reforming at SOFC anodes composed of NiO-SDC composite particles. *J. Electrochem. Soc.*, **154**, B460-B465.

[87] Finnerty, C. M., Coe, N. J., Cunningham, R. H., and Ormerod, R. M. (1998) Carbon formation on and deactivation of nickel-based/zirconia anodes in solid oxide fuel cells running on methane. *Catal. Today*, **46**, 137-145.

[88] Bae, G., Bae, J., Kim-Lohsoontorn, P., and Jeong, J. (2010) Performance of SOFC coupled with n-C_4H_{10} autothermal reformer: carbon deposition and development of anode structure. *Int. J. Hydrogen Energy*, **35**, 12346-12358.

[89] Zhan, Z. L. and Barnett, S. A. (2005) An octane-fueled solid oxide fuel cell. *Science*, **308**, 844-847.

[90] Kishimoto, H., Horita, T., Yamaji, K., Xiong, Y. P., Sakai, N., and Yokokawa, H. (2004) Attempt of utilizing liquid fuels with Ni-ScSZ anode in SOFCs. *Solid State Ionics*, **175**, 107-111.

[91] Yamaji, K., Kishimoto, H., Yueping, X., Horita, T., Sakai, N., Brito, M. E., and Yokokawa, H. (2007) Stability of nickel-based cermet anode for carbon deposition during cell operation with slightly humidified gaseous hydrocarbon fuels. *ECS Trans.*, **7**, 1661-1668.

[92] Gorte, R. J., Kim, H., and Vohs, J. M. (2002) Novel SOFC anodes for the direct electrochemical oxidation of hydrocarbon. *J. Power Sources*, **106**, 10-15.

[93] Ahmed, K. and Foger, K. (2000) Kinetics of internal steam reforming of methane on Ni/YSZ-based anodes for solid oxide fuel cells. *Catal. Today*, **63**, 479-487.

[94] Dicks, A. L. (1998) Advances in catalysts for internal reforming in high temperature fuel cells. *J. Power Sources*, **71**, 111-122.

[95] Wang, J. B., Jang, J.-C., and Huang, T.-J. (2003) Study of Ni-samaria-doped ceria anode for direct oxidation of methane in solid oxide fuel cells. *J. Power Sources*, **122**, 122-131.

[96] Mallon, C. and Kendall, K. (2005) Sensitivity of nickel cermet anodes to reduction conditions. *J. Power Sources*, **145**, 154-160.

[97] Sumi, H., Ukai, K., Mizutani, Y., Mori, H., Wen, C. J., Takahashi, H., and Yamamoto, O. (2004) Performance of nickel-scandia-stabilized zirconia cermet anodes for SOFCs in 3% H_2O-CH_4. *Solid State Ionics*, **174**, 151-156.

[98] Kishimoto, H., Xiong, Y.-P., Yamaji, K., Horita, T., Sakai, N., Brito, M. E., and Yokokawa, H. (2007) Direct feeding of liquid fuel in SOFC. *ECS Trans.*, **7**, 1669-1674.

[99] Kishimoto, H., Yamaji, K., Horita, T., Xiong, Y. P., Sakai, N., Brito, M. E., and Yokokawa, H. (2006) Reaction process in the Ni-ScSZ anode for hydrocarbon fueled SOFCs. *J. Electrochem. Soc.*, **153**, A982-A988.

[100] Matsui, T., Iida, T., Kikuchi, R., Kawano, M., Inagaki, T., and Eguchi, K. (2008) Carbon deposition over Ni-ScSZ anodes subjected to various heat-treatments for internal reforming of solid oxide fuel cells. *J. Electrochem. Soc.*, **155**, B1136-B1140.

[101] Ke, K., Gunji, A., Mori, H., Tsuchida, S., Takahashi, H., Ukai, K., Mizutani, Y., Sumi, H., Yokoyama, M., and Waki, K. (2006) Effect of oxide on carbon deposition behavior of CH_4 fuel on Ni/ScSZ cermet anode in high temperature SOFCs. *Solid State Ionics*, **177**, 541-547.

[102] Livermore, S. J. A., Cotton, J. W., and Ormerod, R. M. (2000) Fuel reforming and electrical performance studies in intermediate temperature ceria-gadolinia-based SOFCs. *J. Power Sources*, **86**, 411-416.

[103] Kim, H., Lu, C., Worrell, W. L., Vohs, J. M., and Gorte, R. J. (2002) Cu-Ni cermet anodes for direct oxidation of methane in solid-oxide fuel cells. *J. Electrochem. Soc.*, **149**, A247-A250.

[104] Cancellier, M., Sin, A., Morrone, M., Caracino, P., Sarkar, P., Yamarte, L., Lorne, J., Liu, M., Barker-

Hemings, E., Caligiuri, A., and Cavallotti, C. (2007) SOFC anodes for direct oxidation of alcohols at intermediate temperatures. *ECS Trans.*, **7**, 1725–1732.

[105] Xie, Z., Xia, C. R., Zhang, M. Y., Zhu, W., and Wang, H. T. (2006) $Ni_{1-x}Cu_x$ alloy-based anodes for low-temperature solid oxide fuel cells with biomass-produced gas as fuel. *J. Power Sources*, **161**, 1056–1061.

[106] Ai, N., Chen, K., Jiang, S. P., Lü, Z., and Su, W. (2011) Vacuumassisted electroless copper plating on Ni/(Sm, Ce)O_2 anodes for intermediate temperature solid oxide fuel cells. *Int. J. Hydrogen Energy*, **36**, 7661–7669.

[107] Triantafyllopoulos, N. C. and Neophytides, S. G. (2006) Dissociative adsorption of CH_4 on NiAu/YSZ: the nature of adsorbed carbonaceous species and the inhibition of graphitic C formation. *J. Catal.*, **239**, 187–199.

[108] Tarancon, A., Morata, A., Peiro, F., and Dezanneau, G. (2011) A molecular dynamics study on the oxygen diffusion in doped fluorites: the effect of the dopant distribution. *Fuel Cells*, **11**, 26–37.

[109] Boder, M. and Dittmeyer, R. (2006) Catalytic modification of conventional SOFC anodes with a view to reducing their activity for direct internal reforming of natural gas. J. *Power Sources*, **155**, 13–22.

[110] Ishihara, T., Yan, J. W., Shinagawa, M., and Matsumoto, H. (2006) Ni-Fe bimetallic anode as an active anode for intermediate temperature SOFC using $LaGaO_3$ based electrolyte film. *Electrochim. Acta*, **52**, 1645–1650.

[111] Zhong, H., Matsumoto, H., and Ishihara, T. (2009) Development of Ni-Fe based cermet anode for direct CH_4 fueled intermediate temperature SOFC using $LaGaO_3$ electrolyte. *Electrochemistry*, **77**, 155–157.

[112] Borowiecki, T., Giecko, G., and Panczyk, M. (2002) Effects of small MoO_3 additions on the properties of nickel catalysts for the steam reforming of hydrocarbons: II. Ni—Mo/Al_2O_3 catalysts in reforming, hydrogenolysis and cracking of n-butane. *Appl. Catal. Gen.*, **230**, 85–97.

[113] Triantafyllopoulos, N. C. and Neophytides, S. G. (2003) The nature and binding strength of carbon adspecies formed during the equilibrium dissociative adsorption of CH_4 on Ni-YSZ cermet catalysts. *J. Catal.*, **217**, 324–333.

[114] Trimm, D. L. (1999) Catalysts for the control of coking during steam reforming. *Catal. Today*, **49**, 3–10.

[115] Nikolla, E., Schwank, J. W., and Linic, S. (2008) Hydrocarbon steam reforming on Ni alloys at solid oxide fuel cell operating conditions. *Catal. Today*, **136**, 243–248.

[116] Kan, H., Hyun, S. H., Shul, Y. G., and Lee, H. (2009) Improved solid oxide fuel cell anodes for the direct utilization of methane using Sn-doped Ni/YSZ catalysts. *Catal. Commun.*, **11**, 180–183.

[117] Takeguchi, T., Kikuchi, R., Yano, T., Eguchi, K., and Murata, K. (2003) Effect of precious metal addition to Ni-YSZ cermet on reforming of CH_4 and electrochemical activity as SOFC anode. *Catal. Today*, **84**, 217–222.

[118] Hibino, T., Hashimoto, A., Yano, M., Suzuki, M., and Sano, M. (2003) Ru-catalyzed anode materials for direct hydrocarbon SOFCs. *Electrochim. Acta*, **48**, 2531–2537.

[119] Babaei, A., Jiang, S. P., and Li, J. (2009) Electrocatalytic promotion of palladium nanoparticles on hydrogen oxidation on Ni/GDC anodes of SOFCs via spillover. *J. Electrochem. Soc.*, **156**, B1022–B1029.

[120] Nakagawa, N., Sagara, H., and Kato, K. (2001) Catalytic activity of Ni-YSZ-CeO_2 anode for the steam reforming of methane in a direct internal-reforming solid oxide fuel cell. *J. Power Sources*, **92**, 88–94.

[121] Sadykov, V. A., Mezentseva, N. V., Bunina, R. V., Alikina, G. M., Lukashevich, A. I., Kharlamova, T. S., Rogov, V. A., Zaikovskii, V. I., Ishchenko, A. V., Krieger, T. A., Bobrenok, O. F., Smirnova, A., Irvine, J., and Vasylyev, O. D. (2008) Effect of complex oxide promoters and Pd on activity and stability

of Ni/YSZ (ScSZ) cermets as anode materials for IT SOFC. *Catal. Today*, **131**, 226-237.

[122] Yoon, S. P., Han, J., Nam, S. W., Lim, T. -H., and Hong, S. -A. (2004) Improvement of anode performance by surface modification for solid oxide fuel cell running on hydrocarbon fuel. *J. Power Sources*, **136**, 30-36.

[123] Jiang, S. P., Wang, W., and Zhen, Y. D. (2005) Performance and electrode behaviour of nano-YSZ impregnated nickel anodes used in solid oxide fuel cells. *J. Power Sources*, **147**, 1-7.

[124] Jin, Y., Levy, C., Saito, H., Hasegawa, S., Yamahara, K., Hanamura, K., and Ihara, M. (2007) Electrochemical characteristics of anode with $SrZr_{0.95}Y_{0.05}O_{3-\alpha}$ for SOFC in dry methane fuel. *ECS Trans.*, **7**, 1753-1760.

[125] Wang, W., Jiang, S. P., Tok, A. I. Y., and Luo, L. (2006) GDC-impregnated Ni anodes for direct utilization of methane in solid oxide fuel cells. *J. Power Sources*, **159**, 68-72.

[126] Ding, D., Liu, Z. B., Li, L., and Xia, C. R. (2008) An octane-fueled low temperature solid oxide fuel cell with Ru-free anodes. *Electrochem. Commun.*, **10**, 1295-1298.

[127] Zhan, Z. L., Lin, Y. B., Pillai, M., Kim, I., and Barnett, S. A. (2006) High-rate electrochemical partial oxidation of methane in solid oxide fuel cells. *J. Power Sources*, **161**, 460-465.

[128] Ye, X. F., Wang, S. R., Wang, Z. R., Xiong, L., Sun, X. E., and Wen, T. L. (2008) Use of a catalyst layer for anode supported SOFCs running on ethanol fuel. *J. Power Sources*, **177**, 419-425.

[129] An, S., Lu, C., Worrell, W. L., Gorte, R. J., and Vohs, J. M. (2004) Characterization of Cu-CeO_2 direct hydrocarbon anodes in a solid oxide fuel cell with lanthanum gallate electrolyte. *Solid State Ionics*, **175**, 135-138.

[130] McIntosh, S., Vohs, J. M., and Gorte, R. J. (2003) Effect of precious-metal dopants on SOFC anodes for direct utilization of hydrocarbons. *Electrochem. Solid-State Lett.*, **6**, A240-A243.

[131] Gorte, R. J., Park, S., Vohs, J. M., and Wang, C. H. (2000) Anodes for direct oxidation of dry hydrocarbons in a solid-oxide fuel cell. *Adv. Mater.*, **12**, 1465-1469.

[132] Park, S. D., Vohs, J. M., and Gorte, R. J. (2000) Direct oxidation of hydrocarbons in a solid-oxide fuel cell. *Nature*, **404**, 265-267.

[133] McIntosh, S., Vohs, J. M., and Gorte, R. J. (2002) An examination of lanthanide additives on the performance of Cu-YSZ cermet anodes. *Electrochim. Acta*, **47**, 3815-3821.

[134] Gross, M. D., Vohs, J. M., and Gorte, R. J. (2006) Enhanced thermal stability of Cu-based SOFC anodes by electrodeposition of Cr. *J. Electrochem. Soc.*, **153**, A1386-A1390.

[135] Jung, S. W., Lu, C., He, H. P., Ahn, K. Y., Gorte, R. J., and Vohs, J. M. (2006) Influence of composition and Cu impregnation method on the performance of Cu/CeO_2/YSZ SOFC anodes. *J. Power Sources*, **154**, 42-50.

[136] Goodenough, J. B. and Huang, Y. H. (2007) Alternative anode materials for solid oxide fuel cells. *J. Power Sources*, **173**, 1-10.

[137] Fergus, J. W. (2006) Oxide anode materials for solid oxide fuel cells. *Solid State Ionics*, **177**, 1529-1541.

[138] Steele, B. C. H. (1999) Fuel-cell technology - running on natural gas. *Nature*, **400**, 619-621.

[139] Marina, O. A. and Mogensen, M. (1999) High-temperature conversion of methane on a composite gadolinia-doped ceria-gold electrode. *Appl. Catal. Gen.*, **189**, 117-126.

[140] Tu, H., Apfel, H., and Stimming, U. (2006) Performance of alternative oxide anodes for the electrochemical oxidation of hydrogen and methane in solid oxide fuel cells. *Fuel Cells*, **6**, 303-306.

[141] Uchida, H., Suzuki, S., and Watanabe, M. (2003) High performance electrode for medium-temperature solid oxide fuel cells - mixed conducting ceria-based anode with highly dispersed Ni electrocatalysts.

Electrochem. Solid-State Lett. ,**6**,A174-A177.

[142] Putna,E. S. ,Stubenrauch,J. ,Vohs,J. M. ,and Gorte,R. J. (1995) Ceria-based anodes for the direct oxidation of methane in solid oxide fuel cells. *Langmuir*,**11**,4832-4837.

[143] Uchida,H. ,Suzuki,H. ,and Watanabe,M. (1998) High-performance electrode for medium-temperature solid oxide fuel cells - effects of composition and microstructures on performance of ceria-based anodes. *J. Electrochem. Soc.* ,**145**,615-620.

[144] Uchida,H. ,Osuga,T. ,and Watanabe,M. (1999) High-performance electrode for medium-temperature solid oxide fuel cell control of microstructure of ceria-based anodes with highly dispersed ruthenium electrocatalysts. *J. Electrochem. Soc.* ,**146**,1677-1682.

[145] Kim,G. ,Vohs,J. M. ,and Gorte,R. J. (2008) Enhanced reducibility of ceria-YSZ composites in solid oxide electrodes. *J. Mater. Chem.* ,**18**,2386-2390.

[146] Jiang,S. P. ,Chen,X. J. ,Chan,S. H. ,Kwok,J. T. ,and Khor,K. A. (2006) $(La_{0.75}Sr_{0.25})(Cr_{0.5}Mn_{0.5})O_3$/YSZ composite anodes for methane oxidation reaction in solid oxide fuel cells. *Solid State Ionics*,**177**,149-157.

[147] Liu,J. ,Madsen,B. D. ,Ji,Z. Q. ,and Barnett,S. A. (2002) A fuel-flexible ceramic-based anode for solid oxide fuel cells. *Electrochem. Solid-State Lett.* ,**5**,A122-A124.

[148] Slater,P. R. ,Fagg,D. P. ,and Irvine,J. T. S. (1997) Synthesis and electrical characterisation of doped perovskite titanates as potential anode materials for solid oxide fuel cells. *J. Mater. Chem.* ,**7**,2495-2498.

[149] Canales-Vázquez,J. ,Tao,S. W. ,and Irvine,J. T. S. (2003) Electrical properties in $La_2Sr_4Ti_6O_{19-\delta}$: a potential anode for high temperature fuel cells. *Solid State Ionics*,**159**,159-165.

[150] Hui,S. Q. and Petric,A. (2002) Electrical properties of yttrium-doped strontium titanate under reducing conditions. *J. Electrochem. Soc.* ,**149**,J1-J10.

[151] Ruiz-Morales,J. C. ,Canales-Vazquez,J. ,Savaniu,C. ,Marrero-Lopez,D. ,Zhou,W. Z. ,and Irvine,J. T. S. (2006) Disruption of extended defects in solid oxide fuel cell anodes for methane oxidation. *Nature*,**439**,568-571.

[152] Huang,Y. H. ,Dass,R. I. ,Denyszyn,J. C. ,and Goodenough,J. B. (2006) Synthesis and characterization of $Sr_2MgMoO_{6-\delta}$- an anode material for the solid oxide fuel cell. *J. Electrochem. Soc.* ,**153**,A1266-A1272.

[153] Ji,Y. ,Huang,Y. H. ,Ying,J. R. ,and Goodenough,J. B. (2007) Electrochemical performance of La-doped $Sr_2MgMoO_{6-\delta}$ in natural gas. *Electrochem. Commun.* ,**9**,1881-1885.

[154] Jiang,S. P. ,Liu,L. ,Ong,K. P. ,Wu,P. ,Li,J. ,and Pu,J. (2008) Electrical conductivity and performance of doped $LaCrO_3$ perovskite oxides for solid oxide fuel cells. *J. Power Sources*,**176**,82-89.

[155] Primdahl,S. ,Hansen,J. R. ,Grahl-Madsen,L. ,and Larsen,P. H. (2001) Sr-doped $LaCrO_3$ anode for solid oxide fuel cells. *J. Electrochem. Soc.* ,**148**,A74-A81.

[156] Canales-Vazquez,J. ,Tao,S. W. ,and Irvine,J. T. S. (2003) Electrical properties in $La_2Sr_4Ti_6O_{19-\delta}$: a potential anode for high temperature fuel cells. *Solid State Ionics*,**159**,159-165.

[157] Holtappels,P. ,Bradley,J. ,Irvine,J. T. S. ,Kaiser,A. ,and Mogensen,M. (2001) Electrochemical characterization of ceramic SOFC anodes. *J. Electrochem. Soc.* ,**148**,A923-A929.

[158] van den Bossche,M. ,Matthews,R. ,Lichtenberger,A. ,and McIntosh,S. (2010) Insights into the fuel oxidation mechanism of $La_{0.75}Sr_{0.25}Cr_{0.5}Mn_{0.5}O_{3-\delta}$SOFC anodes. *J. Electrochem. Soc.* ,**157**,B392-B399.

[159] Jiang,S. P. ,Chen,X. J. ,Chan,S. H. ,and Kwok,J. T. (2006) GDC-impregnated,$(La_{0.75}Sr_{0.25})(Cr_{0.5}Mn_{0.5})O_3$ anodes for direct utilization of methane in solid oxide fuel cells. *J. Electrochem. Soc.* ,

153, A850-A856.

[160] Jiang, S. P., Ye, Y. M., He, T. M., and Ho, S. B. (2008) Nanostructured palladium-$La_{0.75}Sr_{0.25}Cr_{0.5}Mn_{0.5}O_3/Y_2O_3-ZrO_2$ composite anodes for direct methane and ethanol solid oxide fuel cells. *J. Power Sources*, **185**, 179-182.

[161] Ye, Y. M., He, T. M., Li, Y., Tang, E. H., Reitz, T. L., and Jiang, S. P. (2008) Pd promoted $La_{0.75}Sr_{0.25}Cr_{0.5}Mn_{0.5}O_3$/YSZ composite anodes for direct utilization of methane in SOFCs. *J. Electrochem. Soc.*, **155**, B811-B818.

[162] Trembly, J. P., Marquez, A. I., Ohrn, T. R., and Bayless, D. J. (2006) Effects of coal syngas and H_2S on the performance of solid oxide fuel cells: single-cell tests. *J. Power Sources*, **158**, 263-273.

[163] Peterson, D. R. and Winnick, J. (1998) Utilization of hydrogen sulfide in an intermediate-temperature ceria-based solid oxide fuel cell. *J. Electrochem. Soc.*, **145**, 1449-1454.

[164] Gong, M. Y., Liu, X. B., Trembly, J., and Johnson, C. (2007) Sulfur-tolerant anode materials for solid oxide fuel cell application. *J. Power Sources*, **168**, 289-298.

[165] Burke, A., Winnick, J., Xia, C. R., and Liu, M. L. (2002) Removal of hydrogen sulfide from a fuel gas stream by electrochemical membrane separation. *J. Electrochem. Soc.*, **149**, D160-D166.

[166] Alexander, S. R. and Winnick, J. (1994) Electrochemical polishing of hydrogen-sulfide from coal synthesis gas. *J. Appl. Electrochem.*, **24**, 1092-1101.

[167] Flytzani-Stephanopoulos, M., Sakbodin, M., and Wang, Z. (2006) Regenerative adsorption and removal of H_2S from hot fuel gas streams by rare earth oxides. *Science*, **312**, 1508-1510.

[168] Trembly, J. P., Gemmen, R. S., and Bayless, D. J. (2007) The effect of coal syngas containing HCl on the performance of solid oxide fuel cells: investigations into the effect of operational temperature and HCl concentration. *J. Power Sources*, **169**, 347-354.

[169] Matsuzaki, Y. and Yasuda, I. (2000) The poisoning effect of sulfur-containing impurity gas on a SOFC anode: part I. Dependence on temperature, time, and impurity concentration. *Solid State Ionics*, **132**, 261-269.

[170] Lohsoontorn, R., Brett, D. J. L., and Brandon, N. P. (2008) The effect of fuel composition and temperature on the interaction of H_2S with nickel-ceria anodes for solid oxide fuel cells. *J. Power Sources*, **183**, 232-239.

[171] Brightman, E., Ivey, D. G., Brett, D. J. L., and Brandon, N. P. (2011) The effect of current density on H_2S-poisoning of nickel-based solid oxide fuel cell anodes. *J. Power Sources*, **196**, 7182-7187.

[172] Yoshizumi, T., Uryu, C., Oshima, T., Shiratoria, Y., Itoa, K., and Sasaki, K. (2011) Sulfur poisoning of SOFCs: dependence on operational parameters. *ECS Trans.*, **35**, 1717-1725.

[173] Sasaki, K., Susuki, K., Iyoshi, A., Uchimura, M., Imamura, N., Kusaba, H., Teraoka, Y., Fuchino, H., Tsujimoto, K., Uchida, Y., and Jingo, N. (2006) H_2S poisoning of solid oxide fuel cells. *J. Electrochem. Soc.*, **153**, A2023-A2029.

[174] Kuhn, J. N., Lakshminarayanan, N., and Ozkan, U. S. (2008) Effect of hydrogen sulfide on the catalytic activity of Ni-YSZ cermets. *J. Mol. Catal. A: Chem.*, **282**, 9-21.

[175] Cheng, Z., Wang, J. H., Choi, Y. M., Yang, L., Lin, M. C., and Liu, M. L. (2011) From Ni-YSZ to sulfur-tolerant anode materials for SOFCs: electrochemical behavior, in situ characterization, modeling, and future perspectives. *Energy Environ. Sci.*, **4**, 4380-4409.

[176] Rasmussen, J. F. B. and Hagen, A. (2009) The effect of H_2S on the performance of Ni-YSZ anodes in solid oxide fuel cells. *J. Power Sources*, **191**, 534-541.

[177] Zhang, L., Jiang, S. P., He, H. Q., Chen, X. B., Ma, J., and Song, X. C. (2010) A comparative study of

H_2S poisoning on electrode behavior of Ni/YSZ and Ni/GDC anodes of solid oxide fuel cells. *Int. J. Hydrogen Energy*, **35**, 12359-12368.

[178] Ishikura, A., Sakuno, S., Komiyama, N., Sasatsu, H., Masuyama, N., Itoh, H., and Yasumoto, K. (2007) *Solid Oxide Fuel Cells 10 (SOFC-X)*, Vol. **7** Parts 1 and 2, The Eletrochemical Society, Pennington, NJ, pp. 845-850.

[179] Cheng, Z. and Liu, M. L. (2007) Characterization of sulfur poisoning of Ni-YSZ anodes for solid oxide fuel cells using in situ raman micro spectroscopy. *Solid State Ionics*, **178**, 925-935.

[180] Wang, J. H. and Liu, M. L. (2007) Computational study of sulfur-nickel interactions: a new S-Ni phase diagram. *Electrochem. Commun.*, **9**, 2212-2217.

[181] Cheng, Z., Abernathy, H., and Liu, M. L. (2007) Raman spectroscopy of nickel sulfide Ni_3S_2. *J. Phys. Chem. C*, **111**, 17997-18000.

[182] Wang, J. H., Cheng, Z., Bredas, J. L., and Liu, M. L. (2007) Electronic and vibrational properties of nickel sulfides from first principles. *J. Chem. Phys.*, **127**, 214705.

[183] Choi, Y. M., Compson, C., Lin, M. C., and Liu, M. L. (2007) Ab initio analysis of sulfur tolerance of Ni, Cu, and Ni-Cu alloys for solid oxide fuel cells. *J. Alloys Compd.*, **427**, 25-29.

[184] Shiratori, Y., Oshima, T., and Sasaki, K. (2008) Feasibility of direct-biogas SOFC. *Int. J. Hydrogen Energy*, **33**, 6316-6321.

[185] Ouweltjes, J. P., Aravind, P. V., Woudstra, N., and Rietveld, G. (2006) Biosyngas utilization in solid oxide fuel cells with Ni/GDC anodes. *J. Fuel Cell Sci. Technol.*, **3**, 495-498.

[186] Bartholomew, C. H. (2001) Mechanisms of catalyst deactivation. *Appl. Catal. Gen.*, **212**, 17-60.

[187] Yang, L., Wang, S. Z., Blinn, K., Liu, M. F., Liu, Z., Cheng, Z., and Liu, M. L. (2009) Enhanced sulfur and coking tolerance of a mixed Ion conductor for SOFCs: $BaZr_{0.1}Ce_{0.7}Y_{0.2-x}Yb_xO_{3-\delta}$. *Science*, **326**, 126-129.

[188] Kurokawa, H., Sholklapper, T. Z., Jacobson, C. P., De Jonghe, L. C., and Visco, S. J. (2007) Ceria nanocoating for sulfur tolerant Ni-based anodes of solid oxide fuel cells. Electrochem. Solid-State Lett., 10, B135-B138.

[189] Choi, S. H., Wang, J. H., Cheng, Z., and Liu, M. (2008) Surface modification of Ni-YSZ using niobium oxide for sulfur-tolerant anodes in solid oxide fuel cells. *J. Electrochem. Soc.*, **155**, B449-B454.

[190] Marina, O. A., Coyle, C. A., Engelhard, M. H., and Pederson, L. R. (2011) Mitigation of sulfur poisoning of Ni/zirconia SOFC anodes by antimony and Tin. *J. Electrochem. Soc.*, **158**, B424-B429.

[191] Zheng, L. L., Wang, X., Zhang, L., Wang, J. Y., and Jiang, S. P. (2012) Effect of Pd-impregnation on performance, sulfur poisoning and tolerance of Ni/GDC anode of solid oxide fuel cells. *Int. J. Hydrogen Energy*, **37**, 10299-10310.

[192] Kim, H., Vohs, J. M., and Gorte, R. J. (2001) Direct oxidation of sulfur-containing fuels in a solid oxide fuel cell. *Chem. Commun.*, 2334-2335.

[193] He, H. P., Gorte, R. J., and Vohs, J. M. (2005) Highly sulfur tolerant Cu-ceria anodes for SOFCs. *Electrochem. Solid-State Lett.*, **8**, A279-A280.

[194] Aguilar, L., Zha, S., Cheng, Z., Winnick, J., and Liu, M. (2004) A solid oxide fuel cell operating on hydrogen sulfide (H_2S) and sulfur-containing fuels. *J. Power Sources*, **135**, 17-24.

[195] Cooper, M., Channa, K., De Silva, R., and Bayless, D. J. (2010) Comparison of LSV/YSZ and LSV/GDC SOFC anode performance in coal syngas containing H_2S. *J. Electrochem. Soc.*, **157**, B1713-B1718.

[196] Huang, Y. H., Dass, R. I., Xing, Z. L., and Goodenough, J. B. (2006) Double perovskites as anode materials for solid-oxide fuel cells. *Science*, **312**, 254-257.

[197] Zha, S. W., Cheng, Z., and Liu, M. L. (2005) A sulfur-tolerant anode material for SOFCs $Gd_2Ti_{1.4}Mo_{0.6}O_7$. *Electrochem. Solid-State Lett.*, **8**, A406-A408.

[198] Mukundan, R., Brosha, E. L., and Garzon, F. H. (2004) Sulfur tolerant anodes for SOFCs. *Electrochem. Solid-State Lett.*, **7**, A5-A7.

[199] Kurokawa, H., Yang, L., Jacobson, C. P., De Jonghe, L. C., and Visco, S. J. (2007) Y-doped $SrTiO_3$ based sulfur tolerant anode for solid oxide fuel cells. *J. Power Sources*, **164**, 510-518.

[200] Pillai, M. R., Kim, I., Bierschenk, D. M., and Barnett, S. A. (2008) Fuel-flexible operation of a solid oxide fuel cell with $Sr_{0.8}La_{0.2}TiO_3$ support. *J. Power Sources*, **185**, 1086-1093.

[201] Kivisaari, T., Björnbom, P., Sylwan, C., Jacquinot, B., Jansen, D., and de Groot, A. (2004) The feasibility of a coal gasifier combined with a high-temperature fuel cell. *Chem. Eng. J.*, **100**, 167-180.

[202] Yi, Y., Rao, A. D., Brouwer, J., and Samuelsen, G. S. (2005) Fuel flexibility study of an integrated 25 kW SOFC reformer system. *J. Power Sources*, **144**, 67-76.

[203] Verma, A., Rao, A. D., and Samuelsen, G. S. (2006) Sensitivity analysis of a vision 21 coal based zero emission power plant. *J. Power Sources*, **158**, 417-427.

[204] Marina, O., Pederson, L. R., Edwards, D. J., Coyle, C. A., Templeton, J., Engelhard, M. H., and Zhu, Z. (2008) Effect of coal gas contaminants on solid oxide fuel cell operation. *ECS Trans.*, **11**, 63-70.

[205] Cayan, F. N., Zhi, M. J., Pakalapati, S. R., Celik, I., Wu, N. Q., and Gemmen, R. (2008) Effects of coal syngas impurities on anodes of solid oxide fuel cells. *J. Power Sources*, **185**, 595-602.

[206] Martinez, A., Gerdes, K., Gemmen, R., and Poston, J. (2010) Thermodynamic analysis of interactions between Ni-based solid oxide fuel cells (SOFC) anodes and trace species in a survey of coal syngas. *J. Power Sources*, **195**, 5206-5212.

[207] Haga, K., Shiratori, Y., Nojiri, Y., Ito, K., and Sasaki, K. (2010) Phosphorus poisoning of Ni-cermet anodes in solid oxide fuel cells. *J. Electrochem. Soc.*, **157**, B1693-B1700.

[208] Zhi, M. J., Chen, X. Q., Finklea, H., Celik, I., and Wu, N. Q. Q. (2008) Electrochemical and microstructural analysis of nickel-yttria-stabilized zirconia electrode operated in phosphoruscontaining syngas. *J. Power Sources*, **183**, 485-490.

[209] Gong, M. Y., Bierschenk, D., Haag, J., Poeppelmeier, K. R., Barnett, S. A., Xu, C. C., Zondlo, J. W., and Liu, X. B. (2010) Degradation of $LaSr_2Fe_2CrO_{9-\delta}$ solid oxide fuel cell anodes in phosphine-containing fuels. *J. Power Sources*, **195**, 4013-4021.

[210] De Silva, K. C. R., Kaseman, B. J., and Bayless, D. J. (2011) Accelerated anode failure of a high temperature planar SOFC operated with reduced moisture and increased PH_3 concentrations in coal syngas. *Int. J. Hydrogen Energy*, **36**, 9945-9955.

[211] Marina, O. A., Coyle, C. A., Thomsen, E. C., Edwards, D. J., Coffey, G. W., and Pederson, L. R. (2010) Degradation mechanisms of SOFC anodes in coal gas containing phosphorus. *Solid State Ionics*, **181**, 430-440.

[212] Liu, W. N., Sun, X., Pederson, L. R., Marina, O. A., and Khaleel, M. A. (2010) Effect of nickel-phosphorus interactions on structural integrity of anode-supported solid oxide fuel cells. *J. Power Sources*, **195**, 7140-7145.

[213] Haga, K., Shiratori, Y., Ito, K., and Sasaki, K. (2008) Chlorine poisoning of SOFC Ni-cermet anodes. *J. Electrochem. Soc.*, **155**, B1233-B1239.

[214] Xu, C., Gong, M., Zondlo, J. W., Liu, X., and Finklea, H. O. (2010) The effect of HCl in syngas on Ni-YSZ anode-supported solid oxide fuel cells. *J. Power Sources*, **195**, 2149-2158.

[215] Marina, O. A., Pederson, L. R., Thomsen, E. C., Coyle, C. A., and Yoon, K. J. (2010) Reversible

poisoning of nickel/zirconia solid oxide fuel cell anodes by hydrogen chloride in coal gas. *J. Power Sources*, **195**, 7033-7037.

[216] Marina, O. A., Pederson, L. R., Coyle, C. A., Thomsen, E. C., and Edwards, D. J. (2011) Polarization-induced interfacial reactions between nickel and selenium in Ni/zirconia SOFC anodes and comparison with sulfur poisoning. *J. Electrochem. Soc.*, **158**, B36-B43.

[217] Marina, O. A., Pederson, L. R., Coyle, C. A., Thomsen, E. C., Nachimuthu, P., and Edwards, D. J. (2011) Electrochemical, structural and surface characterization of nickel/zirconia solid oxide fuel cell anodes in coal gas containing antimony. *J. Power Sources*, **196**, 4911-4922.

[218] Bao, J., Krishnan, G. N., Jayaweera, P., Perez-Mariano, J., and Sanjurjo, A. (2009) Effect of various coal contaminants on the performance of solid oxide fuel cells: Part I. Accelerated testing. *J. Power Sources*, **193**, 607-616.

[219] Bao, J. E., Krishnan, G. N., Jayaweera, P., and Sanjurjo, A. (2010) Effect of various coal gas contaminants on the performance of solid oxide fuel cells: Part Ⅲ. Synergistic effects. *J. Power Sources*, **195**, 1316-1324.

[220] Vels Jensen, K., Primdahl, S., Chorkendorff, I., and Mogensen, M. (2001) Microstructural and chemical changes at the Ni/YSZ interface. *Solid State Ionics*, **144**, 197-209.

[221] Jensen, K. V., Wallenberg, R., Chorkendorff, I., and Mogensen, M. (2003) Effect of impurities on structural and electrochemical properties of the Ni-YSZ interface. *Solid State Ionics*, **160**, 27-37.

[222] Schmidt, M. S., Hansen, K. V., Norrman, K., and Mogensen, M. (2008) Effects of trace elements at the Ni/ScYSZ interface in a model solid oxide fuel cell anode. *Solid State Ionics*, **179**, 1436-1441.

[223] Liu, Y. L., Primdahl, S., and Mogensen, M. (2003) Effects of impurities on microstructure in Ni/YSZ-YSZ half-cells for SOFC. *Solid State Ionics*, **161**, 1-10.

[224] Primdahl, S. and Mogensen, M. (2000) Durability and thermal cycling of Ni/YSZ cermet anodes for solid oxide fuel cells. *J. Appl. Electrochem.*, **30**, 247-257.

[225] Liu, Y. L. and Jiao, C. G. (2005) Microstructure degradation of an anode/electrolyte interface in SOFC studied by transmission electron microscopy. *Solid State Ionics*, **176**, 435-442.

[226] Gentile, P. S. and Sofie, S. W. (2011) Investigation of aluminosilicate as a solid oxide fuel cell refractory. *J. Power Sources*, **196**, 4545-4554.

[227] Haga, K., Adachi, S., Shiratori, Y., Itoh, K., and Sasaki, K. (2008) Poisoning of SOFC anodes by various fuel impurities. *Solid State Ionics*, **179**, 1427-1431.

[228] Brugnoni, C., Ducati, U., and Scagliotti, M. (1995) SOFC cathode/electrolyte interface. Part I: reactivity between $La_{0.85}Sr_{0.15}MnO_3$ and $ZrO_2-Y_2O_3$. *Solid State Ionics*, **76**, 177-182.

[229] Willy Poulsen, F. and van der Puil, N. (1992) Phase relations and conductivity of Sr- and La-zirconates. *Solid State Ionics*, **53-56**, 777-783.

[230] Lee, H. Y. and Oh, S. M. (1996) Origin of cathodic degradation and new phase formation at the $La_{0.9}Sr_{0.1}MnO_3$/YSZ interface. *Solid State Ionics*, **90**, 133-140.

[231] Mitterdorfer, A. and Gauckler, L. J. (1998) $La_2Zr_2O_7$ formation and oxygen reduction kinetics of the $La_{0.85}Sr_{0.15}Mn_yO_3$, O_2(g) vertical bar YSZ system. *Solid State Ionics*, **111**, 185-218.

[232] Jiang, S. P., Zhang, J. P., Ramprakash, Y., Milosevic, D., and Wilshier, K. (2000) An investigation of shelf-life of strontium doped $LaMnO_3$ materials. *J. Mater. Sci.*, **35**, 2735-2741.

[233] Yokokawa, H., Sakai, N., Kawada, T., and Dokiya, M. (1991) Thermodynamic analysis of reaction profiles between $LaMO_3$(M=Ni, Co, Mn) and ZrO_2. *J. Electrochem. Soc.*, **138**, 2719-2727.

[234] Yang, C. C. T., Wei, W. C. J., and Roosen, A. (2003) Electrical conductivity and microstructures of

$La_{0.65}Sr_{0.3}MnO_3$-8mol% yttria-stabilized zirconia. *Mater. Chem. Phys.*, **81**, 134-142.

[235] Haanappel, V. A. C., Mai, A., and Mertens, J. (2006) Electrode activation of anode-supported SOFCs with LSM-or LSCF-type cathodes. *Solid State Ionics*, **177**, 2033-2037.

[236] Sahibzada, M., Benson, S. J., Rudkin, R. A., and Kilner, J. A. (1998) Pd promoted $La_{0.6}Sr_{0.4}Co_{0.2}Fe_{0.8}O_3$ cathodes. *Solid State Ionics*, **113**, 285-290.

[237] Murray, E. P., Sever, M. J., and Barnett, S. A. (2002) Electrochemical performance of (La, Sr)(Co, Fe)O_3-(Ce, Gd)O_3 composite cathodes. *Solid State Ionics*, **148**, 27-34.

[238] Shao, Z. P. and Haile, S. M. (2004) A high-performance cathode for the next generation of solid-oxide fuel cells. *Nature*, **431**, 170-173.

[239] Yokokawa, H. (2003) Understanding materials compatibility. *Ann. Rev. Mater. Res.*, **33**, 581-610.

[240] Mai, A., Becker, M., Assenmacher, W., Tietz, F., Hathiramani, D., Ivers-Tiffee, E., Stover, D., and Mader, W. (2006) Time-dependent performance of mixed-conducting SOFC cathodes. *Solid State Ionics*, **177**, 1965-1968.

[241] Zhu, Q. S., Jin, T. A., and Wang, Y. (2006) Thermal expansion behavior and chemical compatibility of $Ba_xSr_{1-x}Co_{1-y}Fe_yO_{3-\delta}$ with 8YSZ and 20GDC. *Solid State Ionics*, **177**, 1199-1204.

[242] Yung, H., Jian, L., and Jiang, S. P. (2012) Polarization promoted chemical reaction between $Ba_{0.5}Sr_{0.5}Co_{0.8}Fe_{0.2}O_3$ Cathode and ceria based electrolytes of solid oxide fuel cells. *J. Electrochem. Soc.*, **159**, F794-F798.

[243] Tietz, F., Haanappel, V. A. C., Mai, A., Mertens, J., and Stover, D. (2006) Performance of LSCF cathodes in cell tests. *J. Power Sources*, **156**, 20-22.

[244] Simner, S. P., Anderson, M. D., Engelhard, M. H., and Stevenson, J. W. (2006) Degradation mechanisms of La-Sr-Co-Fe-O_3 SOFC cathodes. *Electrochem. Solid-State Lett.*, **9**, A478-A481.

[245] Kostogloudis, G. C. and Ftikos, C. (1999) Properties of a-site-deficient $La_{0.6}Sr_{0.4}Co_{0.2}Fe_{0.8}O_{3-\delta}$-based perovskite oxides. *Solid State Ionics*, **126**, 143-151.

[246] Wei, B., Lu, Z., Huang, X. Q., Miao, J. P., Sha, X. Q., Xin, X. S., and Su, W. H. (2006) Crystal structure, thermal expansion and electrical conductivity of perovskite oxides $Ba_xSr_{1-x}Co_{0.8}Fe_{0.2}O_{3-\delta}$ ($0.3 \leqslant x \leqslant 0.7$). *J. Eur. Ceram. Soc.*, **26**, 2827-2832.

[247] Steele, B. C. H. (1995) Interfacial reactions associated with ceramic ion transport membranes. *Solid State Ionics*, **75**, 157-165.

[248] Wu, Q. H., Liu, M. L., and Jaegermann, W. (2005) X-ray photoelectron spectroscopy of $La_{0.5}Sr_{0.5}MnO_3$. *Mater. Lett.*, **59**, 1980-1983.

[249] Dulli, H., Dowben, P. A., Liou, S. H., and Plummer, E. W. (2000) Surface segregation and restructuring of colossal-magnetoresistant manganese perovskites $La_{0.65}Sr_{0.35}MnO_3$. *Phys. Rev. B*, **62**, 14629-14632.

[250] de Jong, M. P., Dediu, V. A., Taliani, C., and Salaneck, W. R. (2003) Electronic structure of $La_{0.7}Sr_{0.3}MnO_3$ Thin films for hybrid organic/inorganic spintronics applications. *J. Appl. Phys.*, **94**, 7292-7296.

[251] Katsiev, K., Yildiz, B., Balasubramaniam, K., and Salvador, P. A. (2009) Electron tunneling characteristics on $La_{0.7}Sr_{0.3}MnO_3$ Thin-film surfaces at high temperature. *Appl. Phys. Lett.*, **95**, 92106.

[252] Vovk, G., Chen, X., and Mims, C. A. (2005) In situ XPS studies of perovskite oxide surfaces under electrochemical polarization. *J. Phys. Chem. B*, **109**, 2445-2454.

[253] Norman, C. and Leach, C. (2011) In situ high temperature X-ray photoelectron spectroscopy study of barium strontium iron cobalt oxide. *J. Membr. Sci.*, **382**, 158-165.

[254] Kim, Y. M., Chen, X. B., Jiang, S. P., and Bae, J. (2012) Effect of strontium content on chromium

deposition and poisoning in $Ba_{1-x}Sr_xCo_{0.8}Fe_{0.2}O_{3-\delta}$($0.3 \leq x \leq 0.7$) cathodes of solid oxide fuel cells. *J. Electrochem. Soc.*,**159**,B185–B194.

[255] Fang, S. M., Yoo, C. Y., and Bouwmeester, H. J. M. (2011) Performance and stability of niobium–substituted $Ba_{0.5}Sr_{0.5}Co_{0.8}Fe_{0.2}O_{3-\delta}$ membranes. *Solid State Ionics*,**195**,1–6.

[256] Jorgensen,M. J., Holtappels,P., and Appel,C. C. (2000) Durability test of SOFC cathodes. *J. Appl. Electrochem.*,**30**,411–418.

[257] Jiang,S. P. and Wang,W. (2005) Sintering and grain growth of (La,Sr)MnO_3 electrodes of solid oxide fuel cells under polarization. *Solid State Ionics*,**176**,1185–1191.

[258] Sholklapper,T. Z.,Jacobson,C. P.,Visco,S. J.,and De Jonghe,L. C. (2008) Synthesis of dispersed and contiguous nanoparticles in solid oxide fuel cell electrodes. *Fuel Cells*,**8**,303–312.

[259] Jiang,S. P. (2006) A review of wet impregnation – an alternative method for the fabrication of high performance and nano–structured electrodes of solid oxide fuel cells. *Mater. Sci. Eng.*,*A*,**418**,199–210.

[260] Huang,Y. Y.,Ahn,K.,Vohs,J. M.,and Gorte,R. J. (2004) Characterization of Sr–doped $LaCoO_3$–YSZ composites prepared by impregnation methods. *J. Electrochem. Soc.*,**151**,A1592–A1597.

[261] Peters,C.,Weber,A.,and Ivers–Tiffee,E. (2008) Nanoscaled ($La_{0.5}Sr_{0.5}$)$CoO_{3-\delta}$ thin film cathodes for SOFC application at 500℃<T<700℃. *J. Electrochem. Soc.*,**155**,B730–B737.

[262] Ai,N.,Jiang,S. P.,Lu,Z.,Chen,K. F.,and Su,W. H. (2010) Nanostructured (Ba,Sr)(Co,Fe)$O_{3-\delta}$ impregnated (La,Sr)MnO_3 cathode for intermediate temperature solid oxide fuel cells. *J. Electrochem. Soc.*,**157**,B1033–B1039.

[263] Kungas,R.,Bidrawn,F.,Vohs,J. M.,and Gorte,R. J. (2010) Doped–ceria diffusion barriers prepared by infiltration for solid oxide fuel cells. *Electrochem. Solid–State Lett.*,**13**,B87–B90.

[264] Shah,M.,Hughes,G.,Voorhees,P. W.,and Barnett,S. A. (2011) Stability and performance of LSCF–infiltrated SOFC cathodes: effect of nano–particle coarsening. *ECS Trans.*,**35**,2045–2053.

[265] Yoon, S. P., Han, J., Nam, S. W., Lim, T. H., Oh, I. H., Hong, S. A., Yoo, Y. S., and Lim, H. C. (2002) Performance of anode–supported solid oxide fuel cell with $La_{0.85}Sr_{0.15}MnO_3$ Cathode modified by sol–gel coating technique. *J. Power Sources*,**106**,160–166.

[266] Wang,W. S.,Gross,M. D.,Vohs,J. M.,and Gorte,R. J. (2007) The stability of LSF–YSZ electrodes prepared by infiltration. *J. Electrochem. Soc.*,**154**,B439–B445.

[267] Chen, K. F., Tian, Y. T., Lu, Z., Ai, N., Huang, X. Q., and Su, W. H. (2009) Behavior of 3mol% yttria–stabilized tetragonal zirconia polycrystal film prepared by slurry spin coating. *J. Power Sources*,**186**, 128–132.

[268] Sholklapper,T. Z.,Radmilovic,V.,Jacobson,C. P.,Visco,S. J.,and De Jonghe,L. C. (2007) Synthesis and stability of a nanoparticle–infiltrated solid oxide fuel cell electrode. *Electrochem. Solid–State Lett.*, **10**,B74–B76.

[269] Shah,M.,Voorhees,P. W.,and Barnett,S. A. (2011) Time–dependent performance changes in LSCF–infiltrated SOFC cathodes: the role of nanoparticle coarsening. *Solid State Ionics*,**187**,64–67.

[270] Sholklapper, T. Z., Radmilovic, V., Jacobson, C. P., Visco, S. J., and De Jonghe, L. C. (2008) Nanocomposite Ag–LSM solid oxide fuel cell electrodes. *J. Power Sources*,**175**,206–210.

[271] Liang,F. L.,Chen,J.,Cheng,J. L.,Jiang,S. P.,He,T. M.,Pu,J.,and Li,J. (2008) Novel nano–structured Pd plus yttrium doped ZrO_2 cathodes for intermediate temperature solid oxide fuel cells. *Electrochem. Commun.*,**10**,42–46.

[272] Brunetti, A., Barbieri, G., and Drioli, E. (2011) Integrated membrane system for pure hydrogen production: a Pd–Ag membrane reactor and a PEMFC. *Fuel Process. Technol.*,**92**,166–174.

[273] Liang, F. L., Chen, J., Jiang, S. P., Wang, F. Z., Chi, B., Pu, J., and Jian, L. (2009) Mn-stabilised microstructure and performance of Pd-impregnated YSZ cathode for intermediate temperature solid oxide fuel cells. *Fuel Cells*, **9**, 636-642.

[274] Babaei, A., Zhang, L., Liu, E., and Jiang, S. P. (2011) Performance and stability of $La_{0.8}Sr_{0.2}MnO_3$ Cathode promoted with palladium based catalysts in solid oxide fuel cells. *J. Alloys Compd.*, **509**, 4781-4787.

[275] Kim, J.-S., Wieder, N. L., Abraham, A. J., Cargnello, M., Fornasiero, P., Gorte, R. J., and Vohs, J. M. (2011) Highly active and thermally stable core-shell catalysts for solid oxide fuel cells. *J. Electrochem. Soc.*, **158**, B596-B600.

[276] Lee, D., Jung, I., Lee, S. O., Hyun, S. H., Jang, J. H., and Moon, J. (2011) Durable high-performance $Sm_{0.5}S_{r0.5}CoO_3$- $Sm_{0.2}Ce_{0.8}O_{1.9}$ core-shell type composite cathodes for low temperature solid oxide fuel cells. *Int. J. Hydrogen Energy*, **36**, 6875-6881.

[277] Zhang, Y. X. and Xia, C. R. (2010) A durability model for solid oxide fuel cell electrodes in thermal cycle processes. *J. Power Sources*, **195**, 6611-6618.

[278] Kjellqvist, L. and Selleby, M. (2010) Thermodynamic assessment of the Cr-Mn-O system. *J. Alloys Compd.*, **507**, 84-92.

[279] Yang, Z. G. (2008) Recent advances in metallic interconnects for solid oxide fuel cells. *Int. Mater. Rev.*, **53**, 39-54.

[280] Taniguchi, S., Kadowaki, M., Kawamura, H., Yasuo, T., Akiyama, Y., Miyake, Y., and Saitoh, T. (1995) Degradation phenomena in the cathode of a solid oxide fuel cell with an alloy separator. *J. Power Sources*, **55**, 73-79.

[281] Quadakkers, W. J., Greiner, H., Hansel, M., Pattanaik, A., Khanna, A. S., and Mallener, W. (1996) Compatibility of perovskite contact layers between cathode and metallic interconnector plates of SOFCs. *Solid State Ionics*, **91**, 55-67.

[282] Chen, X. B., Zhang, L., Liu, E., and Jiang, S. P. (2011) A fundamental study of chromium deposition and poisoning at $(La_{0.8}Sr_{0.2})_{0.95}(Mn_{1-x}Co_x)O_{3\pm\delta}$ $(0.0\leqslant x\leqslant 1.0)$ cathodes of solid oxide fuel cells. *Int. J. Hydrogen Energy*, **36**, 805-821.

[283] Horita, T., Xiong, Y. P., Yoshinaga, M., Kishimoto, H., Yamaji, K., Brito, M. E., and Yokokawa, H. (2009) Determination of chromium concentration in solid oxide fuel cell cathodes: (La, Sr) MnO_3 and (La, Sr) FeO_3. *Electrochem. Solid-State Lett.*, **12**, B146-B149.

[284] Matsuzaki, Y. and Yasuda, I. (2001) Dependence of SOFC cathode degradation by chromium-containing alloy on compositions of electrodes and electrolytes. *J. Electrochem. Soc.*, **148**, A126-A131.

[285] Jiang, S.-P., Zhang, J.-P., Apateanu, L., and Foger, K. (1999) Deposition of chromium species on Sr-doped $LaMnO_3$ cathodes in solid oxide fuel cells. *Electrochem. Commun.*, **1**, 394-397.

[286] Jiang, S. P., Zhang, J. P., and Foger, K. (2001) Deposition of chromium species at Sr-doped $LaMnO_3$ electrodes in solid oxide fuel cells -Ⅲ. Effect of air flow. *J. Electrochem. Soc.*, **148**, C447-C455.

[287] Chen, X. B., Zhen, Y. D., Li, J., and Jiang, S. P. (2010) Chromium deposition and poisoning in dry and humidified air at $(La_{0.8}Sr_{0.2})_{0.9}MnO_{3+\delta}$ cathodes of solid oxide fuel cells. *Int. J. Hydrogen Energy*, **35**, 2477-2485.

[288] Matsuzaki, Y. and Yasuda, I. (2000) Electrochemical properties of a SOFC cathode in contact with a chromium-containing alloy separator. *Solid State Ionics*, **132**, 271-278.

[289] Jiang, S. P., Zhang, S., and Zhen, Y. D. (2006) Deposition of Cr species at (La, Sr)(Co, Fe)$O_{[3]}$ cathodes of solid oxide fuel cells. *J. Electrochem. Soc.*, **153**, A127-A134.

[290] Konysheva, E., Penkalla, H., Wessel, E., Mertens, J., Seeling, U., Singheiser, L., and Hilpert, K. (2006) Chromium poisoning of perovskite cathodes by the ODS alloy $Cr_5Fe_1Y_{[2]}O_{[3]}$ and the high chromium ferritic steel Crofer22APU. *J. Electrochem. Soc.*, **153**, A765–A773.

[291] Jiang, S. P., Zhang, J. P., and Foger, K. (2000) Deposition of chromium species at Sr-doped $LaMnO_3$ electrodes in solid oxide fuel cells-Ⅱ. Effect on O_2 reduction reaction. *J. Electrochem. Soc.*, **147**, 3195–3205.

[292] Jiang, S. P., Zhang, J. P., and Zheng, X. G. (2002) A comparative investigation of chromium deposition at air electrodes of solid oxide fuel cells. *J. Eur. Ceram. Soc.*, **22**, 361–373.

[293] Jiang, S. P., Zhang, S., and Zhen, Y. D. (2005) Early interaction between Fe–Cr alloy metallic interconnect and Sr-doped $LaMnO_3$ cathodes of solid oxide fuel cells. *J. Mater. Res.*, **20**, 747–758.

[294] Zhen, Y. D., Jiang, S. P., Zhang, S., and Tan, V. (2006) Interaction between metallic interconnect and constituent oxides of $(La,Sr)MnO_3$ electrodes of solid oxide fuel cells. *J. Euro. Ceram. Soc.*, **26**, 3253–3264.

[295] Chen, X. B., Zhang, L., Liu, E. J., and Jiang, S. P. (2011) A fundamental study of chromium deposition and poisoning at $(La_{0.8}Sr_{0.2})_{0.95}(Mn_{1-x}Co_x)O_{\pm\delta}$ $(0.11 \leq x \leq 1.0)$ Cathodes of solid oxide fuel cells. *Int. J. Hydrogen Energy*, **36**, 805–821.

[296] Kim, Y. M., Chen, X. B., Jiang, S. P., and Bae, J. (2011) Chromium deposition and poisoning at $Ba_{0.5}Sr_{0.5}Co_{0.8}Fe_{0.2}O_{3-\delta}$ cathode of solid oxide fuel cells. Electrochem. *Solid-State Lett.*, **14**, B41–B45.

[297] Zhen, Y. D., Li, J., and Jiang, S. P. (2006) Oxygen reduction on strontium-doped $LaMnO_3$ cathodes in the absence and presence of an iron-chromium alloy interconnect. *J. Power Sources*, **162**, 1043–1052.

[298] Matsuzaki, Y. and Yasuda, I. (2002) Electrochemical properties of reduced-temperature SOFCs with mixed ionic-electronic conductors in electrodes and/or interlayers. *Solid State Ionics*, **152–153**, 463–468.

[299] Wachsman, E. D., Oh, D., Armstrong, E., Jung, D. W., and Kan, C. (2009) Mechanistic understanding of Cr poisoning on $La_{0.6}Sr_{0.4}Co_{0.2}Fe_{0.8}O_3$(LSCF). *ECS Trans.*, **25**, 2871–2879.

[300] Zhen, Y. D. and Jiang, S. P. (2006) Transition behavior for O_2 reduction reaction on $(La,Sr)MnO_3$/YSZ composite cathodes of solid oxide fuel cells. *J. Electrochem. Soc.*, **153**, A2245–A2254.

[301] Jiang, S. P., Zhen, Y. D., and Zhang, S. (2006) Interaction between Fe–Cr metallic interconnect and $(La,Sr)MnO_3$/YSZ composite cathode of solid oxide fuel cells. *J. Electrochem. Soc.*, **153**, A1511–A1517.

[302] Zhen, Y. D., Tok, A. I. Y., Jiang, S. P., and Boey, F. Y. C. (2007) $La(Ni,Fe)O_3$ as a cathode material with high tolerance to chromium poisoning for solid oxide fuel cells. *J. Power Sources*, **170**, 61–66.

[303] Komatsu, T., Arai, H., Chiba, R., Nozawa, K., Arakawa, M., and Sato, K. (2006) Cr poisoning suppression in solid oxide fuel cells using $LaNi(Fe)O_3$ electrodes. *Electrochem. Solid-State Lett.*, **9**, A9–A12.

[304] Komatsu, T., Yoshida, Y., Watanabe, K., Chiba, R., Taguchi, H., Orui, H., and Arai, H. (2010) Degradation behavior of anode-supported solid oxide fuel cell using LNF cathode as function of current load. *J. Power Sources*, **195**, 5601–5605.

[305] Stodolny, M. K., Berkel, F. P. V., and Boukamp, B. A. (2009) $La(Ni,Fe)O_3$ stability in the presence of Cr species – solid-state reactivity study. *ECS Trans.*, **25**, 2915–2922.

[306] Zhen, Y. and Jiang, S. P. (2008) Characterization and performance of $(La,Ba)(Co,Fe)O_3$ cathode for solid oxide fuel cells with iron-chromium metallic interconnect. *J. Power Sources*, **180**, 695–703.

[307] Chen, X. B., Zhang, L., and Jiang, S. P. (2008) Chromium deposition and poisoning on $(La_{0.6}Sr_{0.4-x}Ba_x)(Co_{0.2}Fe_{0.8})O_3(0 \leq x \leq 0.4)$ cathodes of solid oxide fuel cells. *J. Electrochem. Soc.*, **155**, B1093–

B1101.

[308] Yang, Z. G., Hardy, J. S., Walker, M. S., Xia, G. G., Simner, S. P., and Stevenson, J. W. (2004) Structure and conductivity of thermally grown scales on ferritic Fe-Cr-Mn steel for SOFC interconnect applications. *J. Electrochem. Soc.*, **151**, A1825-A1831.

[309] Simner, S. P., Anderson, M. D., Xia, G. G., Yang, Z., Pederson, L. R., and Stevenson, J. W. (2005) SOFC performance with Fe-Cr-Mn alloy interconnect. *J. Electrochem. Soc.*, **152**, A740-A745.

[310] Stanislowski, M., Wessel, E., Hilpert, K., Markus, T., and Singheiser, L. (2007) Chromium vaporization from high-temperature alloys I. Chromia-forming steels and the influence of outer oxide layers. *J. Electrochem. Soc.*, **154**, A295-A306.

[311] Chen, X. B., Hua, B., Pu, J., Li, J., Zhang, L., and Jiang, S. P. (2009) Interaction between (La, Sr) MnO_3 cathode and Ni-Mo-Cr metallic interconnect with suppressed chromium vaporization for solid oxide fuel cells. *Int. J. Hydrogen Energy*, **34**, 5737-5748.

[312] Fujita, K., Ogasawara, K., Matsuzaki, Y., and Sakurai, T. (2004) Prevention of SOFC cathode degradation in contact with Cr-containing alloy. *J. Power Sources*, **131**, 261-269.

[313] Kurokawa, H., Jacobson, C. P., DeJonghe, L. C., and Visco, S. J. (2007) Chromium vaporization of bare and of coated iron-chromium alloys at 1073 K. *Solid State Ionics*, **178**, 287-296.

[314] Shaigan, N., Ivey, D. G., and Chen, W. (2008) Co/$LaCrO_3$ composite coatings for AISI 430 stainless steel solid oxide fuel cell interconnects. *J. Power Sources*, **185**, 331-337.

[315] Qu, W., Jian, L., Ivey, D. G., and Hill, J. M. (2006) Yttrium, cobalt and yttrium/cobalt oxide coatings on ferritic stainless steels for SOFC interconnects. *J. Power Sources*, **157**, 335-350.

[316] Yang, Z. G., Xia, G. G., and Stevenson, J. W. (2005) $Mn_{1.5}Co_{1.5}O_4$ Spinel protection layers on ferritic stainless steels for SOFC interconnect applications. *Electrochem. Solid-State Lett.*, **8**, A168-A170.

[317] Montero, X., Tietz, F., Sebold, D., Buchkremer, H. R., Ringuede, A., Cassir, M., Laresgoiti, A., and Villarreal, I. (2008) $MnCo_{1.9}Fe_{0.1}O_4$ spinel protection layer on commercial ferritic steels for interconnect applications in solid oxide fuel cells. *J. Power Sources*, **184**, 172-179.

[318] Bi, Z. H., Zhu, J. H., and Batey, J. L. (2010) $CoFe_2O_4$ Spinel protection coating thermally converted from the electroplated Co-Fe alloy for solid oxide fuel cell interconnect application. *J. Power Sources*, **195**, 3605-3611.

[319] Hua, B., Zhang, W., Wu, J., Pu, J., Chi, B., and Jian, L. (2010) A promising $NiCo_2O_4$ protective coating for metallic interconnects of solid oxide fuel cells. *J. Power Sources*, **195**, 7375-7379.

[320] Batfalsky, P., Haanappel, V. A. C., Malzbender, J., Menzler, N. H., Shemet, V., Vinke, I. C., and Steinbrech, R. W. (2006) Chemical interaction between glass-ceramic sealants and interconnect steels in SOFC stacks. *J. Power Sources*, **155**, 128-137.

[321] Hauch, A., Ebbesen, S. D., Jensen, S. H., and Mogensen, M. (2008) Solid oxide electrolysis cells: microstructure and degradation of the Ni/yttria-stabilized zirconia electrode. *J. Electrochem. Soc.*, **155**, B1184-B1193.

[322] Zhang, T., Fahrenholtz, W. G., Reis, S. T., and Brow, R. K. (2008) Borate volatility from SOFC sealing glasses. *J. Am. Ceram. Soc.*, **91**, 2564-2569.

[323] Zhou, X. D., Templeton, J. W., Zhu, Z., Chou, Y. S., Maupin, G. D., Lu, Z., Brow, R. K., and Stevenson, J. W. (2010) Electrochemical performance and stability of the cathode for solid oxide fuel cells. Ⅲ. Role of volatile boron species on LSM/YSZ and LSCF. *J. Electrochem. Soc.*, **157**, B1019-B1023.

[324] Chen, K. F., Ai, N., Lievens, C., Love, J., and Jiang, S. P. (2012) Impact of volatile boron species on

the microstructure and performance of nano-structured (Gd,Ce)O_2 infiltrated (La,Sr)MnO_3 cathodes of solid oxide fuel cells. *Electrochem. Commun.*, **23**, 129-132.

[325] Bae, J. M. and Steele, B. C. H. (1998) Properties of $La_{0.6}Sr_{0.4}Co_{0.2}Fe_{0.8}O_{3-\delta}$ (LSCF) double layer cathodes on gadolinium-doped cerium oxide (CGO) electrolytes - I. Role of SiO_2. *Solid State Ionics*, **106**, 247-253.

[326] Komatsu, T., Watanabe, K., Arakawa, M., and Arai, H. (2009) A long-term degradation study of power generation characteristics of anode-supported solid oxide fuel cells using LaNi(Fe)O_3 electrode. *J. Power Sources*, **193**, 585-588.

[327] Liu, R. -R., Taniguchi, S., Shiratori, Y., Ito, K., and Sasaki, K. (2011) Influence of SO_2 on the long-term durability of SOFC cathodes. *ECS Trans.*, **35**, 2255-2260.

[328] Schuler, A. J., Wuillemin, Z., Hessler-Wyser, A., and Herle, J. V. (2009) Sulfur as pollutant species on the cathode side of a SOFC system. *ECS Trans.*, **25**, 2845-2852.

[329] Yamaji, K., Xiong, Y., Yoshinaga, M., Kishimoto, H., Brito, M., Horita, T., Yokokawa, H., Akikusa, J., and Kawano, M. (2009) Effect of SO_2 concentration on degradation of $Sm_{0.5}Sr_{0.5}CoO_3$ Cathode. *ECS Trans.*, **25**, 2853-2858.

[330] Sakai, N., Yamaji, K., Horita, T., Xiong, Y. P., Kishimoto, H., and Yokokawa, H. (2003) Effect of water on oxygen transport properties on electrolyte surface in SOFCs. *J. Electrochem. Soc.*, **150**, A689-A694.

[331] Liu, R. R., Kim, S. H., Shiratori, Y., Oshima, T., Ito, K., and Sasaki, K. (2009) The influence of water vapor and SO_2 on the durability of solid oxide fuel cell. *ECS Trans.*, **25**, 2859-2866.

[332] Kim, S. H., Ohshima, T., Shiratori, Y., Itoh, K., and Sasaki, K. (2008) in *Life- Cycle Analysis for New Energy Conversion and Storage Systems* (eds V. Fthenakis, A. Dillon, and N. Savage), Materials Research Society, pp. 131-137.

[333] Yan, A., Cheng, M., Dong, Y., Yang, W., Maragou, V., Song, S., and Tsiakaras, P. (2006) Investigation of a $Ba_{0.5}Sr_{0.5}C_{o0.8}Fe_{0.2}O_{3-\delta}$ based cathode IT-SOFC: I. The effect of CO_2 on the cell performance. *Appl. Catal.*, *B*, 66, 64-71.

[334] Yan, A. Y., Yang, M., Hou, Z. F., Dong, Y. L., and Cheng, M. J. (2008) Investigation of $Ba_{1-x}Sr_xCo_{0.8}Fe_{0.2}O_{3-\delta}$ as cathodes for low-temperature solid oxide fuel cells both in the absence and presence of CO_2. *J. Power Sources*, **185**, 76-84.

[335] Bucher, E., Egger, A., Caraman, G. B., and Sitte, W. (2008) Stability of the SOFC cathode material (Ba,Sr)(Co,Fe)$O_{3-\delta}$ in CO_2-containing atmospheres. *J. Electrochem. Soc.*, **155**, B1218-B1224.

[336] Herring, J. S., O'Brien, J. E., Stoots, C. M., Hawkes, G. L., Hartvigsen, J. J., and Shahnam, M. (2007) Progress in high-temperature electrolysis for hydrogen production using planar SOFC technology. *Int. J. Hydrogen Energy*, **32**, 440-450.

[337] Hauch, A., Ebbesen, S. D., Jensen, S. H., and Mogensen, M. (2008) Highly efficient high temperature electrolysis. *J. Mater. Chem.*, **18**, 2331-2340.

[338] Kuhn, M., Napporn, T. W., Meunier, M., and Therriault, D. (2008) Experimental study of current collection in single-chamber micro solid oxide fuel cells with comblike electrodes. *J. Electrochem. Soc.*, **155**, B994-B1000.

[339] Hauch, A., Jensen, S. H., Ramousse, S., and Mogensen, M. (2006) Performance and durability of solid oxide electrolysis cells. *J. Electrochem. Soc.*, **153**, A1741-A1747.

[340] Marina, O. A., Pederson, L. R., Williams, M. C., Coffey, G. W., Meinhardt, K. D., Nguyen, C. D., and Thomsen, E. C. (2007) Electrode performance in reversible solid oxide fuel cells. *J. Electrochem. Soc.*,

154, B452-B459.

[341] Brisse, A., Schefold, J., and Zahid, M. (2008) High temperature water electrolysis in solid oxide cells. *Int. J. Hydrogen Energy*, **33**, 5375-5382.

[342] Hauch, A., Jensen, S. H., Ebbesen, S. D., and Mogensen, M. (2009) Durability of solid oxide electrolysis cells for hydrogen production. *Risoe Rep.*, **1608**, 327-338.

[343] Ebbesen, S. D., and Mogensen, M. (2009) Electrolysis of carbon dioxide in solid oxide electrolysis cells. *J. Power Sources.*, **193**, 349-358.

[344] Ebbesen, S. D. and Mogensen, M. (2010) Exceptional durability of solid oxide cells. Electrochem. *Solid-State Lett.*, **13**, D106-D108.

[345] Ebbesen, S. D., Graves, C., Hauch, A., Jensen, S. H., and Mogensen, M. (2010) Poisoning of solid oxide electrolysis cells by impurities. *J. Electrochem. Soc.*, **157**, B1419-B1429.

[346] Ebbesen, S. D., Hogh, J., Nielsen, K. A., Nielsen, J. U., and Mogensen, M. (2011) Durable SOC stacks for production of hydrogen and synthesis gas by high temperature electrolysis. *Int. J. Hydrogen Energy*, **36**, 7363-7373.

[347] Hauch, A., Jensen, S. H., Bilde-Sorensen, J. B., and Mogensen, M. (2007) Silica segregation in the Ni/YSZ electrode. *J. Electrochem. Soc.*, **154**, A619-A626.

[348] Knibbe, R., Traulsen, M. L., Hauch, A., Ebbesen, S. D., and Mogensen, M. (2010) Solid oxide electrolysis cells: degradation at high current densities. *J. Electrochem. Soc.*, **157**, B1209-B1217.

[349] Kim-Lohsoontorn, P., Kim, Y. M., Laosiripojana, N., and Bae, J. (2011) Gadolinium doped ceria-impregnated nickel-yttria stabilised zirconia cathode for solid oxide electrolysis cell. *Int. J. Hydrogen Energy*, **36**, 9420-9427.

[350] Schiller, G., Ansar, A., Lang, M., and Patz, O. (2009) High temperature water electrolysis using metal supported solid oxide electrolyser cells (SOEC). *J. Appl. Electrochem.*, **39**, 293-301.

[351] Yang, X. and Irvine, J. T. S. (2008) $(La_{0.75}Sr_{0.25})_{0.95}Mn_{0.5}Cr_{0.5}O_3$ as the cathode of solid oxide electrolysis cells for high temperature hydrogen production from steam. *J. Mater. Chem.*, **18**, 2349-2354.

[352] Momma, A., Kato, T., Kaga, Y., and Nagata, S. (1997) Polarization behavior of high temperature solid oxide electrolysis cells (SOEC). *J. Ceram. Soc. Jpn.*, **105**, 369-373.

[353] Mawdsley, J. R., Carter, J. D., Kropf, A. J., Yildiz, B., and Maroni, V. A. (2009) Post-test evaluation of oxygen electrodes from solid oxide electrolysis stacks. *Int. J. Hydrogen Energy*, **34**, 4198-4207.

[354] Chen, K. F., Ai, N., and Jiang, S. P. (2010) Development of $(Gd,Ce)O_2$-impregnated $(La,Sr)MnO_3$ anodes of high temperature solid oxide electrolysis cells. *J. Electrochem. Soc.*, **157**, P89-P94.

[355] Minh, N. Q. (2011) Development of reversible solid oxide fuel cells (RSOFCs) and stacks. *ECS Trans.*, **35**, 2897-2904.

[356] Hino, R., Haga, K., Aita, H., and Sekita, K. (2004) R & D on hydrogen production by high-temperature electrolysis of steam. *Nucl. Eng. Des.*, **233**, 363-375.

[357] Laguna-Bercero, M. A., Campana, R., Larrea, A., Kilner, J. A., and Orera, V. M. (2011) Electrolyte degradation in anode supported microtubular yttria stabilized zirconia-based solid oxide steam electrolysis cells at high voltages of operation. *J. Power Sources*, **196**, 8942-8947.

[358] McIntosh, S., Adler, S. B., Vohs, J. M., and Gorte, R. J. (2004) Effect of polarization on and implications for characterization of LSM-YSZ composite cathodes. *Electrochem. Solid-State Lett.*, **7**, A111-A114.

[359] McEvoy, A. J. (2000) Activation processes, electrocatalysis and operating protocols enhance SOFC performance. *Solid State Ionics*, **135**, 331-336.

[360] Jiang, S. P. (2006) Activation, microstructure, and polarization of solid oxide fuel cell cathodes. *J. Solid*

State Electrochem. ,**11**,93-102.

[361] Jiang,S. P. (2003) Issues on development of (La,Sr)MnO_3 cathode for solid oxide fuel cells. *J. Power Sources*,**124**,390-402.

[362] Wang,W. and Jiang,S. P. (2004) Effect of polarization on the electrode behavior and microstructure of (La,Sr)MnO_3 electrodes of solid oxide fuel cells. *J. Solid State Electrochem.* ,**8**,914-922.

[363] Wang,W. S. ,Huang,Y. Y. ,Jung,S. W. ,Vohs,J. M. ,and Gorte,R. J. (2006) A comparison of LSM, LSF,and LSCo for solid oxide electrolyzer anodes. *J. Electrochem. Soc.* ,**153**,A2066-A2070.

[364] Osada,N. ,Uchida,H. ,and Watanabe,M. (2006) Polarization behavior of SDC cathode with highly dispersed Ni catalysts for solid oxide electrolysis cells. *J. Electrochem. Soc.* ,**153**,A816-A820.

[365] Chen,K. F. and Jiang,S. P. (2011) Failure mechanism of (La,Sr)MnO_3 oxygen electrodes of solid oxide electrolysis cells. *Int. J. Hydrogen Energy*,**36**,10541-10549.

[366] Kim-Lohsoontorn,P. ,Brett,D. J. L. ,Laosiripojana,N. ,Kim,Y. M. ,and Bae,J. M. (2010) Performance of solid oxide electrolysis cells based on composite $La_{0.8}Sr_{0.2}MnO_{3-\delta}$ - yttria stabilized zirconia and $Ba_{0.5}Sr_{0.5}Co_{0.8}Fe_{0.2}O_{3-\delta}$ oxygen electrodes. *Int. J. Hydrogen Energy*,**35**,3958-3966.

[367] Graves,C. ,Ebbesen,S. D. ,and Mogensen,M. (2011) Co-electrolysis of CO_2 and H_2O in solid oxide cells: performance and durability. *Solid State Ionics*,**192**,398-403.

[368] Mizusaki,J. ,Saito,T. ,and Tagawa,H. (1996) A chemical diffusion-controlled electrode reaction at the compact $La_{1-x}Sr_xMnO_3$/stabilized zirconia interface in oxygen atmospheres. *J. Electrochem. Soc.* ,**143**, 3065-3073.

[369] Brichzin,V. ,Fleig,J. ,Habermeier,H. U. ,Cristiani,G. ,and Maier,J. (2002) The geometry dependence of the polarization resistance of Sr-doped $LaMnO_3$ microelectrodes on yttria-stabilized zirconia. *Solid State Ionics*,**152**,499-507.

[370] Virkar,A. V. (2010) Mechanism of oxygen electrode delamination in solid oxide electrolyzer cells. *Int. J. Hydrogen Energy*, **35**,9527-9543.

[371] Jiang, S. P. and Wang, W. (2005) Effect of polarization on the interface between (La,Sr) MnO_3 electrode and Y_2O_3-ZrO_2electrolyte. Electrochem. *Solid-State Lett.* ,**8**,A115-A118.

[372] Chen,K. F. ,Ai,N. ,and Jiang,S. P. (2012) Performance and stability of (La,Sr)MnO_3-Y_2O_3-ZrO_2 composite oxygen electrodes under solid oxide electrolysis cell operation conditions. *Int. J. Hydrogen Energy*,**37**,10517-10525.

[373] Laguna-Bercero,M. A. ,Kilner,J. A. ,and Skinner,S. J. (2010) Performance and characterization of (La,Sr) MnO_3/YSZ and $La_{0.6}Sr_{0.4}Co_{0.2}Fe_{0.8}O_3$ electrodes for solid oxide electrolysis cells. *Chem. Mater.* ,**22**,1134-1141.

[374] Guan,J. ,Minh,N. ,Ramamurthi,B. ,Ruud,J. ,Hong,J. K. ,Riley,P. ,and Weng,D. C. (2006) High Performance Flexible Reversible Solid Oxide Fuel Cell. Final Report for DOE Cooperative Agreement DE-FC36-04GO-14351,GE Global Research Center.

[375] Sharma,V. I. and Yildiz,B. (2010) Degradation mechanism in $La_{0.8}Sr_{0.2}CoO_3$ As contact layer on the solid oxide electrolysis cell anode. *J. Electrochem. Soc.* ,**157**,B441-B448.

[376] Elangovan,S. ,Hartvigsen,J. ,Larsen,D. ,Bay,I. ,and Zhao,F. (2011) Materials for solid oxide electrolysis cells. *ECS Trans.* ,**35**,2875-2882.

[377] Yang,C. H. ,Jin,C. ,Coffin,A. ,and Chen,F. L. (2010) Characterization of infiltrated $(La_{0.75}Sr_{0.25})_{0.95}MnO_3$ as oxygen electrode for solid oxide electrolysis cells. *Int. J. Hydrogen Energy*,**35**,5187-5193.

[378] Chen,K. ,Ai,N. ,and Jiang,S. P. (2012) Reasons for the high stability of nanostructured (La,Sr)MnO_3 infiltrated Y_2O_3 - ZrO_2 composite oxygen electrodes of solid oxide electrolysis cells. *Electrochem.*

Commun., **19**, 119–122.

[379] Liu, Q., Yang, C., Dong, X., and Chen, F. (2010) Perovskite $Sr_2Fe_{1.5}Mo_{0.5}O_{6-\delta}$ as electrode materials for symmetrical solid oxide electrolysis cells. *Int. J. Hydrogen Energy*, **35**, 10039–10044.

[380] Cayan, F. N., Pakalapati, S. R., Celik, I., Xu, C., and Zondlo, J. (2012) A degradation model for solid oxide fuel cell anodes due to impurities in coal syngas: part I theory and validation. *Fuel Cells*, **12**, 464–473.

第8章

金属支撑固体氧化物燃料电池的材料及制备

Rob Hui

8.1 引　　言

固体氧化物燃料电池是一种高效、清洁的能量转化装置[1-2]。能够通过电化学反应将现有的广泛的燃料的化学能转换成电能,如可再生生物质燃料、碳氢燃料以及煤气化后的CO。然而,系统的成本、可靠性和耐久性阻碍了固体氧化物燃料电池的商业化。为了解决这一问题,研究了不同类型的电池结构,其中包括早期研究的电解质支撑电池,研究最广泛的电极支撑电池以及近期研究的金属支撑固体氧化物燃料电池(MS-SOFC)。相比其他结构的电池,金属支撑固体氧化物燃料电池有其独特的优势。

(1) 低成本。电池的材料成本主要来源于厚的支撑体部分。用廉价的金属代替昂贵的金属陶瓷作为支撑体,使得金属支撑的固体氧化物燃料电池的材料成本相比其他阳极支撑的电池降低了7倍[3]。金属基体可以采用传统的金属焊接和成型工艺,这样也大大降低了固体氧化物燃料电池电堆的制造成本。

(2) 高鲁棒性。与陶瓷支撑的SOFC相比,MS-SOFC对快速启动、热循环和氧化还原循环有较高的鲁棒性。快速启动和热循环造成的结构不稳定是电池破碎和电堆失效的主要原因[4]。金属材料良好的延展性和导热性能有利于SOFC结构的稳定。采用延展好的金属材料代替脆的陶瓷材料做支撑体,能够提高SOFC的鲁棒性。良好的导热性能够降低电堆内部的温度梯度,从而提高抗热震性能。MS-SOFC的快速启动已经得到了证实,并且和其他阳极支撑的SOFC进行了比较[5]。快速启动导致阳极支撑SOFC电解质破裂,但金属支撑的SOFC电解质没有出现破裂。另外,在电堆组装过程中,电极支撑的SOFC采用脆的陶瓷和玻璃密封,而金属支撑的SOFC可以采用钎焊、焊接、卷曲密封。研究者已经对钎焊密封的可行性进行了研究[6]。对钎焊密封的金属支撑电池进行热循环，升温速度和降温速度高于 350℃ · min^{-1}，开路电压没有明显降低。用 Ni-YSZ 金属陶瓷作为阳极材料，电池在长期运行中，金属部分可能会经过氧化还原循环。之所以会发生再氧化，主要有两方面原因：一方面是由于密封失效导致的燃料气中断，另一方面是在高燃料利用率情况下，氧的活性超出了 Ni 和 NiO 之间的平衡[7-8]。在氧化还原循环过程中，产生的体积变化会导致电池结构的破坏和电堆失效。根据氧化还原循环应力破坏的机械模型，金属支撑固体氧化物电池阳极能够抵抗氧化产生的应力而不剥落[9]，由此证明：相比于电极支撑和电解质支撑的 SOFC，MS-SOFC 有较强的抗氧化还原循环性能。

(3) 低运行温度。为了避免金属基体过度氧化，金属支撑固体氧化物燃料电池必须在中低温下运行。这样对电池中所有材料的可靠性及电池的长期性成本都是有益的。然而，低温运行的金属支撑固体氧化物燃料电池需要高活性电极和高电导率的电解质材料。

金属支撑固体氧化物燃料电池有望在住宅、工业和军事电源领域实现广泛的应用。和陶瓷支撑的 SOFC 相比，MS-SOFC 有较高的机械鲁棒性，这使其更适合应用在交通工具上，因为交通工具有严重振动，而且要求电池能够快速启动[10]。虽然金属支撑固体氧化物燃料电池这一概念早在 1966 年就已经提出[11]，而且许多单位在过去的数十年也付出巨大努力（德国航空航天研究中心和航天局（DLR）[12-14]、英国赛瑞斯动力有限公司和帝国理工大学[15-18]、劳伦斯伯克利国家实验室（LBNL）[3,5-6,19-20]、部分日本企业[21-22]、加拿大国家研究委员会（NRC）[23-28]、丹麦 RisØ 国家实验室[29]），但金属支撑固体氧化物燃料电池的技术发展仍面临巨大挑战[30]。除了电解质制备工艺及金属基体选材等主要问题，还要考虑电池不同部件之间在成本、性能和衰减方面的交互作用和联系。本章主要讨论金属支撑固体氧化物燃料电池的材料和制备工艺，并综述了不同课题组的研究状况。

8.2 电池结构

与电极支撑固体氧化物燃料电池构型类似[1]，金属支撑燃料电池有平板式[5,20]和管式[12,21]结构，如图 8.1 所示。虽然电池性能都是基于相同的电化学过程，但是运行特性和参数因为几何形状的不同，会有很大差别[31]。对于金属支撑固体氧化物燃料电池，可以采用焊接工艺进行密封，而且具有较强的鲁棒性，除此之外，两种构型设计有各自的优缺点[32]。平板式电池电流传递路径短，在系统负荷变动、启动、关机等不同过程中的弛豫时间短。管式电池有较长的空间延伸，不用过多顾虑电池内部的温度梯度。虽然平板式固体氧化物燃料电池有较高的功率密度且设计灵活，但是管式电池的热膨胀有一定的自由度。

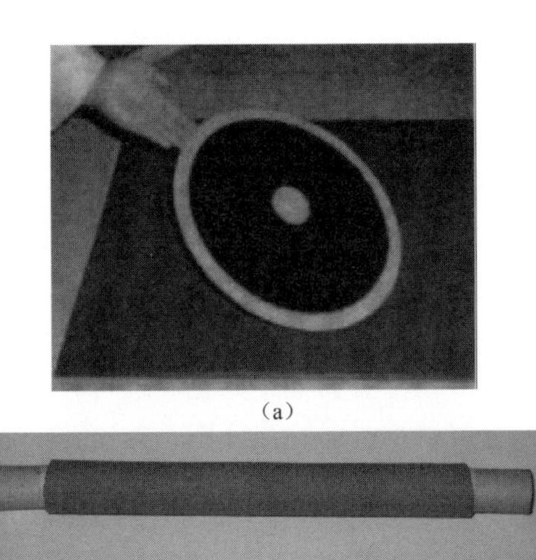

(a)

(b)

图8.1 (a)平板式和(b)管式金属支撑体固体氧化物燃料电池[20-21]

为了让气体渗透进入,金属基底可以是多孔材料或是带孔的板材(图8.2)又或是将二者结合使电池具有较好的机械强度和表面形态。部分多孔基底被广泛应用于过滤器领域,很容获得板式或管式的商业化产品,这些材料大都是通过粉末冶金的方法制成的。可以采用光刻的化学工艺或电子束和激光钻孔的物理工艺,在金属薄片上打孔。板材大多有长度和孔径的限制,例如比例为10∶1。相比于多孔材料,钻孔板材具有更好的抗氧化性,特别是长期运行阶段。

电池的金属基体可以在阳极侧,也可以在阴极侧,取决于基体性质、制作工艺、电极材料和燃料组成。

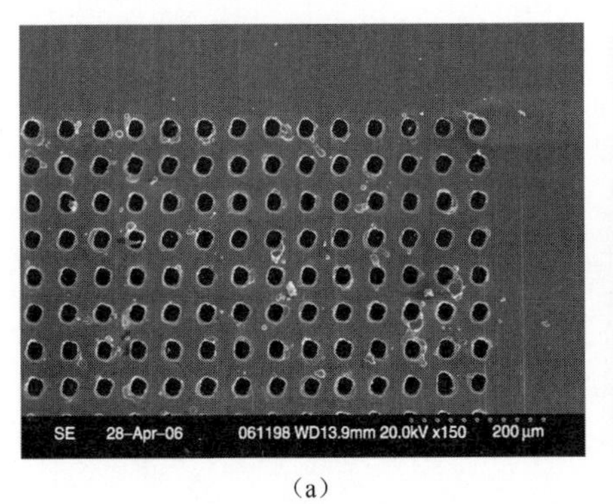

(a)

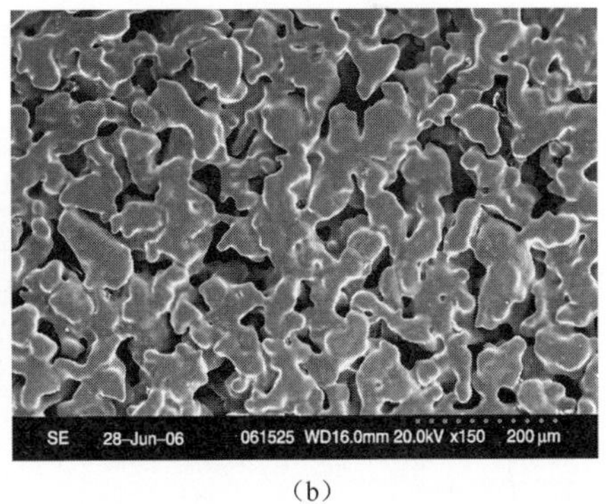

(b)

图8.2 两种不同基体的SEM图片:(a)钻孔金属板,(b)多孔金属板

1. 基体在阳极侧

这种情况下,金属基体、阳极和电解质可以在较低的氧分压下高温共烧。但

是所使用的金属材料在潮湿条件下要有一定的耐腐蚀性。高温共烧可能会导致金属界面上的相互扩散问题。这个问题将在下一部分讨论。

2. 基体在阴极侧

当金属基体在阳极侧,可能会与碳氢燃料发生反应,因此阳极可以选择适合碳氢燃料的材料。相对于燃料气氛,阴极侧的金属基体在干燥的氧化气氛中有一定的抗腐蚀性能。当使用 Cr 基合金作为基体时,需要考虑 Cr 毒化阴极的问题。金属涂层是解决 Cr 毒化的有效途径[33-34]。日本 NTT 公司开发的 $LaNi_{0.6}Fe_{0.4}O_3$(LNF)是一种理想的抗 Cr 毒化阴极材料[35-37]。这种材料有较高的电导率、与氧化锆电解质相匹配的热膨胀系数、较高的催化活性和抗阴极 Cr 毒化[38-40]。

8.3 基体材料与挑战

8.3.1 基体的性能要求

传统的 SOFC 的电解质和阳极材料都适用于 MS-SOFC。关于介绍 SOFC 部件的文章和书有很多[30,41-44],本章的重点在于介绍适合作为 MS-SOFC 基体的金属材料。金属基体材料的性能要求和连接体相似,需要考虑材料的导电性,热膨胀匹配性、化学兼容性、机械强度和成本问题[30]。金属基体材料与连接体的结构、使用环境不同。SOFC 的基体合金材料需具备以下性能:

(1) 透气性。与金属连接体不同,电池基体必须有透气性,无论是阳极侧还是阴极侧,金属基体都要有透气性。和金属陶瓷阳极一样,金属基体孔隙率要达到 30%~35%,这样才能降低传质带来的极化。

(2) 抗氧化性。连接体既处在阳极的还原气氛,又处在阴极的氧化气氛中,然而金属支撑体只处在单一阳极的还原和潮湿气氛中或阴极的氧化干燥气氛中。

(3) 导电性。电池在高温下运行时,金属基体表面会形成保护层,为了保证电池衰减速率低于 1%/1000h,运行数万小时后,其面比电阻要小于 $0.1\Omega\cdot cm^2$。

(4) 热膨胀匹配性。基体材料的热膨胀系数要和电池其他部件材料相匹配。8%(摩尔分数) YSZ 和 20%(摩尔分数) SDC 的热膨胀系数分别是 $10.5\times10^{-6}K^{-1}$和 $12.5\times10^{-6}K^{-1}$[30,45]。

(5) 化学兼容性。在电池运行中,基体材料必须和接触的部件材料有化学兼容性。

(6) 机械强度。在电池运行中,基体材料要有一定的可靠性和耐久性。

(7) 低成本。基体材料的价格要经济实惠。

8.3.2 备选合金的性能

8.3.2.1 备选合金及其元素的作用

高温合金适合作为 MS-SOFC 的基体。这些合金依靠附着在表面薄的 SiO_2、Al_2O_3 或 Cr_2O_3 薄膜防止氧化。因为 Al_2O_3 薄膜比 Cr_2O_3 薄膜致密，且挥发速率低，因此形成 Al_2O_3 薄膜的合金氧化速度比形成 Cr_2O_3 薄膜的合金低 1 或 2 个数量级[46]。Al_2O_3 和 SiO_2 的电阻比 Cr_2O_3($1\times10^2\ \Omega\cdot cm^{-2}$,800℃)的高几个数量级[47-49]。$Al_2O_3$ 和 SiO_2 薄膜的高电阻限制了形成 Al_2O_3 和 SiO_2 薄膜的合金作为 SOFC 的基体或连接体。用在 SOFC 连接体的大部分商业合金都是形成 Cr_2O_3 薄膜的合金，被分为 Cr 基、Fe 基、Co 基和 Ni 基合金。

在 SOFC 运行中，多孔基体材料的氧化速率比致密的连接体材料高[50-52]。但是，很少有文献研究多孔的、能形成 Cr_2O_3 薄膜合金的氧化行为。表 8.1 列举了 9 种合金，它们已经作为 SOFC 连接体材料被充分研究，并且希望能够用作 MS-SOFC 的金属基体。

合金成分决定了氧化膜的生长速度、显微结构以及相组织。可以通过添加其他元素来优化 Cr 基、Fe 基、Co 基和 Ni 基合金的物理和化学性能[57-59]。合金成分中，Cr 的含量对抗氧化性有着重要作用[60]。当 Cr 含量超过 25%时，合金在 1000℃时的抗氧化性最差。添加稀土和 Y 元素，能够优先促进 Cr_2O_3 薄膜的形成，降低氧化膜生长速度，改善氧化膜在基体的附着力，提高氧化膜的致密度，从而提高合金的抗氧化性能。将氧化物加入到基体中提高其高温蠕变性能的合金，又称为等化物弥散强化钢(ODS)，如 Ducrolloy 合金。钼、钨和铌元素能够降低合金的热膨胀系数。加入 Mn 和 Ti 在氧化膜中与 Cr 形成尖晶石或金红石氧化物，从而减少 Cr 的挥发。Al 和 Si 要保证少量，防止形成高阻抗的氧化物。Cr 氧化层在 Si 氧化层的上面，因此 Cr 氧化层的附着力受 SiO_2 层形成的影响[53]。氧化层和基体之间的结合强度对合金抗氧化性和导电性有很大影响。

一些人开发了 Crofer 22 APU(表 8.1)作为 SOFC 的连接体[61-65]。调整了 Crofer 22 APU 的成分，使合金的热膨胀系数与电池部件匹配而不影响其抗氧化性。在 SOFC 运行中，当 E-Brite 氧化层中只含有 Cr_2O_3 相时，会形成一种 Cr-Mn 氧化物的导电层[46]。已有文献报道了面比电阻低的 Crofer 22 APU 合金[59,66-67]。在电池长时间运行过程中，以 Cr_2O_3 为主体的氧化膜的生长会增加电池电阻[68-69]。Ni 基合金一般有较高的热膨胀系数。研究者已经对低热膨胀系数、空气中高抗氧化性的 Ni 基合金进行开发[64]。在这些合金中，J5 的热膨胀系数为 $12.6\times10^{-6}K^{-1}$，适合作为有前景的 MS-SOFC 的基体材料。

表 8.1 用作金属支撑体合金的成分(%(质量分数))及在 800℃时的热膨胀系数[53-56]

合金	Fe	Ni	Cr	Mn	Si	Al	Ti	Mo	La	Zr	其他	TEC/($10^{-6}K^{-1}$)
Crofer 22 APU	平衡	—	22.78	0.4	0.02	0.006	0.7	—	0.086	—	S=0.02, P=0.05	11.0
F18TNb	平衡	—	19.4	0.12	0.46	0.02	0.12	1.7	—	—	Nb=0.17	11.0
ZMG232L	平衡	0.33	22.04	0.45	0.1	0.03	—	—	0.08	0.2	—	11.7
E-Brite	平衡	≤0.5	26~27.5	≤0.4	≤0.4	—	—	0.75	—	—	Nb≤0.2, S≤0.02, P≤0.02	11.9
AISI-SAE430	平衡	—	16~18	≤1	≤1	—	—	—	—	—	S≤0.03, P≤0.04	11.4
IT-11	平衡	—	26.4	—	0.01	0.02	—	—	—	—	Y=0.08	11.9①
IT-14	平衡	—	26.3	—	0.02	0.02	—	—	—	—	Y=0.06	11.9①
Haynes 230	3	平衡	22~26	0.5~0.7	—	0.3	—	1~2	—	—	Co=5	17.1
Haynes 242	≤2	平衡	8	≤0.8	≤0.8	≤0.5	—	25	—	—	Co≤2.5, C≤0.03	11.1
Hastelloy X	19	平衡	24	1.0	—	—	—	5.3	—	—	Co=1.5	15.5
Ducrolloy	5	—	平衡	—	—	—	—	—	—	—	Y_2O_3=1.0	11.8

①估计值。

8.3.2.2 在氧化气氛或还原气氛中的氧化

金属表面的氧化过程可通过Wagner氧化理论来表述,氧化皮的生长主要受扩散过程的控制,且符合如下抛物线定律:

$$x^2 = K_p t + C \tag{8.1}$$

式中:x为氧化皮的厚度或单位面积上的氧化增重;K_p为抛物线速率;t为氧化时间;C为常数。

抛物线速率即为合金的氧化速率,取决于合金的组分、热处理过程及合金表面条件。图8.3为部分合金在空气中氧化时的抛物线速率。其中,Fe基合金的氧化速率明显大于Cr含量高于22%的Cr基合金和Ni基合金。Co基合金Haynes 188在800℃和700℃时的抛物线速率分别为$0.712\times10^{-13}g^2\cdot cm^{-4}\cdot s^{-1}$和$0.327\times10^{-13}g^2\cdot cm^{-4}\cdot s^{-1}$。在空气中,上述合金的抗氧化能力顺序为Fe基<Co基<Ni基<Cr基。但是,与Cr基合金和Ni基合金相比,Fe基合金由于其成本低、塑性好、便于加工,并且与燃料电池其他组件的热膨胀系数较为匹配,因而备受关注。除了阴极侧空气中的氧以外,金属支撑体通常还会处于较低的氧分压(10^{-22}atm)环境中,如阳极侧的H_2、H_2O、CO、CO_2、CH_4以及阴极侧的N_2气氛。并且当使用碳氢燃料时,阳极侧会产生积碳。Cr基合金在含有CO或CH_4的气氛中易产生Cr的碳化物,该碳化物具有电子导电性,关于其对合金性能的影响需要进一步研究。当合金处于N_2及水蒸气气氛中时,高温下N会进入合金或在Cr的氧化皮下层形成氮化物从而导致合金易脆。但目前N_2在SOFC中对合金性能的影响尚未有报道。

从热力学角度讲,Cr_2O_3不稳定且易挥发:

$$2Cr_2O_3(s) + 2O_2(g) \longrightarrow 4CrO_3(g) \tag{8.2}$$

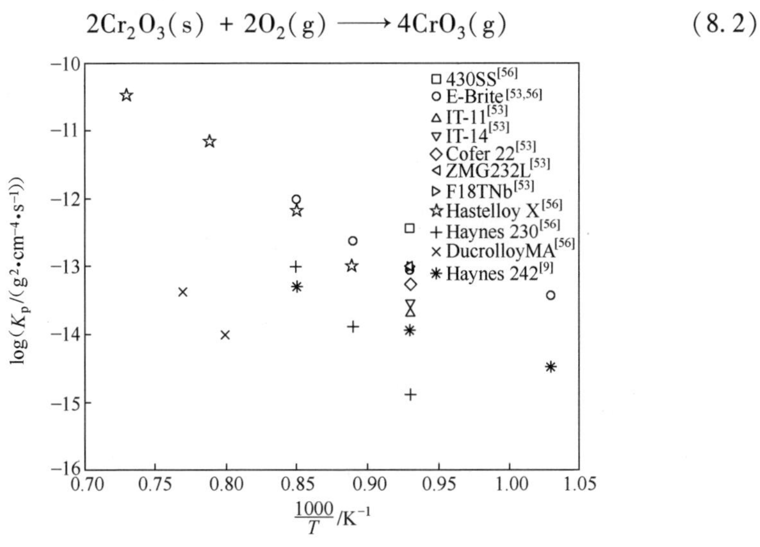

图8.3 合金在空气或氧气中的氧化速率

水蒸气会加速 Cr 的挥发,这是由于水会与 Cr_2O_3 形成氢氧化物或羟基氧化物:

$$2Cr_2O_3(s) + 3O_2(g) + 4H_2O \longrightarrow 4CrO_2(OH)_2(g) \tag{8.3}$$

$$Cr_2O_3(s) + O_2(g) + H_2O \longrightarrow 2CrO_2OH(g) \tag{8.4}$$

CrO_3 和 $CrO_2(OH)_2$ 在空气中 800°C 时计算所得的分压分别为 1.0×10^{-4}Pa 和 2.2×10^{-2}Pa。增加水蒸气的分压或提高温度会加速挥发过程。随着氢氧化物与羟基氧化物的形成,Cr_2O_3 对金属表面的保护作用逐渐降低。更糟的是,Cr 的挥发会沉积并覆盖多孔电极的活性反应区,导致 SOFC 电化学性能的快速衰减。此外,Cr 还会与电极中的某些组分发生反应,形成低电导的 $SrCrO_4$,导致 SOFC 极化电阻的增加。

相比在氧化气氛中的氧化研究,合金在燃料气氛中的氧化研究相对较少。图 8.4 给出了部分合金在潮湿氢气中的氧化速率。对比图 8.3 和图 8.4 可以看出,几种合金在潮湿氢气中的抗氧化能力的顺序与在空气中的顺序相同。但是,合金在潮湿氢气中的氧化速率要略高于在空气中的氧化速率。这可能是由于所形成的氧化皮保护性较差、不致密并且生长迅速。该特性对于以含 Cr 合金为支撑体的 SOFC 来说是有害的,因为阳极侧 H_2O 作为副产物是一直存在的。

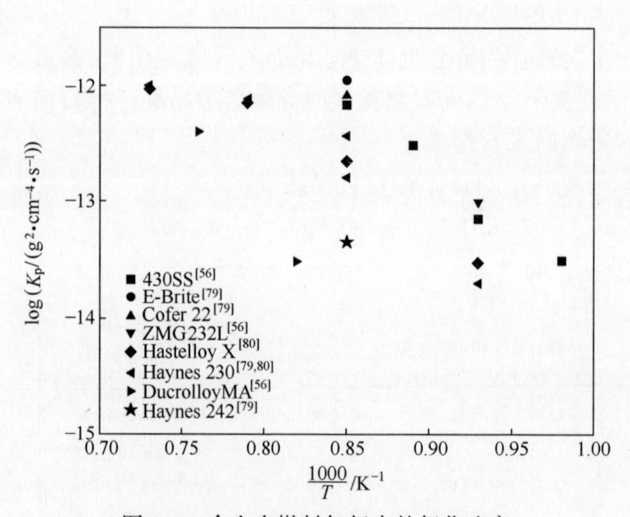

图 8.4 合金在燃料气氛中的氧化速率

8.3.2.3 保护层的导电性

氧化层会影响金属基体的导电性,可以用面比电阻(ASR)衡量基体导电性。有很多因素会影响 ASR,包括氧化层的成分、显微结构、附着力、厚度、周围的气氛等。合金成分中,Al 和 Si 的含量要控制,以避免生成高绝缘氧化物[81-82]。

与 ZMG232 相比,ZMG232L 合金成分中 Al 和 Si 的含量分别从 0.22%和 0.4%降到 0.03%和 0.1%,而 La 的含量从 0.04%增加到 0.08%, ZMG232L 的 ASR 相比于 ZMG232 有明显降低[81]。Quadakkers 等人报道了掺杂 NiO、TiO_2、MgO 或其他氧化物能够提高 Cr_2O_3 保护层的导电性[58]。当 Cr_2O_3 氧化膜厚度达到 3~5μm 时,很可能发生剥落。因此, 当 Cr_2O_3 氧化膜生长到 3μm 时(图 8.5),此刻认为是 Cr_2O_3 氧化膜剥落时间[20]。应该避免氧化膜附着力差、开裂、过厚、多孔等问题,这些都会影响基体的电阻。可以通过表面处理的方法提高氧化层和金属基体的结合强度[92]。常规的喷砂处理不适合多孔金属,还原气氛中的热处理对提高涂层附着力是最好的选择。图 8.6 列举了选定的合金在氧化气氛和还原气氛(Ar+4%(体积分数)H_2+3%(体积分数)H_2O,流量 45m · min^{-1})下的面比电阻[79]。这些值是试样在 800℃空气中氧化 500h 或在 900℃还原气氛中 900°C 还原 1000h 后测得的。所有合金中 ASR 最低的是 Haynes 242,其在 800℃空气中氧化 500h 后的 ASR 只有 $3.55\times10^{-3}\Omega\cdot cm^2$,在 3%水含量的氢气中还原 1000h 后的 ASR 为 $6.03\times10^{-2}\Omega\cdot cm^2$。与一般连接体材料的 ASR($25\times10^{-3}\Omega\cdot cm^2$)相比,这个值是很可观的[46,58]。值得注意的是,合金在空气中的 ASR 值比在还原气氛中的低。一个原因是, 在 ASR 测量之前,合金在 800℃空气中氧化 500h,而在 900℃还原气氛中还原 1000h;另一个原因是,如前所述,在潮湿的还原气氛中其氧化速率高。图 8.7 列出了不同钢在 800℃空气中氧化 1000h 的 ASR 值[53]。虽然大部分商业合金很难满足 SOFC 长期高温(高于 700℃)运行[59,62,66,93-99]的要求,并且衰减速率为 2%~2.5%/1000h,但是 Crofer 22 APU、ZMG232L、E-Brite、IT-14 和 Haynes 242 等合金都有可能作为 MS-SOFC 的支撑体材料。

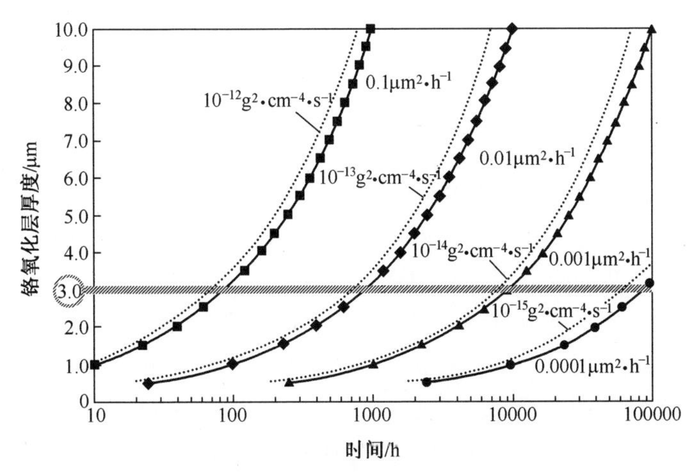

图 8.5　铬氧化层厚度随时间呈抛物线形增长[20]

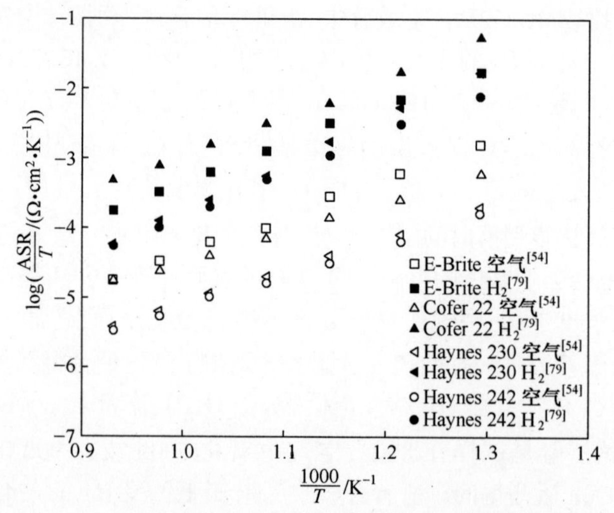

图 8.6　合金面比电阻在空气中和还原气氛中随温度的变化

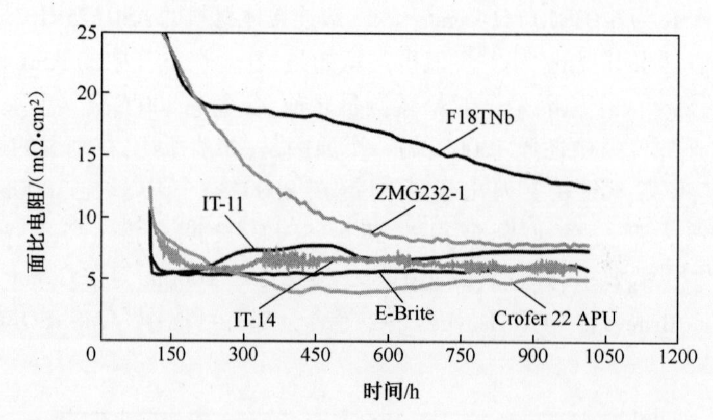

图 8.7　不同钢在 1073K 空气中氧化 1000h 的面比电阻测量数据

8.3.2.4　性能的进一步改善

目前商业用合金要满足 SOFC 基体的所有要求仍面临巨大挑战，尤其是多孔合金增加了氧化速度和制作成本。除了用多孔结构材料作为 SOFC 基体，未来还需要开发一些新合金和导电陶瓷涂层应用在连接体材料上。

虽然铁基合金的热膨胀系数和电池的陶瓷部件相匹配，但是从抗氧化性和面比电阻方面考虑，Ni 基合金和 Cr 基合金更适合做 SOFC 的支撑体。研究者正在开发热膨胀系数低的 Ni 基合金[64]。由于 Ni 基合金的热膨胀系数随着 Mn、Fe、Co、Cr 含量的增加而增大，随着 Mo、W、C、Al 和 Ti 含量的减少而减小，部分在 23～80℃ 范围内热膨胀系数为 12×10^{-6}～13×10^{-6}℃$^{-1}$ 的新型合金被开发出来。至今与上述合金相关的 ASR 值没有得到报道，可能仍需要保护涂层,这是由于在合金表面进行了铈处理,可能会形成氧化铈膜,有助于减小氧化速率。

合金表面导电陶瓷涂层的应用能够降低毒化氧的生长速率、防止 Cr 挥发、预防与电极材料之间的反应以及保证长期运行中低的 ASR 值[56,105-111]。目前,研究者对 SOFC 涂层技术和涂层材料进行广泛研究和开发,其中涂层技术包括溶胶凝胶法、脉冲激光沉积、等离子喷涂、丝网印刷、热生长、电镀,涂层材料包括 $LaCrO_3$、$LaMnO_3$、CeO_2和 MCrAlYO (M = Mn 或 Co)。高稳定性和高电导率的掺杂氧化铈材料可以作为涂层材料[112]。Topsoe 燃料电池的电堆中采用 FeCr 基涂层合金作为连接体,该电堆以最小的衰减速率运行了 13000h[113]。在 Ducrolloy 合金表面热喷涂氧化物涂层,使电池电压在 12000h 内的衰减速率低于 1%每 1000h[56,114-115]。以钙钛矿氧化物作为扩散阻挡层的 MS-SOFC 稳定运行达 2300h[116]。研究者一般优先考虑在廉价的铁素体表面涂覆导电陶瓷。涂覆之后,430SS 和 Crofer 22 APU 合金的表面稳定性、ASR 和 Cr 挥发得到了改善[69]。研究者在铁素体不锈钢上采用大面积过渡弧沉积和混合过渡弧辅助电子束物理气相沉积技术,沉积了 1μm 厚的 $Mn_{1.5}Co_{1.5}O_4$ 和 0.3μm 厚的 $Cr_{6.5}Al_{30}Y_{0.15}O_{66.35}$ 的复合涂层并进行了分析。如图 8.8所示,带涂层的 430SS 在 800℃空气中氧化 1000h 后,其 ASR 值低于 $8m\Omega \cdot cm^2$,接近于带涂层的 Crofer 22 APU 的 ASR 值。与 430SS 相比, 1μm 厚的 $Mn_{1.5}Co_{1.5}O_4$ 薄膜使得 Cr 的挥发量减小了 30 多倍。虽然 430SS 的 ASR 值比单涂层合金的低,但对于 Crofer 22 APU 而言,无论是单层还是双层,ASR 值的大小都是一样的。

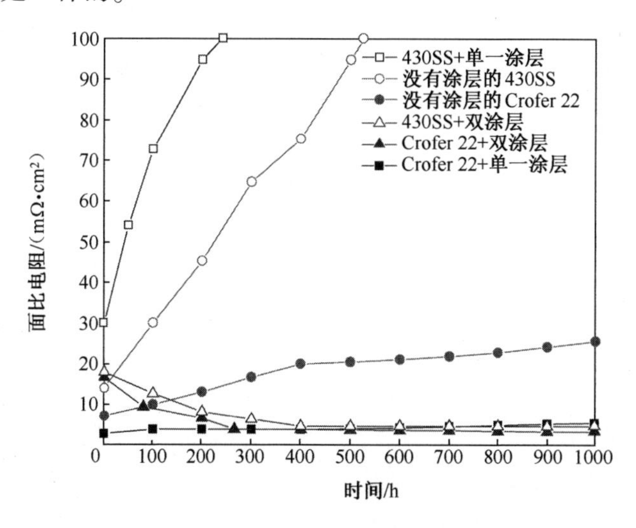

图 8.8　带涂层和不带涂层的 430SS、Crofer 22 APU 在 1073K 空气中的面比电阻[69]

8.4 电池的制备及挑战

金属支撑 SOFC 发展的一个主要挑战是电池的制备工艺,在制备过程中不仅需要避免金属基底的氧化,还要降低制备成本以适应商业化。对于电池部件的显微结构,无论是多孔的阳极层,还是致密的电解质层,在制备过程中都需要合理控制。相比多孔电极,制备致密的电解质层有一定技术难度。MS-SOFC 制备工艺很多,根据电解质制备工艺可分为两类:烧结和沉积。这两类方法已被广泛应用,美国的 LBNL 和英国的 Ceres Power 对烧结工艺进行了研究,德国的 DLR 和加拿大的 NRC 对沉积工艺进行了研究。烧结工艺和沉积工艺的研究现状、制备电池的性能、制备工艺以及材料存在的问题将在下文进行讨论。

8.4.1 烧结方法

为了获得致密的电解质同时防止金属基底高温氧化,电池的结构设计为基底在阳极侧,并且需要在高于 1000℃ 的高温还原气氛中烧结[3,5-6,15-20,29]。然而,以金属氧化物作为金属基体前驱体,然后通过还原工艺得到 MS-SOFC,这样就可以采用在空气中共烧结工艺制备 MS-SOFC[117-119]。通常,阳极、电解质与金属基底生坯一起共烧,而为了防止阴极和集流材料分解,必须在氧化气氛中焙烧。随着金属基底 SOFC 烧结问题的解决,现在设计出基底在阴极侧和微型管式金属基底的 SOFC[120]。这种烧结方法最大的优点是金属支撑 SOFC 可以采用传统的陶瓷支撑 SOFC 制备工艺,如流延、丝网印刷、喷雾。高温共烧有利于不同功能层更好地结合。然而,烧结过程可能会限制市场上已有的合金材料的使用,并引起一些问题,例如界面扩散、氧化铬-氧化铝催化剂蒸发、阳极毒化、Ni 粗化。在高温烧结还原过程中,有机黏结剂会分解形成碳,此时要特别注意防止低熔点碳钢的形成[3]。

平板或管式的金属支撑 SOFC 都能通过传统烧结工艺制备劳伦斯伯克利国家实验室(LBNL)通过浸渍 Ni 和 LSM 制备了管式结构 Fe-Cr 合金|Ni-YSZ|YSZ|YSZ-LSM 电池,在 700℃空气和氧气分别作为氧化气时得到的最大功率密度分别为 $332\mathrm{mW \cdot cm^{-2}}$ 和 $1300\mathrm{mW \cdot cm^{-2}}$[5,121]。氧气作为氧化气的极化曲线如图 8.9 所示,当从空气切换成氧气时,电池的电极极化阻抗明显减小,尤其是传质过程所对应的阻抗。西班牙的 Ikerlan 成功制备出管式金属支撑 SOFC,其在 800℃和 $300\mathrm{mA \cdot cm^{-2}}$ 工作条件下运行 1000h,结果表明电池的失效与支撑体的组成和密封有直接关系[122]。英国锡里斯(Ceres)电力公司结合沉积和烧结过程制备出 1.4509 合金|Ni-$Ce_{0.9}Gd_{0.1}O_{2-x}$(CGO)|CGO/$La_{0.6}Sr_{0.4}Co_{0.2}Fe_{0.8}O_{3-x}$(LSCF)平板电池,阳极和电解质层分别通过喷雾沉积/丝网印刷和电泳沉积制备,随后在低于 1000℃的还原气氛中烧结[15-18];以空气为氧化剂、湿氢气为燃

料,在570℃下的最大功率密度为490mW·cm^{-2}[125];以40片电池的电堆以重整气为燃料、空气为氧化剂,在570℃和200mA放电电流密度下运行超过了1000h[17-18]。通过建模研究发现,以CGO作为电解质能够使SOFC电池和系统的效率提高。然而,由于二氧化铈被还原,Ce^{4+}转化为Ce^{3+},体积膨胀,使得CGO电解质出现微裂纹,导致电池在长期测试中结构不稳定[18]。

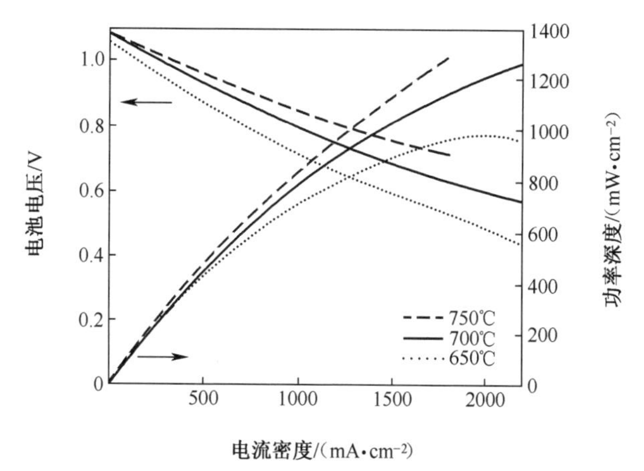

图8.9 采用烧结工艺制备管式电池的*I*–*V*–*P*曲线

(潮湿H_2,Fe-Cr合金|Ni-YSZ|YSZ|YSZ-LSM,O_2)[5]

比较Fe-Cr合金|Ni-YSZ|YSZ-LSM和阳极支撑电池,进而研究金属支撑电池氧化还原稳定性[124]。在阳极侧,氧气和湿氢气不断切换,阳极支撑的电池经过两次氧化还原循环后失效,如图8.10所示。在金属支撑SOFC中,氧化还原过程中阳极体积变化产生的应力受到金属基底体积变化的限制[9]。而在阳极支撑电池中,Ni被氧化时体积膨胀从而引起很大的拉应力,导致电解质层破裂[125-126]。在多孔的YSZ骨架中注入Ni,可以减小Ni在氧化还原过程中膨胀所带来的破坏,有利于氧化还原稳定性[124]。另外,采用这种工艺制备的电池具有抗热震性,能够承受高于350℃·min^{-1}加热/冷却速度产生的热震[124]。电压为0.7V时,经历5次快速热循环,功率密度从370mW·cm^{-2}下降到325mW·cm^{-2}。然而,传统的阳极支撑SOFC仅在一次热循环后就失效了。金属支撑SOFC能够承受系统的快速启动、停止,简化的外围系统,承受温度、燃料流速、燃料利用率等运行参数的突然变化。

据报道,金属基底与阳极功能层之间存在元素界面扩散问题,使得电池性能快速下降。通过EDAX分析电池横截面的元素分布,Fe-Cr合金和Ni-YSZ在1350℃还原气氛中烧结时,Cr、Fe、Ni元素会扩散到阳极。在阳极和金属基底之间制备扩散阻挡层是解决界面扩散的一种方法,另外,需要考虑扩散阻挡层材料的导电性和化学兼容性。Ni被广泛应用于SOFC阳极催化材料。在高温烧结过程中,Ni会发生晶粒粗化,导致阳极极化阻抗增加,表面活性降低,电池性能下降。

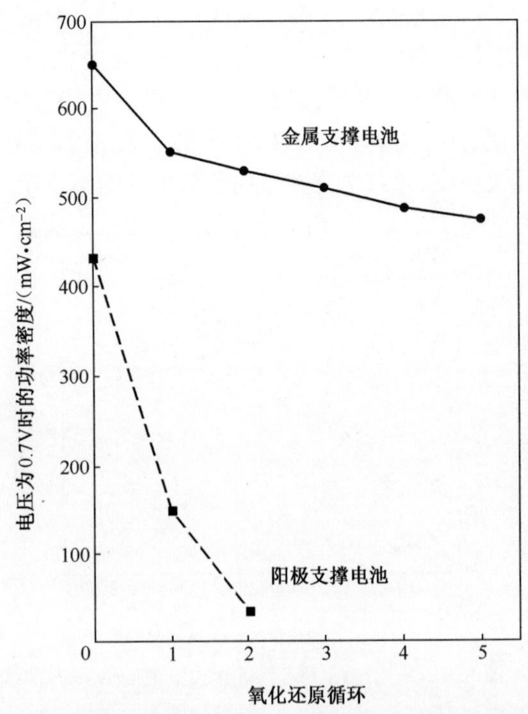

图 8.10　MS-SOFC 与阳极支撑 SOFC 氧化还原稳定性的比较[124]

通过改变阳极材料和微观结构可以避免界面扩散和 Ni 粗化。浸渍技术可用来提高陶瓷支撑 SOFC 电极性能[43,127-130]。在阳极或阴极制备多孔的 YSZ 骨架,电极材料通过浸渍注入多孔骨架中,并在较低温度下成相[5,43,124,131]。图 8.11所示为多孔 YSZ 骨架中浸渍纳米 Ni 颗粒的 SEM 照片,通过在稍高于工作温度的温度下预烧浸渍的 Ni 颗粒,可以明显提高电池的稳定性。传统烧结工艺制备的电池,在 800℃下的最大功率密度为 $100mW \cdot cm^{-2}$,浸渍 Ni 和 LSM 电极的电池在 700℃下的最大功率密度达到了 $332mW \cdot cm^{-2}$[5]。将空气切换为氧气,浸渍工艺制备的电池在 700℃下的最大功率密度达到 $1300mW \cdot cm^{-2}$,如图 8.9 所示[5]。Fe-Cr 合金|Ni-CGO|ScYSZ|CGO-LSCF 电池在 749℃下的最大功率密度为 $1200mW \cdot cm^{-2}$[29]。另外一种防止界面扩散和 Ni 粗化的方法是使用氧化物作为阳极和金属基底,并在空气中共烧[117-118],但这种方法仅限于在相对较低的温度下易于被还原的合金元素。另外,氧化还原稳定性和金属的热膨胀系数匹配性是潜在的问题。用 $NiO-Fe_2O_3$ 混合物作为原料制备出 Ni-Fe 合金支撑 SOFC[117],800℃经过一次热循环后其功率密度由 $900mW \cdot cm^{-2}$降低到 $600mW \cdot cm^{-2}$。在空气中共烧结 NiO|NiO-YSZ|YSZ 制备金属 Ni 支撑半电池,丝网印刷 $Sr_{0.5}Sm_{0.5}CoO_3$(SSCo)作为阴极,在 700℃和 800℃下的最大功率密度为 $350mW \cdot cm^{-2}$和 $800mW \cdot cm^{-2}$,但是目前缺少对热循环和氧化还原稳

定性的研究[119]。通过制备无 Ni 或少 Ni 的金属陶瓷阳极可以避免界面扩散和 Ni 粗化[3]。使用陶瓷材料作阳极,在使用碳氢燃料时,还可以提高阳极抗硫毒化性能。

(a)

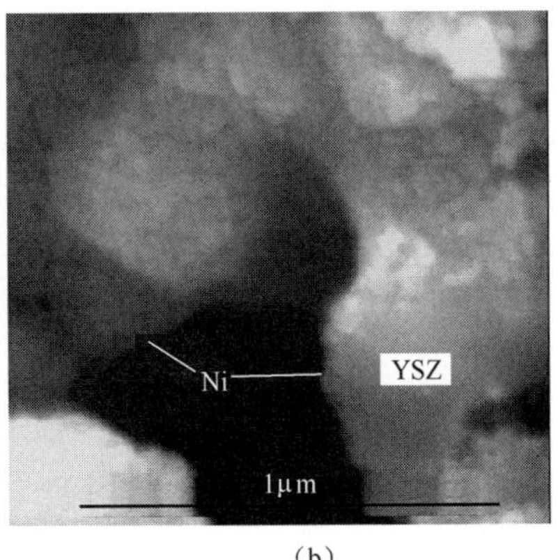

(b)

图 8.11 多孔 YSZ 骨架注入 Ni 颗粒的显微照片:(a)注入 1 次,(b)注入 5 次

8.4.2 沉积处理

除了高温烧结工艺,MS-SOFC 也可以通过无烧结沉积技术制备[132]。不同的沉积技术已被广泛应用于制备 MS-SOFC,如热喷涂(包括等离子喷涂[23-27,133-134]和超声速火焰喷涂[23,135])、热解喷涂[136]、PLD[24-25,117,137]和 EPD[15-18]等。涂层的孔隙率主要取决于喷涂条件,涂层厚度主要取决于喷涂时间。大多数沉积工艺已大规模应用,常用沉积工艺的特点简要归纳于表 8.2。采用 EPD 沉积技术制备电池,在后期需要经过高温烧结过程,这样的电池在前面部分已经有所讨论。以金属氧化物粉末作为原始材料,经 1450℃ 煅烧 2h 后[117],形成致密的 NiO-Fe_2O_3 基体,采用 PLD 技术将 $LaGaO_3$ 基电解质沉积在氧化物基体表面,在氢气气氛中还原得到 Ni-Fe 合金支撑的 SOFC。如图 8.12 所示,电解质厚度约为 5μm,电池在 700℃ 和 600℃ 下的最大功率密度分别为 1600mW · cm^{-2}和 900mW · cm^{-2}。等离子热喷涂以及 HVOF 喷涂在过去的十几年中广泛应用于 MS-SOFC 的制备。

等离子热喷涂以及 HVOF 喷涂早期应用于航天工业耐热陶瓷包覆金属的工艺中[138-139]。采用热喷涂工艺制备 MS-SOFC 有许多优点[132],它使得制备 SOFC 部件及电池变得简单有效,并且多层结构电池制备能够在一台设备中快速完成。不管基体是平板式还是管式,采用热喷涂工艺很容易实现电池批量化生产。通过改变喷涂条件,很容易实现对电池组分、结构、孔隙以及微观结构的改善[133]。喷涂温度可以控制在 700℃ 以下,从而避免金属基体的氧化。采用无烧结沉积技术,可以有效避免高温烧结过程中的有害反应以及 Ni 粗化。

表 8.2 制备 SOFC 不同沉积工艺的比较

工艺	设备价格	技术成熟度	沉积速率	沉积产量	结合力	后期烧结
热喷涂	中等	高	高	低	中等	否
脉冲激光沉积	中等	高	低	中等	高	否
电泳沉积	低	中等	中等	高	低	是
热解喷涂	低	低	低	中等	中等	否

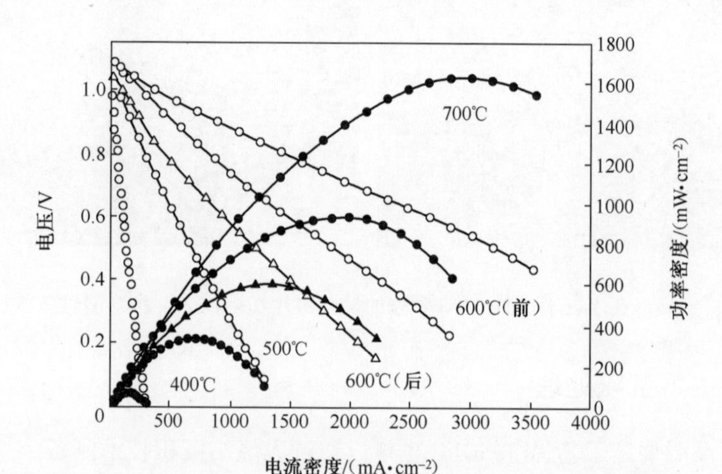

图 8.12 采用烧结工艺和沉积工艺制备的平板电池 *I-V-P* 曲线
(Ni-Fe 合金|LSGM-SDC|$Sm_{0.5}Sr_{0.5}CoO_3$)[117]

热喷涂用于 SOFC 制备相比于传统的应用要求要高。例如,传统的热喷涂会产生大约 5%~15%的孔隙率,这对于电解质来说太疏松,但对于电极来说太致密。传统喷涂原料的平均粒径约为 45μm,这对于形成 20μm 厚的致密电解质层是不可能的。此外,制备过程中还会产生高密度的缺陷及热应力,且相对于传统的热喷涂材料来说,SOFC 材料的花费更高。

研究者对热喷涂技术在 SOFC 部件材料制备中的应用做了大量工作[132]。大部分研究集中在改变工艺条件及参数、优化多孔电极及致密电解质的制备。与普通的烧结工艺类似,在沉积工艺中,制备薄的、致密的电解质层是关键。为了获得薄的电解质层,研究者采用悬浮液或细小的颗粒代替传统的热喷涂粉末原料[142-148],将喷涂材料的悬浮液直接掺入到等离子流中,等离子-液体交互作用使悬浮液雾化,浓缩成微米级的细小颗粒[149-150]。细小颗粒同时增加了等离子气体速度。在基体的作用下,这些颗粒快速固化并形成薄膜。采用 SPS 工艺制备的薄膜比传统的热喷涂工艺更细小[149-150]。在较低固含量的悬浮液中,完全溶解更多的电解质颗粒,从而获得致密的电解质层。利用 SPS 工艺,已成功制备了显微结构均匀厚度约为 3~20μm 的电解质层[143,151-152]。SPS 方法也可以用来制备 SOFC

的电极[153-155]，由于 SPS 法制备的细小骨架有利于三相界面的形成，这对于 SOFC 电极是有利的。用斜面注射器喷涂粒径小于 200nm 的颗粒，也可以制备致密的涂层[156-157]，颗粒夹杂在等离子流的外层，能够有效地沉积在基体表面。采用此工艺已成功制备了 5μm 厚的 YSZ 电解质层，其致密度高于 98%[158]。

相对于 SPS 沉积，HVOF 喷涂能够得到更加致密且无裂纹的涂层。悬浮液作为原料，采用 HVOF 喷涂工艺可以减小沉积层厚度，提高致密度。离子喷涂在还原气氛中可以达到 8000℃的高温，这将导致铈基电解质的还原。Ce^{4+}被还原成 Ce^{3+}，同时产生了电子电导和体积膨胀，这对于燃料利用率以及电池结构的稳定性都是有害的。HVOF 喷涂不仅能够提高喷涂粒子的速度，而且能降低喷涂火焰温度[133]，但这仍然高于 SDC（约 2730℃）与 YSZ（约 2700℃）的熔点。提高颗粒喷涂速率能够提高涂层的致密度。HVOF 的温度可以通过喷枪设计、燃料与空气的比例、颗粒尺寸、喂料速率以及沉积距离来调整。在等离子喷涂中，熔融液滴固化，材料收缩产生拉应力，导致涂层产生横向裂纹[158]。此外，在该过程中存在从无定型态向晶态的相转变，由此引起的体积变化也会导致裂纹的形成[158-159]。采用 HVOF 工艺，受高速度影响，未熔化或部分熔化的颗粒产生塑性变形，能够缓解部分热应力[23,160]。在沉积过程中，高速冷颗粒能够去除附着在涂层表面的材料，降低表面粗糙度，因此采用 SPS 工艺得到的涂层表面更加平整[23,161]。

Oberste Berghaus 等人[161]和 Killinger 等人[162]证明了采用 HVOF 工艺沉积氧化物陶瓷的可行性。使用悬浮液喷涂制备 SOFC 的优势在前文中已表述过[160]。利用悬浮液喷涂法，相继采用 APS 和 HVOF 喷涂工艺，在多孔 Hastelloy X 合金基体上制备阳极层和电解质层[23]，电解质层致密度高于 98%，如图 8.13 所示。在制备好的半电池上采用丝网印刷工艺制备阴极层，随后置于 800℃温度中煅烧 2h。图 8.14 描述了以湿润氢气作为燃料，空气作为氧化剂，X | NiO-SDC | SDC | SSCo 纽扣电池在 500~700℃的电化学性能。电池在 600℃的最大功率密度为 0.5W · cm^{-2}，在 700℃的功率密度为 0.92W · cm^{-2}。采用相同工艺制备5cm×5cm电池，以潮湿氢气为燃料，其在 600℃下的功率密度为 0.26W · cm^{-2}，700℃下的功率密度为 0.56W · cm^{-2}。阻抗分析表明，电池的欧姆阻抗是电池极化损失的主要来源，当温度从 700℃降到 500℃时，欧姆极化和电极极化显著增加。表 8.3 概括了通过烧结工艺和沉积工艺制备的 MS-SOFC 的性能[5,23]。电池 1 采用烧结工艺制备（97% H_2 + 3% H_2O，Fe-Cr 合金 | Ni-YSZ | YSZ | YSZ-LSM，O_2），电池 2 采用沉积工艺制备（97% H_2 + 3% H_2O，Hastelloy X | NiO-SDC | SDC | SSCo，空气）。两片电池虽然不能完全比较，但仍然可以得到以下两点结论：①对于 YSZ 和 SDC 电解质，两种方法都可以得到较合适的界面电阻和体相电阻；②虽然电池 2 的电极极化阻抗比电池 1 的低，但是电池 2 的 SDC 电解质内部的电子电导导致其输出功率密度和燃料利用率下降。

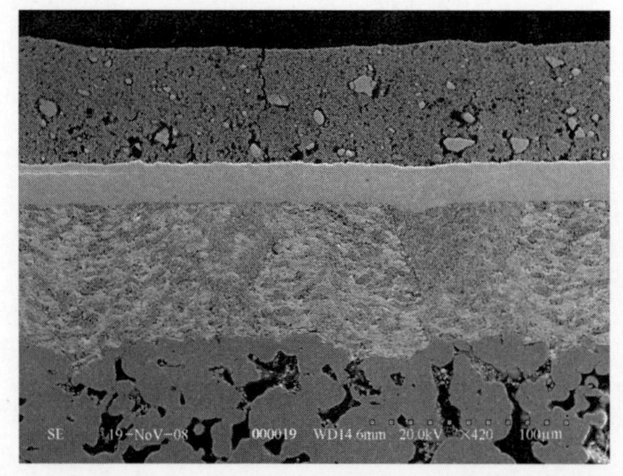

图 8.13 纽扣电池电化学测试及热循环之后断面的 SEM 图片[23]

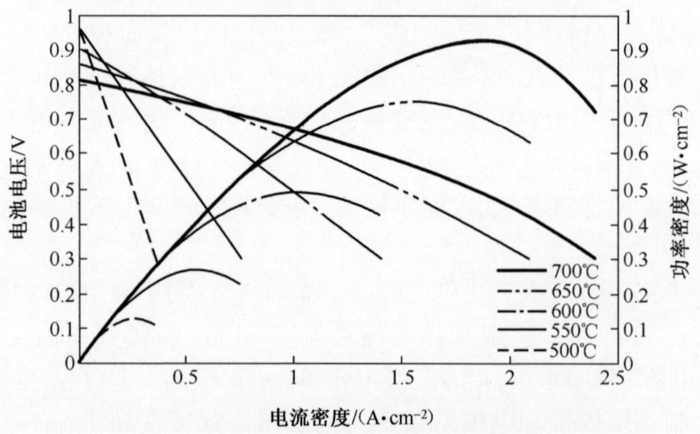

图 8.14 采用热喷涂工艺制备纽扣电池的电化学性能

(燃料:97%H_2+3%H_2O,氧化剂:空气)[23]

表 8.3 采用烧结工艺(电池 1)和沉积工艺(电池 2)制备的 MS-SOFC 的性能

温度/℃	电池①	OCV/V	R_e(Ω·cm^2)	R_p(Ω·cm^2)	0.7V 时的功率密度/(W·cm^{-2})
750	电池 1	1.08	0.118	0.139	0.98
	电池 2	—	—	—	—
700	电池 1	1.09	0.165	0.210	1.26
	电池 2	0.81	0.101	0.014	0.56
650	电池 1	1.06	0.257	0.155	0.70
	电池 2	0.86	0.152	0.026	0.52
600	电池 1	—	—	—	—
	电池 2	0.90	0.262	0.070	0.37

①电池 1:97%H_2+3%H_2O,Fe-Cr 合金|Ni-YSz|YSz|YSz-LSM,O_2;电池 2:97%H_2+3%H_2O,Hasteley X|NiO-SDC|SDC|SSCo,空气。

关于 MS-SOFC 长期稳定性以及大尺寸电池的研究很少。DRL 在 20 世纪 90 年代中期对采用热喷涂工艺制备 MS-SOFC 进行了大量研究[12-14,163-174]。DRL 评估了 Co 基、Ni 基、Fe 基合金在 900℃ 50%H_2O 浓度下的氧化稳定性。在所有材料中,Ni 基合金表现出最好的抗氧化性能。以 Ni 作为基体材料,DLR 通过热喷涂技术制备金属支撑电池的各个部分并且将尺寸扩展到 $20\times20cm^2$。Ni 毡|Ni-ScSZ|ScSZ|ScSZ-LSM 电池在 750℃以氢气为燃料的条件下,其峰值功率密度达到 $300mW\cdot cm^{-2}$[12]。联合 ElringKlinger AG、Plansee SE 和 Sulzer Metco AG,DLR 正在开发 1kW 的电堆作为辅助电源(APU)[13]。Fe-Cr 合金|DBL|Ni-YSZ|8YSZ|DBL|LSCF 结构的电池已经被制备并测试。新的 ODS 铁素体合金也被用作金属基体,DLR 称该新型合金比 crofer 22 APU 和 plansee 合金有更好的高温性能[13]。通过粉末冶金制备多孔的 Fe-Cr 金属基体,$La_{0.6}Sr_{0.2}Ca_{0.2}CrO_3$ 和 $La_{0.6}Sr_{0.4}MnO_3$ 作为阻挡层通过 APS 或物理气相沉积沉积于阳极和阴极。阻挡层防止 Cr、Fe 和 Ni 在基体和阳极或是电解质和阴极之间的互扩散,有效延长了电池的使用寿命至 2000h/kh[173,174]。如图 8.15 所示,有阻挡层的电池在 2000h 后的衰减速率仍低于 1%/kh。多孔的电极以及致密的电解质通过 APS 以及 VPS 或 LPPS 减压喷涂制备。电池的性能通过新的 TripexPro 喷涂得到提高。$100cm^2$的单电池可以在 1min 之内用热喷涂的方法制得。$12.56cm^2$的电池在 800℃有超过 1.1V 的开路电压,且在 20 次氧化还原循环后仍然保持功率密度的衰减率低于 2.5%。在 800℃,0.7V 电压下,电池功率密度从 $170mW\cdot cm^{-2}$ 增加到 $619mW\cdot cm^{-2}$。同时,据报道,$5\times5cm^2$电池的欧姆损失以及极化损失在 700℃时分别为 $0.272\Omega\cdot cm^{-2}$和 $0.701\Omega\cdot cm^{-2}$,相对较高的欧姆损失限制了电池在低温下的使用。

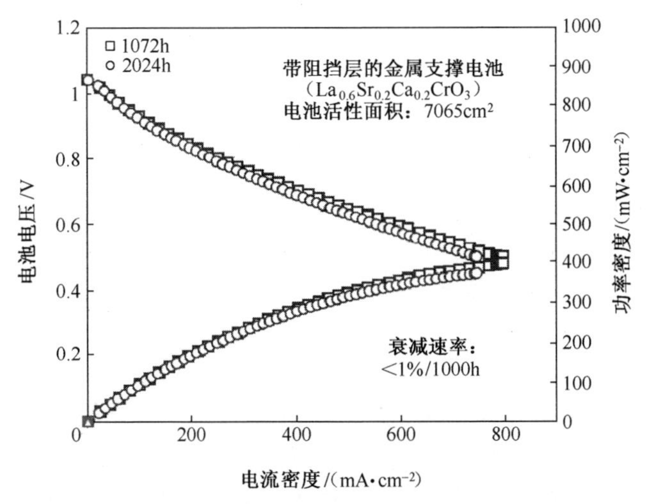

图 8.15 MS-SOFC 以重整气为燃料在 1073K 时的长期稳定性[13]

图8.16所示为早在2000年报道的基于MS-SOFC的3kW电堆[21]阳极和电解质层通过FS和APS沉积在多孔Ni基体上;LSM保护层采用APS技术制备;电解质层为YSZ和YDC的双层结构;单电池的活性面积是600cm^2。3kW电堆由30片电池组成,在970℃、300mA·cm^{-2}的电流密度下,当燃料利用率为50%时,产生3.3kW电能。电堆运行2100h后,下面的15片电池性能出现不稳定情况,而上面的15片稳定运行了3200h。电堆的失效可能是由于材料在970℃高温下老化造成的,其中导致MS-SOFC性能衰减的因素很多,包括欧姆阻抗和电极极化阻抗的增加,例如基体的氧化、不同层之间的剥落、电极和金属支撑体之间的化学反应、显微结构的改变以及Cr毒化。Jülich研究中心称高的衰减速率是由于Cr从金属支撑体向阳极扩散引起的[175],然而,低温制备的阴极在高温运行下微观结构的变化或进一步烧结是在电池测试开始阶段的主要衰减原因[176]。电极和金属支撑体的反应可以通过使用具有电导性和化学稳定性的阻挡层来减缓。在应用阻挡层的MS-SOFC中,采用等离子喷涂制备YSZ电解质,电池在800℃时功率密度达到400mW·cm^{-2},并且成功运行2300h[116]。

图8.16 采用等离子喷涂工艺制备的基于MS-SOFC的3kW电堆实物图[116]

8.5 总结

与其他类型的固体氧化物燃料电池相比,金属支撑固体氧化物燃料电池具有许多潜在的优点,例如低成本,快速启动,热循环、氧化还原过程中高的稳定性,以及低的运行温度带来的整个材料稳定性的提升。这些优势在过去的20年已经获得了越来越多的关注。通过烧结或沉积工艺,已经制备了很多不同种类的金属支撑固体氧化物燃料电池,这些电池的电化学性能已经可以与传统陶瓷支撑燃料电池相媲美。例如,一个3kW级的金属支撑固体氧化物燃料电池电堆在2000年就得到了展示。然而,金属支撑固体氧化物燃料电池仍处于研究和开发阶段,还没有出现商业化产品。目前,性能优异的电解质及电极材料对于任何一种固体氧化物燃料电池都很必要,但对于金属支撑固体氧化物燃料电池而言,以下几个领域尤其具有挑战性。

（1）合适的制备工艺。通过烧结和沉积工艺都制备出了高性能的金属支撑固体氧化物燃料电池,但要提升性能的可重复性、优化制备工艺、细化成本分析等还有更多的工作要做。最有效的工艺是针对不同组件采用不同的制备方法,例如通过热喷涂技术实现多孔电极的沉积,在商业合金上运用脉冲激光沉积致密的薄电解质层。

（2）商业多孔金属支撑体在管式和平板固体氧化物燃料电池上运用的可能性。由于高 Cr 含量的铁素体不锈钢和传统固体氧化物燃料电池材料有良好的热匹配性,其是否能作为 MS-SOFC 的支撑体材料引起极大关注。然而,Ni 基高温合金与铁素体不锈钢相比,体现出更佳优异的抗氧化能力和更低的面比电阻,但热膨胀系数的不匹配限制了商业 Ni 基合金在燃料电池上的应用。通过选择合金元素的组分和含量可以降低 Ni 基合金的热膨胀系数。对于新的合金或其他潜在的合金而言,如 Haynes HR-120、Incoloy 825、Incoloy 800 和Nicrofer 7520,为了提升它们在氧化和还原气氛中的抗氧化性和电性能,仍有许多工作要做。除了具有 SiO_2、Al_2O_3、Cr_2O_3 保护层的合金外,具有低电阻 TiO_2 涂层的合金在还原气氛中有较低的面比电阻,而要想获得高的抗氧化性能,关键是要制得致密的 TiO_2 涂层。

（3）陶瓷涂层在商业合金上的应用。商业铁素体不锈钢是最有希望的MS-SOFC 支撑体材料,但为了阻止 Cr 的蒸发毒化电极和氧化物的沉积,其表面需要施加一层陶瓷涂层。因此需要发展具有高电导率和化学稳定性的涂层材料和相应的涂覆工艺。

（4）电池和电堆的长期稳定性。由于 MS-SOFC 正处于初期研发阶段,有关其长期稳定性和衰减的研究很少。据报道,其电池和电堆已经可以稳定运行2000h,而对于其长期稳定性和衰减机理在将来还需要投入更多的研究。

参 考 文 献

[1] Singhal,S. C. and Kendall,K. (2004) *High-Temperature Solid Oxide Fuel Cells: Fundamentals,Design and Applications*,Elsevier,Oxford.

[2] Williams,M. C. ,Strakey,J. ,and Surdoval,W. (2006) *J. Power Sources*,**159**,1241-1247.

[3] Visco, S. J. , Jacobson, C. P. , Villareal, Leming, A. , Matus, Y. , and Jonghe, L. C. D. (2003) *Proc. Electrochem. Soc.* ,**07**,1040-1050.

[4] Singhal,S. C. (2002) *Solid State Ionics*,**152-153**,405-410.

[5] Tucker,M. C. ,Lau,G. Y. ,Jacobson,C. P. ,De Jonghe,L. C. ,and Visco,S. J. (2007) *J. Power Sources*, **171**,477-482.

[6] Tucker, M. C. , Jacobson, C. P. , DeJonghe, L. C. , and Visco, S. J. (2006) *J. Power Sources*, **160**,

1049-1057.

[7] Batawi, E., Doerk, T., Keller, M., Schuler, A., and Hager, C. (2000) in *Proceedings of the 4th European Solid Oxide Fuel Cell Forum* (ed. J. A. McEvoy), European Fuel Cell Forum, Lucerne, p. 735.

[8] Robert, G., Kaiser, A., and Batawi, E. (2004) in *Proceedings of 6th European SolidOxide Fuel Cell Forum* (ed. M. Mogensen), European Fuel Cell Forum, Lucerne, p. 193.

[9] Sarantaridis, D. and Atkinson, A. (2007) *Fuel Cells*, **7**, 246-258.

[10] Lamp, P., Tachtler, J., Finkenwirth, O., Mukerjee, S., and Shaffer, S. (2003) *Fuel Cells*, **3**, 146-152.

[11] Williams, K. R. and Smith, J. G. (1966) Great Britain Patent GB 1,049,428.

[12] Schiller, G., Franco, T., Henne, R., Lang, M., Ruckdäschel, R., Otschik, P., and Eichler, K. (2001) *Proceedings of the 7th International Symposium on Solid Oxide Fuel Cells (SOFC-VII)*, ECS Proceedings, Vol. 16, The Electrochemical Society, Pennington, NJ, pp. 885-894.

[13] Szabo, P., Arnold, J., Franco, T., Gindrat, M., Refke. A., Zagst, A., and Ansar A. (2009) *ECS Trans.*, **25**, 175-185.

[14] Schiller, G., Henne, R., Lang, M., and Schaper, S. (1999) in *Proceedings of Solid Oxide Fuel Cells VI* (eds S. C. Singhal and M. Dokiya), The Electrochemical Society, Pennington, NJ, pp. 893-903.

[15] Atkinson, S., Baron, N. P., Brandon, A., etal. (2003) in *Proceeding of 1st International Conferenceon Fuel Cell Science Engineering and Technology, Rochester, NY, April* 21 - 23, (eds R. K. Shah and S. G. Kandlikar), American Society of Mechanical Engineers, New York, ISBN: 0-7918-3668-1, 499-506.

[16] Steele, B. C. H., Atkinson, A., Kilner, J. A., Brandon, N. P., and Rudkin, R. A. (2002) Great Britain Patents GB 2,368,450.

[17] Attryde, P., Baker, A., Baron, N. P., Corcoran, D., Cumming, D., Duckett, A., El-Koury, K., Haigh, D., Harrington, M., kidd. C., Leah, R., Lewis, G., Matthews, C., Maynard, N., McColm, T., Selcuk, A., Schnidt, M., Trezona, R., and Verdugo, L. (2005) *Proc. Electrochem. Soc.*, **07**, 113-122.

[18] Leah, R. T., Brandon, N. P., and Aguiar, P. (2005) *J. Power Sources*, **145**, 336-352.

[19] Villareal, I., Jacobson, C. P., Leming, A., Matus, Y., Visco, S.J., and Jonghe, L.C.D. (2003) *Electrochem. Solid-State Lett.*, **6**(9), A178-A179.

[20] Tucker, M., Sholklapper, T., Lau, G., Dejonghe, L., and Visco, S. (2009) *ECS Trans.*, **25**(2), 673-680.

[21] Takenoiri, S., Kadokawa, N., and Koseki, K. (2000) *J. Therm. Spray Tech.*, **9**, 360-363.

[22] Momma, A., Kaga, Y., Okuo, T., Fujii, K., Hohjyo, K., and Kanazawa, M. (1999) *Bull. Electrotech. Lab*, **63**, 1-11.

[23] Hui, R., Berghaus, J. O., Decès-Petit, C., Qu, W., Yick, S., Legoux, J. G., and Moreau, C. (2009) *J. Power Sources*, **191**, 371-376.

[24] Hui, S., Yang, D., Wang, Z., Yick, S., Decès-Petit, C., Qu, W., Tuck, A., Maric, R., and Ghosh, D. (2007) *J. Power Sources*, **167**, 336-339.

[25] Huang, Q., Berghaus, J. O., Yang, D., Yick, S., Wang, Z., Wang, B., and Hui, R. (2008) *J. Power Sources*, **177**, 339-347.

[26] Wang, Z., Berghaus, J. O., Yick, S., Decès-Petit, C., Qu, W., Hui, R., Maric, R., and Ghosh, D. (2008). *J. Power Sources*, **176**, 90-95.

[27] Berghaus, J. O., Legoux, J. -G., Moreau, C., Hui, R., Decès-Petit, C., Qu, W., Yick, S., Wang, Z., Maric, R., and Ghosh, D. (2008) *J. Therm. Spray Tech.*, **17**(5), 700-706.

[28] Oishi, N. and Yoo, Y. (2009) *ECS Trans.*, **25**(2), 739-744.

[29] Blennow, P., Hjelm, J., Klemensø, T., Persson, Å., Brodersen, K., Srivastava, A., Frandsen, H., Lundberg, M., Ramousse, S., and Mogensen, M. (2009) *ECS Trans.*, **25**(2), 701-710.

[30] Tucker, M. C. (2010) *J. Power Sources*, **195**, 4570-4582.

[31] Miriam, K., Christoph, S., Azra, S., Bjørn, T., Tord, T., and Olav, B. (2005) *Proceedings of the International Symposium on Solid Oxide Fuel Cells* 9, The Electrochemical Society, Quebec City, Vol. 7 (2), pp. 659-669.

[32] Gao, W. and Sammes, N. M. (1999) *An Introduction to Electronic and Ionic Materials*, World Scientific Publishing, Singapore, p. 340.

[33] Mukerjee, S., Haltiner, K., Kerr, R., Chick, L., Sprenkle, V., Meinhardt, K., Lu, C., Kim, J. Y., and Weil, K. (2007) *Proceedings of Tenth International Symposium on Solid Oxide Fuel Cells, Nara, Japan*, ECS Transactions, vol. 7 (1), The Electrochemical Society, Pennington, NJ, p. 59.

[34] Steinberger-Wilckens, R., Blum, L., Buchkremer, H., Gross, S., de Haart, L., Hilpert, K., Nabielek, H., Quadakkers, W., Reisgen, U., Steinbrech, R. W., and Tietz, F. (2006) *Int. J. Appl. Ceram. Technol.*, **3**, 470-476.

[35] Chiba, R., Yoshimura, F., and Sakurai, Y. (1999) *Solid State Ionics*, **124**, 281-288.

[36] Chiba, R., Yoshimura, F., and Sakurai, Y. (2002) *Solid State Ionics*, **152-153**, 575-582.

[37] Orui, H., Watanabe, K., Chiba, R., and Arakawa, M. (2004) *J. Electrochem. Soc.*, **151**, A1412-A1417.

[38] Komatsu, T., Arai, H., Chiba, R., Nozawa, K., Arakawa, M., and Sato, K. (2006) *Electrochem. Solid-State Lett.*, **9**, A9-A12.

[39] Komatsu, T., Arai, H., Chiba, R., Nozawa, K., Arakawa, M., and Sato, K. (2007) *J. Electrochem. Soc.*, **154**, B379-B382.

[40] Komatsu, T., Chiba, R., Arai, H., and Sato, K. (2008) *J. Power Sources*, **176**(1), 132-137.

[41] Fergus, J. W., Hui, R., Li, X., Wilkinson, D. P., and Zhang, J. (2009) *Solid Oxide Fuel Cells: Materials Properties and Performance*, CRC Press, New York.

[42] Kharton, V. V., Marques, F. M. B., and Atkinson, A. (2004) *Solid State Ionics*, **174**, 135-149.

[43] Jiang, S. P. (2006) *Mater. Sci. Eng. A*, **418**, 199-210.

[44] Tietz, F. H., Buchkremer, P., and Stover, D. (2002) *Solid State Ionics*, **152-153**, 373-381.

[45] Sameshima, S., Kawaminami, M., and Hirata, Y. (2002) *J. Ceram. Soc. Jpn.*, **110**(1283), 597-600.

[46] Yang, Z., Weil, K. S., Paxton, D. M., and Stevenson, J. W. (2003) *J. Electrochem. Soc.*, **150**, A1188-1201.

[47] Kofstad, P. and Bredesen, R. (1992) *Solid State Ionics*, **52**, 69-75.

[48] Srivastava, J. K., Prasad, M., and Wagner, J. B. Jr., (1985) *J. Electrochem. Soc.*, **132**(4), 955-963.

[49] Nagai, H. and Ohbayashi, K. (1989) *J. Am. Ceram. Soc.*, **72**, 400.

[50] Antepara, I., Villarreal, I., Rodriguez-Martinez, L.M., Lecanda, N., Castro, U., and Laresgoiti A. (2005) *J. Power Sources*, **151**, 103-107.

[51] Molin, S., Kusz, B., Gazda, M., and Jasinski, P. (2008) *J. Power Sources*, **181**, 31-37.

[52] Bautista, A., Arahuetes, E., Velasco, F., Moral, C., and Calabres, R. (2008) *Oxid. Met.*, **70**, 267-286.

[53] Montero, X., Tietz, F., Stover, D., Cassir, M., and Villarreal, I. (2009) *Corros. Sci.*, **51**, 110-118.

[54] Geng, S. J., Zhu, J. H., and Lu, Z. G. (2006) *Solid State Ionics*, **177**, 559-568.

[55] Wells, J. M., Hwang, S. K., and Hull, F. C. (1984) *Refractory Alloying Elements in Superalloys*, ASM International, Materials Park, OH, p. 175.

[56] Kadowaki, T., Shiomitsu, T., Matsuda, E., Nakagawa, H., and Tsuneizumi, H. (1993) *Solid State Ionics*, **67**, 65-69.

[57] Kofstad, P. High temperature corrosion. (1988) *High Temperature Corrosion*, Elsevier Applied Science Publishers Ltd., London.

[58] Quadakkers, W. J., Piron-Abellan, J., Shemet, V., and Singheiser, L. (2003) *High Temp. Mater.*, **20** (2), 115-127.

[59] Quadakkers, W. J., Malkow, T., Piron-Abbellán, J., Flesch, U., Shemet, V., and Singheiser, L. (2000) in *European Solid Oxide Fuel Cell Forum Proceedings, Lucerne, Switzerland*, Vol. 2 (ed. A. J. McEvoy), Elsevier, Amsterdam, pp. 827-836.

[60] Khanna, A. S. (2005) *in Handbook of Environmental Degradation of Materials* (ed. M. Kutz), William Andrew Inc., New York, p. 124.

[61] Crofer22APU (2004) High Temperature Alloy, MSDS No. 8005 June, ThyssenKrupp VDM.

[62] Honegger, K., Plas, A., Diethelm, R., and Glatz, W. (2001) *in Solid Oxide Fuel Cells*, The Electrochemical Society Proceedings Series, Vol. PV 2001-lb (eds S. C. Singhal and M. Dokiya), The Electrochemical Society, Pennington, NJ, p. 803.

[63] Horita, T., Xiong, Y., Yamaji, K., Sakai, N., and Yokokawa, H. (2003) *J. Electrochem. Soc.*, **150**, A243-248.

[64] Jablonski, P. D. and Alman, D. E. (2007) *Int. J. Hydrogen Energy*, **32**, 3705-3712.

[65] Church, B. C., Sanders, T. H., Speyer, R. F., and Cochran, J. K. (2007) *Mater. Sci. Eng. A*, **452-453**, 334-340.

[66] Piron-Abellan, J., Shemet, V., Tietz, F., Singheiser, L., and Quadakkers, W. J. (2001) in *Solid Oxide Fuel Cells*, The Electrochemical Society Proceedings Series, Vol. PV 2001-16 (eds H. Yokokawa and S. C. Singhal), The Electrochemical Society, Pennington, NJ, p. 811.

[67] Blum, L., de Haart, L. G. J., Vinke, I. C., Stolten, D., Buchkremer, H.-P., Tietz, F., Blap, G., Stover, D., Remmel, J., Cramer, A., and Sievering, R. (2002) in *Proceedings of the 5th European Solid Oxide Fuel Cell Forum* (ed. J. Huijsmans), European Fuel Cell Forum, Luzern, p. 784.

[68] Yang, Z., Hardy, J. S., Walker, M. S., Xia, G., Simner, S. P., and Stevenson, J. W. (2004) *J. Electrochem. Soc.*, **151** (11), A1825-1831.

[69] Gannon, P. E., Gorokhovsky, V. I., Deibert, M. C., Smith, R. J., Kayani, A., White, P. T., Sofie, S., Yang, Z., McCready, D., Visco, S., Jacobson, C., and Kurokawa, H. (2007) *Int. J. Hydrogen Energy*, **32** (16), 3672-3681.

[70] Wagner, C. (1951) Atom Movements, American Society of Metals, Cleveland, OH.

[71] Hauffe, K. (1965) Oxidation of Metals, Plenum Press, New York.

[72] Quadakkers, W. J., Hansel, M., and Rieck, T. (1998) *Mater. Corros.*, **49**, 252-257.

[73] Thierfelder, W., Greiner, H., and Köck, W. (1997) in *Solid Oxide Fuel Cells (SOFC V)*, The Electrochemical Society Proceedings Series, Vol. PV 97-40 (eds U. Stimming, S. C. Singhal, H. Tagawa, and W. Lehnert), The Electrochemical Society, Pennington, NJ, p. 1306.

[74] Hirota, K., Mitani, K., Yoshinaka, M., and Yamaguchi, O. (2005) *Mater. Sci. Eng. A*, **399**, 154-160.

[75] Quadakkers, W. J., Greiner, H., and Kock, W. (1994) in *Proceedings of the First European Solid Oxide Fuel Cell Forum, European SOFC Forum*, Vol. 2 (ed. U. Bossel), European Fuel Cell Forum, Oberrohrdorf, p. 525.

[76] Saunders, S. R. J., Monteiro, M., and Rizzo, F. (2008) *Prog. Mater. Sci.*, **53** (5), 775-837.

[77] Hansel, M., Quadakkers, W. J., and Young, D. J. (2003) *Oxid. Met.*, **59** (3/4), 285-301.

[78] Min, K., Sun, C., Qu, W., Zhang, X., Decès-Petit, C., and Hui, R. (2009) *Int. J. Green Energy*, **6** (6), 627-637.

[79] Liu, Y. (2008) *J. Power Sources*, **179**, 286-291.

[80] England, D. M. and Virkar, A. V. (2001) *J. Electrochem. Soc.*, **148** (4), A330-A338.

[81] Horita, T. (2008) *Int. J. Hydrogen Energy*, **33**(21), 6308-6315.

[82] Horita, T., Yamaji, K., Xiong, Y., Kishimoto, H., Sakai, N., and Yokokawa, H. (2004) *J. Power Sources*, **131**, 293-298.

[83] Holt, A. and Kofstadt, P. (1994) *Solid State Ionics*, **69**, 137-143.

[84] Holt, A. and Kofstadt, P. (1999) *Solid State Ionics*, **117**, 21-25.

[85] Holt, A. and Kofstadt, P. (1997) *Solid State Ionics*, **100**, 201-209.

[86] Holt, A. and Kofstadt, P. (1994) *Solid State Ionics*, **69**, 127-136.

[87] Liu, H., Stack, M., and Lyon, S. (1998) *Solid State Ionics*, **109**, 247-257.

[88] Nagai, H. and Fujikawa, T. (1983) *Trans. JIM*, **24**(8), 581-588.

[89] Nagai, H., Ishikawa, S., and Amano, N. (1985) *Trans. JIM*, **26**(10), 753-760.

[90] Huang, K., Hou, P. Y., and Goodenough, J. B. (2001) *Mater. Res. Bull.*, **36**, 81-95.

[91] Teller, O., Meulenberg, W. A., Tietz, F., Wessel, E., and Quadakkers, W. J. (2001) in *Solid Oxide Fuel Cells*, The Electrochemical Proceedings Series, Vol. PV 2001-16 (eds H. Yokokawa and S. C. Singhal), The Electrochemical Society, Pennington, NJ, p. 895.

[92] Belogolovsky, I., Hou, P. Y., Jacobson, C. P., and Visco, S. J. (2008) *J. Power Sources*, **182**, 259-264.

[93] Brylewski, T., Nanko, M., Maruyama, T., and Przybylski, K. (2001) *Solid State Ionics*, **143**, 131-150.

[94] Piron-Abellan, J., Tietz, F., Shemet, V., Gil, A., Ladwein, T., Singheiser, L., and Quadakkers, W. J. (2002) in *Proceedings of the 5th European Solid Oxide Fuel Cell Forum* (ed. J. Huijsmans), The European SOFC Forum, Lucerne, p. 248.

[95] England, D. M. and Virkar, A. V. (1999) *J. Electrochem. Soc.*, **146**, 3196-3202.

[96] Linderoth, S., Hendriksen, P. V., and Mogensen, M. (1996) *J. Mater. Sci.*, **31**, 5077-5082.

[97] Badwal, S. P. S., Deller, R., Foger, K., Ramprakash, Y., and Zhang, J. P. (1997) *Solid State Ionics*, **99**, 297-310.

[98] Badwal, S. P. S., Bolden, R., and Foger, K. (1998) in *Proceedings of the 3rd European Solid Oxide Fuel Cell Forum*, Vol. 1 (ed. P. Stevens), The European SOFC Forum, Oberrohrdorf, p. 105.

[99] Buchkremer, H. P., Diekmann, U., de Haart, L. G. J., Kabs, H., Stover, D., and Vinke, I. C. (1998) in *Proceedings of the 3rd European Solid Oxide Fuel Cell Forum*, Vol. 1 (ed. P. Stevens), The European SOFC Forum, Lucerne, p. 143.

[100] Harada, H., Yamagata, T., Yokokawa, T., Ohno, K., and Yamazaki, M. (2002) *Proceedings of the Seventh Leige Conference on Materials for Advanced Power Engineering, September 30-October 3, 2002*, Energy and Technology, Vol. 21, Forschungszentium Julich Gmbh Institut fur Werkstoffe und Verfahren der Energietechnik.

[101] Muzyka, D. R., Whitney, C. R., and Schlosser, D. K. (1975) *J. Miner*, **11**, 11-15.

[102] Hwang, S. K., Hull, F. C., and Wells, J. M. (1984) Superalloys, TMS, Warrendale, PA, p. 785.

[103] Morrow, H., Sponseller, D. L., and Semchyhsen, M. (1975) *Metall. Trans. A*, **6A**, 477-485.

[104] Sung, P. K. and Poirier, D. R. (1998) *Mater. Sci. Eng. A*, **245**, 135-141.

[105] Shaigan, N., Qu, W., Ivey, D. G., and Chen, W. (2009) *J. Power Sources*, **195**, 1529-1542.

[106] Gindorf, C., Singheiser, L., and Hilpert, K. (2000) *Fortschr.-Ber. VDI, Reihe*, **15**(2), 723-726.

[107] Hilpert, K., Das, D., Miller, M., Peck, D. H., and Weib, R. (1996) *J. Electrochem. Soc.*, **143**, 3642-3647.

[108] Quadakkers, W. J., Greiner, H., Hansel, M., Pattanaik, A., Khanna, A. S., and Mallener, W. (1996) *Solid State Ionics*, **91**, 55-67.

[109] Batawi, E., Plas, A., Strab, W., Honegger, K., and Diethelm, R. (1999) in *Solid Oxide Fuel Cells*, The

Electrochemical Society Proceedings Series, Vol. PV 99-19 (eds S. C. Singhal and D. Dokiya), The Electrochemical Society, Pennington, NJ, p. 767.

[110] Linderoth, S. (1996) *Surf. Coat. Technol.*, 80, 185-190.

[111] Fergus, J. W. (2005) *Mater. Sci. Eng. A*, **397**, 271-283.

[112] Brandner, M., Bram, M., Froitzheim, J., Buchkremer, H. P., and Stoever, D. (2008) *Solid State Ionics*, **179**, 1501-1504.

[113] Christiansen, N. (2006) Presentation in Fuel Cell Seminar Conference, Honolulu, HI.

[114] Diethelm, R., Schmidt, M., Honegger, K., and Batawi, E. (1999) in *Solid Oxide Fuel Cells VI*, The Electrochemical Society Proceedings Series, Vol. PV 99-19 (eds S. C. Singhal and M. Dokiya), The Electrochemical Society, Pennington, NJ, p. 60.

[115] Frei, J., kruschwitz, R., and Voisard, C. (2005) in *Solid Oxide Fuel Cells VI*, The Electrochemical Society Proceedings Series, Vol. PV 2005-07 (eds J. Mizusaki and S. C. Singhal), The Electrochemical Society, Pennington, NJ, pp. 1781-1788.

[116] Franco, T., Schibinger, K., Ilhan, Z., Schiller, G., and Venskutonis, A. (2007) *ECS Trans.*, 7(1), 771-1780.

[117] Ishihara, T., Yan, J., Enoki, M., Okada, S., and Matsumoto, H. (2008) *J. Fuel Cell Sci. Tech.*, **5**, 031205.

[118] Kong, Y., Hua, B., Pu, J., Chi, B., and Li, J. (2009) *Int. J. Hydrogen Energy*, **35**(10), 4592-4596.

[119] Cho, H. J., Park, Y. M., and Choi, G. M. (2011) *Solid State Ionics*, **192**(1), 519-522.

[120] Rodriguez-Martinez, L. M., Rivas, M., Otaegi, L., Gomez, N., Alvarez, M. A., Sarasketa-Zabala, E., Manzanedo, J., Burgosc, N., Castroc, F., Laresgoiti, A., and Villarreal, I. (2011) *ECS Trans.*, **35**(1), 445-450.

[121] Sakuno, S., Takahashi, S., and Sasatsu, H. (2009) *ECS Trans.*, **25**(2), 731-737.

[122] Rodriguez-Martinez, L. M., Otaegi, L., Alvarez, M., Rivas, M., Gomez, N., Zabala, A., Arizmendiarrieta, N., Antepara, I., Urriolabeitia, A., Olave, M., Villarreal, I., and Laresgoiti, A. (2009) *ECS Trans.*, **25**(2), 745-752.

[123] Randon, N. P. (2007) Hydrogen and Fuel Cells 2007, International Conference and Trade Show, Vancouver, BC, Canada.

[124] Tucker, M. C., Lau, G. Y., Jacobson, C. P., DeJonghe, L. C., and Visco, S. J. (2008) *J. Power Sources*, **175**(1), 447-451.

[125] Cassidy, M., Lindsay, G., and Kendall, K. (1996) *J. Power Sources*, **61**, 189-192.

[126] Malzbender, J., Wessel, E., and Steinbrech, R. (2005) *Solid State Ionics*, **176**(29/30), 2201-2203.

[127] Sholklapper, T. Z., Kurokawa, H., Jacobson, C. P., Visco, S. J., and De Jonghe, L. C. (2007) *Nano Lett.*, 7(7), 2136-2141.

[128] Sholklapper, T. Z., Lu, C., Jacobson, C. P., Visco, S. J., and DeJonghe, L. C., (2006) *Electrochem. Solid-State Lett.*, **9**(8), A376-A378.

[129] Sholklapper, T. Z., Radmilovic, V., Jacobson, C. P., Visco, S. J., and De Jonghe, L. C. (2007) *Electrochem. Solid-State Lett.*, **10**(4), B74-B76.

[130] Jung, S., Lu, C., He, H., Ahn, K., Gorte, R. J., and Vohs, J. M. (2006) *J. Power Sources*, **154**, 42-50.

[131] Matus, Y. B., Jonghe, L. C. D., Jacobson, C. P., and Visco, S. J. (2005) *Solid State Ionics*, **176**, 443-449.

[132] Hui, R., Wang, Z., Kesler, O., Rose, L., Jankovic, J., Yick, S., Maric, R., and Ghosh, D. (2007) *J. Power Sources*, **170**, 308-323.

[133] Müller, M., Bouyer, E., Bradke, M. V., Branston, D. W., Heimann, R. B., Henne, R., Lins, G., and Schiller, G. (2002) *Materialwiss. Werkstofftech.*, **33**(6), 322-330

[134] Hwang, C. S., Tsai, C. H., Yu, J. F., Chang, C. L., Lin, J. M., Shiu, Y. H., and Cheng, S. W. (2011) *J. Power Sources*, **196**, 1932-1939.

[135] Gadow, R., Killinger, A., Candel Ruiz, A., Weckmann, H., Öllinger, A., and Patz, O. (2007) International Thermal Spray Conference and Exposition (ITSC' 2007), Beijing, Paper 15443

[136] Xie, Y., Roberto, N., Ching-shiung, H., Zhang, X., and Cyrille, D. (2008) *J. Electrochem. Soc.*, **155**, B407-B410.

[137] Coocia, L. G., Tyrrell, G. C., Kilner, J. A., Waller, D., Chater, R. J., and Boyd, I. W. (1996) *Appl. Surf. Sci.*, **96-98**, 795-801.

[138] Kesler, O., Finot, M., Suresh, S., and Sampath, S. Kesler, O., Finot, M., Suresh, S., and Sampath, S. (1997) *Acta Mater.*, **45**, 3123-3134.

[139] Kesler, O., Matejicek, J., Sampath, S., Gnaeupel-Herold, T., Brand, P. C., and Prask, H. J. (1998) *Mater. Sci. Eng. A*, **257**, 215-224.

[140] Itoh, H., Mori, M., Mori, N., and Abe, T. (1994) *J. Power Sources*, **49**, 315-332.

[141] Gauckler, L. J. (2000) *Solid State Ionics*, **131**, 79-96.

[142] Bonneau, M. E., Gitzhofer, F., and Boulos, M. I. (2000) International Thermal Spray Conference and Exposition (ITSC' 2000), Montreal, Canada.

[143] Fauchais, P., Rat, V., Delbos, C., coudert, J. F., Chartier, T., and Bianchi, L. (2005) *IEEE Trans. Plasma Sci*, 920-930.

[144] Berghaus, J. O. Legoux, J. G., Moreau, C., Hui, R., and Ghosh, D. (2006) Thermec' 2006, International Conference Proceedings on Advanced Materials and Manufacturing, Vancouver, BC, Canada, p. 92.

[145] Waldbillig, D. and Kesler, O. (2009) *Surf. Coat. Technol.*, **203**, 2098-2101.

[146] Waldbillig, D. and Kesler, O. (2009) *J. Power Sources*, **191**, 320-329.

[147] Karthikeyan, J., Berndt, C. C., Tikkanen, J., Reddy, S., and Herman, H. (1997) *Mater. Sci. Eng. A*, **238**, 275-286.

[148] Mizoguchi, Y., Kagawa, M., Suzuki, M., Syono, Y., and Hirai. T. (1994) *Nanostruct. Mater.*, **4**(5), 591-596.

[149] Blazdell, P. and Kuroda, S. (2000) *Surf. Coat. Technol.*, **123**, 239-246.

[150] Fazilleau, J., Delbos, C., Violier, M., Coudert, J. -F., and Fauchais, P. (2003) in *Thermal Spray 2003: Advancing the Science and Applying the Technology* (eds B. R. Marple and C. Moreau), ASM International, Materials Park, OH, pp. 889-893.

[151] Fauchais, P., Etchart-Salas, R., Delbos, C., Tognonvi, M., Rat, V., Coudert, J. F., and Chartier, T. (2007) *J. Phy. D: Appl. Phys.*, **40**, 2394-2406.

[152] Delbos, C., Fazilleau, J., Coudert, J. F., Fauchais, P., and Bianchi, L. (2003) in *Thermal Spray 2003: Advancing the Science and Applying the Technology* (eds B. R. Marple and C. Moreau), ASM International, Materials Park, OH, pp. 661-669.

[153] Monterrubio-Badillo, C., Ageorges, H., Chartier, T., and Fauchais. P. (2006) *Surf. Coat. Technol.*, **200**, 3743-3756.

[154] Wang, Y. and Coyle, T. W. (2007) *J. Therm. Spray Tech.*, **16**(5-6), 899-904.

[155] Wang, Y. and Coyle, T. W. (2008) *J. Therm. Spray Tech.*, **17**(5-6), 692-699.

[156] Mawdsley, J. R., Jennifer Su, Y., Faber, K. T., and Bernecki. T. F. (2001) *Mater. Sci. Eng. A*, **308**,

189-199.

[157] Boss, D. E., Bernecki, T., Kaufman, D., and Barnett, S. (1997) Proceedings of the Fuel Cell'97 Review Meeting, Morgantown, West Virginia, August 26-28.

[158] Hui Rob, S., Zhang, H., Dai, J., Ma, X., Xiao, T. D., and Reisner, D. E. (2003) Eighth International Symposium on Solid Oxide Fuel Cells (SOFC-VIII), Paris, France.

[159] Hui Rob, S., Dai, J., Roth, J., and Xiao, D. (2003) MRS Fall Meeting & Exhibit, Boston, MA.

[160] Gadow, R., Killinger, A., Candel Ruiz, A., Weckmann, H., Öllinger, A., and Patz, O. (2007) *Proceedings of* 2007 *International Thermal Spray Conference, Global Coatings Solutions*, ASM International, Beijing, pp. 1053-1058.

[161] Oberste Berghaus, J., Legoux, J. G., Moreau, C., and Chraska, T. (2008) *J. Therm. Spray Tech.*, **17** (1), 91-104.

[162] Killinger, A., Kuhn, M., and Gadow, R. (2006) *Surf. Coat. Technol.*, **201**, 1922-1929.

[163] Lang, M., Bilgin, M., Henne, R., Schaper, S., and Schiller, G. (1998) Proceedings of the 3rd European Solid Oxide Fuel Cell Forum, Nantes, France, pp. 161-170.

[164] Schiller, G., Henne, R. H., Lang, M., Ruckdäschel, R., and Schaper, S. (2000) *Fuel Cells Bull.*, **3**, 7-12.

[165] Lang, M., Franco, T., Henne, R., Schaper, S., and Schiller, G. (2000) Proceedings of the 4th European Solid Oxide Fuel Cell Forum, Lucerne, Switzerland, pp. 231-240.

[166] Lang, M., Henne, R., Schaper, S., and Schiller, G. (2001) *J. Therm. Spray Tech.*, **10**, 618-625.

[167] Lang, M., Franco, T., Schiller, G., and Wagner, N. (2002) *J. Appl. Electrochem.*, **32**, 871-874.

[168] Lang, M., Franco, T., Henne, R., Schiller, G., and Ziehm, S. (2003) Fuel Cell Seminar Conference, Florida, pp. 794-797.

[169] Schiller, G., Franco, T., Henne, R. (2003) *Proc. Electrochem. Soc.*, 1051-1058.

[170] Schiller, G., Henne, R., Lang, M., and Müller, M. (2004) *Fuel Cells*, **4**, 56-61.

[171] Henne, R. (2007) *J. Therm. Spray Tech.*, **16**(3), 381-403.

[172] Schiller, G., Franco, T., Lang, M., Metzger, P., and Störmer, A. O. (2005) *Proc. Electrochem. Soc.*, 66-75.

[173] Franco, T., Hoshiar Din, Z., Szabo, P., Lang, M., and Schiller, G. (2007) *J. Fuel Cell Sci. Technol.*, **4**, 406-412.

[174] Schiller, G., Ansar, A., Lang, M., and Patz, O. (2009) *J. Appl. Electrochem.*, **39**, 293-301.

[175] Hathiramani, D., Vaßen, R., Mertens, J., Sebold, D., Haanappel, V. A. C., and Stöver, D. (2007) *Adv. Solid Oxide Fuel Cells II: Ceram. Eng. Sci. Proc.*, **27**(4), 55-65.

[176] Zhang, X., Robertson, M., Deces-Petit, C. (2009) *ECS Trans.*, **25**(2), 701-710.

[177] Ryotaro, M., Hisataka, K., Yoshikuni, K., Ryuichi, Y., Toshiharu, N., Susumu, I., and Michio, O. (2007) US Patent 7,160,400.

[178] Stanislowski, M., Froitzheim, J., Niewolak, L., Quadakkers, W. J., Hilpert, K., Markus, T., and Singheiser, L. (2007) *J. Power Sources*, **164**, 578-589.

第9章

熔融碳酸盐燃料电池

Stephen J. McPhail, Ping-Hsun Hsieh, Jan Robert Selman

9.1 引　　言

随着发展中国家的快速进步和发达国家的持续增长，能源供应的压力不断增加。最大限度地提高能源使用率和尽量减小对环境的影响变得更加重要。可再生和可持续能源对建立未来能源的基础体系非常重要，这就对新技术和新方法提出了更高要求。燃料电池作为一种电化学能量转换装置，在合理生产和分配能源方面非常具有潜力，然而它的实用化一直以来受到耐用性不佳和生产成本过高的制约而进展缓慢。使燃料电池无法立即应用的一个主要缺点在于其广泛采用的燃料高纯氢来源不足。在这方面，高温燃料电池，如熔融碳酸盐燃料电池（MCFC），比低温燃料电池更具优势，因为它们对燃料杂质的耐受能力较高，除氢气外，还可以采用碳氢化合物作为燃料。然而，减少碳足迹是当今社会的重要任务，特别是考虑到气候变化的因素。这个问题可以通过碳捕捉和限制人为 CO_2 排放（直接方法）以及可再生燃料和废物衍生燃料代替化石燃料（可持续方法）解决。在这两方面，MCFC 都可以有所作为。根据其反应原理，MCFC 可以从阴极的气体中吸收 CO_2，同时碳氢燃料如生物气可以在阳极转化为电能。

本章首先对 MCFC 的发展历史进行了总结回顾，然后介绍 MCFC 的基本工作原理（9.2 节），综述当前常用的材料和部件（9.3 节）。9.4 节讨论了与 MCFC 应用相关的挑战以及技术需求。然而，MCFC 系统和装置正逐渐向分布式热电联供领域发展，有关发展趋势在 9.5 节进行了综述。

9.1.1 熔融碳酸盐燃料电池的发展历史

1839 年，William Grove 爵士使用两个分别通入了氧气和氢气且安装有铂棒的试管，将其浸入稀硫酸电解液构成的电解水装置，通过电解水的逆反应展示了燃料电池的工作原理(图 9. 1)。

由于该发明的实用性有限,19 世纪末内燃机技术的发展使燃料电池停留在科学概念阶段。尽管如此,该时期对于高温燃料电池的基本电化学原理的理解得到了重要发展。在欧洲,Nernst 和 Schottky 是在固体氧化物电解质方面进行研究的科学先驱。在日本最先开发燃料电池的科学家是 Tamaru 和 Ochiai,他们于 1935 年在熔融共晶碳酸盐中使用了碳阳极[2]。

直到 20 世纪 50 年代后期,由于美国和苏联在太空竞赛中对飞船辅助电源的需求,燃料电池技术再次得到了关注。科学家 Broers 和 Ketelaar 致力于研究熔融碳酸盐电解质的应用,他们首次运行了实验室级的 MCFC,奠定了沿用至今的构型。根据 1960 年的报道,他们的电池不间断工作了 6 个月,直到最后由于电解质的不断泄漏,而终止测试。20 世纪 60 年代中期,德州仪器公司在军方的支持下,开发出了一系列 1kW 的 MCFC 原型电池,所使用的燃料是通过外部重整军用燃料的方法得到的氢气。然而,更进一步研究没有进行下去。图 9. 2 所示为 1966 年美国军方制造的 MCFC。

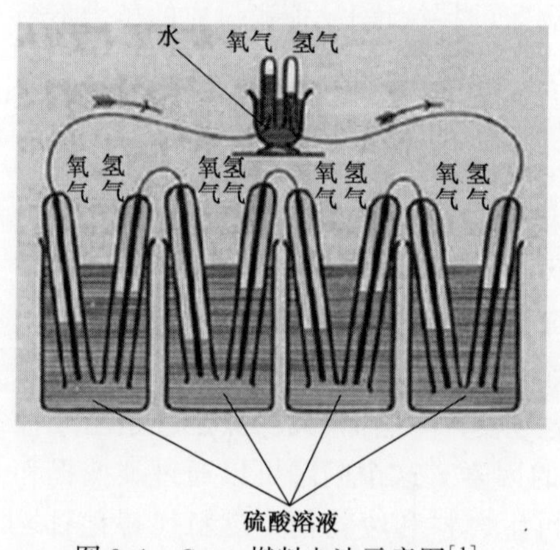

图 9. 1　Grove 燃料电池示意图[1]

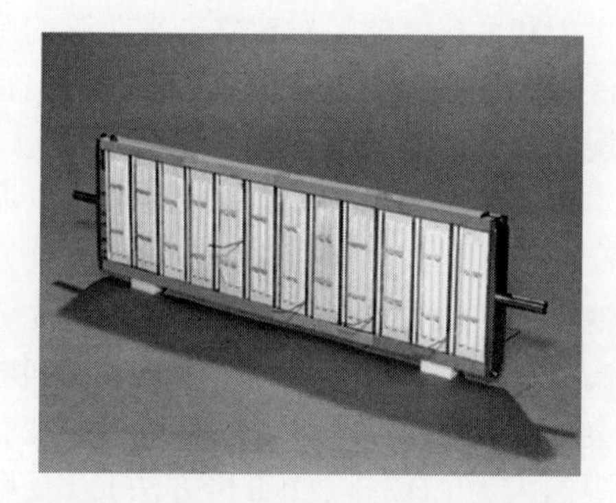

图 9. 2　1966 年美国军方制造的 MCFC[3]

20 世纪 70 年代早期发生了石油危机,之后的能源价格上涨成为燃料电池工业的转折点,公众开始关注更高效的发电方式。直到 20 世纪 80 年代,面向商业化的 MCFC 的研究和发展在美国、日本和欧洲取得了快速进步。该阶段的发展主要集中在以发电和热电联产为基础的高性能和高压电堆技术。20 世纪 90 年代,一些工业型和概念型电池系统得到了测试。首先,日本石川重工公司测试了 1kW 的 MCFC,连续运行达 10000h。FuelCell Energy 公司于 1992 年推出了 120kW 的高温碳酸盐燃料电池系统。1996—1997 年,该公司在 Santa Clara(California)进行了 2MW 示范运行,持续时间达 3000h[3-4]。

2000 年,石川岛播磨重工公司开始发展商业化的系统。2002—2003 年,

4组300kW 的 MCFC 系统的示范运行开始，工作条件为压力 4bar①，电流密度 $200mA \cdot cm^{-2}$。其中两个系统在 2005 年爱知世界博览会上，以展览地区附近垃圾产生的沼气为燃料工作，总转换效率达到 51%。

在过去十年里，随着开发与示范运行的进行，德国 MTU 公司推出了几个发电功率 250kW 级的 MCFC“热模块”，采用了 FCE 系统生产的内重整电堆。其电转化效率约为 50%，并且测试模块都持续了很长的时间，其中一个模块工作超过了 23000h，其他模块工作也都超过了 18000h[5]。

意大利 Ansaldo 燃料电池公司从 1999—2008 年一直致力于开发“2TW 系列”，它是一个由 4 个 MCFC 电堆和微型燃气轮机组成的热电联供系统。这些部件被集成在一个加压热容器中。它的额定功率为 500kW，工作压力为 3.5bar，集成了外重整器，使用天然气作为燃料。此外，也验证了采用柴油和模拟生物质气作为燃料的可行性。

2011 年，MCFC 的商业化开发陷入困境。由于它们各自控股公司（Tognum 和 Finmeccanica）的发展战略的原因，MTU 和 Ansaldo 燃料电池公司被迫停止了对 MCFC 的开发。新生的代工厂（OEM）Franco Cell 提出了一项在 Guadeloupe 安装 30MW 的 MCFC 系统的工程。在 2011 年的第三季度，FCE 在 MCFC 相关产品和服务方面取得了 20 万美元的毛利润。作为 FCE 开始商业化 MCFC 以来第一个盈利季度，具有里程碑式的意义。由于产量的增加，投入产出比得以降低。相比 2010 年的总发电量 22MW，2011 年总发电量达到 56MW[6]。

在韩国，2011 年第三季度 70MW 燃料电池装置和设备的订单达到 1.29 亿美元，这表明清洁能源分布式发电领域的潜在市场正在逐步增长。根据合同，2011 年 10 月至 2013 年 10 月，FCE 将每月出口 2.8MW 的燃料电池装置到 POSCO 电力公司。韩国正在大力发展新型可再生能源发电技术，以降低污染和碳排放，同时发展清洁能源工业还可以提供更多的就业岗位。韩国调整了 2012 年的可再生能源的配额，要求 2022 年新能源和可再生能源（包含以天然气和生物质气为燃料的燃料电池）达到 6000MW。

2011 年第三季度，POSCO 电力公司使用 FCE 生产的燃料电池部件组装了第一个燃料电池电堆，并且于近期将它用到了燃料电池模块上，完成了商业化的完整的发电装置。POSCO 电力公司的燃料电池模块和配套设施设计为每年 100MW，采用 FCE 提供的燃料电池部件。从 2007 年起，POSCO 电力公司已经订购了 140MW 的燃料电池发电装置、模块和组件[6]。

关于 MCFC 的发展和应用的更详细信息见 9.5 节。

9.2 工作原理

与其他氢氧燃料电池相比，MCFC 的特别之处在于它的电解质是熔融盐。

---

① 1bar=0.1mPa。

MCFC 在 580~700℃温度范围内工作,可以使盐为液态,充分发挥在这个温度范围内电解质的高导电性。正如本章强调过的,高温工作具有显著优势:电化学反应速度快导致较快的氧化还原反应动力学,进而避免了贵金属催化剂的使用。除了可以以此降低成本以外,一氧化碳不仅对燃料电池没有毒化作用,还可以作为燃料使用。这一工作温度同样可以使碳氢化合物得到重整,并且可以在电池内部直接进行。因此,MCFC 燃料的选择范围广泛,燃料供应系统的设计,无论是热管理还是纯度要求都要合理。

由于 MCFC 具有较高的发电效率(>45%),可以使用废热发电,工作安静,特别是产物清洁环保,对环境影响很小,因此非常适合用作中大型发电装置。与其他燃料电池技术相比,MCFC 具有斜率更大的极化曲线(V–I 曲线)。这说明它们在低电流密度下工作比较有利,因此它的功率密度较低(图 9.3)。

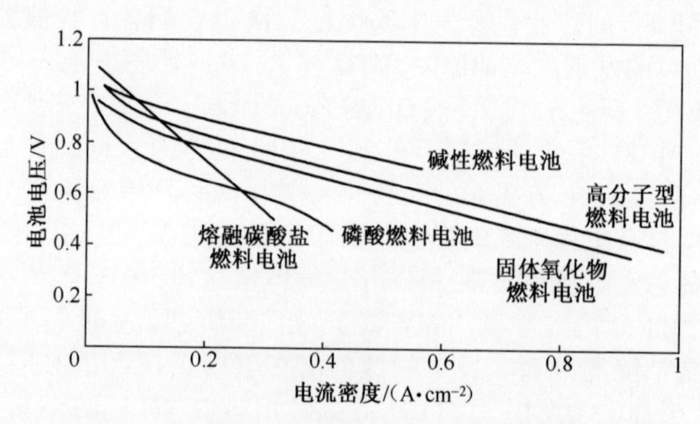

图 9.3 不同类型的燃料电池的 V–I 特性曲线[7]

MCFC 的典型结构如图 9.4 所示。燃料(包括 H_2、CO 和碳氢化合物)到达阳极,空气到达阴极。中间被电解质隔离开。

MCFC 上发生的总反应为

$$H_2 + CO_3^{2-} \longrightarrow H_2O + CO_2 + 2e^- \tag{9.1}$$

这一反应对应着阳极的氧化机理。正如前面所提到的,CO 也可以当作燃料使用。在这种条件下,CO 可以直接发生电化学氧化反应:

$$CO + CO_3^{2-} \longrightarrow 2CO_2 + 2e^- \tag{9.2}$$

此外,由于阳极气氛的热力学平衡作用,会发生水煤气反应:

$$H_2O + CO \rightleftharpoons H_2 + CO_2 \tag{9.3}$$

然后,H_2 会按照式(9.1)与电解质发生反应。根据反应动力学,CO 的反应以后者为主。

H_2 的氧化反应是放热的,因此 MCFC 的热管理非常重要,尤其是在电堆结构中。阴极的空气流通常被用作冷却剂,因此常用数倍过量的空气来进行温度管理。碳氢燃料,如甲烷的内重整,可以减少外部冷却剂的用量,原因是按式(9.1)反应生成的水可以直接用于阳极的水蒸气重整：

$$CH_4 + H_2O \rightleftharpoons 3H_2 + CO \tag{9.4}$$

这个反应是吸热的，可以降低氧化反应产生的热量。外部冷却剂的用量可以减少约50%。

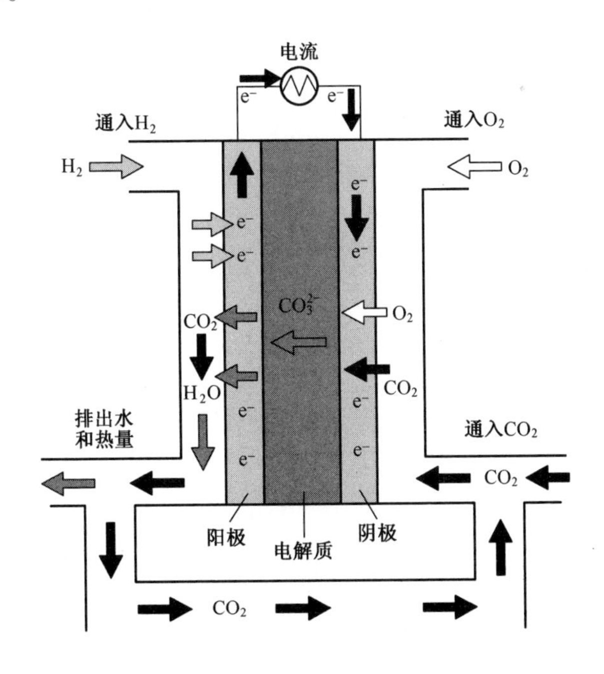

图9.4 MCFC的工作原理图

电解质内部的离子传输通过 CO_3^{2-} 实现，它们由空气和 CO_2 的还原反应产生，之后由阴极转移到阳极：

$$CO_2 + O_2 + 2e^- \longrightarrow CO_3^{2-} \tag{9.5}$$

由于发生式(9.5)的反应所需要的 CO_2 可以由式(9.1)的反应产生，阳极端的气体通常由阳极引入到阴极进行循环利用。这样无论是何处产生的 CO_2 都可以被利用起来。MCFC的这一特点使其可以利用传统发电装置的尾气中分离出的 CO_2 进行工作。这一问题在9.5节进行了更加详细的讨论。

9.3 先进的部件

MCFC使用利于气体扩散的多孔电极，内部填充部分熔融碳酸盐电解质，以使三相界面达到最大。这三相是固态电极催化剂(电子导体)，与它们接触的反应物或生成物气体，以及发生电化学反应的液态电解质。表9.1所列为MCFC先进的材料和部件的性能。

表 9.1 MCFC 先进的电池部件

阳极	材料	Ni-Cr/Ni-Al/Ni-Al-Cr
	厚度/mm	0.2~0.5
	孔隙率/%	45~70,原始值
	孔径大小/μm	3~6
	比表面积/($m^2 \cdot g^{-1}$)	0.1~1
阴极	材料	锂化 NiO
	厚度/mm	0.5~1
	孔隙率/%	60~65,锂化,氧化后
	孔径大小/μm	7~15
	比表面积/($m^2 \cdot g^{-1}$)	0.15(Ni,测试前) 0.5(测试后)
电解质支撑	材料	γ-$LiAlO_2$,α-$LiAlO_2$
	厚度/mm	0.5~1
	比表面积/($m^2 \cdot g^{-1}$)	0.1~12
电解质	成分/%(摩尔分数)	62Li-38K 72Li-28K 52Li-48Na
集流材料	阳极	Ni 或镀 Ni 钢,厚度 1mm
	阴极	316SS,厚度 1mm

MCFC 的电解质是碳酸锂和碳酸钾或碳酸钠的共晶熔融盐,它们的熔点在 500℃左右。电解质通常被注入固态 $LiAlO_2$ 多孔结构中,它们与电极一起形成三明治结构的电池。熔融碳酸盐的化学性能和组成对 MCFC 的性能和耐久性有重要影响。总体而言,熔融碳酸盐具有很强的腐蚀性。因此,在过去的几十年中已经有大量的研究以开发出稳定性高的电池部件和探索制造出高性能和高稳定性的电池的技术。

在还原条件下,很多金属与熔融碳酸盐电解质具有相容性,其中一些可以用作氢氧化的催化剂。目前阳极由含有少量 Cr 和 Al 的镍基合金粉体烧结而成。然而,在阴极端的氧化环境中,只有少数几种贵金属具有较高的稳定性,从而可作为阴极材料。因此,较合适的阴极材料通常选择不溶于碳酸盐电解质的氧化物。常用的阴极材料是锂化 NiO,由多孔镍在电池工作状态下通过原位氧化和锂化制成,在此过程中,含氧气氛中镍与熔融状态的碳酸锂接触。然而,NiO 在熔融碳酸盐电解质中的分解,即使只有微量溶解到碳酸盐中,都是影响电池寿命的关键因素之一。其他的阴极材料还没有被广泛接受。这一问题将在以后进一步讨论。

MCFC 的多孔器件通常由流延法制备。这种方法易于扩大产量,并且可以轻松制造出厚度为几毫米的结构。面积为 $1m^2$ 的电池已经由多家电堆制造厂商制备出来(图 9.5)。

图 9.5　最新型的 MCFC 电池和电堆(引自 Courtesy of FuelCell Energy)

MCFC 的工作温度允许过渡金属和金属合金作为集流材料和电池外壳使用。集流器通常是不锈钢和镍金属网,与电极的一面紧密接触,而在另一面与金属电池外壳(由不锈钢制成)相接触,或与电堆内部电池的双极板接触。在电池壳内部,气体通过流腔和气体通道供应给电池。这些气体管道必须严格设计,以保证气流的均匀传输。完成组装的全电池经过加压以减小活性区域与结构部件之间的接触电阻,这些部件表面通常会有一层氧化层。同时,为了保证电池在空气气氛中的密封性,液态电解质在电池壳内两部分之间形成了密封层(湿密封;图 9.6;在单电池中)或在相邻的双极板边缘处形成密封层(在电堆中)。

9.3.1　电解质

电解质的成分会影响电池内阻、气体溶解度、阴极动力学、腐蚀性和电解质损失率,因此电解质的选择是决定电池性能和寿命的关键因素。从 1980 年起,标准的电解质成分为 Li_2CO_3-K_2CO_3(62%(摩尔分数):38%(摩尔分数))。然

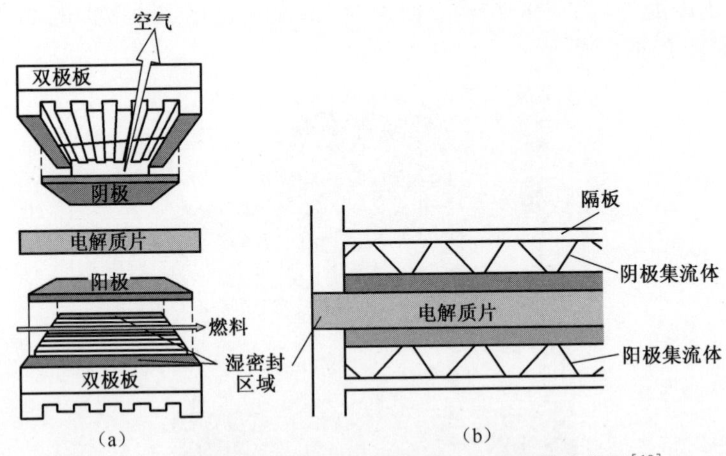

图 9.6 (a)装配好的单电池示意图,(b)湿密封的位置[10]

而,在过去的几十年中,Li_2CO_3-Na_2CO_3(52%(摩尔分数):48%(摩尔分数))逐渐成为一种更好的选择,尤其是在加压的工作条件下。Li-Na 电解质的优点主要包括提高 NiO 阴极的稳定性、降低电解质的蒸发和降低欧姆极化。特别地,在高压工作条件下前两个优点使 Li-Na 电解质比 Li-K 电解质成为更好的选择,其长时间工作后电池性能依然较好。然而,与 Li-K 电解质相比,Li-Na 电解质电池性能对温度更加敏感。在工作温度降低到 600℃ 及以下时,其性能会快速下降。这很可能是由多孔结构中的三相界面的润湿特性导致的[11]。

部件材料的衰减,特别是 NiO 的溶解是制约电池寿命的重要因素。NiO 的溶解度与化学性能密切相关,特别是熔融碳酸盐的酸度和基本性能,这些主要取决于熔融物的阳离子组成以及与熔融物接触的气氛。已有研究将碱土金属碳酸盐和稀土氧化物加入到 Li-K 或 Li-Na 共晶熔融盐中[12-19]。这些添加物降低了电解质的酸度,减小了阴极溶解的驱动力。有些还能增加反应路径,加速氧还原过程。因此温度对电池性能的影响更加复杂。

下面的例子显示了添加物在标准工作环境下(650℃)对电池性能的典型影响。Tanimoto 等人[12-14]报道了碱土金属($CaCO_3$、$SrCO_3$ 和 $BaCO_3$)碳酸盐对氧化镍阴极的稳定性的影响。碱土金属的添加有效降低了 NiO 在电解质中的溶解度,提高了系统的耐久性。在小尺寸电池的测试中,在加压条件下将 9%(摩尔分数)$CaCO_3$ 或 $BaCO_3$ 加入到共晶 Li-Na 熔融盐中可以使寿命提高 15%~20%。Scaccia[15]报道了将 3%(摩尔分数)$SrCO_3$-$BaCO_3$ 加入到共晶 Li-Na 熔融盐中以后,与没有添加物的电解质相比,NiO 的溶解度降低了一半。Mitsushima 等人[18]报道了将 5%(摩尔分数)MgO 加入到熔融碳酸盐中会使 NiO 的溶解度降低 22%。尽管在熔融盐中仍然有一定的溶解度(0.5%(质量分数)),加入 MgO 还是有重要影响,可以使 NiO 的溶解度降低一半以上。采用 Li-Na电解质的 10kW 规模 MCFC 电堆已经成功进行了商用试验,在加压条件下得到了创纪录的寿命[20]。近期,研究表明,稀土氧化物如氧化镧可以更加强烈地降低 Ni 的溶解度[21]。Ota 及其合作者研究了铁酸镍作为阴极材料的适应性,并且得到了良好的结果。

人们早已知道共晶 Li-K 电解质电池在高电流密度条件下工作时,会发生电解质的偏析,也就是说正负极附近的电解质区域阳离子组分会发生变化[22-24]。这是由阳离子(Li^+,K^+)在 Li-K 熔融体中的移动速度的差异导致的。这会导致一些重要的物理性能发生变化,例如熔点、碱度和 MCFC 中不同区域电解质的润湿性不均匀。阴极附近钾的富集增大了阴极的溶解度,降低了电池性能。将适量的碱土金属元素加入到共晶熔融盐中,可以降低阴极的溶解度,平衡 Li^+ 和 K^+ 的移动能力,抑制偏析行为发生[25]。

当然,也可以通过加入少量的碱土金属碳酸盐和稀土氧化物到 Li-K 的熔融盐如三元 Li-Na-K 共晶的方法得到所谓“另类电解质”。

Kaun 等人[25]的报道指出,Ba-Ca-Li-Na 四元碳酸盐(Li-Na 共熔物中 Ba-Ca=3.5%(摩尔分数):3.5%(摩尔分数))的熔点约为 440℃,比 Li-Na 共晶碳酸盐的熔点(500℃)低很多。在熔融碳酸盐中,Li-Na-K 三元共晶系统的明显优势是它的熔点最低(397℃)。目前,三元碳酸盐电解质特别是在压力条件下工作的研究正再次兴起[26]。

尽管这些另类电解质有一定的优点,但是有研究发现,碱土金属的加入降低了其导电性[27]。因此,对电解质的成分进行优化仍然是一项复杂的任务。在长期工作过程中,添加物对电池性能的影响需要进一步的深入研究。在实践中,使用一种新组分的电解质必须对其结构兼容性以及电池部件的电化学活性进行全面研究,即使不进行全面检测,也要对所选择的材料进行微调。

然而,采用如下的系统方法也可以使性能得到提升。考虑到实际工作因素(特别是大面积电池中温度分布的不均匀性),MCFC 的最低工作温度要比其使用的特定组分电解质的熔点高大约 100℃。“另类电解质”可以将工作温度降至 600~650℃,因此可以极大延长 MCFC 工作寿命除了能降低 NiO 的溶解度和减小电解质的偏析,结构材料的腐蚀也明显降低,因此寿命得到延长。此外严格的温度管理和电解质分布的控制可以降低温度分布的不均匀性,使工作温度降低。这一措施由 FCE 提出,其目的是为了解决腐蚀和电解质挥发问题,结果可以使电堆的寿命和性能得到显著提高[28]。

9.3.2 电解质支撑体

在最新的 MCFC 中,一般用多孔铝酸锂(α 或 $\gamma-LiAlO_2$)电解质基板来支撑熔融盐电解质。该基板应具有很小的颗粒尺寸,高孔隙率(50%~70%)以及范围较窄且均匀的孔径分布(0.1~0.5μm),从而有效固定电解质。然而,研究发现支撑体会发生衰减。例如,在工作过程中,在 $LiAlO_2$ 内部出现的颗粒长大和相变会使孔结构发生有害的变化。稳定性与温度、CO_2 分压、熔融物组分和粉末原材料的粒度有关[29-30]。一般情况下,在高温低 CO_2 浓度气氛,强碱性熔融物条件下,颗粒长大较快。在 20 世纪 80 年代早期,短期测试的结果认为γ-$LiAlO_2$ 是最稳定的相[31]。因此,过去一段时间内 γ-$LiAlO_2$ 被用作电解质支撑体。最近,又有新的研究关注 $LiAlO_2$,因为在长期测试过程中发现了 γ 相向 α 相的转变[32-34]。这就促使厂家使用 α-$LiAlO_2$ 替代 γ-$LiAlO_2$,以提高其长期稳定性和颗粒尺寸的稳定性。因为类似的原因,除了 $LiAlO_2$ 以外的其他电解质支撑材料也得到了关注。

在设计出较薄的 $LiAlO_2$ 支撑体以减小欧姆电阻的同时,商业化要求电堆需要大面积电池以降低每千瓦的发电成本。电解质支撑体厚度的减小也是有限的,其原因是支撑体必须要有一定的强度以抵抗在启动阶段和长时间工作过程中的机械和热压力。此外,基板还不能出现裂纹以保证气密性。因此,在优化电解质厚度和功率密度方面有双重好处,功率密度高表明只需要较小面积的电池,从而可以将电解质做得更好,而这可以降低欧姆损失,进而提高功率密度。

基板加强可以提高它们的热机械性[35-36]。目前研究人员正在尝试采取不同的方法来制备薄的有足够强度的 $LiAlO_2$ 基板。迄今为止,报道的最成功的方法是流延法。这种方法可以制备大面积的,厚度薄至 0.25~0.5mm 的电解质结构。

9.3.3 阳极材料

阳极材料中的活性物质是镍,目前最新的阳极材料是 Ni-Cr 和 Ni-Al,主要包含镍颗粒以及少量的铬或铝氧化物。孔隙率和孔径大小由电池或电堆在工作过程中压力和应力条件决定。镍作为阳极的主要问题在于纯金属不能抵抗受压环境下的蠕变和烧结,而压力是减小接触电阻必不可少的工作条件在 Ni-10%(质量分数)Cr 阳极和 Ni-5%~10%(质量分数)Al 阳极中形成的微分散氧化物颗粒对保持阳极的电活性结构稳定性有重要作用。目前,商用电堆基本上都选用这种阳极材料。

氧化物分散稳定法(ODS)提高 Ni 的力学性能也不是没有缺点。加入 Cr 会在烧结过程中形成分散的 Cr_2O_3 颗粒,进而减小其抗蠕变性。然而,阳极中的 Cr 很容易和电解质中的锂反应形成 $LiCrO_2$。这一过程对电解质有害,会产生一些不稳定的微孔,从而在长期工作过程中导致性能变差[37]。Ni-Al 合金阳极表现出了比 Ni-Cr 阳极更好的抗蠕变性能以及更小的电解质损失。这一合金较低的蠕变率主要是由 $LiAlO_2$ 颗粒导致的,这些颗粒在 Ni-Al 网状结构中均匀分布,并且表现出电化学惰性[38]。

蠕变主要是由位错的移动引起的,抗蠕变性理论上可以通过缺陷强化,溶质原子,沉淀析出物和氧化物颗粒都可以阻碍位错滑移[39]。有研究将 CeO_2、Ce、

Dy 和 Sn[40-43]加入到 Ni 和 Ni-Cr 阳极材料中以抵抗腐蚀、蠕变和电极的烧结。此外，陶瓷氧化物阳极也表现出好的性能，如氧化镧（La_2O_3）和氧化钐（Sm_2O_3）与钛的混合粉末（提供电子导电能力）[44]。这一结果为直接使用干燥甲烷作为 MCFC 燃料提供了可能。

9.3.4 阴极材料

目前常用的阴极材料是锂化 NiO，通过多孔镍与碳酸锂在氧化气氛中经过镍氧化和锂化得到。NiO 阴极表现出足够好的导电性和结构强度。然而，阴极的溶解过程很慢（超过上千小时），这是限制 MCFC 寿命的一个重要因素。阳极端溶解的镍通过电解质基板形成枝晶，导致电池的短路。如果是在压力环境下工作，这一机制会得到强化，从而使寿命显著降低。

已经有很多工作试图解决 NiO 溶解问题。近年来，在提高阴极寿命方面已经取得了显著进步。虽然对其他材料进行了测试和研究，但是这些进步并不是来自于这些材料。金属氧化物如 $LiFeO_2$ 或 $LiCoO_2$ 在阴极环境下表现出良好的稳定性，不会溶解于碳酸盐电解质中。但是，与 NiO 相比，这些材料导电性较差，反应速度慢，因此只有在加压条件下反应速度得到提高，它们才能有效使用。最有效和直接的方法是在控制与阴极接近区域的电解质碱度的条件下使用 NiO。报道显示，一些 NiO 复合材料可以降低 NiO 溶解度。Co、CoO、Co_3O_4 和 $LiCoO_2$[45-48]被用来修饰 NiO 表面。添加稀土元素[49-52]（如 CeO_2、La_2O_3、Pr_2O_3、Nd_2O_3、Dy_2O_3 和 $La_{0.8}Sr_{0.2}CoO_3$）到 NiO 阴极中，可以将 NiO 溶解度减小一个数量级。报道表明，ZnO 和 $MgFe_2O_4$[53-54]与 NiO 的复合物可以作为备选阴极材料。这些复合材料在阴极环境下表现出了很好的稳定性，但是这些材料作为全电池的阴极在长期工作中的性能还需要进行测试，以验证它们的实用性。

9.4 常规需求

加速 MCFC 商业化进程的关键因素是提高寿命和功率密度，同时降低成本，特别是制造成本[55]。虽然当今的技术水平在少数情况下已经使寿命达到了 30000h[56]，但是商业化要求寿命必须超过 40000h，总衰减率低于 10%（2mV/1000h）。FCE 声称下一代新产品可能会使寿命更高（在不更换电堆条件下超过 60000h）[57]。

现有的 MCFC 技术仍然有很多不足之处，需要完善[55,58]。例如发展具有超高耐腐蚀性能和高性能的材料，以得到比现有的电池（通常为 110～150mA·cm^{-2}）更高的功率密度并且有更长寿命的电池是可行的。同时通过改善结构设计充分利用内重整以达到降低成本的目的也是可行的。

在电池层面，需要进行系统性的工作以确定引起性能衰减的本质原因。这主要包括以下方面：

(1) 阴极的溶解和阴极、阳极微结构的不稳定性；

(2) 电解质损失；

(3) 电池结构部件的腐蚀(金属部分)；

(4) 杂质特别是硫化合物的影响。

为了充分理解和应对这些本质缺陷,必须依赖基础研究开发,包括微观结构的分析和系统的热集成等各方面。这些研究必须和持续的商业化技术相联系,以保证已经进入市场的产品的持续改善。

9.4.1 阴极中 NiO 的溶解

阴极中的 NiO 溶解到碳酸盐电解质中主要遵循以下机理：

$$NiO + CO_2 \longrightarrow Ni^{2+} + CO_3^{2-} \tag{9.6}$$

$$NiO \longrightarrow Ni^{2+} + O^{2-} \tag{9.7}$$

因此,溶解的驱动力主要取决于 CO_2 分压和熔融碳酸盐的酸性。熔融碳酸盐的碱度主要取决于 pO^{2-}($=-\log[O^{2-}]$)的大小。溶解率随着 CO_2 分压的增大而升高,然而熔融盐中 O^{2-} 活性的增加阻碍了溶解过程。NiO 溶解是引起低欧姆电阻短路的主要原因,并且这种作用随着工作时间的延长持续存在。阴极中溶解的镍以 Ni^{2+} 的形式扩散到基板中,被从阳极扩散到基板的氢气还原：

$$Ni^{2+} + H_2 + {CO_3}^{2-} \longrightarrow Ni + H_2O + CO_2 \tag{9.8}$$

镍以非常小的金属颗粒的形式沉积在反应区, Ni^{2+} 和氢气在此(平行于阴极和阳极的反应区)相遇。沉积的镍颗粒并不停止,而是在电场作用(电泳)下继续移动穿过基板。由于还原反应(式 9.8)的不断进行,会逐渐形成一个由阴极向阳极扩散的镍颗粒流。这些颗粒会发生团聚,形成由阴极中的 NiO 基底向阳极生长的金属突起,或它们仍然保持分离状态,中间通过导电桥进行连接。其结果是,阳极和阴极之间的形成短路,导致电池电压和性能急剧下降。图 9.7 描述了这一机理。NiO 溶解是限制长期工作寿命的两个因素之一,另一个因素是由腐蚀和蒸发引起的电解质损失。

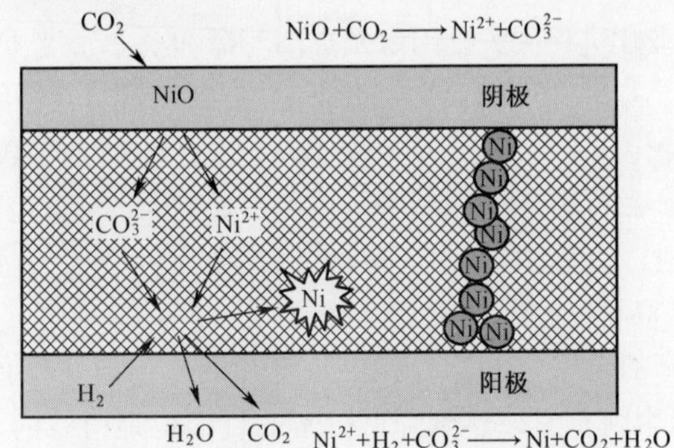

图 9.7 Ni 溶解到电解质基板的过程示意图

如今,降低 NiO 溶解度的最有效方法是使用 NiO 复合阴极。可以在 NiO 表面涂覆或掺杂溶解度低的元素,同时通过添加物提高碳酸盐电解质的碱度。正如 9.3.1 节和 9.3.4 节论述的一样。

9.4.2　阳极蠕变

由于是在负电位和还原气氛中,阳极材料如 Ni-Cr 和 Ni-Al 合金的腐蚀比阴极要小。然而,在电堆工作需要的压力环境下,阳极的蠕变是限制 MCFC 电堆寿命的因素之一。众所周知,如果在温度高于金属熔点的一半(开尔文)的条件下工作一定的时间后,即使是施加的压力低于它的屈服强度,金属仍会发生塑性变形[59]。这种与时间有关的变形称为蠕变。在一定扭矩下,MCFC 较高的工作温度会引起 Ni 蠕变。蠕变主要是晶格内部的位错的移动引起的。因此,缺陷如溶质原子、沉淀物和氧化物颗粒,可以提高抗蠕变能力,因为它们能够阻碍位错的移动。近期,大量的材料强化方法,如分散氧化物金属复合材料得到了广泛研究,以提高阳极材料的稳定性(9.3.3 节进行了详细讨论)。

9.4.3　电解质损耗

熔融碳酸盐电解质最主要的损失发生在 MCFC 的启动阶段,主要与部件的锂化有关。在接下来长期的工作过程中,占主导作用的是持续的低速损失。这种持续的损失由多种因素引起,如直接蒸发、电解质蔓爬(由电池内部移动到电池表面),结构部件主要是金属材料的缓慢腐蚀[60-61]。这些因素的综合作用引起的电解质损失导致欧姆电阻和电极极化增大,最终导致气体交叉混合,从电池泄露到环境气氛中。这些因素的综合作用引起的电解质损失使工作过程中电池电压持续降低。在长期实验过程中,这两个过程可以明显区分开来,如图 9.8 所示。第一阶段显示了稳定的衰减,可以看出内电阻和极化的增加与电解质缓慢损失有关。第二部分显示的是由电极间 Ni 短路引起的快速衰减。

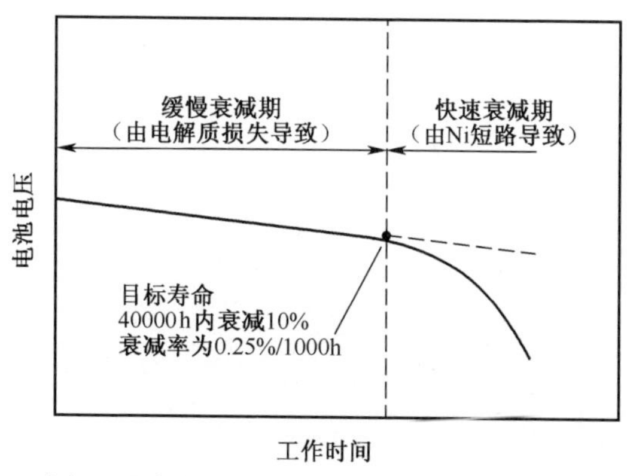

图 9.8　在恒电流条件下 MCFC 的衰减与时间的关系示意图[60]

在电池中注入过量的电解质材料不是解决电解质损失的有效方法，原因是电解质在阴极中的集聚会阻碍传质过程，引起电池性能的快速衰减。优化电解质的组分可以减小电解质的损失。例如，用少量的挥发性 Li-Na 电解质替换 Li-K 电解质或采用其他能延缓衰减的电解质。电池结构部件（特别是钢）的抗腐蚀能力取决于其组分，可以通过调节组分来减小总体腐蚀率。同时，高耐腐蚀合金也得到了发展，但是它们的应用成本很高。这些问题将在后面的章节进一步讨论。

9.4.4 电堆金属部件的腐蚀

MCFC 的工作温度使它们可以使用常规的金属作为电池和电堆的部件。传统的奥氏体 316L、不锈钢、310S 不锈钢和各种镍合金是 MCFC 的主要结构材料[8,61]。硬件的腐蚀往往伴随着电解质损失，影响 MCFC 的性能和寿命。腐蚀率取决于多种因素，如工作温度、压力、气体组分、湿度、杂质，以及金属表面直接暴露于熔融碳酸盐或燃料及氧化气氛。燃料气中的 H_2S 和 HCl 会显著加速腐蚀。在工作的初始阶段，腐蚀主要来自在钢铁部件上形成的 $LiCrO_2$ 或 $LiFeO_2$ 以及在 Al 涂覆钢铁部件上的形成的 $LiAlO_2$（通常发生在湿密封区域）。这会引起很高的初始电解质损失（主要是 Li_2CO_3）。

双极板的损失，包括隔离板，电流收集器和湿密封的损失，对电池的性能和寿命至关重要。靠近湿密封区域会有电解质缓慢地流出电池，这称为电解质蔓爬损失。

由腐蚀引起的电解质损失取决于材料本身和隔离板的几何设计，如图 9.9 所示[61]。减小隔离板与电解质的接触面积可以显著降低电解质损失。不锈钢隔离板和电流收集器通常都覆盖在阳极，它们包含一薄层致密镍，更易于腐蚀。在湿密封区域，一薄层电解质与临近的双极板或端板直接接触，也是易于腐蚀的。最好的保护方法是通过使用氧化铝层使金属部件与电解质之间电绝缘。其他的腐蚀防护材料，如硼硅酸盐玻璃[62]、共沉积铬和铝[63]，也都有研究。此外，

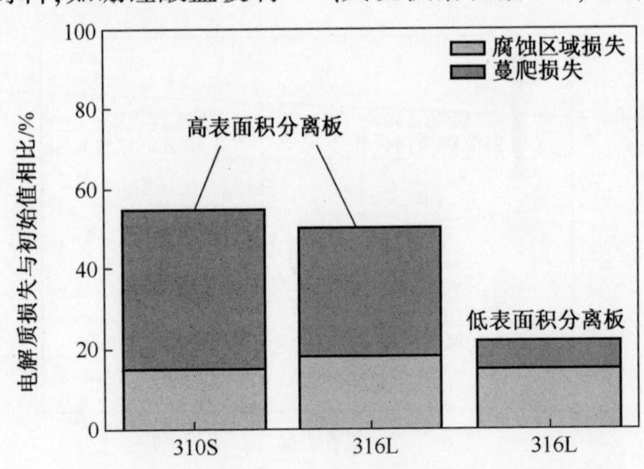

图 9.9 工作 40000h 过程中的电解质损失预测（BOL，起始寿命）[61]

降低工作温度(600℃),以避免严重的腐蚀,对提高实验室尺寸的电池部件的寿命是有效的,其总寿命达到了66000h。然而,在这么低的温度下,常用部件和电解质的性能不能充分发挥。低熔点电解质为这一问题提供了解决方案。

9.4.5 电解质优化

正如前面所讨论的,电解质的组分会影响MCFC的短期性能和长期稳定性。在MCFC技术的发展历程中,电解质的组分由早期的三元共晶熔融盐(Li-Na-K碳酸盐),发展到Li-K共晶熔融碳酸盐,之后该电解质使用了几十年。之后又发展到了Li-Na共晶熔融盐和包含添加物的其他电解质。电池性能(如输出电压)主要与电池内电阻和电极极化有关。正如前面所讨论的,这取决于多种因素,它们大多直接与电解质的化学、物理和电化学性能有关。由于碳酸锂的导电性比 Na_2CO_3 和 K_2CO_3 的要高,采用富锂电解质可以降低欧姆电阻。另一方面,高锂低钾电解质的极化性能不好(与较低的反应动力和扩散相关),原因是富碳酸锂电解质中溶解的气体如 H_2,O_2 和 CO_2 的溶解度和扩散能力比较差。此外,正如前面所讨论的,由阳离子移动性的差异导致的电解质过度偏析,随阳离子组分的不同有很大变化。电解质的偏析会引起MCFC不同区域的电解质的某些重要的物理性能的不均性出现,如熔点、碱度和润湿性,进而导致性能变差。如果同时考虑在长期工作过程中,由于电极和电解质的结构和成分的变化引起的分散在电极中的电解质的腐蚀性的影响,我们可以得出结论,在电池中发生的整个反应过程是非常复杂的,必须有一个全面的电解质优化方案。

对二元共晶熔融盐(62Li-38K和52Li-48Na)电池的长期稳定性已经进行了许多研究。不同电解质成分的性能也得到了研究:

(1) 富锂二元碳酸盐(72Li-28K);

(2) 添加9%(摩尔分数)$CaCO_3$ 和 $BaCO_3$ 的52Li-48Na[14];

(3) 添加5%(摩尔分数)MgO的52Li-48Na[18];

(4) 添加0.5%(摩尔分数)La_2O_3 或 Gd_2O_3 的52Li-48Na或62Li-38K[17]。

9.4.6 功率密度

图9.10所示为各种燃料电池在负载条件下的电池电压范围,以及理想(热力学)电池与温度、燃料和氧化剂利用的关系。在高温下工作的燃料电池(MCFC和SOFC)工作电压相对而言更加接近理想值,因为与低温燃料电池相比,高温燃料电池拥有更快速的动力学条件以及更小的电阻。

功率密度对于实际应用来说是十分关键的因素,因为它对投资成本有着巨大的影响。如图9.10所示,在电流密度110~160mA·cm^{-2}条件下工作的MCFC的功率密度约为0.15W·cm^{-2},相比于其他燃料电池,例如PEMFC(质子交换膜电池)(0.25~0.62W·cm^{-2})和SOFC(0.2~0.85W·cm^{-2}),明显低了很多。从

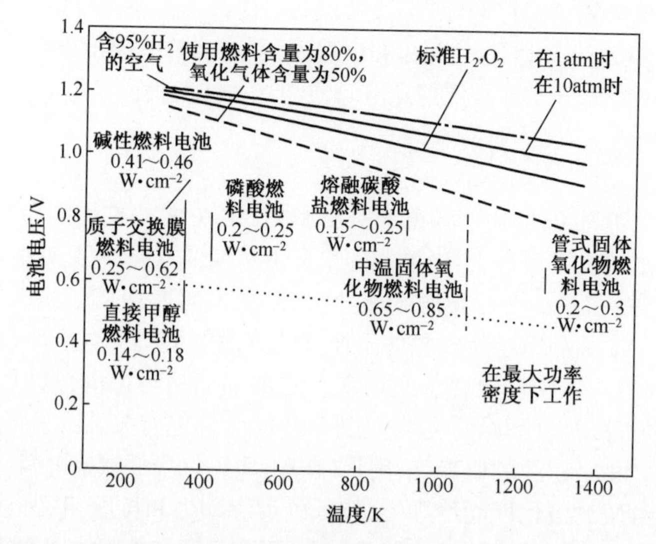

图 9.10　不同类型燃料电池的典型性能[55]（Copyright© 2004 J. R. Selman）

成本角度考虑，这是 MCFC 倍受争议的地方。提高功率密度是可行的，例如，在电流密度为 0.3A · cm^{-2} 时要使功率密度达到 0.25W · cm^{-2}，可以使其在 0.7MPa 的气压下工作[64]。因此，通过使用最先进的电池元件和微结构电极，在高压条件下是可以实现高功率密度的。尽管如此，高电流密度（如 0.3A · cm^{-2}）条件下的最低使用寿命（>40000h）仍待检验，特别是之前提到过的高压下的材料稳定性。

要在不加压条件下实现高功率密度也是可能的，可以通过增大电极活性反应面积以及使用性能更好的电解质来实现。反应面积很大程度上取决于电极的孔结构和在特定的电解质中的润湿特性。润湿的基本原理以及熔融化合物、气氛、极化如何影响润湿性对于多孔电极的微结构优化设计有着不可或缺的重要作用。润湿在电解质分布问题上也扮演着重要角色，因此对于电池的长期工作也是非常重要的。

电极极化，特别是在阴极，是电池性能衰退的主要因素。通过数学建模发现，在电解液中加入有巨大内部面积的催化剂颗粒可以提升功率密度[65]。显然，即使先进 MCFC 电极材料（镍基合金作为负极，锂化 NiO 为正极）最初有巨大的内部面积，在经历了上万小时的工作后也无法继续保持原始结构。因此，实现高功率密度的阻碍在于寻找到拥有巨大内部面积的或结构强化材料。这就要求对结构变化机制有更深的理解。结构变化与功率密度紧密相关。

9.4.7　杂质耐受性

镍的电催化活性使得它能避免在高温燃料电池（MCFC、SOFC 等）中使用贵金属,但是在使用除氢以外的其他燃料时遇到了严重的问题。由于镍对杂质组分的亲和力导致催化剂中毒,降低了反应活性。尤其是使用替代燃料和废弃物衍生燃料时,杂质种类较多,生成量较大。在MCFC材料中精确考虑每种可能的杂质及其影响是相当困难的。然而对杂质进行概述是可以实现的,如表9.2所列。

表9.2 MCFC所含杂质及其耐受范围

杂　质	耐受性/ppm	影　响
硫化物,如 H_2S、COS、CS_2	0.5~1	电极钝化,占用电解质
卤化物,如 HCl、HF	0.1~1	腐蚀,占用电解质
氧硅烷,如 HDMS、D5	10~100	硅酸盐沉积
微粒	10~100	沉积,堵塞孔结构
焦油	2000	积碳
重金属,例如 As、Pb、Zn、Cd、Hg	1~20	沉积,占用电解质

表9.2列出了MCFC对不同杂质的耐受度及安全边界,杂质的危害程度取决于其他物质在气相中的分压(例如氢、水)、燃料电池工作的电流密度、温度和燃料利用率。杂质暴露的时间以及可逆性也是决定其危害程度的关键因素。耐杂质性相关实验非常少,因为这种实验对电池具有破坏性,并且实验需要很长的时间。但是对这方面准确信息的需求相当迫切。根据要求和成本明确安全工作的限制条件将极大增长燃料电池的使用年限并且优化燃料清洁利用过程。

导致MCFC中毒的一个关键问题与硫有关,不仅因为硫有强烈的毒性,也因为它们形式多样。除了替代燃料中自然生成的硫化物,含硫的添加剂经常被加入到天然气中用以检漏。硫化氢对于镍基催化剂的危害与许多因素有关,例如体积浓度、与燃料中氢的浓度的比例、湿度、电力负载大小以及温度。当温度下降时,镍与硫反应的倾向也增加。尽管实验已经证明持续暴露在浓度大于10ppm,甚至是5ppm的环境中含硫组分在电极上的剧烈反应是不可逆的,但热力学平衡的计算结果表明,浓度在100ppm以下不会生成稳定的硫化镍体相。

在MCFC中,硫化氢不仅与正极材料反应,也与电解质反应。硫化氢与镍正极的反应导致氢的氧化这一电化学反应活性减弱,反应受阻。这种反应将导致正极的结构发生形态变化,随后的副反应如气体扩散受阻、体积变化或阻碍电解液浸润会导致电池性能进一步衰减。在电解液中,硫化氢可与碳酸盐发生化学反应生成其他硫化物或硫酸盐离子,从而占用了电化学载流子,这些载流子本可以被用于氢的氧化。这会导致电池性能衰减。虽然,硫化氢也可以与碳酸盐发生电化学反应,释放电子,但却产生有害的电离的硫酸盐组分。由于该中毒机制和条件的复杂性以及尽可能减少电池组的成本的原因,当今的MCFC研究人员更倾向于使用高效率除气装置以保证无硫化物到达电极。

9.5 MCFC 系统的实际使用现状

发电市场的竞争相当激烈,传统燃烧发电技术得益于多年的实际使用以及性能的不断提升以达到卡诺循环提出的效率极限。MCFC 的能量转换原理与之完全不同,且更加有效,但是为了弥补使用经验和制造成本上的差距,MCFC 更加需要研发。与此同时,MCFC 已经在很多地方产生了经济意义,一些开发人员正在努力占领这些市场。

如今,MCFC 已经在一些场合以不同的规格出现。最受关注的在 200kW ~ 1MW 这一领域,同时还有兆瓦级发电厂正在建设。相对于传统科技,高投资和使用年限不足是需要解决的两个问题,以保证适当的市场渗透率。因此研发的主要目标是工艺稳定性以及降低材料和制造过程的成本。而使用经验对这些方面有帮助。

MCFC 已经在一些有经济意义的领域取得了令人瞩目的应用。模块化发展有助于研发高效的小型化 MCFC(低于 100kW,在此经济规模以下 BOP 占据主导地位)。在有严格的环境立法(如加利福尼亚州的 32 号装配法)或强有力的政府措施(如韩国)的地区建立电站,MCFC 比传统的热电联供技术(CHP)更有优势。这就解释了在以上地区 MCFC 基础设施的快速发展的原因,特别是美国康涅狄格州的 FCE 公司和韩国的 POSCO 能源公司的工作就是很好的例证。在韩国,浦项钢铁(POSCO)于 2006 年安装了第一台 250kWe① 设备,使用的是 FCE 电池堆组;2008 年安装了 7.8MW 设备;2009 年安装了 14.4MW 设备。

由于这些特点,MCFC 在小型化、超清洁、高质量和自主热电联合发电这一具有一定规模的市场的夹缝中找到了主要的发展空间。因为自身启动较慢(>24h)以及电解质管理、机械应力等方面的问题,MCFC 非常适合固定式发电站。

MCFC 工作噪声非常小,使得它适合为电费高昂或者新型产业提供独立 CHP 发电设备。例如大规模通信设备适合安装 MCFC,为自身提供高效能源。

在高速进行的金融交易中,任何故障都会带来巨大的损失,因此,10000 美元/kW 的燃料电池是个合算的选择。

轮船以及游艇上的辅助电源能很容易达到 0.5 ~ 1MWe①。特别是在旅游方面,对低噪声、排放少的水上交通工具的需求不断增长。这些促使德国开发商 MTU Onsite Energy 和浦项钢铁电力在以下方面开展研发:从 2009 年 9 月到 12 月,搭载了 320kW 的 MCFC 装置的挪威 Viking Lady 号从德国公司开始航行;2010 年,韩国的跨国公司实施了一个为期 5 年的项目(每年投入 3000 万美元),

---

① kWe 单位中,e 表示该单位为电功率。

开发一个类似的系统[79]。

MCFC 最常见的燃料是天然气,这得益于工业化国家分布广泛的输气网络。"迈出第一步",借助常规的天然气网络的实践经验,可以削减经验积累的成本,增强与其他替代能源的竞争力。MCFC 可以使用不同的燃料,例如:①将污泥、有机废物或者生物质进行厌氧发酵得到的沼气;②填埋垃圾生成的沼气;③使用纤维素生物质或废料进行热气化或高温分解得到的合成气,这些废料可以来自于垃圾、工业废料和小规模的炼油厂或化工厂的二次加工过程。

沼气发电站为燃料电池发电提供了独特的机会。由厌氧消化池产生的甲烷能够用作燃料,得到超清洁的电力供应给污水处理系统;同时 MCFC 附带产生的热能能加热污泥以促进厌氧发酵。这种热电联产方式的效率能达到 90%。而且,沼气是一种可再生燃料,可以在很多国家吸引到投资。目前许多沼气池产生的沼气量并不确定,可以将发电站设计成自动将沼气与天然气混合作为燃料使用。这个方面 FCE 在世界上处于领先地位,同时,沼气电站在德国和韩国的浦项制铁电力公司也有运营。在欧洲,沼气的应用潜力巨大,这一点从每年建成的沼气发电站数目就可以看出。仅就德国而言,从 2000—2007 年,沼气发电站的数目由 1050 座增加至 2800 座,特别是 70~500kW 这一级别的[79],该级别是现有 MCFC 最理想的容量。表 9.3 给出了 FCE 开发的使用废物衍生燃料和沼气的 MCFC 综合情况。从这个表可以得到明显的结论,几乎所有的电站都建立在加利福尼亚州,因为加利福尼亚州的能源需求情况和排放政策创造了一个可以广泛建立高效率、低能耗发电站的市场。图 9.11 所示为安装在加利福尼亚州的某台使用天然气的兆瓦级发电站。

表 9.3 FCE 所安装的使用垃圾衍生燃料和生物燃料的设备[80]

地　　点	原　　料	标称功率/kW
美国加利福尼亚圣塔芭芭拉	污水处理-厌氧发酵气体	600
美国加利福尼亚内华达山脉	沼气(酿造工艺副产品)-厌氧发酵气体/天然气混合燃料	1000
美国加利福尼亚州图莱利	污水处理-厌氧发酵气体/天然气混合燃料	900
美国加利福尼亚州普莱森顿都柏林圣拉蒙	污水处理-厌氧发酵气体/天然气混合燃料	600
美国加利福尼亚州里亚尔托	污水处理-厌氧发酵气体/天然气混合燃料	900
美国加利福尼亚州奥克斯纳德	奥尼恩斯·吉尔斯食物残渣处理设备-厌氧发酵气体/天然气混合燃料	600
美国加利福尼亚州里弗赛德	污水处理-厌氧发酵气体/天然气混合燃料	1200

（续）

地　点	原　料	标称功率/kW
美国加利福尼亚州英雷诺谷市	污水处理-厌氧发酵气体/天然气混合燃料	750
韩国釜山	厌氧发酵气体/天然气混合燃料	1200
总喷机量+计划新增装机量		7750
美国加利福尼亚州芳泉谷，奥治兰县卫生区	污水处理及垃圾处理设备-厌氧发酵气体/天然气混合燃料	300
美国加利福尼亚州图莱利	污水处理-厌氧发酵气体/天然气混合燃料	300
法国坎普奥利维拉农场	污水处理-厌氧发酵气体/天然气混合燃料	1400
美国加利福尼亚州佩里斯山谷，东市政用水区	污水处理-厌氧发酵气体/天然气混合燃料	600
总容量+计划增加容量		10350

图 9.11　FuelCell Energy 公司的 1MW MCFC 发电装置(由 FuelCell Energy 提供)

类似于 MCFC 的技术是解决当今社会面临的能源紧缺问题的关键。最简单的技术是使用电池堆组产生的热能进行闭路循环蒸汽发电以及进行海水脱盐生产可饮用水。这只需要将 MCFC 系统与脱盐设备相连接(图 9.12(a))[78]。

人造 CO_2 固定器(或碳捕获和碳储存装置 CCS)是工业国家临时采用的方法,用于短期内控制由人为因素的 CO_2 排放所带来的气候变化。由于其基本工作原理要求 CO_2 从正极转移到负极,MCFC 为降低 CO_2 排放提供了可能性。在 CCS 装置中,不同于在负极产生 CO_2 并循环至正极用以结束离子回路,火电站的废气中的“新鲜”CO_2 传输至阴极(图 9.12(b))[78]。废气中大部分是助燃的

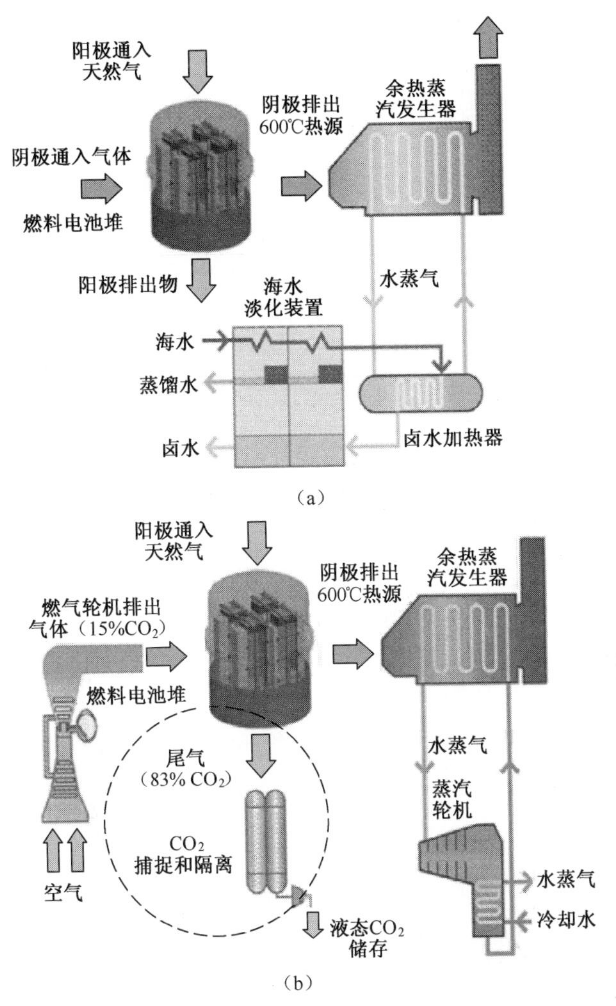

图 9.12 MCFC 的不同应用:(a)海水淡化;(b)分离 CO_2

空气中剩下的氮气和水蒸气,另外还有 15%的 CO_2,但是将其从氮气中分离出来是很困难的。在使用 MCFC 的过程中,多达 90%的 CO_2 可以从含水废气中分离出来。随后 CO_2 通过电解质转移到负极(以 CO_3^{2-} 离子的形式),浓度达到 30%~40%并且与水蒸气混合。这使 CO_2 的分离过程简单有效。在这个过程中,给负极提供充足的燃料如天然气就可以产生能量(将效率提高到 20%)。假设联合循环发电站和 MCFC 具有相同的转换效率,那么总的发电效率是不会降低的。相比较而言,一些处理方法,比如使用氨化合物等溶液处理 CO_2,将产生大量的废弃物需要处理。由于发电过程中有严格的法律要求,将使发电效率下降 10%[81]。而这种效率下降反而会引起 CO_2 排放的净增加,因为需要燃烧更多的化石燃料以达到相同的电力输出。

考虑到欧洲即将大规模制定 CCS 的相关法规，以及世界上其他国家对于温室气体引发的气候变化的检测，这一应用在 MCFC 系统的发展前景中越来越重要。MCFC 的开发商（FCE、斗山重工）对这一用途表现出极大的兴趣并做好充分的准备。他们提出用 MCFC 改装现有的发电站，在采用主动 CCS 进行捕获的同时产生额外的电力，以降低能量效率损失。与 9.4 节提到的传统需求相比，这种应用带来的挑战主要是受流经阴极的电厂排放的气体燃料中的杂质的影响。由于碳酸盐有分解性，污染物在离子传输过程中被传输到阳极，而阳极上的纯净镍更容易被污染从而导致中毒。同时与阳极相比，阴极的气体流量更大，导致阴极迁移出的污染物浓度增大，引起更加严重的后果。

MCFC 能进一步促进以氢为基础的经济模式的出现。输入的碳氢化合物燃料，通过电堆的重整过程最终转变为氢气。但并不是所有的氢气都能通过一次循环就完全氧化，其原因是阳极出口处的气体浓度太低。除去局部衰减，就整体性能而言，燃料缺少也会导致阳极氧化。通常来说，未耗尽的氢气会被烧掉或循环至电堆入口。这减少了制氢的额外投入，可以将未用尽的氢气从尾气的水和 CO_2 中分离并储存起来，以便重新使用或出售。当规模较大时，这种能量储存方式也可以供应能快速跟踪负载变化的低温质子交换膜燃料电池和磷酸燃料电池，以补充 MCFC 基本负载以外的峰值功率需求。在小型独立式电站中，电池模块将提供脉冲能量以满足变载荷工作模式。因此它的目标是成为完全独立、高质量的电力供应系统，以满足军工产业和最严苛的民用产业的需要[78]。

参考文献

[1] U.S. Department of Energy, Energy Efficiency & Renewable Energy *http://www1.eere.energy.gov* (accessed 1 September 2011).

[2] Tamaru, S. and Ochiai, K. (1935) *Nippon Kagaku Kaishi*, **56**, 92.

[3] Fuel Cells Molten Carbonate Fuel CellHistory, *http://americanhistory.si.edu/fuelcells/mc/mcfc1.htm* (accessed 1 September 2011).

[4] Fuel Cell Energy *http://www.fuelcellenergy.com/about-us.php* (accessed 1 September 2011).

[5] G. Huppmann, *High Temperature Fuel Cell Trigeneration for Commercial and Municipal Buildings: The MTU Carbonate Fuel Cell HotModule®*, CIBSE CHP Group and LHP, 2005, London *http://www.cibse.org/pdfs/Gerhard%20Huppmann.pdf* (accessed 1 September 2011).

[6] FuelCell Energy, Inc. (2011) Investor Relations Newsletter (Sept. 7).

[7] Tomczyk, P. (2006) MCFC versus other fuel cells - characteristics, technologies and prospects. *J. Power Sources*, **160**, 858-862.

[8] Selman, J. R. (1993) Molten carbonate fuel cells, in *Fuel Cell Systems* (eds L. J. M. J. Blomen and M. N. Mugerwa), Plenum Press, New York.

[9] USA Department of Energy, Office of Fossil Energy, National Energy Technology Laboratory (2007) *Fuel Cell*

Handbook,7th edn.

[10] Aguero, A., García de Blas, F., García, M., Muelas, R., and Román, A. (2001) Thermal spray coatings for molten carbonate fuel cells separator plates. *Surf. Coat. Technol.*, **146**, 578-585.

[11] Hong, S.-G. and Selman, J. R. (2004) Thermal modeling and design considerations of lithium-ion batteries. *J. Electrochem. Soc.*, **151**, 77.

[12] Tanimoto, K., Miyazaki, Y., Yanagida, M., Tanase, S., Kojima, T., Ohtori, N., Okuyama, H., and Kodama, T. (1991) Cell performance of molten-carbonate fuel cell with alkali and alkaline-earth carbonate mixtures. *Denki Kagaku*, **59**, 619.

[13] Tanimoto, K., Miyazaki, Y., Yanagida, M., Tanase, S., Kojima, T., Ohtori, N., Okuyama, H., and Kodama, T. (1992) Cell performance of molten-carbonate fuel cell with alkali and alkaline-earth carbonate mixtures. *J. Power Sources*, **39**, 285.

[14] Tanimoto, K., Kojima, T., Yanagida, M., Nomura, K., and Miyazaki, Y. (2004) Optimization of the electrolyte composition in a $(Li_{0.52}Na_{0.48})_{2-2x}AE_xCO_3$ (AE = Ca and Ba) molten carbonate fuel cell. *J. Power Sources*, **131**, 256.

[15] Scaccia, S. (2005) Investigation on NiO solubility in binary and ternary molten alkali metal carbonates containing additives. *J. Mol. Liq.*, **116**, 67.

[16] Scaccia, S. and Frangini, S. (2006) Oxygen dissolution behaviour in (52/48) mol% Li_2CO_3/Na_2CO_3 electrolyte containing Ba and Ca additives. *J. Mol. Liq.*, **129**, 133.

[17] Scaccia, S., Frangini, S., and Dellepiane, S. (2008) Enhanced O_2 solubility by RE_2O_3 (RE = La, Gd) additions in molten carbonate electrolytes for MCFC. *J. Mol. Liq.*, **138**, 107.

[18] Mitsushima, S., Matsuzawa, K., Kamiya, N., and Ota, K. (2002) Improvement of MCFC cathode stability by additives. *Electrochim. Acta*, **47**, 3823.

[19] Matsuzawa, K., Tatezawa, G., Matsuda, Y., Mitsushima, S., Kamiya, N., and Ota, K. (2005) Effect of rare earth oxides for improvement of MCFC. *J. Electrochem. Soc.*, **152**, A1116.

[20] Yoshiba, F., Morita, H., Yoshikawa, M., Mugikura, Y., Izaki, Y., Watanabe, T., Komodab, M., Masudac, Y., and Zaima, N. (2004) Improvement of electricity generating performance and life expectancy of MCFC stack by applying Li/Na carbonate electrolyte: test results and analysis of $0.44m^2/10kW$- and $1.03m^2/10kW$-class stack. *J. Power Sources*, **128**, 152.

[21] Ota, K. I., Matsuda, Y., Matsuzawa, K., Mitsushima, S., and Kamiya, N. (2006) Effect of rare earth oxides for improvement of MCFC. *J. Power Sources*, **160**(2), 811-815.

[22] Brenscheidt, T. and Wendt, H. (1997) Segregation and transport of alkali and additive cations in binary carbonate melts in MCFC, in *Proceedings of the 4th International Symposium on Carbonate Fuel Cell Technology* (eds J. R. Selman, I. Uchida, H. Wendt, D. A. Shores, and T. F. Fuller), The Electrochemical Society, p. 353.

[23] Okada, I. (1999) The chemla effect - from the separation of isotopes to the making of binary ionic liquids. *J. Mol. Liq.*, **83**, 5.

[24] Yang, C., Takagi, R., Kawamura, K., and Okada, I. (1987) Internal cation mobilities in the molten binary system Li_2CO_3—K_2CO. *Electrochim. Acta*, **32**, 1607.

[25] Kaun, T. D., Schoeler, A., Centeno, C. -J., and Krumpelt, M. (1999) Improved MCFC performance with Li/Na/Ba/Ca carbonate electrolyte, in *Carbonate Fuel Cell Technology*, Vol. 5 (eds J. Uchida, K. Hemmes, G. Lindbergh, D. A. Shores, and J. R. Selman), The Electrochemical Society, p. 219.

[26] Mohamedi, M., Hisamitsu, Y., and Uchida, I. (2002) X-ray diffractometric study of in situ oxidation of Ni in Li/K and Li/Na carbonate eutectic. *J. Appl. Electrochem.*, **32**, 111.

[27] Kojima, T., Yanagida, M., Tanase, S., Tanimoto, K., Tamiya, Y., Asai, T., and Miyazaki, Y. (1996) The electrical conductivity of molten $Li_2CO_3-K_2CO_3$ and $Li_2CO_3-Na_2CO_3$ containing alkaline earth (Ca, Sr and Ba) carbonates. *Denki Kagaku*, **64**, 471.

[28] Farooque, M. (2007) FCE products status and durability experience, presentation at the International Workshop on Degradation Issues, Crete, Greece, September 19-21, 2007.

[29] Takizawa, K. and Hagiwara, A. (2002) The transformation of $LiAlO_2$ crystal structure in molten Li/K carbonate. *J. Power Sources*, **109**, 127.

[30] Tomimatsu, N., Ohzu, H., Akasaka, Y., and Nakagawa, K. (1997) Phase stability of $LiAlO_2$ in molten carbonate. *J. Electrochem. Soc.*, **144**, 4182.

[31] Finn, P. A. (1980) The effects of different environments on the thermal stability of powdered samples of $LiAlO_2$. *J. Electrochem. Soc.*, **127**, 236.

[32] Yuh, C. Y., Huang, C. M., and Farooque, M. (1997) Gas electrode reactions in molten carbonate media, in *Carbonate Fuel Cell Technology*, Vol. 4 (eds J. R. Selman, I. Uchida, H. Wendt, D. A. Shores, and T. F. Fuller), The Electrochemical Society.

[33] Choi, H. J., Lee, J. J., Hyun, S. H., and Lim, H. C. (2010) Phase and microstructural stability of electrolyte matrix materials for molten carbonate fuel cells. *Fuel Cells*, **10**, 613.

[34] Tanimoto, K., Yanagida, M., Kojima, T., Tamiya, Y., Matsumoto, H., and Miyazaki, Y. (1998) Long-term operation of small-sized single molten carbonate fuel cells. *J. Power Sources*, **72**, 77.

[35] Lee, J. -J., Choi, H. -J., Hyun, S. -H., and Im, H. -C. (2008) Characteristics of aluminum-reinforced $\gamma-LiAlO_2$ matrices for molten carbonate fuel cells. *J. Power Sources*, **179**, 504.

[36] Kim, S. -D., Hyun, S. -H., Lim, T. H., and Hong, S. A. (2004) Effective fabrication method of rod-shaped $\gamma-LiAlO_2$ particles for molten carbonate fuel cell matrices. *J. Power Sources*, **137**, 24.

[37] Lee, D., Lee, I., and Chang, S. (2004) On the change of a Ni3Al phase in a Ni-12 wt. % Al MCFC anode during partial oxidation and reduction stages of sintering. *Electrochim. Acta*, **50**(2-3), 755-759.

[38] Kim, G., Moon, Y., and Lee, D. (2002) Preparation of creep-resistant Ni-5 wt. % Al anodes for molten carbonate fuel cells. *J. Power Sources*, **104**, 181-189.

[39] Jung, D., Lee, I., Lim, H., and Lee, D. (2003) On the high creep resistant morphology and its formation mechanism in Ni-10 wt. % Cr anodes for molten carbonate fuel cells. *J. Mater. Chem.*, **13**, 1717.

[40] Chauvaut, V., Albin, V., Schneider, H., Cassir, M., Ardéléan, H., and Galtayries, A. (2000) Study of cerium species in molten $Li_2CO_3 \pm Na_2CO_3$ in the conditions used in molten carbonate fuel cells. Part I: thermodynamic, chemical and surface properties. *J. Appl. Electrochem.*, **30**, 1405.

[41] Zeng, C. L., Zhang, T., Guo, P. Y., and Wu, W. T. (2004) The corrosion behavior of two-phase Ni-Dy alloys in a eutectic $(Li, K)_2CO_3$ mixture at 650℃. *Corros. Sci.*, **46**, 2183.

[42] Wee, J. -H. (2007) Effect of cerium addition to Ni-Cr anode electrode for molten carbonate fuel cells: surface fractal dimensions, wettability and cell performance. *Mater. Chem. Phys.*, **101**, 322.

[43] Lee, D., Han, J. -H., Lim, H. -C., and Jang, S. -Y. (2010) A study on in situ sintering of Ni-5wt% Al anode for molten carbonate fuel cell. *J. Electrochem. Soc.*, **157**, B1479.

[44] Tagawa, T., Yanase, A., Goto, S., Yamaguchi, M., and Kondo, M. (2004) Ceramic anode catalyst for dry methane type molten carbonate fuel cell. *J. Power Sources*, **126**, 1.

[45] Durairajan, A., Colon - Mercado, H., Haran, B., White, R., and Popov, B. (2002) Electrochemical characterization of cobalt-encapsulated nickel as cathodes for MCFC. *J. Power Sources*, **104**, 157.

[46] Ganesan, P., Colon, H., Haran, B., White, R., and Popov, B. N. (2002) Study of cobalt-doped lithium-nickel oxides as cathodes for MCFC. *J. Power Sources*, **111**, 109.

[47] Lee, H., Hong, M., Bae, S., Lee, H., Park, E., and Kim, K. (2003) A novel approach to preparing nano-size Co_3O_4-coated Ni powder by the pechini method for MCFC cathodes. *J. Mater. Chem.*, **13**, 2626.

[48] Kuk, S. T., Song, Y. S., Suh, S., Kim, J. Y., and Kim, K. (2001) The formation of $LiCoO_2$ on a NiO cathode for a molten carbonate fuel cell using electroplating. *J. Mater. Chem.*, **11**, 630.

[49] Ganesan, P., Colon, H., Haran, B., and Popov, B. N. (2003) Performance of $La_{0.8}Sr_{0.2}CoO_3$ Coated NiO as cathodes for molten carbonate fuel cells. *J. Power Sources*, **115**, 12.

[50] Huang, B., Chen, G., Li, F., Yu, Q. -C., and Hua, K. -A. (2004) Study of NiO cathode modified by rare earth oxide additive for MCFC by electrochemical impedance spectroscopy. *Electrochim. Acta*, **49**, 5055.

[51] Wee, J. -H. and Lee, K. -Y. (2006) Overview of the effects of rare-earth elements used as additive materials in molten carbonate fuel cell system. *J. Mater. Sci.*, **41**, 3585.

[52] Liu, Z. P., Guo, P. Y., and Zeng, C. L. (2007) Effect of Dy on the corrosion of NiO/Ni in molten $(0.62Li, 0.38K)_2CO_3$. *J. Power Sources*, **166**, 348.

[53] Huang, B., Li, F., Yu, Q. -C., Chen, G., Zhao, B. -Y., and Hu, K. -A. (2004) Study of NiO cathode modified by ZnO additive for MCFC. *J. Power Sources*, **128**, 135.

[54] Okawa, H., Lee, J. H., Hotta, T., Ohara, S., Takahashi, S., Shibahashi, T., and Yamamasu, Y. (2004) Performance of $NiO/MgFe_2O_4$ composite cathode for a molten carbonate fuel cell. *J. Power Sources*, **131**, 251.

[55] Selman, J. R. (2006) Molten-salt fuel cells - technical and economic challenges. *J. Power Sources*, **160** (2), 852-857.

[56] Bischoff, M. (2006) Molten carbonate fuel cells: a high temperature fuel cell on the edge to commercialization. *J. Power Sources*, **160**(2), 842-845.

[57] Hilmi, A. (2011) Emergence of the stationary DFC power plants. Presentation at the International Workshop on Molten Carbonates and Related Topics, Paris, France, March 21-22, 2011.

[58] Dicks, A. L. (2004) Molten carbonate fuel cells. *Curr. Opin. Solid State Mater. Sci.*, **8**(5), 379-383.

[59] Iacovangelo, C. D. (1986) Metal plated ceramic - a novel electrode material. *J. Electrochem. Soc.*, **133**, 2410.

[60] Morita, H., Kawasc, M., Mugikura, Y., and Asano, K. (2010) Degradation mechanism of molten carbonate fuel cell based on long-term performance: long-term operation by using bench-scale cell and post-test

analysis of the cell. *J. Power Sources*, **195**, 6988.

[61] Frangini, S. (2008) Corrosion of metallic stack components in molten carbonates: critical issues and recent findings. *J. Power Sources*, **182**, 462.

[62] Pascual, M. J., Pascual, L., Valle, F. J., Durán, A., and Berjoan, R. (2003) Corrosion of borosilicate sealing glasses for molten carbonate fuel cells. *J. Am. Ceram. Soc.*, **86**, 1918.

[63] Park, H., Lee, M., Yoon, J., Bae, I., and Kim, B. (2003) Corrosion resistance of austenitic stainless steel separator for molten carbonate fuel cell. *Met. Mater. Int.*, **9**, 311.

[64] Mugikura, Y. (2003) Stack material and stack design, in *Handbook of Fuel Cells – Fundamentals, Technology and Application* (eds W. Vielstich, H. A. Gasteiger, and A. Lamm), John Wiley & Sons, Inc., pp. 908–919.

[65] Hong, S. – G. and Selman, J. R. (2004) A stochastic structure model for liquid – electrolyte fuel cell electrodes, with special application to MCFCs. *J. Electrochem. Soc.*, **151**, 748.

[66] Aarva, A., McPhail, S. J., and Moreno, A. (2009) From energy policies to active components in solid oxide fuel cells: state-of-the-art and the way ahead. *ECS Trans.*, **25**(2), 313–322.

[67] Cigolotti, V., McPhail, S., and Moreno, A. (2009) Nonconventional fuels for high-temperature fuel cells: status and issues. *J. Fuel Cell Sci. Technol.*, **6**(2), 021311.

[68] Lohsoontorn, P., Brett, D. J. L., and Brandon, N. P. (2008) Thermodynamic predictions of the impact of fuel composition on the propensity of sulfur to interact with Ni and ceria-based anodes for solid oxide fuel cells. *J. Power Sources*, **175**(1), 60–67.

[69] Sasaki, K., Adachi, S., Haga, K., Uchikawa, M., Yamamoto, J., Iyoshi, A., Chou, J. T., Shiratori, Y., and Itoh, K. (2006) Fuel impurity tolerance of solid oxide fuel cells. Proceedings of the 7th European SOFC Forum, Lucerne, Switzerland, 2006.

[70] Zaza, F., Paoletti, C., LoPresti, R., Simonetti, E., and Pasquali, M. (2008) Bioenergy from fuel cell: effects of hydrogen sulfide impurities on performance of MCFC fed with biogas. Proceedings of the Fundamentals and Developments of Fuel Cells Conference – FDFC2008, Nancy, France, December 10–12, 2008.

[71] Weaver, D. and Winnick, J. (1989) Sulfation of the molten carbonate fuel cell anode. *J. Electrochem. Soc.*, **136** (6), 1679–1686.

[72] Marianowski, L. G., Anderson, G. L., and Camara, E. H. (1991) Use of sulfur containing fuel in molten carbonate fuel cells. US Patent 5071718.

[73] Dong, J., Cheng, Z., Zha, S., and Liu, M. (2006) Identification of nickel sulfides on Ni – YSZ cermet exposed to H_2 fuel containing H_2S using Raman spectroscopy. *J. Power Sources*, **156**(2), 461–465.

[74] Townley, D., Winnick, J., and Huang, H. S. (1980) Mixed potential analysis of sulfation of molten carbonate fuel cells. *J. Electrochem. Soc.*, **127**, 1104–1106.

[75] Zaza, F., Paoletti, C., LoPresti, R., Simonetti, E., and Pasquali, M. (2010) Studies on sulfur poisoning and development of advanced anodic materials for waste – to – energy fuel cells applications. *J. Power Sources*, **195**(13), 4043–4050.

[76] Venkataraman, R., Farooque, M., and Ma, Z. (2007) Cost reduction through thermal management

improvements in large scale carbonate fuel cells. *ECS Trans.* ,**5** (1) ,571-577.

[77] California Environmental Protection Agency, Air Resources Board *http://www.arb.ca.gov/cc/ab32/ab32.htm*(accessed 26 June 2011).

[78] Han, J. (2009) Status of MCFC development in Korea. Presentation at the IEA Advanced Fuel Cells Annex 23 Annual Meeting, Palm Springs, 2009.

[79] Stegmann, H. (2008) Potentials of biological waste treatment technologies on energy production. Proceedings of the 2nd International Symposium on Energy from Biomass and Waste, Venice, Italy, November 17-20, 2008.

[80] Moreno, A., McPhail, S., and Bove, R. (2008) International Status of Molten Carbonate Fuel Cell (MCFC) Technology. Report No. EUR 23363 EN, European Commission Publication.

[81] Macchi, E. (2010) The potential long-term contribution of Fuel Cells to high-efficiency low carbon-emission power plants. Presentation at the International Workshop "Fuel Cells in the Carbon Cycle", Naples, Italy, July 12-13, 2010.

内容简介

本书根据蒋三平和严玉山主编的 *Materials for High-Temperature Fuel Cells* 一书翻译而成，是 Wiley 出版社出版的“可持续能源新材料和发展”丛书中的一册。原著各章由相关领域的专家撰写，论述了固体氧化物燃料电池材料的各个方面，包括阳极、阴极、电解质、连接体、密封、性质、材料与制备等，同时还介绍了熔融碳酸盐燃料电池的相关内容和发展现状，是一本极具学术价值和应用价值的专业书籍。

本书对于从事燃料电池和相关领域研究工作的科研工作者、专业技术人员和高等院校师生具有重要的参考价值。

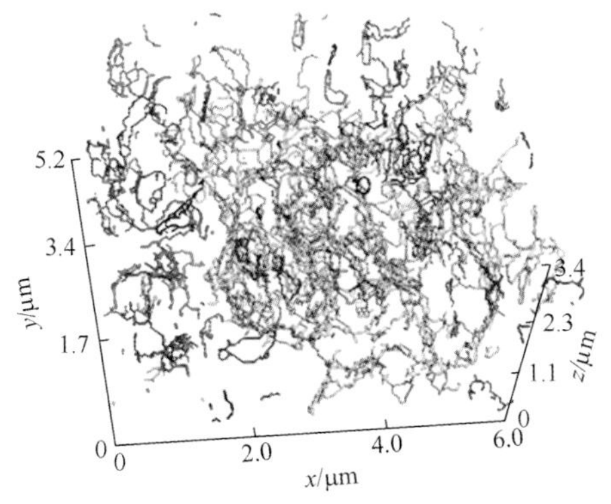

图 1.6　FIB-SEM 测试所显示的 Ni-YSZ 阳极中 TPB 的分布
（白色/灰色（63%）为连续的 TPB，其他颜色则为不连续的 TPB）[42]

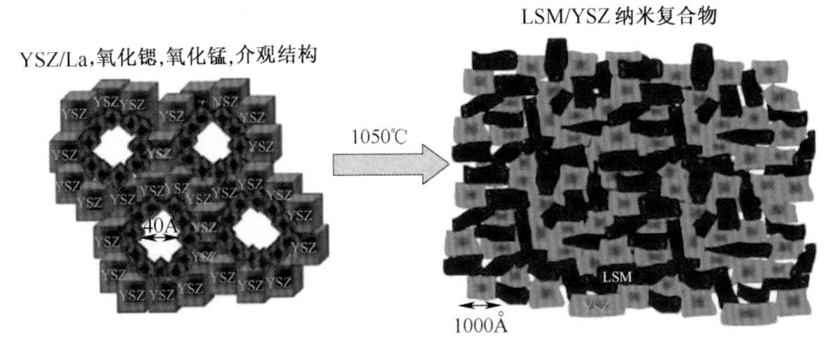

图 2.10　烧结过程中介孔-LSM-YSZ 向纳米复合物-LSM-YSZ 结构演变。
紫色物质代表介孔材料中较差的结晶相 La、Sr 以及 Mn 氧化物[257]

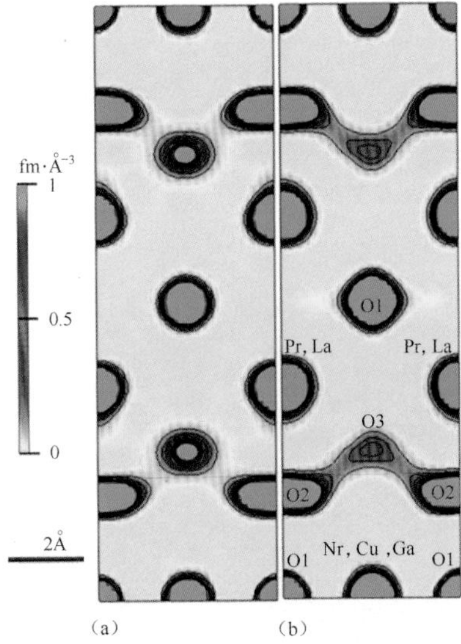

图 3.18　$(Pr_{0.9}La_{0.1})_2(Ni_{0.74}Cu_{0.21}Ga_{0.05})O_4$ 混合导体在
(a)879.6K(606.6℃)和(b) 1288.6K (1015.6℃)时，在(100)面
上的原子密度。等高线为 0.1~1.0，步长为 0.1 $fm \cdot Å^{-3}$[53-54]

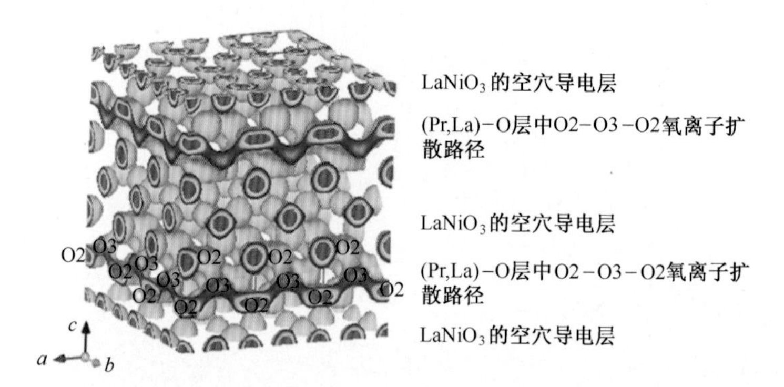

图 3.19　Pr_2NiO_4 中氧离子和空位导电途径的三维图像

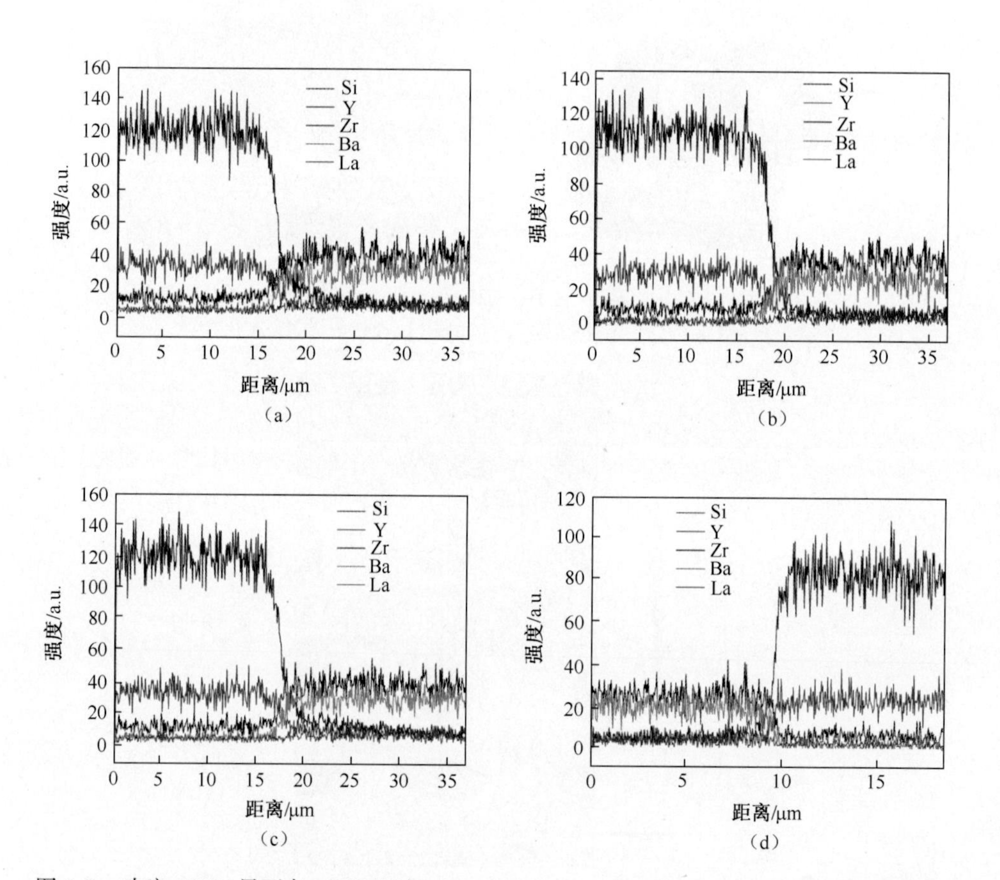

图 6.8　玻璃-8YSZ 界面在 700℃经过(a)0h、(b)1h、(c)100h 和(d)5000h 处理后的能谱图